Die wichtigsten Eigenschaften von Variable.

Variablen werden in der Statistik nach den unterschiedlichsten Eigenschaften charakterisiert. So sprechen irgendwie immer alle vom Skalenniveau, nominal-, ordinal- oder intervallskalierten Variablen, stetigen und kategorialen oder numerischen und Textvariablen. Damit Sie bei diesen ganzen Begriffen nicht genauso leicht durcheinanderkommen wie ich, finden Sie hier eine kleine Übersicht zum Nachschlagen.

Skalenniveau. Das Skalenniveau (auch Messniveau) einer Variablen sagt etwas über die Abstufungsmöglichkeiten und numerische Genauigkeit der in der Variablen enthaltenen Werte aus. Dabei wird im Wesentlichen unterschieden, ob die Werte in einer Variablen lediglich Namen oder qualitative Bezeichnungen darstellen, eine Einordnung in einer Rangfolge zulassen oder ob es sich um präzise quantifizierbare Messwerte handelt.

Nominalskala. In einer nominalskalierten Variablen stellen die Variablenwerte lediglich Kategorien dar, die sich nicht in einer natürlichen Reihenfolge ordnen lassen. Typische Beispiele sind Namen, Ortsbezeichnungen, Farben, Berufsbezeichnungen und so weiter.

Ordinalskala. Eine ordinalskalierte Variable enthält Werte, die sich zwar in einer natürlichen Reihenfolge ordnen lassen, bei der aber die Abstände zwischen den einzelnen Werten nicht messbar oder quantifizierbar sind. Dies gilt zum Beispiel für Kategorien wie klein, mittel und groß oder Einstufungen wie sehr schlecht, schlecht, zufriedenstellend, gut, sehr gut.

Intervallskala. Lassen sich die in einer Variablen enthaltenen Werte nicht nur in einer natürlichen Reihenfolge ordnen, sondern können auch die Abstände zwischen den Werten gemessen werden, dann hat die Variable Intervallskalenniveau. Dies ist zum Beispiel bei Altersangaben der Fall (wenn das Alter in Jahren und nicht in Altersklassen angegeben ist), Angaben zu Einkommen, Umsatz oder Gewinn, Gewichts- oder Längenmessungen und so weiter.

Stetige Variable. Eine stetige Variable ist, etwas vereinfacht gesagt, eine Variable mit Intervallskalenniveau. Eine solche Variable kann typischerweise viele verschiedene Werte annehmen. Denken Sie zum Beispiel an eine Variable mit Angaben zum Einkommen von Personen, die jeden Wert zwischen 0 und vielen Millionen enthalten kann.

SPSS 20 für Dummies – Schummelseite

Kategoriale Variable. Kategoriale Variablen enthalten typischerweise nur eine überschaubare Anzahl an unterschiedlichen Werten, die eben verschiedene Kategorien beschreiben. Dies können zum Beispiel Alterskategorien (`jung`, `mittel`, `alt`) oder Einstufungen der Art `gut`, `mittel`, `schlecht` sein. Kategoriale Variablen haben Nominal- oder Ordinalskalenniveau.

Numerische Variable. Eine numerische Variable enthält Zahlenwerte wie 1, 2, 3, 10.698 oder 17,234. Die Tatsache, dass eine Variable Zahlenwerte enthält, sagt dabei zunächst nichts über das Skalenniveau einer Variablen aus. Auch eine numerische Variable kann nominalskaliert sein, wenn zum Beispiel die Zahlen lediglich Kodierungen für Namen darstellen. So werden zum Beispiel Angaben zum Geschlecht sehr häufig nicht als Text in der Form `Frau` und `Mann` abgespeichert, sondern als numerische Kodierungen `0` und `1`.

Textvariable. Eine Textvariable enthält – man könnte es sich fast denken – Text. Ähnlich wie bei numerischen Variablen sagt dies zunächst nur etwas darüber aus, in welcher Form die Daten in der Variablen gespeichert werden, und ist nahezu unabhängig vom Skalenniveau – auch wenn es kaum sinnvoll möglich ist, eine Variable mit Intervallskalenniveau als Textvariable anzulegen.

SPSS 20
für Dummies

Felix Brosius

SPSS 20
für Dummies

WILEY-VCH Verlag GmbH & Co. KGaA

Bibliografische Information der Deutschen Nationalbibliothek
Die Deutsche Nationalbibliothek verzeichnet diese Publikation
in der Deutschen Nationalbibliografie; detaillierte bibliografische
Daten sind im Internet über http://dnb.d-nb.de abrufbar.

1. Auflage 2012
1. Nachdruck 2013

Printed in Germany

Gedruckt auf säurefreiem Papier

Coverfoto: © Detlef–Fotolia.com
Korrektur: Petra Heubach-Erdmann und Jürgen Erdmann, Düsseldorf
Satz: Mitterweger & Partner, Plankstadt
Druck und Bindung: CPI – Ebner & Spiegel, Ulm

Print ISBN: 978-3-527-70865-9

Über den Autor

Felix Brosius ist Co-Founder & CEO eines Inkubators für Online-Unternehmen mit dem Namen FEAR. Seit vielen Jahren ist der promovierte Volkswirt im Marketing und der Entwicklung von Online-Portalen tätig. Er ist unter anderem Autor eines umfangreichen Standardwerks zu SPSS.

Cartoons im Überblick

von Rich Tennant

Seite 27

Seite 77

Seite 159

Seite 277

Seite 339

Seite 381

Fax: 001-978-546-7747
Internet: www.the5thwave.com
E-Mail: richtennant @ the5thwave.com

Inhaltsverzeichnis

Über den Autor   7

Einleitung   21

SPSS oder PASW oder IBM Statistics oder was?   21
Über dieses Buch   22
Konventionen in diesem Buch   22
Was Sie nicht lesen müssen   23
Törichte Annahmen über den Leser   23
Wie dieses Buch aufgebaut ist   23
    Teil I: SPSS kennen lernen   24
    Teil II: Datendateien anlegen und bearbeiten   24
    Teil III: Statistische Datenanalyse   24
    Teil IV: Malen nach Zahlen   24
    Teil V: Ergebnisse professionell gestalten und nutzen   24
    Teil VI: Der Top-Ten-Teil   25
Symbole, die in diesem Buch verwendet werden   25
Wie es weitergeht   25

Teil I
SPSS kennen lernen   27

Kapitel 1
In 25 Minuten zum SPSS-Profi   29

Eine typische Aufgabenstellung für SPSS   29
Ein erstes kleines Beispiel   30
SPSS starten   31
    Der einfachste Weg zu SPSS   31
    Die erste Begrüßung durch SPSS   32
Datendatei anlegen   32
    Ordnung schaffen: Daten brauchen eine Struktur   33
    Wie erkläre ich SPSS die Datenstruktur?   35
Daten eingeben   43
Ergebnisse der Dateneingabe speichern   46
Neue Variablen berechnen   48
Häufigkeitsverteilung einer Variablen darstellen   50
    In 60 Sekunden zur Häufigkeitstabelle   50
    Ergebnisse werden in eine Ausgabedatei geschrieben   51
    Ergebnisse richtig lesen   53

Ein Bild sagt mehr als tausend Worte   54
   In 30 Sekunden zum Balkendiagramm   54
   Die Grafik richtig lesen   57
Früchte der Arbeit sichern   58
   Datendatei erneut speichern   58
   Ausgabedatei mit den Ergebnissen speichern   58
SPSS beenden   60

Kapitel 2
Heimisch werden bei SPSS   61

Was man mit SPSS alles anstellen kann   61
   Wozu Sie SPSS verwenden sollten   61
   Was Sie mit SPSS gar nicht erst versuchen sollten   62
Die verschiedenen Fenster von SPSS   63
   Im Zentrum steht immer eine Datendatei   64
   Ergebnisse werden in Ausgabedateien geschrieben   65
   Grafiken werden in einem eigenen Editor bearbeitet   67
   Für Programmier-Freaks: Syntax- und Skript-Dateien   68
Öffnen, Speichern und Schließen von Dateien   69
   Eine bestehende Datei öffnen   69
   Eine neue Datei anlegen   70
   Eine Datei speichern   70
   Eine Datei schließen   73
Hilfe in allen Lebenslagen   73

Teil II
Die Basis jeder Analyse – Datendateien anlegen und bearbeiten   77

Kapitel 3
Die Basis jeder Analyse: Datendateien erstellen   79

Datendateien haben feste Strukturen   80
   Wie sieht ein Fragebogen als Datendatei aus?   80
   Unter die Oberfläche schauen – Beschreibung der Daten »im Hintergrund«   82
Jede Variable bekommt einen Namen und viele Eigenschaften   85
   Schritt 1: Keine Variable ohne Namen   86
   Schritt 2: Ein Typ mit Format bestimmt den Inhalt   87
   Schritt 3: Der Variablen ein Etikett anheften   90
   Schritt 4: Etiketten für die Variablenwerte   91
   Schritt 5: Mit fehlenden Werten das Nichts definieren   92
   Schritt 6: Eine Frage des Formats – Spalten, Ausrichtung, Messniveau und Rolle festlegen   94

Daten eingeben und bearbeiten 95
    Die Datenansicht der Datendatei 95
    Daten eingeben: Einfach Tippen und Entern 95
    Felder auswählen mit Pfeilen und Mäusen 96
    Werte korrigieren 96
    Einfach drauflostippen – Daten in eine leere Spalte eingeben 97
Feste Strukturen verändern: Einfügen und Löschen von Variablen und Fällen 98
    Eine weitere Variable hinzufügen 99
    Weitere Fälle hinzufügen 99
    Eine bestehende Variable löschen 100
    Fälle aus der Datendatei loschen 100
Wie Sie sich in einer großen Datendatei zurechtfinden 100
    Eine Beispieldatei öffnen 101
    Daten schneller verstehen – Wertelabels anzeigen 102
    Werte gezielt suchen 102
    Werte suchen und ersetzen 103

Kapitel 4
Spalte für Spalte: Neue Variablen berechnen   105

»Wie es euch gefällt«: Freie Berechnungen durchführen 105
    Was alles geht 106
    Wie das alles geht 106
    Ein einfaches Beispiel: Alteraus Geburtsjahr ermitteln 107
    Berechnungsformeln mit mehreren Variablen 111
    Eine Berechnung nur in bestimmten Fällen durchführen 111
Kodierungen sind mehr als Nummern: Variablen umkodieren 115
    Wozu umkodieren? 115
    Umkodieren in wenigen Schritten 116
Zählen in Zeilen: 2 mal 0 ergibt 2 119

Kapitel 5
Zeile für Zeile: Fälle filtern, sortieren und gewichten   123

SPSS kann würfeln: Eine Zufallsstichprobe aus der Datendatei ziehen 123
    Wozu eine Stichprobe ziehen? 124
    Lotto spielen: So nehmen Sie die Ziehung vor 124
    Was passiert mit deaktivierten Datensätzen? 127
    Wie bekommt man inaktive Datensätze wieder aktiv? 127
Nur ausgewählte Fälle berücksichtigen 128
Wenn nicht alles gleich viel zählt: Fälle unterschiedlich gewichten 130
    Warum sollte man Fälle gewichten? 130
    Gewichtung vornehmen 131
    Gewichtung wieder ausschalten 132
Immer schön der Reihe nach: Fälle sortieren 133

Kapitel 6
Im- und Export: Daten mit anderen Programmen austauschen   **135**

    Daten aus fremden Dateien einlesen   135
       Daten aus Excel-Dateien einlesen   136
       Daten aus Textdateien einlesen   139
    Daten in einem fremden Format speichern   144

Kapitel 7
1 + 1 = 1: Zwei Dateien in einer zusammenführen   **147**

    Fälle aus zwei Dateien untereinander zusammenführen   147
       Ein Beispiel mit Macken   148
       So geht's: Schritt für Schritt Fälle hinzufügen   149
    Variablen aus zwei Dateien nebeneinander zusammenführen   152
       Wie passen die Dateien zusammen?   152
       Alle notwendigen Vorbereitungen treffen   153
       So geht's: Schritt für Schritt Variablen hinzufügen   154

Teil III
Jetzt wird's ernst: Statistische Datenanalyse   **159**

Kapitel 8
Kennzahlen und Grafiken für einen ersten Überblick   **161**

    Lage und Streuung einer Variablen bestimmen   161
       Kennzahlen berechnen   162
       Kennzahlen interpretieren   163
    Kennzahlen für unterschiedliche Fallgruppen berechnen   165
       Kennzahlen mit explorativer Datenanalyse berechnen   165
       Ergebnisse interpretieren   166
    Lage und Streuung auf einen Blick: Boxplot-Diagramme malen   169
       Boxplot-Diagramm erstellen   169
       So liest man ein Boxplot-Diagramm   171

Kapitel 9
Verteilung einer stetigen Variablen unter die Lupe nehmen   **173**

    Histogramm – die ganze Verteilung auf einen Blick   173
       Ein möglicher Weg zum Erstellen eines Histogramms   174
       Histogramm richtig lesen   176
       Die Balkenbreite richtig einstellen   177
    Ist die Variable noch normal?   179
       Wann ist eine Variable normal?   179
       Testen, ob eine Variable normalverteilt ist   179
       Testergebnisse interpretieren   182

Von graden und schiefen Variablen   183
   Kennzahlen für die Verteilungsform   184
   Kennzahlen für Schiefe und Steilheit berechnen   184
   Kennzahlen interpretieren   185

Kapitel 10
Kategoriale Daten auswerten   **187**

Tabelle einer Häufigkeitsverteilung   187
   Häufigkeitstabelle erstellen   188
   Häufigkeitstabelle lesen   189
Balkendiagramm: Die grafische Form der Häufigkeitstabelle   190
   Balkendiagramm erstellen   190
   Balkendiagramm interpretieren   191
   Genaue Wertangaben in das Balkendiagramm einfügen   192
Kreisdiagramm: Wenn alles zusammen 100 % ist   194
   Kreisdiagramm erstellen   194
   Kreisdiagramm anpassen   195
Pareto-Diagramm mit kumulierten Häufigkeiten   200
   Ein Pareto-Diagramm erstellen   200
   Das Pareto-Diagramm interpretieren   200
   Pareto-Diagramm richtig sortieren   202

Kapitel 11
Zusammenhang zwischen kategorialen Variablen testen   **205**

Gott segne den Erfinder der Kreuztabelle   206
   Eine einfache Kreuztabelle erstellen   206
   Kreuztabelle interpretieren   208
   Spaltenprozente und erwartete Häufigkeiten ergänzen   208
Zusammenhänge testen mit einem Chi-Quadrat-Test   211
   Chi-Quadrat-Test anfordern   211
   Chi-Quadrat-Test auswerten   212
   Wann der Chi-Quadrat-Test besonders gut funktioniert   214
Auch das ist möglich: Drei und mehr Variablen kreuztabellieren   215
   Eine Kreuztabelle mit drei Variablen anfordern   215
   Die Kreuztabelle für den Drei-Variablen-Fall auswerten   215
   Der Chi-Quadrat-Test für den Drei-Variablen-Fall   217

Kapitel 12
T-Tests zur Analyse von Mittelwerten   **219**

Mittelwerte für die Stichprobe berechnen   220
   Vergleich des Mittelwerts einer Variablen in unterschiedlichen Fallgruppen   220
   Ergebnistabelle der Mittelwerte   221

Der T-Test verrät den Mittelwert der Grundgesamtheit 223
   T-Test bei einer Stichprobe durchführen 223
   Interpretation der Testergebnisse 224
Mittelwerte zweier Fallgruppen vergleichen 226
   T-Test bei unabhängigen Stichproben durchführen 226
   Interpretation der Testergebnisse 228
Mittelwerte zweier Variablen vergleichen 230
   T-Test bei verbundenen Stichproben durchführen 230
   Interpretation der Testergebnisse 231

Kapitel 13
Varianzanalyse zum Vergleich von Gruppenmittelwerten 235

Durchführen einer einfachen Varianzanalyse 235
Deskriptive Maßzahlen zum Vergleich der Gruppen 237
Sind die Gruppenunterschiede signifikant? 240
Welche Gruppen unterscheiden sich? 241
   Mehrfachvergleiche anfordern 241
   Mehrfachvergleiche interpretieren 242

Kapitel 14
Korrelationen zwischen Variablen untersuchen 245

Ein Blick sagt mehr als ...: Streudiagramme visualisieren den Zusammenhang 246
   Ein einfaches Streudiagramm erstellen 246
   Das Streudiagramm interpretieren 247
Harte Fakten: Korrelationen berechnen und interpretieren 249
   Korrelationen berechnen 250
   Korrelationen auswerten 250

Kapitel 15
Regressionsanalyse – die Königsdisziplin der Statistik 255

Am Anfang steht immer das Modell 255
Eine Regressionsanalyse mit SPSS durchführen 257
Ergebnisse der Regressionsanalyse interpretieren 258
   Die wichtigsten Ergebnistabellen 259
   Wie fit ist das Modell? 259
   Die geschätzte Regressionsgleichung 261
   Signifikanz von Modell und Parametern 263
Auf einen Blick: Schätzung vs. echtes Leben 264
   Vorhergesagte Werte der Regressionsgleichung speichern 264
   Streudiagramm mit vorhergesagten Werten 266

Kapitel 16
Clusteranalyse: Ähnliche Objekte in Gruppen zusammenfassen   269

Der Anspruch: Ordnung in die Welt bringen   269
Das Beispiel: Die Welt ordnen   269
Das Ergebnis: Die Welt ist nicht besser – aber geordnet   272
    Anzahl der Fälle in jedem Cluster   272
    Inhaltliche Bewertung der einzelnen Cluster   273
    Unterschiede zwischen den Clustern messen   276

Teil IV
Malen nach Zahlen   277

Kapitel 17
Diagramme erstellen und bearbeiten   279

Nicht ganz trivial: Diagramme erstellen mit SPSS   279
    Die generelle Vorgehensweise zum Erstellen von Diagrammen   279
    Struktur der Daten beschreiben   280
    Ein gruppiertes Balkendiagramm erstellen   281
Auch das Äußere zählt: Diagramme formatieren   283
    Diagramm zum Bearbeiten öffnen   284
    Elemente markieren und Eigenschaften bearbeiten   285
    Elemente verschieben oder Größe ändern   287
    Schriften anpassen: Größe, Schriftart, Farbe und Stil   288
    Inhaltlich werden: Texte ändern   290
    Jetzt wird's bunt: Farben, Schraffuren und Linienarten verändern   291
    Achsenbeschriftungen ein- und ausblenden   291
Wichtige Details ergänzen: Beschriftungen, Legenden und Linien einfügen   293
    Legende ein- und ausblenden   295
    Datenbeschriftungen anzeigen   296
    Eine zweite Größenachse einfügen   296
    Für ein klares Raster: Gitterlinien einfügen   297
    Bestimmte Stellen markieren: Bezugslinien ergänzen   297
    Zusätzliche Erläuterungen: Titel und Textfelder einfügen   298

Kapitel 18
Die Klassiker: Balken, Linien, Flächen und Kreise   299

Häufigkeiten einer kategorialen Variablen darstellen   300
Mittelwert einer Variablen in verschiedenen Fallgruppen darstellen   303
    Diagramm mit einer Datenreihe erstellen   304
    Diagramm mit mehreren Datenreihen   306
Mittelwerte unterschiedlicher Variablen darstellen   309
Einzelne Werte einer Variablen darstellen   311

Kapitel 19
Für Spezialisten: Verteilungen grafisch darstellen — 317

Boxplot: Lage und Verteilung einer Variablen 318
    Boxplots für verschiedene Fallgruppen 318
    Boxplots für verschiedene Variablen 321
Schön anzuschauen: Eine Bevölkerungspyramide erstellen 323
Streudiagramme: Gemeinsame Verteilung zweier Variablen 325
    Ein einfaches Streudiagramm erstellen 326
    Überlagertes Streudiagramm: Mehrere Streudiagramme in einem 330
    Willkommen in der Matrix: Viele Streudiagramme in einer Grafik darstellen 332
    Die dritte Dimension: Gemeinsame Verteilung von drei Variablen 333

Teil V
Ergebnisse professionell gestalten und nutzen — 339

Kapitel 20
Umbauanleitung für Ergebnistabellen — 341

Tabellen im Viewer organisieren 342
    Chaos und Ordnung in der Ausgabedatei 343
    Ergebnisse ein- und ausblenden 344
    Ergebnisse löschen 345
    Ergebnisse verschieben 345
Tabellen zur Bearbeitung öffnen 346
Alles kann vertauscht werden – Tabellen pivotieren 347
    Die drei Dimensionen: Zeilen, Spalten und Schichten 347
    Neue Strukturen schaffen 348
Nichts ist fest – Zeilen und Spalten verschieben 351
Nachbarn unter einem Dach – Zeilen und Spalten gruppieren 351
Nicht alles zeigen – Zeilen und Spalten ausblenden 354

Kapitel 21
Ergebnistabellen auf Hochglanz bringen — 355

Klartext reden: Texte in der Tabelle ändern 357
Nomen est omen: Der Tabelle einen Namen geben – oder nehmen 358
Für das Kleingedruckte: Fußnoten einfügen 359
Alles klar? Erklärungen einfügen 360
Tabellenvorlagen: Mit einem Klick wird alles schön 361
Mehr Schein als Sein: Tabellenfelder formatieren 362
    Formate für die verschiedenen Tabellenbereiche festlegen 363
    Einzelne Tabellenfelder formatieren 364
Klare Grenzen ziehen: Rahmenlinien und Spaltenbreiten 366
    Spaltenbreiten verändern 366
    Rahmenlinien gestalten 366

Kapitel 22
Ergebnisse ausdrucken und exportieren   *369*

Ergebnisse ausdrucken   369
    Ergebnisse ausdrucken   370
    Seitenansicht – Druckergebnis vorher prüfen   371
    Seite einrichten – Einstellungen für den Ausdruck vornehmen   372
Ergebnisse in eine Word- oder PowerPoint-Datei kopieren   376
Ergebnisse in eine Excel-Tabelle übernehmen   377

Teil VI
Der Top-Ten-Teil   *381*

Kapitel 23
Zehn klassische Fragestellungen in der Statistik – und wie man sie beantwortet   *383*

Wie häufig kommen die verschiedenen Werte in einer kategorialen Variablen vor?   383
Wie sieht die Werteverteilung einer stetigen Variablen aus?   384
Welchen Mittelwert hat eine Variable?   385
Ist eine Variable normalverteilt?   385
Gibt es einen statistischen Zusammenhang zwischen zwei kategorialen Variablen?   385
Gibt es einen statistischen Zusammenhang zwischen zwei intervallskalierten Variablen?   386
Wie lassen sich anhand der Variablen a, b und c die Werte der Variablen $\times$ vorhersagen?   386
Welchen Mittelwert hat eine Variable in der Grundgesamtheit?   387
Haben zwei verschiedene Fallgruppen in der Grundgesamtheit den gleichen Mittelwert?   387
Haben zwei Variablen in der Grundgesamtheit den gleichen Mittelwert?   387

Kapitel 24
Die zehn wichtigsten Grundeinstellungen von SPSS   *389*

Variablennamen oder Variablenlabels in den Dialogfeldern anzeigen   389
Variablen in Dialogfeldern alphabetisch oder gemäß der Datei ordnen   391
Variablennamen oder Variablenlabels in Ergebnisüberschriften   391
Variablenwerte oder Wertelabels in Ergebnistabellen   392
Standardbearbeitungsmodus für Ergebnistabellen   393
Standardvorlage für Ergebnistabellen   394
Spaltenbreite in Ergebnistabellen optimieren   394
Standardformate für Diagramme   395
Standarddatentyp für numerische Variablen   396
Verhalten bei neuen Ergebnissen   397

Kapitel 25
Zehn Tipps, die das Leben erleichtern   **399**

Speichern, speichern, speichern – ganz einfach mit Shift+F12   399
Wer suchet, der findet – am einfachsten mit Strg+F   399
Variablen in der Datendatei suchen   400
Wertelabels in der Datendatei anzeigen   401
Variablenlabels in der Datendatei anzeigen   401
Variablenbeschreibung in einem Dialogfeld abfragen   401
Fenster wechseln mit Alt+Tab   402
Ansicht der Datendatei wechseln mit Strg+T   403
Einen Kommentar in die Datendatei schreiben   403
Einen der letzten Befehle erneut aufrufen   404

Stichwortverzeichnis   **405**

Einleitung

Wow! Sie wollen also wirklich mit SPSS arbeiten und sich in die Niederungen der statistischen Datenanalyse hinabbegeben? Wissen Sie eigentlich, worauf Sie sich da eingelassen haben? Oder wollen Sie vielleicht gar nicht, sondern Sie müssen, weil Ihr Lehrer oder Vorgesetzter Ihnen irgendeine Analyse aufs Auge gedrückt hat? Dann herzlichen Glückwunsch – dafür sollten Sie ihm dankbar sein. Denn mit SPSS zu arbeiten, ist in Wirklichkeit viel einfacher, als die meisten Menschen denken. Behalten Sie das aber bitte für sich. Schließlich werden Sie ja schon sehr bald selbst SPSS-Profi sein und dann können Sie mit Ihren statistischen Analyseergebnissen mächtig Eindruck schinden – aber nur solange niemand weiß, wie einfach solche Analysen mit SPSS zu erstellen sind.

Ob nun aus freien Stücken oder nicht – Sie haben sich in jedem Fall richtig entschieden, wenn Sie jetzt den Umgang mit SPSS erlernen oder Ihre Kenntnisse weiter vertiefen möchten. Sollten Sie derzeit noch großen Respekt vor der Statistik im Allgemeinen oder SPSS im Besonderen haben, können Sie diesen getrost ablegen. Sie werden merken, dass auch dieses Buch frei von jeglichem Respekt ist. Das Buch hat auch nicht den Anspruch, zu erklären, warum die Welt sich dreht. Ebenso werden Sie hier keine Herleitungen oder Beweise von statistischen Zusammenhängen finden und auch (fast) keine mathematische Formel. Dafür finden Sie eine einfache Anleitung dazu, wie Sie das Programm SPSS bedienen, Daten eingeben und bearbeiten, statistische Analysen durchführen und die Ergebnisse interpretieren sowie schöne, bunte Diagramme erstellen. Um dies alles tun zu können, müssen Sie weder Mathematiker noch Computergenie sein (obwohl beides manchmal helfen könnte), sondern einfach gesunden Menschenverstand mitbringen. Dann werden Sie mit Sicherheit viel SPaSS haben.

SPSS oder PASW oder IBM Statistics oder was?

Die Firma SPSS kann wirklich gute Statistik-Programme erstellen. Das hat sie nun seit Jahren bewiesen. Ebenso hat sie aber auch schon seit Jahren bewiesen, dass sie kein wirklich glückliches Händchen hat, wenn es darum geht, Namen, Titel oder andere Bezeichnungen für oder innerhalb von Programmen zu vergeben. Um es kurz zu machen: Das Programm SPSS heißt schon seit Ewigkeiten SPSS und wird auch in Zukunft SPSS heißen. Zwischendurch hat sich aber irgendjemand mal gedacht: »Hey, wäre es nicht cool, dem Programm mal einen neuen Namen zu geben?«, und hat SPSS kurzerhand in PASW umbenannt – warum auch nicht, Raider heißt ja auch inzwischen Twix. Na ja, auf jeden Fall war es wohl doch nicht so cool, das Programm umzubenennen, denn nun heißt es wieder SPSS – und das ist auch gut so. Wobei ..., genau genommen heißt es nur so ähnlich wie SPSS. Denn SPSS wurde inzwischen von der Firma IBM gekauft – und obwohl das Programm SPSS weitgehend unverändert geblieben ist, musste natürlich eine Eigenschaft ganz dringend geändert werden, und das war der Name. Schließlich ist der Name SPSS viel zu einfach für einen Konzern wie IBM – ein Konzern ist groß und hat ganz viele Hierarchien und Abteilungen, und das muss man natürlich auch in den Titeln, Abteilungsnamen und Produktbezeichnungen erkennen. Deshalb heißt SPSS heute IBM SPSS Statistics. Wundern Sie sich also nicht, wenn irgendwo von dem

Programm PASW oder IBM Statistics oder ähnlichen Namensvarianten die Rede ist. Wie auch immer das Programm heißt, im Kern steckt SPSS drin – heute ebenso wie vor zehn Jahren und vermutlich auch noch in zehn Jahren.

Über dieses Buch

Dieses Buch ist kein Roman und deshalb müssen Sie auch nicht jede Seite von vorne bis hinten durchlesen, um die Handlung zu verstehen. Vielmehr können Sie an nahezu jeder beliebigen Stelle in das Buch reinspringen und genau bei dem Thema mit dem Lesen beginnen, das Sie gerade wirklich interessiert. Jedes Kapitel bildet eine abgeschlossene Einheit und setzt nicht voraus, dass Sie die vorhergehenden Kapitel gelesen haben. Wenn Sie allerdings gerade zum ersten Mal in Ihrem Leben mit SPSS arbeiten, ist es vielleicht doch nicht so ganz egal, in welches Kapitel Sie zuerst hineinspringen. Vielleicht beginnen Sie dann mit einem, das die Bedienung des Programms erläutert (hier empfehlen sich Kapitel 1 und 2), bevor Sie anschließend direkt mit der Datenanalyse loslegen.

Alle statistischen Verfahren werden in diesem Buch anhand von Beispielen erläutert. Diese Beispiele können Sie auch selbst an Ihrem PC nacharbeiten, denn ihre Grundlage sind Daten, die Bestandteil von SPSS sind und bei der Installation des Programms mit auf die Festplatte kopiert wurden. Zu Beginn jedes Beispiels wird angegeben, welche Daten im Folgenden verwendet werden. Natürlich können Sie diese Daten auch nutzen, um von den vorgestellten Beispielen abzuweichen und sich eigene Analysen zur Übung auszudenken oder einfach ein wenig mit den Daten herumzuspielen.

Konventionen in diesem Buch

Benutzen Sie dieses Buch wie ein Nachschlagewerk. Wenn Sie für eine bestimmte Aufgabenstellung einen Lösungsweg suchen, schlagen Sie an der entsprechenden Stelle in dem Buch nach und lesen Sie die zwei, drei Schritte, die es braucht, um die Aufgabe zu lösen. Um die richtige Stelle in dem Buch schnell zu finden, nutzen Sie neben dem Inhaltsverzeichnis auch das Stichwortverzeichnis am Ende des Buches.

Damit Sie sich in dem Text schnell zurechtfinden, gelten einige wenige Konventionen, die in dem gesamten Buch einheitlich angewendet werden:

✔ **Menübefehle und Optionen.** Wenn in dem Text von einem Menübefehl oder einer bestimmten Dialogfeld-Option die Rede ist, werden deren Bezeichnungen IN DIESER FORM hervorgehoben. Wenn beispielsweise der Befehl Drucken aus dem Menü Datei aufgerufen werden soll, steht im Text zum Beispiel Folgendes: »Wählen Sie den Menübefehl DATEI|-DRUCKEN.«

✔ **Variablennamen und Kodierungen.** Bei der Arbeit mit SPSS hat man es naturgemäß ständig mit Variablen, Kodierungen und Werten zu tun. Solche von dem Anwender vergebenen Namen und Begriffe sind in dem Text `in dieser Form` dargestellt. So könnten Sie zum Beispiel irgendwo auf einen Satz der folgenden Art treffen: »Die Variable `Geschlecht` weist die Kodierung `1` auf, für die das Wertelabel `Mann` definiert ist.«

✔ **Tastenkombinationen.** An einigen Stellen werden Sie zum Beispiel eine Aufforderung der folgenden Art finden: »Tippen Sie die Tastenkombination ⬆ + F12.« Damit ist dann gemeint, dass Sie die beiden Tasten ⬆ und F12 gleichzeitig tippen sollen.

Was Sie nicht lesen müssen

Wenn man sich in der Statistik endlich auf sicherem Boden wähnt und alle Zusammenhänge verstanden zu haben glaubt, kommt garantiert irgendein Schlaumeier um die Ecke und weist einen auf zusätzliche Aspekte hin, die man bisher übersehen hat. Oder er klärt einen darüber auf, warum die Ergebnisse, die man selbst schon längst kennt, gerade genau so richtig sind, wie sie sind.

Will man das überhaupt wissen?

Möglicherweise nicht.

Falls aber doch, dann finden Sie auch in diesem Buch genau solche Schlaumeier-Erklärungen, die Sie eigentlich gar nicht lesen müssen. Deshalb sind diese Hinweise auch alle durch graue Kästen hervorgehoben. Wenn Sie einen solchen Kasten entdecken, können Sie einen großen Bogen darum machen – Sie müssen den Inhalt wirklich nicht lesen! Nur wenn Sie unbedingt alles ganz genau wissen und auch die Hintergründe verstehen möchten, dann können Sie bei Gelegenheit ja auch mal einen Blick auf die Schlaumeier-Erklärungen in den grauen Kästen riskieren.

Törichte Annahmen über den Leser

Ich habe nicht die geringste Ahnung, ob Sie gerade mit Ihrem Studium beginnen oder schon die Rede für die Verleihung Ihres ersten Nobelpreises vorbereiten. Vielleicht trifft auch beides auf Sie zu oder keines von beidem, weil Sie nämlich gerade für Ihren Chef irgendeinen Haufen Daten analysieren sollen, die er selbst nicht einmal in den Ansätzen verstanden hat. Sehr wahrscheinlich beschäftigen Sie sich aber in irgendeiner Weise mit Daten oder Statistik – und neuerdings auch mit SPSS. Ich nehme zudem an, dass Sie – auch wenn Sie möglicherweise noch nie mit SPSS gearbeitet haben – dennoch mit der Arbeit am Computer unter Windows vertraut sind und wissen, wie man ein Programm startet und eine Maus bedient. Sollte dies nicht der Fall sein, ist das kein Beinbruch, denn wenn Sie sich wirklich vorgenommen haben, den Umgang mit SPSS zu lernen, wird alles andere für Sie ohnehin ein Kinderspiel sein.

Wie dieses Buch aufgebaut ist

Das Buch ist in sechs Teile untergliedert, die sich jeweils einem der wesentlichen Arbeitsfelder im Umgang mit SPSS widmen – beginnend mit der Bedienung des Programms über die Dateneingabe und -analyse bis hin zum Erstellen und Exportieren präsentationsreifer Ergebnisse.

Teil I: SPSS kennen lernen

Dieser Teil soll helfen, eine Freundschaft entstehen zu lassen – und zwar zwischen Ihnen und SPSS. In dem ersten Kapitel lernen Sie bereits alles kennen, was Sie benötigen, um eine vollständige Datenanalyse mit SPSS durchzuführen – von der Eingabe der Daten über die Datenaufbereitung bis zur Durchführung statistischer Ergebnisse und dem Erstellen von Diagrammen. Wenn Sie dieses Kapitel gelesen haben, brauchen Sie den Rest des Buches eigentlich nicht mehr, denn dort wird nur all das wiederholt, was im ersten Kapitel ohnehin schon steht, wenn auch vielleicht ein ganz klein wenig ausführlicher.

Teil II: Datendateien anlegen und bearbeiten

Ein wesentlicher Teil der Arbeit mit SPSS besteht darin, Daten einzugeben oder aus anderen Programmen zu importieren, Daten aufzubereiten, Daten umzukodieren und neue Daten zu berechnen. All dies muss häufig geschehen, bevor überhaupt eine erste statistische Analyse durchgeführt werden kann. Wie Sie genau das alles mit SPSS erledigen, erfahren Sie in den fünf Kapiteln aus Teil II dieses Buches.

Teil III: Statistische Datenanalyse

Der Hauptgrund, warum man SPSS benutzt, sind die statistischen Analyseverfahren, die man damit durchführen möchte. Dazu hält SPSS ein sehr breites Spektrum unterschiedlicher Analysemethoden bereit. Die wichtigsten davon werden in diesem Teil des Buches beschrieben. Dabei bezieht sich jedes der neun Kapitel auf eine spezielle Fragestellung oder Analysemethode – beginnend mit der Berechnung einfacher Kennzahlen und dem Erstellen einer Häufigkeitstabelle über Signifikanztests wie dem Chi-Quadrat- und dem T-Test bis hin zu höheren statistischen Verfahren wie der Regressions- und der Clusteranalyse.

Teil IV: Malen nach Zahlen

Neben dem umfangreichen Instrumentarium an statistischen Analysemethoden bilden die vielfältigen Möglichkeiten zum Erstellen von Diagrammen die zweite große Stärke von SPSS. Da Diagramme ja auch immer ganz schön anzuschauen sind und bei der Präsentation von Ergebnissen mächtig Eindruck machen, empfiehlt es sich, diese Möglichkeiten zu nutzen. Wie Sie dies tun und beispielsweise Balken-, Linien- oder Kreisdiagramme, Boxplots, Bevölkerungspyramiden und Streudiagramme erstellen, erfahren Sie in Teil IV dieses Buches. Dort wird auch beschrieben, wie Sie ein mit SPSS erstelltes Diagramm nachträglich noch bearbeiten können und zum Beispiel in Ihren Wunschfarben strahlen lassen.

Teil V: Ergebnisse professionell gestalten und nutzen

Die Ergebnisse statistischer Analysen sind oftmals sehr trocken – und naturgemäß einigermaßen zahlenlastig. Daher sollten sie wenigstens hübsch anzuschauen sein, wenn man sie präsentiert. Um dies zu gewährleisten, können Sie die von SPSS produzierten Ergebnistabellen nachträglich umfangreich formatieren und mit Farben, Rahmenlinien, anderen Schriftarten und gemusterten Hintergründen versehen. Wenn Sie auf diese Weise umwerfende Tabellen erstellt haben, können Sie sie anschließend auch guten Gewissens in Präsentationen übernehmen und dazu beispielsweise in eine PowerPoint- oder eine Word-Datei kopieren. Die drei Kapitel des fünften Teils verraten Ihnen, wie Sie dies alles tun.

Teil VI: Der Top-Ten-Teil

Die Musikindustrie hat's vorgemacht: Die wirklich wichtigen Dinge im Leben lassen sich in einer Top-Ten-Liste zusammenfassen. Genau dies geschieht auch im letzten Teil dieses Buches.

Symbole, die in diesem Buch verwendet werden

Dieses Symbol weist auf einen hilfreichen Tipp hin, mit dem Sie Zeit sparen, neue Wege zur Lösung einer Aufgabe entdecken oder den logischen nächsten Schritt kennen lernen können.

Jeder einzelne Schritt der Datenanalyse wird in diesem Buch anhand von Beispielen erläutert. Diese Beispiele verwenden Daten, die von SPSS bereitgestellt werden. Wenn Sie dieses Symbol sehen, können Sie dort nachlesen, welche Daten für das jeweils folgende Beispiel benutzt werden – diese Daten können Sie dann selbst an Ihrem PC aufrufen, um die Beispiele nachzuarbeiten.

Wenn Sie dieses Symbol sehen, sollten Sie daneben einen Hinweis vorfinden, der ausnahmsweise tatsächlich einmal wichtig ist und nicht einfach so überlesen werden sollte.

Die Arbeit mit SPSS ist nicht wirklich gefährlich – in manchen Situationen sollten Sie aber dennoch besonders aufmerksam sein, um nicht versehentlich eine Katastrophe ähnlich dem Weltuntergang auszulösen. Die Stellen, an denen in diesem Buch auf derartige Gefahren hingewiesen wird, sind durch dieses Symbol besonders hervorgehoben.

Wie es weitergeht

An welcher Stelle lesen Sie jetzt als Nächstes weiter? Das ist eine gute Frage und ehrlich gesagt würde mich die Antwort auch interessieren. Ich hätte da aber einen Tipp für Sie: Wenn Sie gerade zum ersten Mal mit SPSS in Berührung kommen und sich schnell einen Überblick verschaffen möchten, wie das Programm organisiert ist, was man damit alles anstellen kann und welche Schritte auf dem Weg von dem vor Ihnen liegenden Stapel an ausgefüllten Fragebögen bis zu den fertigen Ergebnissen der Datenanalyse notwendig sind, dann beginnen Sie doch mal ganz konventionell mit dem ersten Kapitel des Buches, denn dort wird genau dies anhand eines Beispiels beschrieben.

Wenn Sie über diesen Schritt aber schon hinaus sind, im Grunde bereits wissen, worauf Sie sich mit SPSS eingelassen haben und die Bedienung einer Software unter Windows ohnehin intuitiv beherrschen, dann sollten Sie tatsächlich direkt bei dem Thema einsteigen, mit dem Sie gerade befasst sind. Blättern Sie in diesem Fall also ein paar Seiten zurück und suchen Sie im Inhaltsverzeichnis das Kapitel oder den Abschnitt, der genau Ihre Frage zu beantworten verspricht.

Behalten Sie dabei in jedem Fall immer eines im Kopf: SPSS ist zwar manchmal ein wenig widerspenstig, meint es dabei aber nie böse. Schließen Sie also Freundschaft mit SPSS und gehen Sie Ihren Daten auf den Grund. Viel Spaß und viel Erfolg!

Teil I

SPSS kennen lernen

The 5th Wave   By Rich Tennant

»Wenn unsere Analyse zur Bedeutung der Kofferraumgröße keine
Fehler enthält, dann sollte sich dieses Auto im nächsten Jahr
spitzenmäßig verkaufen.«

In diesem Teil ...

In diesem Teil werden Sie einen neuen Freund kennen lernen, nämlich SPSS. Und wie es sich für gute Freunde gehört, wird es am Ende keine Geheimnisse mehr geben. Sie erfahren in diesem Teil alles, was Sie wissen müssen, um eine Datenanalyse mit SPSS durchzuführen. Genau genommen erfahren Sie dies sogar schon im ersten Kapitel. Im zweiten Kapitel werden lediglich einige Besonderheiten von SPSS noch mal ein wenig detaillierter beschrieben – und damit ist der erste Teil auch schon beendet. Ob Sie danach auch noch die weiteren Teile des Buches lesen möchten, ist Ihnen überlassen – notwendig ist es nicht, denn eigentlich wissen Sie dann eh schon alles.

In 25 Minuten zum SPSS-Profi

In diesem Kapitel

▷ Das Programm SPSS starten

▷ Daten aus einer Umfrage in den Computer eingeben

▷ Eine Datendatei anlegen und richtig strukturieren

▷ Stupide, aber notwendig: Daten eintippen

▷ Mit SPSS rechnen und Daten für eine Analyse vorbereiten

▷ Eine erste statistische Auswertung

▷ Eine erste Grafik mit SPSS erstellen

▷ Daten und Ergebnisse speichern

▷ SPSS beenden

SPSS dient dazu, mehr oder weniger umfangreiche Datenmengen mit statistischen Methoden zu untersuchen und auszuwerten. Nur wer eine solche statistische Datenanalyse durchführen möchte, wird sich typischerweise überhaupt näher mit SPSS beschäftigen. Dennoch kann das Programm SPSS wesentlich mehr, als »einfach nur Analysen durchzuführen«, und wenn Sie ernsthaft mit SPSS arbeiten, werden Sie auch nicht umhinkommen, neben der eigentlichen Analyse weitere, meistens vorbereitende Arbeitsschritte mit SPSS umzusetzen. Bevor Sie irgendwelche Daten mit SPSS analysieren können, müssen Sie diese nämlich erst einmal in eine Datendatei von SPSS eingegeben oder aus anderen Programmen einlesen. Zudem müssen die Daten nach einem bestimmten Muster strukturiert sein, denn nur dann ist SPSS überhaupt in der Lage, die Daten zu interpretieren und auszuwerten.

In diesem Kapitel werden an einem kleinen Beispiel alle Arbeitsschritte vorgestellt, die eine vollständige Analyse mit SPSS typischerweise umfasst – von dem Starten des Programms über die Dateneingabe und die Durchführung statistischer Analysen bis zum Beenden von SPSS. Wenn Sie dieses Beispiel nachvollzogen haben, werden Sie nahezu alle Arten von Arbeiten kennen, die Sie mit SPSS durchführen können. Natürlich gibt es von jedem Arbeitsschritt sehr, sehr viele Varianten (zum Beispiel sehr viele unterschiedliche Verfahren der statistischen Analyse oder viele verschiedene Arten von Grafiken), die Sie in dem folgenden Beispiel nicht alle kennen lernen werden, aber in Bezug auf den generellen Ablauf der Arbeit mit SPSS sollten Sie nach diesem Kapitel keine großen Überraschungen mehr erleben.

Eine typische Aufgabenstellung für SPSS

Sollten Sie irgendwann einmal ein Buch in die Hände bekommen, in dem eine Überschrift großspurig eine »typische Aufgabenstellung für SPSS« ankündigt, können Sie das Buch getrost ungelesen zurücklegen, denn offensichtlich hat der Autor keine Ahnung, worüber er schreibt: SPSS wird in der Praxis für derart viele und unterschiedliche Fragestellungen zum Beispiel aus der Marktforschung, den Naturwissenschaften, der Ökonomie oder den Sozialwissenschaften eingesetzt, dass es eine »typische Aufgabenstellung für SPSS« gar nicht geben kann. Allerdings gibt es so etwas wie »typische Arbeitsschritte«, die unabhängig von der konkreten Aufgabenstellung bei der Datenanalyse mit SPSS anfallen. So lässt sich nahezu jedes Analyseprojekt, das mit SPSS durchgeführt wird, in die folgenden Teilaufgaben untergliedern, wobei je nach Art und Umfang des Projektes einige dieser Schritte auch entfallen können:

✔ Zu Beginn wird das Programm SPSS gestartet.

✔ Die zu analysierenden Daten müssen irgendwie in eine Datendatei von SPSS gelangen. Hierzu können die Daten entweder direkt in SPSS eingetippt oder aus einer bestehenden Datei eines anderen Programms übernommen werden.

✔ Bevor sich die Daten analysieren lassen, müssen sie häufig noch aufbereitet oder umstrukturiert werden.

✔ Anschließend kann die eigentliche Analyse der Daten erfolgen. Das Ergebnis solcher Analysen sind meistens Tabellen oder Grafiken, in denen die Resultate präsentiert werden.

✔ Wenn die Ergebnisse der Analyse in Dokumentationen oder Präsentationen weiterverwendet werden sollen, lassen sie sich zuvor mit SPSS in ihrem Aussehen präsentationsreif gestalten, damit man die Ergebnisse hoffentlich nicht nur inhaltlich, sondern auch äußerlich zeigen mag.

✔ Damit Daten und Ergebnisse nicht verloren gehen, müssen sie vor dem Beenden des Programms gespeichert werden.

✔ Zum Abschluss wird das Programm SPSS wieder beendet.

Ein erstes kleines Beispiel

Im Folgenden wird eine kleine Analyse durchgeführt, die alle wesentlichen Arbeitsschritte umfasst. Die Aufgabenstellung besteht darin, die Ergebnisse einer sehr einfachen Kundenbefragung auszuwerten. Eine solche Aufgabe ist »ein Klassiker« für alle »Newbies«, die anfangen, mit SPSS zu arbeiten. Das Beispiel geht davon aus, irgendein beliebiges Unternehmen wie zum Beispiel ein Kaufhaus habe seine Kunden anhand der »Gewinnspielkarte« aus Abbildung 1.1 über deren Produktinteressen befragt und gleichzeitig versucht, Informationen über das Alter der Kunden zu gewinnen und das Einverständnis für weitere Werbezusendungen zu erhalten. Natürlich ist die hier abgebildete Karte simplifiziert, denn wesentliche Informationen wie die Abfrage von Adressdaten, einer Kundennummer oder der E-Mail-Adresse fehlen. Gehen Sie einfach davon aus, die Daten würden auf der Rückseite der Karte abgefragt und seien im ersten Schritt nicht relevant.

Um die mit diesen Antwortkarten gewonnenen Daten auszuwerten, werden im Folgenden alle oben aufgeführten Arbeitsschritte durchgeführt. Sie können die folgende Analyse Schritt für Schritt an Ihrem PC nacharbeiten. Je nachdem, wie viel Erfahrung Sie bereits mit anderen Programmen wie Excel, Word oder Access haben, werden Ihnen dabei einige Schritte viel-

Antwortkarte

Vorname: *Oskar*

Nachname: *Schwarz*

Geburtsdatum: *14.8.1964*

☒ Ja, ich möchte an dem Gewinnspiel teilnehmen.

☒ Bitte informieren Sie mich über neue Angebote im Bereich

☐ Computer ☒ Audio/TV/Photo ☐ Hausgeräte

Abbildung 1.1: Antwortkarte aus einer fiktiven Kundenbefragung

leicht sehr vertraut vorkommen. Bei anderen Schritten haben Sie eventuell das Gefühl, man müsste noch wesentlich mehr Details erfahren, um alle Möglichkeiten kennen zu lernen. Dieses Gefühl wird dann vermutlich richtig sein, denn jeder der folgenden Arbeitsschritte wird in den späteren Kapiteln dieses Buches noch sehr viel detaillierter vorgestellt. Das folgende Beispiel sollte vor allem ein guter Start für die erste Begegnung mit SPSS sein:

✔ Sie lernen den »typischen« Ablauf einer Analyse mit SPSS kennen.

✔ Sie werden mit der Oberfläche von SPSS und einigen verschiedenen Fenstern vertraut (SPSS hat nämlich jeweils eigene Fenster zur Darstellung und Bearbeitung von Daten, Ergebnissen und Grafiken).

✔ Sie können hinterher ohne rot zu werden behaupten, bereits vollständige Analysen mit SPSS durchgeführt zu haben, also quasi ein SPSS-Profi zu sein.

SPSS starten

Wie für nahezu jedes Programm unter Windows gilt auch für SPSS: Viele Wege führen zum Starten des Programms. Glücklicherweise gibt es aber überhaupt keinen Grund, alle Wege zu lernen – es genügt vollkommen, den einfachsten Weg zu kennen.

Der einfachste Weg zu SPSS

Der einfachste Weg zum Starten von SPSS ist meistens das Icon auf der Oberfläche von Windows. Wenn Sie auf dieses Icon doppelklicken, starten Sie das Programm.

 Statt dieses Icons auf der Windows-Oberfläche können Sie auch das Start-Menü verwenden, um SPSS aufzurufen. Die verschiedenen Wege zum Starten von SPSS werden im folgenden Kapitel systematisch dargestellt.

Abbildung 1.2: Windows-Oberfläche mit dem Icon von SPSS zum Starten des Programms

Die erste Begrüßung durch SPSS

Die Begrüßung durch SPSS fällt traditionell sehr nüchtern aus. Je nach den bei Ihnen vorgenommenen Einstellungen zeigt SPSS zur Begrüßung entweder nur ein vollkommen leeres Tabellenblatt oder, wie in Abbildung 1.3 dargestellt, ein leeres Tabellenblatt mit einem Dialogfeld, das Sie fragt, was Sie denn jetzt eigentlich tun möchten. Sollte dieses Dialogfeld bei Ihnen angezeigt werden, ist es in den meisten Fällen das zweckmäßigste, es einfach mit der Schaltfläche ABBRECHEN zu schließen, um ohne Umwege mit der Arbeit beginnen zu können. Danach sieht der Bildschirm ziemlich aufgeräumt aus und zeigt neben einer leeren Tabelle nur einige wenige Symbole und Menübefehle.

Datendatei anlegen

Die leere Tabelle in Abbildung 1.3 ist das Gerüst einer Datendatei. Die ersten Schritte bei der Arbeit mit SPSS bestehen nahezu immer darin, diese Tabelle mit den Daten zu füllen, die dann im Folgenden analysiert werden sollen. Das Füllen dieser Datei kann dadurch geschehen, dass die zu untersuchenden Daten tatsächlich einzeln »mit der Hand«, also über die Tastatur in die leere Tabelle eingegeben werden. In vielen Fällen liegen die Daten aber auch schon in elektronischer Form als Datei vor und können dann je nach dem Format dieser Datei einfach als fertige SPSS-Datei geöffnet oder aus einer anderen Anwendung wie Excel oder Access eingelesen werden. Dieses Glück haben Sie mit den Antwortkarten aus der Kundenbefragung leider nicht, weshalb Sie im nächsten Schritt tatsächlich alle Daten mit der Hand eingeben müssen.

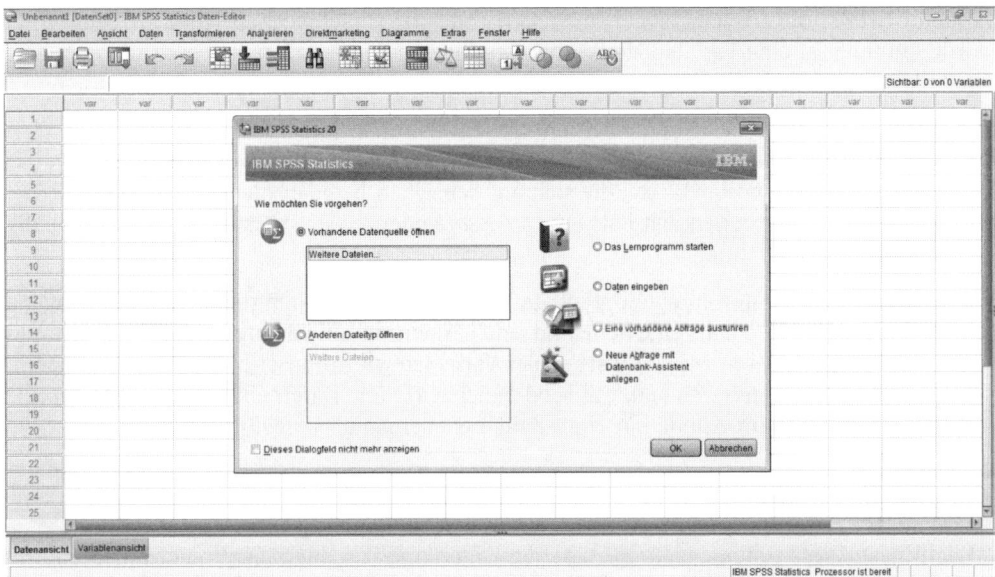

Abbildung 1.3: Erster Bildschirm nach dem Start von SPSS – hier mit Begrüßungs-Dialogfeld

Ordnung schaffen: Daten brauchen eine Struktur

Bevor Sie mit der Eingabe der Antworten von den Antwortkarten in die Datendatei beginnen können, sollten Sie sich die Frage stellen, in welcher Form diese Daten in das leere Tabellenblatt von SPSS übertragen werden sollen. Diese Frage mag trivial erscheinen, in Wirklichkeit ist sie aber von zentraler Bedeutung. Vor jeder Dateneingabe sollte man sich zwei Punkte sehr gut überlegen:

1. Wie sollen die Daten angeordnet werden? Die richtige Antwort auf diese Frage lautet: Jeder Datensatz wird als Zeile und jede Variable als Spalte angelegt. Was dies genau bedeutet, wird im folgenden Abschnitt deutlich.

2. Wie können die Antworten so eingegeben werden, dass man möglichst wenig tippen muss, die Daten gut mit dem Computer auswerten kann und die Inhalte der Datendatei auch in Zukunft noch versteht? Hier werden Sie bei der Datenanalyse sehr schnell merken, dass Kodierungen (statt der Eingabe vollständiger Antwortsätze) die Arbeit ganz erheblich erleichtern. Unten wird sich zeigen, wie sich dies auf die vorliegenden Antwortkarten übertragen lässt.

Von Fällen und Variablen in Zeilen und Spalten

Die Aufgabe des Beispiels besteht darin, die Ergebnisse der kleinen Kundenbefragung in die Datendatei einzugeben. Es werden also viele einzelne Kunden (beziehungsweise deren Antwortkarten) betrachtet, und für jeden dieser Kunden liegen mehrere Merkmale wie der Name, das Geburtsdatum, der Wunsch nach Werbezusendungen und so weiter vor. Jedes dieser Merkmale wird als eine *Variable* bezeichnet, denn es handelt sich um eine veränderliche (also variable) Größe, die an verschiedenen Stellen (hier bei verschiedenen Kunden) beobachtet wurde. So umfasst eine Variable alle Vornamen, die von den Kunden abgefragt wurden, eine zweite Variable enthält alle Nachnamen, eine dritte die Geburtstage und so weiter.

Für jeden Kunden aus der Kundenbefragung liegt damit in jeder Variablen genau ein Wert vor, also ein Wert in der Vornamen-Variablen, ein Wert in der Nachnamen-Variablen und so weiter. Die Gesamtheit aller Werte, die sich auf denselben Kunden (generell auf dieselbe Beobachtungseinheit) beziehen, wird als ein *Datensatz* oder in der statistischen Analyse häufig auch als ein *Fall* bezeichnet.

Bei der Eingabe der Daten in eine Datendatei ist es allgemein üblich und bei SPSS zwingend notwendig, dass jeder Fall als eine Zeile und jede Variable als eine Spalte eingegeben wird. Das heißt im Ergebnis, dass sämtliche Werte einer Variablen wie zum Beispiel alle Nachnamen in einer Spalte untereinander stehen, während gleichzeitig alle Daten eines Falles wie hier alle Informationen zu einem Kunden in einer Zeile nebeneinander aufgeführt werden.

Warum das Ganze?

Wichtig ist: Diese Unterscheidung zwischen Fällen und Variablen dient nicht nur der Befriedigung irgendwelcher formaler Anforderungen oder theoretischer Überlegungen, sondern ist von höchster praktischer Bedeutung. Die Fälle sind stets die Untersuchungsgegenstände, über die man Erkenntnisse gewinnen möchte. In diesem Beispiel handelt es sich um Personen, ebenso könnten es aber auch bestimmte Gegenstände, Länder oder auch unterschiedliche Zeitpunkte, an denen Messungen vorgenommen wurden, sein. Die Variablen enthalten hingegen die unterschiedlichen Größen, die gemessen wurden. In der späteren Analyse werden diese Größen betrachtet, um Aussagen über die Untersuchungsgegenstände (hier die Kunden) zu gewinnen. Beispielsweise könnte in dem Beispiel mit den Antwortkarten aus dem Geburtsdatum der Kunden ermittelt werden, wie alt die Kunden im Durchschnitt sind. Ebenso ließe sich auszählen, welcher Anteil der Kunden sich für Computer interessiert und welcher Anteil über Hausgeräte auf dem Laufenden bleiben möchte. Eine solche Auswertung sämtlicher Daten einer Variablen über alle Fälle hinweg ist umgekehrt in aller Regel nicht sinnvoll. Auch in dem Beispiel mit den Antwortkarten lassen sich nicht alle Antworten eines Kunden gemeinsam betrachten, um daraus übergeordnete Erkenntnisse oder Durchschnittswerte abzuleiten, denn die Daten einer Untersuchungseinheit (hier eines Kunden) sind zum einen zu speziell (eben nur auf die eine Einheit bezogen) und zum anderen zu heterogen (hier Namensangaben, Datumsangaben, Interessensgebiete), um daraus mit statistischen Methoden sinnvolle Erkenntnisse gewinnen zu können.

Was heißt das für das Antwortkarten-Beispiel?

Die Anwendung dieser Regeln auf die Kundenbefragung aus dem Beispiel ist sehr einfach: Jede Antwortkarte bildet einen Fall und wird damit zu einer Zeile in der Datendatei. Jede auf den Karten abgefragte Information bildet eine Variable und wird damit zu einer Tabellenspalte.

Es werden also insgesamt acht Spalten (Variablen) benötigt, denn jede Antwortkarte fragt acht Informationen ab:

1. Vorname

2. Nachname

3. Geburtsdatum

4. Möchte der Kunde an dem Gewinnspiel teilnehmen?

5. Möchte der Kunde über Angebote informiert werden?

6. Interessiert sich der Kunde besonders für Computer?

7. Interessiert sich der Kunde besonders für Audio/TV/Photo?

8. Interessiert sich der Kunde besonders für Hausgeräte?

Wie erkläre ich SPSS die Datenstruktur?

Bevor Sie nun mit der eigentlichen Dateneingabe beginnen können, müssen Sie SPSS erklären, wie die Datendatei aufgebaut sein soll. Dies geschieht, indem Sie die erforderlichen Variablen für die Datei beschreiben. Sie legen dabei fest, wie viele Variablen Sie benötigen, wie diese Variablen heißen sollen und welche Arten von Daten (Texte, Datumswerte, Zahlen) in die Variablen eingegeben werden.

Die Variablenansicht der Datendatei

Eine Datendatei lässt sich bei SPSS in zwei unterschiedlichen Ansichten betrachten, der *Datenansicht* und der *Variablenansicht*. Um die Beschreibung der Variablen vornehmen zu können, muss die bisher leere Datendatei in der *Variablenansicht* angezeigt werden. Klicken Sie hierzu am unteren Rand der Datendatei auf die Registerkarte VARIABLENANSICHT, siehe Abbildung 1.3. Anschließend hat die Datendatei das Aussehen aus Abbildung 1.4. In dieser Ansicht dient jede Zeile der Tabelle dazu, eine Variable für die Datendatei anzulegen und näher zu beschreiben. Jede Variable, die Sie hier anlegen, wird anschließend in der Datenansicht der Datei als eine Spalte angezeigt.

Den Variablen einen Namen geben

Das Anlegen einer Variablen beginnt immer mit der Vergabe eines Namens. Sie können daher im ersten Schritt acht Variablennamen vergeben, um die acht Variablen, die Sie zum Erfassen der Daten aus den Antwortkarten benötigen, zu definieren. Die Namen können im Rahmen gewisser Syntaxregeln frei gewählt werden, es empfiehlt sich aber in vielen Fällen, sprechende Namen zu verwenden. So könnte zum Beispiel die erste Variable Vorname heißen, die zweite Nachname, die dritte Geburtsdatum und so weiter. Um die gewünschten Variablen mit diesen Namen zu erstellen, werden die Namen einfach untereinander in die Spalte Name eingetragen. Nach Eingabe der acht Namen, die Sie für dieses Beispiel benötigen, hat die Datendatei in der Variablenansicht das Aussehen aus Abbildung 1.5, wobei Sie auch beliebig andere Namen als die hier vorgeschlagenen verwenden können.

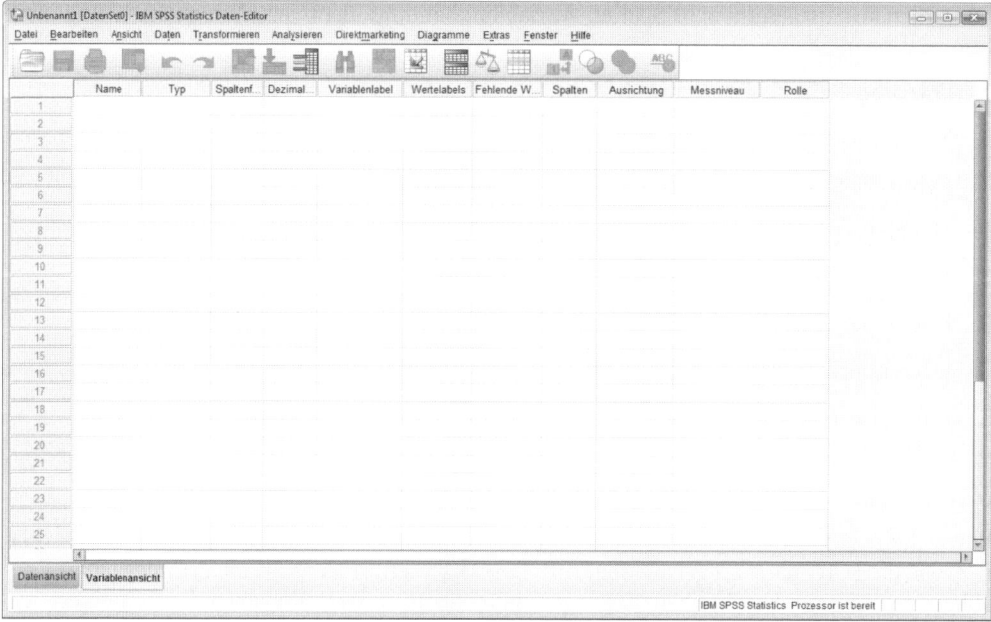

Abbildung 1.4: Leere Datendatei in der Variablenansicht

Sie werden bei der Eingabe der Variablennamen sehr schnell merken, dass dadurch nicht nur die Spalte Name gefüllt wird, sondern automatisch auch die übrigen Felder in der jeweiligen Zeile Einträge zugewiesen bekommen. Dies hat folgende Bedeutung: Jede durch die Vergabe eines Namens definierte Variable wird von SPSS automatisch mit bestimmten Eigenschaften wie einem Datentyp und einem Format versehen, die in den übrigen Feldern der jeweiligen Zeile angezeigt werden. So ist zum Beispiel abzulesen, dass SPSS für jede neu definierte Variable zunächst unterstellt, sie solle numerische Daten (Zahlen) aufnehmen (Typ NUMERISCH) und für diese Zahlen zwei Dezimalstellen ausweisen. Diese Voreinstellungen sind natürlich in vielen Fällen unzutreffend und können daher für jede einzelne Variable geändert werden. Dies geschieht auch für dieses Beispiel in den folgenden Schritten, indem zum Beispiel für die Variablen Vorname und Nachname der numerische Datentyp in den Datentyp für eine Textvariable geändert wird.

Der Datentyp bestimmt den Inhalt der Variablen

Die wichtigste Eigenschaft einer Variablen ist der Datentyp. Dieser legt fest, welche Art von Daten in eine Variable eingegeben werden kann. SPSS kennt im Wesentlichen drei verschiedene Datentypen:

✔ Der Typ NUMERISCH ist für jede Art von Zahlen geeignet.

✔ Variablen vom Typ STRING können beliebige Textwerte aufnehmen.

✔ Für Datumswerte gibt es den speziellen Typ DATUM.

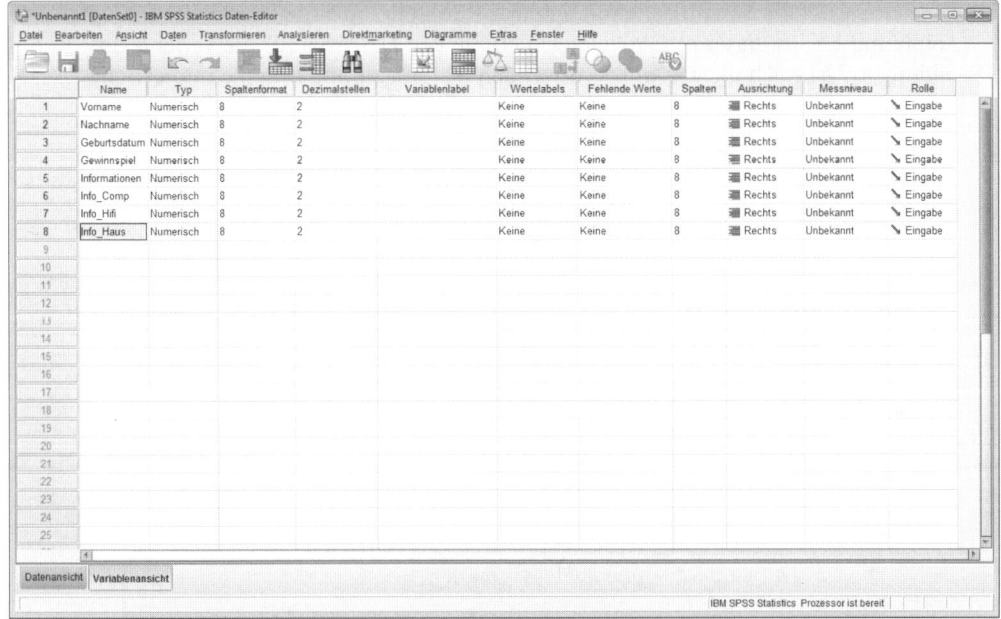

Abbildung 1.5: Datendatei in der Variablenansicht mit acht definierten Variablen

Per Voreinstellung weist SPSS automatisch jeder Variablen den Datentyp Numerisch zu. Dies ist auch in Abbildung 1.5 zu sehen: Jede der acht Variablen, für die bisher lediglich die Namen eingegeben wurden, werden in der Spalte Typ als Numerisch ausgewiesen. Für die ersten drei Variablen ist dies natürlich Unsinn. In die Variablen Vorname und Nachname sollen Texte eingegeben werden, also brauchen Sie hier den Datentyp String. Die Variable Geburtsdatum soll natürlich Datumswerte enthalten, weshalb hier der Datentyp Datum angebracht ist.

Nomenklatura: Namenslisten brauchen Textvariablen

Für beide Namensvariablen aus Abbildung 1.5 muss der Datentyp also so geändert werden, dass die Namen als Texte eingegeben werden können. Beginnen Sie mit der Variablen Vorname:

1. Markieren Sie in der Zeile der Variablen Vorname das Feld in der Spalte Typ. Daraufhin erscheint wie in Abbildung 1.6 am rechten Rand dieses Feldes eine Schaltfläche, auf der drei Punkte dargestellt sind.

	Name	Typ	Spa
1	Vorname	Numerisch ...	8
2	Nachname	Numerisch	8
3	Geburtsdatum	Numerisch	8

Abbildung 1.6: Klick auf die Schaltfläche öffnet das Dialogfeld zur Auswahl des Datentyps.

2. Klicken Sie auf die Schaltfläche mit den drei Punkten. Sie öffnen damit das Dialogfeld aus Abbildung 1.7. In diesem Dialogfeld wählen Sie den Datentyp für die Variable aus. In Abbildung 1.7 ist noch die von SPSS verwendete Voreinstellung für eine numerische Variable zu sehen.

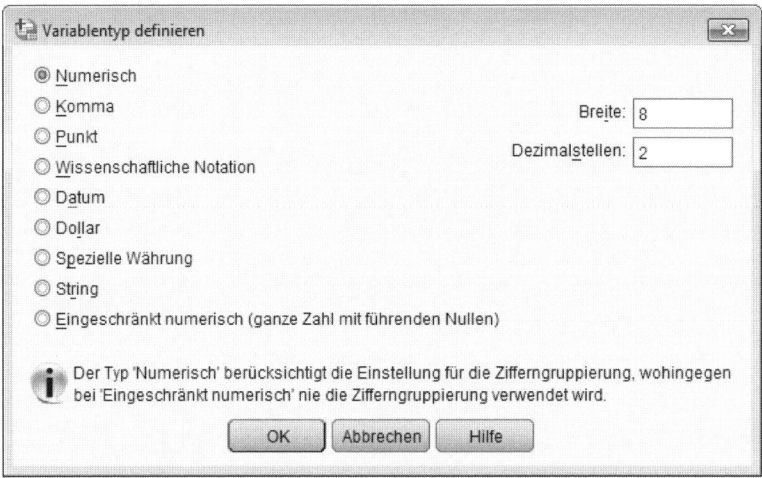

Abbildung 1.7: Dialogfeld zur Auswahl des Datentyps

3. Da Sie die Variable `Vorname` als Textvariable verwenden möchten, wählen Sie den Datentyp STRING (Text). Sobald dieser Typ ausgewählt wird, erscheint ein neues Eingabefeld, in dem die Anzahl der Zeichen abgefragt wird. Geben Sie hier die Anzahl an Zeichen ein, die die Textwerte der Variablen maximal umfassen können. Gehen Sie für das Beispiel einfach mal davon aus, dass keiner der befragten Kunden einen Vornamen hat, der länger als 16 Zeichen ist. Dieser Wert ist in Abbildung 1.8 bereits eingetragen.

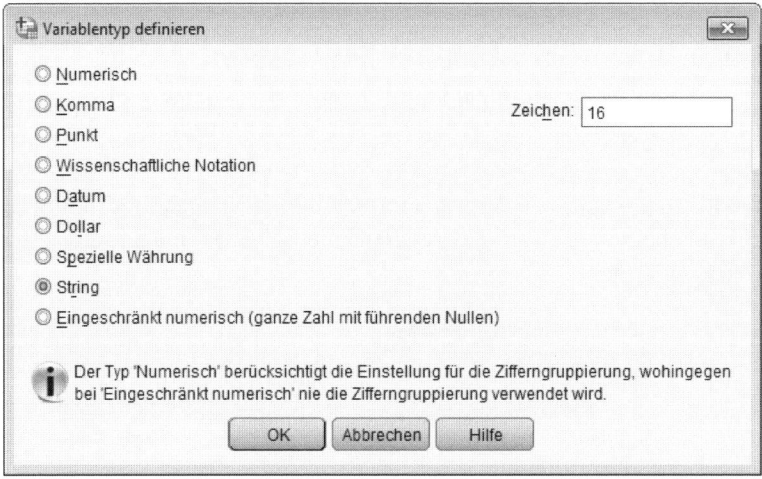

Abbildung 1.8: Datentyp `String` für eine Textvariable mit maximaler Zeichenlänge von 16

4. Wenn Sie den Datentyp STRING ausgewählt und die Zeichenzahl 16 eingegeben haben, können Sie das Dialogfeld mit der Schaltfläche OK schließen. Daraufhin erhalten Sie wieder die Auflistung der bisher definierten Variablen mit ihren Eigenschaften, in der nun wie in Abbildung 1.9 die Angaben für die Variable Vorname aktualisiert sind. Die gemeinsam mit dem Variablentyp definierte Zeichenzahl wird hier in der Spalte SPALTENFORMAT aufgeführt.

	Name	Typ	Spaltenformat	Dezimalstellen	Va
1	Vorname	String ...	16	0	
2	Nachname	Numerisch	8	2	
3	Geburtsdatum	Numerisch	8	2	

Abbildung 1.9: Darstellung der Variablen Vorname *nach Änderung des Datentyps*

Ebenso wie die Variable Vorname benötigt auch die Variable Nachname den Datentyp STRING, und auch hier scheint eine Zeichenzahl von 16 für die meisten Namen ausreichend. Um dieses Beispiel nachzuarbeiten, ändern Sie den Datentyp auf die gleiche Weise wie bei der Variablen Vorname.

Wie speichert man ein Geburtsdatum? Als Datum!

Um SPSS zu erklären, dass Sie in die Variable Geburtsdatum Datumswerte schreiben möchten, müssen Sie hier ebenfalls den Datentyp ändern:

1. Markieren Sie in der Zeile für die Variable Geburtsdatum das Feld TYP und öffnen Sie mit der daraufhin angezeigten Schaltfläche das Dialogfeld für die Auswahl des Datentyps.

2. In diesem Dialogfeld wählen Sie nun – wenig überraschend – den Typ DATUM. Damit ist es jedoch noch nicht getan, denn SPSS kennt viele verschiedene Datumsformate. Diese werden nach der Auswahl des DATUM-Typs alle in einer Liste aufgeführt, aus der Sie nun Ihr Lieblingsformat auswählen können. In Abbildung 1.10 ist das Format TT.MM.JJJJ ausgewählt, mit dem ein Datum in der Form 19.03.2012 dargestellt wird.

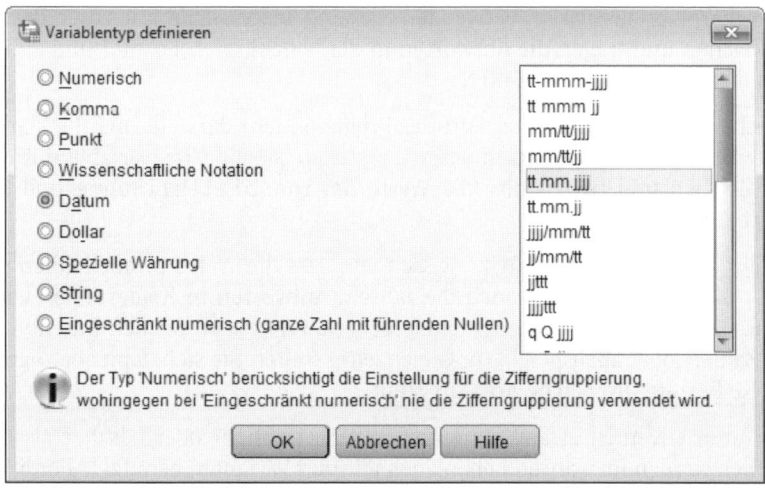

Abbildung 1.10: Datentyp DATUM *für eine Datumsanzeige in der Form* 19.03.2012

3. Nachdem der Datentyp DATUM und das gewünschte Format ausgewählt sind, kann das Dialogfeld mit der Schaltfläche OK geschlossen werden. Danach wird auch für die Variable Geburtsdatum der neue Datentyp wie in Abbildung 1.11 in der Variablenliste aufgeführt.

	Name	Typ	Spaltenformat	Dezimalstellen	V.
1	Vorname	String	16	0	
2	Nachname	String	16	0	
3	Geburtsdatum	Datum	10	0	
4	Gewinnspiel	Numerisch	8	2	

Abbildung 1.11: Darstellung der Variablen Vorname, Nachname *und* Geburtsdatum *mit neuem Datentyp*

Ein bisschen schwanger gibt es nicht: Der richtige Datentyp für Ja/Nein-Variablen

Neben dem Namen und dem Geburtsdatum werden auf der Antwortkarte aus Abbildung 1.1 nur »Fragen zum Ankreuzen« abgefragt. Die Antworten auf diese Fragen lauten immer entweder Ja (wenn ein Kästchen angekreuzt wurde) oder Nein (wenn das Kästchen nicht angekreuzt wurde). Dementsprechend wird zum Beispiel die Variable Gewinnspiel nach der Dateneingabe auch nur die zwei unterschiedlichen Werte Ja und Nein enthalten und damit kennzeichnen, ob die jeweilige Person an dem Gewinnspiel teilnehmen möchte oder nicht.

Es stellt sich nun die Frage, wie derartige Ja/Nein-Daten am sinnvollsten in die Datendatei eingegeben werden sollten. Denkbar sind verschiedene Wege, naheliegend wären zum Beispiel die folgenden Alternativen:

✔ Sie erstellen eine Textvariable, in die Sie tatsächlich die Werte Ja und Nein eintragen; diese Textvariable müsste dann mindestens vier Zeichen für die Datenwerte zulassen.

✔ Um Speicherplatz zu sparen, verwenden Sie eine Textvariable mit einer Breite von nur einem Zeichen und tragen die Antworten in der abgekürzten Form J und N ein oder verwenden die »Anglizismen« Y und N.

✔ Da Speicherplatz heutzutage kein großes Problem mehr darstellt und Sie klar verständliche Datenstrukturen zu schätzen wissen, erstellen Sie eine Textvariable mit einer Breite von 26 Zeichen und tragen hier die Werte Gewinnspielteilnahme und Keine Gewinnspielteilnahme ein.

✔ Spätestens seit dem Film »Matrix« wissen wir, dass die Welt nur aus Nullen und Einsen besteht – also übersetzen Sie auch die Ja/Nein-Antworten in Kodierungen wie zum Beispiel 1 für Ja und 0 für Nein. Dementsprechend verwenden Sie den Datentyp NUMERISCH, um die Zahlencodes abzuspeichern. Gleichzeitig sollten Sie sich dann aber »gut merken«, welche Kodierung für welche Antwort steht.

Von diesen Alternativen ist streng genommen keine richtiger oder falscher als die anderen und tatsächlich werden im wahren Leben auch alle vier Varianten benutzt. Allerdings arbeiten »echte Profis« in der Praxis nahezu ausschließlich mit der letzten Variante, also mit numerischen Kodierungen wie 1 und 0 für Ja und Nein. Diese Art der Kodierung hat zahlreiche Vorteile. Unter anderem erlaubt sie eine sehr bequeme und schnelle Dateneingabe, spart Speicherplatz, ermöglicht sehr schnelle Auswertungen und – das ist das Wichtigste – ist zwingende Voraussetzung dafür, dass die Daten in statistischen Analyseverfahren wie einer Cluster- oder Regressionsanalyse verwendet werden können, denn alle diese Verfahren setzen mathematische Algorithmen ein und brauchen deshalb Zahlen und keine Texte oder Buchstaben als Input.

Damit auch Sie dieses Kodierungsverfahren für die Daten aus den Antwortkarten verwenden können, müssen Sie die entsprechenden Variablen Gewinnspiel, Infos und so weiter als numerische Variablen definieren. Da dies schon per Voreinstellung der Fall ist, brauchen Sie eigentlich nichts mehr zu tun. Aus »ästhetischen« Gründen sollten Sie aber doch noch zwei Anpassungen an den Eigenschaften der Variablen vornehmen:

1. Da in die Variablen nur die Kodierungen 0 und 1 eingegeben werden, können Sie festlegen, dass die Variablen nur einstellige Zahlen ohne Dezimalstellen enthalten sollen. Um dies für die Variable Gewinnspiel vorzugeben, schreiben Sie einfach in der entsprechenden Zeile in die Spalte DEZIMALSTELLEN den Wert 0 und anschließend in die Spalte SPALTEN-FORMAT (damit ist die Spaltenbreite gemeint) den Wert 1. Wichtig ist hierbei, dass Sie erst den Wert für die Dezimalstelle und dann die Spaltenbreite ändern!

2. Damit Sie nicht vergessen, wofür die Kodierungen 0 und 1 inhaltlich stehen, können Sie deren Bedeutung als so genannte Wertelabels speichern. Ein Wertelabel »klebt ein Etikett« (ein Label) an einen Wert, um so eine inhaltliche Erläuterung des Wertes zu notieren. Um für die Variable Gewinnspiel solche Wertelabels zu definieren, gehen Sie folgendermaßen vor:

   • Markieren Sie in der Zeile der Variablen Gewinnspiel das Feld in der Spalte WERTELA-BELS. Daraufhin erscheint am rechten Rand dieses Feldes eine Schaltfläche, auf der drei Punkte abgebildet sind.

   • Klicken Sie auf die Schaltfläche mit den drei Punkten. Damit öffnen Sie das Dialogfeld aus Abbildung 1.12, das zunächst vollkommen leer ist.

   • Tragen Sie in dem Dialogfeld in das Feld WERT die Zahl 0 und in das Feld BESCHRIFTUNG den Text Nein ein. Klicken Sie anschließend auf die Schaltfläche HINZUFÜGEN, um so festzulegen, dass der Wert 0 mit dem Label Nein versehen wird.

   • Legen Sie anschließend auf die gleiche Weise für den Wert 1 das Label Ja fest. Danach hat das Dialogfeld das Aussehen aus Abbildung 1.12. Klicken Sie nun auf die Schaltfläche OK, um diese Angaben zu speichern und das Dialogfeld zu schließen.

Diese beiden Schritte zum Ändern der Dezimalstellen und Spaltenbreite sowie zum Festlegen der Wertelabels können Sie in identischer Form für die übrigen Ja/Nein-Variablen Infos, Info_Comp, Info_Hifi und Info_Haus wiederholen. Danach sollte die Datendatei wie in Abbildung 1.13 dargestellt aussehen.

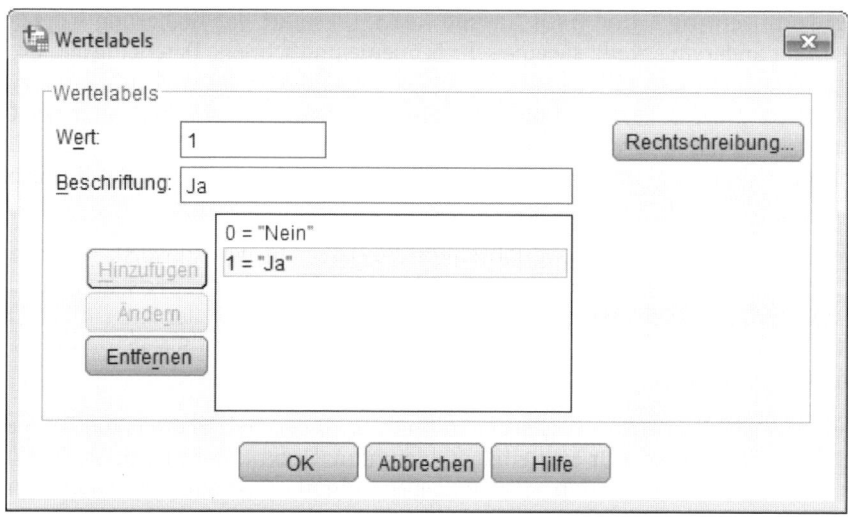

Abbildung 1.12: Festlegen von Wertelabels für die zwei Kodierungen 0 und 1

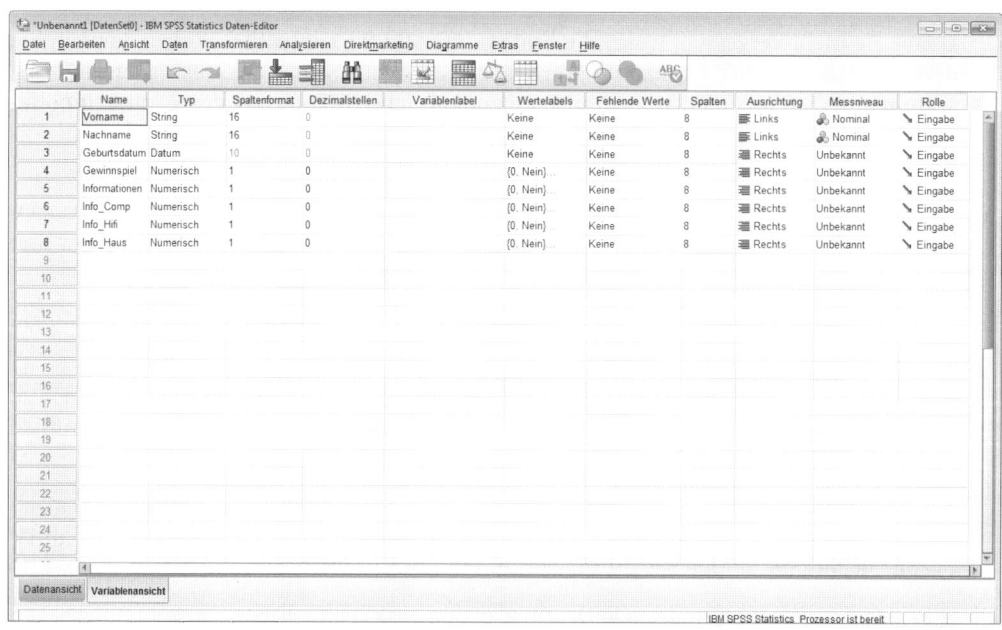

Abbildung 1.13: Datendatei in der Variablenansicht mit allen acht fertig definierten Variablen

Richtfest: Das Gerüst steht

Bis hierher hatten Sie schon jede Menge Arbeit allein für das Anlegen und die Beschreibung der Variablen, ohne dass auch nur eine einzige Antwort aus der Kundenbefragung in die Datendatei eingegeben wurde. Die gute Nachricht ist: Die Arbeit war nicht überflüssig. Sie haben sich damit ein Tabellengerüst geschaffen, das exakt auf Ihre Daten zugeschnitten ist, die Sie im nächsten Schritt eingeben wollen. Das Erstellen eines solchen Tabellengerüstes ist immer der erste Schritt, und es lohnt sich, hierfür ein wenig Zeit zu investieren, denn die richtige Tabellenstruktur erleichtert nicht nur die Dateneingabe, sondern auch die spätere Auswertung der Daten erheblich. Die schlechte Nachricht: Sie können nun mit der eigentlichen Dateneingabe beginnen – und das ist mindestens so viel Arbeit wie das Bauen des Gerüstes.

Daten eingeben

Um mit der Dateneingabe zu beginnen, müssen Sie zunächst die Datendatei wieder in der Datenansicht anzeigen. Klicken Sie hierzu am unteren Rand der Datendatei auf das Register DATENANSICHT. Damit ändern Sie die Darstellung der Datendatei, die nun wie in Abbildung 1.14 dargestellt aussieht. Jede der bisher definierten acht Variablen bildet nun, wie es sich gehört, eine Spalte. Die Namen der Variablen sind in den Spaltenköpfen angegeben, und die vielen leeren Zeilen warten darauf, dass Sie hier die Daten aus der Kundenbefragung eintragen.

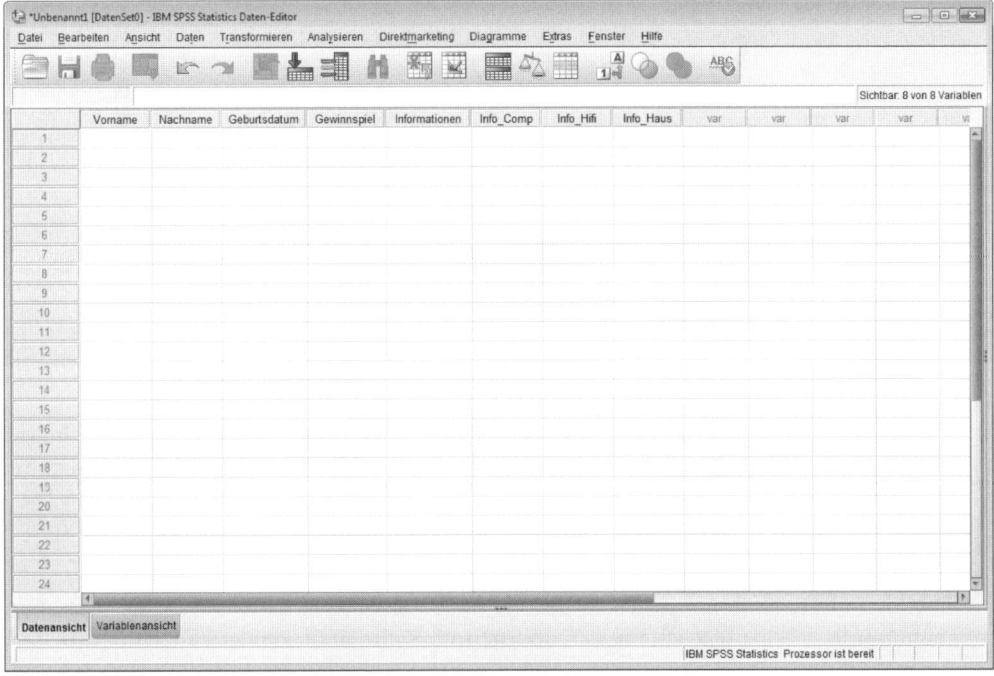

Abbildung 1.14: Datendatei in der Datenansicht nach dem Anlegen von acht Variablen

Die Spaltenbreite ist veränderbar

Möglicherweise werden die einzelnen Spalten bei Ihnen schmaler dargestellt als in Abbildung 1.14, wodurch die Variablennamen im Spaltenkopf nicht vollständig ausgeschrieben oder zweizeilig dargestellt werden. Um dies zu korrigieren, können Sie die Breite jeder einzelnen Spalte verändern, indem Sie den rechten Rand des Spaltenkopfes mit der Maus nach links oder rechts ziehen.

Die nun beginnende Dateneingabe ist sehr, sehr einfach – und ziemlich laaangweilig. Aber leider unvermeidbar. In Abbildung 1.15 ist noch einmal die erste Antwortkarte aus der Kundenbefragung wiedergegeben.

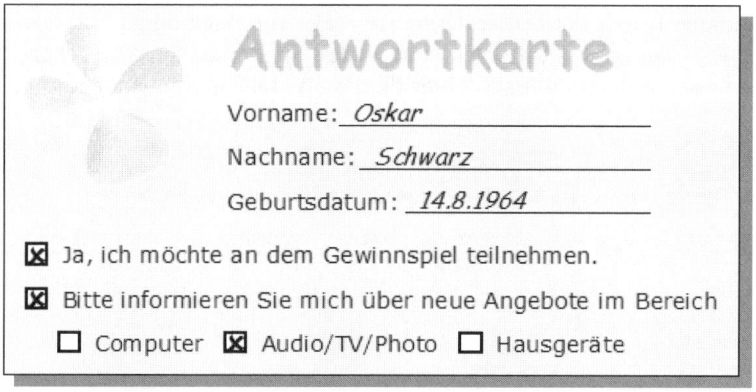
Antwortkarte

Vorname: *Oskar*

Nachname: *Schwarz*

Geburtsdatum: *14.8.1964*

☒ Ja, ich möchte an dem Gewinnspiel teilnehmen.

☒ Bitte informieren Sie mich über neue Angebote im Bereich

☐ Computer ☒ Audio/TV/Photo ☐ Hausgeräte

Abbildung 1.15: Erste Antwortkarte aus der Kundenbefragung

Um die Antworten von dieser Karte in die erste Zeile der Datendatei einzugeben, gehen Sie folgendermaßen vor:

1. Markieren Sie in der ersten Zeile das erste Feld der Spalte `Vorname` (zum Beispiel indem Sie dieses Feld einfach mit der Maus anklicken) und tippen Sie den Vornamen, den Sie eingeben möchten, in diesem Fall also `Oskar`. Anschließend tippen Sie die Taste ⇥. Damit bestätigen Sie die Eingabe und wechseln automatisch zum nächsten Feld in der ersten Zeile.

   Abbildung 1.16 zeigt das Ergebnis der ersten Dateneingabe. Hier sehen Sie, dass nun nicht nur in der Spalte `Vorname` der eingegebene Name steht, sondern auch die Variablen `Geburtsdatum` bis `Info_Haus` in der ersten Zeile einen Punkt enthalten. Diesen Punkt können Sie zunächst einfach mal ignorieren; er soll lediglich anzeigen, dass in diesen Variablen noch die Werte fehlen, um den ersten Fall vollständig zu beschreiben. Einen solchen Hinweis zeigt SPSS außer bei Textvariablen immer an, wenn Felder in einem Fall (einer Zeile) leer sind, die aus Sicht von SPSS Daten enthalten müssten.

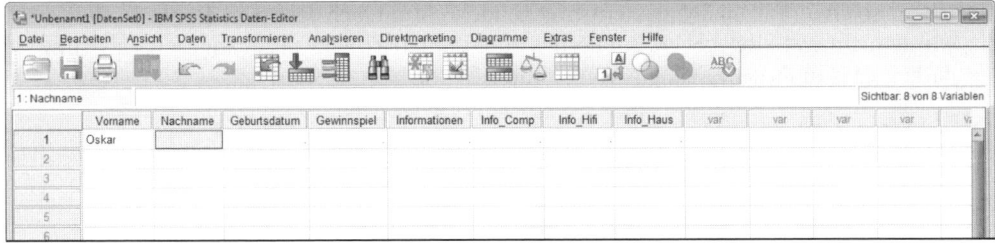

Abbildung 1.16: Datendatei nach der Eingabe des ersten Wertes in der Variablen Vorname

2. Setzen Sie die Dateneingabe für alle weiteren Felder des ersten Falles in der gleichen Weise fort. Geben Sie also in das Feld Nachname den Namen Schwarz ein und tippen Sie anschließend die Taste ⏎. Danach geben Sie in die Variable Geburtsdatum das Datum 14.8.1964 ein, in die Variable Gewinnspiel den Wert 1 (für »Kästchen wurde angekreuzt«), in die Variable Infos ebenfalls den Wert 1 und so weiter. Das Ergebnis dieser Eingabe des ersten Falles sollte nach Möglichkeit so aussehen, wie in Abbildung 1.17 wiedergegeben.

 Wenn das Ergebnis bei Ihnen nicht so aussieht, wie in Abbildung 1.17 dargestellt, sondern statt der eingegebenen Kodierungen die Wertelabels angezeigt werden, ist bei Ihnen die so genannte Wertelabelansicht aktiviert. Um diese auszuschalten, wählen Sie den Menübefehl ANSICHT|WERTELABELS.

Wenn Sie den letzten Wert für diese Zeile in die Variable Info_Haus eingegeben haben und die Taste ⏎ tippen, markiert SPSS automatisch das erste Feld in der zweiten Zeile, da SPSS nun die Eingabe des zweiten Falles erwartet. Unabhängig davon können Sie natürlich jederzeit jedes beliebige Feld der Tabelle durch einfaches Anklicken mit der Maus markieren und so zum Beispiel auch bereits eingegebene Werte wieder überschreiben oder korrigieren.

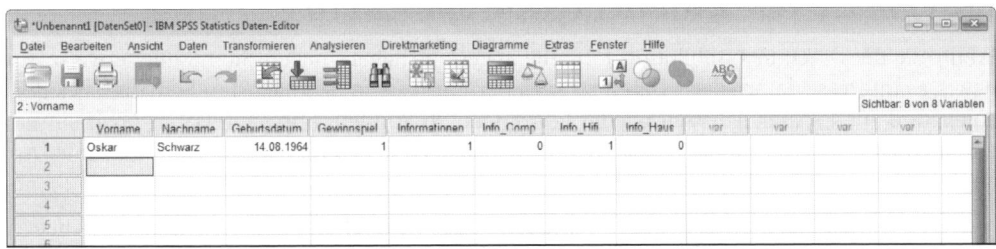

Abbildung 1.17: Datendatei nach der Eingabe aller Daten der ersten Antwortkarte

3. Nun müssen die Daten der übrigen Antwortkarten eingegeben werden. Damit Sie damit nicht den Rest des Tages verbringen, gehen Sie einfach mal davon aus, Sie hätten bisher nur 20 Antwortkarten erhalten. Die Daten dieser 20 Antwortkarten können Sie in Abbildung 1.18 ablesen. Dort ist die Datendatei zu sehen, wie sie nach der Eingabe aller Daten aussieht.

Eine Besonderheit ist in dem neunten Fall zu erkennen: Herr Julius Ricke war ein wenig geizig mit seinen persönlichen Daten und hat das Geburtsdatum nicht mit angegeben. In einem solchen Fall bleibt das entsprechende Feld einfach leer. Der Punkt in dem Feld wurde nicht mit eingegeben, sondern wird automatisch von SPSS angezeigt als Hinweis darauf, dass in diesem Feld ein Wert fehlt.

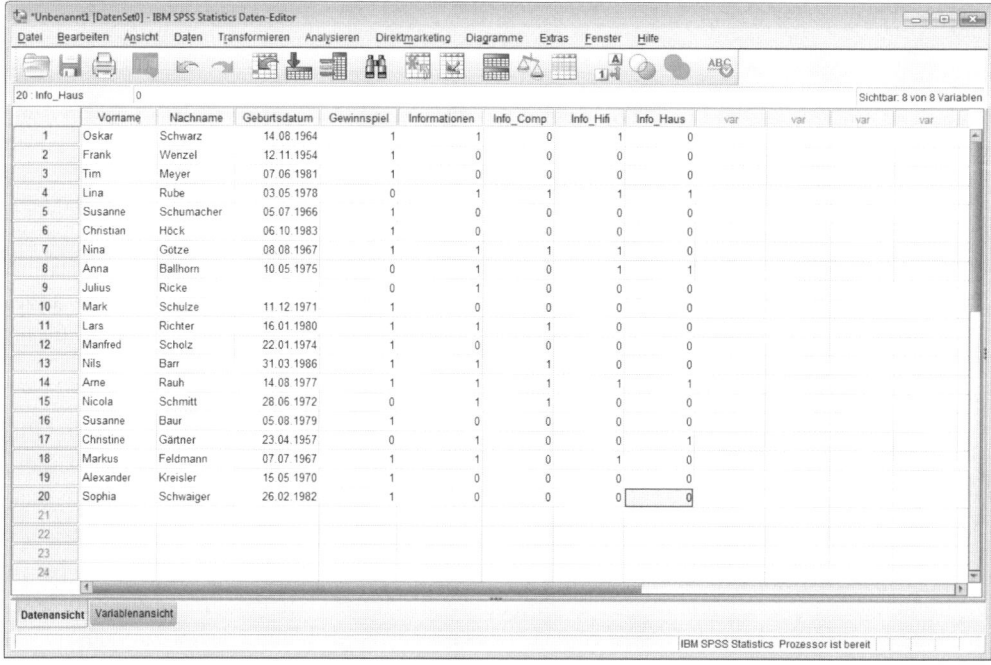

	Vorname	Nachname	Geburtsdatum	Gewinnspiel	Informationen	Info_Comp	Info_Hifi	Info_Haus	var	var	var	var
1	Oskar	Schwarz	14.08.1964	1	1	0	1	0				
2	Frank	Wenzel	12.11.1954	1	0	0	0	0				
3	Tim	Meyer	07.06.1981	1	0	0	0	0				
4	Lina	Rube	03.05.1978	0	1	1	1	1				
5	Susanne	Schumacher	05.07.1966	1	0	0	0	0				
6	Christian	Höck	06.10.1983	1	0	0	0	0				
7	Nina	Götze	08.08.1967	1	1	1	1	0				
8	Anna	Ballhorn	10.05.1975	0	1	0	1	1				
9	Julius	Ricke		0	1	0	0	0				
10	Mark	Schulze	11.12.1971	1	0	0	0	0				
11	Lars	Richter	16.01.1980	1	1	1	0	0				
12	Manfred	Scholz	22.01.1974	1	0	0	0	0				
13	Nils	Barr	31.03.1986	1	1	1	0	0				
14	Arne	Rauh	14.08.1977	1	1	1	1	1				
15	Nicola	Schmitt	28.06.1972	0	1	1	0	0				
16	Susanne	Baur	05.08.1979	1	0	0	0	0				
17	Christine	Gärtner	23.04.1957	0	1	0	0	1				
18	Markus	Feldmann	07.07.1967	1	1	0	1	0				
19	Alexander	Kreisler	15.05.1970	1	0	0	0	0				
20	Sophia	Schwaiger	26.02.1982	1	0	0	0	0				
21												
22												
23												
24												

Abbildung 1.18: Datendatei mit 20 Fällen und den Daten von 20 Antwortkarten

Ergebnisse der Dateneingabe speichern

Wenn Sie die Daten aus Abbildung 1.18 alle abgetippt haben, haben Sie möglicherweise ein gewisses Interesse daran, diese Daten zu speichern, um sie in den nächsten Schritten des Beispiels und auch später jederzeit wieder verwenden zu können, ohne alle Daten noch einmal abtippen zu müssen. Und offen gesagt ist das Speichern der Datei nach so viel mühsamer Arbeit eine verdammt gute Idee!

Um die Datei zu speichern, wählen Sie den Menübefehl DATEI|SPEICHERN oder klicken Sie auf die Schaltfläche DIESES DOKUMENT SPEICHERN. Damit öffnen Sie das Dialogfeld aus Abbildung 1.19. Dieses Dialogfeld entspricht den unter Windows üblichen Dialogfeldern zum Speichern von Dateien. Nehmen Sie hier folgende Angaben vor:

1. Wählen Sie in der Drop-down-Liste SUCHEN IN den Ordner aus, in dem die Datei gespeichert werden soll.

2. Geben Sie in dem Feld DATEINAME einen Namen für die Datendatei an. Diesen Namen können Sie frei wählen. In Abbildung 1.19 wird der Name Antwortkarten verwendet.

3. Datendateien von SPSS erhalten die Namenserweiterung .sav. Es ist egal, ob Sie diese Namenserweiterung mit eingeben oder nicht. Sie können also den Namen sowohl in der

Form `Antwortkarten.sav` oder auch einfach als `Antwortkarten` in das Feld DATEINAME schreiben. Wenn Sie die Namenserweiterung nicht mit angeben, wird sie von SPSS automatisch angehängt.

4. Wenn Sie alle Angaben vorgenommen haben, klicken Sie auf die Schaltfläche SPEICHERN. Erst damit wird die Datendatei tatsächlich gespeichert. Gleichzeitig wird das Dialogfeld wieder geschlossen und Sie können mit der Datendatei weiterarbeiten. Da Sie der Datei beim Speichern auch einen Namen gegeben haben, wird dieser nun in der Titelleiste der Datei angezeigt, wo bisher wie zum Beispiel in Abbildung 1.18 noch die Bezeichnung Unbenannt1 stand.

Altbekanntes zum Befehl »Speichern«

Je nachdem, mit welchem Betriebssystem Sie arbeiten und welche Einstellungen Sie dabei verwenden, kann das Dialogfeld zum Speichern der Datei anders aussehen als in Abbildung 1.19 gezeigt. Sie werden aber in jedem Fall das Dialogfeld wiedererkennen, das in gleichartiger Form auch bei anderen Programmen auf Ihrem Computer zum Speichern von Dateien erscheint.

Wenn Sie eine Datendatei bereits einmal gespeichert haben und damit der Ordner und Name der Datei festgelegt sind, erscheint das Dialogfeld aus Abbildung 1.19 nicht mehr, wenn Sie den Befehl DATEI|SPEICHERN aufrufen, um beispielsweise Änderungen an der Datei zu sichern. Stattdessen wird die Datei dann einfach unter ihrem bisherigen Namen und in dem bisherigen Ordner mit den veränderten, aktuellen Inhalten gespeichert.

Abbildung 1.19: Dialogfeld des Befehls DATEI|SPEICHERN zum Speichern der Datendatei

Neue Variablen berechnen

Nachdem die Daten nun endlich eingegeben und gespeichert sind, können Sie damit alle möglichen Analysen und Berechnungen durchführen. Unter anderem ist es sehr einfach möglich, aus den vorhandenen Daten weitere, abgeleitete Variablen zu berechnen. Dies ist sehr hilfreich, weil man häufig an Informationen interessiert ist, die zwar »irgendwie in den Daten drinstecken«, sich aber nicht direkt daraus ablesen, sondern nur über mehr oder weniger aufwändige Berechnungen ermitteln lassen. Zum Beispiel könnten Sie sich jetzt einmal anschauen, für wie viele der drei Produktgruppen Computer, Audio/TV/Photo und Hausgeräte sich die Befragten im Durchschnitt interessieren. Diese Information ist in den drei Variablen Info_Comp, Info_Hifi und Info_Haus enthalten und soll in einer Variablen zusammengefasst werden.

An dieser Stelle können Sie sich erst einmal selbst dazu gratulieren, dass Sie die Informationen, ob ein Kunde Werbung zu einer bestimmten Produktgruppe erhalten möchte oder nicht, als numerische 0/1-Kodierungen abgespeichert haben, denn dies macht die Berechnung der Anzahl an Produktgruppen, für die sich ein Kunde interessiert, zu einem Kinderspiel: Sie addieren einfach für jeden Kunden (für jeden Fall und damit jede Zeile in der Datendatei) die Werte der drei Variablen Info_Comp, Info_Hifi und Info_Haus und schreiben das Ergebnis in eine neue Variable, die Sie zum Beispiel Interessen nennen. Natürlich müssen Sie dies nicht »mit der Hand« berechnen, sondern können hierzu SPSS verwenden:

1. Wählen Sie den Menübefehl TRANSFORMIEREN|VARIABLE BERECHNEN. Dieser Befehl öffnet das Dialogfeld aus Abbildung 1.20, in dem die beiden oberen Felder ZIELVARIABLE und NUMERISCHER AUSDRUCK jedoch zunächst leer sind.

2. Geben Sie in dem Dialogfeld in das Feld ZIELVARIABLE den Namen für die neu zu berechnende Variable ein (zum Beispiel den Namen Interessen) und schreiben Sie in das Feld NUMERISCHER AUSDRUCK die Formel, nach der die Werte für die Variable Interessen berechnet werden sollen. Hier legt der Ausdruck

   Info_Comp + Info_Haus + Info_Hifi

   fest, dass in jeder Zeile der Datendatei die Werte der drei aufgeführten Variablen addiert und die Summe in die Zielvariable Interessen geschrieben werden soll.

3. Wenn Sie diese Angaben vorgenommen haben und das Dialogfeld wie in Abbildung 1.20 aussieht, klicken Sie auf die Schaltfläche OK, um die Berechnung der neuen Variablen zu starten.

Die neue Variable wird nun mit den berechneten Werten in die Datendatei eingefügt. Das Ergebnis ist in Abbildung 1.21 wiedergegeben. Es ist unmittelbar zu erkennen, dass alle theoretisch möglichen Werte zwischen 0 (der Kunde wünscht zu keiner der drei aufgeführten Produktkategorien Informationen) bis 3 (der Kunde hat alle drei Produktkategorien als Interessensgebiete angekreuzt) vertreten sind. Im nächsten Schritt kann nun für die Variable Interessen zunächst eine Häufigkeitstabelle und anschließend eine Grafik erzeugt werden, um darzustellen, wie viele der befragten Kunden sich für keine, für eine, für zwei oder für alle drei Produktkategorien interessieren.

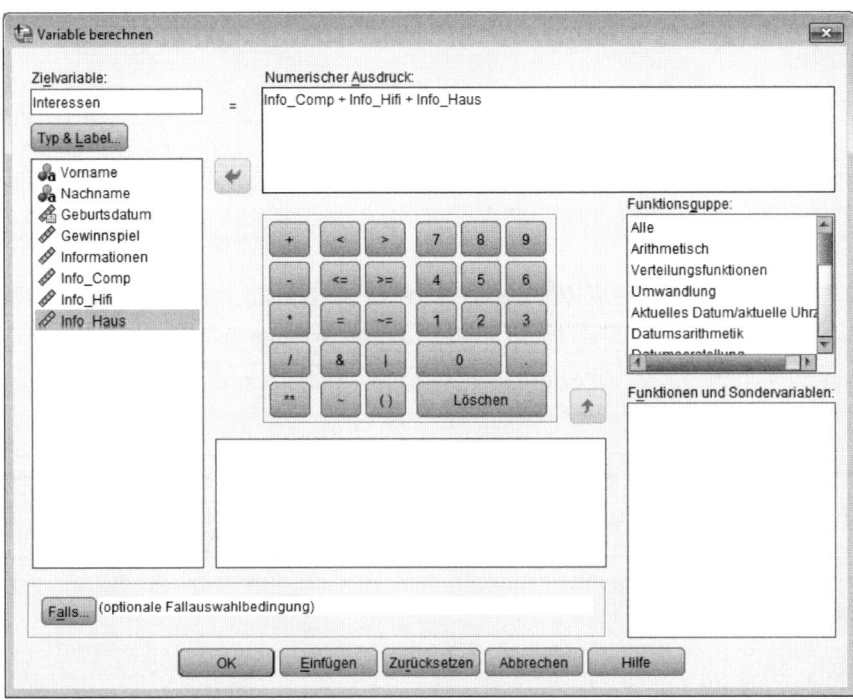

Abbildung 1.20: Dialogfeld des Befehls Transformieren|Berechnen *zum Berechnen von neuen Variablenwerten*

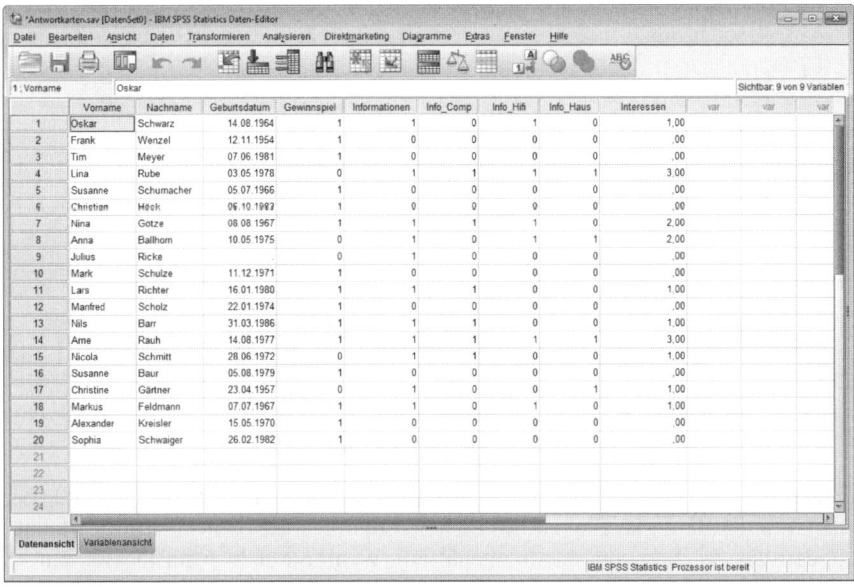

Abbildung 1.21: Datendatei mit der neu berechneten Variablen Interessen

Häufigkeitsverteilung einer Variablen darstellen

Wenn Sie wissen wollen, wie viele Kunden sich für keine, eine, zwei oder alle drei Produktgruppen interessieren, brauchen Sie jetzt nur noch die Werte in der Variablen Interessen auszuzählen. Genau dies tut eine Häufigkeitstabelle. Das ist eine sehr einfache Tabelle, die alle unterschiedlichen Werte einer Variablen aufführt und zusätzlich zu jedem Wert angibt, wie häufig dieser in der Variablen enthalten ist.

In 60 Sekunden zur Häufigkeitstabelle

Eine Häufigkeitstabelle ist mit SPSS in weniger als 60 Sekunden erstellt:

1. Rufen Sie den Menübefehl ANALYSIEREN|DESKRIPTIVE STATISTIKEN|HÄUFIGKEITEN auf. Dieser Befehl öffnet das Dialogfeld aus Abbildung 1.22.

2. In diesem Dialogfeld werden auf der linken Seite alle Variablen der aktiven Datendatei aufgeführt. Markieren Sie in dieser Liste die Variable Interessen und klicken Sie anschließend auf die Schaltfläche mit dem Pfeil neben der Variablenliste. Dadurch wird die Variable Interessen wie in Abbildung 1.22 zu sehen in das bisher leere Feld VARIABLE(N) verschoben, und es ist damit festgelegt, dass eine Häufigkeitstabelle für diese Variable erstellt wird.

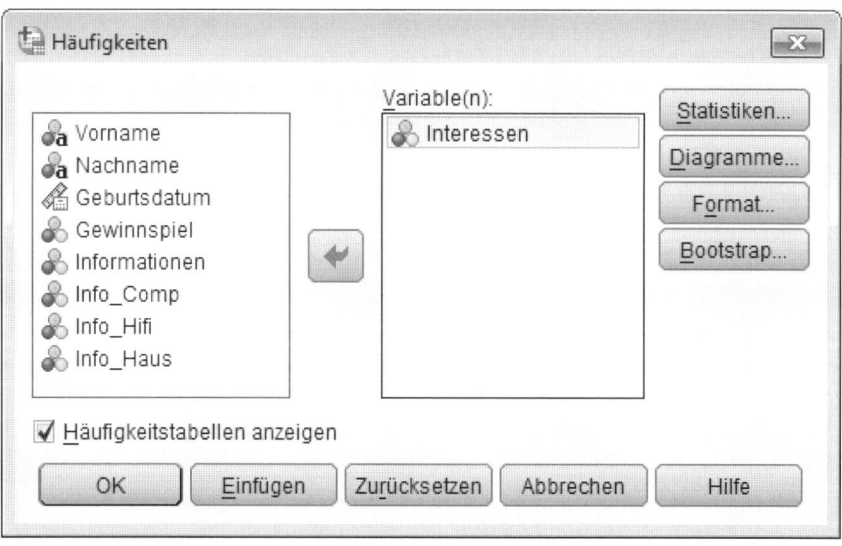

Abbildung 1.22: Dialogfeld des Befehls ANALYSIEREN|DESKRIPTIVE STATISTIKEN|HÄUFIGKEITEN zum Erstellen von Häufigkeitstabellen

3. Nach der Auswahl der Variablen Interessen könnten Sie bereits auf die Schaltfläche OK klicken, um die Häufigkeitstabelle zu erstellen (damit wäre dann vermutlich auch das 60-Sekunden-Versprechen von oben eingehalten). Wenn Sie jedoch stattdessen zunächst auf die Schaltfläche STATISTIKEN klicken, können Sie neben der Häufigkeitstabelle weitere Kennzahlen anfordern. Diese Schaltfläche öffnet das Dialogfeld aus Abbildung 1.23.

4. Kreuzen Sie in diesem Dialogfeld, wie in Abbildung 1.23 dargestellt, die Option MITTELWERT an. Dadurch legen Sie fest, dass SPSS nicht nur eine Häufigkeitstabelle für die Variable `Interessen` erstellen, sondern zusätzlich den Mittelwert dieser Variablen berechnen soll.

5. Mit der Schaltfläche WEITER wird das Dialogfeld wieder geschlossen. Wenn Sie anschließend in dem Hauptdialogfeld aus Abbildung 1.22 auf die Schaltfläche OK klicken, startet SPSS mit der Berechnung des Mittelwertes und erstellt die Häufigkeitstabelle.

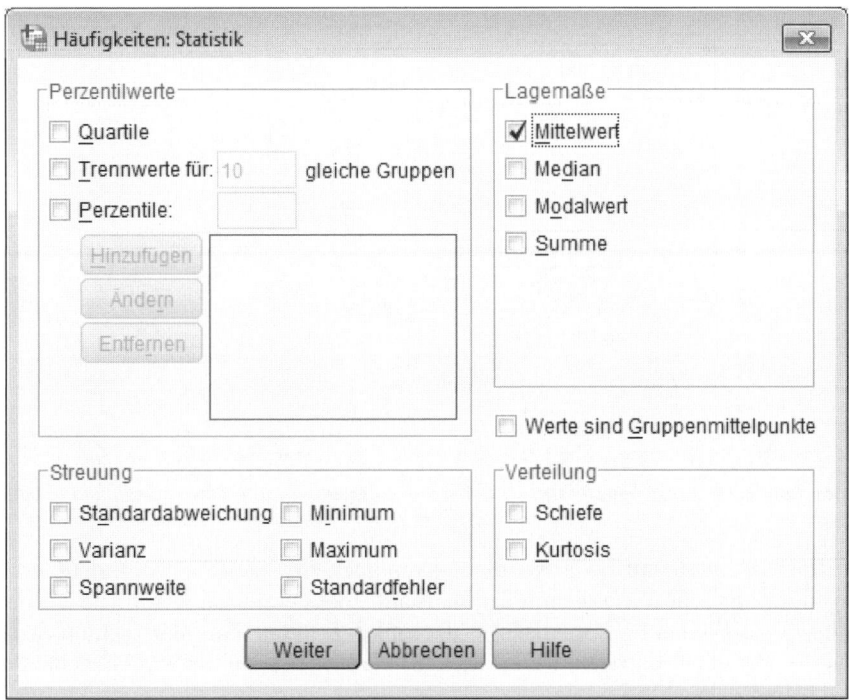

Abbildung 1.23: Dialogfeld der Schaltfläche STATISTIKEN; hier können statistische Kennzahlen zur Ergänzung der Häufigkeitstabelle angefordert werden

Ergebnisse werden in eine Ausgabedatei geschrieben

Die Ergebnisse der Berechnung, also die Häufigkeitstabelle und der berechnete Mittelwert, werden von SPSS nicht in die Datendatei geschrieben. Stattdessen öffnet SPSS automatisch eine neue Datei in einem eigenen Fenster. Diese *Ausgabedatei* hat ein vollkommen anderes Format als die Datendatei und dient bei SPSS speziell zur Darstellung von Ergebnistabellen und Grafiken. Die Datei mit den gerade berechneten Ergebnissen ist in Abbildung 1.24 wiedergegeben.

Auf der linken Seite enthält die Datei ein Art Gliederung, die alle Elemente wie Ergebnistabellen, Grafiken und auch Überschriften, die von SPSS erstellt und in die Ausgabedatei geschrieben wurden, aufführt. Die Inhalte selbst werden in dem großen Bereich rechts daneben prä-

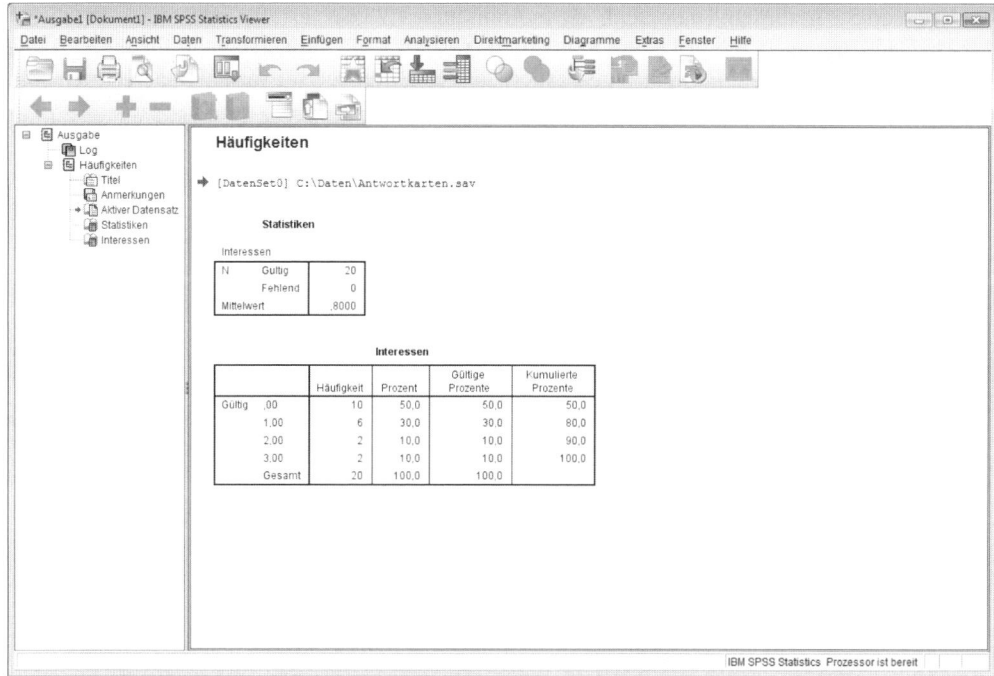

Abbildung 1.24: Ausgabedatei mit statistischen Kennzahlen und einer Häufigkeitstabelle

sentiert. Die Gliederung auf der linken Seite kann auch zur Navigation innerhalb der Ausgabedatei genutzt werden: Wenn Sie mit der Maus auf eines der dort aufgeführten Elemente klicken, wird dieses Element automatisch in dem großen Bereich auf der rechten Seite angezeigt. Dies ist vor allem hilfreich, wenn mehr als die bisher erstellten zwei Ergebnisse in der Ausgabedatei enthalten sind.

Überflüssige Ergebnisse in der Ausgabedatei

Möglicherweise hat SPSS bei Ihnen noch weitere, etwas kryptisch aussehende Inhalte in die Ausgabedatei geschrieben, die in Abbildung 1.24 nicht zu sehen sind. Dabei handelt es sich dann um den Programmcode, den SPSS im Hintergrund zur Erstellung der Häufigkeitstabelle verwendet hat. Wenn dieser Programmcode bei Ihnen zu sehen ist, können Sie ihn getrost ignorieren. Wenn Sie erreichen möchten, dass der Programmcode in Zukunft nicht mehr mit ausgegeben wird, wählen Sie den Menübefehl BEARBEITEN|OPTIONEN, schlagen in dem dadurch geöffneten Dialogfeld das Register VIEWER auf und deaktivieren dort die Option BEFEHLE IM LOG ANZEIGEN.

Ergebnisse richtig lesen

Als Ergebnis Ihrer Anforderung mit dem Befehl Häufigkeiten hat SPSS zwei Tabellen erstellt. Die obere Tabelle hat die Überschrift Statistiken und gibt den angeforderten Mittelwert für die Variable Interessen wieder, die zweite Tabelle zeigt die Häufigkeitsverteilung dieser Variablen.

Der Mittelwert

Der Mittelwert wird von SPSS mit ,8000 angegeben. Diese Zahl sieht etwas merkwürdig aus, weil SPSS ein wenig zu faul war, auch die führende Null vor dem Komma mit darzustellen, dafür aber am Ende noch drei »überflüssige« Nullen spendiert hat. Sie und ich würden den Mittelwert natürlich üblicherweise in der Form 0,8 schreiben.

Das erste Ergebnis besagt damit, dass der Mittelwert aller Werte aus der Variablen Interessen 0,8 beträgt. Die 20 befragten Kunden haben also im Durchschnitt für weniger als eine Produktgruppe Zusatzinformationen angefordert. Es muss somit auf jeden Fall einige Befragte geben, die für keine der drei auf der Antwortkarte genannten Produktgruppen Informationen erhalten möchten.

Der tiefere Sinn von Nullen

Die Tatsache, dass SPSS den Mittelwert ohne führende Null darstellt, hat tatsächlich keinen tieferen Sinn, sondern ist lediglich eine etwas merkwürdige Darstellungsform von spleenigen Statistik-Freaks. Die drei Nullen am Ende des Wertes ,8000 haben dagegen durchaus eine Bedeutung: Indem SPSS den Wert mit vier Dezimalstellen ausweist, wird implizit deutlich, dass der Wert bis auf vier Dezimalstellen genau angegeben ist. Würde der Wert ohne die drei letzten Nullen in der Form ,8 wiedergegeben, könnte es sich auch um einen auf eine Dezimalstelle gerundeten Mittelwert handeln, der in Wirklichkeit 0,84 oder 0,76 beträgt. Durch die beiden zusätzlich ausgewiesenen Dezimalstellen wissen Sie dagegen, dass dies nicht der Fall ist. Allerdings ist es weiterhin möglich, dass der Mittelwert in Wirklichkeit zum Beispiel 0,80004 oder 0,79998 beträgt.

Über dem Mittelwert werden in der Tabelle noch zwei weitere Werte ausgewiesen. Die Zeile Fehlend gibt mit dem Wert 0 an, dass in der Variablen Interessen kein Wert fehlt, alle Fälle in der Datendatei also einen (gültigen) Wert enthalten. Die Anzahl der (gültigen) Werte, die bei der Berechnung des Mittelwertes berücksichtigt wurden, beträgt damit 20; dieser Wert wird in der Zeile Gültig ausgewiesen.

Die Häufigkeitstabelle

Als zweites Ergebnis enthält die Ausgabedatei die Häufigkeitstabelle für die Variable Interessen. Diese Tabelle führt in der ersten Spalte alle Werte auf, die in der Variablen Interessen mindestens einmal vorkommen. Dies sind die Werte 0 (den SPSS wieder ohne führende Null in der Form ,00 angibt), 1, 2 und 3. Für jeden dieser Werte werden in der jeweiligen Tabellenzeile mehrere Häufigkeitswerte mitgeteilt. So ist in der ersten Zeile abzulesen, dass der Wert 0 mit einer Häufigkeit von 10 in der Variablen Interessen enthalten ist. Der Wert 1 kommt sechsmal, der Wert 2 zweimal und der Wert 3 ebenfalls zweimal in der Variablen Interessen vor. Die unterste Zeile der Tabelle enthält Angaben über alle Werte zusammen. Hier ist abzulesen, dass die Variable Interessen insgesamt 20 Werte enthält.

Inhaltlich bedeutet dies, dass zum Beispiel zehn der befragten Kunden auf der Antwortkarte angegeben haben, dass sie über keine der drei abgefragten Produktgruppen künftig informiert werden möchten. Von den insgesamt 20 vorliegenden Antwortkarten ist dies genau die Hälfte beziehungsweise 50 %. Dieser Anteil von 50 % wird auch in der Häufigkeitstabelle für den Wert 0 angegeben. Er steht dort in der Spalte Prozent. Für genau eine Produktgruppe interessieren sich 30 % der Befragten, für zwei Produktgruppen 10 % und für drei Produktgruppen die restlichen 10 %. (Der unterste Wert in dieser Spalte, 100 %, ist eine etwas alberne Angabe, denn er besagt genau genommen, dass alle Werte der Variablen Interessen zusammen genau 100 % der Werte aus dieser Variablen darstellen. Auf dieses Ergebnis wären wir auch von selbst gekommen.)

Ein Bild sagt mehr als tausend Worte

Die Informationen aus der Häufigkeitstabelle, nämlich die Verteilung der Werte in der Variablen Interessen, lassen sich noch plakativer und anschaulicher in einem Diagramm darstellen. Das Diagramm soll auf einen Blick zeigen, wie viele Kunden sich für keine, eine, zwei oder drei Produktgruppen interessieren. Hierfür eignet sich ein so genanntes Balkendiagramm, das für jeden der vier Werte 0, 1, 2 und 3 aus der Variablen Interessen einen Balken darstellt, wobei die Höhe des Balkens die Häufigkeit des jeweiligen Wertes anzeigt.

In 30 Sekunden zum Balkendiagramm

Auch ein Balkendiagramm ist genau wie eine Häufigkeitstabelle bei SPSS mit wenigen Klicks erstellt:

1. Nachdem mit der Häufigkeitstabelle bereits erste Ergebnisse angefordert wurden, sind nun zwei Fenster von SPSS geöffnet, nämlich die Datendatei und die Ausgabedatei. Um nun neue Ergebnisse wie eine Grafik aus den Daten zu erzeugen, muss die Datendatei das aktive Fenster darstellen. Hierzu können Sie dieses Fenster mit den unter Windows üblichen Methoden auswählen. Zum Beispiel können Sie die entsprechende Schaltfläche in der Taskleiste von Windows anklicken oder mit der Tastenkombination [Alt]+[⇆] zwischen allen derzeit geöffneten Fenstern wechseln.

2. Um nun das Balkendiagramm zu erstellen, wählen Sie in dem Fenster der Datendatei den Menübefehl DIAGRAMME|VERALTETE DIALOGFELDER|BALKEN (ja, das Untermenü heißt tatsächlich VERALTETE DIALOGFELDER). Dieser Befehl öffnet das Dialogfeld aus Abbildung 1.25, in dem Sie nun die Art des Balkendiagramms näher bestimmen können. Für Ihre aktuelle Fragestellung sind die Voreinstellungen gerade richtig. Sie legen damit fest, dass Sie ein EINFACHES Balkendiagramm erstellen wollen, denn das Diagramm soll nur eine und nicht mehrere Folgen von Balken enthalten. Außerdem nehmen Sie eine AUSWERTUNG ÜBER KATEGORIEN EINER VARIABLEN vor, denn Sie betrachten ja nur die eine Variable Interessen und wollen deren unterschiedliche Kategorien (0, 1, 2 und 3) auswerten. Deshalb können Sie die Voreinstellungen beibehalten und mit der Schaltfläche DEFINIEREN das nächste Dialogfeld öffnen.

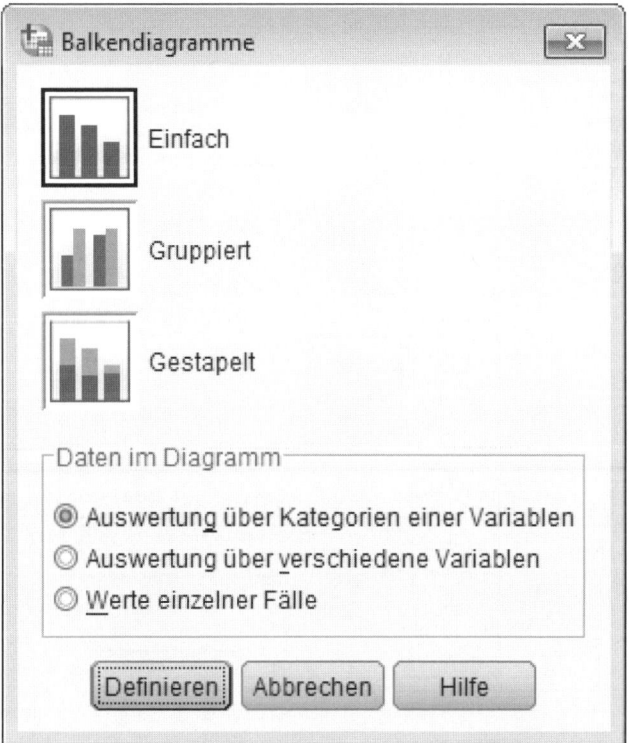

Abbildung 1.25: Dialogfeld zum Auswählen zwischen verschiedenen Arten von Balkendiagrammen

3. Als Nächstes erscheint das Dialogfeld aus Abbildung 1.26. Dieses Dialogfeld sieht zunächst etwas wild aus, ist aber bei näherer Betrachtung eigentlich ganz harmlos. Sie müssen in diesem Dialogfeld nur zwei Angaben vornehmen, die in Abbildung 1.26 schon wiedergegeben sind:

- Als Erstes müssen Sie angeben, für welche Variable das Balkendiagramm erstellt werden soll. In Ihrem Fall ist dies die Variable Interessen. Diese Variable muss aus der Liste aller Variablen der aktuellen Datendatei in das Feld KATEGORIENACHSE verschoben werden. Hierzu markieren Sie die Variable Interessen in der Variablenliste, zum Beispiel indem Sie sie einmal mit der Maus anklicken, und klicken anschließend auf die Schaltfläche mit dem Pfeil neben dem Feld KATEGORIENACHSE.

- Als Zweites legen Sie fest, welche Information durch die Höhe der Balken dargestellt werden soll. In dem aktuellen Beispiel ist dies einfach die Anzahl der Fälle (also die Häufigkeit), in denen die unterschiedlichen Werte der Variablen Interessen vorkommen. Deshalb behalten Sie in der Gruppe BEDEUTUNG DER BALKEN die voreingestellte Option ANZAHL DER FÄLLE einfach bei.

Mit diesen beiden Angaben ist das gewünschte Diagramm bereits vollständig beschrieben. Sie können jetzt auf die Schaltfläche OK klicken, um das Diagramm von SPSS erstellen zu lassen.

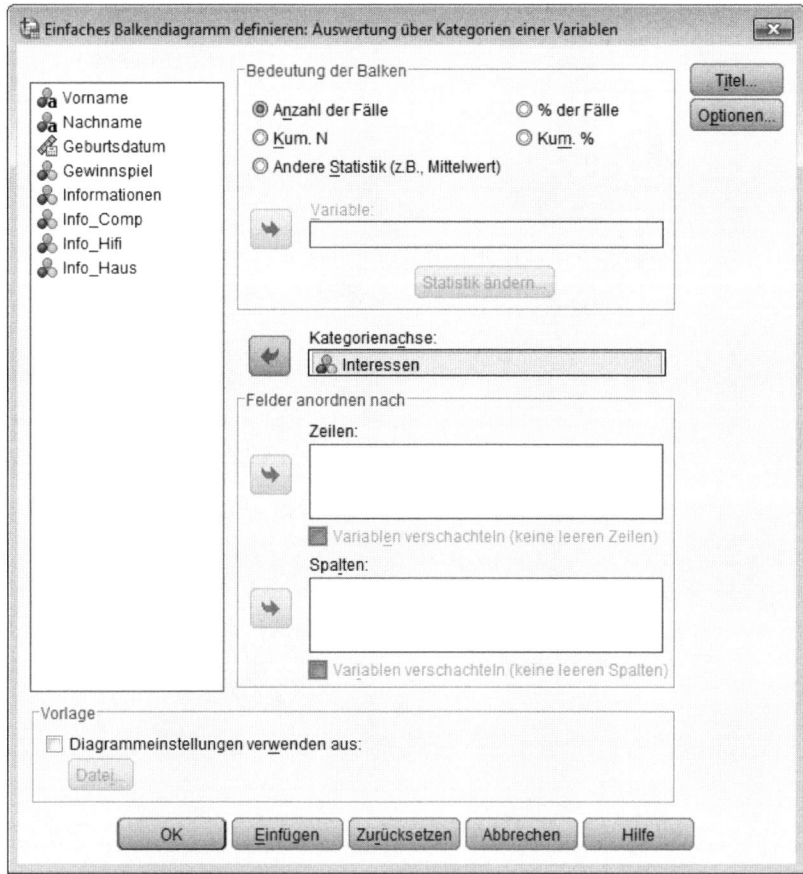

Abbildung 1.26: Dialogfeld zum Erstellen eines einfachen Balkendiagramms

»Veraltete« Dialogfelder

Wenn Sie gerade beginnen, mit SPSS zu arbeiten, sind Sie möglicherweise im Marketing tätig und fallen vor Lachen tot um, wenn Sie sehen, dass SPSS Ihnen »veraltete Dialogfelder« anbietet, und diese auch noch so nennt. Und wenn Sie nicht im Marketing tätig sind, geht es Ihnen vermutlich nicht anders. Noch weniger verständlich ist allerdings, dass die nicht »veralteten«, also die neuen Dialogfelder das Erstellen von Diagrammen eher komplizierter als einfacher machen und außerdem höhere Anforderungen an die Vorbereitung der Daten in der Datendatei stellen. Es spricht daher vieles dafür, weiterhin die »veralteten Dialogfelder« zu verwenden und zu hoffen, dass SPSS nicht irgendwann auf die Idee kommt, die Dialogfelder seien tatsächlich veraltet und müssten nicht mehr angeboten werden. Da SPSS aber bereits seit vielen Programmversionen an diesen vermeintlich »veralteten« festhält, scheint man es dort genauso zu sehen ;-)

Die Grafik richtig lesen

Das Diagramm wird genau wie zuvor die Häufigkeitstabelle wieder in die Ausgabedatei geschrieben. Dazu erstellt SPSS nicht schon wieder eine neue Ausgabedatei, sondern fügt das Diagramm in die bereits geöffnete Ausgabedatei hinzu. Das Resultat ist in Abbildung 1.27 wiedergegeben. Hier ist zunächst auf der linken Seite zu erkennen, dass die Gliederung nun sowohl die zuvor erstellte Häufigkeitstabelle als auch das neu hinzugekommene Diagramm aufführt. In dem Inhaltsbereich ist nur das Diagramm zu sehen, dies liegt aber lediglich an dem »zufällig« ausgewählten Bildausschnitt. Sie können sich in diesem Bereich auch die früheren Ergebnisse wie die Häufigkeitstabelle jederzeit wieder anzeigen lassen, zum Beispiel indem Sie mit der Bildlaufleiste am rechten Fensterrand den angezeigten Inhalt nach oben verschieben oder die entsprechenden Einträge in der Gliederung auf der linken Seite anklicken.

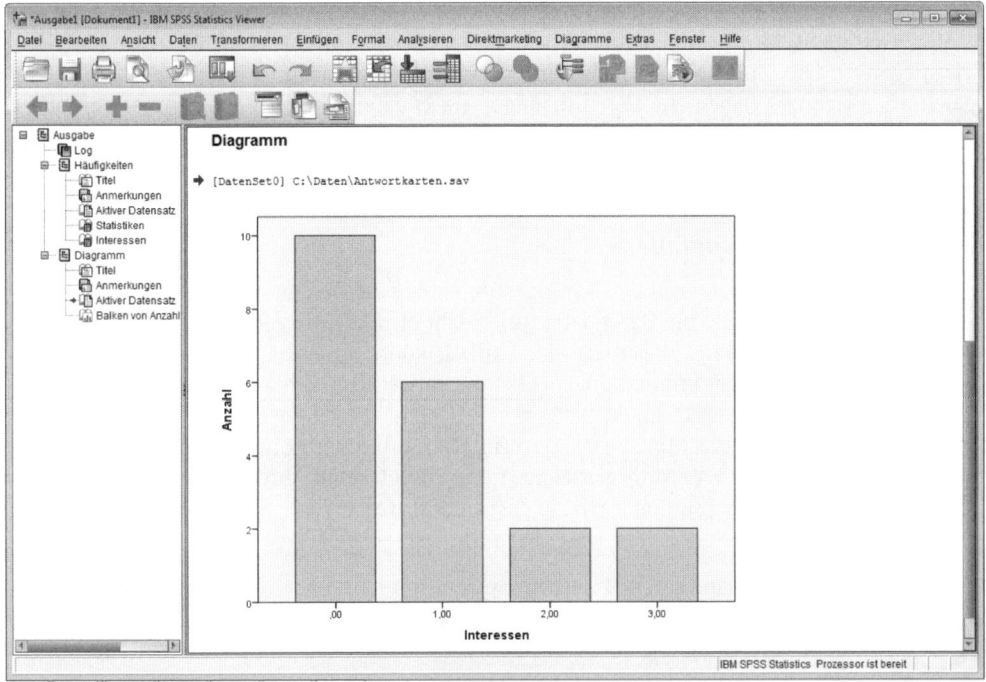

Abbildung 1.27: Ausgabedatei mit dem Balkendiagramm für die Häufigkeitsverteilung der Variablen Interessen

Das Diagramm zeigt, wie Sie es sicherlich schon erwartet haben, genau vier Balken, denn die Variable Interessen enthält ja vier unterschiedliche Werte (Kategorien). Jeder Balken bezieht sich auf jeweils eine dieser Kategorien aus der Variablen Interessen; dies wird unter der horizontalen Achse (der Abszisse) auch noch einmal durch den Variablennamen angezeigt. Die Höhe eines Balkens repräsentiert die Anzahl (und nicht etwa irgendwelche Prozentwerte oder Ähnliches), in der die jeweilige Kategorie in der Variablen Interessen enthalten ist. So ist zum Beispiel an dem ersten Balken abzulesen, dass die Kategorie 0 zehnmal vorkommt. Der zweite Balken zeigt, dass die Kategorie 1 sechsmal vertreten ist, und am letzten Balken ist abzulesen, dass der Wert 3 nur zweimal in der Variablen Interessen auftaucht.

Das Balkendiagramm gibt damit genau die gleichen Informationen wieder wie die Häufigkeitstabelle, die Sie oben erstellt haben. Dabei ist die Verteilung der Häufigkeiten über die unterschiedlichen Kategorien wesentlich plakativer und daher mit einem Blick zu erfassen, denn an der Grafik erkennt man sofort, dass die niedrigen Kategorien deutlich häufiger vorkommen als die hohen. Die meisten Kunden, die eine Antwortkarte ausgefüllt haben, wünschen also für keine oder nur für eine Produktgruppe Informationen, nur wenige Kunden möchten tatsächlich das Fassungsvermögen ihres Briefkastens austesten und fordern von sich aus für mehrere Produktgruppen Werbematerial an.

Früchte der Arbeit sichern

Alle Daten und Ergebnisse, die Sie mit SPSS erzeugen, werden beim Beenden des Programms SPSS wieder gelöscht und sind damit für immer verloren, wenn Sie sie nicht zuvor ausdrücklich speichern. Die mühsam eingegebenen Daten in der Datendatei wurden bereits oben gespeichert, allerdings haben Sie den Inhalt der Datendatei danach noch einmal verändert, indem Sie die neue Variable `Interessen` berechnet und hinzugefügt haben. Wenn auch diese Änderung erhalten bleiben soll, müssen Sie die Datendatei erneut speichern.

Datendatei erneut speichern

 Um die Datendatei mit den Veränderungen neu zu speichern, muss zunächst sichergestellt sein, dass die Datendatei (und nicht etwa die Ausgabedatei) das aktive Fenster darstellt. Wenn dies nicht der Fall ist, können Sie die Taskleiste von Windows oder die Tastenkombination ⎇Alt+⇆ verwenden, um zur Datendatei zu wechseln. Anschließend wählen Sie den Menübefehl Datei|Speichern oder klicken auf die Schaltfläche Dieses Dokument speichern. Daraufhin wird die Datendatei unmittelbar in der aktuellen Version gespeichert. Es erfolgt keine Abfrage über ein Dialogfeld, wie die Datei heißen oder wo sie gespeichert werden soll, denn beides ist ja bereits vom ersten Speichern der Datei bekannt.

 Wurde die Datei seit dem letzten Speichern nicht mehr verändert, so dass kein erneutes Speichern erforderlich ist, steht der Befehl Datei|Speichern bei SPSS gar nicht zur Verfügung, sondern ist ebenso wie die entsprechende Schaltfläche inaktiv.

Ausgabedatei mit den Ergebnissen speichern

Ebenso wie die Datendatei muss auch die Ausgabedatei gespeichert werden, wenn die Ergebnisse wie die Häufigkeitstabelle und das Balkendiagramm beim Beenden von SPSS nicht verloren gehen sollen. Das Vorgehen zum Speichern der Ausgabedatei ist dabei praktisch identisch mit dem Speichern einer Datendatei:

1. Die Ausgabedatei muss das aktive Fenster darstellen. Wenn dies nicht der Fall ist, können Sie dieses Fenster über die Taskleiste von Windows oder die Tastenkombination ⎇Alt+⇆ anzeigen lassen.

2. Wählen Sie in dem Fenster der Ausgabedatei den Menübefehl Datei|Speichern oder klicken Sie auf die Schaltfläche Dieses Dokument speichern. Beim erstmaligen Speichern der Ausgabedatei öffnen Sie damit das Dialogfeld aus Abbildung 1.28.

3. Wählen Sie in der Drop-down-Liste Suchen in den Ordner aus, in dem die Ausgabedatei gespeichert werden soll.

4. Geben Sie in dem Feld Dateiname einen Namen für die Ausgabedatei an. Diesen Namen können Sie frei wählen. In Abbildung 1.28 wird der Name Auswertung verwendet.

    Ausgabedateien von SPSS erhalten die Namenserweiterung .spv (in älteren Programmversionen .spo). Ob Sie diese Namenserweiterung mit angeben oder nicht, ist vollkommen irrelevant. Wenn Sie die Namenserweiterung nicht mit angeben, wird sie von SPSS automatisch angefügt, wodurch die Datei in diesem Beispiel in jedem Fall unter dem vollständigen Namen Auswertung.spv gespeichert wird.

5. Wenn Sie den Ordner und den Dateinamen angegeben haben, klicken Sie auf die Schaltfläche Speichern. Damit wird die Ausgabedatei gespeichert und das Dialogfeld wieder geschlossen. Anschließend wird der Name, den Sie für die Ausgabedatei gewählt haben, auch in der Titelleiste der Datei angezeigt.

Abbildung 1.28: Dialogfeld zum Speichern der Ausgabedatei

SPSS beenden

Wenn Sie die Arbeit mit SPSS beenden wollen, können Sie das Programm vollständig schließen. Wählen Sie hierzu den Menübefehl DATEI|BEENDEN. Dabei ist es egal, in welchem Dateifenster Sie sich gerade befinden, Sie können den Befehl also sowohl in der Datendatei als auch in der Ausgabedatei aufrufen. Wenn Sie diesen Befehl wählen, hat dies folgende Konsequenzen:

✔ Alle derzeit geöffneten Fenster von SPSS wie die Datendatei(en) und Ausgabedatei(en) werden geschlossen.

✔ Sollten an einer der derzeit geöffneten Dateien Änderungen vorgenommen worden sein, die bisher noch nicht gespeichert wurden, fragt SPSS vor dem Schließen der jeweiligen Datei, ob diese Änderungen nun gespeichert werden sollen. SPSS zeigt hierzu das Dialogfeld aus Abbildung 1.29 an. Sie können auf diese Frage mit JA, NEIN oder ABBRECHEN antworten:

- JA bedeutet, dass die Änderungen gespeichert werden sollen. Wenn die jeweilige Datei schon einmal gespeichert wurde und damit schon einen Namen erhalten hat, speichert SPSS die Datei automatisch in der aktuellen Version unter ihrem bisherigen Namen und in dem bisherigen Ordner. Dabei wird die zuletzt gespeicherte Version der Datei überschrieben. Wurde die Datei bisher noch nie gespeichert, öffnet SPSS das Dialogfeld zum Speichern einer Datei, in dem Sie den Speicherort (Ordner) und Namen der Datei festlegen können.

- NEIN bewirkt, dass die Datei ohne vorheriges Speichern geschlossen wird. Wenn die Datei bisher noch nie gespeichert wurde, gehen alle Inhalte der Datei unwiederbringlich verloren. Wurde die Datei bereits in einer früheren Version gespeichert, bleibt diese Version erhalten und lediglich die Änderungen, die seit dem letzten Speichern an der Datei vorgenommen wurden, gehen verloren.

- ABBRECHEN führt dazu, dass der gesamte Vorgang, SPSS zu beenden, abgebrochen wird. Wenn Sie ABBRECHEN wählen, bleibt SPSS also geöffnet, und Sie können weiterarbeiten oder die geöffneten Dateien näher betrachten, um zu entscheiden, ob Sie die Inhalte vor dem Beenden von SPSS speichern möchten.

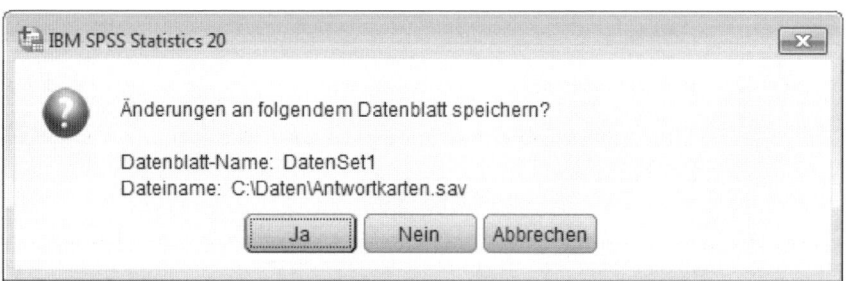

Abbildung 1.29: Frage nach dem Speichern von Dateien beim Beenden von SPSS

✔ Wenn alle Fenster von SPSS geschlossen sind, ist auch das Programm vollständig beendet. Wenn Sie wieder mit SPSS arbeiten möchten, müssen Sie das Programm erneut starten.

Heimisch werden bei SPSS

In diesem Kapitel

▶ Wozu ist SPSS gut ...

▶ ... und wozu ist es vollkommen ungeeignet?

▶ Die verschiedenen Fenster von SPSS kennen lernen

▶ Der richtige Umgang mit Ausgabedateien

▶ Vorhandene Dateien öffnen

▶ Neue Dateien anlegen

▶ Bearbeitete Dateien speichern

▶ Dateien nach der Bearbeitung schließen

▶ Die Online-Hilfe von SPSS nutzen

*I*ch sage es Ihnen lieber gleich, bevor Sie sich hinterher ärgern: Dieses Kapitel brauchen Sie nicht zu lesen! Zumindest dann nicht, wenn Sie schon ein ziemlich gutes Grundverständnis davon haben, wozu SPSS eigentlich gut ist und wie man generell Programme unter Windows bedient, mit den verschiedenen Dateien und Fenstern umgeht und Dateien öffnet, speichert und schließt. Wenn Sie dies alles wissen, werden Sie in diesem Kapitel nicht besonders viel Neues erfahren. Wenn Sie aber Ihr Wissen über diese Dinge noch einmal auffrischen möchten – vielleicht auch durch eine spezielle SPSS-Brille betrachtet –, dann legen Sie los: Auf den folgenden Seiten werden genau diese Grundlagen über den Umgang mit SPSS dargestellt.

Was man mit SPSS alles anstellen kann

Wenn Sie schon ein Buch über SPSS in der Hand halten und sogar gerade darin herumblättern, werden Sie vermutlich auch schon eine gewisse Idee davon haben, wozu SPSS geeignet ist, und vielleicht sogar, wozu Sie selbst SPSS ganz konkret verwenden möchten. Dann werden Sie vermutlich auch bereits wissen, dass SPSS ein Computerprogramm ist, mit dem Sie auf mehr oder weniger einfache und komfortable Weise Daten auswerten und statistische Analysen durchführen können. Wenn Sie es aber noch ein ganz klein wenig konkreter wissen möchten, lesen Sie dies auf den beiden folgenden Seiten.

Wozu Sie SPSS verwenden sollten

Besonders hilfreich ist SPSS vor allem dann, wenn Sie eine große Menge an Daten vorliegen haben, die möglicherweise noch nicht einmal so aufbereitet sind, dass Sie unmittelbar mit einer Auswertung der Daten loslegen können, und Sie aus diesen Basisdaten mit statistischen Verfahren Zusammenhänge und Erkenntnisse ableiten und am Ende auch noch in leicht verständlichen und gut gestalteten Tabellen und Grafiken präsentieren möchten. Alle Schritte, die auf diesem mitunter sehr langen Weg von den Rohdaten bis hin zu präsentationsreifen Ergebnissen notwendig sind, können Sie mit SPSS durchführen:

✔ **Datenaufbereitung.** Der Dateneditor von SPSS bietet zahlreiche Möglichkeiten zur Aufbereitung der Daten. Damit können Sie aus einfachen Rohdaten klar strukturierte und gut lesbare Datentabellen erzeugen, die genau den Anforderungen Ihrer ganz konkreten Fragestellungen genügen. Dazu hält SPSS auch bestimmte Techniken zum Umgang mit fehlenden Werten bereit und ermöglicht es, aus vorhandenen Daten neue, abgeleitete Daten zu berechnen, um so etwa auf einfache Weise aus dem Geburtsdatum das Alter zu ermitteln.

✔ **Datenmanagement.** Auch für das Datenmanagement hält SPSS verschiedene Werkzeuge bereit. So können Sie vorliegende Daten auf einfache Weise neu anordnen und umstrukturieren oder aus einer vorhandenen Datenbasis eine Zufallsstichprobe ziehen und festlegen, dass nur eine bestimmte Teilgruppe der Daten analysiert werden soll.

✔ **Statistische Analysen.** Die Kernleistung von SPSS besteht natürlich darin, statistische Analysen durchzuführen. Das Leistungsspektrum von SPSS erstreckt sich von der Berechnung einfacher Kennzahlen wie einem Mittelwert oder der Darstellung einer Häufigkeitsverteilung über einfache statistische Tests wie einer Kreuztabelle mit Chi-Quadrat-Test oder einem T-Test bis hin zu anspruchsvollen statistischen Verfahren wie einer Regressions- oder Clusteranalyse.

✔ **Diagramme erstellen.** Da sich komplexe Zusammenhänge häufig am einfachsten und anschaulichsten in einer Grafik darstellen lassen, sind Diagramme heute ein zentrales Hilfsmittel bei der Datenanalyse. Auch mit SPSS können Sie zahlreiche unterschiedliche Diagramme wie Balken- und Kreisdiagramme oder Boxplots und Streudiagramme, aber auch ganz spezielle Grafiken zum Beispiel für Zeitreihendaten erstellen.

✔ **Ergebnisse präsentationsreif gestalten.** Gute Ergebnisse will man nicht für sich behalten, sondern in aller Regel herumzeigen und anderen Leuten präsentieren. Hierzu ist es oftmals hilfreich, wenn die Ergebnisse nicht nur inhaltlich, sondern auch in ihrer Darstellung aussagekräftig und ansprechend sind. SPSS bietet verschiedene Möglichkeiten, Ergebnistabellen und Grafiken nach den eigenen Wünschen zu gestalten und damit präsentationsreife Resultate zu erzeugen.

Was Sie mit SPSS gar nicht erst versuchen sollten

Es gibt natürlich zahlreiche Aufgaben, für die SPSS nicht besonders gut geeignet ist, und bei den meisten würde auch niemand auf die Idee kommen, SPSS dafür zu verwenden. Zum Beispiel wäre es nicht besonders clever, SPSS als Standard-Texteditor zu verwenden, mit dem Sie alle einfachen Textdateien lesen und bearbeiten, obwohl dies grundsätzlich möglich wäre. Etwas derart Absurdes hat vermutlich auch noch niemand ausprobiert. Nicht ganz so selbstverständlich ist es dagegen, dass sich SPSS auch nicht als Tabellenkalkulation eignet und weiß Gott auch keine Datenbank ist.

SPSS ist keine Tabellenkalkulation

Mit einer Tabellenkalkulation können Sie auf einfache Weise Zahlenreihen erzeugen, Summen- und Zwischensummen berechnen, mit Formeln Bezüge zwischen einzelnen Zellen der Tabelle herstellen und so einfache und komplexe Rechenmodelle aufsetzen. All dies ist mit SPSS nicht oder zumindest nicht auf einfachem Wege möglich. So haben die Datentabellen in SPSS eine klar vorgegebene und streng einzuhaltende Struktur, während Sie Ihre Daten in einer Tabellenkalkulation (wie beispielsweise Excel) grundsätzlich vollkommen frei über die gesamte Tabelle verteilen können. Alles, was Sie bisher auf einfache und bequeme Weise mit Excel (oder einer anderen Tabellenkalkulation) gelöst haben, sollten Sie daher auch weiterhin dort erledigen. Die Datendateien in SPSS sind zwar auch tabellenförmig aufgebaut, unterscheiden sich in ihren Funktionen aber grundlegend von einer Tabellenkalkulation. Einfach mal eben eine kleine Nebenrechnung in der Tabelle durchzuführen, ist daher ebenso unmöglich wie das einfache Erzeugen von Wertefolgen oder die grafische Gestaltung und optische Formatierung der Daten in einer SPSS-Datendatei.

SPSS ist keine Datenbank

Ebenso weit wie von einer Tabellenkalkulation ist SPSS auch von einer Datenbankanwendung wie beispielsweise Access entfernt. SPSS arbeitet zwar auch mit Daten, erwartet aber weitgehend, dass die zu untersuchenden Daten in einer einzigen Tabelle zusammengefasst werden können. Relationen und dauerhafte Verknüpfungen zwischen verschiedenen Tabellen lassen sich mit SPSS nicht anlegen – geschweige denn komplexe Tabellenmodelle oder Berichtsabfragen. Eine komplexe Datenlandschaft lässt sich daher nicht in SPSS abbilden oder mit SPSS pflegen. Es ist zwar durchaus möglich, aus relationalen Tabellenmodellen oder komplexen Datenbanken Daten für die Analyse in SPSS auszulesen, jeder Versuch, Datenbanken selbst in SPSS abzubilden, wäre jedoch zum kläglichen Scheitern verurteilt.

Die verschiedenen Fenster von SPSS

Wie bei den meisten anderen Programmen unter Windows können auch bei SPSS mehrere Dateien gleichzeitig geöffnet sein. Zusätzlich verwendet SPSS verschiedene Arten von Dateien, die wichtigsten sind *Datendateien*, in denen die zu analysierenden Daten gespeichert werden, und *Ausgabedateien*, in die SPSS die Ergebnisse der Datenanalyse hineinschreibt. Daher sind bei der Arbeit mit SPSS zumeist mindestens zwei Dateien geöffnet. Jede einzelne Datei wird bei SPSS immer in einem eigenen Fenster dargestellt. Wenn Sie mit SPSS arbeiten und dabei vier Dateien geöffnet haben, sind also gleichzeitig auch vier Fenster geöffnet. So zeigt Abbildung 2.1 beispielsweise eine Situation, in der SPSS mit zwei Datendateien und einer Ausgabedatei geöffnet ist. Um eine bestimmte Datei und damit eines der drei Fenster zu aktivieren, können Sie es entweder mit den unter Windows üblichen Methoden über die entsprechende Schaltfläche auf der Taskleiste auswählen oder mit der Tastenkombination $\boxed{\text{Alt}} + \boxed{\leftarrow}$ nacheinander zwischen den derzeit geöffneten Fenstern wechseln.

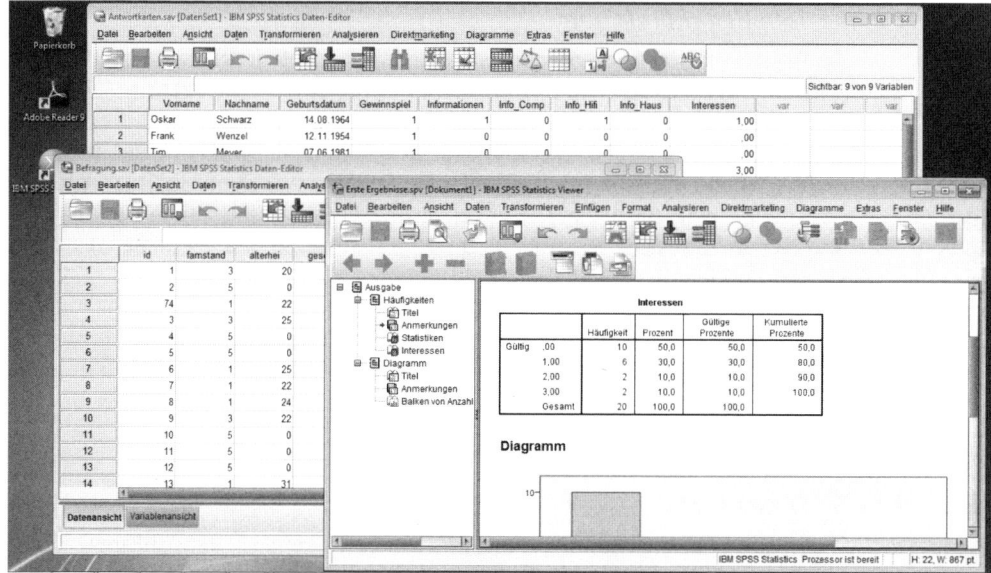

Abbildung 2.1: SPSS mit drei gleichzeitig geöffneten Dateien

Im Zentrum steht immer eine Datendatei

Immer, wenn Sie mit SPSS arbeiten, ist mindestens eine Datendatei geöffnet – und sei es eine vollkommen leere. Insofern unterscheidet sich SPSS von den meisten anderen Programmen wie Excel, Word oder PowerPoint, die Sie wahrscheinlich kennen werden. Bei diesen Office-Programmen sind Sie es gewohnt, dass das Programm – zum Beispiel Excel – geöffnet sein kann, ohne dass gleichzeitig auch eine Excel-Tabelle geöffnet ist. Sie sehen dann auf dem Bildschirm eben nur den Rahmen von Excel ohne eine Datei oder irgendwelche Inhalte. Das geht bei SPSS nicht.

Außerdem ist es bei SPSS erst mit den neueren Programmversionen (seit SPSS 14) überhaupt möglich, dass mehrere Datendateien gleichzeitig geöffnet sind. Wenn Sie mit einer älteren Programmversion arbeiten, müssen Sie beachten, dass immer nur eine einzige Datendatei geöffnet sein kann. Sie merken das in der praktischen Arbeit daran, dass beim Öffnen einer neuen Datendatei gleichzeitig die bisher geöffnete Datendatei von SPSS geschlossen wird. Wenn Sie SPSS verbieten, diese Datei zu schließen, weigert sich SPSS, die neue Datendatei zu öffnen.

Diese kleinen Eigenarten von SPSS zeigen schon, dass Datendateien hier eine besondere Rolle spielen. In dem Selbstverständnis von SPSS dreht sich die gesamte Arbeit mit dem Programm stets um eine Datendatei. Die Datendatei enthält – der Name deutet es an – die Daten, die mit SPSS bearbeitet und vor allem ausgewertet werden. Umgekehrt heißt dies: Alle Daten, die Sie mit SPSS analysieren möchten, müssen zunächst in eine Datendatei von SPSS eingegeben (oder aus anderen Dateien eingelesen) werden.

Datendateien von SPSS sind tabellenförmig aufgebaut und sehen so ähnlich aus wie die Tabellen einer Tabellenkalkulation wie beispielsweise Excel. Abbildung 2.2 zeigt eine solche Datendatei, in die bereits eine Unmenge von Daten eingegeben wurde. Die Datendateien dienen zum einen dazu, die Daten, die mit SPSS untersucht werden sollen, aufzunehmen, bieten aber auch viele Möglichkeiten, diese Daten für die Analyse aufzubereiten. Beispielsweise können Sie die Daten in einer Datendatei sehr einfach umkodieren, aus vorhandenen Daten neue Werte berechnen oder Zufallsstichproben ziehen. Auf diese Weise stellen Sie sich in einer Datendatei genau die Datenbasis zusammen, die Sie benötigen, um anschließend mit den statistischen Werkzeugen von SPSS Ihre Fragestellungen zu untersuchen.

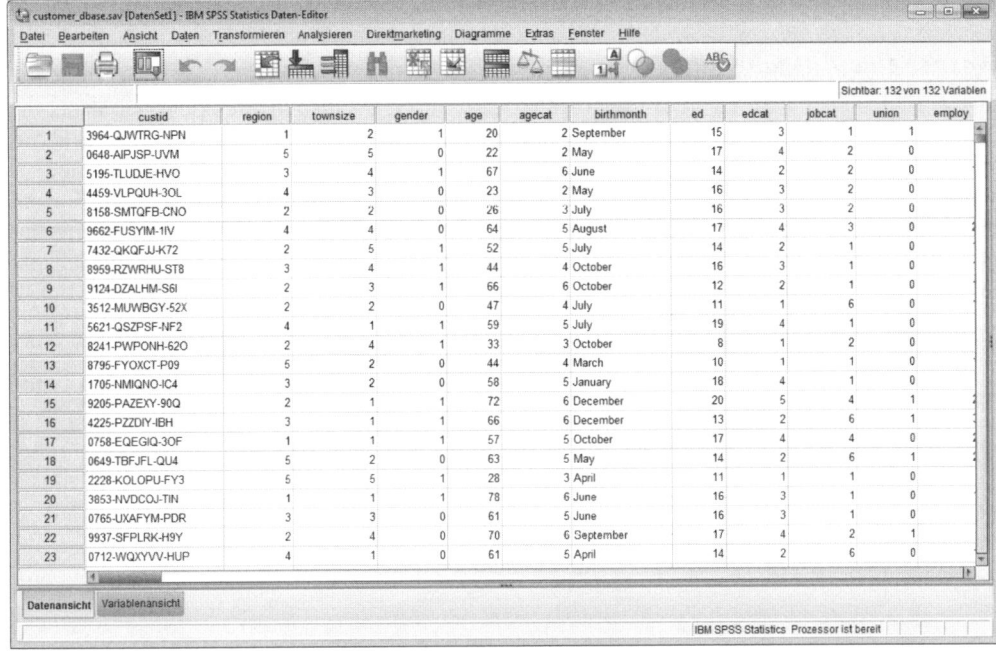

Abbildung 2.2: Eine Datendatei in SPSS

Da SPSS ja niemals ohne eine Datendatei sein kann, wird bereits bei seinem Programmstart automatisch eine leere Datendatei geöffnet. Sie können mit dieser leeren Datendatei direkt loslegen und zum Beispiel beginnen, hier Ihre Daten einzugeben, um sie anschließend zu analysieren, oder Sie können die leere Datendatei vollkommen ignorieren und einfach eine andere, bereits bestehende Datendatei öffnen. Außerdem können Sie jederzeit neue, zunächst leere Datendateien anlegen und diese mit Daten füllen.

Ergebnisse werden in Ausgabedateien geschrieben

Auch wenn Datendateien stets im Zentrum der Arbeit mit SPSS stehen, so sind sie letztlich doch nur die Ausgangsbasis für den eigentlichen Zweck, nämlich statistische Analysen anhand der Daten durchzuführen. Eine statistische Analyse wird gestartet, indem aus den zahlreichen Menübefehlen, die oben in der Datendatei aufgeführt werden, der entsprechende Befehl für das gewünschte Analyseverfahren aufgerufen wird. Wenn Sie zum Beispiel eine einfache Häufigkeitstabelle erstellen möchten, wählen Sie zunächst den Befehl Analysieren|Deskriptive Statistiken|Häufigkeiten. Dieser Befehl öffnet dann ein Dialogfeld, in dem Sie die gewünschte Häufigkeitstabelle zusammenstellen können; dort geben Sie beispielsweise an, für welche Variablen die Tabelle erstellt werden und welche Kennzahlen sie im Einzelnen ausweisen soll. Wenn Sie die Angaben vorgenommen haben, geben Sie abschließend Ihr OK und SPSS legt los und erstellt für Sie die angeforderte Tabelle. Das Ergebnis dieser Prozedur, also die angeforderte Häufigkeitstabelle, wird allerdings nicht in die Datendatei geschrieben, sondern in eine so genannte *Ausgabedatei*.

Was ist eine Ausgabedatei?

Ausgabedateien sind ein eigenständiger Dateityp in SPSS. Sie dienen ausschließlich dazu, die Ergebnisse der statistischen Analysen aufzunehmen. Außerdem können die Ergebnisse darin auch gesammelt, bearbeitet und formatiert werden. Beispielsweise können Sie die gerade erstellte Häufigkeitstabelle mit Farben, Linien, bestimmten Schriftarten und weiteren Formatierungen genau nach Ihren Wünschen gestalten, damit Sie die Tabellen direkt in Präsentationen oder Dokumentationen übernehmen können. Abbildung 2.3 zeigt eine solche Ausgabedatei, in der bereits erste Ergebnisse enthalten sind.

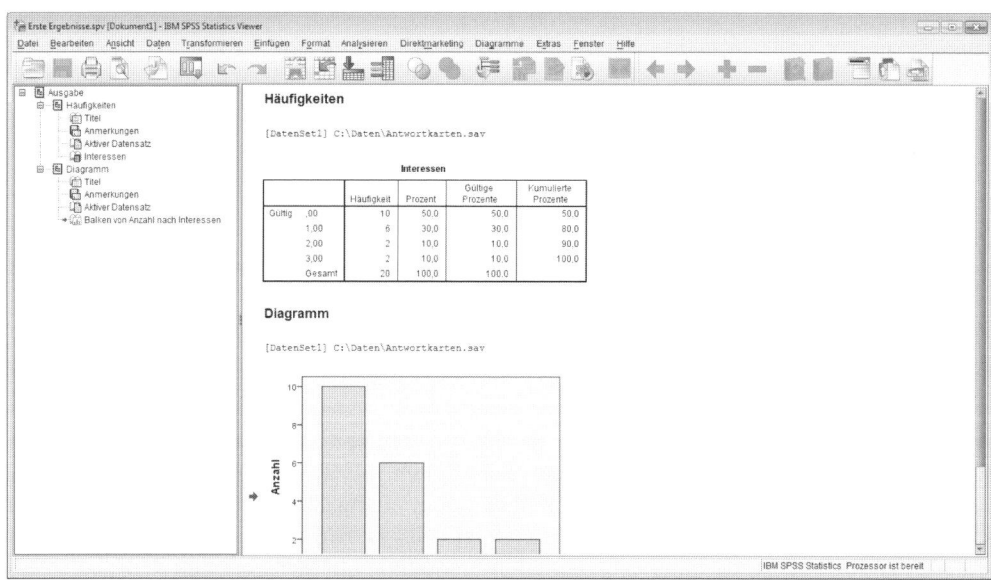

Abbildung 2.3: Eine Ausgabedatei mit ersten Ergebnissen in SPSS

Wie wird eine Ausgabedatei geöffnet?

Anders als bei den Datendateien wird beim Programmstart von SPSS nicht automatisch eine leere Ausgabedatei erstellt. Sobald Sie allerdings das erste Mal eine statistische Prozedur durchführen und damit irgendeine Art von Ergebnistabellen oder Grafiken erzeugen, öffnet SPSS automatisch eine neue Ausgabedatei, in die diese Ergebnisse geschrieben werden. Alle weiteren Ergebnisse, die Sie während der laufenden Arbeit mit SPSS erstellen, werden per

Voreinstellung ebenfalls in diese Datei geschrieben. Allerdings können Sie jederzeit selbst neue, leere Ausgabedateien anlegen oder bereits bestehende Ausgabedateien öffnen:

✔ **Eine neue Ausgabedatei erstellen.** Um manuell eine neue, zunächst leere Ausgabedatei zu erstellen, wählen Sie den Befehl DATEI|NEU|AUSGABE. Daraufhin öffnet SPSS eine neue Ausgabedatei und alle nachfolgend erzeugten Ergebnisse werden in diese Ausgabedatei geschrieben.

✔ **Eine bestehende Ausgabedatei öffnen.** Um eine bereits bestehende, gespeicherte Ausgabedatei zu öffnen, wählen Sie den Befehl DATEI|ÖFFNEN|AUSGABE. Dieser Befehl öffnet ein Dialogfeld, in dem Sie die gewünschte Ausgabedatei auswählen können. Wenn Sie auf diese Weise eine Ausgabedatei öffnen, werden alle nachfolgend erzeugten Ergebnisse in diese Ausgabedatei geschrieben.

Mit mehreren Ausgabedateien gleichzeitig arbeiten

Wenn mehrere Ausgabedateien gleichzeitig geöffnet sind, schreibt SPSS neue Ergebnisse automatisch in die zuletzt geöffnete Datei. Sollen die Ergebnisse davon abweichend in eine andere Ausgabedatei geschrieben werden, können Sie dies erreichen, indem Sie die gewünschte Zieldatei zum *Hauptfenster* ernennen. Aktivieren Sie hierzu das Fenster der Ausgabedatei, in die Sie die Ergebnisse schreiben möchten, und wählen Sie darin den Menübefehl EXTRAS|HAUPTFENSTER oder klicken Sie auf das Symbol HAUPTFENSTER.

In einer Ausgabedatei navigieren

Innerhalb einer Ausgabedatei werden alle Ergebnisse von SPSS einfach nacheinander eingefügt. Wenn Sie mehrere statistische Analysen durchführen, kann sich so eine lange Liste von Ergebnistabellen und Grafiken ergeben, die in der Ausgabedatei alle untereinanderstehen. Um in den Ergebnissen zu blättern und gezielt bestimmte Ergebnisse anzeigen zu lassen, haben Sie dann verschiedene Möglichkeiten:

✔ **Bildlaufleiste, Tastatur, Maus.** Sie können die unter Windows üblichen Methoden zum Blättern innerhalb eines Fensters verwenden. Hierzu steht am rechten Fensterrand die bekannte Bildlaufleiste zur Verfügung. Ebenso können Sie die Tasten ⌈Bild↑⌉ und ⌈Bild↓⌉ nutzen, um innerhalb der Datei zu blättern. Wenn Sie eine Maus mit einem Rollrad verwenden, können Sie auch damit innerhalb der Ausgabedatei nach oben und unten blättern.

✔ **Gliederungsansicht.** Zusätzlich enthält jede Ausgabedatei auf der linken Seite eine Gliederungsansicht, die alle aktuellen Inhalte aufführt (siehe Abbildung 2.3). Diese Gliederungsansicht können Sie verwenden, um gezielt einzelne Ergebnisse der Ausgabedatei aufzurufen. Sobald Sie einen Eintrag in der Gliederungsansicht anklicken, wird auf der rechten Seite der Ausgabedatei das entsprechende Ergebnis angezeigt.

Grafiken werden in einem eigenen Editor bearbeitet

Wenn Sie bei SPSS mit Grafiken arbeiten und sich dabei nicht mit den Standarddarstellungen zufriedengeben, sondern sie auch noch selbst verschönern möchten, werden Sie es neben den

Datendateien und den Ausgabedateien auch mit dem Diagramm-Editor von SPSS zu tun bekommen. Wenn Sie eine Grafik neu erstellen, wird diese zunächst wie alle anderen Ergebnisse in eine Ausgabedatei geschrieben. Um die Grafik zu bearbeiten und so beispielsweise die Farben zu ändern, neue Texte hinzuzufügen oder die Skalierung der Achsen anzupassen, wird sie aber in einem besonderen Editor geöffnet. Dieser Editor hält zahlreiche Werkzeuge bereit, mit denen Sie das Erscheinungsbild der Grafiken sehr umfangreich gestalten und den eigenen Bedürfnissen anpassen können. Wenn Sie die Bearbeitung einer Grafik abgeschlossen haben, wird der Diagramm-Editor einfach geschlossen und die neu gestaltete Grafik ist anschließend wieder als Ergebnis in der Ausgabedatei enthalten. Abbildung 2.4 zeigt den Diagramm-Editor mit einem Balkendiagramm und einem Dialogfeld zum Verändern der Farben in der Grafik.

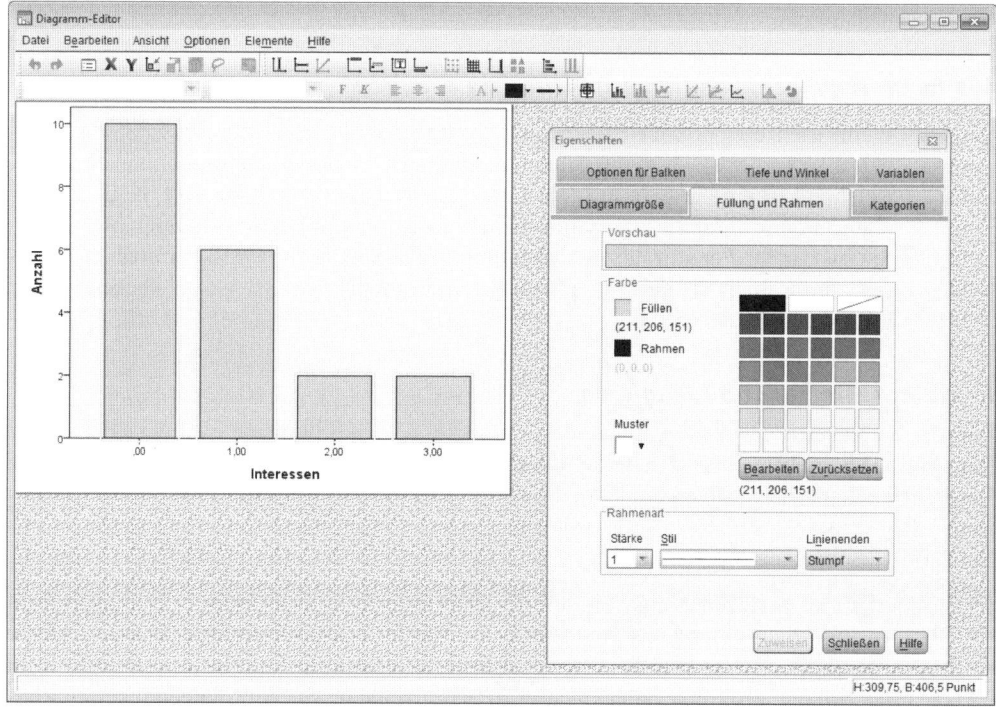

Abbildung 2.4: Diagramm-Editor von SPSS

Für Programmier-Freaks: Syntax- und Skript-Dateien

Neben den Daten- und Ausgabedateien, an denen man bei der Arbeit mit SPSS beim besten Willen nicht vorbeikommt, gibt es bei SPSS noch zwei weitere Dateitypen, mit denen Sie nur dann in Kontakt kommen, wenn Sie auch mit der Programmiersprache von SPSS arbeiten. Genauer muss man eigentlich sagen, mit *den* Programmiersprache*n*, denn bei SPSS können Sie unterschiedliche Programmiersprachen verwenden: Die wichtigste ist die so genannte *Syntaxsprache*, mit der vor allem Datentransformationen in der Datendatei und die statistischen Prozeduren durchgeführt werden können. Daneben gibt es noch so genannte *Skript-sprachen* (SPSS kann sowohl mit *Basic* als auch mit *Python* umgehen), die auch eine automatisierte Bearbeitung der Analyseergebnisse ermöglichen. Wenn Sie mit einer dieser Programmiersprachen eigene Programme erstellen, schreiben Sie den Programmcode in eine Syntaxdatei beziehungsweise eine Skriptdatei. Bei beiden Dateiformaten handelt es sich letztlich um Textdateien, die allerdings nicht nur den Programmcode aufnehmen, sondern auch verschiedene Werkzeuge zur Unterstützung bei der Programmierung und zur Ausführung der Programme bereitstellen. Die Programmiersprachen und damit auch die zugehörigen Dateitypen werden in diesem Buch nicht näher behandelt.

Öffnen, Speichern und Schließen von Dateien

Das gesamte Handling der Dateien, also das Vorgehen zum Erstellen von neuen Dateien, zum Öffnen bestehender Dateien und zum Speichern von Dateien ist bei SPSS genauso organisiert wie bei den bekannten Office-Programmen wie Excel, Word oder PowerPoint. Auch die Dialogfelder, die Ihnen dabei begegnen, werden Ihnen bekannt vorkommen, wenn Sie schon mit der Arbeit unter Windows vertraut sind. Daher werden Sie als erfahrener Windows-Anwender in dem gesamten folgenden Abschnitt nichts Neues mehr lernen. Wenn Sie aber bei der ein oder anderen Frage im Umgang mit Dateien unsicher sind, erfahren Sie auf den folgenden Seiten, wie das Öffnen, Speichern und Schließen von Dateien bei SPSS geregelt ist.

Eine bestehende Datei öffnen

Für SPSS-Dateien stehen alle unter Windows üblichen Methoden zum Öffnen einzelner Dateien zur Verfügung. Die übliche Methode geht folgendermaßen:

1. Wählen Sie den Menübefehl DATEI|ÖFFNEN und dann den Unterbefehl für die gewünschte Dateiart. Um also beispielsweise eine Datendatei zu öffnen, wählen Sie DATEI|ÖFFNEN|DATEN, für eine Ausgabedatei verwenden Sie den Befehl DATEI|ÖFFNEN|AUSGABE.

   Der Befehl öffnet ein Dialogfeld, das Ihnen vom Aufbau her vermutlich schon aus anderen Windows-Anwendungen bekannt sein wird. Es ist ein typisches Dialogfeld zum Öffnen einer Datei. Abbildung 2.5 zeigt dieses Dialogfeld für das Öffnen von Datendateien. Bei anderen Dateitypen sieht das Dialogfeld ein wenig anders aus, sein grundlegender Inhalt ist aber stets identisch.

2. Wählen Sie in diesem Dialogfeld die Datei aus, die Sie öffnen möchten:

   - Wählen Sie in der Drop-down-Liste SUCHEN IN den Ordner aus, in dem die gewünschte Datei abgelegt ist.
   - Wenn Sie den richtigen Ordner ausgewählt haben, wird dessen Inhalt in dem Dialogfeld angezeigt. Darunter müsste sich auch die gesuchte Datei befinden. Markieren Sie diese Datei, indem Sie den Eintrag einmal mit der Maus anklicken.

3. Wenn Sie die gewünschte Datei ausgewählt haben, wird ihr Name in dem Feld DATEINAME angezeigt. Klicken Sie nun auf die Schaltfläche ÖFFNEN. Damit wird das Dialogfeld wieder geschlossen und die gewünschte Datei geöffnet.

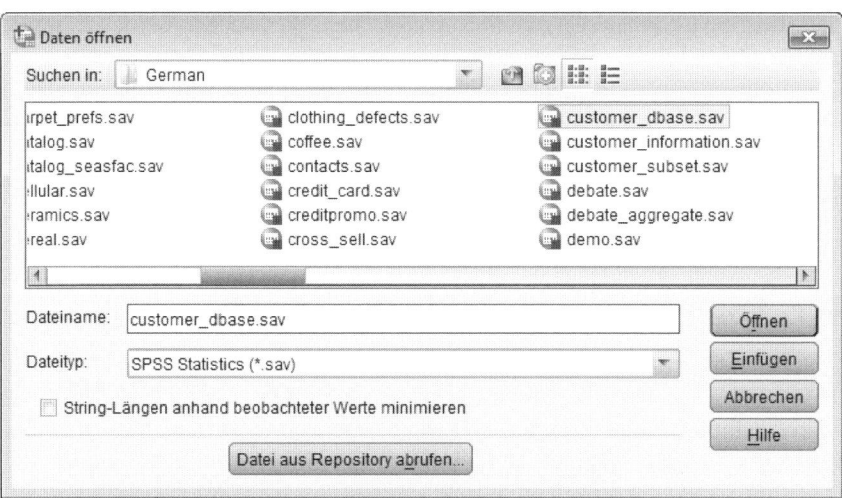

Abbildung 2.5: Dialogfeld zum Öffnen einer Datendatei

Eine neue Datei anlegen

Wenn Sie nicht eine bereits bestehende Datei öffnen, sondern eine neue, zunächst leere Datei anlegen möchten, wählen Sie einfach den Menübefehl DATEI|NEU und den entsprechenden Unterbefehl. Zum Erstellen einer neuen Datendatei wählen Sie beispielsweise DATEI|NEU|DATEN, für eine neue Ausgabedatei wählen Sie DATEI|NEU|AUSGABE. Daraufhin öffnet SPSS ein neues Fenster mit einer leeren Datei des entsprechenden Typs.

Eine Datei speichern

Wenn Sie mit SPSS eine neue Datei erstellt haben, müssen Sie diese ausdrücklich speichern, wenn die Datei und ihre Inhalte über die aktuelle SPSS-Sitzung hinaus erhalten bleiben sollen. Dies gilt sowohl für Datendateien als auch für Ausgabedateien und alle anderen Dateitypen bei SPSS. Wenn Sie eine neu erstellte Datei vor dem Beenden von SPSS nicht speichern, gehen die gesamten Inhalte verloren und es gibt keine Möglichkeit, sie später in irgendeiner Weise wiederherzustellen.

 Eine dringende Empfehlung lautet: Speichern Sie Ihre Arbeit nicht erst unmittelbar vor dem Beenden von SPSS. Wenn Sie über längere Zeit mit einer Datei arbeiten und dabei umfangreiche Änderungen vornehmen, empfiehlt es sich unbedingt, die Datei auch zwischendurch immer wieder zu speichern, um den aktuellen Zwischenstand der Bearbeitung zu sichern. Wenn Sie selbst schon einmal die Erfahrung gemacht haben, wie das Ergebnis stundenlanger Arbeit verloren gegangen ist – etwa weil der Computer einen »schweren Ausnahmefehler« erzeugt oder die Katze den Kaffeebecher über die Tastatur gekippt hat, der Strom ausgefallen ist oder der Sohn eine Arbeitspause von Ihnen genutzt hat, um die neueste Version seines Lieblingsspiels auszuprobieren (und dabei herausgefunden hat, dass sich gerade dieses Spiel und SPSS nicht besonders gut miteinander vertragen) –, muss ich Ihnen dies sicher nicht mehr extra ans Herz legen.

Eine Datei zum ersten Mal speichern

Wenn Sie eine neu erstellte Datei zum ersten Mal speichern, legen Sie zugleich fest, in welchem Ordner die Datei abgelegt werden soll, und geben der Datei einen Namen.

1. Die Datei, die Sie speichern möchten, muss im Vordergrund angezeigt werden und das aktive Dateifenster bilden. Wenn dies nicht der Fall ist, wechseln Sie zu diesem Dateifenster mit den unter Windows üblichen Methoden, also zum Beispiel über die Tastenkombination [Alt]+[⇆] oder über die entsprechende Schaltfläche in der Taskleiste von Windows.

2. Wählen Sie den Menübefehl DATEI|SPEICHERN UNTER. Dieser Befehl öffnet das Dialogfeld aus Abbildung 2.6. Das Dialogfeld ist Ihnen vom Aufbau her vermutlich bekannt, weil es in ganz ähnlicher Form auch bei vielen anderen Programmen wie zum Beispiel allen Office-Programmen verwendet wird.

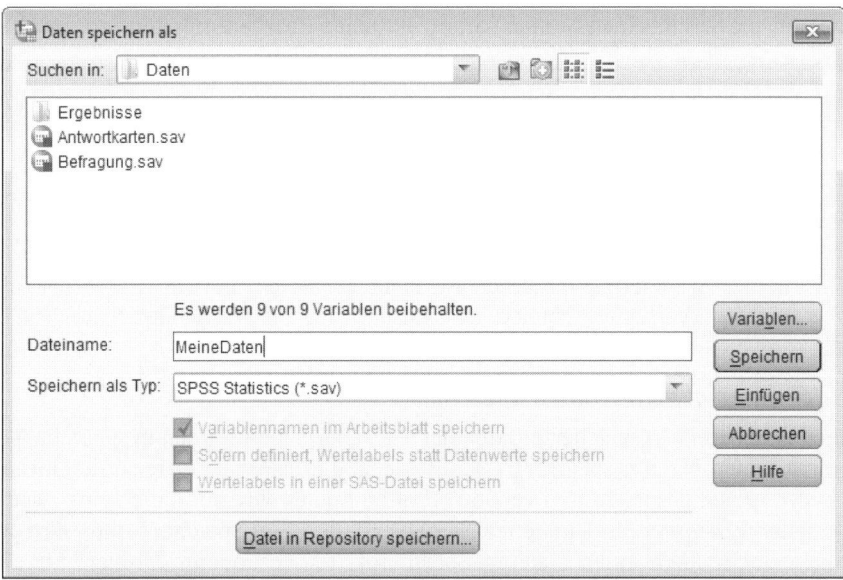

Abbildung 2.6: Dialogfeld des Befehls DATEI|SPEICHERN UNTER zum erstmaligen Speichern einer Datei

3. In diesem Dialogfeld legen Sie den Ordner fest, in dem die Datei gespeichert werden soll, und vergeben den Namen für die Datei:

   - Wählen Sie in der Drop-down-Liste SUCHEN IN den Ordner aus, in dem Sie die Datei speichern möchten. Sobald Sie einen Ordner ausgewählt haben, wird dessen bisheriger Inhalt in dem Dialogfeld angezeigt.

   - Schreiben Sie den Namen für die Datei in das Feld DATEINAME. Die Namenserweiterung (wie `.sav` für Datendateien, `.spv` für Ausgabedateien und so weiter) brauchen Sie nicht mit anzugeben.

4. Wenn Sie alle Angaben vorgenommen haben, klicken Sie auf die Schaltfläche SPEICHERN. Daraufhin wird das Dialogfeld wieder geschlossen und die Datei ist gespeichert.

Eine Datei nach Änderungen erneut speichern

Wenn Sie mit einer Datei, die schon einmal gespeichert wurde und damit bereits einen Namen von Ihnen bekommen hat, weiterarbeiten und dabei weitere Veränderungen an dieser Datei vornehmen, werden diese Änderungen nicht automatisch mitgespeichert. Würden Sie die Datei nach der Bearbeitung schließen, ohne sie erneut zu speichern, würden die Änderungen verloren gehen und Sie hätten nur noch den Dateistand zur Verfügung, der zuletzt gespeichert wurde. Es ist also notwendig, eine Datei nach einer Bearbeitung erneut zu speichern, wenn die Änderungen an der Datei erhalten bleiben sollen.

 Gewöhnen Sie sich an, eine Datei während der Bearbeitung zwischendurch immer mal wieder zu speichern! Auch wenn Sie mit der Bearbeitung noch nicht fertig sind, speichern Sie einfach mal den Zwischenstand.

Um eine Datei, die bereits einen Namen hat, im aktuellen Bearbeitungsstand zu speichern, genügt ein einziger Klick. Sie haben drei verschiedene Möglichkeiten hierzu:

- ✔ Klicken Sie mit der Maus auf die Schaltfläche DIESES DOKUMENT SPEICHERN.
- ✔ Wählen Sie den Menübefehl DATEI|SPEICHERN.
- ✔ Tippen Sie die Tastenkombination ⌈Strg⌉+⌈S⌉.

 Wurde die Datei seit dem letzten Speichern nicht mehr verändert, so dass kein erneutes Speichern erforderlich ist, steht der Befehl DATEI|SPEICHERN bei SPSS gar nicht zur Verfügung, sondern ist ebenso wie die entsprechende Schaltfläche inaktiv.

Eine Datei unter neuem Namen speichern

Sie können eine bereits gespeicherte Datei, der Sie schon einen Namen gegeben haben, auch unter einem neuen Namen speichern. Damit bleibt die bisherige Datei unter ihrem alten Namen in der zuletzt gespeicherten Version erhalten und es wird zusätzlich eine zweite Datei in der aktuellen Version unter dem neuen Namen erstellt. Beim Speichern unter einem neuen Namen können Sie auch einen anderen Speicherort (einen anderen Ordner) für die neue Datei wählen.

1. Wählen Sie den Menübefehl DATEI|SPEICHERN UNTER. Dieser Befehl öffnet das Dialogfeld, das Sie schon vom erstmaligen Speichern der Datei kennen, siehe Abbildung 2.6.

2. Wählen Sie in dem Dialogfeld mit der Drop-down-Liste SUCHEN IN den Ordner aus, in dem die neue Datei unter dem neuen Namen gespeichert werden soll.

3. Geben Sie in dem Feld DATEINAME den neuen Namen für die Datei an.

4. Wenn Sie alle Angaben vorgenommen haben, klicken Sie auf die Schaltfläche SPEICHERN.

 Wenn Sie eine Datei unter einem neuen Namen gespeichert haben, ist anschließend diese Version der Datei in SPSS geöffnet. Die zuvor gespeicherte Datei mit dem alten Namen existiert natürlich auch noch, ist aber nicht mehr geöffnet. Um diese erste Datei mit dem alten Namen weiter zu bearbeiten, müssen Sie sie zunächst wieder mit dem Befehl DATEI|ÖFFNEN aufrufen.

Eine Datei schließen

 Um eine Datei – ganz gleich, ob eine Datendatei, Ausgabedatei oder Syntaxdatei – zu schließen, klicken Sie auf die Schaltfläche SCHLIESSEN (die Schaltfläche mit dem Kreuz in der rechten oberen Ecke des Fensters) oder wählen Sie den Menübefehl DA-TEI|SCHLIESSEN.

Wenn Sie so eine Datei schließen, die nach den letzten Änderungen noch nicht gespeichert wurde, werden Sie zunächst von SPSS gefragt, ob die Datei vor dem Schließen gespeichert werden soll. Folgende Optionen stehen dann zur Verfügung:

✔ JA. Wenn Sie hier auf JA klicken, wird die Datei in der aktuellen Version unter ihrem bisherigen Namen gespeichert. Wenn die Datei noch keinen Namen hat, erhalten Sie wie beim erstmaligen Speichern einer Datei ein Dialogfeld, in dem Sie den Ordner und den Namen für die Datei festlegen können.

✔ NEIN. Mit NEIN wird die Datei geschlossen und alle nicht gespeicherten Änderungen gehen verloren. Wenn die Datei noch nie gespeichert wurde, geht damit die gesamte Datei verloren, andernfalls liegt die Datei weiterhin in der zuletzt gespeicherten Version vor.

✔ ABBRECHEN. Klicken Sie auf ABBRECHEN, um das Schließen der Datei abzubrechen. Sie können dann noch einmal prüfen, ob der Inhalt der Datei speichernswert ist oder auch die Datei manuell speichern, gegebenenfalls unter einem neuen Namen.

 In einer Datendatei steht der Menübefehl DATEI|SCHLIESSEN nur dann zur Verfügung, wenn noch weitere Datendateien geöffnet sind. Um die einzige geöffnete Datendatei zu schließen, verwenden Sie daher die Schaltfläche in der rechten oberen Fensterecke oder den Menübefehl DATEI|BEENDEN. Dabei wird wieder die Sonderrolle, die Datendateien in SPSS spielen, deutlich: Da bei SPSS immer mindestens eine Datendatei geöffnet sein muss, bewirkt das Schließen der letzten Datendatei automatisch, dass SPSS insgesamt beendet wird. Dies führt auch dazu, dass alle anderen derzeit noch geöffneten Dateien, wie zum Beispiel Ausgabedateien, ebenfalls geschlossen werden. Sie werden dann für jede einzelne Datei, die noch nicht gespeicherte Änderungen enthält, gefragt, ob diese Änderungen vor dem Schließen gespeichert werden sollen.

 Möchten Sie die einzige geöffnete Datendatei einfach nur schließen, um danach eine andere Datendatei zu öffnen und mit dieser weiterzuarbeiten, empfiehlt es sich, zunächst die neue Datei zu öffnen und erst im zweiten Schritt die bisherige Datendatei zu schließen. Dadurch vermeiden Sie, dass beim Schließen der einzigen geöffneten Datendatei das gesamte Programm SPSS beendet wird und auch alle weiteren noch geöffneten Dateien geschlossen werden.

Hilfe in allen Lebenslagen

SPSS ist sicherlich nicht die einfachste und auch nicht die am leichtesten zu erlernende Software, die einem im Leben so unter die Finger kommt. Wie andere moderne Programme bietet SPSS dafür aber auch eine umfangreiche Online-Hilfe, die einem in allen Lebenslagen, in die man mit SPSS geraten kann, tatsächlich eine recht gute Hilfestellung bietet. Zum Starten der

Online-Hilfe gibt es verschiedene Möglichkeiten – je nachdem, aus welcher Situation heraus Sie Ihren Hilferuf absenden möchten:

✔ **In der allgemeinen Hilfe nachschlagen.** Um in der Online-Hilfe gezielt nach einem bestimmten Thema zu suchen, wählen Sie den Menübefehl HILFE|THEMEN. Dieser Befehl öffnet die Hilfe in einem Internet-Browser wie in Abbildung 2.7 gezeigt. Der Bereich auf der linken Seite dient zur Navigation und bietet verschiedene Möglichkeiten, nach einem Hilfethema zu suchen:

- INHALT. In Abbildung 2.7 zeigt die linke Seite eine Inhaltsübersicht, die sich mit den Pluszeichen neben den Buchsymbolen noch weiter aufblättern lässt. Wenn Sie einen Eintrag in der Inhaltsübersicht anklicken, wird auf der rechten Seite des Hilfe-Fensters der zugehörige Inhalt angezeigt.

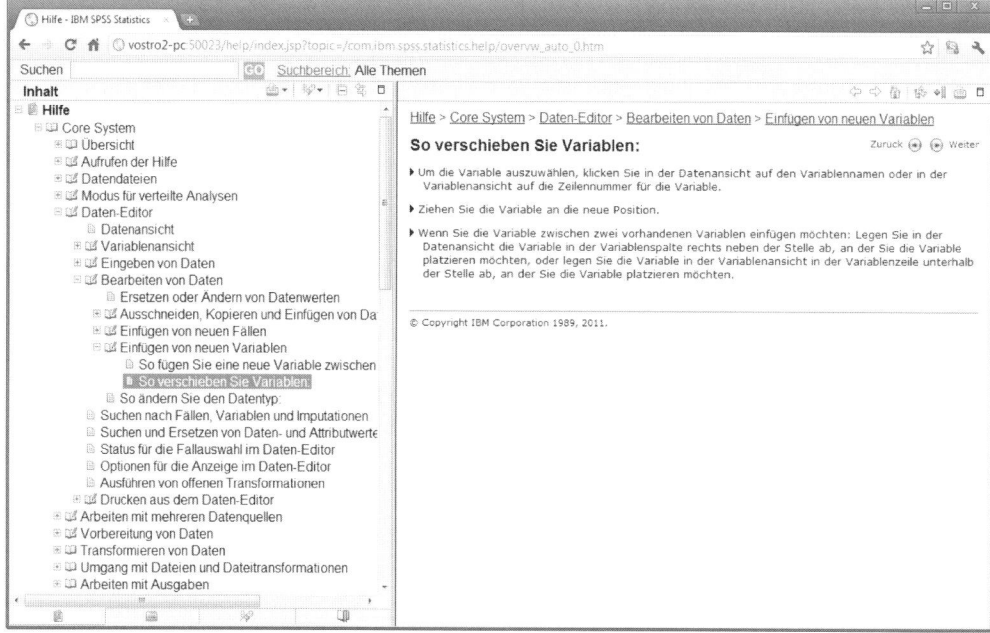

Abbildung 2.7: Fenster der Online-Hilfe von SPSS

- INDEX. Klicken Sie auf der linken Seite unten auf das Registerkarten-Symbol INDEX, um ein Stichwortverzeichnis der gesamten Online-Hilfe einzublenden. Suchen Sie anschließend das Stichwort, zu dem Sie Hilfe wünschen, und klicken Sie auf den entsprechenden Eintrag. Daraufhin wird die zugeordnete Hilfe auf der rechten Seite des Hilfe-Fensters angezeigt.

- SUCHEN. Mit dem Eingabefeld SUCHEN haben Sie die Möglichkeit, die gesamte Online-Hilfe nach einem bestimmten Stichwort zu durchsuchen. Schreiben Sie das Stichwort oben in das Eingabefeld und klicken Sie anschließend auf die Schaltfläche GO. Daraufhin werden sämtliche Einträge aufgelistet, die zu dem gesuchten Stichwort passen.

Wenn Sie auf einen dieser Einträge klicken, erscheint auf der rechten Seite des Hilfe-Fensters der zugehörige Hilfe-Eintrag.

✔ **Hilfe zu einem Dialogfeld anfordern.** Nahezu jedes Dialogfeld in SPSS enthält unter anderem eine Schaltfläche HILFE. Wenn Sie auf diese Schaltfläche klicken, öffnen Sie ebenfalls die Online-Hilfe aus Abbildung 2.7, allerdings wird dort sofort der Hilfe-Eintrag angezeigt, der inhaltlich zu dem gerade geöffneten Dialogfeld passt.

✔ **Ein Lernprogramm starten.** SPSS enthält auch ein Lernprogramm, das Sie Schritt für Schritt durch verschiedene Aufgaben führt, die Sie mit SPSS bearbeiten können. Um dieses Lernprogramm zu starten, wählen Sie den Menübefehl HILFE|LERNPROGRAMM.

Teil II

Die Basis jeder Analyse –
Datendateien anlegen und bearbeiten

The 5th Wave   By Rich Tennant

»Oh, das erinnert mich daran, dass ich ja
noch weitere Daten in SPSS eingeben wollte.«

Ja, ich kann es mir schon denken. Eigentlich wollten Sie ja nur mit SPSS arbeiten, um diese aufregenden statistischen Analysen durchzuführen und schicke Diagramme zu erstellen – aber ganz bestimmt nicht, um vorher auch noch ewig lange mit den Daten zu hantieren und diese einzutippen, neu zu kodieren oder aus ohnehin schon vorhandenen Variablen noch einmal neue Variablen zu berechnen. Das ist auch absolut verständlich – aber leider nur selten die Realität. Tatsächlich nimmt die Eingabe und Aufbereitung der Daten im Vorfeld einer Analyse häufig mehr Zeit in Anspruch als die eigentliche Analyse selbst.

In diesem Teil erfahren Sie daher alles, was Sie für den Umgang mit Datendateien wissen müssen. Sie erfahren also, wie eine Datendatei bei SPSS aufgebaut ist und eine neue Datendatei angelegt werden kann, wie neue Variablen berechnet, Fälle gefiltert, gewichtet oder sortiert werden und wie Sie Daten mit anderen Programmen austauschen und aus mehreren Dateien in einer zusammenführen.

Die Basis jeder Analyse: Datendateien erstellen

3

In diesem Kapitel

▷ Die Struktur einer SPSS-Datendatei verstehen

▷ Die Struktur einer SPSS-Datendatei selbst anlegen

▷ Variablen für eine Datendatei definieren

▷ Daten in die Datendatei eingeben

▷ Fälle und Variablen nachträglich einfügen und wieder löschen

▷ Nach einzelnen Werten in der Datendatei suchen

A lle Daten, die mit SPSS ausgewertet werden sollen, müssen zunächst in eine Datendatei von SPSS eingefügt werden. Dies ist eine der wenigen Regeln, von denen es keine Ausnahme gibt. Aus diesem Grund ist auch bei der Arbeit mit SPSS stets mindestens eine Datendatei geöffnet. Es ist also nicht möglich, mit SPSS zu arbeiten, ohne eine Datendatei geöffnet zu haben, und sei es eine leere Datei. Dies gilt auch dann, wenn Sie gar keine Daten analysieren, sondern vielleicht nur Ergebnisse aus einer früheren Sitzung mit SPSS betrachten oder bearbeiten möchten.

Um die zu analysierenden Daten in eine Datendatei von SPSS einzufügen, gibt es, wie so häufig im Leben, verschiedene Wege. Sie können die Daten mit der Hand eintippen, aus einer Nicht-SPSS-Datei wie zum Beispiel einer Excel-Tabelle »über die Zwischenablage« kopieren und in eine SPSS-Datei einfügen oder aus anderen Quellen wie Datenbanken oder einfachen Textdateien mit bestimmten Menübefehlen von SPSS direkt in eine SPSS-Datendatei einlesen. In allen Fällen gilt dabei, dass die Daten in SPSS in einer klar vorgegebenen Struktur nach *Fällen (Datensätzen)* und *Variablen* angeordnet und die einzelnen Variablen nach formalen Kriterien wie der Art der darin enthaltenen Daten näher beschrieben werden müssen.

In diesem Kapitel lesen Sie, wie Sie eine Datendatei, die allen Anforderungen für die Arbeit mit SPSS genügt, erstellen. Den Ausgangspunkt dafür bildet ein Fragebogen aus einer Bevölkerungsbefragung, deren Ergebnisse in eine Datendatei eingetragen werden sollen. Auf dem Weg dahin muss die Struktur der Datendatei festgelegt werden und es müssen Variablen definiert, Kodierungen vergeben, Daten eingetippt und möglicherweise Korrekturen vorgenommen werden. All dies wird auf den folgenden Seiten geschehen und ist sehr viel einfacher, als es zunächst vielleicht erscheinen mag.

Datendateien haben feste Strukturen

Feste Strukturen sind dazu da, aufgebrochen zu werden. Dies gilt im wahren Leben – aber nicht bei SPSS. Hier folgen die Datendateien fest vorgegebenen Strukturen, die unveränderbar sind. Diese Strukturen haben zum Glück auch einen Sinn und erleichtern die Arbeit mit SPSS ungemein. Auf den folgenden Seiten lesen Sie, wie eine Datendatei in SPSS strukturiert ist und vor allem, wie Sie diese Struktur nutzen, um die Daten, die Sie untersuchen möchten, in eine SPSS-Datendatei einzugeben.

Wie sieht ein Fragebogen als Datendatei aus?

Abbildung 3.1 zeigt eine Seite aus einem »halb-fiktiven« Fragenkatalog, wie er zum Beispiel im Rahmen einer sozialwissenschaftlichen Bevölkerungsbefragung zum Einsatz kommen könnte. Im Rahmen einer solchen Umfrage werden zahlreiche Personen befragt und am Ende der Erhebung liegt für jede Person ein mehr oder weniger vollständig ausgefüllter Fragebogen vor. Jeder einzelnen Person werden dabei zahlreiche Fragen gestellt und gegebenenfalls werden, wie im oberen Teil des Fragebogens aus Abbildung 3.1, auch einige Merkmale ohne explizite Abfrage, zum Beispiel durch reine Beobachtung, erhoben – denn einige Befragte wären zumindest bei einer persönlichen Befragung möglicherweise etwas irritiert, wenn man sie zu Beginn des Interviews fragen würde, ob sie ein Mann oder eine Frau sind oder in welchem Teil des Landes man sich wohl gerade aufhalte.

Sollen die Daten aus diesem Fragenkatalog nun mit SPSS analysiert werden, müssen die Ergebnisse der Erhebung zunächst von den Fragebögen in eine SPSS-Datendatei übertragen werden. Die fertige Datendatei mit allen in der Umfrage gewonnenen Daten wird dann in etwa wie in Abbildung 3.2 aussehen. In dieser Datei sind die Daten in einer bestimmten Struktur und nach bestimmten Regeln angeordnet, die nicht nur für dieses Beispiel, sondern generell für die Arbeit mit statistischen Daten und insbesondere für alle Datendateien von SPSS gelten:

1. Jede Zeile der Datei entspricht einem *Fall* (einem *Datensatz*) und in diesem Beispiel damit einem ausgefüllten Fragenkatalog beziehungsweise einer befragten Person.

2. Jede Spalte der Datei entspricht einer Variablen und damit in diesem Beispiel einer Frage aus dem Fragenkatalog. Jede Variable hat auch einen Namen, der hier als Überschrift der Spalte erscheint. So heißt die erste Variable sex (für Geschlecht), die zweite Variable race (für ethnische Gruppe) und so weiter. Dabei sind in Abbildung 3.2 mehr Variablen zu erkennen, als mit der einen Seite des Fragenkatalogs aus Abbildung 3.1 erhoben wurden, und die Reihenfolge der Variablen entspricht nicht vollständig der Fragen-Reihenfolge aus Abbildung 3.1.

3. Die Ergebnisse der Befragung wurden nicht als Texte, sondern als numerische Kodierungen eingegeben. So enthält zum Beispiel die erste Variable sex für Geschlecht nicht die Einträge Mann und Frau, sondern die numerischen Kodierungen 1 und 2, hinter denen sich offenbar inhaltlich die Bedeutung Mann und Frau verbirgt. Diese inhaltliche Bedeutung der Kodierungen ist auch »im Hintergrund« in der Datei festgehalten, was allerdings in Abbildung 3.2 nicht zu erkennen ist.

| IAS | Interviewbogen zur Allgemeinen Sozialstudie | JG7 1991 |

- nur vom Interviewer auszufüllen -

Interviewer: Folgende Angaben ohne Befragung ausfüllen.

Geschlecht

☐ Mann ☐ Frau

Ethnische Gruppe

☐ Weiß ☐ Farbig ☐ Andere

Erhebungsgebiet

☐ Nordosten ☐ Südosten ☐ Westen

Frage: Zunächst einige Fragen zu Ihrer persönlichen Lebenssituation.

F: Wenn Sie einmal Ihre eigene derzeitige Lebenssituation betrachten, wie zufrieden sind Sie insgesamt mit dieser Situation?

☐ Nicht sehr zufrieden
☐ Ziemliche zufrieden
☐ Sehr zufrieden   ☐ Weiß nicht

F: Und wie würden Sie Ihr Leben am ehesten charakterisieren? Als...

☐ Eher Langweilig
☐ Ziemlich Routiniert
☐ Eher Aufregend   ☐ Weiß nicht

F: Kommen wir nun zu Ihrer familiären Situation.

F: Haben Sie Geschwister?
Interviewer: Wenn Geschwister vorhanden, nach der Anzahl fragen.

Anzahl Geschwister: _____   ☐ Weiß nicht

1/19

Abbildung 3.1: Erste Seite eines Fragenkatalogs aus einer »halb-fiktiven« Befragung im Rahmen einer nationalen Sozialstudie

4. Die Datei enthält – zumindest auf den ersten Blick – nahezu keine Lücken. Jedes einzelne Feld der Datei ist gefüllt, obwohl es sehr unwahrscheinlich ist, dass tatsächlich für jedes Feld (also für jede Frage bei jedem einzelnen Befragten) ein sinnvoller Wert ermittelt werden konnte, denn man trifft in einer Befragung immer wieder auf Personen, die auf einzel-

ne Fragen keine Antwort wissen oder die Antwort nicht geben möchten. Dass die Datei dennoch nahezu lückenlos erscheint, wird durch einen Trick erreicht: Auch für solche Fälle, in denen kein Wert ermittelt werden konnte, wurden in der Datei aus Abbildung 3.2 einfach irgendwelche ausgedachten Kodierungen eingetragen, die »im Hintergrund« in besonderer Weise als *fehlende Werte* gekennzeichnet sind. Dieses Vorgehen hat den Vorteil, dass man durch verschiedene Kodierungen auch festhalten kann, warum ein Wert fehlt (zum Beispiel – Kodierung 1 – weil der Befragte die Antwort verweigert hat oder – Kodierung 2 – er die Antwort nicht wusste). Außerdem lassen sich fehlende Antworten auf diese Weise mit statistischen Verfahren analysieren (»Bei welcher Art von Personen fehlen bestimmte Antworten besonders häufig?«), was nicht möglich wäre, wenn die entsprechenden Felder in der Datendatei einfach nichts enthielten, denn die meisten statistischen Verfahren können nur »Etwas« und nicht »Nichts« analysieren.

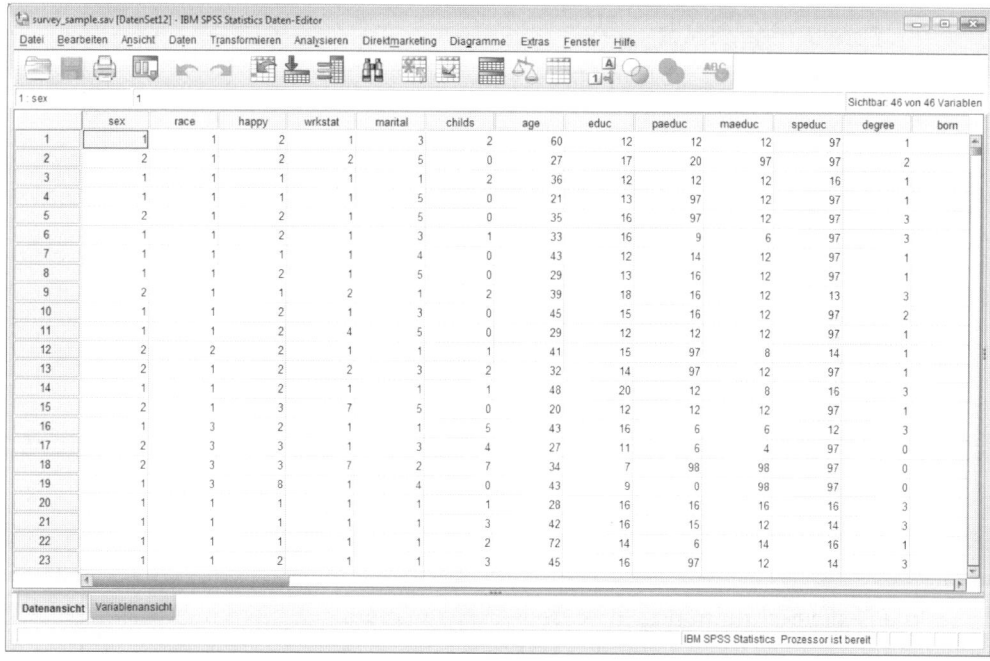

Abbildung 3.2: Datendatei in SPSS mit den Daten, die mit dem Fragenkatalog aus Abbildung 3.1 erhoben wurden

Unter die Oberfläche schauen – Beschreibung der Daten »im Hintergrund«

Die Lebenserfahrung zeigt, dass nahezu immer, wenn etwas (oder jemand) auf den ersten Blick sehr glatt und makellos erscheint, ein zweiter Blick lohnt, der nach Möglichkeit ein wenig unter die Oberfläche gerichtet sein sollte. So ist es auch im Fall unserer Datendatei, die in der Datenansicht aus Abbildung 3.2 als nahezu lückenlos gefüllte reine Zahlentabelle daherkommt. Tatsächlich gehen aber zahlreiche Informationen, die für die Interpretation der

Daten von zentraler Bedeutung sind, aus der Datentabelle in Abbildung 3.2 gar nicht hervor. So ist zum Beispiel nicht zu erkennen, welche Bedeutung die verschiedenen Kodierungen haben (dass 1 und 2 in der Variablen sex für Mann und Frau stehen, kann man sich schon denken, aber steht dabei die 1 für Mann und die 2 für Frau oder ist es umgekehrt?) und welche Werte in Wirklichkeit gar keine gültigen Antworten repräsentieren, sondern nur ein Platzhalter für fehlende Antworten sind. Dennoch sind diese Informationen alle in der Datendatei gespeichert, denn der Datei liegt eine umfassende Beschreibung der einzelnen Variablen und der darin verwendeten Kodierungen zugrunde.

Diese Beschreibung der Variablen und Datenstrukturen kann man einsehen (und auch verändern), indem man die Datendatei nicht in der *Datenansicht*, sondern in der *Variablenansicht* betrachtet. Bei der Arbeit mit einer Datendatei kann man jederzeit zwischen diesen beiden Ansichten wechseln. Hierzu dienen die beiden Registerkarten am linken unteren Rand der Tabelle. Ein Mausklick auf die Registerkarte *Variablenansicht* in Abbildung 3.2 zeigt also die Beschreibungen, die im Hintergrund für die einzelnen Variablen und Kodierungen der Datei abgelegt sind. Diese Variablenansicht der Datei ist in Abbildung 3.3 wiedergegeben. Wenn Sie in dieser Ansicht mit der Maus auf die Registerkarte *Datenansicht* klicken, gelangen Sie wieder zu der Darstellung aus Abbildung 3.2 zurück.

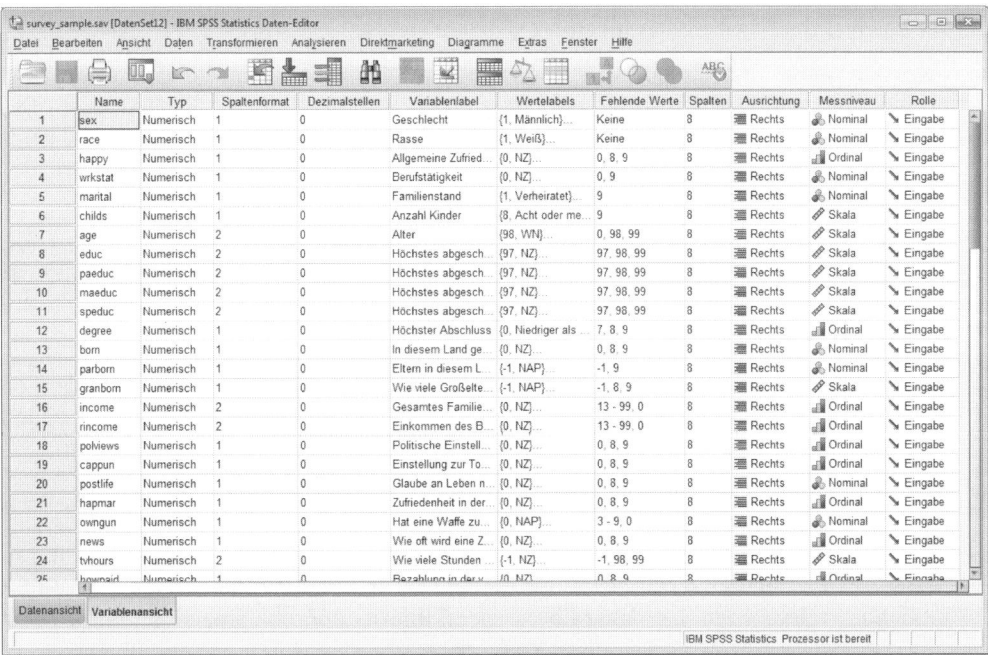

Abbildung 3.3: Datendatei in der Variablenansicht mit beschreibenden Informationen über Variablen und Kodierungen

In dieser Variablenansicht bezieht sich jede Zeile (und nicht mehr wie in der Datenansicht jede Spalte) auf eine Variable und führt alle für die jeweilige Variable festgelegten Eigenschaften auf:

✔ **Name**. Jede Variable hat einen *Namen*, den Sie beim Erstellen der Datei beziehungsweise beim Hinzufügen einer Variablen frei wählen können.

✔ **Typ**. Der *Typ* einer Variablen beschreibt die Art der Daten, die in der Variablen enthalten sind. Im Wesentlichen unterscheidet SPSS zwischen numerischen Variablen (also Variablen mit Zahlenwerten), Textvariablen und Datumsvariablen.

✔ **Spaltenformat**. Das *Spaltenformat* legt fest, wie viele Zeichen die Werte umfassen dürfen, die in eine Variable eingegeben werden.

✔ **Dezimalstellen**. Hier wird festgelegt, wie viele der Zeichen, die insgesamt in eine Variable eingegeben werden dürfen, für Nachkommastellen vorgesehen sind. Diese Angabe ist nur für numerische Variablen von Bedeutung.

✔ **Variablenlabel**. Das *Variablenlabel* dient dazu, eine ausführlichere Beschreibung der inhaltlichen Bedeutung einer Variablen zu hinterlegen.

✔ **Wertelabels**. Mit den *Wertelabels* kann die inhaltliche Bedeutung der einzelnen in einer Variablen enthaltenen Kodierungen festgehalten werden.

✔ **Fehlende Werte**. Als *fehlende Werte* werden die Kodierungen gekennzeichnet, die in Wirklichkeit keine gültigen Antworten oder Daten repräsentieren, sondern Platzhalter für Datenlücken darstellen. Indem diese Kodierungen hier explizit als fehlende Werte gekennzeichnet werden, kann SPSS sicherstellen, dass sie in statistischen Auswertungen richtig behandelt und nicht versehentlich als gültige Daten interpretiert werden.

✔ **Spalten, Ausrichtung**. Die Anzahl der *Spalten* legt lediglich fest, wie breit eine Variablenspalte in der Datenansicht der Datendatei dargestellt wird. Über die *Ausrichtung* wird gesteuert, ob die einzelnen Variablenwerte innerhalb der jeweiligen Spalte links, rechts oder zentriert angezeigt werden. Beide Angaben haben also keine inhaltliche Bedeutung.

✔ **Messniveau**. Mit dem *Messniveau* kann für jede einzelne Variable angegeben werden, ob die darin enthaltenen Werte nominale Werte darstellen, eine ordinale Rangfolge bilden oder sogar metrisches Skalenniveau besitzen.

✔ **Rolle**. Mit der *Rolle* können Sie festlegen, in welcher Funktion eine Variable typischerweise in der statistischen Analyse verwendet wird, etwa als erklärende Variable *(Eingabe)*, als abhängige Variable *(Ziel)*, zur Bildung von Fallgruppen in der Datendatei *(Splitten)* und so weiter. Die Festlegung der Rolle ist nur für sehr wenige statistische Verfahren bei SPSS tatsächlich relevant und hat daher überwiegend Informationscharakter.

 Sowohl die Unterscheidung zwischen den verschiedenen Messniveaus als auch die genaue Rolle einer Variablen ist für viele statistische Verfahren von zentraler Bedeutung, allerdings ist es für die Arbeit mit SPSS weitgehend irrelevant, welches Messniveau und welche Rolle in der Datendatei als Variableneigenschaft angegeben ist. Beide Informationen werden an praktisch keiner Stelle von SPSS genutzt (Ausnahmen bilden lediglich ein »Assistent« zur Diagrammerstellung, der

allerdings nur ein Weg von mehreren zum Erzeugen von Diagrammen ist, sowie einige wenige Dialogfelder, die Angaben über die Rolle einer Variablen berücksichtigen). Daher werden diese Eigenschaften auch von vielen SPSS-Nutzern ignoriert und sind in vielen Datendateien nicht korrekt eingestellt. Da eine unkorrekte Beschreibung von Messniveau und Rolle in der Datendatei die Arbeit mit den Daten nahezu gar nicht beeinträchtigt, bleibt es Ihrem persönlichen Anspruch überlassen, ob Sie in Ihren eigenen Datendateien das Messniveau und die Rolle immer schön korrekt mit ausweisen möchten oder diese Angabe einfach komplett ignorieren.

Beispiel

Aus der ersten Zeile der Variablenansicht in Abbildung 3.3 ist für die erste Variable der Datei abzulesen, dass diese den Namen sex hat und numerische Werte (also Zahlen) enthält. Die Zahlen haben nur eine Stelle (es können also nur die Zahlen 0, 1, 2, ... bis 9 enthalten sein) und keine Dezimalstellen. Für eine nähere Beschreibung ist das Variablenlabel Geschlecht angegeben und die Wertelabels zeigen an, dass die Kodierung 1 für Männlich steht (die weiteren Wertelabels sind in Abbildung 3.3 nicht zu erkennen). Für diese Variable sind keine Kodierungen als fehlende Werte markiert, was für die Variable Geschlecht nach persönlich geführten Interviews auch irgendwie überraschen würde.

Wenn Sie eine neue Datendatei erstellen, können Sie für jede einzelne Variable, die Sie in der Datei verwenden, die Eigenschaften frei wählen. Auch in einer bereits bestehenden Datendatei können Sie die Eigenschaften der Variablen jederzeit beliebig ändern, hierbei sollten Sie aber beachten, dass das Ändern der Variableneigenschaften zum Teil weitreichende Folgen hat. Wenn Sie zum Beispiel eine Textvariable nachträglich in eine numerische Variable umwandeln, kann dies dazu führen, dass alle in der Variablen bereits enthaltenen Werte vollständig gelöscht werden, weil die bisherigen Textwerte in der jetzt als numerisch gekennzeichneten Variablen nicht gespeichert werden können.

Es ist daher ratsam, das Gerüst einer Datendatei, also die darin enthaltenen Variablen und deren Eigenschaften, bereits zu Beginn der Dateneingabe so weit wie möglich korrekt zu beschreiben. Im nächsten Abschnitt können Sie detailliert nachlesen, wie Sie in einer Datendatei die einzelnen Variablen anlegen und deren Eigenschaften definieren und auch wieder ändern können.

Jede Variable bekommt einen Namen und viele Eigenschaften

Die beiden zentralen Eigenschaften einer Variablen sind ihr Name und der Datentyp, der festlegt, welche Art von Werten in die Variable eingegeben werden kann. Diese beiden Eigenschaften müssen für jede Variable zwingend festgelegt werden, alle weiteren Eigenschaften sind hingegen optional und von nachrangiger Bedeutung.

Schritt 1: Keine Variable ohne Namen

Wenn Sie eine neue Variable anlegen, besteht der erste Schritt immer in der Vergabe eines Namens. Es gibt in einer SPSS-Datendatei niemals eine Variable, die keinen Namen hat. Sollten Sie einmal eine Variable erzeugen, ohne im ersten Schritt einen Namen festzulegen (ja, das ist möglich, sollten Sie sich aber gar nicht erst angewöhnen), vergibt SPSS selbst einen Namen. SPSS verwendet dabei so klingende Namen wie VAR00001, die Sie aber anschließend jederzeit wieder ändern können.

Um den Namen für eine Variable festzulegen und damit zugleich die Variable anzulegen, tippen Sie einfach den gewünschten Namen in das Namensfeld der ersten freien Zeile in der Variablenansicht der Datendatei. Sie können den Namen frei wählen, solange Sie die folgenden Regeln beachten:

✔ Der Name darf maximal 64 Zeichen lang sein. Ältere SPSS-Versionen (bis SPSS 11) lassen sogar nur acht Zeichen zu.

✔ Der Name muss mit einem Buchstaben oder dem Zeichen --40-- beginnen.

✔ Der Name darf keine Leerzeichen enthalten. Sonderzeichen wie ä, ö, ? oder & und _ sowie auch Punkte sind aber zulässig. Allerdings empfiehlt es sich dringend, als letztes Zeichen eines Variablennamens weder einen Punkt noch einen Unterstrich zu verwenden, da dies zu Konflikten in der Programmiersprache von SPSS führen kann.

✔ Einige Wörter haben in der Programmiersprache von SPSS eine besondere Bedeutung und sollten daher als Variablennamen vermieden werden. Dies sind vor allem die folgenden Ausdrücke:

```
date_  year_  quarter_  month_  week_  day_  hour_  minute_  second_

all    and    by        eq      ge     gt    le     lt       ne
not    or     to        with
```

✔ Jeder Name darf innerhalb derselben Datei nur einmal vergeben werden. Dabei macht SPSS keinen Unterschied zwischen Groß- und Kleinschreibung, die Namen Alter und alter werden von SPSS also als identisch angesehen.

Abbildung 3.4 zeigt einen Ausschnitt einer Datendatei in der Variablenansicht, nachdem für eine erste Variable der Name vergeben wurde. Hier wurde der Name KundenNr gewählt. Die übrigen Eigenschaften der Variablen wurden noch nicht festgelegt. Dennoch sind für einige Eigenschaften schon Einstellungen vorgenommen. Dies sind die Voreinstellungen, die von SPSS automatisch zugewiesen werden und so lange gelten, bis Sie ausdrücklich andere Einstellungen vornehmen. Wenn Sie mit den voreingestellten Eigenschaften der Variablen bereits zufrieden sind, können Sie sie unverändert beibehalten. In dem Fall ist die Variable nach der Vergabe des Namens vollständig beschrieben und Sie können die nächste Variable anlegen oder mit der Eingabe der Daten in die Variable beginnen.

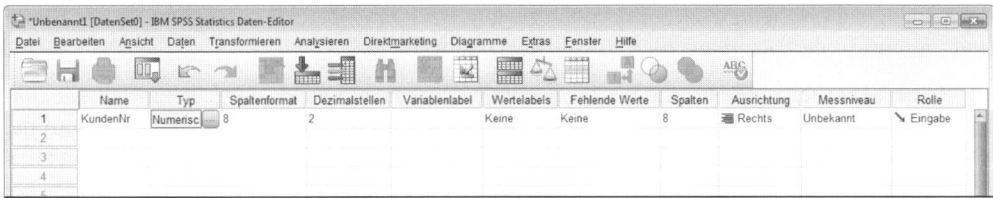

Abbildung 3.4: Datendatei in der Variablenansicht nach der Festlegung
des ersten Variablennamens

Schritt 2: Ein Typ mit Format bestimmt den Inhalt

Die wichtigste Eigenschaft einer Variablen ist der Datentyp, der festlegt, welche Art von Werten in eine Variable eingegeben werden kann. Es gibt bei SPSS drei unterschiedliche Datentypen:

✔ NUMERISCH. Dieser Datentyp ist für alle Arten von Zahlen geeignet. Für jede Art von Zahlenwerten – große und kleine Zahlen mit vielen oder wenigen Dezimalstellen – ist dies der richtige Datentyp.

✔ DATUM. Verwenden Sie den Typ DATUM für Variablen, in die richtige Datumswerte wie 19.03.2012, Uhrzeiten wie 16:53 oder Wochentage wie Montag und Dienstag eingetragen werden sollen.

✔ STRING. Der Datentyp STRING ist immer dann richtig, wenn Sie Textwerte wie zum Beispiel Namen oder Antworten in »Klartext« statt als numerische Kodierungen in eine Variable eingeben möchten.

Um den Datentyp für eine Variable festzulegen, markieren Sie in der entsprechenden Zeile das Feld in der Spalte TYP. Daraufhin erscheint wie in Abbildung 3.4 am rechten Rand dieses Feldes eine Schaltfläche mit drei Punkten. Klicken Sie auf diese Schaltfläche, um so das Dialogfeld aus Abbildung 3.5 zu öffnen. In diesem Dialogfeld wählen Sie den Datentyp, für den Sie je nach gewähltem Typ noch nähere Spezifikationen vornehmen können.

Weitere Datentypen, die keiner braucht

Neben den Datentypen NUMERISCH, DATUM und STRING sehen Sie in Abbildung 3.5 noch sechs weitere wie KOMMA, PUNKT und DOLLAR. Diese sechs Datentypen können Sie zunächst einmal getrost ignorieren. Es handelt sich dabei um recht spezielle Abwandlungen des Datentyps NUMERISCH, die sich von diesem lediglich in der Darstellung der Werte unterscheiden. Inhaltlich können diese Datentypen im Wesentlichen die gleiche Art von Werten aufnehmen wie der Datentyp NUMERISCH.

Datentyp für numerische Variablen

Für eine numerische Variable wählen Sie – wer hätte das gedacht – in dem Dialogfeld aus Abbildung 3.5 die Option NUMERISCH, die in den meisten Fällen auch schon vorausgewählt ist. In dem Dialogfeld erscheinen daraufhin noch zwei weitere Eingabefelder, in denen Sie die Breite und die Anzahl der Dezimalstellen für die Variable festlegen:

✔ **BREITE**. Hier legen Sie für die Werte, die in die Variable eingegeben werden sollen, die maximal zulässige Anzahl an Zeichen fest, und zwar inklusive Dezimalstellen und Komma. Um den Wert `10698,42` eingeben zu können, muss also mindestens eine Breite von 8 zugelassen sein.

✔ **DEZIMALSTELLEN**. Hier geben Sie die Anzahl der zulässigen Dezimalstellen für die Werte der Variablen an.

 Die Werte, die Sie hier für die Breite und die Dezimalstellen angeben, werden in der Variablenansicht der Datendatei als SPALTENFORMAT und DEZIMALSTELLEN ausgewiesen und können auch direkt dort geändert werden, ohne dass dazu das Dialogfeld aus Abbildung 3.5 geöffnet werden muss.

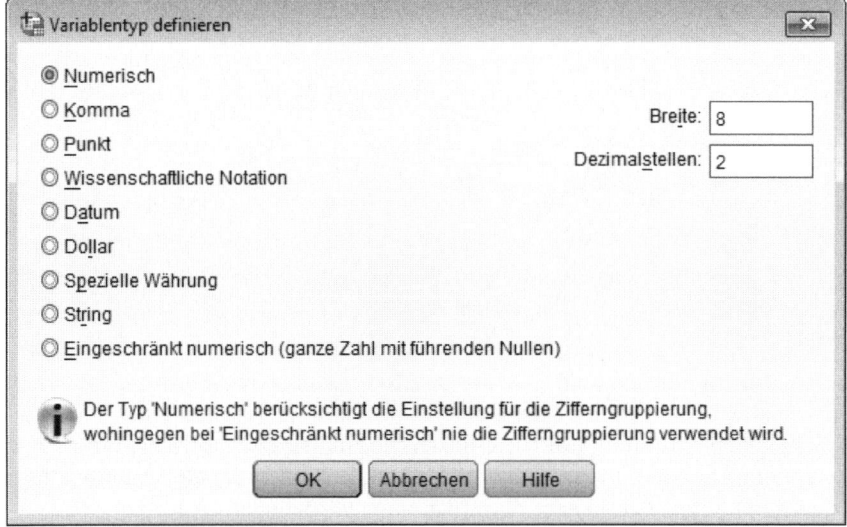

Abbildung 3.5: Dialogfeld zum Festlegen des Datentyps – hier mit Datentyp NUMERISCH

1234567890123456789012 3,1234567890123456

Sowohl die Breite als auch die Dezimalstellen, die Sie für eine numerische Variable festlegen, beeinflussen lediglich die Art, in der die Variablenwerte in der Datenansicht der Datendatei sowie zum Teil in den Ergebnissen statistischer Verfahren dargestellt werden. Unabhängig davon, welche Werte Sie hier festlegen, können Sie in eine numerische Variable stets Zahlen mit insgesamt bis zu 40 Zeichen und 16 Dezimalstellen eingeben. Diese werden auch immer mit der eingegebenen Genauigkeit gespeichert und in den statistischen Verfahren ausgewertet, die Werte werden also nicht abgeschnitten oder gerundet, auch wenn für die Variable eine geringere Breite oder weniger Dezimalstellen vorgesehen sind.

Datentyp für Datumsvariablen

Um eine Datumsvariable zu erstellen, wählen Sie den Typ DATUM wie in Abbildung 3.6. Daraufhin wird in dem Dialogfeld eine Liste angezeigt, in der Sie aus verschiedenen Datumsformaten wählen können, um die Art der Datumswerte genauer festzulegen. Tabelle 3.1 führt die wichtigsten Datumsformate mit Beispielen für entsprechende Datumswerte auf.

SPSS spricht »Denglisch«

In Tabelle 3.1 erkennen Sie auch, dass SPSS für die Darstellung von Wochentagen und Monatsnamen in der Datenansicht der Datendatei die englischen Bezeichnungen wie Thursday und March verwendet, auch wenn die entsprechenden Datumsformate in dem Dialogfeld aus Abbildung 3.6 deutsche Bezeichnungen wie Montag, Dienstag ... haben.

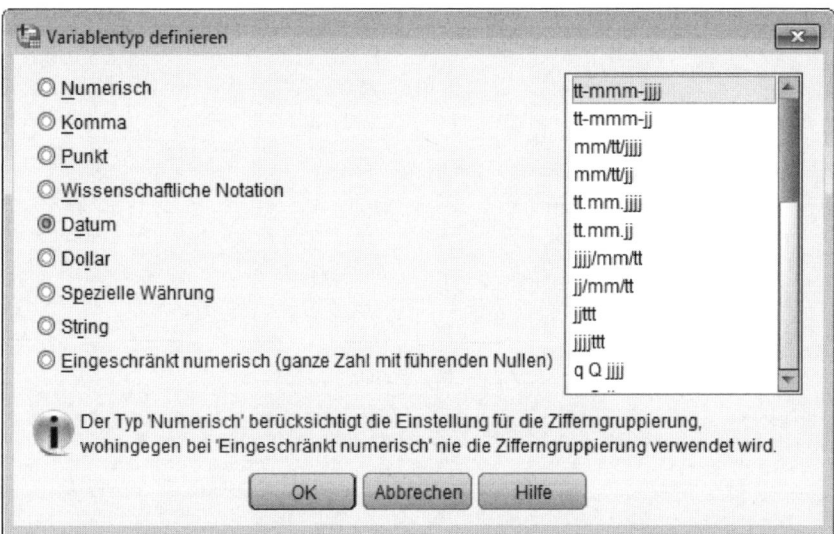

Abbildung 3.6: Dialogfeld zum Festlegen des Datentyps – hier mit Datentyp DATUM

Datumsformat	Beispielwerte	Bedeutung
tt.mm.jjjj	19.03.2012	Datum des Tages
tt.mm.jj	19.03.12	Datum des Tages
q Q jjjj	1 Q 2012	Erstes Quartal im Jahr 2012
mmm jjjj	Mar 2012	Monat März im Jahr 2012
hh:mm	14:23	Uhrzeit
hh:mm:ss	14:23:30	Uhrzeit mit Sekunden
Montag, Dienstag, …	Saturday	Wochentag
Januar, Februar, ...	March	Monat

Tabelle 3.1: Ausgewählte Datumsformate und ihre Bedeutung

Datentyp für Textvariablen

Für eine Variable, in die Textwerte eingegeben werden sollen, verwenden Sie den Datentyp STRING, siehe Abbildung 3.7. Wenn Sie diesen Typ auswählen, wird in dem Dialogfeld zusätzlich das Eingabefeld ZEICHEN angezeigt, in dem Sie die Breite und damit die Anzahl der maximal zulässigen Zeichen für die Textwerte der Variablen festlegen.

Anders als bei numerischen Variablen limitiert die für String-Variablen festgelegte Zeichenanzahl tatsächlich die Länge der Werte, die in die Variable eingegeben werden können. So lässt sich in eine Textvariable, für die Sie eine Breite von 6 Zeichen festgelegt haben, zum Beispiel der Textwert Berlin eingeben, nicht aber der Textwert Hamburg, denn »Hamburg« hat sieben Zeichen. Die Anzahl der Zeichen sollte daher nicht zu klein gewählt werden, allerdings sollten Sie beachten, dass Textvariablen mit einer Breite von mehr als acht Zeichen bei SPSS nur in sehr wenigen Analyseverfahren verwendet werden können.

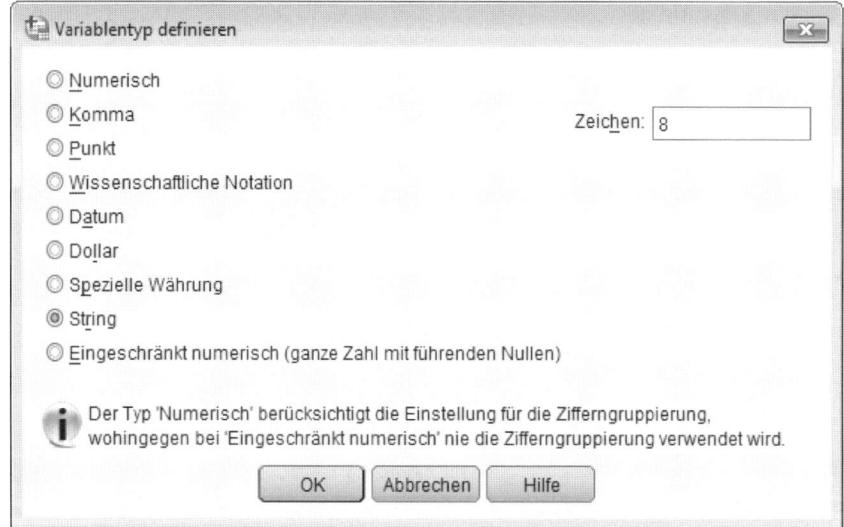

Abbildung 3.7: Dialogfeld zum Festlegen des Datentyps – hier mit Datentyp STRING

Die Anzahl der Zeichen für eine Textvariable wird auch in der Variablenansicht der Datendatei als SPALTENFORMAT ausgewiesen und kann direkt dort geändert werden, ohne dass hierzu das Dialogfeld aus Abbildung 3.7 geöffnet werden muss.

Schritt 3: Der Variablen ein Etikett anheften

Um genau festzuhalten, welche inhaltliche Bedeutung eine Variable hat, können Sie ihr ein Label mit einer detaillierten Beschreibung »anheften«. Diese Beschreibung kann bis zu 256 Zeichen lang sein und wird einfach in der entsprechenden Zeile in das Feld der Spalte VARIABLENLABEL eingetippt. So ist in Abbildung 3.8 zum Beispiel für die Variable KundenNr das Label Eindeutige ID des Kunden eingegeben.

Wozu ein Variablenlabel?

Ein Variablenlabel mag in einigen Fällen überflüssig erscheinen, weil im besten Fall bereits der Variablenname anzeigen sollte, welche Bedeutung die Variable hat. Allerdings sollten Variablennamen generell kurz und prägnant gewählt werden, damit die Datendatei gut lesbar bleibt und die Arbeit mit den Variablen nicht zu umständlich wird. Der Variablenname sollte also einen Hinweis auf die Bedeutung der Variablen geben und das Label eine detaillierte Beschreibung. Ein Variablenlabel ist dann für das Verständnis der Datendatei sehr hilfreich, wenn diese anderen zur Verfügung gestellt oder von einem selbst nach längerer Unterbrechung wieder betrachtet wird. Zudem kann das Variablenlabel auch in den Beschriftungen der Ergebnistabellen von SPSS mit ausgegeben werden und hilft dann, die Ergebnisse zu interpretieren und selbsterklärend zu präsentieren.

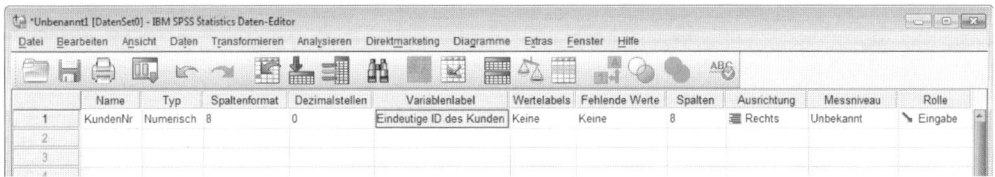

Abbildung 3.8: Datendatei in der Variablenansicht – für die Variable KundenNr
ist ein Variablenlabel definiert.

 Wenn Sie ein Variablenlabel für eine Variable festgelegt haben, können Sie es jederzeit wieder löschen oder verändern. Um ein Variablenlabel komplett zu überschreiben, markieren Sie einfach das entsprechende Feld und tippen das neue Label ein. Um nur kleine Änderungen an dem Label vorzunehmen, können Sie auf das entsprechende Feld doppelklicken. Anschließend erscheint in dem Feld ein Cursor, den Sie mit den Tasten ⟵ und ⟶ bewegen können. So können Sie neuen Text einfügen oder vorhandene Zeichen mit den Tasten ⟵ und Entf löschen.

Schritt 4: Etiketten für die Variablenwerte

Wenn Sie in eine Variable nicht selbsterklärende Werte wie Altersangaben in Jahren oder Datumswerte eintragen, sondern Kodierungen wie 1, 2, 3, deren Bedeutung ohne weitere Erklärung nicht zu erkennen ist, können und sollten Sie die inhaltliche Bedeutung der Kodierungen als *Wertelabels* für die Variable mit angeben.

Um Wertelabels festzulegen, markieren Sie in der Zeile für die jeweilige Variable das Feld in der Spalte WERTELABELS. Daraufhin erscheint am rechten Rand des Feldes eine Schaltfläche mit drei Punkten. Klicken Sie mit der Maus auf diese Schaltfläche, um so das Dialogfeld aus Abbildung 3.9 zu öffnen, das zunächst jedoch noch vollkommen leer ist.

Um die Wertelabels zu definieren, gehen Sie folgendermaßen vor:

1. Geben Sie in das Feld WERT den Wert ein, für den ein Label definiert werden soll.

2. Schreiben Sie in das Feld BESCHRIFTUNG den erklärenden Text für diesen Wert. Der Text darf bis zu 120 Zeichen lang sein, wenn Sie die Labels jedoch auch in den Ergebnistabellen von

SPSS mit ausweisen möchten, sollten Sie sich wenn möglich auf ca. 20 Zeichen beschränken, damit die Ergebnisse noch gut lesbar bleiben.

3. Wenn Sie beide Angaben vorgenommen haben, klicken Sie auf die Schaltfläche HINZUFÜGEN. Damit wird das Label in die Liste der definierten Labels aufgenommen. Anschließend können Sie auf die gleiche Weise das nächste Wertelabel definieren.

4. Um ein Wertelabel wieder zu löschen, markieren Sie den entsprechenden Eintrag in der Liste der bisher definierten Labels, und klicken Sie anschließend auf die Schaltfläche ENTFERNEN.

5. Wenn Sie alle Wertelabels definiert haben, schließen Sie das Dialogfeld mit der Schaltfläche OK.

Abbildung 3.9: Dialogfeld zum Festlegen von Wertelabels – hier während das fünfte Label definiert wird

Schritt 5: Mit fehlenden Werten das Nichts definieren

Bei der Arbeit mit empirischen Daten kommt es immer wieder vor, dass in einer Variablen einzelne Werte fehlen, zum Beispiel weil bei einer Befragung einige Personen einzelne Fragen nicht beantworten konnten oder wollten. Wenn Sie in diesen Fällen die entsprechenden Felder in der Datendatei nicht einfach leer lassen möchten, können Sie dort stattdessen spezielle Kodierungen eingeben, die Sie ausschließlich für Datenlücken verwenden, und diese Kodierungen für die betreffende Variable als _fehlende Werte_ definieren. Dieses Vorgehen stellt sicher, dass SPSS die Werte bei allen statistischen Verfahren gesondert ausweist und nicht als gültige Werte betrachtet und auswertet.

Um für eine Variable einzelne Kodierungen als fehlende Werte zu definieren, gehen Sie folgendermaßen vor:

1. Markieren Sie in der Zeile der betreffenden Variablen das Feld in der Spalte FEHLENDE WERTE. Daraufhin wird am rechten Rand dieses Feldes eine Schaltfläche mit drei Punkten angezeigt. Klicken Sie mit der Maus auf diese Schaltfläche, um so das Dialogfeld aus Abbildung 3.10 zu öffnen.

2. Wählen Sie in diesem Dialogfeld zwischen den folgenden drei Optionen:

   • KEINE FEHLENDEN WERTE. Hiermit legen Sie fest, dass keine Kodierungen als fehlende Werte definiert sind. Diese Option können Sie verwenden, um eine bestehende Definition fehlender Werte wieder aufzuheben.

   • EINZELNE FEHLENDE WERTE. Mit dieser Option können Sie bis zu drei einzelne Kodierungen als fehlende Werte definieren. Schreiben Sie diese Kodierungen in die drei Eingabefelder. So sind in dem Dialogfeld aus Abbildung 3.10 die beiden Kodierungen –1 und –2 als fehlende Werte angegeben.

   • BEREICH UND EINZELNER FEHLENDER WERT. Mit dieser Option können Sie neben einer einzelnen Kodierung zusätzlich einen zusammenhängenden Wertebereich vollständig als fehlende Werte definieren. Geben Sie beispielsweise den Wert 999 als KLEINSTEN WERT und 9999 als GRÖSSTEN WERT ein, um festzulegen, dass in der betreffenden Variablen alle Werte zwischen 999 und 9999 als fehlende Werte betrachtet werden sollen. Zusätzlich können Sie zum Beispiel den Wert 0 als weiteren einzelnen fehlenden Wert festlegen.

3. Wenn Sie alle Angaben vorgenommen haben, schließen Sie das Dialogfeld mit der Schaltfläche OK. In der Variablenansicht der Datendatei ist anschließend zu erkennen, dass für die betreffende Variable fehlende Werte definiert sind.

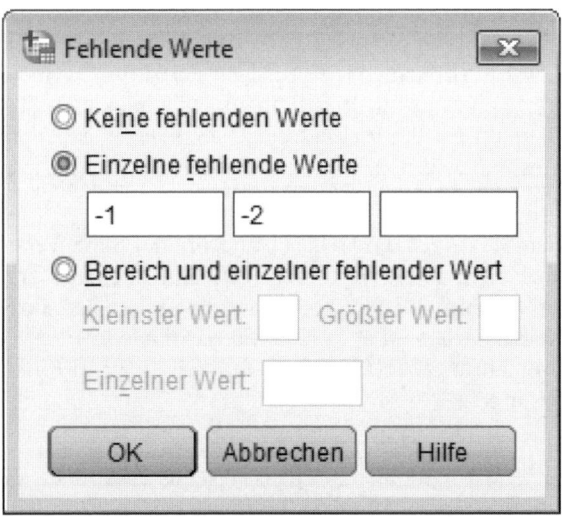

Abbildung 3.10: Dialogfeld zum Definieren von fehlenden Werten

Schritt 6: Eine Frage des Formats – Spalten, Ausrichtung, Messniveau und Rolle festlegen

Die vier letzten Eigenschaften einer Variablen haben nahezu keine inhaltliche Bedeutung für die Arbeit mit SPSS, sondern bestimmen im Wesentlichen die Darstellung der Variablen und Werte in der Datenansicht und einigen Dialogfeldern:

✔ SPALTEN. Die Eigenschaft SPALTEN legt fest, wie breit die Spalte der betreffenden Variablen in der Datenansicht dargestellt wird. Je größer der Wert ist, den Sie hier eintragen, desto breiter ist die entsprechende Variablenspalte.

✔ AUSRICHTUNG. Mit der AUSRICHTUNG können Sie festlegen, ob die Werte der Variablen innerhalb der entsprechenden Spalte in der Datenansicht linksbündig, rechtsbündig oder zentriert dargestellt werden sollen. Wählen Sie den entsprechenden Eintrag aus der Dropdown-Liste, die angezeigt wird, sobald Sie das Feld zum Festlegen der Ausrichtung markieren.

✔ MESSNIVEAU. Mit dem MESSNIVEAU geben Sie das Skalenniveau der Variablen an. Die Angaben, die Sie hier vornehmen, haben nur beschreibenden Charakter und keinen Einfluss darauf, welche Werte in die Variable eingegeben werden können. Auch das Messniveau wählen Sie aus, indem Sie das Feld in der entsprechenden Zeile markieren. Das Feld wird anschließend als Drop-down-Liste dargestellt, aus der Sie zwischen den drei folgenden Optionen wählen können:

- NOMINAL. Nominale Variablen sind solche, deren Werte lediglich »Namen« darstellen, die sich nicht nach einem Wertkriterium wie »von schlecht bis gut« oder »von wenig bis viel« ordnen lassen.

- ORDINAL. Ordinale Variablen enthalten Werte, die sich zwar nach inhaltlichen Kriterien in einer Rangfolge ordnen lassen, bei denen die Abstände zwischen den einzelnen Werten aber nicht messbar oder quantifizierbar sind. Ein typisches Beispiel sind Werturteile auf einer Skala wie »Sehr schlecht«, »Schlecht«, »Mittel«, »Gut«, »Sehr gut«. Hier ist klar, dass die Werte eine aufsteigende Reihenfolge bilden, es lässt sich aber nicht sagen, ob »Mittel« zweimal oder dreimal besser als »Schlecht« ist, und es ist auch nicht bekannt, ob der Abstand zwischen »Gut« und »Sehr gut« genauso groß ist wie zum Beispiel der Abstand zwischen »Schlecht« und »Mittel«.

- SKALA. Verwenden Sie den Datentyp SKALA (in früheren SPSS-Versionen als METRISCH bezeichnet) für Variablen, deren Werte sich nicht nur in einer klaren Reihenfolge anordnen, sondern bei denen sich auch die Abstände zwischen den einzelnen Werten messen lassen. Typische Beispiele sind etwa eine Altersvariable (mit dem Alter einer Person in Jahren), Einkommensangaben (gemessen in Euro, nicht in Einkommensklassen) oder Temperaturmessungen.

✔ ROLLE. Die ROLLE gibt an, in welcher Funktion eine Variable typischerweise in der statistischen Analyse verwendet wird, also beispielsweise als erklärende Variable, als abhängige Variable oder als gruppierende Variable. Ebenso wie das MESSNIVEAU hat auch die ROLLE hier in erster Linie beschreibenden Charakter und keinen Einfluss darauf, welche Werte in eine Variable eingetragen werden können oder in welchen Funktionen die Variable in den späteren statistischen Verfahren tatsächlich verwendet wird. Wenn Sie das Feld zur Angabe der Rolle anklicken, erhalten Sie eine Drop-down-Liste, in der Sie zwischen den folgenden Rollen-Beschreibungen wählen können:

- EINGABE. Für Variablen, die als erklärende, unabhängige Variablen verwendet werden.

- ZIEL. Für Variablen, die als abhängige, zu erklärende Variablen (Ziel-Variablen) verwendet werden.

- BEIDE. Für Variablen, die je nach Kontext sowohl eine abhängige als auch eine unabhängige Variable sein können.

- KEINES. Hiermit wird der Variablen keine spezifische Rolle zugewiesen.

- PARTITIONIEREN. Für Variablen, die dazu dienen, die Daten in Teilstichproben zu unterteilen. (Häufig arbeitet man in der Statistik mit drei Teilstichproben, eine zum Entwickeln eines statistischen Modells, eine zum Testen des Modells und eine zur Validierung eines Modells.)

- SPLITTEN. Diese Rolle ist speziell für den so genannten *Modeller* von SPSS vorgesehen; sollten Sie nicht zu den sehr, sehr wenigen Menschen gehören, die damit arbeiten, hat diese Rolle keine weitere Relevanz.

Daten eingeben und bearbeiten

Nachdem die Variablen für eine Datendatei angelegt und beschrieben sind und damit das Gerüst der Datendatei steht, können die Daten selbst eingegeben werden. Hierzu muss die Datendatei in der *Datenansicht* angezeigt werden.

Die Datenansicht der Datendatei

Abbildung 3.11 zeigt eine Datendatei, in der bereits zahlreiche Variablen definiert, aber noch keine Daten eingegeben wurden. Wenn eine Datei in der *Variablenansicht* angezeigt wird, klicken Sie am unteren linken Rand der Tabelle auf die Registerkarte DATENANSICHT, um die Ansicht entsprechend zu wechseln.

Daten eingeben: Einfach Tippen und Entern

Die Eingabe der Daten erfolgt genau so, wie Sie es intuitiv erwarten: Sie markieren das Feld, in das Sie einen Wert eingeben möchten, und tippen den gewünschten Wert über die Tastatur ein. Wenn Sie den Wert getippt haben, schließen Sie die Eingabe mit der Taste ⏎ oder der Taste ⇥ ab.

 Wenn Sie die Eingabe mit der ⏎-Taste abschließen, springt die Markierung automatisch in das darunter liegende Feld derselben Spalte, damit Sie unmittelbar den nächsten Wert dieser Variablen eingeben können. Verwenden Sie dagegen die ⇥-Taste zum Abschluss der Eingabe, springt die Markierung um ein Feld nach rechts, und Sie können in demselben Fall den Wert für die nächste Variable eingeben.

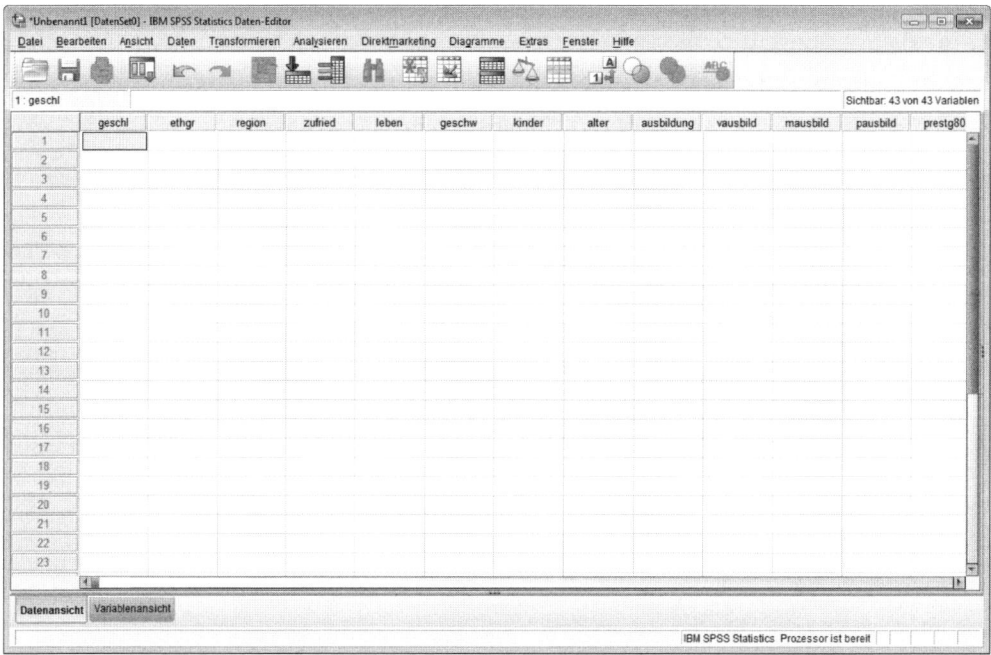

Abbildung 3.11: Datendatei mit vielen Variablen, aber ohne Werte in der Datenansicht

Felder auswählen mit Pfeilen und Mäusen

Um ein bestimmtes Feld in der Datendatei zu markieren, haben Sie verschiedene Möglichkeiten:

✔ Klicken Sie das Feld einfach mit der Maus an.

✔ Verwenden Sie die Taste ⏎, um das Feld unter dem aktuell ausgewählten Feld zu markieren.

✔ Verwenden Sie die Taste ⇆, um das Feld rechts neben dem aktuell ausgewählten Feld zu markieren. Mit der Tastenkombination ⇧ + ⇆ springen Sie mit der Markierung um ein Feld nach links.

✔ Verwenden Sie die Tasten →, ←, ↑ und ↓, um jeweils ein Feld nach rechts, links, oben oder unten zu gehen.

Werte korrigieren

Wenn Sie einen bereits eingegebenen Wert nachträglich korrigieren möchten, stehen Ihnen hierzu verschiedene Möglichkeiten zur Verfügung:

✔ Markieren Sie das betreffende Feld und überschreiben Sie den bisherigen Wert, indem Sie einfach den neuen oder korrigierten Wert eintippen.

✔ Wenn Sie den bisherigen Wert nicht vollständig überschreiben, sondern nur verändern möchten, markieren Sie ebenfalls zunächst das entsprechende Feld. Daraufhin wird der bisherige Wert auch in der Bearbeitungszeile direkt über der Tabelle der Datendatei angezeigt. Wenn Sie nun mit der Maus in diese Bearbeitungszeile klicken, können Sie anschließend den darin angezeigten Wert bearbeiten. Verwenden Sie hierzu die Tasten ⌧ und →, um den Cursor zu bewegen, und die Tasten Entf und ←, um einzelne Zeichen zu löschen.

Weil nicht sein kann, was nicht sein darf: Leere Felder gibt es nicht

Bei SPSS gibt es eine unumstößliche Regel für die Arbeit mit Datendateien: In jedem Fall der Datendatei muss stets jedes Feld einen Wert enthalten, und sei es auch nur ein als fehlender Wert markierter Eintrag. Sobald ein Feld leer bleibt, füllt SPSS dieses daher automatisch mit einem so genannten *systemdefinierten fehlenden Wert*. In numerischen Variablen sowie in Datumsvariablen wird dies durch einen Punkt (in älteren Programmversionen von SPSS durch ein Komma) in den entsprechenden Feldern angezeigt. In Textvariablen verhält es sich ein wenig anders: Hier werden leere Felder von SPSS automatisch mit Leerzeichen aufgefüllt.

Dieses Vorgehen von SPSS ist in Abbildung 3.12 zu erkennen. Die dort gezeigte Datendatei enthält zahlreiche systemdefinierte fehlende Werte, die als Punkt in den Datenfeldern zu sehen sind. So ist in der zweiten Zeile das Feld in der Spalte zufried leer geblieben und von SPSS automatisch mit einem Punkt als Platzhalter für einen systemdefinierten fehlenden Wert gefüllt worden. In Zeile 11 ist bisher überhaupt nur ein Wert eingetragen, wodurch automatisch alle übrigen Felder dieser Zeile mit systemdefinierten fehlenden Werten aufgefüllt wurden. Dies gilt analog auch für Zeile 8, die vollständig leer geblieben ist und daher in jedem Feld einen Punkt anzeigt. Das Gleiche würde gelten, wenn eine Spalte in der Datei vollkommen leer bliebe.

Lediglich die Felder ab Zeile 12 sind tatsächlich vollkommen leer und weisen nicht einmal systemdefinierte fehlende Werte auf. Dies liegt daran, dass unterhalb der elften Zeile noch überhaupt kein Wert eingegeben wurde. Daher sind diese Zeilen aus Sicht von SPSS noch nicht relevant und werden wie nicht existent behandelt – analog zu Spalten, für die noch keine Variablen definiert wurden.

Einfach drauflostippen – Daten in eine leere Spalte eingeben

Bisher wurde stets so getan, als müssten zunächst die einzelnen Variablen der Datendatei definiert werden, bevor anschließend die Daten in diese Variablen eingegeben werden können. Formal gesehen ist dies auch richtig, dennoch können Sie auch in eine leere Spalte, für die bisher noch keine Variable definiert wurde, einfach mal irgendwelche Daten eintippen und schauen, was passiert. Das Ergebnis wird Folgendes sein:

✔ Sie können die Dateneingabe ganz normal durchführen, ohne dass SPSS meckert oder die Eingabe des Wertes in das Feld verweigert.

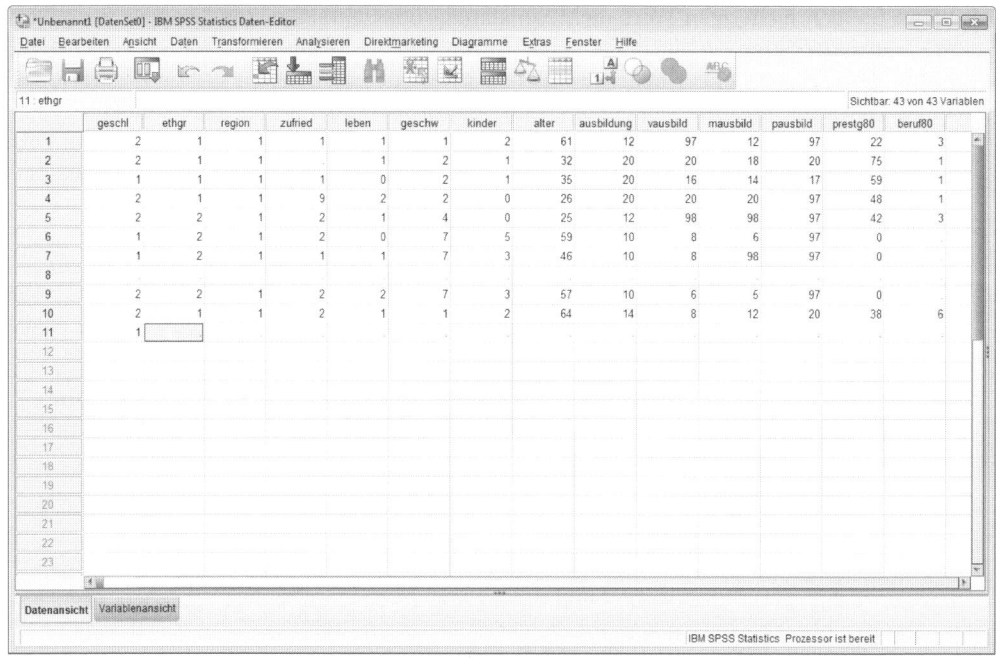

Abbildung 3.12: Datendatei in der Datenansicht mit zahlreichen systemdefinierten fehlenden Werten

✔ Da Sie zuvor keine Variable für die entsprechende Spalte definiert haben, übernimmt SPSS den Job für Sie. Da sich SPSS an dieser Stelle nicht gerade durch besondere Kreativität auszeichnet, erhält die Variable einen Namen wie VAR00001.

✔ Neben dem Namen weist SPSS der Variablen auch automatisch einen Datentyp zu. Diesen Datentyp wählt SPSS so, dass er optimal zu dem ersten Wert, den Sie in die entsprechende Spalte eingegeben haben, passt. Wenn dies ein Zahlenwert war, weist SPSS der Variablen daher den Datentyp NUMERISCH zu, haben Sie dagegen einen Textwert eingegeben, wählt SPSS den Datentyp STRING, und zwar mit der Zeichenbreite, die dem eingegebenen Wert entspricht.

 Sowohl den Namen als auch die übrigen Eigenschaften, die SPSS für die Variable festgelegt hat, können Sie anschließend natürlich beliebig ändern. Wechseln Sie hierzu zur Variablenansicht der Datendatei und korrigieren Sie einfach die Namens- und Eigenschaftseinträge der betreffenden Variablen.

Feste Strukturen verändern: Einfügen und Löschen von Variablen und Fällen

Das bisher beschriebene Vorgehen, nach dem zunächst alle Variablen definiert und anschließend alle Werte der Reihe nach in die Datei eingegeben werden, ist der Idealfall, der in der Praxis leider nicht immer so zu realisieren ist. Vielmehr weiß man zu Beginn der Arbeit häufig noch gar nicht genau, welche Variablen man im Detail benötigt und wie viele Fälle die Datendatei umfassen soll. Daher ist es auch bei SPSS jederzeit möglich, neue Fälle und Variablen hinzuzufügen und bestehende Zeilen und Spalten komplett zu löschen.

Eine weitere Variable hinzufügen

Natürlich können Sie jederzeit eine weitere Variable hinzufügen, indem Sie einfach am Ende der Datendatei in der Variablenansicht eine neue Variable anlegen und beschreiben. Vielleicht möchten Sie aber, dass die neue Variable nicht am Ende, sondern am Anfang oder an einer bestimmten Stelle in der Mitte der Datendatei aufgeführt wird. Die Reihenfolge der Variablen in der Datendatei ist zwar für die Datenanalyse in den meisten Fällen vollkommen unerheblich, aber für die Arbeit in der Datendatei kann es ja manchmal ganz praktisch sein, wenn bestimmte Variablen nebeneinanderstehen, so dass sich deren Werte bei einer Durchsicht der Daten einfacher vergleichen lassen.

Um eine neue Variable an einer bestimmten Stelle zwischen bereits bestehenden Variablen einzufügen, gehen Sie folgendermaßen vor:

1. Markieren Sie die Variable, vor die die neue Variable eingefügt werden soll. Hierzu können Sie in der Datenansicht auf den Spaltenkopf dieser Variablen (das Feld, in dem der Name der Variablen steht) klicken. Dadurch wird die gesamte Spalte markiert. In der Variablenansicht können Sie entsprechend auf den Zeilenkopf klicken, um eine Variable vollständig zu markieren.

2. Wählen Sie anschließend den Befehl BEARBEITEN|VARIABLE EINFÜGEN. Daraufhin wird links neben der zuvor markierten Spalte beziehungsweise in der Variablenansicht über der zuvor markierten Zeile eine neue Variable eingefügt.

3. Die neu eingefügte Variable hat zunächst einen von SPSS vergebenen Namen sowie voreingestellte Eigenschaften, die Sie in der Variablenansicht wie üblich ändern können.

Weitere Fälle hinzufügen

Einen neuen Fall fügen Sie der Datendatei hinzu, indem Sie einfach die erste leere Zeile der Datendatei suchen und dort die Daten für den neuen Fall eingeben. Soll der neue Fall jedoch nicht an das Ende der Datei angefügt, sondern an einer bestimmten Stelle zwischen die bestehenden Fälle eingefügt werden, müssen Sie sich zunächst an der gewünschten Stelle eine leere Zeile erzeugen. Gehen Sie hierzu folgendermaßen vor:

1. Die Datendatei muss in der Datenansicht angezeigt werden.

2. Markieren Sie den Fall, über dem der neue Fall eingefügt werden soll. Hierzu können Sie mit der Maus auf den Zeilenkopf klicken (das Feld, in dem die laufende Nummer des Falles angezeigt wird).

3. Wählen Sie den Menübefehl BEARBEITEN|FÄLLE EINFÜGEN. Daraufhin wird über der zuvor markierten Zeile eine neue, leere (beziehungsweise mit systemdefinierten fehlenden Werten gefüllte) Zeile in die Datendatei eingefügt, in die Sie nun die Werte für diesen Fall eingeben können.

Wenn Sie zu Beginn nicht eine einzelne Zeile, sondern mehrere Zeilen gleichzeitig markieren, werden mit dem Befehl BEARBEITEN|FÄLLE EINFÜGEN auch entsprechend mehrere neue Zeilen eingefügt. Um beispielsweise über dem bisherigen elften Fall fünf neue Zeilen zu erzeugen, markieren Sie die Fälle mit den Nummern 11 bis 15. Hierzu können Sie zunächst mit der Maus auf den Zeilenkopf mit der Nummer 11 klicken. Anschließend tippen Sie die Taste ⬆ und halten diese gedrückt, während Sie mit der Maus auf den Zeilenkopf mit der Nummer 15 klicken. Danach lassen Sie die Taste ⬆ wieder los. Nun sind alle fünf Zeilen 11 bis 15 markiert. Wenn Sie jetzt den Befehl BEARBEITEN|FÄLLE EINFÜGEN wählen, werden über den fünf markierten Zeilen fünf neue Zeilen eingefügt.

Eine bestehende Variable löschen

Wenn Sie eine bestehende Variable löschen, werden nicht nur die in die Variable eingegebenen Werte, sondern auch die Variablendefinition selbst aus der Datendatei entfernt. Um dies zu erreichen, gehen Sie folgendermaßen vor:

1. Markieren Sie die Variable, die gelöscht werden soll. Hierzu können Sie in der Datenansicht der Datendatei auf den entsprechenden Spaltenkopf oder in der Variablenansicht auf den Zeilenkopf der Variablen klicken.

2. Tippen Sie die Taste Entf. Daraufhin wird die gesamte Spalte (in der Datenansicht) beziehungsweise Zeile (in der Variablenansicht) aus der Datendatei entfernt.

Wenn Sie das Löschen einer Variablen unmittelbar danach schon bereuen – zum Beispiel weil Sie die falsche Variable gelöscht haben –, können Sie die Variable mit dem Befehl BEARBEITEN|RÜCKGÄNGIG wieder zurückzaubern. Beachten Sie aber, dass dies nur direkt nach dem Löschen der Variablen möglich ist. Sobald Sie noch weitere Veränderungen an der Datendatei vorgenommen haben, können Sie das Löschen einer Variablen nicht mehr ohne Weiteres rückgängig machen.

Fälle aus der Datendatei löschen

Auch ganze Fälle können Sie aus der Datendatei spurlos entfernen:

1. Die Datendatei muss in der Datenansicht angezeigt werden.

2. Markieren Sie den Fall, der gelöscht werden soll, indem Sie mit der Maus auf den Zeilenkopf des Falles klicken.

3. Tippen Sie die Taste Entf. Daraufhin wird die gesamte Zeile aus der Datendatei entfernt und die nachfolgenden Fälle »rutschen um eine Zeile nach oben«.

Wie Sie sich in einer großen Datendatei zurechtfinden

SPSS hält einige hilfreiche Funktionen bereit, mit denen Sie sich in einer großen Datendatei mit vielen Variablen und Fällen leichter zurechtfinden und gezielt einzelne Variablen und Werte suchen können.

Eine Beispieldatei öffnen

Wenn Sie den Umgang mit umfangreichen Datendateien ausprobieren möchten und gerade keine große Datei zur Hand haben, können Sie eine verwenden, die von SPSS als Beispieldatei zur Verfügung gestellt wird. Diese Datei wird beim Installieren des Programms automatisch mit auf die Festplatte kopiert und müsste sich daher bereits auf Ihrem PC befinden. Die Datei hat den Namen `survey_sample.sav` und wird bei der Installation von SPSS in ein Verzeichnis mit dem Namen `Samples` oder `Samples\German` kopiert, das wiederum in dem Verzeichnis liegt, das für die Installation von SPSS angegeben wurde. Per Voreinstellung heißt dieses Verzeichnis `C:\Programme\IBM\SPSS\Statistics\20\Samples\German` (oder so ähnlich).

Sie können diese Beispieldatei auf folgende Weise öffnen:

1. Wählen Sie den Menübefehl DATEI|ÖFFNEN|DATEN. Daraufhin wird das Dialogfeld aus Abbildung 3.13 geöffnet.

2. Das angezeigte Dialogfeld entspricht den unter Windows üblichen Dialogfeldern zum Öffnen von Dateien. Wählen Sie hier in der Drop-down-Liste SUCHEN IN das Verzeichnis `C:\Programme\IBM\SPSS\Statistics\20\Samples\German` aus, in dem sich auch die gesuchte Beispieldatei befindet.

3. Markieren Sie die Datei `survey_sample.sav` und klicken Sie anschließend auf die Schaltfläche ÖFFNEN.

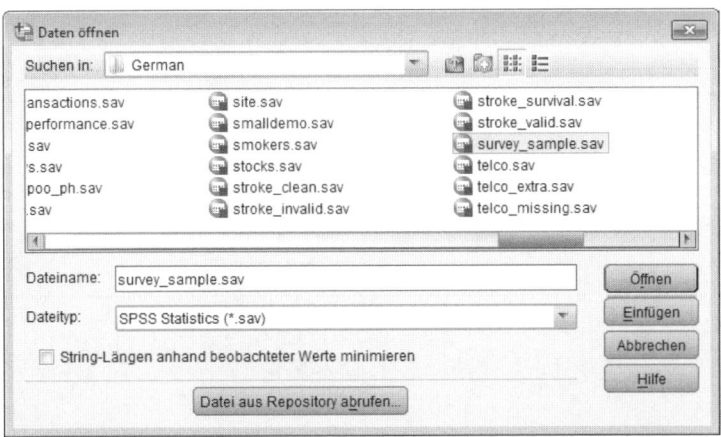

Abbildung 3.13: Dialogfeld zum Öffnen einer Datendatei – hier der Beispieldatei von SPSS

Nachdem Sie die Datei geöffnet haben, wird diese mit insgesamt 46 Variablen und 2.832 Fällen angezeigt. Es handelt sich um die Datei, die bereits zu Beginn des Kapitels als Beispiel betrachtet wurde. Ein Auszug aus dieser Datei ist in Abbildung 3.2 wiedergegeben. Abbildung 3.1 zeigt einen »halb-fiktiven« Fragebogen, der in etwa den ersten Variablen der Beispieldatei entspricht. Der Fragebogen ist »halb-fiktiv«, weil es ihn in dieser Form natürlich nie gegeben hat und die Erhebung auch nicht in Deutschland, sondern in den USA durchgeführt wurde.

Daten schneller verstehen – Wertelabels anzeigen

Abbildung 3.14 zeigt noch einmal die Beispieldatei `survey_sample.sav` in der Datenansicht. Auf der linken Seite werden die Daten so wiedergegeben, wie sie in die Variablen eingetragen wurden. Hier ist zu erkennen, dass für zahlreiche Variablen wie `wrkstat` (für beruflichen Status), `marital` (für Familienstand) oder `sex` (für Geschlecht) Kodierungen verwendet wurden. So stehen in der Variablen `sex` statt der Werte `Mann` und `Frau` die Kodierungen `1` und `2`, wobei zunächst nicht zu erkennen ist, welche Kodierung für Männer und welche für Frauen verwendet wurde. Allerdings wurden für diese Kodierungen Wertelabels definiert, weshalb Sie zur Variablenansicht wechseln und die Bedeutung der Kodierungen aus den Eigenschaften der Variablen `sex` herauslesen könnten.

Daneben besteht aber auch die Möglichkeit, in der Datenansicht statt der Kodierungen direkt die Wertelabels anzeigen zu lassen. Wählen Sie hierzu einfach den Befehl ANSICHT|WERTELABELS oder klicken Sie auf die Schaltfläche WERTELABELS. Dadurch werden in der Anzeige alle Kodierungen durch die entsprechenden Wertelabels ersetzt; nur Werte, für die kein Label definiert wurde, werden weiterhin unverändert angezeigt. Um wieder zur normalen Ansicht der Daten zurückzukehren, rufen Sie erneut den Befehl ANSICHT|WERTELABELS auf.

Wenn für eine Variable ein Variablenlabel definiert wurde, können Sie auch dieses in der Datenansicht der Datendatei anzeigen lassen. Bewegen Sie hierzu den Mauszeiger über den Spaltenkopf der Variablen. Daraufhin wird neben dem Mauszeiger das Variablenlabel angezeigt.

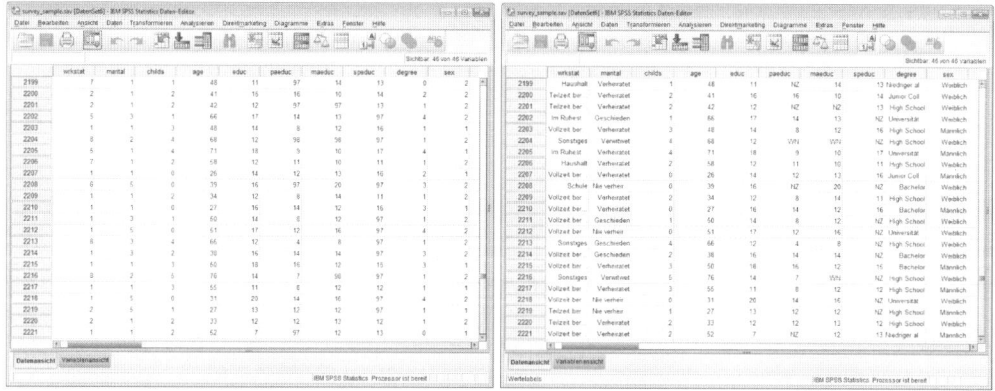

Abbildung 3.14: Beispieldatei von SPSS in der Datenansicht ohne und mit Anzeige von Wertelabels

Werte gezielt suchen

Sie können in der Datendatei gezielt nach einem bestimmten Wert suchen. Allerdings gibt es keine Möglichkeit, die gesamte Datei auf einmal zu durchsuchen, sondern Sie können sich immer nur innerhalb einer Variablen auf die Suche begeben. Gehen Sie hierzu folgendermaßen vor:

1. Markieren Sie das oberste Feld der Variablen, in der Sie nach einem Wert suchen möchten.

2. Wählen Sie den Menübefehl BEARBEITEN|SUCHEN.

3. Der Befehl öffnet das Dialogfeld aus Abbildung 3.15. Von diesem Dialogfeld wird zunächst nur der obere Teil angezeigt; klicken Sie daher auf die Schaltfläche OPTIONEN EINBLENDEN, um das gesamte Dialogfeld zu sehen.

4. Geben Sie hier in das Feld SUCHEN den Wert ein, nach dem Sie suchen möchten.

5. In der Gruppe ÜBEREINSTIMMUNG legen Sie fest, wie exakt der Suchwert in den Feldern, die SPSS aufspüren soll, enthalten sein muss:

   • ENTHÄLT. Mit dieser Option findet SPSS alle Felder, die den Suchwert in irgendeiner Form enthalten. Suchen Sie nach dem Wert 3, findet SPSS also auch Felder, die den Wert 23 enthalten.

   • GESAMTE ZELLE. Hiermit suchen Sie nur solche Felder, deren gesamter Inhalt exakt mit dem Suchwert übereinstimmt.

   • BEGINNT MIT/ENDET MIT. Wählen Sie eine dieser beiden Optionen, um solche Felder zu finden, deren Inhalt mit dem Suchwert beginnt beziehungsweise endet. Mit der Option BEGINNT MIT finden Sie also bei der Suche nach dem Wert 3 unter anderem alle Felder mit den Werten 34, 3 oder 333, nicht aber Felder mit den Werten 23 oder 737.

6. Wenn Sie nach einem Textwert suchen, können Sie mit der Option GROSS-/KLEINSCHREIBUNG BEACHTEN festlegen, dass zwischen Groß- und Kleinbuchstaben unterschieden werden soll.

7. Klicken Sie auf die Schaltfläche WEITERSUCHEN, um die Suche zu starten. SPSS sucht daraufhin in der ausgewählten Variablen nach dem Wert und springt in der Datendatei mit der Markierung direkt zu dem ersten Feld, in dem der gesuchte Wert vorkommt.

8. Durch erneutes Klicken auf die Schaltfläche WEITERSUCHEN können Sie die Suche nach weiteren Vorkommen des gesuchten Wertes fortsetzen, mit der Schaltfläche SCHLIESSEN beenden Sie die Suche und schließen das Dialogfeld.

Werte suchen und ersetzen

Manchmal sucht man nach einem bestimmten Wert in einer Variablen, um diesen systematisch durch einen anderen Wert zu ersetzen. Auch dies können Sie mit SPSS ganz einfach erledigen:

1. Markieren Sie das oberste Feld der Variablen, in der Sie einen Wert suchen und ersetzen möchten.

2. Wählen Sie den Menübefehl BEARBEITEN|ERSETZEN, der nahezu identisch ist mit dem Befehl BEARBEITEN|SUCHEN.

3. Der Befehl öffnet das bereits bekannte Dialogfeld aus Abbildung 3.15, allerdings ist nun die Option ERSETZEN bereits per Voreinstellung angekreuzt. Wird bei Ihnen nur der obere Teil des Dialogfelds angezeigt, klicken Sie auf die Schaltfläche OPTIONEN EINBLENDEN, um das gesamte Dialogfeld zu sehen.

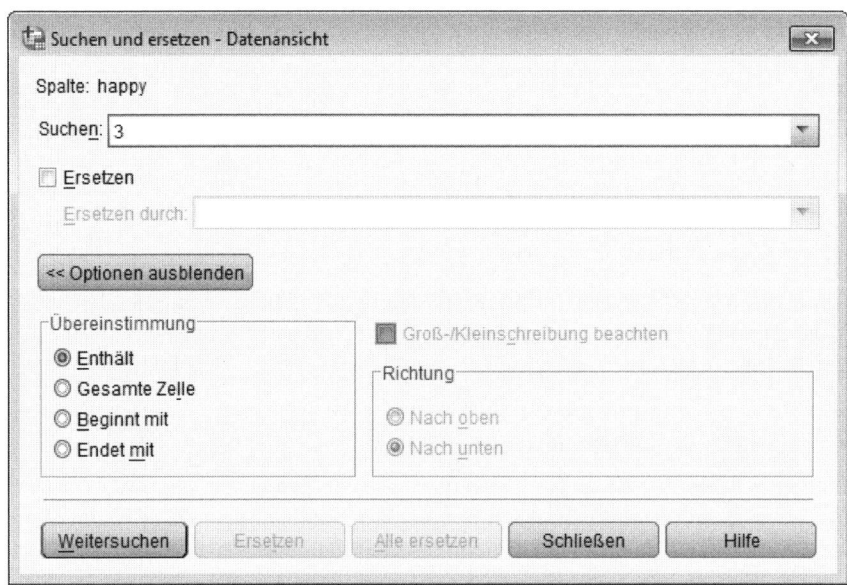

Abbildung 3.15: Dialogfeld zum Suchen nach einem Wert in der Datendatei

4. Geben Sie den Wert, der gesucht und durch einen anderen Wert ersetzt werden soll, in das Feld SUCHEN ein.

5. Legen Sie mit den Optionen aus der Gruppe ÜBEREINSTIMMUNG fest, ob Sie alle Felder suchen, die den Wert in irgendeiner Form enthalten (Option ENTHÄLT), oder nur solche Felder berücksichtigen möchten, deren gesamter Inhalt exakt mit dem Suchwert übereinstimmt (Option GESAMTE ZELLE). Mit den Optionen BEGINNT MIT und ENDET MIT suchen Sie gezielt nach solchen Feldern, deren Werte mit dem Suchwert beginnen beziehungsweise enden.

6. Schreiben Sie in das Feld ERSETZEN DURCH den Wert, durch den der Suchwert ersetzt werden soll.

7. Klicken Sie auf die Schaltfläche WEITERSUCHEN, um zunächst die Suche zu starten. SPSS sucht daraufhin in der ausgewählten Variablen nach dem Wert und springt in der Datendatei mit der Markierung direkt zu dem ersten Feld, in dem der gesuchte Wert vorkommt.

8. Möchten Sie den gefundenen Wert in dem betreffenden Feld nun tatsächlich ersetzen, klicken Sie auf die Schaltfläche ERSETZEN. Daraufhin ändert SPSS den Wert in dem Feld und sucht unmittelbar nach dem nächsten Feld, das den Suchwert enthält. Möchten Sie einen gefundenen Wert dagegen nicht ersetzen, können Sie mit der Schaltfläche WEITERSUCHEN die Suche unverrichteter Dinge fortsetzen.

9. Um den Suchwert in allen Feldern der ausgewählten Variablen ohne manuelle Prüfung der einzelnen Fundstellen zu ersetzen, klicken Sie auf die Schaltfläche ALLE ERSETZEN. SPSS führt die Ersetzungen dann in der gesamten Variablen ohne vorherige Rückfrage durch und meldet anschließend die Anzahl der Stellen, an denen der Suchwert gefunden und entsprechend ersetzt wurde.

Spalte für Spalte: Neue Variablen berechnen

4

In diesem Kapitel

▷ Aus vorhandenen Daten neue Variablen berechnen

▷ Die Berechnung von Variablen auf ausgewählte Fälle beschränken

▷ Variablenwerte umkodieren

▷ Stetige Variablen (wie `Alter`) in diskrete Variablen (`Altersgruppen`) umkodieren

▷ Häufigkeit von Werten über mehrere Variablen hinweg zählen

A uch wenn alle Daten, die man für eine Auswertung benötigt, in einer Datendatei von SPSS vorliegen, kann man nicht immer unmittelbar mit der eigentlichen Analyse beginnen. Häufig müssen die Daten zuvor noch in bestimmter Weise aufbereitet, verändert oder miteinander kombiniert werden, damit sich exakt die Fragestellung beantworten lässt, die man mit den vorliegenden Daten untersuchen möchte. Beispielsweise könnte es sein, dass Sie aus einer Umfrage das Geburtsdatum aller befragten Personen kennen, für Ihre Untersuchung aber nicht das Datum der Geburt, sondern das Alter zum Zeitpunkt der Befragung kennen möchten. Also müssen Sie zunächst aus dem Geburtsdatum das Alter errechnen. Dies wird Ihnen natürlich nicht sehr schwerfallen, und mit SPSS geht es besonders einfach, denn genau für solche Aufgaben hält SPSS verschiedene spezielle Menübefehle bereit:

✔ Der Befehl TRANSFORMIEREN|VARIABLE BERECHNEN ermöglicht es, aus den in einer Datendatei vorhandenen Variablen neue Variablen zu berechnen. Die Formel zur Berechnung der neuen Variablen können Sie dabei frei formulieren; es kann sich dabei um eine sehr einfache oder auch beliebig komplexe Berechnungsformel handeln.

✔ Mit den Befehlen TRANSFORMIEREN|UMKODIEREN IN DIESELBEN VARIABLEN und TRANSFORMIEREN|UMKODIEREN IN ANDERE VARIABLEN können Sie auf einfache Weise die Werte einer Variablen neu kodieren und so beispielsweise die Kodierungen verschiedener Variablen vereinheitlichen oder stetige Werte in Werteklassen überführen.

✔ Der Befehl TRANSFORMIEREN|WERTE IN FÄLLEN ZÄHLEN dient speziell dazu, auszuzählen, wie häufig ein vorgegebener Wert (oder auch mehrere Werte) innerhalb eines Falles in verschiedenen Variablen enthalten ist.

»Wie es euch gefällt«: Freie Berechnungen durchführen

Liegen die Daten, die mit SPSS bearbeitet und untersucht werden sollen, erst einmal in einer SPSS-Datendatei vor, lassen sich damit auf sehr einfache Weise alle möglichen Arten von Berechnungen durchführen. Insbesondere können Sie mit wenigen Schritten aus den vorhandenen Variablen nach nahezu beliebigen Transformationsregeln neue Variablen herleiten. Die »Formel«, nach der aus den vorhandenen Daten neue Variablen berechnet werden sollen, können Sie dabei vollkommen frei vorgeben.

Was alles geht

Unter anderem die folgenden Arten von Berechnungen lassen sich bei SPSS sehr einfach durchführen:

✔ **Einfache Transformationen einer Variablen** wie die Umrechnung von Zentimeter-Werten in Meter-Angaben oder die Berechnung des Geburtsjahres aus einer Altersangabe.

✔ **Verknüpfung von zwei oder mehr Variablen** zum Beispiel zur Berechnung der Summe mehrerer Variablen oder des Verhältnisses zwischen zwei Variablen (wie das Verhältnis zwischen Brutto- und Nettoeinkommen).

✔ **Berechnung von Zufallszahlen**, zum Beispiel können Sie eine Variable mit standardnormalverteilten Zufallszahlen oder eine Variable mit gleichverteilten Zufallszahlen zwischen 1 und 100 erstellen.

✔ **Alles gleichzeitig und zusammen** ist natürlich auch möglich, Sie können also beliebig komplexe Formeln zur Berechnung neuer Variablen formulieren, in denen Sie einfache Transformationen, mehrere Variablen und Zufallszahlenfunktionen miteinander verknüpfen.

Wie das alles geht

Alle folgenden Beispiele verwenden die in Abbildung 4.2 wiedergegebenen Daten. Wenn Sie die Daten abtippen möchten, um die Beispiele nachzuarbeiten, können Sie auf die Namensvariable verzichten, die in den folgenden Beispielen nicht verwendet wird.

Die Berechnung neuer Variablen in einer bestehenden Datendatei ist in wenigen Schritten durchgeführt:

1. Die Datendatei, in der Sie die Berechnung durchführen möchten, muss geöffnet sein.

2. Wählen Sie den Menübefehl TRANSFORMIEREN|VARIABLE BERECHNEN. Dieser Befehl öffnet das Dialogfeld aus Abbildung 4.1.

3. Geben Sie hier in dem Feld ZIELVARIABLE den Namen für die neue Variable ein, in die die berechneten Ergebnisse geschrieben werden sollen.

Sie können in dem Feld ZIELVARIABLE auch den Namen einer bereits bestehenden Variablen angeben. Dadurch werden die neu berechneten Werte in diese Variable geschrieben. Die bisherigen Werte der Variablen werden dabei überschrieben und gehen damit verloren.

4. Schreiben Sie in das Feld NUMERISCHER AUSDRUCK die Formel, nach der die Werte der Variablen berechnet werden sollen. Diese Formel kann sich zusammensetzen aus:

- den Namen der Variablen, die in die Berechnung einfließen sollen,
- mathematischen Operatoren wie +, -, / (für »geteilt durch«), * (für »mal«), Klammern und andere,
- Zahlen und in bestimmten Fällen auch Textausdrücken,
- speziellen Funktionen, die von SPSS für bestimmte Berechnungen wie die Ermittlung von Zufallszahlen, die Berechnung statistischer Größen wie Minima, Maxima, Standardabweichungen und so weiter zur Verfügung gestellt werden.

Die folgenden Beispiele werden verdeutlichen, wie aus diesen Elementen auf einfache Weise die gewünschten Berechnungen formuliert werden können.

5. Wenn Sie die Zielvariable und die Berechnungsformel angegeben haben, klicken Sie auf die Schaltfläche OK, um die Berechnung zu starten. SPSS fügt dann eine neue Variable mit den berechneten Werten in die Datendatei ein. Diese Variable wird an das Ende der Datei angehängt, bildet anschließend also die letzte Spalte in der Datenansicht der Datei.

Warum zeigt das Dialogfeld nicht die Variablennamen an?

Das Dialogfeld führt in dem Listenfeld auf der linken Seite sämtliche Variablen der aktuellen Datendatei auf. Es ist jedoch möglich, dass bei Ihnen an dieser Stelle nicht die Variablennamen, sondern die zugehörigen Variablenlabels zu sehen sind. Dies hängt davon ab, welche Grundeinstellungen Sie für die Arbeit mit SPSS festgelegt haben. Wenn Sie die Anzeige in den Variablenlisten der Dialogfelder ändern möchten, wählen Sie den Menübefehl BEARBEITEN|OPTIONEN. Dieser Befehl öffnet ein Dialogfeld, in dem Sie das Register ALLGEMEIN aufschlagen müssen. Hier können Sie in der Gruppe VARIABLENLISTEN festlegen, ob in den Variablenlisten von Dialogfeldern die Labels oder die Namen der Variablen stehen und ob die Variablen in alphabetischer Reihenfolge, in der Reihenfolge, in der sie in der Datendatei stehen, oder nach ihrem Messniveau geordnet aufgeführt werden sollen.

Ein einfaches Beispiel: Alter aus Geburtsjahr ermitteln

Abbildung 4.2 zeigt eine sehr einfache Datendatei, die als Auszug aus einer fiktiven Kundendatenbank interpretiert werden kann. Jede Zeile der Datei beschreibt einen Kunden. In den verschiedenen Variablen sind eine Kunden-ID, der Name, das Geburtsjahr sowie die Anzahl der Bestellungen für die Jahre 2010 und 2011 und die Umsätze in diesen beiden Jahren festgehalten.

Aus dem Geburtsjahr eines Kunden soll nun dessen Alter in Jahren errechnet werden. Ganz exakt ist dies natürlich nicht möglich, da lediglich das Geburtsjahr und nicht das genaue Datum innerhalb des Jahres bekannt ist. Etwas vereinfachend lässt sich das Alter daher einfach als Differenz zwischen dem aktuellen Jahr und dem Geburtsjahr berechnen.

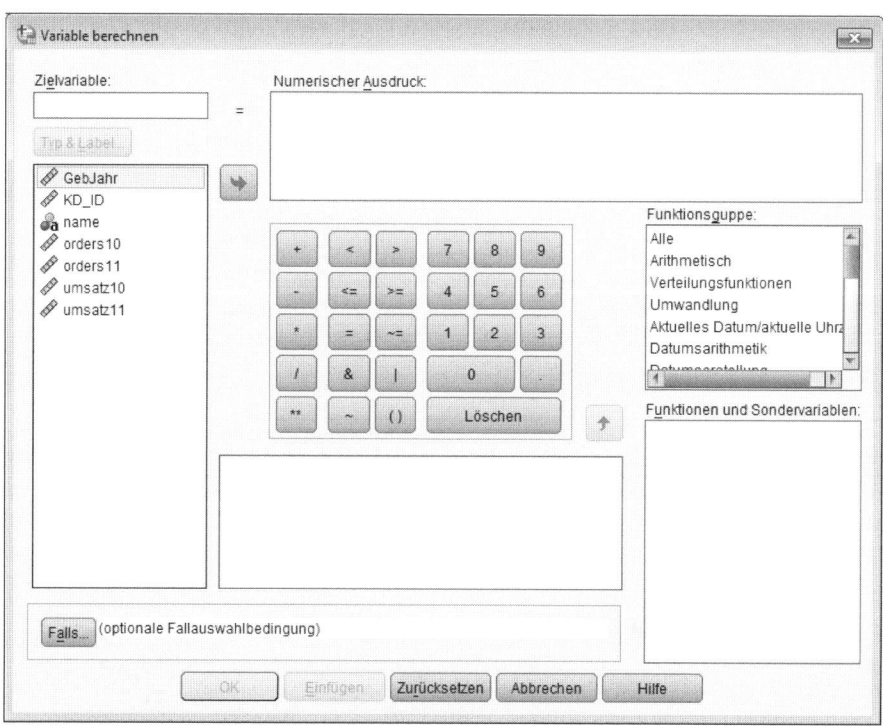

Abbildung 4.1: Dialogfeld des Befehls Transformieren|Variable berechnen *zum Berechnen neuer Variablen*

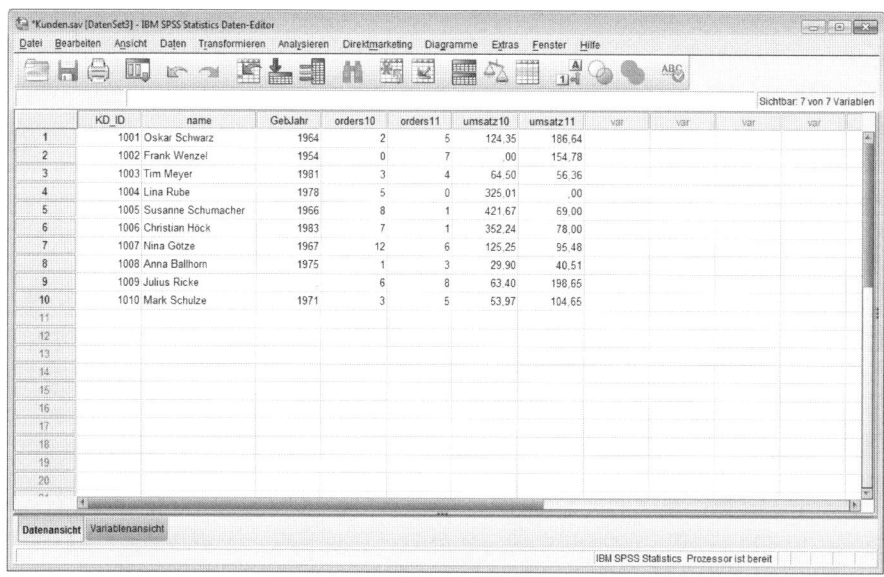

Abbildung 4.2: Einfache Datendatei mit einigen fiktiven Kundendaten

Eine solche Berechnung kann in wenigen Schritten durchgeführt werden:

1. Wählen Sie den Menübefehl Transformieren|Variable berechnen. Dieser Befehl öffnet das Dialogfeld aus Abbildung 4.1.

2. Das berechnete Alter soll in eine Variable mit dem Namen `Alter` geschrieben werden. Schreiben Sie diesen Namen in das Feld Zielvariable.

3. Die Werte für die neue Variable werden berechnet, indem für jeden Fall der Datendatei die Differenz zwischen dem Wert `2012` (für das aktuelle Jahr) und dem jeweiligen Wert der Variablen `GebJahr` gebildet wird. Schreiben Sie daher in das Feld Numerischer Ausdruck die folgende Berechnungsformel:

2012 - GebJahr

Sie können diese Formel direkt über die Tastatur in das Feld eintippen. Alternativ können Sie auch die Hilfestellungen des Dialogfelds nutzen: Auf der linken Seite werden in dem Listenfeld alle Variablen der aktuellen Datendatei aufgeführt. Wenn Sie hier eine Variable markieren und anschließend auf die Schaltfläche mit dem Pfeil neben dieser Liste klicken, wird der Name der Variablen in das Feld Numerischer Ausdruck eingefügt, so dass Sie ihn nicht zu tippen brauchen. Arithmetische Operatoren wie +, * und/können Sie auch über die Schaltflächen des »Tastaturfelds« in dem Dialogfeld in die Formel einfügen.

4. Wenn Sie alle Angaben vorgenommen haben, sollte das Dialogfeld wie in Abbildung 4.3 dargestellt aussehen. Klicken Sie anschließend auf die Schaltfläche OK, um die Berechnung zu starten.

Das Ergebnis dieser Berechnung ist in Abbildung 4.4 wiedergegeben. SPSS hat eine neue Variable mit dem Namen `Alter` in die Datendatei eingefügt. Die Werte dieser Variablen sind die Differenz zwischen dem Wert 2012 und dem Wert der Variablen `GebJahr` in dem jeweiligen Fall.

Die Eigenschaften der neuen Variablen `Alter` wurden von SPSS automatisch festgelegt. Die Variable hat den Datentyp Numerisch mit zwei Dezimalstellen zugewiesen bekommen. Labels wurden für die Variable nicht definiert. Alle Eigenschaften dieser Variablen können Sie, wie bei jeder anderen Variablen auch, jederzeit in der Variablenansicht der Datendatei beliebig verändern.

Bei der Berechnung von Variablen ist Folgendes wichtig: Die Werte für die Zielvariable können nur dann berechnet werden, wenn alle in der Formel verwendeten Variablen (hier ist das nur die Variable `GebJahr`) einen gültigen Wert aufweisen. Enthält eine der verwendeten Variablen in einem Fall einen fehlenden Wert (egal, ob einen systemdefinierten fehlenden Wert, der durch einen Punkt in dem Feld angezeigt wird, oder eine Kodierung, die als fehlender Wert definiert wurde), wird für diesen Fall kein Wert berechnet. Das entsprechende Feld der Zielvariablen bleibt also leer und erhält damit automatisch einen systemdefinierten fehlenden Wert. Dies ist in Abbildung 4.4 in Zeile 9 der Fall.

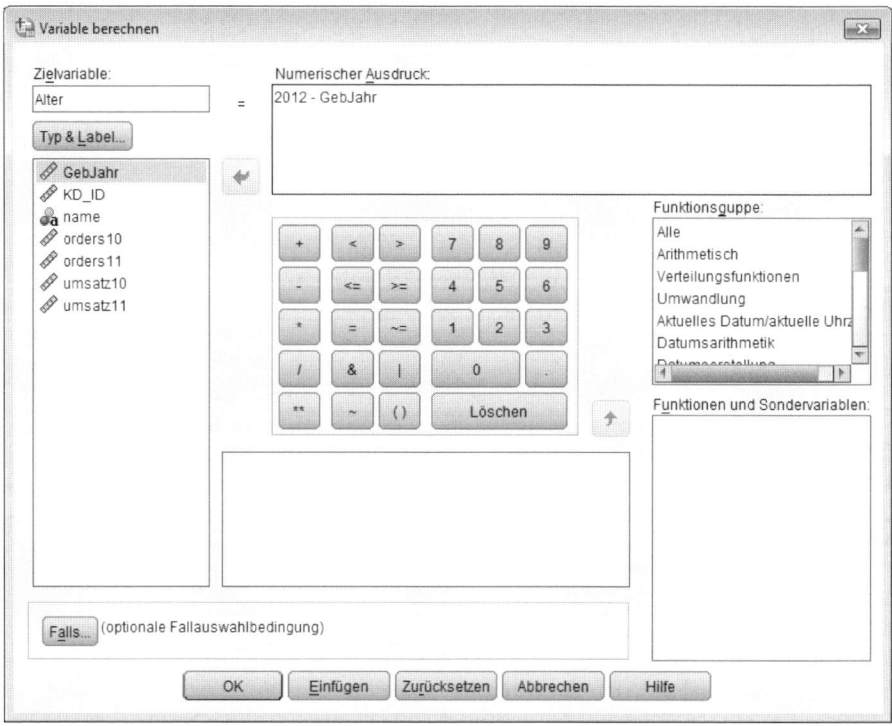

Abbildung 4.3: Dialogfeld zum Berechnen neuer Variablen mit einer einfachen Berechnungsformel

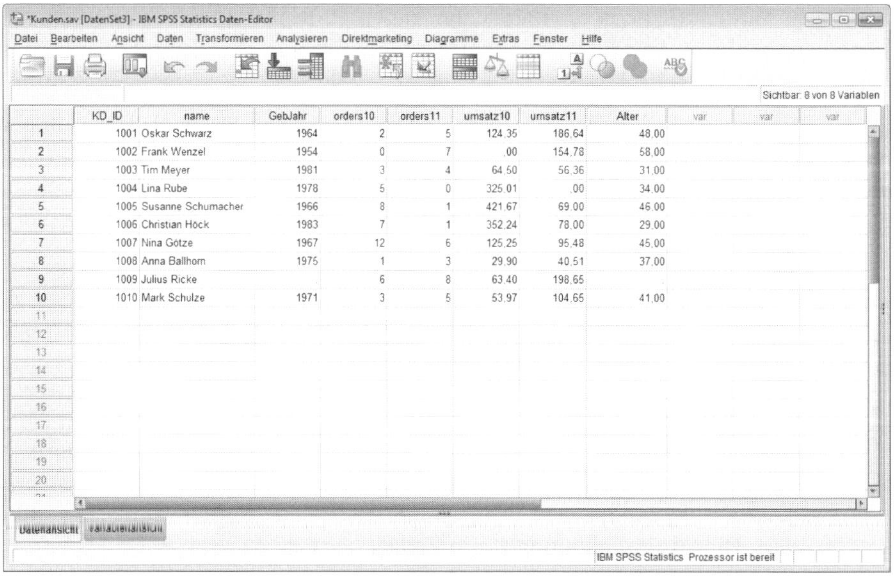

Abbildung 4.4: Datendatei mit Kundendaten und neu berechneter Variable Alter

Berechnungsformeln mit mehreren Variablen

Ebenso einfach wie die Berechnung des Alters aus dem Geburtsjahr lassen sich Formeln mit mehreren Variablen aus der Datendatei formulieren. So könnten beispielsweise mit den Daten aus Abbildung 4.4 folgende Berechnungen vorgenommen werden:

✔ Berechnung einer Variablen `orders` mit der Gesamtzahl aller Bestellungen aus den beiden Jahren 2010 und 2011. Die Berechnungsformel (der NUMERISCHE AUSDRUCK in dem Dialogfeld) lautet hierzu einfach:

`orders10 + orders11`

✔ Berechnung einer Variablen `ums11_10`, die für jeden Kunden das Verhältnis des Umsatzes aus dem Jahr 2011 zum Umsatz im Jahr 2010 ausweist. Die Formel hierzu lautet:

`umsatz11/umsatz10`

✔ Soll das Umsatzverhältnis in einer Variablen `pzt11_10` als Prozentzahl ausgewiesen werden, können Sie die Formel folgendermaßen anpassen:

`(umsatz11/umsatz10) * 100`

✔ Wenn Sie wissen möchten, welchen Anteil der Umsatz eines Kunden im Jahr 2011 an dessen Gesamtumsätzen der Jahre 2010 und 2011 ausmacht, berechnen Sie:

`umsatz11/(umsatz10 + umsatz11)`

Die Ergebnisse, die diese Berechnungen liefern, sind in Abbildung 4.5 wiedergegeben.

Fehlermeldung bei unzulässigen Berechnungen

Wenn Sie die Berechnung der Variablen `ums11_10` und `pzt11_10` mit den Beispieldaten durchführen, werden Sie feststellen, dass SPSS eine »Fehlermeldung« ausgibt, die darauf hinweist, dass eine Division durch null nicht zulässig ist. Mit dieser Aussage hat SPSS zugegebenermaßen recht. Das Teilen durch null tritt in dem zweiten Fall der Datendatei auf, da Frank Wenzel im Jahr 2010 keinen Umsatz generiert hat und deshalb das Verhältnis `umsatz11/umsatz10` nicht berechnet werden kann. SPSS reagiert hier so, wie es sinnvollerweise nur reagieren kann: Es führt die Berechnung in diesem Fall nicht durch und lässt das Feld der Zielvariablen leer beziehungsweise fügt hier einen systemdefinierten fehlenden Wert ein.

Eine Berechnung nur in bestimmten Fällen durchführen

Es gibt die Möglichkeit, SPSS zu sagen, dass die Berechnung der neuen Variablenwerte nicht für alle Fälle der Datendatei durchgeführt werden soll, sondern nur für solche Fälle, die eine vorgegebene Bedingung erfüllen. Als Beispiel soll für die Kundendaten aus Abbildung 4.5 der durchschnittliche Bestellwert für das Jahr 2011 berechnet werden.

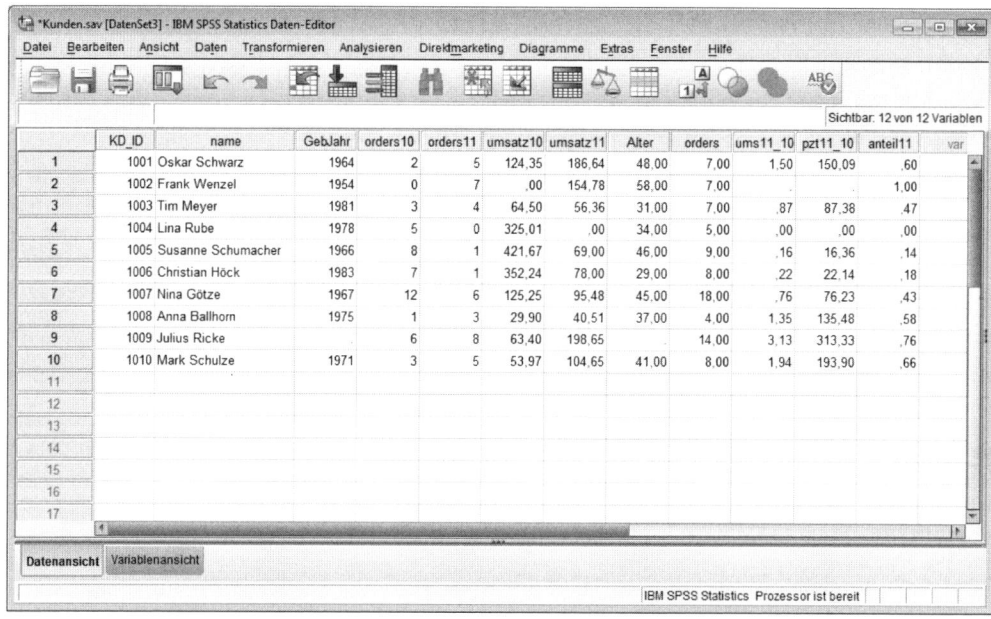

Abbildung 4.5: Datendatei mit Kundendaten und mehreren neu berechneten Variablen

Die Formel hierzu lautet einfach:

```
Umsatz11 / orders11
```

Diese Berechnung soll aber nur für solche Kunden vorgenommen werden, die mindestens drei Bestellungen im Jahr 2011 vorgenommen haben. Um diese auf bestimmte Fälle beschränkte Berechnung durchzuführen, gehen Sie folgendermaßen vor:

1. Wählen Sie den Menübefehl TRANSFORMIEREN|VARIABLE BERECHNEN.

2. Geben Sie in dem Feld ZIELVARIABLE einen Namen für die neu zu berechnende Variable an, beispielsweise BestWert.

3. Schreiben Sie die Berechnungsformel umsatz11/orders11 in das Feld NUMERISCHER AUSDRUCK.

4. Klicken Sie auf die Schaltfläche FALLS. Diese Schaltfläche öffnet das Dialogfeld aus Abbildung 4.6, in dem Sie die Bedingung formulieren können, nach der SPSS für jeden Fall der Datendatei einzeln entscheiden soll, ob die Berechnung durchzuführen ist.

5. Markieren Sie in diesem Dialogfeld zunächst die Option FALL EINSCHLIESSEN, WENN BEDINGUNG ERFÜLLT IST, um festzulegen, dass die Berechnung nur in ausgewählten Fällen vorgenommen werden soll.

6. Schreiben Sie anschließend in das darunter liegende Feld die Bedingung, die von genau den Fällen erfüllt wird, in denen Sie die Berechnung durchführen möchten. In diesem

Beispiel lautet die Bedingung, dass die Variable `orders11` einen Wert enthalten muss, der größer oder gleich dem Wert 3 ist (denn die Berechnung soll ja nur für die Kunden durchgeführt werden, die mindestens drei Bestellungen im Jahr 2011 aufgegeben haben). Diese Bedingung lässt sich mathematisch folgendermaßen formulieren:

`Orders11 >= 3`

Schreiben Sie die Bedingung also in dieser Form in das Eingabefeld. Nach diesen Angaben sieht das Dialogfeld wie in Abbildung 4.6 aus.

7. Wenn Sie die Bedingung formuliert haben, können Sie das Dialogfeld mit der Schaltfläche WEITER wieder schließen. Sie sehen dann wieder das Hauptdialogfeld, in dem neben der Schaltfläche FALLS nun auch die gerade formulierte Bedingung angezeigt wird. Klicken Sie in diesem Dialogfeld auf die Schaltfläche OK, um die Berechnung für die ausgewählten Fälle der Datendatei zu starten.

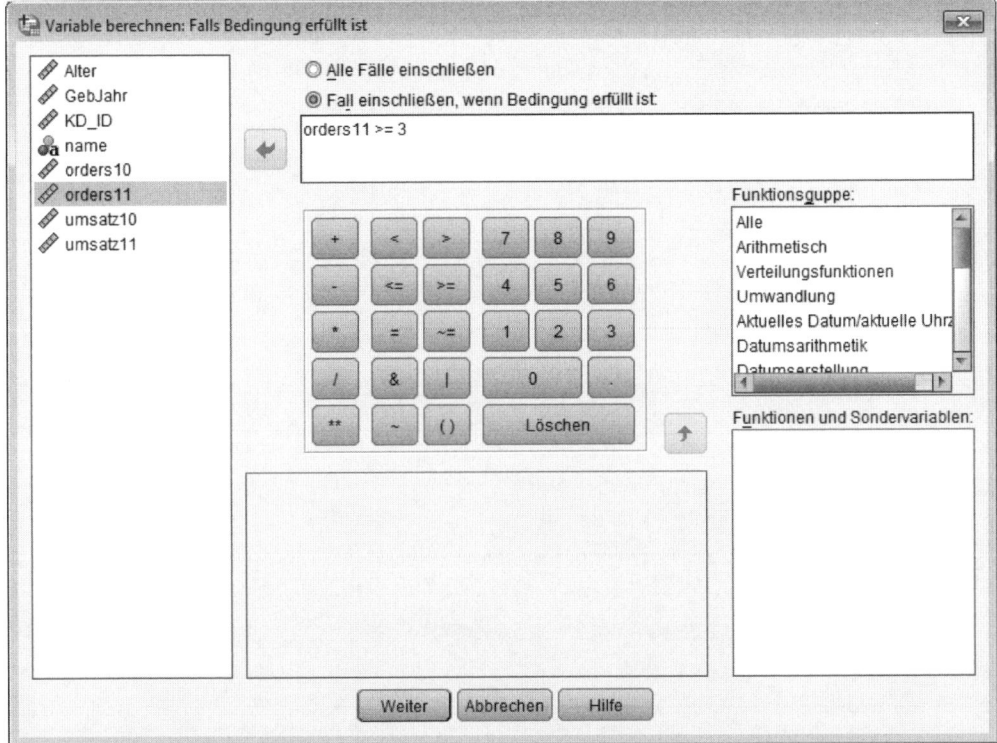

Abbildung 4.6: Dialogfeld zum Formulieren einer Bedingung, die die Berechnung neuer Variablenwerte auf ausgewählte Fälle der Datendatei beschränkt

Das Ergebnis dieser auf bestimmte Fälle beschränkten Berechnung ist in Abbildung 4.7 wiedergegeben. Hier ist die neu erstellte Variable `BestWert` zu sehen. Diese Variable weist in drei Fällen leere Felder (beziehungsweise systemdefinierte fehlende Werte) auf. Von diesen drei Fällen wurde die vorgegebene Bedingung (`orders11 >= 3`) nicht erfüllt, so dass hier keine

Werte für die Variable `BestWert` berechnet wurden. In allen übrigen Fällen enthält die Variable gültige Werte, die für jeden Kunden den Durchschnittswert seiner Bestellungen aus dem Jahr 2011 angeben.

Versteckte Dezimalstellen anzeigen

In der Variablen `BestWert` werden alle neu berechneten Werte mit zwei Dezimalstellen angezeigt, und zwar unabhängig davon, wie viele Dezimalstellen die Werte tatsächlich aufweisen. Dies liegt daran, dass SPSS der Variablen den Datentyp NUMERISCH mit zwei Dezimalstellen zugewiesen hat. Wenn die Berechnung der Variablenwerte jedoch Ergebnisse mit mehr Dezimalstellen geliefert hat, sind diese Dezimalstellen auch alle mit abgespeichert, sie werden nur nicht in der Datendatei angezeigt. Wenn Sie jedoch ein Feld der Variablen markieren, wird der entsprechende Wert in der Bearbeitungsleiste mit sämtlichen Dezimalstellen wiedergegeben. So ist in Abbildung 4.7 zu erkennen, dass der Wert der neu berechneten Variablen in der neunten Zeile tatsächlich fünf Dezimalstellen aufweist und 24,83125 lautet.

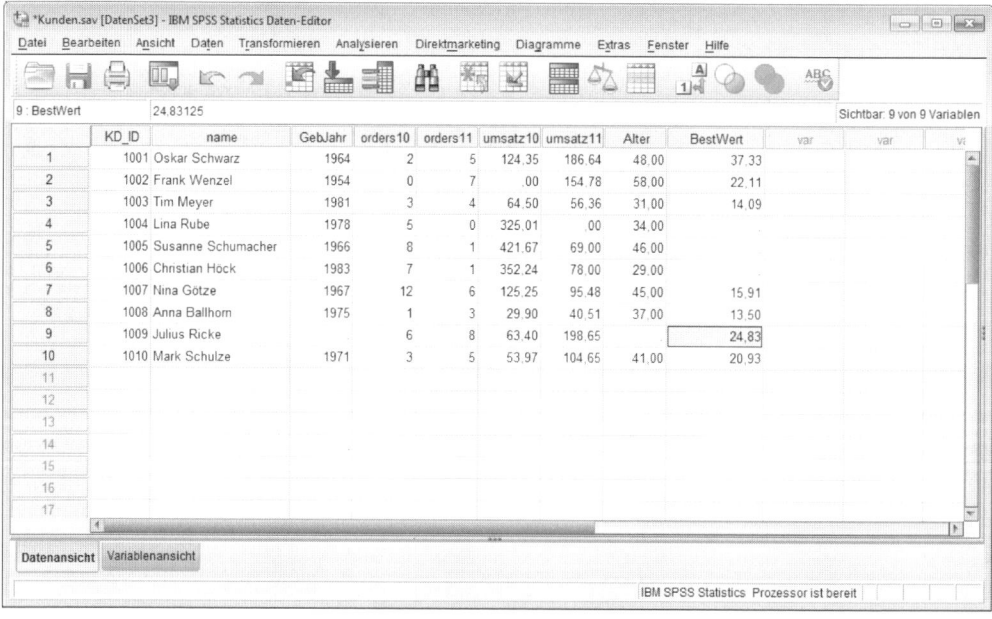

Abbildung 4.7: Datendatei mit Kundendaten und der nur für ausgewählte Fälle berechneten Variablen `BestWert`

Wie formuliert man die Bedingung?

In Abbildung 4.6 wurde mit der Bedingung `orders11 >= 3` festgelegt, dass die Berechnung nur in solchen Fällen durchgeführt werden soll, in denen die Variable `orders11` mindestens den Wert 3 hat. Tabelle 4.1 zeigt weitere Möglichkeiten zur Formulierung solcher Bedingungen. Sie können in der Bedingung die Gleichungssymbole =, <, > und ~= (für »ungleich«) verwenden, zwei oder mehr Bedingungen über & (für »und«) und | (für »oder«) miteinander verknüpfen und Klammern einfügen, um die Reihenfolge der Auswertung festzulegen.

Bedingung	Bedeutung
orders11 = 0	orders11 hat den Wert 0.
orders11 ~= 0	orders11 ist ungleich 0 (hat also einen beliebigen anderen Wert als 0).
orders11 > 0 & orders10 > 0	orders11 hat einen Wert über 0 und außerdem hat orders10 einen Wert über 0.
orders11 > 0 | orders10 > 0	orders11 hat einen Wert über 0 oder orders10 hat einen Wert über 0 (es genügt, wenn eine der beiden Variablen einen Wert über 0 hat).
(orders11 + orders10) > 0	Die Summe der Werte aus den beiden Variablen orders11 und orders10 ist größer als 0.
orders11 > 0 & orders10 ~= 99	orders11 hat einen Wert über 0 und außerdem hat orders10 einen Wert ungleich 99.
orders11 >= orders10	Der Wert in orders11 ist mindestens so groß wie der Wert in orders10.

Tabelle 4.1: Mögliche Bedingungen zur Beschränkung der Berechnung auf ausgewählte Fälle der Datendatei

Kodierungen sind mehr als Nummern: Variablen umkodieren

Es gibt in SPSS einen speziellen Menübefehl, der nur dafür da ist, die Werte einer Variablen neu zu kodieren, also beispielsweise in allen Feldern, in denen der Wert 1 steht, diesen durch eine 2 zu ersetzen, und in allen Feldern, in denen bisher eine 2 steht, diesen Wert in eine 0 umzuwandeln und so weiter. Da könnte man sich natürlich die naheliegende Frage stellen: Was soll das? Tatsächlich ist dieser Befehl aber sehr hilfreich, denn in der praktischen Arbeit kommt es immer wieder vor, dass man die Daten in einer leicht anderen Kodierung benötigt, als sie ursprünglich vorliegen.

Wozu umkodieren?

Sehr wahrscheinlich werden Sie bei der Arbeit mit SPSS noch häufig dankbar dafür sein, dass es den Befehl zum Umkodieren von Variablen gibt – zumindest, wenn Sie in eine der folgenden Situationen geraten:

✔ Sie haben zwei Dateien mit den gleichen Variablen und wollen sie in einer Datei zusammenführen, allerdings verwenden die Dateien unterschiedliche Kodierungen, zum Beispiel in einer Variablen Geschlecht einmal die 1 für männlich und einmal die 2 für männlich.

✔ Sie haben in einer Datei mehrere Variablen mit den Antworten auf Ja/Nein-Fragen wie »Mögen Sie Musik?«, »Treiben Sie Sport?«, »Lesen Sie Bücher?« und so weiter, allerdings sind die Antworten Ja und Nein in den verschiedenen Variablen unterschiedlich kodiert. Wenn die Variablen nun gemeinsam ausgewertet oder miteinander verglichen werden sollen, ist es sehr hilfreich, wenn zunächst die Kodierungen vereinheitlicht werden.

✔ Sie haben von jemandem, der noch nicht so viel Ahnung von »guter Datenkodierung« hat wie Sie, eine Datei mit Textkodierungen erhalten, die Sie in numerische Kodierungen umwandeln möchten.

✔ Sie haben eine stetige Variable wie zum Beispiel das Alter von Personen in Jahren, benötigen für Ihre Auswertung aber Altersklassen.

✔ Sie haben bereits eine Variable mit beispielsweise sechs Altersklassen, die Unterteilung ist Ihnen aber noch zu fein und Sie möchten diese auf die drei Kategorien Jung, Mittel und Alt reduzieren.

✔ Sie haben eine Variable mit nur zwei unterschiedlichen Ausprägungen wie die Variable Geschlecht, und die beiden Ausprägungen sind durch die Werte 1 und 2 kodiert. Wenn Sie diese Variable in bestimmten statistischen Verfahren wie zum Beispiel in einer Regressionsanalyse verwenden möchten, ist es jedoch notwendig, dass die Kodierungen 0 und 1 verwendet werden, weshalb Sie die Variable zunächst umkodieren müssen.

Umkodieren in wenigen Schritten

Oben in Abbildung 4.7 ist eine einfache Datendatei mit einem Auszug aus einer fiktiven Kundendatei zu sehen. Dort ist unter anderem in einer Variablen Alter das derzeitige Alter der Kunden in Jahren angegeben. Im Folgenden soll diese Altersvariable so umkodiert werden, dass sich eine Variable mit sechs Altersklassen ergibt. Die neuen Kodierungen sollen dabei nicht die vorhandenen Altersangaben ersetzen, sondern in eine neue Variable geschrieben werden. Das Vorgehen hierzu lässt sich auf nahezu alle anderen Anwendungsfälle für das Umkodieren von Variablen vollkommen analog übertragen:

1. **Befehl aufrufen.** Wählen Sie in der Datendatei, in der die Umkodierung vorgenommen werden soll, den Menübefehl Transformieren|Umkodieren in andere Variablen. Dieser Befehl öffnet das Dialogfeld aus Abbildung 4.8. Dort werden auf der linken Seite alle Variablen der aktuellen Datendatei aufgeführt, die übrigen Eingabefelder sind jedoch zunächst leer.

2. **Ausgangsvariable auswählen.** Markieren Sie in der Variablenliste die Variable, deren Werte umkodiert werden sollen, in diesem Beispiel also die Variable Alter. Klicken Sie anschließend auf die Schaltfläche mit dem Pfeil rechts neben der Variablenliste. Daraufhin wird die zuvor markierte Variable in das große Feld Numerische Var. → Ausgabevar. in der Mitte verschoben.

3. **Name für die Zielvariable festlegen.** Geben Sie anschließend auf der rechten Seite in dem Feld Name einen Namen für die neue Variable an, in die die neuen Kodierungen geschrieben werden sollen. Optional können Sie außerdem in dem Feld Beschriftung ein Label für diese Variable definieren. In diesem Beispiel werden der Name Alterkat und das Label Altersgruppe verwendet. Wenn Sie beide Angaben vorgenommen haben, klicken Sie auf die Schaltfläche Ändern. Danach sieht das Dialogfeld wie in Abbildung 4.8 dargestellt aus.

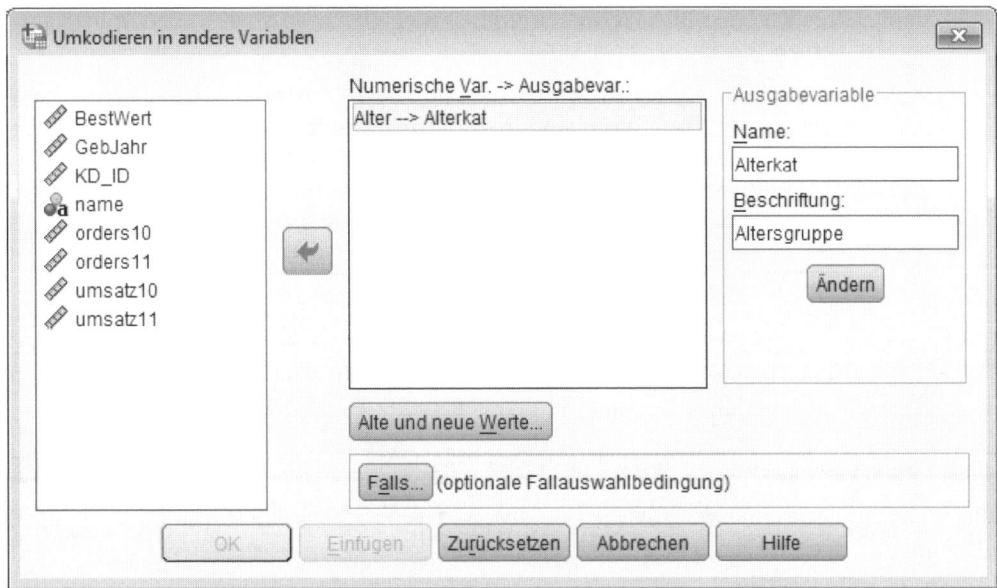

Abbildung 4.8: Dialogfeld zum Umkodieren von Variablen

4. **Regeln für die Umkodierung festlegen.** Klicken Sie nun auf die Schaltfläche ALTE UND NEUE WERTE. Damit öffnen Sie das Dialogfeld aus Abbildung 4.9, in dem die Regeln für die Umkodierung der Werte beschrieben werden. Nehmen Sie hier folgende Angaben vor:

- Markieren Sie in der Gruppe ALTER WERT die Option BEREICH, KLEINSTER BIS WERT und geben Sie in das zugehörige Eingabefeld den Wert 19 ein. Geben Sie außerdem in der Gruppe NEUER WERT in das Eingabefeld den Wert 1 ein und klicken Sie anschließend auf die Schaltfläche HINZUFÜGEN. Daraufhin wird in die Liste ALT → NEU der Eintrag Lowest thru 19 → 1 eingefügt. Damit haben Sie festgelegt, dass von der Ausgangsvariablen Alter alle Werte, die kleiner oder gleich dem Wert 19 sind, in den Wert 1 umkodiert werden sollen.

- Markieren Sie anschließend in der Gruppe ALTER WERT die Option BEREICH und geben Sie in das erste Eingabefeld darunter den Wert 20 und in das zweite den Wert 29 ein. Geben Sie außerdem in der Gruppe NEUER WERT den Wert 2 an und klicken Sie anschließend wieder auf die Schaltfläche HINZUFÜGEN. Daraufhin wird in die Liste ALT → NEU der Eintrag 20 thru 29 → 2 eingefügt. Sie haben damit festgelegt, dass alle Werte zwischen 20 und 29 in den Wert 2 umkodiert werden.

- Legen Sie auf die gleiche Weise fest, dass Werte zwischen 30 und 39 in den Wert 3, Werte zwischen 40 und 49 in den Wert 4 und Werte zwischen 50 und 59 in den Wert 5 umkodiert werden sollen.

- Markieren Sie danach in der Gruppe ALTER WERT die Option BEREICH, WERT BIS GRÖSSTER und schreiben Sie in das zugehörige Eingabefeld den Wert 60. Geben Sie in der Gruppe NEUER WERT den Wert 6 an und klicken Sie wieder auf HINZUFÜGEN. In die Liste ALT → NEU wird damit der Eintrag 60 thru Highest → 6 aufgenommen. Sie haben somit festgelegt, dass alle Werte, die größer oder gleich 60 sind, in den Wert 6 umkodiert werden.

- Markieren Sie für die letzte Regel in der Gruppe ALTER WERT die Option SYSTEM- ODER BENUTZERDEFINIERTE FEHLENDE WERTE und in der Gruppe NEUER WERT die Option SYSTEMDEFINIERT FEHLEND. Klicken Sie nun auf HINZUFÜGEN; daraufhin wird in die Liste ALT → NEU der Eintrag MISSING → SYSMIS eingefügt, der festlegt, dass alle system- und benutzerdefinierten fehlenden Werte der Ausgangsvariablen in systemdefinierte fehlende Werte (also in »leere« Felder, die einen Punkt anzeigen) umkodiert werden.

Wenn Sie alle Angaben vorgenommen haben, sollte die Liste ALT → NEU wie in Abbildung 4.9 aussehen. Sie können dann dieses Dialogfeld mit der Schaltfläche WEITER und anschließend das Hauptdialogfeld mit der Schaltfläche OK schließen. Daraufhin erstellt SPSS die neue Variable Alterkat mit den neu kodierten Alterskategorien.

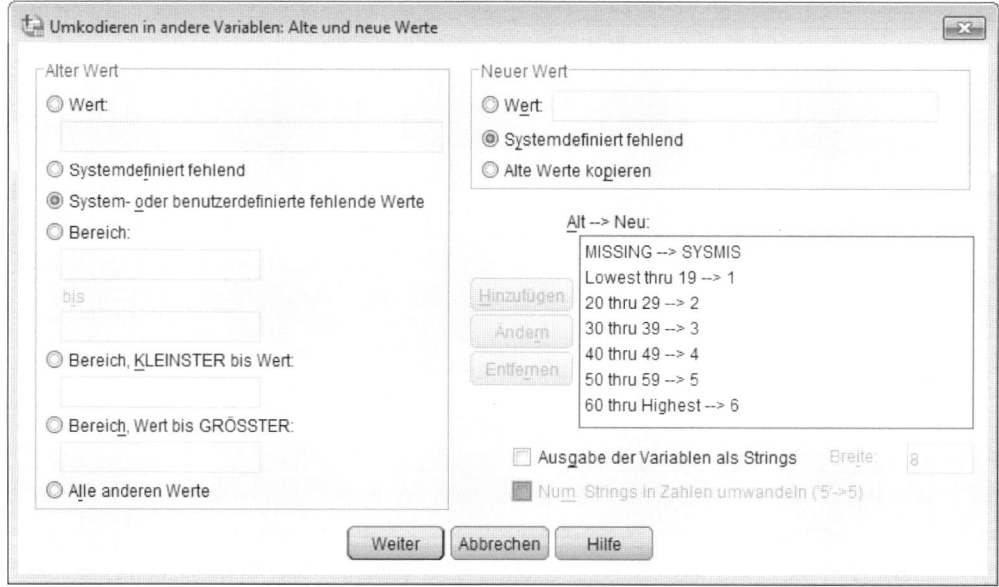

Abbildung 4.9: Dialogfeld zur Beschreibung der Umkodierungsregeln

Das Ergebnis der Umkodierung ist in Abbildung 4.10 wiedergegeben. Die Variable Alterkat enthält die neuen Kodierungen zwischen 1 und 6, wobei die Kodierungen 1 und 6 nicht vorkommen, weil die Datei weder Personen mit einem Alter unter 20 noch Personen, die älter als 59 Jahre sind, enthält. In dem neunten Fall ist wie angefordert ein systemdefinierter fehlender Wert enthalten, weil auch die Ausgangsvariable Alter hier einen fehlenden Wert aufweist.

 Das Umkodieren der Werte können Sie genau wie die Berechnung neuer Variablenwerte auf ausgewählte Fälle der Datendatei beschränken. Klicken Sie hierzu in dem Dialogfeld aus Abbildung 4.8 auf die Schaltfläche FALLS und geben Sie in dem damit geöffneten Dialogfeld eine Bedingung an, die festlegt, in welchen Fällen der Datendatei die Umkodierung durchgeführt werden soll. Der Umgang mit die-

sem Dialogfeld und die Möglichkeiten zur Formulierung der Bedingung sind im Abschnitt *Eine Berechnung nur in bestimmten Fällen durchführen* weiter vorn in diesem Kapitel beschrieben.

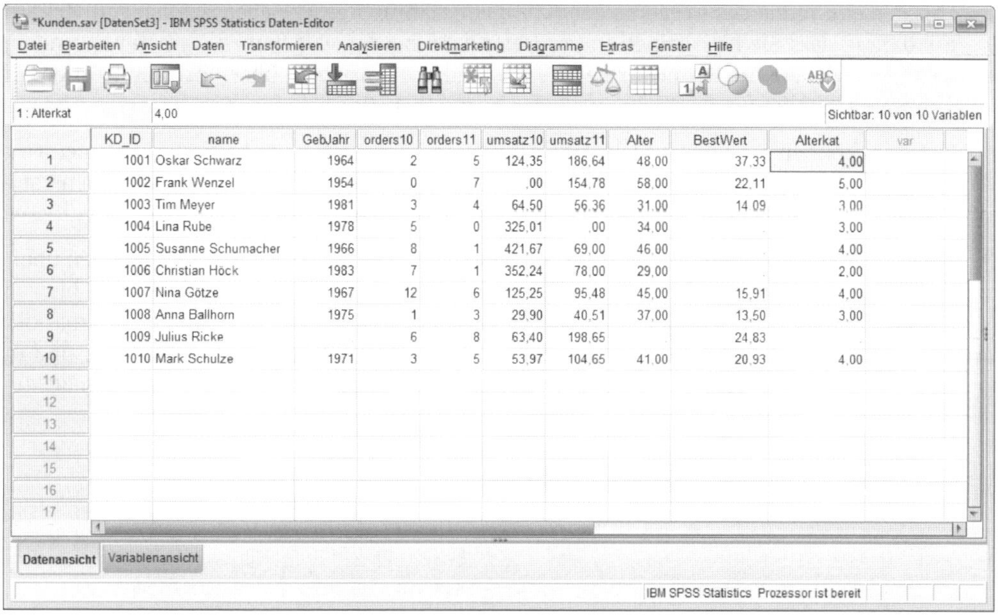

	KD_ID	name	GebJahr	orders10	orders11	umsatz10	umsatz11	Alter	BestWert	Alterkat	var
1	1001	Oskar Schwarz	1964	2	5	124,35	186,64	48,00	37,33	4,00	
2	1002	Frank Wenzel	1954	0	7	,00	154,78	58,00	22,11	5,00	
3	1003	Tim Meyer	1981	3	4	64,50	56,36	31,00	14,09	3,00	
4	1004	Lina Rube	1978	5	0	325,01	,00	34,00		3,00	
5	1005	Susanne Schumacher	1966	8	1	421,67	69,00	46,00		4,00	
6	1006	Christian Höck	1983	7	1	352,24	78,00	29,00		2,00	
7	1007	Nina Götze	1967	12	6	125,25	95,48	45,00	15,91	4,00	
8	1008	Anna Ballhorn	1975	1	3	29,90	40,51	37,00	13,50	3,00	
9	1009	Julius Ricke		6	8	63,40	198,65		24,83		
10	1010	Mark Schulze	1971	3	5	53,97	104,65	41,00	20,93	4,00	

Abbildung 4.10: Datendatei mit umkodierten Werten der Variablen Alter *in der neuen Variablen* Alterkat

Zählen in Zeilen: 2 mal 0 ergibt 2

Manchmal ist man daran interessiert, wie häufig ein bestimmter Wert oder Wertebereich innerhalb eines Falles in einer Gruppe von Variablen vorkommt. So könnte beispielsweise für die Datei aus Abbildung 4.10 für bestimmte Fragestellungen von Interesse sein, in wie vielen Jahren ein Kunde keine Bestellung aufgegeben hat (wie häufig also der Wert 0 in den beiden Variablen orders10 und orders11 auftritt) oder in wie vielen Jahren ein Kunde Umsätze über 100 Euro generierte (wie häufig also ein Wert über 100 in den beiden Variablen umsatz10 und umsatz11 vorkommt). Ebenso ist in der Vorbereitung von Auswertungen häufig interessant, in wie vielen Variablen die einzelnen Fälle der Datei (system- oder benutzerdefinierte) fehlende Werte aufweisen; Fälle mit zu vielen fehlenden Werten könnten dann aus den weiteren Analysen ausgeschlossen werden.

Zählungen dieser Art lassen sich mit dem Befehl TRANSFORMIEREN|WERTE IN FÄLLEN ZÄHLEN auf sehr einfache Weise durchführen. Um für die Datei aus Abbildung 4.10 für jeden Kunden auszuzählen, in wie vielen Jahren er keine Bestellung aufgegeben hat, gehen Sie folgendermaßen vor:

1. **Befehl aufrufen.** Wählen Sie in der Datendatei, in der Sie die Zählung durchführen möchten, den Menübefehl TRANSFORMIEREN|WERTE IN FÄLLEN ZÄHLEN. Dieser Befehl öffnet das Dia-

logfeld aus Abbildung 4.11, in dem die drei Felder ZIELVARIABLE, LABEL und NUMERISCHE VARI-ABLEN zunächst leer sind.

2. **Zielvariable festlegen.** Geben Sie in das Feld Zielvariable einen Namen für die neue Variable ein, in die das Ergebnis der Häufigkeitszählung geschrieben werden soll. Achten Sie darauf, dass Sie hier keinen in der Datendatei bereits vergebenen Namen verwenden, da andernfalls die Inhalte dieser bereits vorhandenen Variablen überschrieben würden. In Abbildung 4.11 ist für die Zielvariable der Name NullBest angegeben.

   Optional können Sie für die Zielvariable auch ein Label festlegen. In diesem Beispiel wird das Label Anzahl der Jahre mit 0 Bestellungen vergeben, das SPSS der neuen Vari-ablen beim Ausführen der Zählung automatisch zuweisen wird.

3. **Welche Variablen sollen durchgezählt werden?** Legen Sie nun fest, welche Variablen über-haupt durchgezählt werden sollen. Verschieben Sie hierzu die gewünschten Variablen in das Feld VARIABLEN, indem Sie sie in der Liste auf der linken Seite des Dialogfeldes markie-ren und anschließend auf die Schaltfläche mit dem Pfeil klicken. Auf diese Weise sind in Abbildung 4.11 die beiden Variablen orders10 und orders11 zum Durchzählen ausge-wählt.

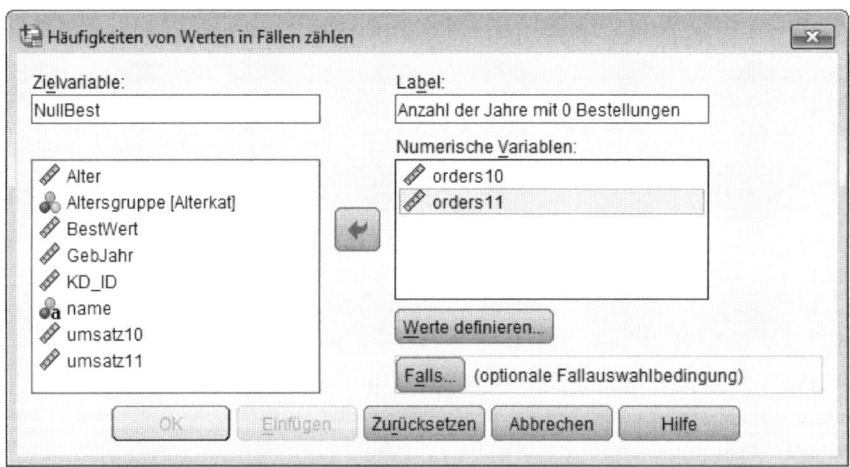

Abbildung 4.11: Dialogfeld des Befehls TRANSFORMIEREN|ZÄHLEN

4. **Welche Werte sollen gezählt werden?** Mit der Schaltfläche WERTE DEFINIEREN öffnen Sie das Dialogfeld aus Abbildung 4.12. In diesem Dialogfeld legen Sie fest, welche Werte in den zuvor ausgewählten Variablen gezählt werden sollen. Sie können hier einen einzelnen oder auch beliebig viele zu zählende Werte angeben. Wenn Sie mehrere Werte oder auch zusammenhängende Wertebereiche auswählen, wird für jeden Fall gezählt, wie viele der zuvor ausgewählten Variablen einen Wert aus den angegebenen Werte(bereichen) enthal-ten. Um die zu zählenden Werte zu definieren, gehen Sie folgendermaßen vor:

   - ***Einzelnen Wert festlegen.*** In diesem Beispiel soll nur gezählt werden, wie häufig der Wert 0 in den ausgewählten Variablen enthalten ist. Wählen Sie hierzu auf der linken Seite des Dialogfelds die Option WERT und geben Sie in dem zugehörigen Eingabefeld den Wert 0 ein. Klicken Sie anschließend auf die Schaltfläche HINZUFÜGEN, um den Wert 0 in die Liste der ZU ZÄHLENDEN WERTE aufzunehmen.

Anschließend könnten Sie auf die gleiche Weise weitere zu zählende Werte definieren. Wenn wie im Beispiel nur der eine Wert gezählt werden soll, können Sie nach dessen Festlegung das Dialogfeld aus Abbildung 4.12 mit der Schaltfläche WEITER wieder schließen.

- *Weitere Werte festlegen.* Mit den übrigen Optionen auf der linken Seite des Dialogfeldes können Sie auch Wertebereiche (Option BEREICH mit Angabe der unteren und oberen Grenze des gewünschten Wertebereichs), alle Werte, die kleiner oder gleich einem vorgegebenen Wert sind (Option BEREICH, KLEINSTER BIS WERT), oder alle Werte, die gleich oder größer einem vorgegebenen Wert sind (Option BEREICH, WERT BIS GRÖSSTER), zählen.

Außerdem besteht die Möglichkeit, gezielt alle systemdefinierten fehlenden Werte oder generell alle fehlenden Werte in den ausgewählten Variablen zu zählen. Alle diese Optionen können Sie auch beliebig miteinander kombinieren, indem Sie sie nacheinander anwenden und so die Liste der zu zählenden Werte entsprechend zusammenstellen.

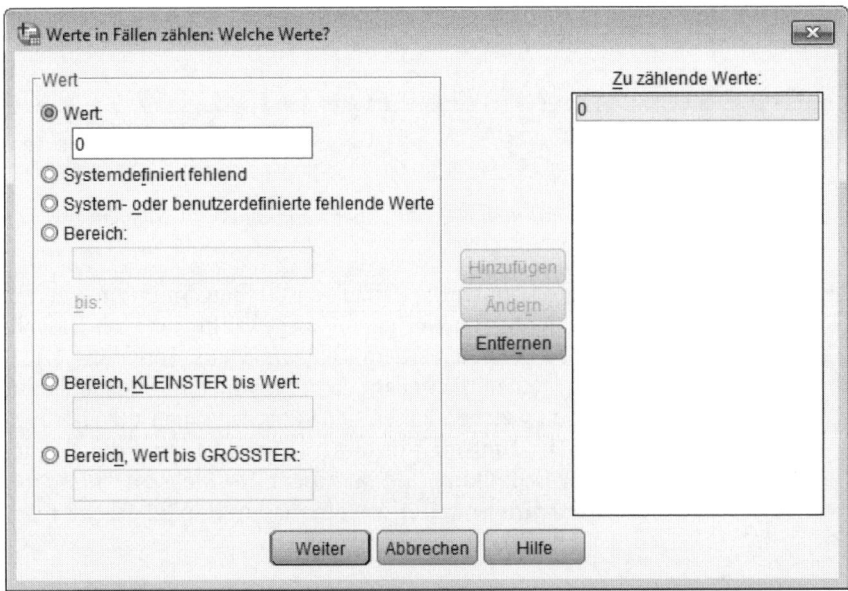

Abbildung 4.12: Dialogfeld zum Festlegen der zu zählenden Werte

Wenn Sie das Dialogfeld aus Abbildung 4.12 ausgefüllt und mit der Schaltfläche WEITER geschlossen haben, können Sie anschließend auch das Hauptdialogfeld aus Abbildung 4.11 mit der Schaltfläche OK schließen. Daraufhin führt SPSS die Zählung durch und fügt eine neue Variable mit dem Zählergebnis in die Datendatei ein.

Das Resultat für das hier durchgeführte Beispiel ist in Abbildung 4.13 wiedergegeben. SPSS hat die Variable NullBest in die Datei eingefügt. An dieser Variablen kann unmittelbar abgelesen werden, dass es nur zwei Kunden gibt, die schon mal ein ganzes Jahr lang keine Bestellung vorgenommen haben. Bei beiden Kunden war dies nur in jeweils einem Jahr der Fall, wodurch die Variable `NullBest` für diese Kunden den Wert 1 und für alle übrigen Kunden den Wert 0 aufweist.

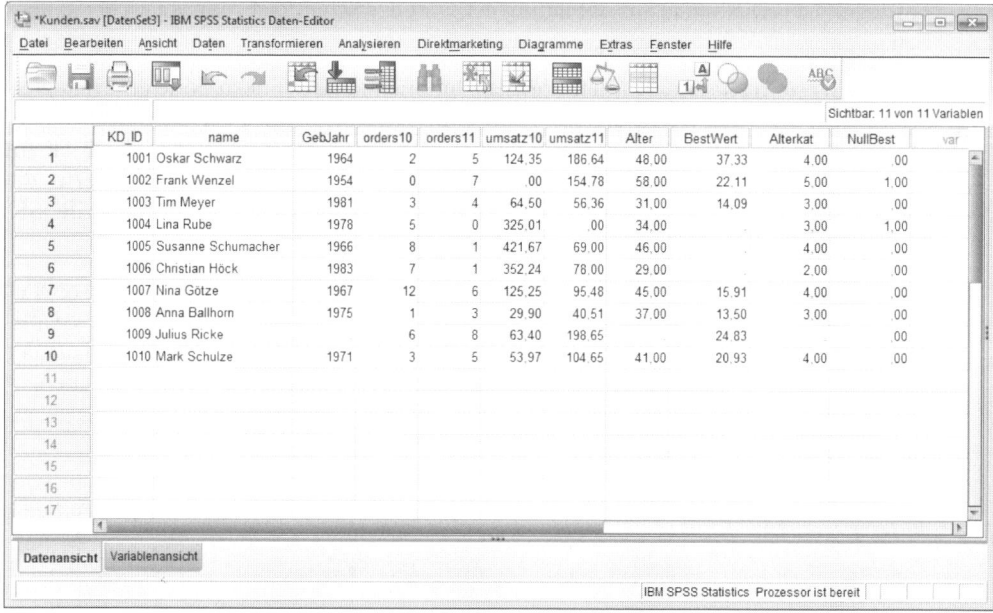

	KD_ID	name	GebJahr	orders10	orders11	umsatz10	umsatz11	Alter	BestWert	Alterkat	NullBest	var
1	1001	Oskar Schwarz	1964	2	5	124,35	186,64	48,00	37,33	4,00	,00	
2	1002	Frank Wenzel	1954	0	7	,00	154,78	58,00	22,11	5,00	1,00	
3	1003	Tim Meyer	1981	3	4	64,50	56,36	31,00	14,09	3,00	,00	
4	1004	Lina Rube	1978	5	0	325,01	,00	34,00		3,00	1,00	
5	1005	Susanne Schumacher	1966	8	1	421,67	69,00	46,00		4,00	,00	
6	1006	Christian Höck	1983	7	1	352,24	78,00	29,00		2,00	,00	
7	1007	Nina Götze	1967	12	6	125,25	95,48	45,00	15,91	4,00	,00	
8	1008	Anna Ballhorn	1975	1	3	29,90	40,51	37,00	13,50	3,00	,00	
9	1009	Julius Ricke		6	8	63,40	198,65		24,83		,00	
10	1010	Mark Schulze	1971	3	5	53,97	104,65	41,00	20,93	4,00	,00	
11												
12												
13												
14												
15												
16												
17												

Abbildung 4.13: Datendatei mit dem Ergebnis einer Zählung über Variablen hinweg

Die Zählung der Werte können Sie genau wie die Berechnung neuer Variablenwerte oder das Umkodieren von Werten auf ausgewählte Fälle der Datendatei beschränken. Klicken Sie hierzu in dem Dialogfeld aus Abbildung 4.11 auf die Schaltfläche FALLS und geben Sie in dem damit geöffneten Dialogfeld eine Bedingung an, die festlegt, in welchen Fällen der Datendatei die Umkodierung durchgeführt werden soll. Der Umgang mit diesem Dialogfeld und die Möglichkeiten zur Formulierung der Bedingung sind im Abschnitt *Eine Berechnung nur in bestimmten Fällen durchführen* weiter vorn in diesem Kapitel beschrieben.

Zeile für Zeile: Fälle filtern, sortieren und gewichten

In diesem Kapitel

▸ Eine Zufallsstichprobe aus der Datendatei ziehen

▸ Fälle mit bestimmten Eigenschaften vorübergehend deaktivieren

▸ Die Fälle in der Datendatei unterschiedlich stark gewichten

▸ Fälle in der Datendatei sortieren

Alle Fälle in der Datendatei werden von SPSS als gleichwertig angesehen. Wenn Sie also statistische Analysen durchführen oder Diagramme erstellen, gehen alle Fälle der Datei mit gleicher Relevanz und gleichem Gewicht in die Auswertung mit ein. Dabei ist es auch – von ganz wenigen Analysemethoden einmal abgesehen – vollkommen unerheblich, in welcher Reihenfolge die Fälle in der Datendatei angeordnet sind.

Diese Gleichbehandlung aller Fälle ist jedoch in manchen Situationen unerwünscht. So kommt es regelmäßig vor, dass in einer Analyse nur ausgewählte Fälle aus der Datendatei berücksichtigt werden sollen, zum Beispiel nur Daten aus einem bestimmten Erhebungszeitraum, Personen mit bestimmten Eigenschaften oder einfach nur eine Zufallsstichprobe aus allen in der Datei vorhandenen Datensätzen.

Außerdem ist es manchmal auch so, dass gar nicht alle Fälle das gleiche »Gewicht« haben sollen. In manchen Untersuchungen werden beispielsweise bei einer Personenbefragung gezielt Personen mit bestimmten, seltenen Eigenschaften, die von besonderem Interesse sind, überproportional häufig berücksichtigt, um auf diese Weise sicherzustellen, dass überhaupt eine relevante Anzahl dieser Personen in der Befragung vertreten ist. Will man dann aber Aussagen über die Grundgesamtheit aller befragten Personen treffen, darf man nicht einfach alle Befragten »zusammenwerfen« und schauen, welche Eigenschaften diese im Durchschnitt haben. Vielmehr muss man der Personengruppe (den Fällen in der Datendatei), aus der besonders viele Personen befragt wurden, in der Analyse ein niedrigeres Gewicht geben, damit das Missverhältnis (die überproportional hohe Häufigkeit der Personen mit den ausgewählten Eigenschaften) wieder ausgeglichen wird.

SPSS kann würfeln: Eine Zufallsstichprobe aus der Datendatei ziehen

Wenn Sie eine umfangreiche Datendatei mit sehr vielen Datensätzen haben, möchten Sie vielleicht für bestimmte Analysen zunächst einmal nur eine Stichprobe der Datensätze betrachten und alle übrigen Fälle der Datei unberücksichtigt lassen. In einem solchen Fall müssen

Sie sich nicht die Mühe machen, die überflüssigen Datensätze manuell aus der Datei zu löschen, denn Sie können auch einfach SPSS bitten, eine Stichprobe aus der Datendatei zu ziehen.

Wozu eine Stichprobe ziehen?

Die Notwendigkeit, aus allen Fällen der Datendatei eine Stichprobe zu ziehen, ergibt sich typischerweise in folgenden Situationen:

✔ **Analysen beschleunigen.** Die Datei ist so umfangreich, dass sie SPSS beim Ausrechnen der Ergebnisse Schweißperlen auf die Stirn treibt und jede Analyse sehr lange dauert. Wenn Sie aber gerade noch dabei sind, sich in den Daten zurechtzufinden und ein wenig »herumzuspielen«, um das richtige Vorgehen für die weitere Analyse zu bestimmen, können Sie sich viel Zeit sparen, wenn Sie zunächst nur eine kleine Stichprobe der gesamten Daten betrachten und erst dann wieder alle Daten in die Analyse einbeziehen, wenn Sie genau wissen, wie Sie vorgehen möchten.

✔ **Zuverlässigkeit der Ergebnisse prüfen.** Sie möchten wissen, ob Ihre statistischen Analyseergebnisse reproduzierbar sind. Es interessiert Sie also, ob Ihre Analysen deutlich unterschiedliche Ergebnisse liefern, je nachdem, welche Zufallsstichprobe aus den insgesamt vorhandenen Daten Sie betrachten. Sie können dann nacheinander unterschiedliche Zufallsstichproben ziehen und anschließend jeweils die gleichen statistischen Analysen durchführen. Wenn diese Analysen immer wieder sehr ähnliche Ergebnisse liefern, scheinen sie recht zuverlässig zu sein. Erhalten Sie aber je nach betrachteter Stichprobe sehr unterschiedliche Resultate, sollten Sie Ihren Ergebnissen nicht wirklich trauen, denn Sie wissen ja nicht, welche der unterschiedlichen Erkenntnisse nun die richtige ist.

✔ **Testgruppen zusammenstellen.** Sie benötigen einige Daten aus der Datendatei für eine Testaktion. Zum Beispiel könnte die Datei Adressdaten von Kunden eines Unternehmens enthalten und Sie möchten nun die Kunden mit unterschiedlichen Varianten eines Werbemittels anschreiben, um zu sehen, welche Variante am besten funktioniert. Hierzu können Sie die Kundengruppen für die einzelnen Varianten als Zufallsstichprobe aus Ihrer Datendatei ziehen.

Für alle diese Fragestellungen ist es wichtig, dass die Teilgruppe der Fälle, die Sie für Ihre Analysen oder Testaktionen verwenden, eine Zufallsstichprobe aus der gesamten Datendatei ist. Indem die Fälle für die Teilgruppe zufällig ausgewählt werden, wird nämlich sichergestellt, dass sich die ausgewählte Teilgruppe nicht systematisch von der gesamten Datendatei unterscheidet und nicht Fälle mit bestimmten Merkmalen besonders häufig oder selten vertreten sind.

Lotto spielen: So nehmen Sie die Ziehung vor

 Im folgenden Beispiel wird die Datei `survey_sample.sav` verwendet; diese Datei wurde als Beispieldatei von SPSS mit installiert und in dem Programmverzeichnis von SPSS im Unterverzeichnis `Samples` oder `Samples/German` abgelegt.

Um eine Zufallsstichprobe aus einer Datendatei zu ziehen, gehen Sie folgendermaßen vor:

1. **Datendatei öffnen.** Die Datendatei, aus der die Stichprobe gezogen werden soll, muss geöffnet sein.

2. **Befehl aufrufen.** Wählen Sie den Menübefehl DATEN|FÄLLE AUSWÄHLEN. Dieser Befehl öffnet das Dialogfeld aus Abbildung 5.1.

Abbildung 5.1: Dialogfeld des Befehls DATEN|FÄLLE AUSWÄHLEN

3. **Größe der Stichprobe festlegen.** Wählen Sie in dem Dialogfeld die Option ZUFALLSSTICHPROBE und klicken Sie auf die zugehörige Schaltfläche STICHPROBE. Damit öffnen Sie ein weiteres Dialogfeld, das in Abbildung 5.2 wiedergegeben ist. In diesem Dialogfeld legen Sie die Größe der Stichprobe fest:

   • **Ungefähre Prozentzahl.** Sie können einen vorgegebenen Anteil aller Fälle aus der Datendatei als Stichprobe ziehen lassen. So wird in Abbildung 5.2 mit der Option UNGEFÄHR 25 % ALLER FÄLLE festgelegt, dass die Stichprobe 25 % aller Fälle aus der Datendatei umfassen soll.

- **Exakte absolute Anzahl.** Alternativ können Sie auch den Umfang der Zufallsstichprobe als absolute Anzahl der Fälle festlegen. Zusätzlich müssen Sie dann angeben, aus wie vielen Fällen der Datendatei die Stichprobe gezogen werden soll. Schreiben Sie beispielsweise EXAKT 250 FÄLLE AUS DEN ERSTEN 1000 FÄLLEN, dann zieht SPSS aus den ersten 1000 Fällen der Datendatei eine Zufallsstichprobe, die exakt 250 Fälle umfasst. Enthält die Datendatei mehr als 1000 Datensätze, haben die Fälle mit den höheren Fallnummern keine Chance, in die Stichprobe aufgenommen zu werden.

Abbildung 5.2: Dialogfeld zur Beschreibung der Zufallsstichprobe

Wenn Sie die Größe der Stichprobe beschrieben haben, schließen Sie das Dialogfeld mit WEITER, wodurch Sie wieder zu dem Dialogfeld aus Abbildung 5.1 zurückkehren.

4. **Filtern, kopieren oder löschen?** Legen Sie anschließend in dem Dialogfeld aus Abbildung 5.1 in der Gruppe AUSGABE fest, wie die für die Stichprobe ausgewählten Fälle von den nicht ausgewählten Fällen »dateitechnisch« getrennt werden sollen:

- NICHT AUSGEWÄHLTE FÄLLE FILTERN. Mit dieser Option bleiben alle Fälle der aktuellen Datendatei unverändert in der Datei enthalten. Es werden lediglich die Fälle, die nicht in die Zufallsstichprobe aufgenommen werden, vorübergehend deaktiviert, können aber später jederzeit wieder aktiviert werden. Diese Option wird in diesem Beispiel verwendet.

- AUSGEWÄHLTE FÄLLE IN NEUES DATENBLATT KOPIEREN. Hierbei bleibt die gesamte Datendatei vollkommen unverändert; es werden auch keine Fälle deaktiviert oder besonders gekennzeichnet. Stattdessen öffnet SPSS automatisch eine weitere Datendatei und kopiert dort die Fälle, die für die Stichprobe ausgewählt werden, hinein. Wenn Sie diese Option verwenden, geben Sie zusätzlich in dem Eingabefeld einen _Datenblatt-Namen_ an. Dies ist ein Arbeitsname für die neue Datendatei, der anschließend in der Titelleiste des Dateifensters angezeigt wird. Sie legen hier noch nicht den endgültigen Dateinamen fest; die neue Datendatei wird auch nicht automatisch gespeichert.

- NICHT AUSGEWÄHLTE FÄLLE LÖSCHEN. Mit dieser Option werden sämtliche Fälle, die nicht für die Stichprobe ausgewählt werden, aus der aktuellen Datendatei gelöscht. Die Datei enthält anschließend also nur noch die Fälle der Zufallsstichprobe. Bevor Sie diese Option verwenden, sollten Sie unbedingt sicherstellen, dass die zugrunde liegende Datendatei in der aktuellen Form gespeichert ist, da andernfalls die gelöschten Datensätze unwiederbringlich verloren gehen können.

5. **Die Ziehung starten.** Wenn Sie alle Angaben vorgenommen haben, schließen Sie das Hauptdialogfeld mit OK. Daraufhin führt SPSS die Ziehung der Stichprobe durch. Je nachdem, welche Einstellung Sie für die Ausgabe und damit für die »dateitechnische« Behandlung der Stichprobendaten vorgenommen haben, werden nun die nicht in die Stichprobe aufgenommenen Fälle in der Datei deaktiviert, aus der Datei gelöscht oder es werden die Stichprobendaten in eine neue Datendatei geschrieben.

Was passiert mit deaktivierten Datensätzen?

Wenn Sie beim Ziehen der Stichprobe festgelegt haben, dass die nicht ausgewählten Fälle gefiltert werden sollen, sind nach der Ziehung weiterhin alle Datensätze in der Datei enthalten, allerdings sind einige vorübergehend deaktiviert. Die deaktivierten Fälle erkennen Sie daran, dass die Fallnummer im Zeilenkopf durchgestrichen erscheint. Zusätzlich hat SPSS eine weitere Variable mit dem Namen `filter_$` in die Datei eingefügt. Diese Variable ist entscheidend für das Filtern der Datensätze; aktive Fälle enthalten in dieser Variablen den Wert 1, inaktive Fälle den Wert 0. Wenn Sie einen Wert in dieser Variablen verändern, ändern Sie damit automatisch den Status des entsprechenden Falles in der Datendatei.

Abbildung 5.3 zeigt eine Datendatei, in der einige Fälle deaktiviert sind. So ist zum Beispiel zu erkennen, dass der erste Fall aktiv und die drei folgenden Fälle inaktiv sind. Entsprechend ist die Fallnummer in den Zeilen 2 bis 4 durchgestrichen. Die Variable `filter_$` (diese Variable wird von SPSS anders als in Abbildung 5.3 gezeigt als letzte und nicht als erste Variable eingefügt) weist im ersten Fall den Wert 1 und in den drei folgenden Fällen den Wert 0 auf. Würden Sie im zweiten Fall den Wert von 0 auf 1 ändern, würden Sie diesen Fall damit wieder aktivieren.

Wenn Sie nun eine statistische Analyse durchführen oder ein Diagramm erstellen, werden dabei nur die aktiven Fälle aus der Datendatei berücksichtigt. Alle inaktiven Fälle werden von SPSS so behandelt, als seien sie gar nicht in der Datei enthalten. Sie tauchen somit in den Analyseergebnissen nicht auf und werden auch nicht als inaktive Falle oder Ähnliches berichtet.

Wie bekommt man inaktive Datensätze wieder aktiv?

Wenn Sie den Filter ausschalten und wieder alle Fälle der Datendatei verwenden möchten, haben Sie zwei Möglichkeiten:

✔ Sie können einfach die Variable `filter_$` aus der Datendatei löschen. Damit wird zugleich der Filter ausgeschaltet und es sind wieder alle Fälle aktiv. Um die Variable zu löschen, klicken Sie auf ihren Spaltenkopf und tippen anschließend die Taste [Entf].

✔ Alternativ können Sie auch noch einmal den Menübefehl DATEN|FÄLLE AUSWÄHLEN aufrufen. Markieren Sie in dem damit geöffneten Dialogfeld die Option ALLE FÄLLE und klicken Sie anschließend auf die Schaltfläche OK. Bei diesem Vorgehen bleibt die Variable `filter_$`

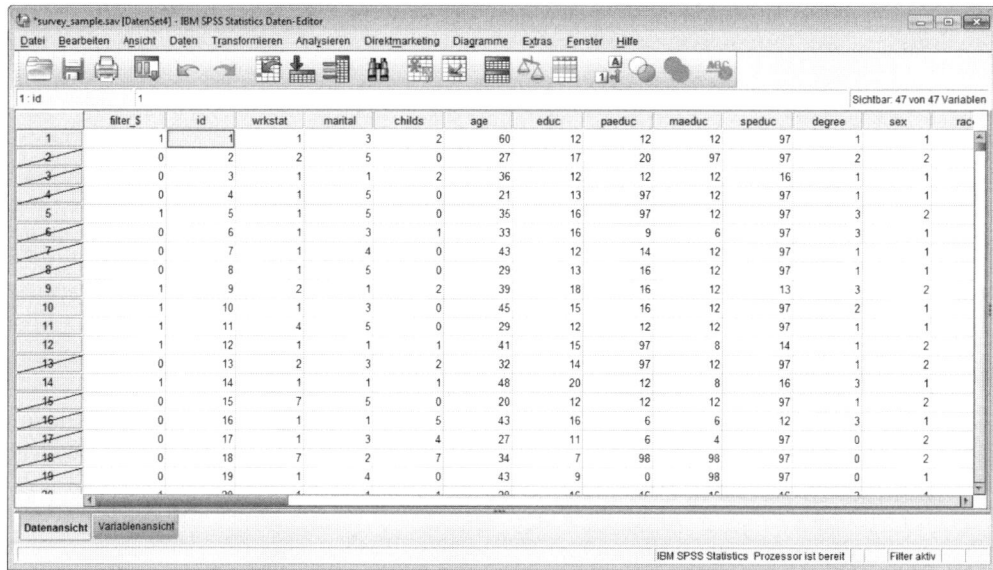

Abbildung 5.3: Datendatei mit deaktivierten Datensätzen

in der Datendatei erhalten und Sie können sie zu einem späteren Zeitpunkt wieder verwenden, um denselben Filter, den Sie gerade ausgeschaltet haben, wieder zu aktivieren. Verwenden Sie dazu in dem Dialogfeld aus Abbildung 5.1 die Option FILTERVARIABLE VERWENDEN und geben Sie die Variable `filter_$` in dem zugehörigen Eingabefeld als Filtervariable an.

Nur ausgewählte Fälle berücksichtigen

Möchten Sie vorübergehend nur mit einer Auswahl aller Fälle aus der Datendatei arbeiten, dabei allerdings nicht eine Zufallsstichprobe ziehen, sondern gezielt alle Fälle mit bestimmten Merkmalen auswählen, können Sie hierzu ähnlich wie bei der Ziehung einer Zufallsstichprobe vorgehen, mit dem einzigen Unterschied, dass Sie statt der Größe der Stichprobe die Eigenschaften der auszuwählenden Fälle vorgeben müssen:

1. **Befehl aufrufen.** Wählen Sie in der Datendatei, in der die Fallauswahl vorgenommen werden soll, den Menübefehl DATEN|FÄLLE AUSWÄHLEN. Dieser Befehl öffnet das weiter vorn in diesem Kapitel in Abbildung 5.1 dargestellte Dialogfeld.

2. **Welche Fälle sollen ausgewählt werden?** Markieren Sie in der Gruppe AUSWÄHLEN die Option FALLS BEDINGUNG ZUTRIFFT und klicken Sie auf die zugehörige Schaltfläche FALLS. Damit öffnen Sie das Dialogfeld aus Abbildung 5.4. Schreiben Sie hier in das große Eingabefeld die Bedingung, durch die die auszuwählenden Fälle gekennzeichnet sind.

In Abbildung 5.4 ist die Bedingung `age >= 35 & age <= 55` (sprich: »age größer oder gleich 35 und age kleiner oder gleich 55«) formuliert. Mit dieser Bedingung werden genau solche Fälle ausgewählt, in denen die Altersvariable `age` einen Wert zwischen 35 und 55 aufweist. Alle übrigen Fälle werden deaktiviert oder gelöscht beziehungsweise nicht in die neue Datendatei übernommen.

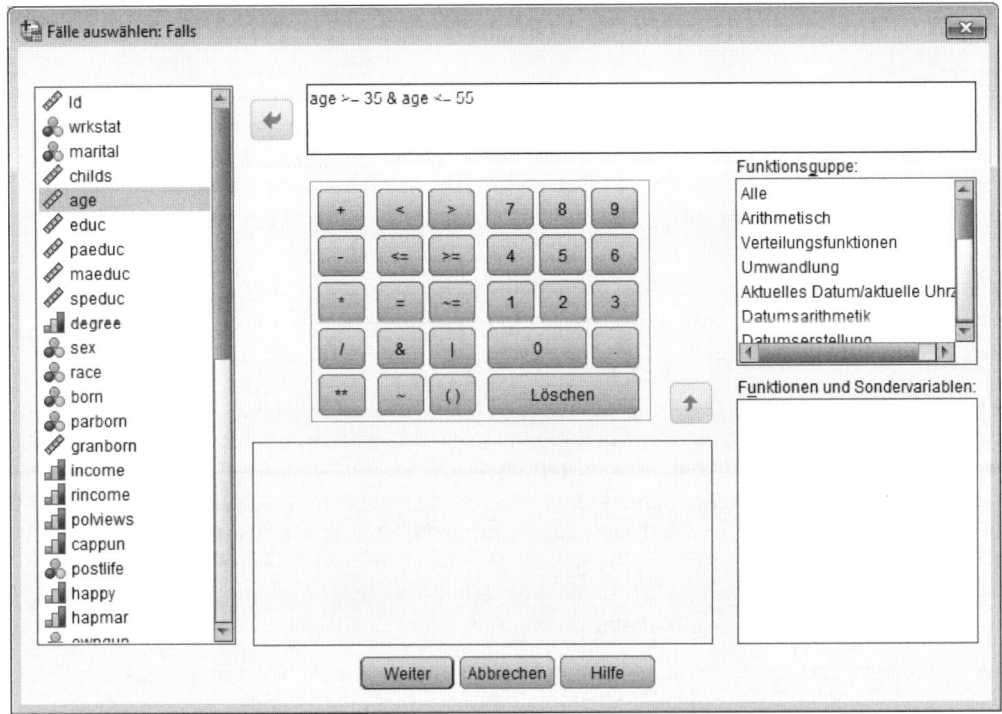

Abbildung 5.4: Dialogfeld zur Formulierung der Bedingung für die Auswahl der Fälle

Die verschiedenen Möglichkeiten zur Formulierung einer solchen Bedingung sind in Kapitel 4 ausführlicher beschrieben.

Wenn Sie die Bedingung formuliert haben, schließen Sie das Dialogfeld mit WEITER, wodurch Sie wieder zu dem Dialogfeld aus Abbildung 5.1 zurückkehren.

3. **Filtern, kopieren oder löschen?** Legen Sie in der Gruppe AUSGABE fest, ob Sie auf die aktive Datendatei einen Filter anwenden möchten, die nicht ausgewählten Fälle gelöscht oder die ausgewählten Fälle in eine neue Datendatei kopiert werden sollen.

4. **Fallauswahl durchführen.** Wenn Sie den Umgang mit den nicht ausgewählten Fällen festgelegt haben, schließen Sie das Hauptdialogfeld mit OK. Daraufhin wird die gewünschte Auswahl der Fälle von SPSS vorgenommen.

Wenn nicht alles gleich viel zählt: Fälle unterschiedlich gewichten

»All cases are equal – but sometimes some cases are more equal than others.« Wenn dies der Fall ist und einige Fälle »gleicher« sind als andere, die verschiedenen Fälle in der Datendatei also eine unterschiedlich starke Bedeutung haben, können Sie dies SPSS mitteilen, indem Sie die Fälle unterschiedlich stark gewichten. Die Gewichtung wird dann in den weiteren Analysen berücksichtigt, wodurch die einzelnen Fälle der Datendatei mit entsprechend unterschiedlichem Gewicht in die Analyse eingehen.

Warum sollte man Fälle gewichten?

Um es gleich ganz klar zu sagen: Sie sollten die Fälle in der Datendatei nur dann unterschiedlich gewichten, wenn Sie einen wirklich guten Grund dafür haben und genau wissen, was Sie tun. Der Normalfall und auch die Voreinstellung bei SPSS sind, dass alle Fälle in der Datendatei als gleichbedeutend angesehen werden. Jeder Fall repräsentiert genau eine Beobachtung und wird auch in sämtlichen Analysen, Auswertungen und Diagrammen genau so behandelt. Von dieser Voreinstellung können Sie jedoch abweichen und SPSS beispielsweise anweisen, den ersten Fall so zu behandeln, als sei er drei Mal in der Datei enthalten, den zweiten so, als wäre er nur ein halbes Mal enthalten, und so weiter.

Wenn Sie sich jetzt sagen »Ist ja toll, dass ich das kann, aber wieso sollte ich etwas derart Abwegiges tun?«, dann haben Sie eigentlich vollkommen recht. Allerdings gibt es einige wenige Ausnahmen, in denen eine unterschiedliche Gewichtung der Fälle in der Datendatei nicht nur sehr hilfreich, sondern geradezu unerlässlich sein kann:

✔ **Vereinfachte Dateneingabe.** Manchmal werden Daten so in der Datendatei gespeichert, dass zwei vollkommen identische Fälle, die in allen Variablen den gleichen Wert aufweisen, nicht zweimal in jeweils eine eigene Zeile eingetragen, sondern nur einmal eingegeben werden. In einer zusätzlichen Variablen, die beispielsweise gewicht heißen könnte, wird dann notiert, dass dieser Fall zweimal vorhanden ist. Wenn man SPSS dann noch mitteilt, dass die Variable gewicht die Häufigkeit des jeweiligen Falles angibt, behandelt SPSS den Fall so, als wäre er entsprechend mehrfach in der Datei enthalten.

✔ **Stichprobe entzerren.** Manchmal enthält eine Datei eine Gewichtungsvariable, um eine verzerrte Stichprobe wieder geradezuziehen. Dies ist immer dann notwendig, wenn die Daten in der Datei eine »unsaubere« Stichprobe darstellen, die nicht repräsentativ für ihre Grundgesamtheit ist, sondern eine bestimmte Art von Beobachtungen (wie in einer Personendatei eine bestimmte Personengruppe mit spezifischen Merkmalen) über- oder unterrepräsentiert ist. Um diesen Schiefstand auszugleichen, kann den Fällen ein unterschiedliches Gewicht gegeben werden, damit zum Beispiel Fälle einer überrepräsentierten Personengruppe ein niedrigeres Gewicht erhalten und die gewichtete Datendatei wieder der Zusammensetzung der Grundgesamtheit entspricht.

Fälle gewichten, ohne die Fallzahl zu verändern

Wenn Sie anhand einer Stichprobe Aussagen über eine wesentlich größere Grundgesamtheit treffen wollen, muss die Stichprobe so gebildet worden sein, dass alle Elemente der Grundgesamtheit die gleiche Chance hatten, in die Stichprobe aufgenommen zu werden. Das heißt auf Deutsch: Möchten Sie beispielsweise 1.000 Personen befragen, um aus deren Antworten Erkenntnisse über die Gesamtheit der erwachsenen deutschen Bevölkerung zu gewinnen, müssen diese 1.000 Personen eine Zufallsstichprobe der deutschen Bevölkerung sein. Sie dürften also nicht gezielt 500 Personen im Rentenalter auswählen, weil Sie diese Gruppe gerade besonders interessiert, denn dann wäre die Stichprobe nicht mehr repräsentativ für die gesamte deutsche Bevölkerung. Tatsächlich wird aber genau dies sehr häufig gemacht: Es werden in einer Stichprobe, die eigentlich eine Zufallsstichprobe sein sollte, bestimmte »Minderheiten« überproportional häufig berücksichtigt, damit überhaupt eine nennenswerte Anzahl der »Minderheit« in der Stichprobe enthalten ist und man gezielt Aussagen über diese Personengruppe treffen kann.

Um aus einer solchen verzerrten Stichprobe trotzdem Rückschlüsse auf die Grundgesamtheit ziehen zu können, müssen die überrepräsentierten Minderheiten entsprechend niedriger gewichtet und die in ihrem Anteil zu kurz gekommenen übrigen Beobachtungen höher gewichtet werden. Würde eine 1.000 Personen umfassende Zufallsstichprobe beispielsweise 250 Rentner enthalten, Sie haben aber wegen Ihres hohen Interesses an Rentnern 500 »best ager« in die Stichprobe aufgenommen, geben Sie diesen 500 Fällen einfach ein Gewicht von 0,5 und den übrigen 500 Fällen ein Gewicht von 1,5. Dadurch werden die 500 Rentner-Fälle in den statistischen Analysen so behandelt, als würden sie nur $0,5 \times 500 = 250$ Beobachtungen repräsentieren, und die 500 übrigen Fälle erhalten das Gewicht von $1,5 \times 500 = 750$ Beobachtungen, wodurch das Verhältnis wieder dem der Grundgesamtheit entspricht. Um diese Gewichtung in der Datendatei auch tatsächlich vornehmen zu können, müssen Sie eine Variable anlegen, die für jeden Fall sein individuelles Gewicht festlegt, wie zum Beispiel die Variable gewicht in Abbildung 5.5.

Gewichtung vornehmen

Um die Fälle in einer Datendatei gewichten zu können, muss diese Datei zunächst eine Variable enthalten, die für jeden Fall der Datei das Gewicht angibt, das diesem Fall zugewiesen werden soll (siehe zum Beispiel Abbildung 5.5). Bei der Variablen muss es sich um eine numerische Variable handeln. Fälle, die in dieser Variablen den Wert 2 enthalten, werden nach der Gewichtung der Datei so behandelt, als wären sie zweimal in der Datei enthalten, und so weiter. Weist die Variable in einem Fall den Wert 0, einen negativen oder einen fehlenden Wert auf, erhalten diese Fälle ein Gewicht von null und werden damit, solange die Gewichtung eingeschaltet ist, so behandelt, als wären sie nicht in der Datei enthalten.

Um die Gewichtung der Fälle vorzunehmen, gehen Sie folgendermaßen vor:

1. **Befehl aufrufen.** Öffnen Sie die Datendatei, deren Fälle Sie gewichten möchten, und wählen Sie den Menübefehl DATEN|FÄLLE GEWICHTEN. Dieser Befehl öffnet das Dialogfeld aus Ab-

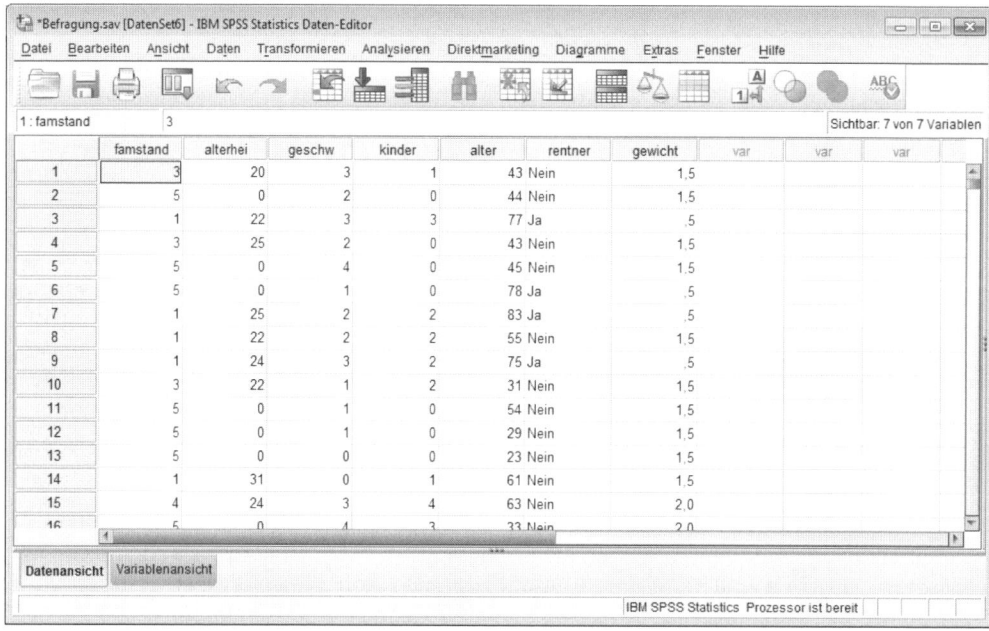

Abbildung 5.5: Datendatei mit der Variablen gewicht *für eine mögliche Gewichtung der Fälle*

bildung 5.6. Das hier dargestellte Dialogfeld bezieht sich auf die fiktive Datei aus Abbildung 5.5.

2. **Gewichtungsvariable angeben.** Wählen Sie in dem Dialogfeld die Option FÄLLE GEWICHTEN MIT. Markieren Sie anschließend in der linken Variablenliste die Variable, die Sie als Gewichtungsvariable verwenden möchten, und verschieben Sie diese mit der Pfeil-Schaltfläche in das Feld HÄUFIGKEITSVARIABLE.

3. **Gewichtung einschalten.** Wenn Sie die Häufigkeitsvariable angegeben haben, können Sie das Dialogfeld mit der Schaltfläche OK wieder schließen. Daraufhin passiert zunächst einmal – gar nichts. Zumindest nichts unmittelbar Erkennbares. Die Fälle der Datendatei haben nun jedoch ein unterschiedliches Gewicht und darauf weist SPSS in der Statusleiste der Datei dezent mit dem Hinweis GEWICHTUNG AKTIV hin. Die Wirkung der Gewichtung macht sich erst bemerkbar, wenn Sie das nächste Mal eine statistische Analyse durchführen oder ein Diagramm erstellen, denn dabei werden die Ergebnisse in dem Maße, in dem die Gewichtung die Zusammensetzung der Datei verändert, gegenüber ungewichteten Daten abweichen.

Gewichtung wieder ausschalten

Um eine bestehende Gewichtung wieder auszuschalten, rufen Sie erneut mit dem Befehl DATEN|FÄLLE GEWICHTEN das Dialogfeld aus Abbildung 5.6 auf. Wählen Sie hier die Option FÄLLE NICHT GEWICHTEN und schließen Sie das Dialogfeld wieder mit der Schaltfläche OK. Damit ist die Gewichtung wieder ausgeschaltet und in der Statusleiste der Datendatei sollte der Hinweis GEWICHTUNG AKTIV nicht mehr erscheinen.

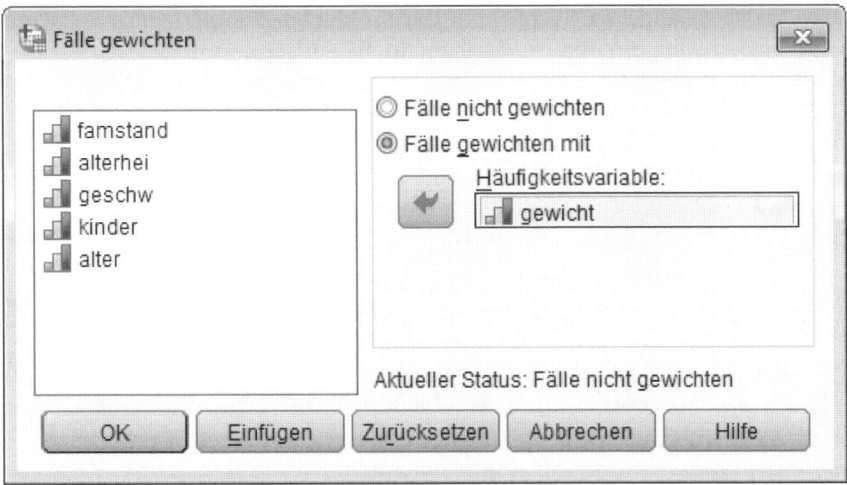

Abbildung 5.6: Dialogfeld des Befehls Daten|Fälle gewichten *zum Gewichten der Fälle in der Datendatei*

Immer schön der Reihe nach: Fälle sortieren

Für die meisten Analysen ist die Reihenfolge der Fälle in der Datendatei irrelevant. Es gibt jedoch einige Ausnahmen. So ist es bei der Arbeit mit Zeitreihendaten häufig erforderlich, dass die einzelnen Beobachtungen in chronologischer Reihenfolge in der Datendatei stehen. Außerdem müssen die Daten manchmal in auf- oder absteigender Reihenfolge nach den Werten bestimmter Schlüsselvariablen wie einer Kundennummer oder einer sonstigen ID sortiert sein, damit die in einer Datei bereits enthaltenen Daten mit Daten aus anderen Quellen zusammengeführt werden können und dabei auch die richtigen Datensätze aufeinandertreffen. Und auch wenn man »in der Datendatei arbeitet« und Fall für Fall nach bestimmten Werten sucht, Plausibilitäten prüft oder die Daten auf Fehler überprüfen möchte, ist es häufig sehr hilfreich, wenn die Daten zum Beispiel nach Namen, Orten, Beobachtungszeitpunkten oder anderen markanten Merkmalen, die in den Daten abgespeichert sind, sortiert werden können. Dies ist mit SPSS natürlich ohne Weiteres möglich und lässt sich in wenigen Schritten realisieren:

1. **Befehl aufrufen.** Wählen Sie in der Datendatei, deren Fälle Sie sortieren möchten, den Menübefehl Daten|Fälle sortieren. Dieser Befehl öffnet das Dialogfeld aus Abbildung 5.7.

2. **Wonach soll sortiert werden?** In dem Dialogfeld werden auf der linken Seite sämtliche Variablen der Datendatei aufgeführt. Markieren Sie hier die Variable, nach deren Werten die Fälle in der Datei sortiert werden sollen, und verschieben Sie sie mit der Pfeil-Schaltfläche in das Feld Sortieren nach.

3. **Sortierreihenfolge festlegen.** Klicken Sie anschließend in dem Feld Sortieren nach auf die gerade eingefügte Variable und legen Sie dann in der Gruppe Sortierreihenfolge fest, ob die Fälle Aufsteigend oder Absteigend nach den Werten der ausgewählten Variablen sortiert werden sollen.

4. **Weitere Variablen angeben.** Wenn erforderlich, können Sie die beiden vorhergehenden Schritte wiederholen, um weitere Variablen für die Sortierung anzugeben. Wählen Sie beispielsweise für die Sortierung die Variablen `Nachname` und `Vorname` aus, dann werden die Fälle der Datendatei zunächst nach den Nachnamen und alle Fälle mit übereinstimmendem Nachnamen zusätzlich nach dem Vornamen sortiert. Dabei erfolgt die Sortierung immer zuerst nach der in dem Feld Sortieren nach an oberster Stelle aufgeführten Variablen, dann nach der zweitgenannten Variablen und so weiter.

5. **Sortierung starten.** Wenn Sie alle Variablen für die Sortierung angegeben haben, schließen Sie das Dialogfeld mit der Schaltfläche OK. Daraufhin führt SPSS die Sortierung durch und ordnet die Fälle in der Datendatei entsprechend neu an.

 Bei sehr umfangreichen Datendateien mit mehreren Hunderttausend Datensätzen kann die Sortierung auch auf modernen und gut ausgestatteten PCs noch einige Zeit in Anspruch nehmen.

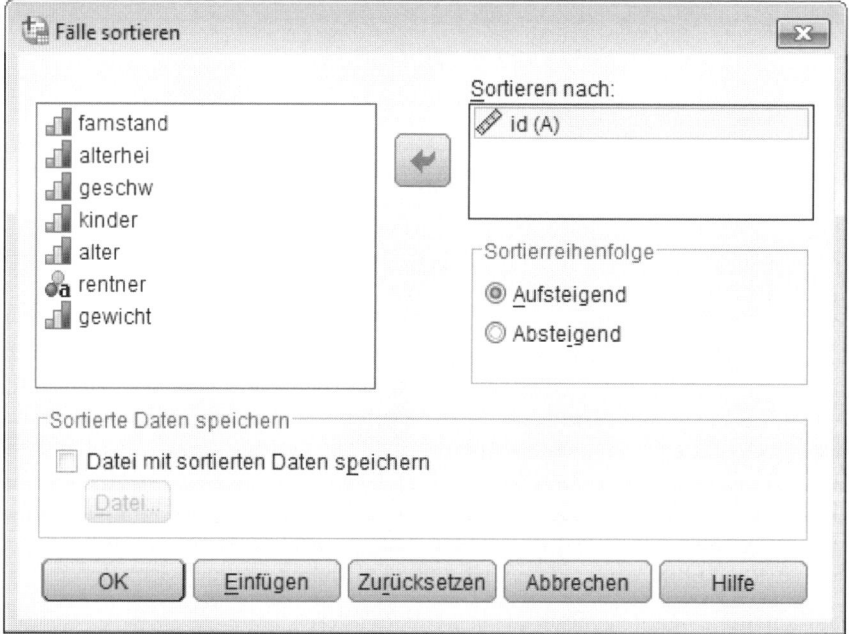

Abbildung 5.7: Dialogfeld des Befehls Daten|Fälle sortieren

Im- und Export: Daten mit anderen Programmen austauschen

6

In diesem Kapitel

- Daten aus anderen Dateiformaten einlesen
- Eine Excel-Datei in SPSS einlesen
- Eine Textdatei in SPSS einlesen
- Daten aus SPSS in einem anderen Format speichern
- Mit SPSS eine Excel-Datei und andere Formate erstellen

S PSS ist darauf spezialisiert, Daten mit statistischen Verfahren zu untersuchen und auszuwerten. Viele andere Dinge, die man mit Daten häufig tut, kann SPSS aber nicht besonders gut. Wenn Sie beispielsweise eine Pivot-Tabelle erstellen möchten, verwenden Sie dafür besser Excel; wenn Sie Daten in einem komplexen Datenmodell speichern und laufend pflegen möchten, verwenden Sie besser Access oder eine andere Datenbank. Je nach der konkreten Fragestellung möchte man dieselben Daten daher häufig mit unterschiedlichen Programmen bearbeiten – und jedes Programm besteht darauf, dass die Daten in einer Datei mit ganz spezifischem Format vorliegen: Excel braucht die Daten in einer Excel-Datei, SPSS kann nur Daten auswerten, die in einer SPSS-Datendatei vorliegen, und Access arbeitet wieder mit einem ganz anderen eigenen Datenformat. Es stellt sich daher häufig die Frage: Wie bekomme ich die Daten aus der einen Anwendung in die andere Anwendung übertragen?

Ein Weg funktioniert dabei immer, und zwar die manuelle Schnittstelle »Mensch«. Sie können Ihre Excel-Datei ja einfach ausdrucken und die Daten anschließend manuell in eine SPSS-Datendatei eintippen. Allerdings werden Sie zu Recht einwenden, dass Ihnen dieser Weg nicht besonders clever erscheint. Dies hat sich auch SPSS gedacht und daher einfachere Möglichkeiten geschaffen, um Daten mit anderen Anwendungen austauschen zu können. Zum einen bietet SPSS die Möglichkeit, Daten aus Dateien mit fremden Formaten (also Nicht-SPSS-Datendateien) wie Excel-Dateien oder SAS-Dateien direkt in eine SPSS-Datendatei einzulesen. Aber auch den umgekehrten Weg macht SPSS sehr einfach: Sie können die Daten, die Sie in einer SPSS-Datendatei vorliegen haben, auch in anderen Formaten speichern und so mit SPSS zum Beispiel Excel-Dateien oder SAS-Dateien erstellen, die Sie dann ohne Probleme mit den entsprechenden Anwendungen – also zum Beispiel mit Excel oder SAS – öffnen und bearbeiten können.

Daten aus fremden Dateien einlesen

Bevor Sie Daten mit SPSS analysieren können, müssen diese in einer SPSS-Datendatei vorliegen. Wenn Sie die Daten bisher nur in Form von Fragebögen als ein Stapel Papier vorliegen haben, kommen Sie nicht umhin, diese Daten zunächst abzutippen, abtippen zu lassen oder mit intelligenten Programmen einzuscannen und in eine Datei umzuwandeln. Sobald die Daten aber bereits irgendwie in elektronischer Form als Datei abgelegt sind, sollten Sie sich auf keinen Fall die Mühe machen, sie noch einmal manuell einzugeben – etwa weil die Daten bisher nur als einfache Textdatei oder als Excel-Datei vorliegen und Sie sie ja in einer SPSS-Datendatei benötigen. Um die Daten aus solchen für SPSS zunächst fremden Dateien in eine SPSS-Datendatei zu überführen, gibt es nämlich glücklicherweise sehr viel einfachere und elegantere Wege als den »über Ihre Augen – durch den Körper – über die Finger – in die Tastatur«.

Erfreulicherweise ist SPSS in der Lage, Daten aus Dateien mit anderem Format wie Excel- oder Textdateien direkt in eine SPSS-Datendatei einzulesen. Dabei unterstützt SPSS sehr viele unterschiedliche Formate wie Systat, Excel, SAS, Stata und einfache Textdateien, weshalb es immer, wenn die zu untersuchenden Daten schon in irgendeiner Dateiform vorliegen, eine Möglichkeit geben sollte, die Daten ohne nochmaliges Abtippen in eine SPSS-Datendatei einzulesen.

Wenn Sie Daten in einem etwas exotischeren Dateiformat vorliegen haben, das nicht direkt von SPSS eingelesen werden kann, bietet sehr wahrscheinlich das Programm, mit dem die Daten ursprünglich bearbeitet wurden, die Möglichkeit, diese Daten auch in einem anderen Format wie zum Beispiel als einfache Textdatei zu speichern, die Sie dann wieder ohne Probleme mit SPSS einlesen können.

Daten aus Excel-Dateien einlesen

Daten aus einer Excel-Datei in eine SPSS-Datei einzulesen, ist zum Glück kinderleicht, denn je nach Ihrem Arbeitsumfeld könnte es sein, dass Sie dies in Ihrem Alltag sehr, sehr häufig benötigen. Abbildung 6.1 zeigt eine Excel-Tabelle mit einigen Daten, die in eine Datendatei von SPSS eingelesen werden sollen. Dabei soll die letzte Spalte mit der Überschrift `Notiz` nicht mit übernommen werden, es sollen also nur die Daten aus den ersten sieben Spalten eingelesen werden, wodurch sich in der SPSS-Datendatei sieben Variablen ergeben.

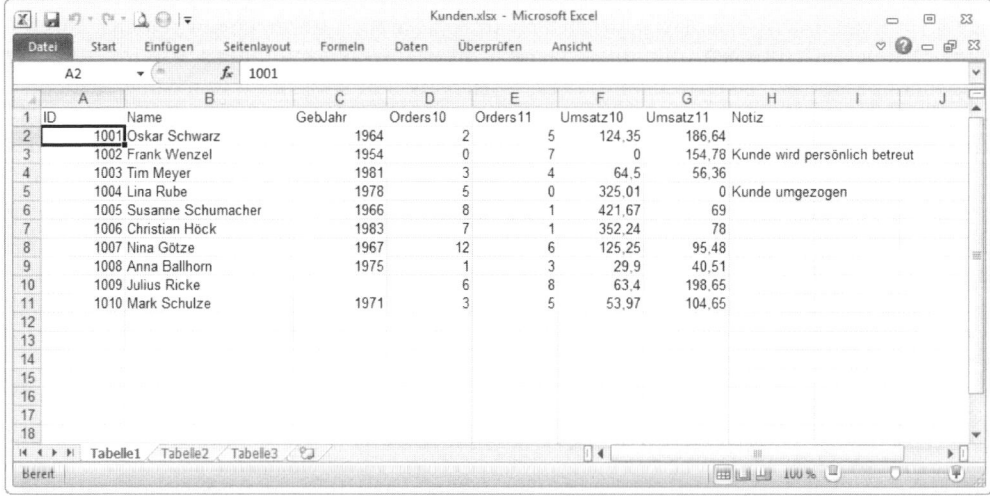

Abbildung 6.1: Excel-Datei mit Daten, die in SPSS eingelesen werden sollen

Um eine Excel-Datei wie die aus Abbildung 6.1 in einer SPSS-Datendatei einzulesen, gehen Sie folgendermaßen vor:

1. Die Excel-Datei, aus der Sie die Daten einlesen möchten, darf nicht geöffnet sein. Wenn sie aktuell geöffnet ist, schließen Sie sie zunächst und vergessen Sie nicht, die Datei gegebenenfalls vorher zu speichern.

2. Wählen Sie in SPSS den Menübefehl DATEI|ÖFFNEN|DATEN. Dieser Befehl öffnet das Dialogfeld aus Abbildung 6.2. Dies ist das gleiche Dialogfeld, das auch zum Öffnen von SPSS-Datendateien dient, es werden lediglich im Folgenden andere Optionen gewählt.

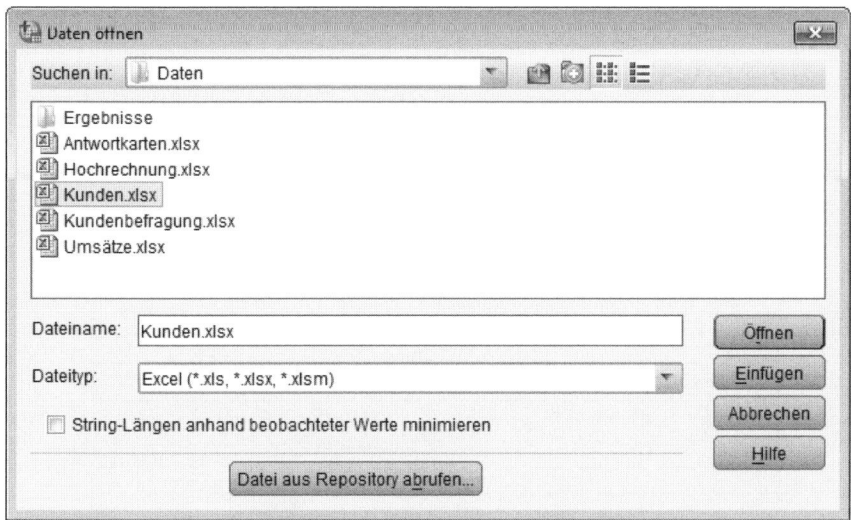

Abbildung 6.2: Dialogfeld zum Öffnen einer Datendatei – hier zum Einlesen von Daten aus Excel-Dateien

3. Wählen Sie in der Drop-down-Liste DATEITYP den Eintrag EXCEL (*.XLS, *.XLSX, *.XLSM). Damit legen Sie fest, dass Sie Daten aus einer Excel-Datei einlesen möchten. Excel-Dateien im aktuellen Format von Excel haben die Namensendung .xlsx oder .xlsm, Excel-Dateien in älterem Format haben die Namenserweiterung .xls.

4. Wählen Sie anschließend in der Drop-down-Liste SUCHEN IN den Ordner aus, in dem sich die Excel-Datei, aus der die Daten eingelesen werden sollen, befindet. Anschließend werden in dem Dialogfeld alle Excel-Dateien aufgeführt, die in dem ausgewählten Ordner gespeichert sind.

5. Markieren Sie die Excel-Datei, aus der die Daten gelesen werden sollen, und klicken Sie anschließend auf die Schaltfläche ÖFFNEN.

6. Als Nächstes wird ein weiteres Dialogfeld geöffnet, siehe Abbildung 6.3. Nehmen Sie in diesem Dialogfeld die folgenden drei Angaben vor:

   • In der Drop-down-Liste ARBEITSBLATT werden alle Tabellenblätter aus der Excel-Datei aufgeführt, in denen überhaupt Daten enthalten sind. Wählen Sie hier das Tabellenblatt aus, in dem sich die Daten, die Sie einlesen möchten, befinden.

- Wenn Sie ein Tabellenblatt ausgewählt haben, zeigt SPSS hinter dem Namen der Tabelle in eckigen Klammern den Zellenbereich an, in dem die Tabelle Daten enthält. Für die Excel-Tabelle aus Abbildung 6.1 ist dies der Bereich A1:H11. Von diesen insgesamt acht Spalten sollen aber nur die ersten sieben Spalten und damit nur der Zellenbereich A1:G11 eingelesen werden. Wenn es eine solche Einschränkung gibt, Sie also nicht sämtliche Daten aus der Tabelle übernehmen möchten, können Sie den gewünschten Zellbereich in dem Eingabefeld Bereich angeben, siehe Abbildung 6.3.

- Geben Sie außerdem an, ob die erste Zeile des Datenbereichs Variablennamen oder Daten enthält. In Abbildung 6.1 enthält die erste Zeile Variablennamen; daher ist die Option Variablennamen aus der ersten Dateizeile lesen angekreuzt. Wenn Sie diese Option abwählen, interpretiert SPSS die erste Zeile bereits als Datenzeile und vergibt selbst Namen für die Variablen in der Art V1, V2, V3 und so weiter.

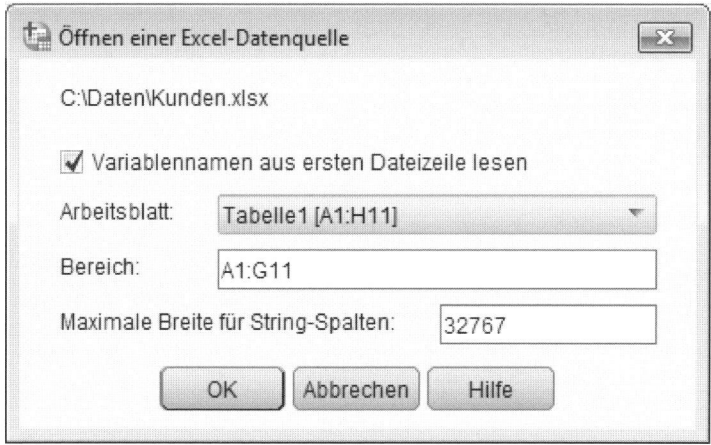

Abbildung 6.3: Dialogfeld zur Beschreibung des Datenbereichs, der aus der Excel-Tabelle gelesen wird

7. Wenn Sie alle Angaben vorgenommen haben, schließen Sie das Dialogfeld mit der Schaltfläche OK. Daraufhin liest SPSS die Daten aus der Excel-Tabelle ein. Hierzu legt SPSS gegebenenfalls automatisch eine neue Datendatei an, damit nicht der Inhalt einer bereits geöffneten Datendatei überschrieben wird. Abbildung 6.4 zeigt das Ergebnis für das Einlesen der Excel-Tabelle aus Abbildung 6.1.

Nach dem Einlesen der Daten sollten Sie das Ergebnis noch einmal kritisch prüfen. Zum einen sollten Sie einmal über die Daten schauen, um festzustellen, ob alle Daten korrekt übernommen wurden oder ob es vielleicht bei einigen besonders formatierten Daten, die in der Excel-Tabelle möglicherweise Sonderzeichen oder eine Mischung aus Zahlen und Text enthielten, Schwierigkeiten gegeben hat. Zum anderen sollten Sie auch die Eigenschaften der Variablen prüfen und gegebenenfalls um weitere Eigenschaften wie Labels oder die Definition von fehlenden Werten ergänzen. Hierzu können Sie die Datendatei in der Variablenansicht anzeigen lassen und dort auch die Variablennamen und die von SPSS gewählten Datentypen (Numerisch, Datum oder String) wenn notwendig korrigieren.

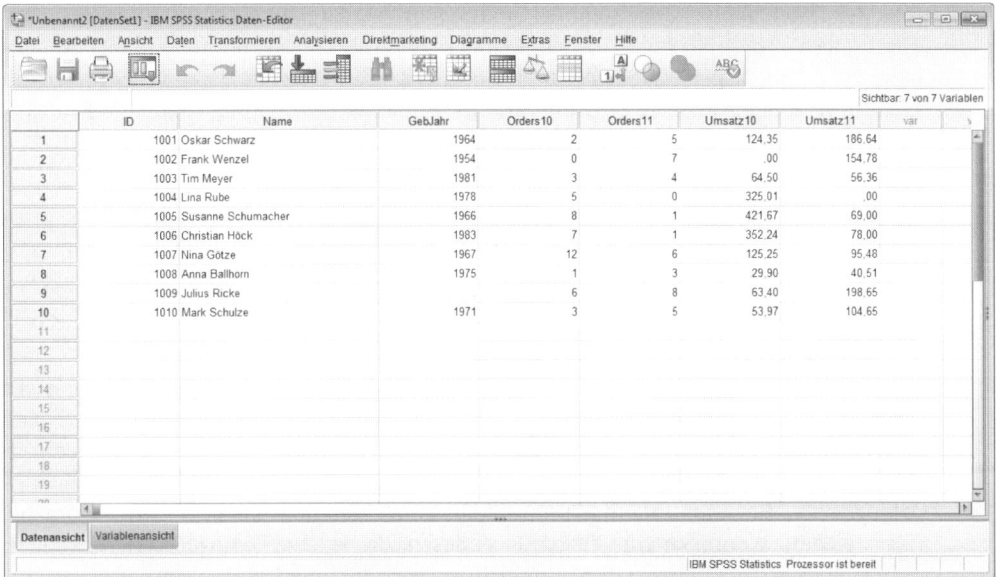

Abbildung 6.4: SPSS-Datendatei mit den aus der Excel-Tabelle eingelesenen Daten

 Vollkommen analog zum Einlesen von Daten aus Excel-Dateien können Sie auch aus anderen Dateiformaten Daten einlesen, so zum Beispiel aus Lotus- oder SAS-Dateien. Wählen Sie hierzu einfach in dem Dialogfeld DATEI ÖFFNEN in der Drop-down-Liste DATEITYP den entsprechenden Eintrag für das richtige Dateiformat aus.

Daten aus Textdateien einlesen

Häufig werden Daten in Form von einfachen Textdateien weitergegeben oder zwischen verschiedenen Anwendungen ausgetauscht. Dass einfache Textdateien auch heute im Zeitalter von Excel, SAS und SPSS für den Datenaustausch noch immer so verbreitet sind, hat auch einen ganz einfachen Grund: Textdateien sind ziemlich anspruchslos und unkompliziert. Sie enthalten keine versteckten Formatierungen oder Hintergrundinformationen, die bei anderen Dateiformaten spätestens beim Austausch von Daten zwischen verschiedenen Anwendungen immer wieder Schwierigkeiten bereiten. Auch SPSS ist voll darauf eingestellt, einfache Textdateien lesen (und übrigens auch erstellen) zu können.

Was Sie über die Textdatei wissen oder herausfinden sollten

Bevor Sie eine Textdatei mit SPSS lesen, sollten Sie ungefähr zweieinhalb Informationen über den Aufbau der Textdatei parat haben:

1. **Variablennamen in der Datei?** Enthält die Textdatei auch Variablennamen (Spaltenüberschriften), die dann typischerweise in der ersten Zeile dieser Datei stehen, oder sind ausschließlich die Daten in der Datei gespeichert? Wenn die Datei auch Variablennamen enthält, können diese mit eingelesen werden, andernfalls wählt SPSS Variablennamen, die Sie anschließend manuell korrigieren können.

2. **Aufbau der Datei.** Typischerweise bildet auch in der Textdatei eine Zeile genau einen Fall, wodurch alle Werte eines Falles nebeneinanderstehen. Diese Werte müssen aber irgendwie klar voneinander getrennt sein, damit SPSS beim Einlesen der Daten erkennt, wo ein Wert aufhört und der nächste beginnt. Hierfür gibt es zwei Varianten und beim Einlesen der Daten müssen Sie angeben, welche der beiden Varianten in Ihrer Datei vorliegt:

- *Feste Spaltenbreite.* Manchmal wird für jeden Wert in der Datendatei eine fest vorgegebene Anzahl an Zeichen vorgesehen. Ist der Wert dann kleiner als die vorgesehene Breite, wird der ungenutzte Platz mit Leerzeichen aufgefüllt. In einer solchen Textdatei stehen alle Werte einer Variablen exakt senkrecht untereinander, da durch die »Leerzeichen in den Lücken« sichergestellt ist, dass alle Werte einer Variablen die gleiche Breite ausnutzen.

- *Mit Trennzeichen.* Der häufiger verwendete (und übrigens auch bessere) Weg besteht darin, zwischen zwei Werten ein einheitliches Trennzeichen zu schreiben, an dem ganz klar abgelesen werden kann, dass hier ein Wert endet und der nächste Wert beginnt. Hierzu muss natürlich ein Zeichen verwendet werden, das nicht auch Bestandteil eines Datenwertes sein kann. Häufig nimmt man daher Tabulatoren oder Semikolons als Trennzeichen. Wenn Sie eine Textdatei einlesen, die solche Trennzeichen verwendet, dann sollten Sie zusätzlich wissen (dies ist die zweieinhalbte Information), welches Zeichen als Trennzeichen verwendet wurde.

 Wenn Ihnen diese Informationen nicht vorliegen, genügt es häufig, die Textdatei einfach mal mit einem Texteditor zu öffnen und anzuschauen. Ob die Datei Variablennamen enthält, werden Sie auf diese Weise ohnehin sehr schnell erkennen. Aber auch der Aufbau der Datei ist so häufig ganz einfach abzulesen: Stehen die Werte in der Datei alle eng nebeneinander und sind nur durch ein Semikolon voneinander getrennt, verwendet die Datei offenbar ein Semikolon als Trennzeichen. Wenn ein Tabulator als Trennzeichen verwendet wird, kann die Anordnung leicht etwas wild und ungeordnet aussehen und der Abstand zwischen den einzelnen Werten deutlich variieren. Abbildung 6.5 zeigt eine einfache Textdatei in drei unterschiedlichen Formaten. Die mit Tabulatoren getrennte Datei unterscheidet sich von der Datei mit fester Spaltenbreite hier vor allem darin, dass die Zeile mit den Variablennamen und die fünfte Datenzeile mit dem besonders langen Namen gegenüber den übrigen Zeilen verrutscht erscheinen.

Ein Assistent hilft beim Einlesen der Textdatei

Das Einlesen einer Textdatei erfolgt in SPSS in mehreren Schritten. Ein Assistent führt Sie durch die verschiedenen Schritte, in denen Sie den Aufbau der Textdatei immer näher beschreiben:

1. **Befehl aufrufen.** Um das Einlesen der Textdatei zu starten, wählen Sie den Menübefehl DATEI|TEXTDATEN LESEN. Dieser Befehl öffnet das bekannte Dialogfeld DATEI ÖFFNEN, in dem in der Drop-down-Liste DATEITYP das Format TEXT (* TXT, * DAT, * CSV) ausgewählt ist. Sollte Ihre Textdatei eine andere Namenserweiterung als .txt haben, wählen Sie in dieser Liste einfach den Eintrag ALLE DATEIEN (*.*).

```
Kunden_fest.txt - Editor                                            ▭ ▢ ☒

Datei  Bearbeiten  Format  Ansicht  ?

ID         Name              GebJahr Orders10 Orders11 Umsatz10 Umsatz11
1001Oskar     Schwarz         1964       2        5     124,35   186,64
1002Frank     Wenzel          1954       0        7       ,00    154,78
1003Tim       Meyer           1981       3        4      64,50    56,36
1004Lina      Rube            1978       5        0     325,01     ,00
1005Susanne   Schumacher      1966       8        1     421,67    69,00
1006Christian Höck            1983       7        1     352,24    78,00
1007Nina      Götze           1967      12        6     125,25    95,48
1008Anna      Ballhorn        1975       1        3      29,90    40,51
1009Julius    Ricke                      6        8      63,40   198,65
1001Mark      Schulze         1971       3        5      53,97   104,65
```

```
Kunden_Tabulator.txt - Editor                                       ▭ ▢ ☒

Datei  Bearbeiten  Format  Ansicht  ?

ID      Name    GebJahr Orders10        Orders11        Umsatz10        Umsatz11
1001    Oskar Schwarz   1964    2       5       124,35  186,64
1002    Frank Wenzel    1954    0       7       0       154,78
1003    Tim Meyer       1981    3       4       64,5    56,36
1004    Lina Rube       1978    5       0       325,01  0
1005    Susanne Schumacher      1966    8       1       421,67  69
1006    Christian Höck  1983    7       1       352,24  78
1007    Nina Götze      1967    12      6       125,25  95,48
1008    Anna Ballhorn   1975    1       3       29,9    40,51
1009    Julius Ricke            6       8       63,4    198,65
1001    Mark Schulze    1971    3       5       53,97   104,65
```

```
Kunden_Semikolon.txt - Editor                                       ▭ ▢ ☒

Datei  Bearbeiten  Format  Ansicht  ?

ID;Name;GebJahr;Orders10;Orders11;Umsatz10;Umsatz11
1001;Oskar Schwarz;1964;2;5;124,35;186,64
1002;Frank Wenzel;1954;0;7;0;154,78
1003;Tim Meyer;1981;3;4;64,5;56,36
1004;Lina Rube;1978;5;0;325,01;0
1005;Susanne Schumacher;1966;8;1;421,67;69
1006;Christian Höck;1983;7;1;352,24;78
1007;Nina Götze;1967;12;6;125,25;95,48
1008;Anna Ballhorn;1975;1;3;29,9;40,51
1009;Julius Ricke;  ;6;8;63,4;198,65
1001;Mark Schulze;1971;3;5;53,97;104,65
```

Abbildung 6.5: Textdatei mit Daten in drei Varianten: mit fester Spaltenbreite (oben),
mit Tabulatoren als Trennzeichen (Mitte) und mit Semikolons als Trennzeichen (unten)

2. **Datei auswählen.** Wählen Sie in dem Dialogfeld in der Drop-down-Liste SUCHEN IN den
   Ordner aus, in dem sich die Textdatei befindet. Daraufhin werden alle Textdateien des ausgewählten Ordners in dem Dialogfeld aufgeführt. Markieren Sie die Datei, die Sie einlesen
   möchten, und klicken Sie auf die Schaltfläche ÖFFNEN.

3. **Assistent – Schritt 1.** Daraufhin wird von SPSS der Assistent zum Einlesen der Textdatei
   in einem neuen Dialogfeld gestartet. Der Assistent umfasst insgesamt sechs Schritte, von
   denen Sie den ersten direkt überspringen können. Klicken Sie hierzu einfach auf die
   Schaltfläche WEITER.

4. **Assistent – Schritt 2.** Der zweite Schritt des Assistenten ist schon fast der wichtigste. Hier beschreiben Sie den Aufbau der Textdatei, siehe auch Abbildung 6.6:

- Geben Sie in der oberen Gruppe an, ob die Datei TRENNZEICHEN verwendet oder eine FESTE BREITE besitzt.

- In der zweiten Gruppe geben Sie an, ob in der ersten Zeile der Textdatei Variablennamen enthalten sind (Option JA) oder ob hier schon Datenwerte stehen (Option NEIN).

Im unteren Bereich des Dialogfelds sehen Sie eine kleine Vorschau auf die Daten aus der Textdatei. Dieser Ausschnitt kann hilfreich sein, um zu entscheiden, ob in der Datei Variablennamen enthalten sind und welchen Aufbau die Datei besitzt. In Abbildung 6.6 liegt offensichtlich eine durch Semikolons getrennte Datei mit Variablennamen vor; dabei sind die Variablennamen hier in der Vorschau schon nicht mehr zu sehen, da bereits angegeben ist, dass die Datei Variablennamen enthält, und daher die erste Zeile von SPSS bereits aus der Datenvorschau entfernt wurde.

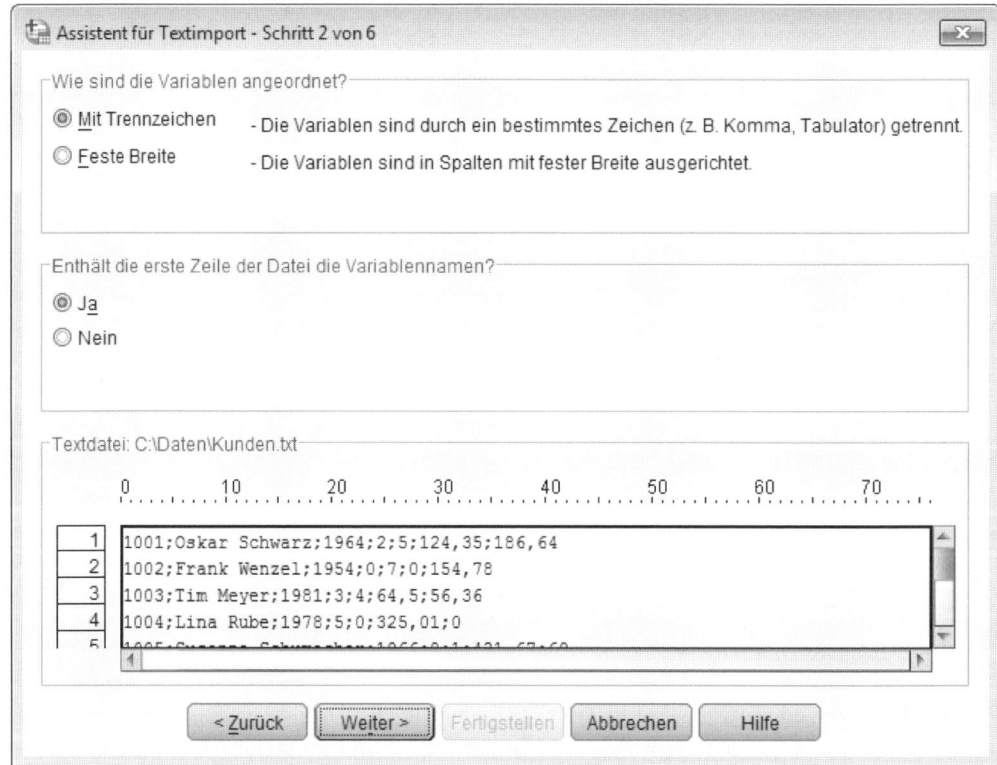

Abbildung 6.6: Schritt 2 des Assistenten zum Einlesen von Textdateien

5. **Assistent – Schritt 3.** Den dritten Schritt des Assistenten werden Sie in 97 % aller Anwendungsfälle einfach überspringen können. Hier könnten Sie ergänzende Angaben vornehmen, wenn die Datei nicht so aufgebaut ist, dass jede Zeile genau einem Fall entspricht. Außerdem können Sie hier festlegen, dass nur ein Teil der Datensätze aus der Textdatei

eingelesen werden soll. Wenn beides nicht zutrifft, klicken Sie auch hier einfach auf WEITER.

6. **Assistent – Schritt 4.** Der vierte Schritt unterscheidet sich in Abhängigkeit davon, ob Sie eine Textdatei mit Trennzeichen oder eine Datei mit fester Spaltenbreite einlesen. Abbildung 6.7 zeigt auf der linken Seite das Dialogfeld für Dateien mit Trennzeichen und rechts das Dialogfeld für Dateien mit fester Spaltenbreite:

- **Dateien mit Trennzeichen.** In Dateien mit Trennzeichen kreuzen Sie in der Gruppe WELCHES ZEICHEN TRENNT DIE VARIABLEN an, welches Trennzeichen in der Datei verwendet wird. Es ist hier auch möglich, mehr als ein Trennzeichen anzugeben. Wenn Sie ein anderes Trennzeichen als die aufgeführten verwenden, wählen Sie die Option ANDERES, und geben Sie das Trennzeichen in dem zugehörigen Eingabefeld an.

  In manchen Dateien werden Textwerte gesondert markiert, beispielsweise indem sie zwischen Anführungszeichen geschrieben werden. Ist dies auch in Ihrer Textdatei der Fall, geben Sie in der Gruppe WAS IST DAS TEXTERKENNUNGSZEICHEN das entsprechende Zeichen an.

- **Dateien mit fester Breite.** Für diese Dateien wird im unteren Bereich des Dialogfelds angezeigt, wo SPSS die Trennung zwischen den Variablen erkannt zu haben glaubt. Sie sollten unbedingt prüfen, ob die Trennlinien korrekt gesetzt sind. Ist dies nicht der Fall, können Sie die Trennungen wie im Dialogfeld beschrieben manuell verschieben oder auch neue Trennlinien einfügen.

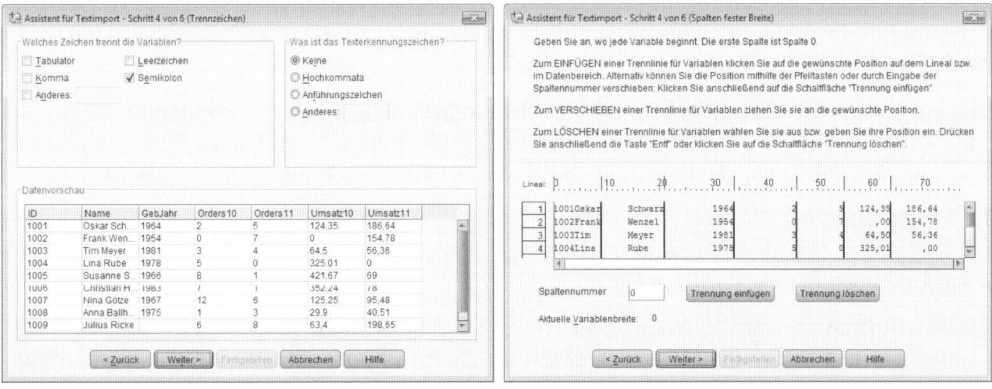

Abbildung 6.7: Schritt 4 des Assistenten zum Einlesen von Textdateien – unterschiedlich für Dateien mit Trennzeichen und solche mit fester Spaltenbreite

7. **Assistent – Schritt 5.** Im fünften Schritt können Sie die einzelnen Variablen, die aus der Textdatei eingelesen werden, näher beschreiben. Für jede Variable können Sie hier den Namen und den Datentyp (das Datenformat) festlegen. Für beide Angaben hält SPSS Vorschläge bereit, die Sie verändern können. Um die Eigenschaften einer Variablen zu ändern, klicken Sie in der DATENVORSCHAU auf den Variablennamen, und nehmen Sie anschließend in den beiden Eingabefeldern im oberen Bereich des Dialogfelds die Änderungen vor. Da sich alle Eigenschaften einer Variablen aber auch nachträglich in der Datendatei auf

die übliche Weise ändern lassen, können Sie diesen Schritt in den meisten Fällen auch einfach überspringen.

8. **Assistent – Schritt 6.** Um die Daten aus der Textdatei direkt einzulesen, bestätigen Sie den sechsten Schritt mit den von SPSS getroffenen Voreinstellungen, indem Sie auf die Schaltfläche FERTIGSTELLEN klicken. Daraufhin liest SPSS die Daten aus der Textdatei ein und legt hierzu gegebenenfalls automatisch eine neue Datendatei an, damit die Daten nicht den Inhalt einer bereits geöffneten Datei überschreiben.

Nach dem Einlesen der Daten sollten Sie das Ergebnis noch einmal kritisch prüfen. Dabei sollten Sie zum einen schauen, ob alle Daten in der Datendatei korrekt und plausibel aussehen und korrekt den verschiedenen Variablen zugeordnet sind. Zum anderen sollten Sie auch die Eigenschaften wie insbesondere den Datentyp der Variablen prüfen und gegebenenfalls weitere Eigenschaften wie Labels oder fehlende Werte definieren.

Daten in einem fremden Format speichern

Die meisten Anwender, die mit SPSS arbeiten, sind heilfroh, wenn sie die Daten, die mit SPSS untersucht werden sollen, erst einmal in die SPSS-Datendatei eingegeben haben oder – im glücklicheren Fall – aus anderen Dateien einlesen konnten. Trotzdem stellt sich für viele irgendwann im Laufe des Lebens mit SPSS auch einmal die Frage, wie man die Daten wieder aus der SPSS-Datendatei herausbekommt. Damit ist nicht gemeint, wie man die Daten löscht, so dass die Datendatei hinterher leer ist, sondern wie man die Daten so »exportiert«, dass sie sich anschließend auf einfache Weise mit anderen Programmen wie Excel, Access oder SAS bearbeiten lassen.

Glücklicherweise bietet SPSS hierzu eine sehr einfache Lösung an: Sie können die Daten aus einer Datendatei direkt mit SPSS in anderen Formaten speichern, beispielsweise als Excel-Datei, als Textdatei oder auch als SAS- oder Stata-Datei. Gehen Sie folgendermaßen vor:

1. **Befehl aufrufen.** Wählen Sie in der Datendatei, die Sie in einem anderen Format speichern möchten, den Befehl DATEI|SPEICHERN UNTER. Dieser Befehl öffnet das Dialogfeld aus Abbildung 6.8.

2. **Dateiformat auswählen.** Wählen Sie in der Drop-down-Liste SPEICHERN ALS TYP das Dateiformat, in dem Sie die Daten speichern möchten. Unter anderem können Sie hier zwischen den folgenden Einträgen wählen:

   - TABULATOR-GETRENNT. Hiermit erstellen Sie eine einfache Textdatei, die als Trennzeichen zwischen den Werten Tabulatoren verwendet.

   - FESTES ASCII. Erstellt eine Textdatei mit fester Spaltenbreite. Beachten Sie, dass bei diesem Format die Variablennamen nicht mit in die Datei geschrieben werden.

   - EXCEL 97 BIS 2003. Hiermit werden Excel-Dateien im Format von Excel 97 bis Excel 2003 erstellt.

   - EXCEL 2007 BIS 2010. Hiermit werden Excel-Dateien im aktuellen Format von Excel erstellt.

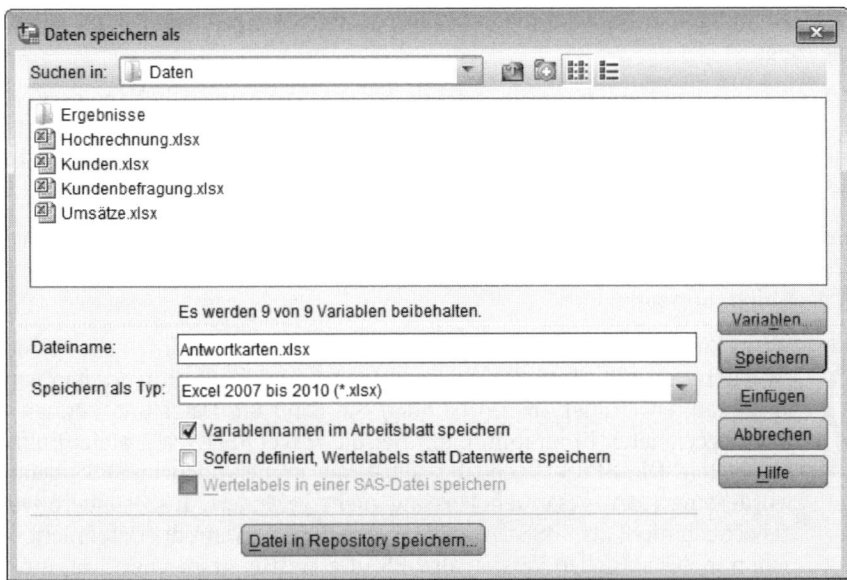

Abbildung 6.8: Dialogfeld des Befehls DATEI|SPEICHERN UNTER – hier zum Speichern von Daten als Excel-Datei

- **SAS**. Sie können zwischen verschiedenen SAS-Formaten wählen.

- **STATA**. Sie können Stata-Dateien für verschiedene Programmversionen von Stata erstellen.

3. **Weitere Optionen für die Datei.** Je nachdem, welches Dateiformat Sie erstellen, können Sie noch zwischen den folgenden drei Optionen wählen:

   - **VARIABLENNAMEN IM ARBEITSBLATT SPEICHERN.** Kreuzen Sie diese Option an, um auch die Variablennamen in die Datei zu schreiben. Wenn die Option nicht angekreuzt ist, werden nur die reinen Werte aus der Datendatei exportiert, die einzelnen Spalten in der neuen Datei erhalten dann also keine Überschriften.

   - **SOFERN DEFINIERT, WERTELABELS STATT DATENWERTE SPEICHERN.** Mit dieser Option werden nicht die Werte aus der Datendatei, sondern die zugehörigen Wertelabels in die neue Datei geschrieben. Nur Werte, für die kein Label definiert wurde, werden unverändert übernommen.

   - **WERTELABELS IN EINER SAS-DATEI SPEICHERN.** Hiermit können Sie speziell für SAS-Dateien festlegen, dass auch die Wertelabels (zusätzlich zu den Datenwerten) in der SAS-Datei gespeichert werden sollen.

4. **Ordner und Namen festlegen.** Legen Sie den Ordner fest, in dem die Datei gespeichert werden soll, und vergeben Sie einen Namen für die Datei:

   - Wählen Sie in der Drop-down-Liste SUCHEN IN den Ordner aus, in dem Sie die Datei speichern möchten. Sobald Sie einen Ordner ausgewählt haben, werden die bereits in dem

Ordner enthaltenen Dateien, die dem Format der zu erstellenden Datei entsprechen, angezeigt.

- Schreiben Sie den Namen für die Datei in das Feld DATEINAME. Die Namenserweiterung brauchen Sie nicht mit anzugeben. SPSS fügt automatisch die richtige Namenserweiterung für das jeweilige Dateiformat an (z. B. `.xls` für Excel-Dateien im älteren und `.xlsx` für Excel-Dateien im aktuellen Format).

5. **Speichern.** Wenn Sie alle Angaben vorgenommen haben, klicken Sie auf die Schaltfläche SPEICHERN. Daraufhin wird das Dialogfeld wieder geschlossen und SPSS erstellt die Datei in dem gewählten Format.

Wenn Sie die Daten aus der Datendatei wie beschrieben in einem Fremdformat speichern, erstellt SPSS die gewünschte Datei und legt diese in dem von Ihnen ausgewählten Ordner ab. Dort finden Sie dann die Datei und können sie mit einem geeigneten Programm (zum Beispiel Excel für Excel-Dateien) öffnen und bearbeiten. Die SPSS-Datendatei selbst, die immer noch in SPSS geöffnet ist, wurde durch den gesamten Vorgang nicht verändert. Insbesondere wurde sie dabei auch nicht als SPSS-Datendatei gespeichert. Wenn die Datei nicht ohnehin schon in der aktuellen Version als SPSS-Datendatei gespeichert war, müssen Sie dies daher gegebenenfalls noch einmal explizit veranlassen, entweder mit dem Befehl DATEI|SPEICHERN oder dem Befehl DATEI|SPEICHERN UNTER (dann allerdings mit dem Dateityp SPSS (*.sav)).

1 + 1 = 1: Zwei Dateien in einer zusammenführen

In diesem Kapitel

▷ Wenn die Fälle (Zeilen) der zu untersuchenden Daten auf zwei Dateien verteilt sind

▷ Fälle aus zwei Dateien zusammenführen

▷ Wenn die Variablen der zu untersuchenden Daten auf zwei Dateien verteilt sind

▷ Variablen aus zwei Dateien zusammenführen

---

*W*enn Sie mit SPSS Daten analysieren möchten, können Sie sich glücklich schätzen, wenn diese Daten bereits in dem Format einer SPSS-Datendatei vorliegen, denn dies ist eine zwingende Voraussetzung, um die Daten mit SPSS auszuwerten. Sind die Daten, die gemeinsam analysiert werden sollen, aber auf zwei oder mehr Datendateien verteilt, können Sie sich nicht mehr ganz so glücklich schätzen, denn nun haben Sie ein kleines Problem: SPSS kann nur solche Daten gemeinsam auswerten, die auch gemeinsam in *einer* Datendatei stehen. Möchten Sie beispielsweise die Umsatzdaten einer bundesweiten Ladenkette auswerten und haben dazu zwei getrennte Dateien vorliegen, eine mit den Filial-Umsätzen aus Norddeutschland und eine mit denen aus Süddeutschland, müssen Sie diese Daten zunächst in einer Datei zusammenführen, um sie gemeinsam analysieren zu können. Jetzt können Sie sich allerdings doch wieder glücklich schätzen, denn genau für diese Aufgabenstellung – Daten aus zwei Dateien in einer zusammenzuführen – hält SPSS zwei Prozeduren bereit, mit denen dies relativ einfach möglich ist:

✔ **Fälle zusammenführen.** Haben Sie zwei Datendateien, die dieselben Variablen, aber unterschiedliche Fälle enthalten, so dass Sie die Fälle der einen Datei unter die Fälle der anderen Datei anhängen können, verwenden Sie die Prozedur FÄLLE HINZUFÜGEN, um die Daten in einer Datei zusammenzufassen.

✔ **Variablen zusammenführen.** Haben Sie zwei Datendateien, die sich auf dieselben Fälle beziehen und für diese Fälle unterschiedliche Variablen enthalten, so dass Sie die Variablen der einen Datei neben die Variablen der anderen Datei anfügen können, verwenden Sie die Prozedur VARIABLEN HINZUFÜGEN, um die Daten in einer Datei zusammenzufassen.

Fälle aus zwei Dateien untereinander zusammenführen

Mit dem Menübefehl DATEN|DATEIEN ZUSAMMENFÜGEN|FÄLLE HINZUFÜGEN werden die Fälle aus einer Datendatei unter die Fälle einer anderen Datei angehängt. Dies ist natürlich nur dann sinnvoll möglich, wenn beide Dateien die gleichen Variablen aufweisen. Allerdings ist es nicht zwingend notwendig, dass sämtliche Variablen der beiden Dateien zueinanderpassen. Es ist zum

Beispiel durchaus möglich, dass eine Datei zusätzliche Variablen enthält, die in der anderen Datei nicht vorkommen. Außerdem ist es überhaupt nicht erforderlich, dass die Variablen in beiden Dateien in der gleichen Reihenfolge angeordnet sind – eine mögliche »Unordnung« in den Variablen wird von SPSS beim Zusammenfügen der Dateien automatisch korrigiert.

Ein Beispiel mit Macken

Sehr einfach ist das Zusammenführen zweier Dateien, wenn beide Dateien tatsächlich exakt gleich aufgebaut sind, das heißt also die gleichen Variablen mit identischen Namen und Formaten enthalten, so dass die Fälle der beiden Dateien tatsächlich einfach in einer Datei direkt untereinandergeschrieben werden können. Aber auch wenn die Dateien nicht hundertprozentig zusammenpassen, ist SPSS in der Lage, die Daten aus den beiden Dateien zusammenzuführen. Abbildung 7.1 zeigt eine solche Situation: Die beiden Dateien stimmen in den Variablen weitgehend, aber eben nicht vollständig überein:

✔ Die drei Variablen Region, Absatz und Umsatz kommen in beiden Dateien vor und stimmen inhaltlich überein. Sollen beide Dateien nun in einer zusammengefasst werden, können also ohne Weiteres die Werte aus den beiden Region-Variablen in dieselbe Variable untereinandergeschrieben werden. Das Gleiche gilt für die beiden Variablen Absatz und die beiden Variablen Umsatz.

✔ Die Variable Filiale aus der Sued-Datei (links) ist in der Nord-Datei (rechts) nicht enthalten, dafür enthält die Nord-Datei aber die Variable Shop, die in ihrer Bedeutung der Variablen Filiale entspricht. Auch die Werte dieser beiden Variablen können also in eine gemeinsame Variable untereinandergeschrieben werden, die dann entweder Filiale oder Shop heißen kann.

✔ Die Nord-Datei enthält eine weitere Variable Lage, für die es kein Pendant in der Sued-Datei gibt. Wenn auch diese Variable in die gemeinsame Datei übernommen werden soll, ist auch das ohne Weiteres möglich, die Variable erhält dann in allen Fällen, die aus der Sued-Datei stammen, einfach leere Felder (beziehungsweise bei numerischen Variablen fehlende Werte).

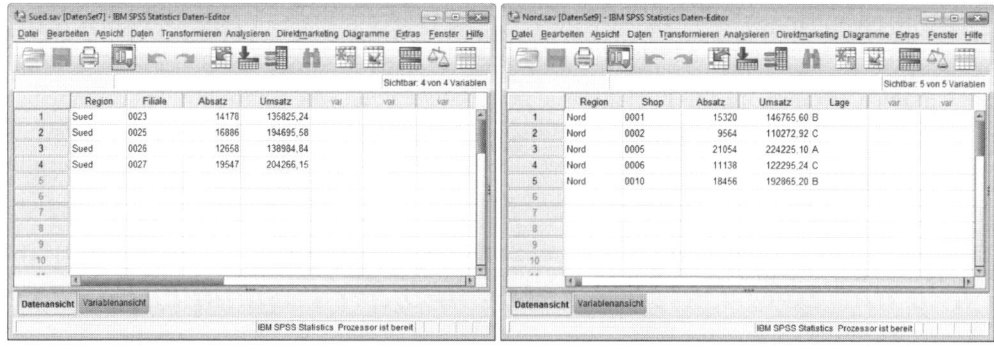

Abbildung 7.1: Zwei Datendateien mit gleichartigen Daten, die in einer Datei zusammengeführt werden können

Abbildung 7.2 zeigt das Ergebnis der Zusammenführung der beiden Dateien. Aus den beiden Variablen `Filiale` und `Shop` wurde die Variable `Filiale`. Auch die Variable `Lage` wurde in die gemeinsame Datei übernommen und weist daher in den ersten vier Fällen, die aus der ursprünglichen `Sued`-Datei kommen, leere Felder auf.

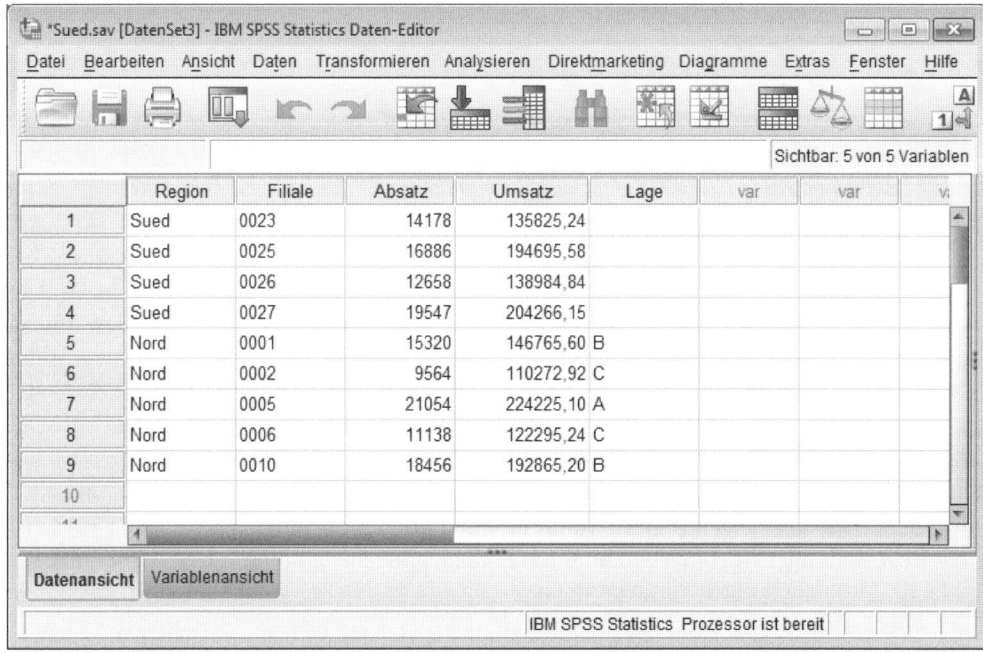

Abbildung 7.2: Datendatei, in der die Fälle der beiden Dateien aus Abbildung 7.1 zusammengeführt wurden

So geht's: Schritt für Schritt Fälle hinzufügen

Um die Fälle aus zwei Dateien in einer zusammenzuführen, muss zunächst mindestens eine der beiden Dateien geöffnet sein. Es ist auch kein Problem, wenn beide Dateien geöffnet sind. Bevor Sie mit dem Zusammenführen der Daten starten, sollten Sie aber sicherstellen, dass beide Quelldateien gespeichert sind, weil Sie eine der beiden Dateien gleich überschreiben werden.

1. **Befehl aufrufen.** Wählen Sie in einer der beiden Dateien den Menübefehl DATEN|DATEIEN ZUSAMMENFÜGEN|FÄLLE HINZUFÜGEN. Dieser Befehl öffnet das Dialogfeld aus Abbildung 7.3.

2. **Zweite Quelldatei angeben.** In diesem Dialogfeld geben Sie die zweite Quelldatei an:

   - **Fall 1: Zweite Quelldatei ist geöffnet.** Wenn auch die zweite Quelldatei aktuell geöffnet ist, wird ihr Name als geöffnetes Datenblatt aufgeführt. Wählen Sie dann die Option EIN OFFENES DATENBLATT, markieren Sie die Datei in der Liste darunter und klicken Sie anschließend auf die Schaltfläche WEITER.

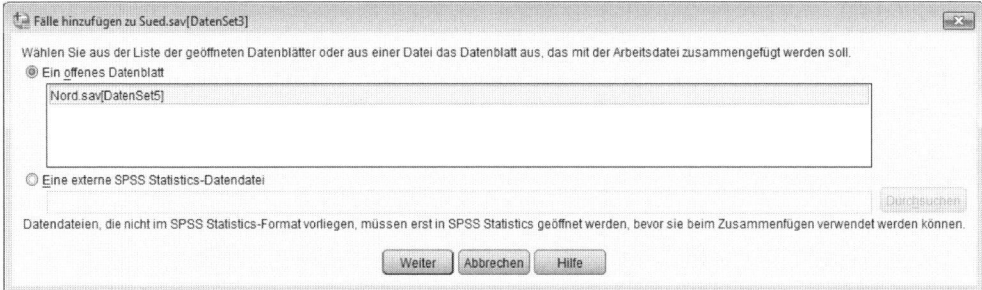

Abbildung 7.3: Erstes Dialogfeld zum Zusammenführen der Fälle aus zwei Dateien

- **Fall 2: Zweite Quelldatei ist nicht geöffnet.** Ist die zweite Quelldatei noch nicht geöffnet, wählen Sie die Option EINE EXTERNE SPSS STATISTICS-DATENDATEI und klicken Sie anschließend auf die Schaltfläche DURCHSUCHEN. Damit öffnen Sie ein Dialogfeld, in dem Sie die gewünschte Datei auswählen können. Das Dialogfeld hat den üblichen Aufbau von Dialogfeldern zum Öffnen von Datendateien. Wenn Sie die Datei dort ausgewählt und das Dialogfeld mit der Schaltfläche ÖFFNEN wieder geschlossen haben, wird der Name der ausgewählten Datei in dem Dialogfeld aus Abbildung 7.3 angezeigt. Klicken Sie dann auf die Schaltfläche WEITER, um zum nächsten Schritt zu gelangen.

3. **Voreinstellungen von SPSS.** Im nächsten Schritt wird das Dialogfeld aus Abbildung 7.4 geöffnet. Für die beiden Dateien `Sued.sav` und `Nord.sav` zeigt das Dialogfeld zunächst die Einstellungen des obersten, hinteren Dialogfelds aus Abbildung 7.4. SPSS hat hier folgende Voreinstellungen vorgenommen:

   - Für Variablen, die in beiden Quelldateien mit gleichem Namen und gleichem Datentyp enthalten sind, nimmt SPSS an, dass diese in der neuen Datendatei in einer Variablen zusammengefasst werden. Diese Variablen werden in der Liste VARIABLEN IN NEUER ARBEITSDATEI aufgeführt.

   - Enthält eine Quelldatei eine Variable, die SPSS nicht einer zweiten Variablen aus der jeweils anderen Quelldatei zuordnen kann, nimmt SPSS zunächst an, diese Variablen sollen nicht in die neue Datendatei übernommen werden. Daher werden solche Variablen in der Liste NICHT GEPAARTE VARIABLEN aufgeführt.

4. **Voreinstellungen ändern.** Wenn die von SPSS gewählten Voreinstellungen nicht richtig sind, können Sie diese beliebig abändern:

   - **Neues Variablenpaar bilden.** In Abbildung 7.4 führt das hintere Dialogfeld die beiden Variablen `Filiale` und `Shop` als nicht gepaarte Variablen auf, weil SPSS aufgrund der unterschiedlichen Namen nicht erkennen konnte, dass beide Variablen die gleiche Art von Information enthalten. Um diese Variablen in der neuen Datendatei dennoch in einer Variablen zusammenzufassen, markieren Sie die beiden Einträge `Filiale` und `Shop` (klicken Sie zunächst mit der Maus auf den Eintrag `Filiale` und halten Sie anschließend die Taste [Strg] gedrückt, während Sie mit der Maus auf den Eintrag `Shop` klicken), und klicken Sie anschließend auf die Schaltfläche `Paar`. Daraufhin werden beide Variablen wie in dem mittleren Dialogfeld aus Abbildung 7.4 in der Liste VARIABLEN IN NEUER ARBEITSDATEI aufgeführt.

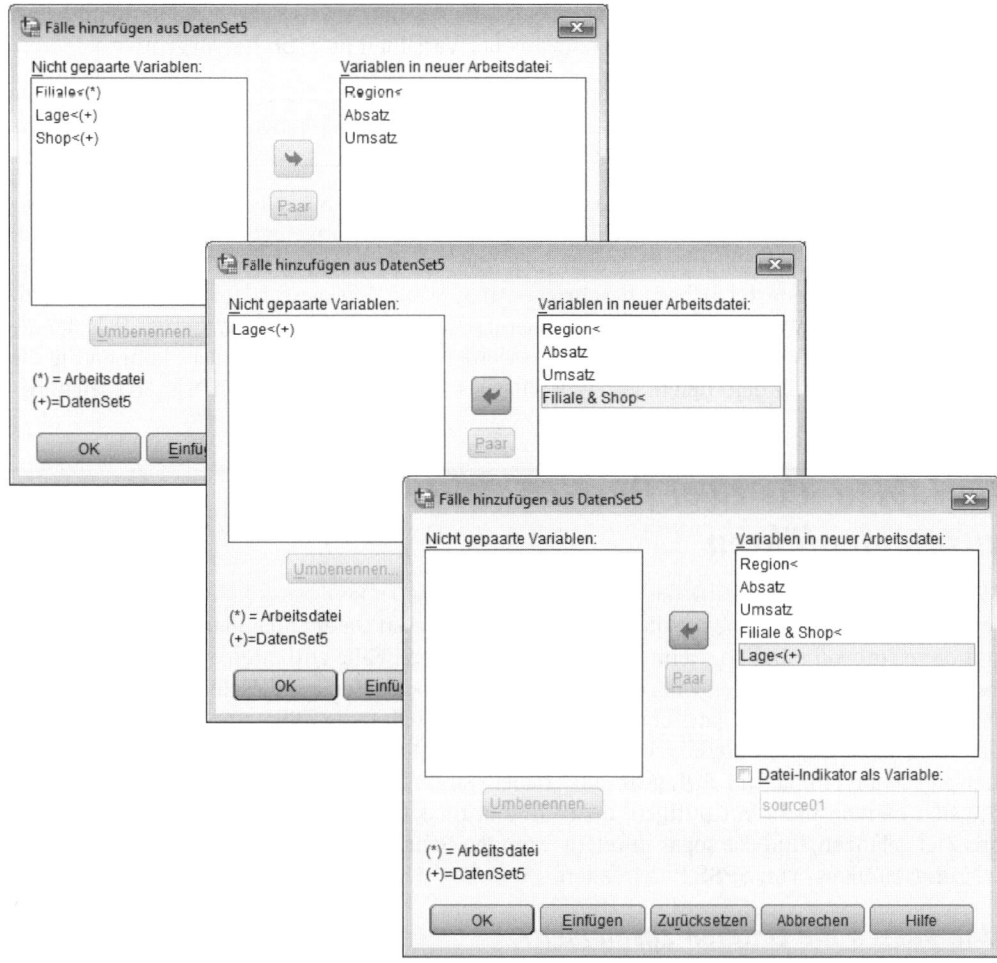

Abbildung 7.4: Dialogfeld zum Zusammenstellen der Variablenpaare in verschiedenen Bearbeitungsstufen

- **Einzelne Variablen übernehmen.** Für die Variable Lage aus der Nord-Datei existiert tatsächlich kein Pendant in der Sued-Datei. Wenn diese Variable trotzdem in die neue Datendatei übernommen werden soll, markieren Sie den Eintrag Lage und verschieben ihn mit der Pfeil-Schaltfläche in die Liste VARIABLEN IN NEUER ARBEITSDATEI. Das Ergebnis ist in dem vorderen Dialogfeld aus Abbildung 7.4 zu sehen.

- **Vorhandenes Variablenpaar auflösen.** Wenn SPSS ein Variablenpaar gebildet hat, das so gar nicht übernommen werden soll, können Sie den entsprechenden Eintrag in der Liste VARIABLEN IN NEUER ARBEITSDATEI markieren und mit der Pfeil-Schaltfläche in die Liste NICHT GEPAARTE VARIABLEN zurückschieben.

5. **Datei-Indikator.** Mit der Option DATEI-INDIKATOR ALS VARIABLE erzeugen Sie in der Zieldatei eine zusätzliche Variable, die für jeden Fall in dieser Datei anzeigt, aus welcher der beiden

Quelldateien er stammt. In dem Nord/Sued-Beispiel ist eine solche Variable nicht erforderlich, weil diese Information bereits aus der Variablen `Region` hervorgeht.

Wenn Sie alle Angaben vorgenommen haben, klicken Sie auf die Schaltfläche OK, um die neue Datei zu erstellen. Das Ergebnis für die `Nord`- und `Sued`-Dateien ist weiter vorn in diesem Kapitel in Abbildung 7.2 wiedergegeben.

 An der Titelzeile der neuen Datendatei erkennen Sie, dass SPSS für die zusammengefassten Daten nicht eine neue Datendatei angelegt, sondern die Daten in eine der beiden Quelldateien (und zwar in die Datei, aus der heraus Sie den Befehl gestartet haben) geschrieben hat. Wenn Sie diese Datei jetzt einfach speichern würden, würde damit die entsprechende Quelldatei (in diesem Beispiel die Datei `Sued.sav`) überschrieben werden. Um dies zu vermeiden, können Sie die Datei mit dem Befehl DATEI|SPEICHERN UNTER unter einem neuen Namen speichern.

Variablen aus zwei Dateien nebeneinander zusammenführen

Mit dem Menübefehl DATEN|DATEIEN ZUSAMMENFÜGEN|VARIABLEN HINZUFÜGEN können Sie die Variablen aus einer Datendatei neben die Variablen einer anderen Datei anhängen. Dies ist natürlich nur dann sinnvoll möglich, wenn beide Dateien dieselben Fälle enthalten, sich also auf dieselben Beobachtungseinheiten wie zum Beispiel bei Umfragedaten auf dieselben Personen beziehen. Um es jedoch gleich ganz offen zu sagen: Die Prozedur, die SPSS zum Zusammenführen der Variablen aus zwei Datendateien vorsieht, ist nicht gerade besonders smart. Wenn Sie zum Beispiel schon einmal mit SQL gearbeitet haben, sind Sie ganz anderes gewohnt. Aber lassen Sie sich hiervon nicht entmutigen, denn: In den meisten Fällen werden Sie auch mit SPSS ans Ziel gelangen, und das sogar in relativ wenigen Schritten – solange Sie nicht auf die »Verwirrungstaktiken« von SPSS hereinfallen.

Wie passen die Dateien zusammen?

Abbildung 7.5 zeigt zwei Datendateien mit fiktiven Kundendaten, wobei sich beide Dateien grundsätzlich auf dieselben Kunden beziehen, allerdings mit zwei Besonderheiten:

✔ Die linke Datei `Kundenstamm.sav` enthält mehr Kunden als die rechte Datei `Kundenverhalten.sav`. Werden nun die Variablen aus den beiden Dateien zusammengeführt, wird es für einige Kunden aus der linken Stammdatei kein Pendant in der rechten Verhaltensdatei geben. Die entsprechenden Felder in der gemeinsamen Datei bleiben daher leer beziehungsweise erhalten fehlende Werte. Als Alternative können Sie SPSS auch sagen, dass solche Fälle aus der Stammdatei, für die es kein Pendant in der Verhaltensdatei gibt, gar nicht erst in die gemeinsame Datei übernommen werden sollen.

✔ Die rechte Verhaltensdatei enthält den Kunden mit der ID `1005` doppelt. Dies kann beim Zusammenführen der Datei so gelöst werden, dass auch die gemeinsame Datei diesen Kunden zweimal aufführt, wodurch die Daten aus der linken Stammdatei dann in zwei Fällen identisch wiederholt und jeweils mit unterschiedlichen Daten aus der Verhaltensdatei kombiniert werden.

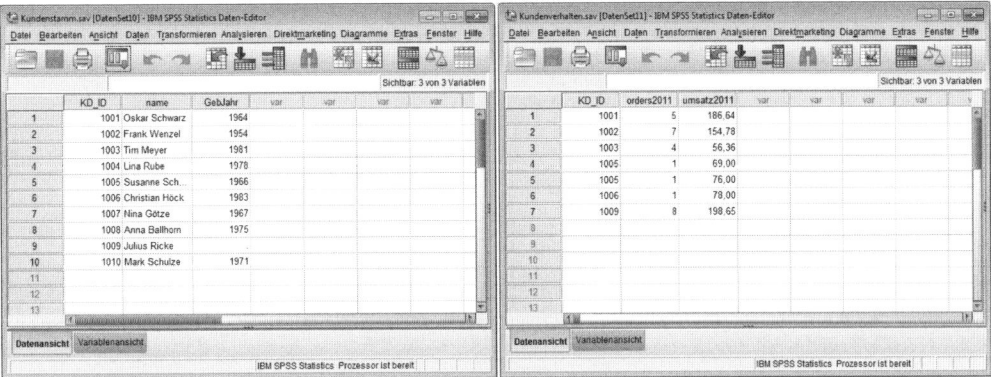

Abbildung 7.5: Zwei Datendateien mit Informationen über die gleichen Fälle (hier Personen), die in einer Datei zusammengeführt werden können

Eine große Einschränkung

Mit jedem der beiden Sonderfälle aus Abbildung 7.5 (eine Datei enthält mehr Fälle als die andere Datei und eine Datei enthält doppelte Fälle) kann SPSS sinnvoll umgehen, aber SPSS ist nicht ohne Weiteres in der Lage, mit beiden Sonderfällen gleichzeitig zurechtzukommen. Die gute Nachricht ist: Wenn Ihre Dateien diese Sonderfälle nicht enthalten, kann Ihnen diese Beschränkung von SPSS vollkommen egal sein. Das Zusammenführen Ihrer Dateien wird dann glatt über die Bühne gehen. Die schlechte Nachricht: Enthalten Ihre Dateien diese beiden Sonderfälle, können Sie beim Zusammenführen der Dateien nur zwischen zwei Übeln wählen:

1. **Skylla.** Sie ordnen alle Fälle aus den beiden Dateien einander korrekt zu. Die doppelten Fälle aus der Verhaltensdatei werden auch als zwei Fälle in die gemeinsame Datei übernommen und jeweils um die Daten aus der Stammdatei ergänzt. Das Ergebnis dieses Vorgehens ist auf der linken Seite in Abbildung 7.6 zu sehen. Dort können Sie auch den Preis ablesen, den dieses Vorgehen hat: Aus der Stammdatei wurden nur solche Fälle übernommen, für die es auch ein Pendant in der Verhaltensdatei gibt. Die übrigen Fälle hat SPSS unauffällig unter den Tisch fallen lassen.

2. **Charybdis.** Sie bestehen darauf, dass SPSS sämtliche Fälle aus beiden Dateien in die gemeinsame Datei übernimmt und nicht einige Fälle, für die es kein Pendant in der jeweils anderen Datei gibt, vorenthält. In diesem Fall wird sich SPSS allerdings weigern, alle doppelten Fälle aus der Verhaltensdatei korrekt mit den zugehörigen Fällen aus der Stammdatei zu verknüpfen. SPSS wird dies nur für den jeweils ersten der doppelten Fälle tun, bei den Wiederholungsfällen bleiben die entsprechenden Variablen aus der Stammdatei leer. Das Ergebnis ist in Abbildung 7.6 auf der rechten Seite wiedergegeben.

Alle notwendigen Vorbereitungen treffen

Die beiden Ausgangsdateien aus Abbildung 7.5 erfüllen bereits zwei wichtige Voraussetzungen, damit sich die Variablen aus den beiden Dateien auf die im Folgenden beschriebene Weise zusammenfügen lassen:

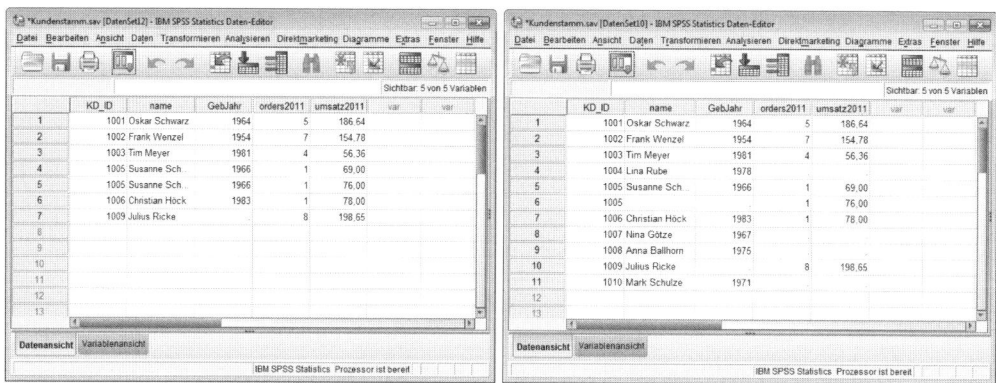

*Abbildung 7.6: Zwei mögliche Ergebnisse des Zusammenfügens der Variablen
aus den beiden Dateien aus Abbildung 7.5*

1. **Schlüsselvariable.** Beide Dateien enthalten eine so genannte *Schlüsselvariable*, die den in der Datei beschriebenen Beobachtungseinheiten (hier den verschiedenen Personen) eine eindeutige Identifikationsnummer zuordnet. In diesem Beispiel ist dies die Variable KD_ID. Diese Variable wird von SPSS verwendet, um die Fälle aus den beiden Dateien korrekt einander zuzuordnen.

 Wenn Ihre beiden Quelldateien keine Schlüsselvariable enthalten, die Fälle der beiden Dateien sich aber eins zu eins entsprechen (so dass der erste Fall der einen Datei mit dem ersten Fall der anderen Datei verknüpft werden soll, ebenso der zweite Fall der ersten Datei mit dem zweiten Fall der anderen Datei und so weiter), dann können Sie auf einfache Weise eine Schlüsselvariable erzeugen: Wählen Sie den Menübefehl TRANSFORMIEREN|VARIABLE BERECHNEN. Schreiben Sie in dem damit geöffneten Dialogfeld in das Feld ZIELVARIABLE einen Namen für die Schlüsselvariable (z. B. key) und in das Feld NUMERISCHER AUSDRUCK den Ausdruck $ca-senum und klicken Sie anschließend auf die Schaltfläche OK. Daraufhin wird eine Schlüsselvariable erzeugt, die die Fälle der Datendatei durchnummeriert. Wiederholen Sie dies entsprechend für die zweite Quelldatei und schon haben Sie zwei zueinander passende Schlüsselvariablen erstellt.

2. **Richtige Sortierung.** SPSS kann die Fälle der beiden Dateien nur dann korrekt miteinander verknüpfen, wenn beide Dateien in aufsteigender Reihenfolge nach der jeweiligen Schlüsselvariablen sortiert sind. Wenn dies für eine Datei noch nicht sichergestellt ist, wählen Sie in dieser Datei den Menübefehl DATEN|FÄLLE SORTIEREN. Verschieben Sie in dem damit geöffneten Dialogfeld die Schlüsselvariable in das Feld SORTIEREN NACH und klicken Sie anschließend auf die Schaltfläche OK. Damit werden die Fälle in der Datei nach den Werten der Schlüsselvariablen sortiert.

So geht's: Schritt für Schritt Variablen hinzufügen

Wenn die beiden Quelldateien alle notwendigen Voraussetzungen für das Zusammenfügen der Variablen erfüllen, kann es endlich losgehen. Dazu muss mindestens eine der beiden Dateien geöffnet sein. Es ist auch kein Problem, wenn beide Dateien geöffnet sind. Bevor Sie mit dem Zusammenführen der Daten starten, sollten aber beide Quelldateien gespeichert sein, weil Sie eine der beiden Dateien gleich überschreiben werden.

1. **Befehl aufrufen.** Wählen Sie in einer der beiden Dateien den Menübefehl Daten|Dateien zusammenfügen|Variablen hinzufügen. Dieser Befehl öffnet das Dialogfeld aus Abbildung 7.7.

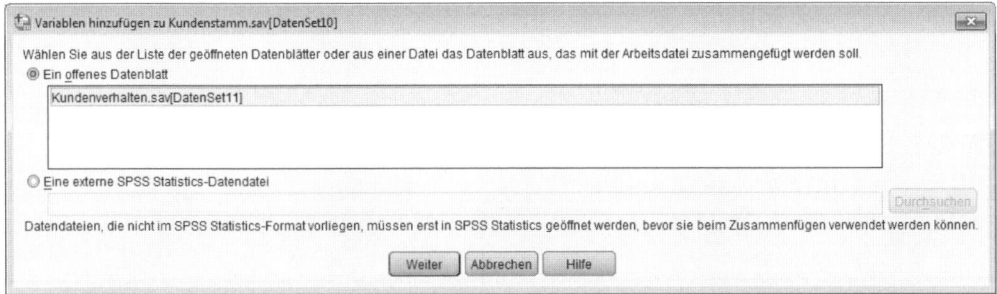

Abbildung 7.7: Erstes Dialogfeld zum Zusammenfügen der Variablen aus zwei Dateien

2. **Zweite Quelldatei angeben.** In diesem Dialogfeld geben Sie die zweite Quelldatei an:

   - **Fall 1: Zweite Quelldatei ist bereits geöffnet.** Wenn die zweite Quelldatei aktuell geöffnet ist, wird ihr Name als geöffnetes Datenblatt aufgeführt. Wählen Sie dann die Option Ein offenes Datenblatt, markieren Sie die Datei in der Liste darunter und klicken Sie auf die Schaltfläche Weiter.

   - **Fall 2: Zweite Quelldatei ist nicht geöffnet.** Ist die zweite Quelldatei nicht geöffnet, wählen Sie die Option Eine externe SPSS Statistics-Datendatei und klicken Sie anschließend auf die Schaltfläche Durchsuchen. Damit öffnen Sie ein Dialogfeld, in dem Sie die gewünschte Datei auswählen können. Wenn Sie die Datei ausgewählt und das Dialogfeld mit der Schaltfläche Öffnen wieder geschlossen haben, wird der Name der ausgewählten Datei in dem Dialogfeld aus Abbildung 7.7 angezeigt. Klicken Sie dann auf die Schaltfläche Weiter, um zum nächsten Schritt zu gelangen.

3. **Voreinstellungen von SPSS.** Im nächsten Schritt wird das Dialogfeld aus Abbildung 7.8 geöffnet. Für die beiden Dateien Kundenstamm und Kundenverhalten zeigt das Dialogfeld zunächst die Einstellungen des obersten, hinteren Dialogfelds. SPSS hat hier folgende Voreinstellungen vorgenommen:

   - Grundsätzlich geht SPSS davon aus, dass alle Variablen aus den beiden Quelldateien auch in die gemeinsame Datei übernommen werden sollen. Daher werden diese Variablen alle in der Liste Neue Arbeitsdatei aufgeführt. Die einzige Ausnahme bildet die Variable KD_ID, die in beiden Quelldateien enthalten ist. Hier geht SPSS davon aus, dass eine dieser Variablen in die Neue Arbeitsdatei übernommen werden soll, während die andere von dieser Datei ausgeschlossen wird. Dies ist für SPSS die pragmatischste Lösung, um den Namenskonflikt (keine Datei darf zwei Variablen mit gleichem Namen enthalten) zu lösen.

- SPSS hat nicht erkannt, dass die beiden Dateien über die Variable KD_ID als Schlüssel-variable verknüpft werden sollen. Daher ist die Option FÄLLE MITTELS SCHLÜSSELVARIABLEN VERBINDEN nicht angekreuzt.

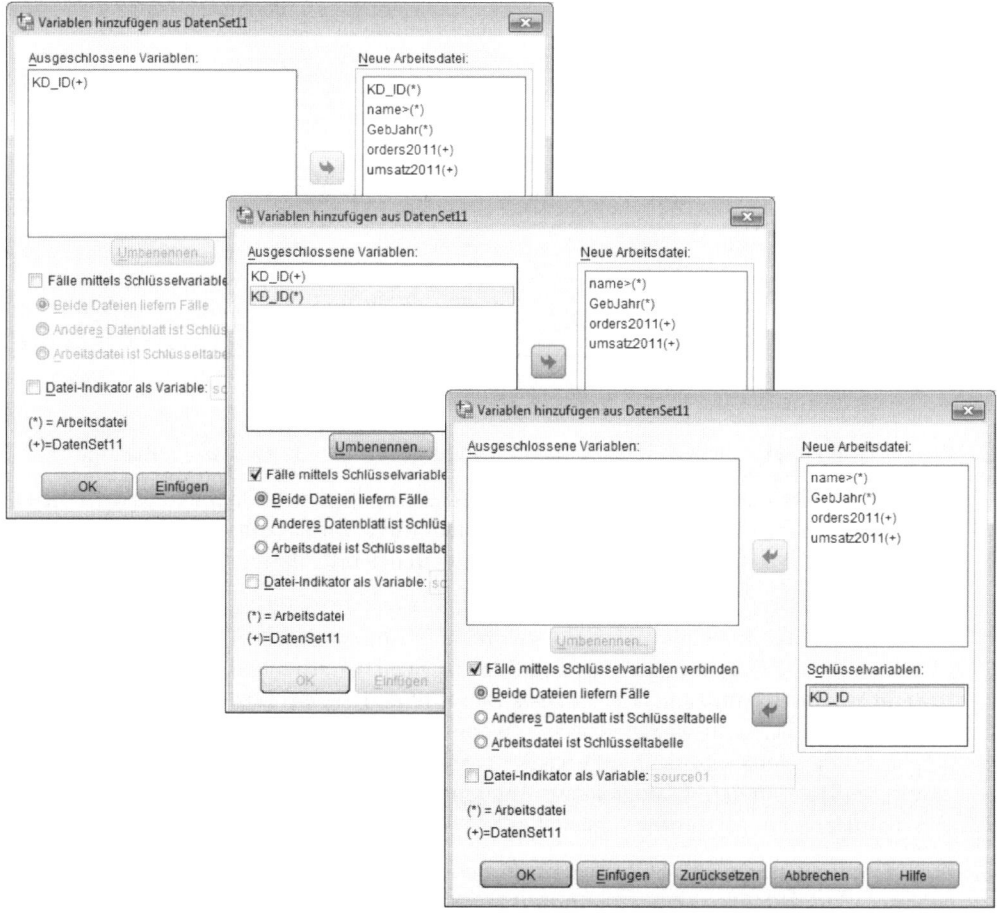

Abbildung 7.8: Dialogfeld zur Auswahl der Variablen und Angabe der Schlüsselvariablen

4. **Schlüsselvariable angeben.** Um SPSS beizubringen, dass die Dateien über die Schlüssel-variable KD_ID miteinander verknüpft werden sollen, gehen Sie folgendermaßen vor:

   - Verschieben Sie die Variable KD_ID aus dem Feld NEUE ARBEITSDATEI zurück in das Feld AUSGESCHLOSSENE VARIABLEN. Daraufhin wird diese Variable dort zweimal aufgeführt.

   - Kreuzen Sie die Option FÄLLE MITTELS SCHLÜSSELVARIABLEN VERBINDEN an.

   - Wählen Sie zwischen den drei Optionen BEIDE DATEIEN LIEFERN FÄLLE (führt zu dem rechten Ergebnis aus Abbildung 7.6) und ARBEITSDATEI IST SCHLÜSSELTABELLE (führt zu dem linken Ergebnis aus Abbildung 7.6) beziehungsweise ANDERES DATENBLATT IST SCHLÜSSELTABELLE.

- Markieren Sie in dem Feld Ausgeschlossene Variablen eine der beiden Schlüsselvariablen aus den beiden Quelldateien. Das mittlere Dialogfeld aus Abbildung 7.8 zeigt die Situation, in der eine der beiden Schlüsselvariablen markiert ist.

- Klicken Sie anschließend auf die untere Schaltfläche mit dem Pfeil neben dem Feld Schlüsselvariablen. Daraufhin werden die beiden Schlüsselvariablen als ein gemeinsamer Eintrag in das Feld Schlüsselvariablen verschoben.

5. **Einzelne Variablen ausschließen.** Sollen nicht sämtliche Variablen aus den beiden Quelldateien in die gemeinsame Datendatei übernommen werden, können Sie die unerwünschten Variablen wieder aus dem Feld Neue Arbeitsdatei in das Feld Ausgeschlossene Variablen verschieben.

6. **Datei-Indikator.** Mit der Option Datei-Indikator als Variable können Sie eine zusätzliche Variable für die Zieldatei erzeugen, die für jeden Fall in dieser Datei angibt, aus welcher der beiden Quelldateien er stammt.

Wenn Sie alle Angaben vorgenommen haben, klicken Sie auf die Schaltfläche OK, um die neue Datei zu erstellen. Das Ergebnis für die Einstellungen aus Abbildung 7.8 sehen Sie auf der rechten Seite in Abbildung 7.6.

 An der Titelzeile der neuen Datendatei erkennen Sie, dass SPSS für die zusammengefassten Daten nicht eine neue Datendatei angelegt, sondern die Daten in eine der beiden Quelldateien (und zwar in die Datei, aus der heraus Sie den Befehl gestartet haben) geschrieben hat. Wenn Sie diese Datei jetzt einfach speichern würden, würde damit die entsprechende Quelldatei (in diesem Beispiel die Datei Kundenstamm.sav) überschrieben werden. Um dies zu vermeiden, können Sie die Datei mit dem Befehl Datei|Speichern unter unter einem neuen Namen speichern.

Teil III

Jetzt wird's ernst: Statistische Datenanalyse

The 5th Wave   By Rich Tennant

Sie sind jetzt bei Kapitel 8 angelangt. Das sollte sie so sehr verwirrt und schläfrig gemacht haben, dass wir den Reifen wechseln und uns endlich aus dem Staub machen können.

SPSS Express-Service

In diesem Teil ...

Endlich ist es so weit. Sie sind am Ziel Ihrer Träume. Alles, was Sie kaum zu hoffen gewagt haben, wird jetzt endlich wahr. Sie werden höchstpersönlich mit Ihren eigenen Händen eine statistische Analyse mit SPSS durchführen. Und in den folgenden Kapiteln erfahren Sie Schritt für Schritt, wie das genau geht. Dabei fängt es erst einmal ganz harmlos an mit der Berechnung einfacher statistischer Kennzahlen wie dem Mittelwert oder der Varianz. Es steigert sich dann über die detaillierte Analyse stetiger Variablen und die Erstellung von Häufigkeitstabellen bis hin zu echten statistischen Signifikanztests wie dem Chi-Quadrat-Test für eine Kreuztabelle oder dem T-Test für Mittelwertvergleiche. Der absolute Höhepunkt wird dann mit der Regressionsanalyse erreicht – seit Jahren die unangefochtene Königsdisziplin der Statistik, noch weit vor der Clusteranalyse, die natürlich auch nicht vergessen wird.

Kennzahlen und Grafiken für einen ersten Überblick

8

In diesem Kapitel

▷ Kennzahlen für intervallskalierte Variablen berechnen

▷ Verschiedene Fallgruppen miteinander vergleichen

▷ Mittelwert, Standardabweichung und Varianz

▷ Konfidenzintervall des Mittelwerts

▷ Boxplot-Diagramme

▷ Median, Perzentile, Ausreißer und Extremwerte

Auch jede noch so komplexe und aufwändige Datenanalyse beginnt zumeist damit, dass man zunächst einmal für die einzelnen Variablen, die man untersuchen möchte, einige ganz einfache Kennzahlen ermittelt. Eine solche Berechnung einfacher Kennzahlen wie Mittelwert, Streuung oder Varianz einer Variablen ist bei SPSS auf verschiedenen Wegen möglich. Solche Kennzahlen stehen vor allem für metrische, intervallskalierte Variablen zur Verfügung und beschreiben in erster Linie zwei Eigenschaften der Variablen:

✔ *Lage.* Wie hoch sind die Werte in der Variablen so im Allgemeinen?

✔ *Streuung.* Wie unterschiedlich sind die Werte, die eine Variable enthält?

Sehr hilfreich ist dabei, dass man diese Kennzahlen mit SPSS auch sehr einfach für verschiedene Fallgruppen aus der Datendatei getrennt berechnen kann, beispielsweise bei Personendaten getrennt für Männer und Frauen oder bei regionalen Daten getrennt nach Bundesländern etc.

Wenn Sie viel mit Kindern oder Vorständen zu tun haben, werden Sie vermutlich wissen, dass Bilder häufig sehr viel besser ankommen als Zahlen. In der Datenanalyse tragen Sie diesem Umstand Rechnung, indem Sie Ihre Kennzahlen nicht nur berechnen, sondern auch als Grafik aufmalen. Für die einfachen Kennzahlen zur Beschreibung der Lage und Streuung einer Variablen werden vor allem Boxplot-Diagramme immer wieder gerne genommen.

Lage und Streuung einer Variablen bestimmen

Das folgende und alle weiteren Beispiele in diesem Kapitel verwenden die Datendatei `survey_sample.sav`. Diese Datei ist neben vielen anderen Beispieldaten im Lieferumfang von SPSS enthalten und wurde bei der Installation von SPSS mit auf die Festplatte kopiert. Sie sollten diese Datei in dem Programmverzeichnis von SPSS und dort in dem Unterverzeichnis `Samples` oder `Samples\German`

finden. Um die folgenden Beispiele nachzuarbeiten, öffnen Sie die Datei einfach wie üblich mit dem Befehl Datei|Öffnen|Daten. Die Datei enthält einen Auszug aus den Ergebnissen einer in den USA durchgeführten repräsentativen Bevölkerungsbefragung.

Kennzahlen berechnen

In der Datei survey_sample.sav sind für insgesamt 2.832 Personen zahlreiche verschiedene Merkmale wie Alter, Familienstand, Schulabschluss, Einkommensniveau, Angaben zum Freizeitverhalten etc. aufgeführt. Unter anderem ist dort auch für jede Person angegeben, wie viele Stunden sie am Tag Fernsehen schaut. Die Variable, in der diese Information steht, heißt tvhours. Wenn man sich nun das erste Mal mit dieser Variablen beschäftigt, ist es zunächst einmal interessant, wie hoch denn wohl der durchschnittliche tägliche TV-Konsum unter den Befragten ist. Und weil sich Menschen ja auch immer für alle möglichen Abweichungen vom Normalfall interessieren, sollte man auch mal die geringste und die höchste Fernsehnutzung sowie generell die Streuung der Werte ermitteln. Dies alles ist bei SPSS mit einem einzigen Befehl möglich:

1. **Befehl aufrufen.** Wählen Sie in der Datendatei, für die Sie die Kennzahlen berechnen möchten, den Menübefehl Analysieren|Deskriptive Statistiken|Deskriptive Statistik. Dieser Befehl öffnet das Dialogfeld aus Abbildung 8.1.

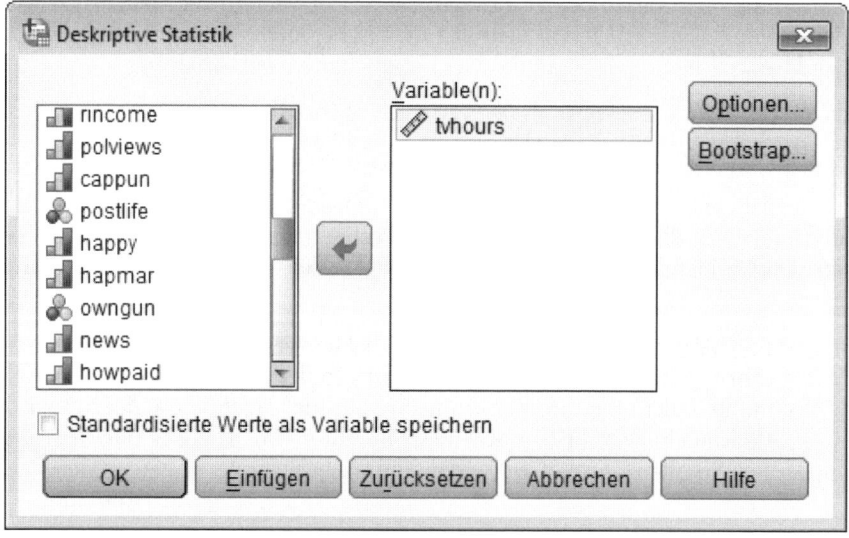

Abbildung 8.1: Dialogfeld der Prozedur Deskriptive Statistik

2. **Variablen auswählen.** In diesem Dialogfeld werden in der linken Variablenliste sämtliche numerischen Variablen aus der aktuellen Datendatei aufgeführt. Wählen Sie hier die Variable(n) aus, für die Sie Ihre Kennzahlen berechnen möchten, und verschieben Sie sie mit der Pfeil-Schaltfläche in das rechte Feld Variable(n). In Abbildung 8.1 ist auf diese Weise die Variable tvhours ausgewählt.

3. **Kennzahlen auswählen.** Klicken Sie anschließend auf die Schaltfläche OPTIONEN, mit der Sie das Dialogfeld aus Abbildung 8.2 öffnen. Hier können Sie ankreuzen, welche Kennzahlen berechnet werden sollen. In diesem Beispiel werden der Mittelwert, die Standardabweichung, die Varianz und die Spannweite der Werte berechnet. Außerdem soll SPSS den kleinsten und den größten in der Variablen vorkommenden Wert ermitteln (hier also den niedrigsten und den höchsten täglichen TV-Konsum).

Abbildung 8.2: Dialogfeld zum Auswählen der zu berechnenden Kennzahlen

4. **Berechnung starten.** Wenn Sie die Kennzahlen ausgewählt haben, schließen Sie das Dialogfeld mit der Schaltfläche WEITER und das Hauptdialogfeld mit der Schaltfläche OK. Daraufhin wird die Berechnung der Kennzahlen gestartet. Das Ergebnis wird als Tabelle in die aktive Ausgabedatei geschrieben. Wenn derzeit noch keine Ausgabedatei geöffnet ist, wird von SPSS automatisch eine neue geöffnet. Das Ergebnis für dieses Beispiel ist in Abbildung 8.3 wiedergegeben.

Kennzahlen interpretieren

Die Ergebnistabelle in Abbildung 8.3 ist vom Aufbau sehr einfach und sofort zu verstehen: Für die Variable tvhours – hier durch das Variablenlabel Wie viele Stunden Fernsehen pro Tag angegeben – wurden die verschiedenen angeforderten Kennzahlen berechnet, sowie eine zusätzliche Kennzahl N, die gar nicht verlangt wurde.

Deskriptive Statistik

	N	Spannweite	Minimum	Maximum	Mittelwert	Standardabweichung	Varianz
Wie viele Stunden Fernsehen pro Tag	2337	21	0	21	2,86	2,247	5,049
Gültige Werte (Listenweise)	2337						

Abbildung 8.3: Kennzahlen für die Variable tvhours *(täglicher TV-Konsum in Stunden)*

✔ **Anzahl der Fälle N.** Die Kennzahl in der ersten Spalte mit der Überschrift N wurde nicht angefordert, sondern von SPSS automatisch berechnet. N bezeichnet einfach nur die Anzahl der Fälle (hier die Anzahl der Personen), die die Grundlage für die Berechnung der Kennzahlen gebildet haben. Alle in der Tabelle aufgeführten Kennzahlen wurden also anhand von 2.337 Personen ermittelt.

Der Wert von 2.337 mag zunächst überraschen, da die Datendatei ja insgesamt Daten für 2.832 Personen enthält. Die Abweichung kommt dadurch zustande, dass nicht jede der befragten Personen die Frage nach dem täglichen Fernsehkonsum beantwortet hat. Einige Personen haben angegeben, dass sie die Antwort nicht wissen (kodiert durch den Wert 98, der in der Variablenbeschreibung als fehlender Wert definiert wurde), und andere haben die Antwort schlicht verweigert oder es liegt aus anderen Gründen keine gültige Antwort vor (kodiert durch den Wert 99 beziehungsweise –1, die ebenfalls als fehlende Werte definiert wurden). Diese Personen ohne gültige Antwort wurden daher von SPSS automatisch bei der Berechnung der Kennzahlen ausgeschlossen.

✔ **Minimum, Maximum und Spannweite.** Der kleinste gültige Wert in der Variablen tvhours beträgt 0, der größte gültige Wert 21. Unter allen Befragten gibt es also mindestens eine Person, die gar kein Fernsehen schaut, und ebenfalls mindestens eine Person, die es auf 21 Stunden TV-Konsum pro Tag bringt. Der geringste und der höchste TV-Konsum liegen damit um 21 Stunden auseinander – dies ist der Wert, der auch als *Spannweite* ausgewiesen wird.

✔ **Mittelwert.** Der durchschnittliche TV-Konsum je Tag betrug unter den Befragten 2,86 Stunden. Dies ist der *Mittelwert* aller gültigen Werte aus der Variablen tvhours.

✔ **Standardabweichung und Varianz.** Die Standardabweichung und die Varianz messen die Streuung der Variablenwerte. Sie zeigen also an, wie unterschiedlich die Werte in der Variablen sind. Wenn alle Variablenwerte identisch wären, hätten die Standardabweichung und die Varianz (die Varianz ist nichts anderes als der quadrierte Wert der Standardabweichung) beide den Wert 0. Je größer der Wert von Standardabweichung und Varianz, desto stärker ist auch die Streuung der Werte. Die Standardabweichung beträgt hier ungefähr 2,2. Dieser Wert zeigt zusammen mit dem Mittelwert, dass das Fernsehverhalten der Befragten recht unterschiedlich zu sein scheint, denn die Streuung ist mit 2,2 fast so hoch wie der Durchschnittswert von 2,86. Möchte man eine vereinfachte Aussage über die Mehrheit der Personen treffen, lässt sich lediglich sagen: »Die meisten Personen sehen pro Tag knapp 2,9 Stunden TV, plus-minus 2,2 Stunden, verbringen also zwischen 30 Minuten und 5 Stunden vor dem Fernseher.«

Kennzahlen für unterschiedliche Fallgruppen berechnen

Wenn die wesentlichen Kennzahlen für eine Variable ermittelt sind, stellt sich im nächsten Schritt häufig die Frage, ob diese Kennzahlen in verschiedenen Fallgruppen unterschiedlich ausfallen. So könnte man für den TV-Konsum zum Beispiel einmal prüfen, ob es hier nennenswerte Unterschiede zwischen Männern und Frauen gibt, denn alleine die Tatsache, dass Männer nach wie vor häufiger berufstätig sind als Frauen, legt es nahe, dass Frauen im Durchschnitt etwas mehr fernsehen als Männer. Um eine solche getrennte Berechnung der Kennzahlen für unterschiedliche Fallgruppen aus der Datendatei durchführen zu können, benötigen Sie neben der Variablen, für die die Kennzahlen berechnet werden sollen, eine zweite Variable, die die unterschiedlichen Fallgruppen kennzeichnet. So enthält die im vorhergehenden Beispiel verwendete Datendatei survey_sample.sav eine Variable sex, die das Geschlecht der beziehungsweise des Befragten angibt, indem sie für alle Männer die Kodierung 1 und für alle Frauen die Kodierung 2 enthält. Diese Variable ist damit geeignet, die Fälle der Datendatei in zwei getrennte Gruppen für Männer und Frauen zu unterteilen.

Kennzahlen mit explorativer Datenanalyse berechnen

Um eine getrennte Berechnung der Kennzahlen für verschiedene Fallgruppen aus der Datendatei durchzuführen, gehen Sie folgendermaßen vor:

1. **Befehl aufrufen.** Wählen Sie in der Datendatei, für die Sie die Kennzahlen berechnen möchten, den Menübefehl ANALYSIEREN|DESKRIPTIVE STATISTIKEN|EXPLORATIVE DATENANALYSE. Dieser Befehl öffnet das Dialogfeld aus Abbildung 8.4. Um das folgende Beispiel nachzuvollziehen, verwenden Sie die Datendatei survey_sample.sav, die Sie unter den von SPSS mit installierten Beispieldateien finden.

2. **Variablen auswählen.** In diesem Dialogfeld werden in der linken Variablenliste sämtliche Variablen aus der aktuellen Datendatei aufgeführt. Wählen Sie hier die Variable(n) aus, für die Sie Kennzahlen berechnen möchten, und verschieben Sie sie mit der Pfeil-Schaltfläche in das Feld ABHÄNGIGE VARIABLEN. Fügen Sie außerdem die Variable, deren Werte die unterschiedlichen Fallgruppen in der Datendatei kennzeichnen, in das Feld FAKTORENLISTE ein. In Abbildung 8.4 ist auf diese Weise angegeben, dass Kennzahlen für die Variable tvhours (täglicher TV-Konsum in Stunden) berechnet werden sollen, und zwar getrennt nach den Werten der Variablen sex (Geschlecht der beziehungsweise des Befragten).

3. **Statistiken auswählen.** Im nächsten Schritt legen Sie fest, welche Ergebnisse die explorative Datenanalyse liefern soll. Wenn wie in diesem Beispiel nur statistische Kennzahlen berechnet werden sollen, wählen Sie in der Gruppe ANZEIGE die Option STATISTIKEN und klicken anschließend auf die Schaltfläche STATISTIKEN. Damit öffnen Sie das Dialogfeld aus Abbildung 8.5. Kreuzen Sie hier die Kennzahlen an, die berechnet werden sollen. Mit der obersten Option DESKRIPTIVE STATISTIK wird eine ganze Reihe von Kennzahlen berechnet, darunter unter anderem Mittelwert, Minimum, Maximum, Standardabweichung und Varianz.

4. **Berechnung starten.** Wenn Sie die Kennzahlen ausgewählt haben, schließen Sie das Dialogfeld mit der Schaltfläche WEITER und das Hauptdialogfeld mit der Schaltfläche OK. Daraufhin berechnet SPSS die angeforderten Kennzahlen.

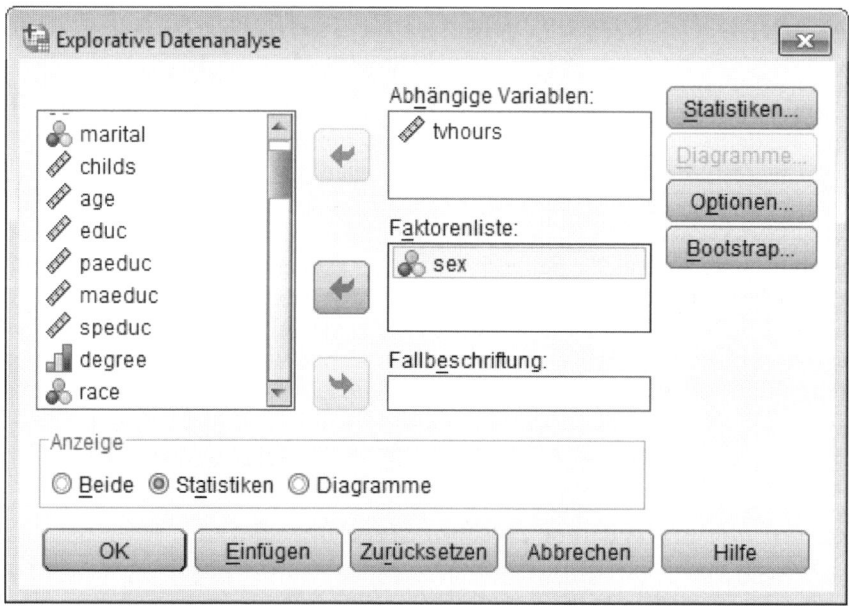

Abbildung 8.4: Dialogfeld der Prozedur EXPLORATIVE DATENANALYSE

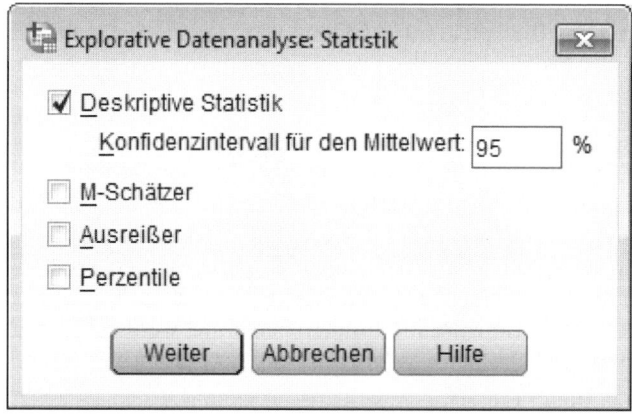

Abbildung 8.5: Dialogfeld zum Auswählen der zu berechnenden Kennzahlen

Ergebnisse interpretieren

Als Ergebnis der explorativen Datenanalyse werden zwei Tabellen in die Ausgabedatei geschrieben. Die Ergebnistabellen für dieses Beispiel sind in Abbildung 8.6 wiedergegeben.

Übersicht der Fallzahlen

Die obere Tabelle aus Abbildung 8.6 führt die Anzahl der gültigen und fehlenden Werte in der Variablen tvhours (täglicher TV-Konsum in Stunden) jeweils für die beiden getrennt betrachteten Fallgruppen Männer und Frauen auf. So enthält die Datendatei insgesamt 1.232 Männer, von denen 1.019 (und damit 82,7 %) einen gültigen Wert in der Variablen tvhours aufweisen. Die verbleibenden 213 Männer haben in der Variablen tvhours einen fehlenden Wert, konnten oder wollten ihre tägliche Fernsehnutzung nicht angeben. Auf die gleiche Weise lassen sich die Fallzahlen für die Frauen interpretieren, wobei zu erkennen ist, dass die Datendatei mehr Frauen als Männer enthält, diese aber mit etwas über 17 % in nahezu gleich hohem Maße keine gültigen Angaben zum Fernsehkonsum vorgenommen haben.

Verarbeitete Fälle

		Fälle					
		Gültig		Fehlend		Gesamt	
	Geschlecht	N	Prozent	N	Prozent	N	Prozent
Wie viele Stunden Fernsehen pro Tag	Männlich	1019	82,7%	213	17,3%	1232	100,0%
	Weiblich	1318	82,4%	282	17,6%	1600	100,0%

Deskriptive Statistik

	Geschlecht			Statistik	Standardfehler
Wie viele Stunden Fernsehen pro Tag	Männlich	Mittelwert		2,81	,071
		95% Konfidenzintervall des Mittelwerts	Untergrenze	2,67	
			Obergrenze	2,95	
		5% getrimmtes Mittel		2,58	
		Median		2,00	
		Varianz		5,106	
		Standardabweichung		2,260	
		Minimum		0	
		Maximum		21	
		Spannweite		21	
		Interquartilbereich		3	
		Schiefe		2,978	,077
		Kurtosis		16,067	,153
	Weiblich	Mittelwert		2,90	,062
		95% Konfidenzintervall des Mittelwerts	Untergrenze	2,78	
			Obergrenze	3,02	
		5% getrimmtes Mittel		2,69	
		Median		2,00	
		Varianz		5,005	
		Standardabweichung		2,237	
		Minimum		0	
		Maximum		20	
		Spannweite		20	
		Interquartilbereich		3	
		Schiefe		2,255	,067
		Kurtosis		9,462	,135

Abbildung 8.6: Kennzahlen für die Variable tvhours *(täglicher TV-Konsum in Stunden) getrennt für Männer und Frauen*

Kennzahlen für die beiden Fallgruppen

Die große Tabelle mit der Überschrift Deskriptive Statistik präsentiert das eigentliche Ergebnis, nämlich die für Männer und Frauen getrennt berechneten Kennzahlen der Variablen tvhours. Hier sind unter anderem folgende Ergebnisse abzulesen:

✔ **Mittelwert.** Frauen schauen mit durchschnittlich 2,90 Stunden am Tag geringfügig mehr Fernsehen als Männer, deren durchschnittlicher TV-Konsum 2,81 Stunden beträgt.

✔ **Konfidenzintervall des Mittelwerts.** Die 2.832 Personen aus der Datei `survey_sample.sav` sind eine Stichprobe aus der erwachsenen Bevölkerung der USA. So weit diese Stichprobe für die Gesamtbevölkerung repräsentativ ist, lassen sich aus den Ergebnissen der Stichprobe (also aus den Merkmalen der 2.832 befragten Personen) Rückschlüsse auf die Grundgesamtheit (also auf die Gesamtbevölkerung der USA) schließen. Ein solcher Rückschluss wurde hier für den durchschnittlichen Fernsehkonsum der Männer und Frauen vorgenommen. Das *95%-Konfidenzintervall des Mittelwerts* für die Männer besagt Folgendes: Aus der Tatsache, dass die 1.019 befragten Männer mit gültigen Antworten durchschnittlich 2,81 Stunden am Tag fernsehen, lässt sich für alle Männer in den USA schließen, dass ihr durchschnittlicher TV-Konsum zwischen 2,67 (Untergrenze) und 2,95 (Obergrenze) Stunden am Tag liegt. Dieser Rückschluss lässt sich natürlich nicht mit vollkommener Sicherheit ziehen (denn die Männer aus der 2.832-Personen-Stichprobe könnten ja zufällig außergewöhnlich stark von dem Durchschnitt der Gesamtbevölkerung abweichen), aber immerhin ist er mit einer Wahrscheinlichkeit von 95 % tatsächlich richtig.

Sie können auch engere oder breitere Konfidenzintervalle berechnen, die dann mit höherer oder geringerer Wahrscheinlichkeit richtig sind. Den Wert für diese Wahrscheinlichkeit geben Sie in dem Dialogfeld aus Abbildung 8.5 in dem Feld KONFIDENZINTERVALL FÜR DEN MITTELWERT vor.

✔ **Minimum, Maximum.** Sowohl unter den Männern als auch unter den Frauen gibt es jeweils mindestens eine Person, die gar kein Fernsehen schaut, denn das Minimum ist für beide Personengruppen mit 0 ausgewiesen. Das Maximum, also der höchste für den täglichen TV-Konsum beobachtete Wert, beträgt dagegen bei den Männern 21 und bei den Frauen 20 Stunden.

Machen eigentlich alle Prozeduren bei SPSS das Gleiche?

Sowohl in diesem als auch im vorhergehenden Abschnitt wurden Kennzahlen berechnet. Zum überwiegenden Teil handelte es sich dabei sogar um die gleichen Kennzahlen, zum Beispiel wurden in beiden Fällen Mittelwerte, Varianzen, Spannweiten, Minima, Maxima etc. bestimmt. Dennoch wurden zwei unterschiedliche Prozeduren verwendet, zum einen die Prozedur DESKRIPTIVE STATISTIK und zum anderen die Prozedur EXPLORATIVE DATENANALYSE. Dies mag zunächst etwas verwirrend sein (welche Prozedur ist denn nun die richtige zur Berechnung von Kennzahlen?), ist aber typisch für die Arbeit mit SPSS. Viele Ergebnisse lassen sich hier auf verschiedenen Wegen erreichen und es ist häufig Ihrem persönlichen Geschmack überlassen, welchen Weg Sie wählen. So wissen Sie jetzt zum Beispiel: Um einfache Kennzahlen wie den Mittelwert für eine Variable auszurechnen, können Sie sowohl die Prozedur DESKRIPTIVE STATISTIK als auch die Prozedur EXPLORATIVE DATENANALYSE verwenden, allerdings bietet Letztere noch einige zusätzliche Möglichkeiten wie die getrennte Berechnung der Mittelwerte für unterschiedliche Fallgruppen.

Lage und Streuung auf einen Blick: Boxplot-Diagramme malen

Die für Männer und Frauen getrennt berechneten Kennzahlen für den durchschnittlichen täglichen TV-Konsum haben gezeigt, dass Männer geringfügig weniger Fernsehen schauen als Frauen, gleichzeitig wurde aber der Spitzenwert des TV-Konsums von 21 Stunden am Tag bei einem Mann beobachtet. Mit anderen Worten: Die durchschnittliche Fernsehnutzung scheint bei den Männern generell ein klein wenig geringer zu sein als bei den Frauen, möglicherweise aber etwas stärker zu streuen. Um diesen Sachverhalt plakativ darzustellen, so dass er mit einem Blick erfasst werden kann, können Sie die Lage und Verteilung der Werte in einem Boxplot-Diagramm abbilden.

Boxplot-Diagramm erstellen

Um ein solches Boxplot-Diagramm zu erstellen, gehen Sie folgendermaßen vor:

1. **Befehl aufrufen.** Wählen Sie in der Datendatei, für die Sie die Kennzahlen berechnen möchten, den Menübefehl ANALYSIEREN|DESKRIPTIVE STATISTIKEN|EXPLORATIVE DATENANALYSE. Dieser Befehl öffnet das weiter vorn in diesem Kapitel dargestellte Dialogfeld aus Abbildung 8.4. Um das folgende Beispiel nachzuvollziehen, verwenden Sie die Datendatei `survey_sample.sav`, die Sie unter den von SPSS mit installierten Beispieldateien finden.

2. **Variablen auswählen.** Legen Sie in dem Dialogfeld fest, für welche Variablen das Boxplot-Diagramm erstellt werden soll. In diesem Beispiel soll die Werteverteilung der Variablen `tvhours` (täglicher TV-Konsum in Stunden) dargestellt werden, und zwar getrennt für die unterschiedlichen Ausprägungen der Variablen `sex` (Geschlecht). Daher wird wie in Abbildung 8.4 die Variable `tvhours` als abhängige Variable und `sex` als Faktorvariable angegeben.

3. **Boxplot anfordern.** Damit die Prozedur als Ergebnis ein Boxplot-Diagramm liefert, kreuzen Sie in der Gruppe ANZEIGE die Option DIAGRAMME an. Klicken Sie anschließend auf die Schaltfläche DIAGRAMME, mit der Sie das Dialogfeld aus Abbildung 8.7 öffnen. Markieren Sie hier in der Gruppe BOXPLOTS die Option FAKTORSTUFEN ZUSAMMEN und wählen Sie im Übrigen wie in Abbildung 8.7 alle weiteren Optionen ab.

4. **Berechnung starten.** Wenn Sie die Diagramme ausgewählt haben, schließen Sie das Dialogfeld mit der Schaltfläche WEITER und das Hauptdialogfeld mit der Schaltfläche OK. Daraufhin erstellt SPSS das Boxplot-Diagramm. Das Ergebnis wird wie immer in die Ausgabedatei geschrieben. Das Diagramm für dieses Beispiel ist in Abbildung 8.8 wiedergegeben.

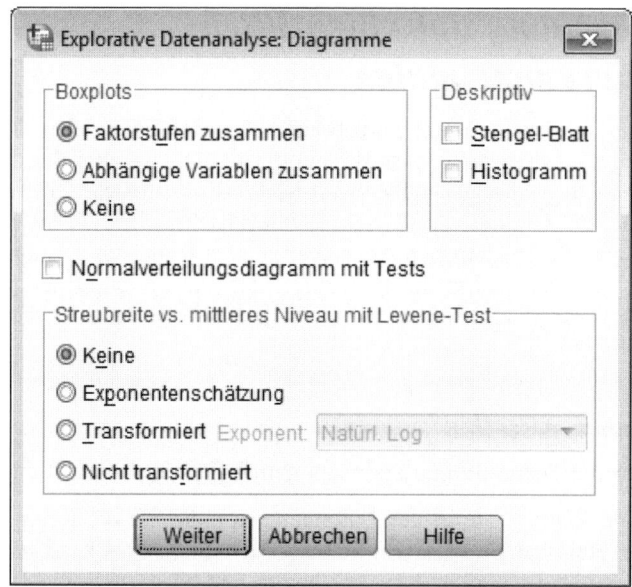

Abbildung 8.7: Dialogfeld zum Auswählen der zu erstellenden Diagramme

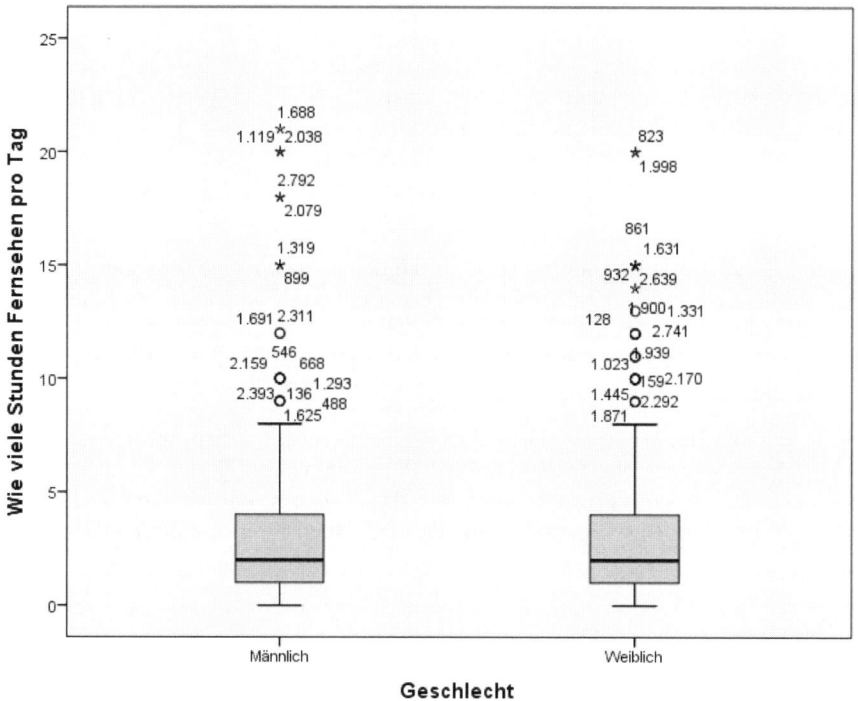

Abbildung 8.8: Boxplots mit der Verteilung des durchschnittlichen TV-Konsum pro Tag getrennt für Männer und Frauen

So liest man ein Boxplot-Diagramm

Das Diagramm in Abbildung 8.8 zeigt zwei Boxplots, eines für Männer und eines für Frauen. Jedes der beiden Boxplots stellt für die jeweilige Personengruppe folgende Kennzahlen dar (siehe auch die Skizze in Abbildung 8.9):

✔ **Median.** Der dicke schwarze Balken innerhalb der ausgefüllten Fläche kennzeichnet die Lage des Medians. Der *Median* (auch *50 %-Perzentil* oder *Zentralwert*) ist der Wert, der die Gesamtheit aller Werte in zwei Hälften teilt. Der Median für die Männer beträgt ebenso wie für die Frauen 2 (in der Grafik nur grob zu erkennen). Dies bedeutet, dass die Hälfte der befragten Männer (beziehungsweise Frauen) weniger als zwei Stunden und die andere Hälfte mehr als zwei Stunden am Tag fernsehen.

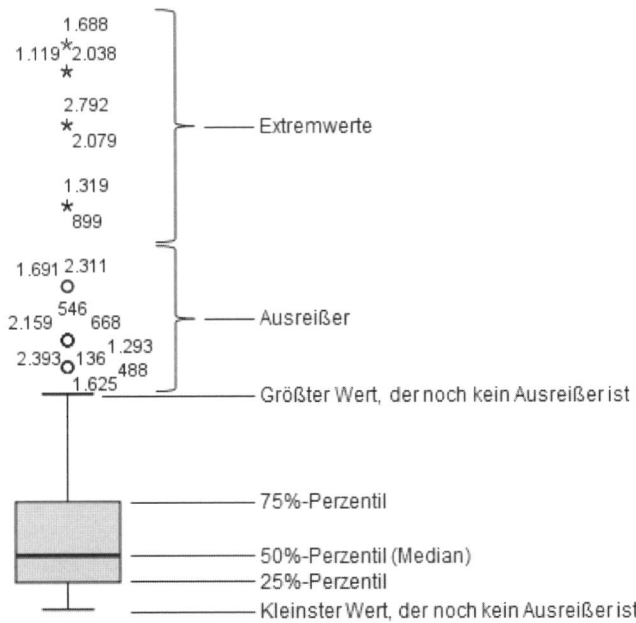

Abbildung 8.9: Bedeutung der Elemente eines Boxplot-Diagramms

✔ **25 %- und 75 %-Perzentil.** Die untere Grenze der ausgefüllten Fläche beschreibt die Lage des *25 %-Perzentils*, die obere Grenze die des *75 %-Perzentils*. Sowohl für Männer als auch für Frauen beträgt das 25 %-Perzentil 1 und das 75 %-Perzentil 4. Somit sehen 25 % der befragten Männer und Frauen weniger als eine Stunde am Tag fern, 75 % verbringen weniger als vier Stunden am Tag vor dem Fernseher (und 25 % entsprechend mehr als vier Stunden).

✔ **Ausreißer und Extremwerte.** Die Kreise und Sternchen in dem Boxplot-Diagramm kennzeichnen Werte, die im Verhältnis zu den übrigen Werten der Variablen extrem groß oder extrem klein sind. Dabei unterscheidet SPSS noch zwischen Ausreißern, die **etwas** größer oder kleiner als die übrigen Werte der Variablen sind, und Extremwerten, die **sehr weit** von den übrigen Werten der Variablen abweichen. In Abbildung 8.8 sind sowohl für die

Männer als auch für die Frauen ausschließlich besonders große Ausreißer und Extremwerte eingezeichnet, extrem kleine Werte sind in der Variablen nicht enthalten. Die einzelnen Ausreißer und Extremwerte sind zusätzlich mit der Fallnummer aus der Datendatei beschriftet. So können Sie in Abbildung 8.8 sofort erkennen, dass der Mann mit dem höchsten täglichen TV-Konsum in dem Fall mit der Nummer 1688 beschrieben ist.

✔ **Größter und kleinster nicht extremer Wert.** Der größte und der kleinste Wert einer Variablen, die noch nicht als Ausreißer oder Extremwert angesehen werden, sind in dem Boxplot durch die Querstriche ober- und unterhalb der ausgefüllten Fläche markiert.

Verteilung einer stetigen Variablen unter die Lupe nehmen

9

In diesem Kapitel

▷ Werteverteilung in einem Histogramm darstellen

▷ Die Normalverteilungskurve im Histogramm

▷ Die Balkenbreite im Histogramm anpassen

▷ Testen, ob eine Variable in der Grundgesamtheit normalverteilt ist

▷ Kennzahlen für die Schiefe und Wölbungsform einer Variablen

Zu Beginn einer Datenanalyse – oder genauer gesagt noch vor der eigentlichen Analyse – ist häufig von hohem Interesse, ob die Werteverteilung einer Variablen einem theoretischen Ideal entspricht oder diesem zumindest sehr nahe kommt. Für stetige Variablen (also Variablen wie Alter, Einkommen oder Gewicht, die mehr oder weniger jeden Wert annehmen können und nicht nur bestimmte Kodierungen enthalten) ist die mit Abstand am häufigsten betrachtete Idealverteilung dabei die *Normalverteilung*. Diese wird deshalb so häufig betrachtet, weil viele statistische Testverfahren nur dann zuverlässige Ergebnisse liefern, wenn die untersuchten Variablen nicht allzu sehr von der Normalverteilung abweichen.

Um sich nicht nur sprichwörtlich ein Bild von der Verteilung einer Variablen zu machen, beginnt man häufig damit, tatsächlich ein Bild zu malen, nämlich ein Diagramm, das die Werteverteilung grafisch darstellt. Dabei lässt sich auch schon ein erster optischer Vergleich der Werteverteilung einer Variablen mit dem Ideal der Normalverteilung vornehmen. Um der Sache anschließend näher auf den Grund zu gehen, können Sie statistische Tests durchführen, die Ihnen verraten, ob die betrachtete Variable in der Grundgesamtheit normalverteilt ist. Ist eine Variable nicht normalverteilt, geben zusätzliche Kennzahlen Aufschluss darüber, in welcher Weise die Werteverteilung einer Variablen von dem Ideal der Normalverteilung abweicht, ob sie also steiler oder flacher oder vielleicht asymmetrisch ist.

Histogramm – die ganze Verteilung auf einen Blick

Um die Werteverteilung einer stetigen Variablen grafisch darzustellen, wird häufig ein Histogramm verwendet. SPSS bietet wie so oft auch hier verschiedene Möglichkeiten, um ein solches Histogramm zu erstellen. Im Folgenden wird der Befehl DIAGRAMME|VERALTETE DIALOGFELDER|HISTOGRAMM (ja, der Befehl heißt wirklich so) verwendet, der ausschließlich zum Erstellen von Histogrammen dient und dabei die meisten Gestaltungsmöglichkeiten bietet.

Das folgende und alle weiteren Beispiele in diesem Kapitel verwenden die Datendatei `survey_sample.sav`. Diese Datei ist neben vielen anderen Beispieldaten im Lieferumfang von SPSS enthalten und wurde bei der Installation von SPSS mit auf die Festplatte kopiert. Sie sollten diese Datei in dem Programmverzeichnis von SPSS und dort in dem Unterverzeichnis `Samples` oder `Samples\German` finden. Um die folgenden Beispiele nachzuarbeiten, öffnen Sie die Datei einfach wie üblich mit dem Befehl DATEI|ÖFFNEN|DATEN. Die Datei enthält einen Auszug aus den Ergebnissen einer in den USA durchgeführten Bevölkerungsbefragung.

Ein möglicher Weg zum Erstellen eines Histogramms

In der Datei `survey_sample.sav` sind für insgesamt 2.832 Personen zahlreiche verschiedene Eigenschaften aufgeführt. Unter anderem ist dort auch für jede Person festgehalten, wie viele Stunden sie am Tag mit Fernsehen verbringt. Diese Information steht in der Variablen `tvhours`, für die im Folgenden ein Histogramm erstellt werden soll.

Um ein solches Histogramm für die Werteverteilung einer stetigen Variablen zu erzeugen, gehen Sie folgendermaßen vor:

1. **Befehl aufrufen.** Wählen Sie in der Datendatei, für die das Histogramm erstellt werden soll, den Menübefehl DIAGRAMME|VERALTETE DIALOGFELDER|HISTOGRAMM, der das Dialogfeld aus Abbildung 9.1 öffnet.

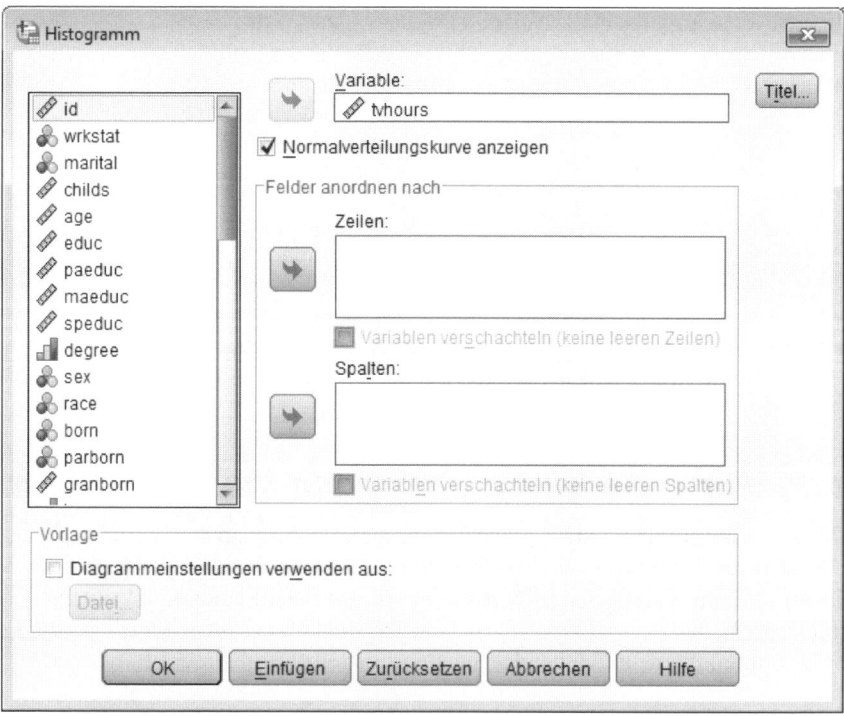

Abbildung 9.1: Dialogfeld der Prozedur DIAGRAMME|VERALTETE DIALOGFELDER|HISTOGRAMM

2. **Variablen auswählen.** Verschieben Sie die Variable, für die das Histogramm erstellt werden soll, mit der Pfeil-Schaltfläche in das Feld VARIABLE. In diesem Beispiel ist dies die Variable tvhours (täglicher TV-Konsum in Stunden).

3. **Normalverteilungskurve.** Kreuzen Sie die Option NORMALVERTEILUNGSKURVE ANZEIGEN an, um in das Histogramm zusätzlich eine Kurve einzuzeichnen, die anzeigt, wie die Werteverteilung der Variablen bei perfekter Normalverteilung verlaufen würde.

4. **Grafik erstellen.** Wenn Sie alle Angaben vorgenommen haben, klicken Sie auf die Schaltfläche OK. Daraufhin erstellt SPSS das angeforderte Histogramm. Das Ergebnis wird als Grafik in die aktive Ausgabedatei geschrieben. Wenn derzeit noch keine Ausgabedatei geöffnet ist, wird von SPSS automatisch eine neue erstellt. Das Ergebnis für dieses Beispiel ist in Abbildung 9.2 wiedergegeben.

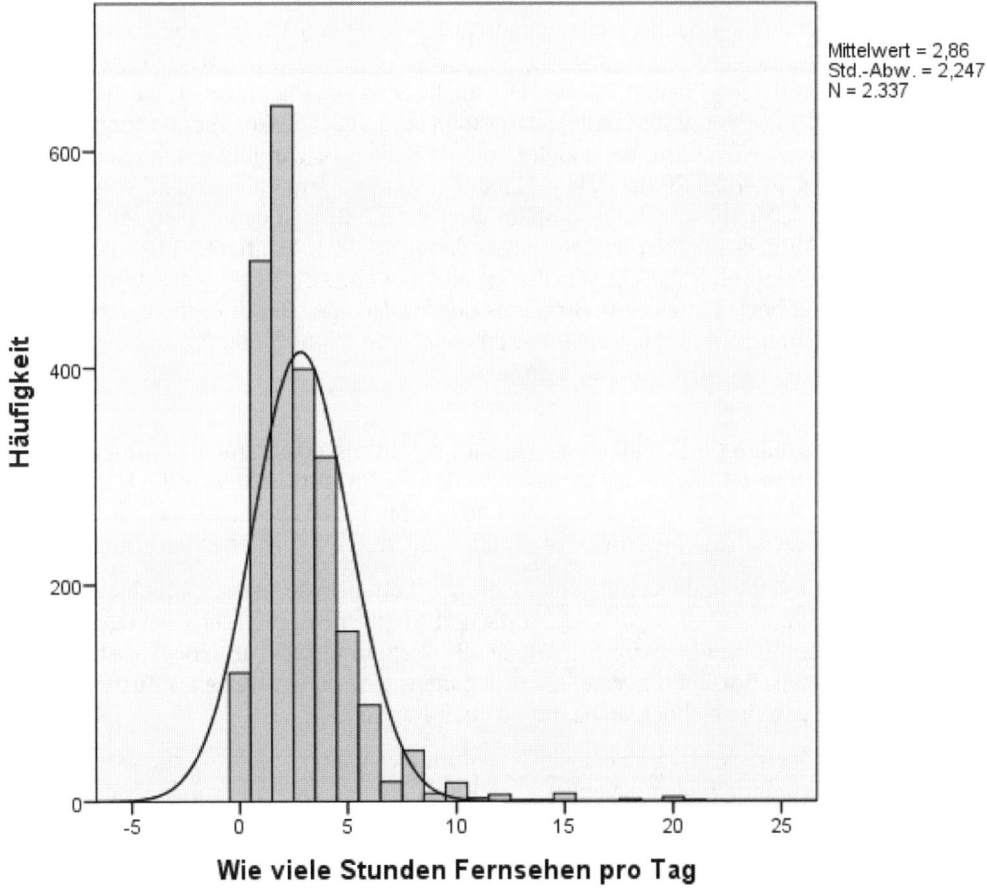

Abbildung 9.2: Histogramm für die Variable tvhours *mit Normalverteilungskurve als Vergleichsmaßstab*

Histogramm richtig lesen

Das Histogramm in Abbildung 9.2 ist sehr einfach zu lesen:

✔ **Die Balken.** Jeder Balken in der Grafik repräsentiert einen Wertebereich aus der Variablen `tvhours`. Die Höhe eines Balkens zeigt an, wie häufig die Werte aus diesem Bereich in der Variablen `tvhours` enthalten sind. Beispielsweise zeigt der höchste Balken der Grafik, dass die Variable ungefähr 650 Personen enthält, die pro Tag (in der Grafik nicht ganz einfach zu erkennen) zwei Stunden Fernsehen schauen. Der Balken rechts daneben zeigt, dass etwa 400 Personen drei Stunden am Tag fernsehen etc.

Wie erkennt man die Balkenbreite?

Die genaue Breite eines Balkens geht aus der Grafik leider nicht direkt hervor. So ist nicht klar zu erkennen, ob der höchste Balken den Wertebereich von 1,5 bis unter 3,0 Stunden oder möglicherweise von 2,0 bis unter 3,0 Stunden repräsentiert. Der Wertebereich lässt sich nur indirekt daraus ableiten, dass in dem an der Abszisse abgetragenen Wertebereich zwischen 0 und 5 insgesamt fünf Balken dargestellt sind. Jeder Balken repräsentiert daher einen Bereich von 5/5 = 1 Stunde, und der höchste Balken beschreibt tatsächlich den Bereich von 1,5 bis unter 2,5 Stunden. (Am klarsten ist dies an dem Balken zu erkennen, der direkt über der Achsenbeschriftung mit dem Wert 5 liegt; hier ist deutlich zu sehen, dass der Wert 5 die Mitte des Balkens bildet, so dass dieser bei einer Breite von 1 den Wertebereich von 4,5 bis unter 5,5 abdeckt.) Da die Variable `tvhours` aber nur ganzzahlige Werte enthält, steht der höchste Balken im Ergebnis nur für den Wert 2. Der nächste, rechts angrenzende Balken beschreibt dann den Wertebereich von 2,5 bis unter 3,5 und repräsentiert damit faktisch nur den ganzzahligen Wert 3.

✔ **Die Gesamtverteilung.** Alle Balken gemeinsam vermitteln einen guten Eindruck von der gesamten Werteverteilung in der Variablen `tvhours`. So ist unmittelbar die Häufung der Werte in dem Bereich von ungefähr 1 bis 4 zu erkennen. Dies bedeutet, dass ein Großteil der Befragten zwischen einer und vier Stunden am Tag mit Fernsehen verbringt.

Daneben gibt es eine Reihe von Personen, die deutlich mehr fernsehen; im oberen Wertebereich streuen die Werte sogar recht stark und es gibt mehrere Beobachtungen im Bereich zwischen 10 und 20 Stunden. Würde die Verteilung nicht in einem Histogramm, sondern in einem Boxplot dargestellt, würden diese sehr hohen Werte als Ausreißer oder Extremwerte gekennzeichnet, siehe hierzu auch Kapitel 8.

Bei den niedrigeren Werten streut die Verteilung bei Weitem nicht so stark. Die Untergrenze der Verteilung bilden die etwas über 100 Personen, die null Stunden am Tag fernsehen. Dies ist auch unmittelbar plausibel, denn ein TV-Konsum von null Stunden bildet eine natürliche Untergrenze, schließlich gibt es keine »Minuszeit«. Ebenso ist die Werteverteilung im Übrigen auch nach oben hin hart begrenzt, denn es wurde nach dem täglichen Fernsehkonsum in Stunden gefragt, und der kann auch bei den größten »TV-Junkies« nicht mehr als 24 Stunden betragen.

✔ **Die Kennzahlen.** Neben der Grafik werden einige wichtige Kennzahlen für die Variable tvhours ausgewiesen. Insgesamt enthält die Variable 2.337 gültige Werte (N=2.337). Dies ist die Anzahl der Personen in der Datendatei, für die eine gültige Antwort auf die Frage nach dem täglichen Fernsehkonsum vorliegt. Die Variable hat den Mittelwert 2,86, die befragten Personen verbringen also im Durchschnitt knapp drei Stunden am Tag vor dem Fernsehgerät. Die Standardabweichung beträgt 2,247.

✔ **Die Normalverteilung.** Die geschwungene Kurve in der Grafik beschreibt den Verlauf einer Normalverteilung, die die gleichen Parameter wie die Variable tvhours hat. Das heißt im Klartext: Wenn eine Variable mit einem Mittelwert von 2,86 und einer Standardabweichung von 2,247 perfekt normalverteilt ist, dann verteilen sich die Werte genau so, wie durch die geschwungene Kurve dargestellt. Damit ist auch klar zu erkennen, dass die Variable tvhours offenbar nicht perfekt normalverteilt ist, die Verteilung aber auch nicht meilenweit von einer Normalverteilung abweicht.

Die Balkenbreite richtig einstellen

Die Wertebereiche, die die Balken in dem Histogramm repräsentieren, werden von SPSS automatisch festgelegt – aber leider nicht immer in besonders geeigneter Weise. So ist das Histogramm aus Abbildung 9.2 sehr detailliert und stellt im Ergebnis für jeden einzelnen Wert aus der Variablen tvhours einen eigenen Balken dar. Dies ist allerdings mehr oder weniger ein Zufallsergebnis, da die Variable tvhours nur ganzzahlige Werte enthält und SPSS für die Balken in dem Histogramm eine Balkenbreite von 1 gewählt hat. Nicht immer passen die Balkenbreite und die Werte in der betrachteten Variablen so gut zusammen. So wählt SPSS häufig auch »krumme« Balkenbreiten wie etwa eine Breite von 1,66, die dann leicht dazu führt, dass einzelne Balken einen und andere zwei (ganzzahlige) Werte aus der Ursprungsvariablen repräsentieren. Auch in diesem Beispiel kann die gewählte Balkenbreite je nach Fragestellung unglücklich sein. So ist die Grafik zwar sehr detailliert, dafür aber recht kleinteilig und wenig plakativ.

Glücklicherweise muss man nicht mit der von SPSS gewählten Balkenbreite leben, sondern kann sie sehr einfach korrigieren. So können Sie in wenigen Schritten selbst festlegen, wie groß der Wertebereich sein soll, den jeder Balken des Histogramms beschreibt:

1. **Diagramm zum Bearbeiten öffnen.** Markieren Sie das Diagramm in der Ausgabedatei, zum Beispiel indem Sie einmal mit der Maus auf die Diagrammfläche klicken. Wählen Sie anschließend den Menübefehl BEARBEITEN|INHALT BEARBEITEN|IN SEPARATEM FENSTER. Alternativ zum Menübefehl können Sie auch mit der Maus auf das Diagramm doppelklicken. Beide Wege öffnen das Diagramm in einem eigenen Fenster, dem so genannten *Diagramm-Editor* (siehe Abbildung 9.3).

2. **Balkenreihe markieren.** Klicken Sie im Diagramm-Editor einmal auf die Balken in dem Histogramm. Damit markieren Sie diese Balkenfolge; dies wird durch eine fette Linie als Umrandung der Balkenfolge angezeigt.

3. **Eigenschaften-Dialogfeld aufrufen.** Wählen Sie anschließend den Menübefehl BEARBEITEN|EIGENSCHAFTEN. Dieser Befehl öffnet das in Abbildung 9.3 zu sehende EIGENSCHAFTEN-Dialogfeld, wenn es nicht ohnehin schon geöffnet war. Schlagen Sie in diesem Dialogfeld das Register KLASSIERUNG/GRUPPIERUNG auf.

4. **Balkenbreite einstellen.** Damit der erste Balken bei einem ganzzahligen Wert beginnt, wählen Sie in der Gruppe X-ACHSE die Option BENUTZERDEFINIERTER WERT FÜR ANKER und geben in das zugehörige Eingabefeld beispielsweise den Wert 0 ein.

Um die Breite des Wertebereichs, den ein Balken repräsentiert, festzulegen, wählen Sie in der Gruppe X-ACHSE die Option BENUTZERDEFINIERT mit der Unteroption INTERVALLBREITE. Wenn jeder Balken genau einen Wertebereich von 2 umfassen soll, geben Sie wie in Abbildung 9.3 in das zugehörige Eingabefeld den Wert 2 ein. Entsprechend würden Sie mit einem Wert von 5 festlegen, dass jeder Balken einen Wertebereich von 5 repräsentiert, so dass beispielsweise ein Balken alle Werte von 0 bis unter 5 abbilden würde.

5. **Neue Eigenschaften zuweisen.** Wenn Sie die gewünschten Einstellungen vorgenommen haben, klicken Sie auf die Schaltfläche ZUWEISEN. Daraufhin werden die neuen Eigenschaften auf das Histogramm angewandt. Abbildung 9.3 zeigt bereits das Ergebnis mit den neuen Eigenschaften, in dem jeder Balken einen Wertebereich mit einer Breite von 2 darstellt. So repräsentiert nun der höchste Balken den Bereich von 2 bis unter 4, der rechts angrenzende Balken den Bereich von 4 bis unter 6 etc.

6. **Diagramm-Editor schließen.** Wenn das Diagramm das gewünschte neue Aussehen hat, können Sie den Diagramm-Editor wieder schließen, wahlweise indem Sie auf das Kreuz in der rechten, oberen Ecke des Fensters klicken oder den Menübefehl DATEI|SCHLIESSEN wählen. Anschließend wird im Ausgabenavigator das veränderte Diagramm angezeigt.

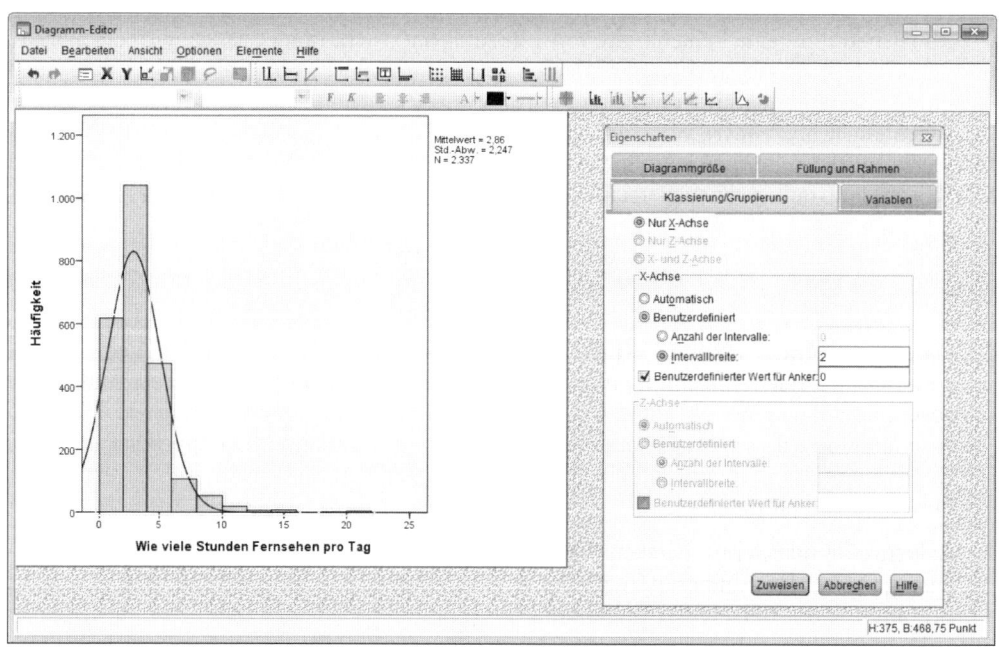

Abbildung 9.3: Diagramm-Editor mit einem zur Bearbeitung geöffneten Histogramm

Ist die Variable noch normal?

Viele Menschen fragen sich: Was ist schon noch normal in dieser Welt? Die Statistiker haben darauf zum Glück wie immer eine einfache Antwort gefunden. Die Antwort lautet in diesem Fall nicht *42*, sondern:

$$f(x) = \frac{1}{\sigma\sqrt{2\pi}} \exp\left(-\frac{1}{2}\left(\frac{x-\mu}{\sigma} \right)^2 \right)$$

Diese Antwort sollte intuitiv nachvollziehbar sein und vermutlich werden Sie ohnehin sagen, dass Sie das selbst auch schon immer so gesehen haben. Daher sind sicherlich keine weiteren Erläuterungen notwendig.

Wann ist eine Variable normal?

Das Histogramm in Abbildung 9.2 vergleicht die Verteilung der Variablen `tvhours` (täglicher TV-Konsum in Stunden) mit dem Verlauf einer Normalverteilung, die den gleichen Mittelwert und die gleiche Standardabweichung wie die Variable `tvhours` hat. Auch ohne langjährige statistische Ausbildung ist schnell zu erkennen, dass beide Verteilungen zwar nicht grundlegend unterschiedlich aussehen, von einer perfekten Übereinstimmung aber auch nicht wirklich die Rede sein kann. Insbesondere Werte knapp unterhalb des Mittelwerts treten in der Variablen `tvhours` wesentlich häufiger auf, als es nach dem Verlauf der Normalverteilung zu erwarten gewesen wäre. Dafür kommen Werte, die deutlich kleiner als der Mittelwert sind, in der Variablen `tvhours` gar nicht vor, obwohl nach der Normalverteilung auch solche Werte zu erwarten gewesen wären.

Für viele statistische Verfahren ist es nun gar nicht von so besonderer Bedeutung, wie die Werte aus der vorliegenden Stichprobe in der Datendatei verteilt sind, sondern ob die entsprechende Variable *in der Grundgesamtheit* normalverteilt ist. In diesem Beispiel stellt sich also die Frage: Wie sieht wohl die Werteverteilung aus, wenn nicht nur 2.337, sondern alle erwachsenen Personen in den USA ihren täglichen TV-Konsum benennen? Die Wahrscheinlichkeit, dass diese Werte in der Grundgesamtheit normalverteilt sind, lässt sich mit zwei speziellen Tests (dem *Kolmogorov-Smirnov-Test* und dem *Shapiro-Wilk-Test*) ermitteln, die auch mit SPSS durchgeführt werden können.

Testen, ob eine Variable normalverteilt ist

Das folgende Beispiel basiert wieder auf der Datendatei `survey_sample.sav`. Diese Datei ist neben vielen anderen Beispieldaten im Lieferumfang von SPSS enthalten. Sie sollten sie in dem Programmverzeichnis von SPSS und dort in dem Unterverzeichnis `Samples` oder `Samples\German` finden. Um die folgenden Beispiele nachzuarbeiten, öffnen Sie die Datei einfach wie üblich mit dem Befehl DATEI|ÖFFNEN|DATEN. Die Datei enthält einen Auszug aus den Ergebnissen einer in den USA durchgeführten Bevölkerungsbefragung.

Was soll das mit der Normalverteilung?

Die Normalverteilung (häufig auch Gaußverteilung genannt) ist eine theoretisch herge-
leitete Verteilungsform, die in der Statistik besondere Bedeutung hat und mathematisch
durch die oben abgebildete Formel beschrieben werden kann. Es lässt sich zeigen, dass
eine Zufallsvariable, die von vielen verschiedenen und voneinander unabhängigen Ein-
flussfaktoren abhängt, dazu neigt, in der Werteverteilung die Form der Normalverteilung
anzunehmen. Wenn eine empirisch beobachtete Variable, deren Werte nun bei Ihnen in
der Datendatei stehen, tatsächlich normalverteilt ist, ist dies für die Auswertung der
Daten enorm hilfreich, denn viele statistische Verfahren, die versuchen, aus den Daten
einer Stichprobe Rückschlüsse auf die Grundgesamtheit zu ziehen, setzen voraus, dass
die untersuchten Variablen normalverteilt sind. Dabei ist nicht entscheidend, ob die
Stichprobendaten, die in der Datendatei vorliegen, exakt dem Verlauf der Normalverteilung folgen, sondern ob die Werte der betrachteten Variablen in der Grundgesamtheit
normalverteilt sind. Deshalb genügt es auch nicht, auf ein Histogramm mit Normalverteilungskurve wie in Abbildung 9.2 zu schauen, um festzustellen, wie stark die tatsächliche Verteilung von der Normalverteilung abweicht, sondern es werden statistische Tests
durchgeführt, die eine Aussage darüber liefern, ob anhand der Stichprobendaten aus der
Datendatei davon ausgegangen werden kann, dass die gesamte Variable in der Grundgesamtheit der Normalverteilung folgt. Ein solcher Test kann auch mit SPSS durchgeführt
werden. Dabei erstellt SPSS neben der eigentlichen Teststatistik auch automatisch so genannte Normal-Quantil-Plots, die einen grafischen Eindruck von dem Grad der Übereinstimmung einer empirischen Verteilung mit der Normalverteilung liefern.

Um zu testen, ob eine Variable normalverteilt ist, gehen Sie folgendermaßen vor:

1. **Befehl aufrufen.** Wählen Sie in der Datendatei, für die Sie die Kennzahlen berechnen
   möchten, den Menübefehl ANALYSIEREN|DESKRIPTIVE STATISTIKEN|EXPLORATIVE DATENANALYSE. Die-
   ser Befehl öffnet das Dialogfeld aus Abbildung 9.4.

2. **Variable auswählen.** In diesem Dialogfeld werden in der linken Variablenliste sämtliche
   Variablen aus der aktuellen Datendatei aufgeführt. Wählen Sie hier die Variable aus, für
   die Sie testen möchten, ob sie in der Grundgesamtheit normalverteilt ist, und verschieben
   Sie sie mit der Pfeil-Schaltfläche in das Feld ABHÄNGIGE VARIABLEN. So ist in Abbildung 9.4
   angegeben, dass die Variable tvhours (täglicher TV-Konsum in Stunden) getestet werden
   soll.

3. **Test anfordern.** Um festzulegen, dass die explorative Datenanalyse einen Normalverteilungstest durchführen soll, wählen Sie in der Gruppe ANZEIGE die Option DIAGRAMME (denn
   erstaunlicherweise ist das Testverfahren bei SPSS in die Kategorie der Diagramme einge-
   ordnet). Klicken Sie anschließend auf die Schaltfläche DIAGRAMME. Damit öffnen Sie das Dialogfeld aus Abbildung 9.5. Kreuzen Sie hier die Option NORMALVERTEILUNGSDIAGRAMM MIT
   TESTS an. Alle übrigen Optionen können Sie abwählen.

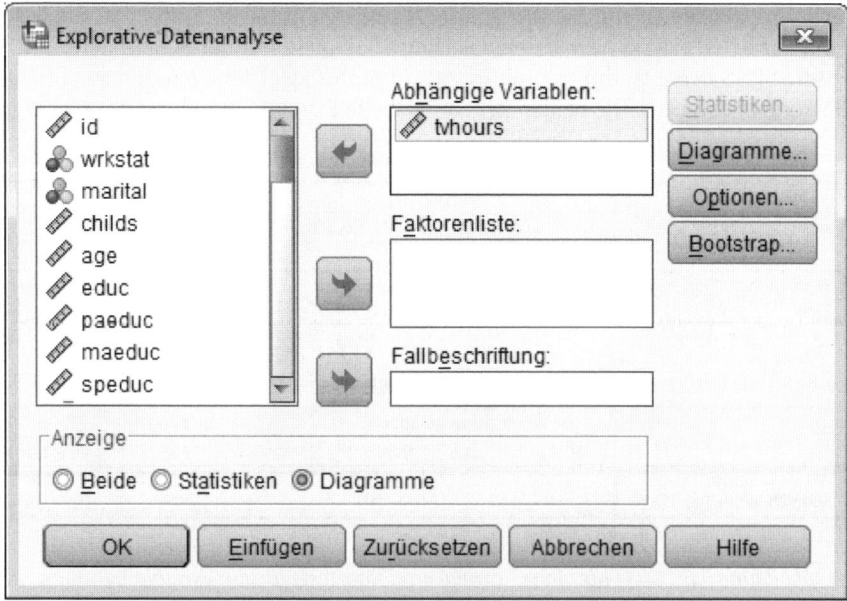

Abbildung 9.4: Dialogfeld der Prozedur EXPLORATIVE DATENANALYSE

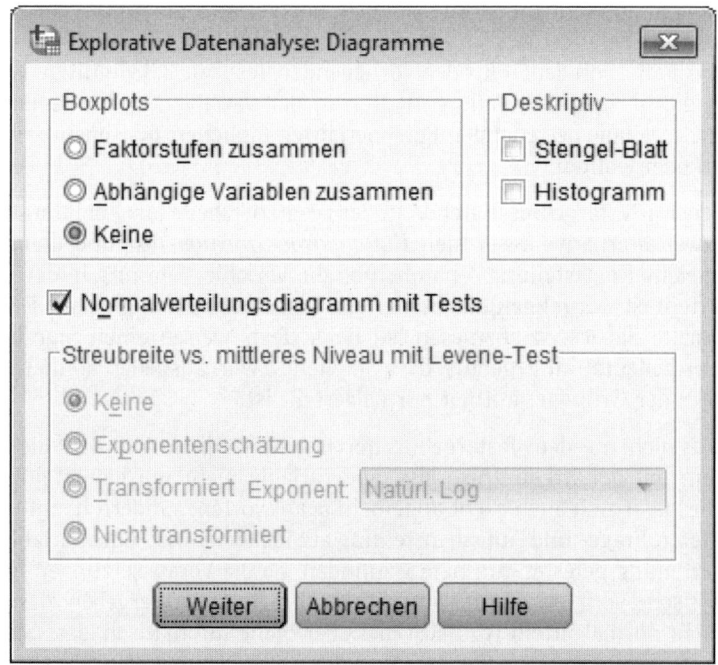

Abbildung 9.5: Dialogfeld zum Auswählen der Diagramme –
hier für ein Normalverteilungsdiagramm

4. **Berechnung starten.** Wenn Sie die Optionen ausgewählt haben, schließen Sie das Dialogfeld mit der Schaltfläche WEITER und das Hauptdialogfeld mit der Schaltfläche OK. Daraufhin führt SPSS den Test durch und fügt als Ergebnis zwei Tabellen und zwei Diagramme in die Ausgabedatei ein. Die beiden Ergebnistabellen sind in Abbildung 9.6 wiedergegeben.

Verarbeitete Fälle

	Fälle					
	Gültig		Fehlend		Gesamt	
	N	Prozent	N	Prozent	N	Prozent
Wie viele Stunden Fernsehen pro Tag	2337	82,5%	495	17,5%	2832	100,0%

Tests auf Normalverteilung

	Kolmogorov-Smirnov[a]			Shapiro-Wilk		
	Statistik	df	Signifikanz	Statistik	df	Signifikanz
Wie viele Stunden Fernsehen pro Tag	,188	2337	,000	,793	2337	,000

a. Signifikanzkorrektur nach Lilliefors

Abbildung 9.6: Ergebnis eines Normalverteilungstests für die Variable tvhours

Testergebnisse interpretieren

Die obere Tabelle in Abbildung 9.6 führt lediglich noch einmal die Anzahl der Fälle in der Datendatei und die für den Test tatsächlich verwendete Fallzahl auf. So enthält die Datendatei insgesamt 2.832 Fälle, von denen für den vorliegenden Test nur 2.337 gültige Fälle verwendet wurden, denn die übrigen 495 Fälle enthalten in der Variablen tvhours einen fehlenden Wert, vermutlich weil die betreffenden Personen ihren täglichen TV-Konsum nicht genau angeben konnten oder wollten.

Die entscheidenden Testergebnisse stehen in der zweiten Tabelle aus Abbildung 9.6. SPSS hat automatisch zwei alternative Tests (den *Kolmogorov-Smirnov-Test* und den *Shapiro-Wilk-Test*) für die gleiche Fragestellung – nämlich ob die Variable tvhours in der Grundgesamtheit normalverteilt ist – durchgeführt. Beide Tests kommen zu dem gleichen Ergebnis, das jeweils in der Spalte SIGNIFIKANZ abzulesen ist. Beide Tests weisen einen Signifikanzwert von 0,000 aus. Dies bedeutet im Ergebnis, dass Sie nicht davon ausgehen können, dass die Variable tvhours in der Grundgesamtheit normalverteilt ist.

 Was nicht aus dem Testergebnis hervorgeht, ist die Antwort auf die Frage, was Sie nun mit der Erkenntnis, dass eine Variable nicht normalverteilt ist, anfangen. Dies lässt sich auch nicht allgemein beantworten, sondern hängt von Ihrer konkreten Frage- und Aufgabenstellung ab. Meistens wird eine Variable auf Normalverteilung getestet, um herauszufinden, ob die Voraussetzungen für weitere statistische Verfahren erfüllt sind. Wenn Ihre Tests nun ergeben, dass eine Variable nicht normalverteilt ist, heißt dies aber nicht automatisch, dass Sie alle weiteren Tests, die eine Normalverteilung voraussetzen, einstellen können. Vielmehr ist auch entscheidend, wie sehr die tatsächliche Verteilung von der Normalverteilung abweicht. Dies lässt sich unter anderem sehr gut an einem Histogramm wie

in Abbildung 9.2 ablesen. Dort ist zum Beispiel zu erkennen, dass die Variable den Verlauf der Normalverteilung über weite Strecken sehr gut nachbildet, nur im unteren Wertebereich etwas stärker davon abweicht. Dies lässt sich auch inhaltlich erklären, denn die Werte der Variablen tvhours haben eine natürliche Untergrenze, da man nicht weniger als null Stunden am Tag mit Fernsehen verbringen kann. In einem solchen Fall, in dem die Verteilung zumindest annähernd normalverteilt scheint, können statistische Tests, die eine Normalverteilung voraussetzen, trotzdem durchgeführt werden, Sie sollten lediglich etwas vorsichtiger (konservativer) bei der Interpretation der Ergebnisse dieser Tests sein.

Was bedeutet der Signifikanzwert genau?

Mit den Normalverteilungstests wurde untersucht, ob die Hypothese, die Variable tvhours sei in der Grundgesamtheit normalverteilt, vor dem Hintergrund der Stichprobendaten aus der Datendatei plausibel ist. Der Signifikanzwert ist eine Art Wahrscheinlichkeit dafür, dass diese Hypothese richtig ist. Die formal korrekte Formulierung des Ergebnisses lautet: »Wenn Sie die Hypothese, die Variable tvhours sei in der Grundgesamtheit normalverteilt, ablehnen, begehen Sie mit einer Wahrscheinlichkeit von 0,000 beziehungsweise 0,0 % einen Irrtum.« Dies bedeutet etwas schludriger formuliert letztlich nichts anderes, als dass die Annahme, die Variable tvhours sei normalverteilt, nur mit einer Wahrscheinlichkeit von 0,0 % richtig ist. (Allerdings sollten Sie das so niemals einem eingefleischten Statistiker erzählen. Der könnte Ihnen nun einen mehrstündigen Vortrag darüber halten, worin der Unterschied zwischen der formal korrekten und der schludrigen Formulierung besteht. Normale Menschen sehen diesen Unterschied nicht.)

Von graden und schiefen Variablen

Statistiker lieben Kennzahlen. Deshalb haben sie auch für alle möglichen Phänomene auf dieser Welt Kennzahlen entwickelt, auch wenn nicht immer ganz klar ist, welchen praktischen Nutzen diese Kennzahlen haben sollen. Wenn Sie sich zum Beispiel einmal die Verteilung der Variablen tvhours in Abbildung 9.2 ansehen, werden Sie sehr schnell feststellen, dass die Werte nicht vollkommen symmetrisch um den Mittelwert der Variablen verteilt sind, sondern »auf der rechten Seite« bei den hohen Werten sehr viel stärker streuen als bei den niedrigen Werten, und dafür umgekehrt knapp unterhalb des Mittelwertes eine starke Häufung der Werte auftritt, während Werte, die deutlich kleiner sind als der Mittelwert, gar nicht beobachtet wurden. Ganz egal, ob diese Eigenarten der Werteverteilung irgendeine Bedeutung haben, sind sie für Statistiker alleine schon deshalb spannend, weil sie sich in einer Kennzahl ausdrücken lassen. Genau genommen sind sie sogar doppelt spannend, weil Statistiker nämlich gleich zwei Kennzahlen für die Form der Werteverteilung entwickelt haben, die für Nicht-Statistiker allerdings leicht ein wenig esoterisch wirken.

Kennzahlen für die Verteilungsform

Die beiden Kennzahlen, die üblicherweise zur Beschreibung der Verteilungsform einer Variablen herangezogen werden, messen den Grad der _Schiefe_ und der _Steilheit_:

✔ **Schiefe.** Die _Schiefe_ misst den Grad der Asymmetrie einer Werteverteilung. Wenn zum Beispiel wie in Abbildung 9.2 hohe Werte stärker streuen als niedrige Werte, ist die Verteilung nicht symmetrisch (bezogen auf den Mittelwert), sondern schief. Nur wenn sich die Werte zu beiden Seiten des Mittelwertes gleichmäßig verteilen, wird eine Variable als symmetrisch bezeichnet.

✔ **Steilheit (Wölbung, Kurtosis).** Neben der Symmetrie wird für eine Werteverteilung oft die Form der Wölbung gemessen, wobei immer von Interesse ist, ob die Werteverteilung steiler (spitzer) oder weniger steil ist als die Normalverteilung. In Abbildung 9.2 ist zum Beispiel zu erkennen, dass die Werteverteilung der Variablen tvhours einen höheren Peak (eine steilere Wölbung) hat als die Normalverteilung. Deshalb wird die Werteverteilung in schönster Statistiker-Sprache als _steilgipflig_ bezeichnet.

Kennzahlen für Schiefe und Steilheit berechnen

Um die Kennzahlen zur Messung von Schiefe und Steilheit einer Variablen zu berechnen, gehen Sie folgendermaßen vor:

1. **Befehl aufrufen.** Wählen Sie in der Datendatei, für die Sie die Kennzahlen berechnen möchten, den Menübefehl ANALYSIEREN|DESKRIPTIVE STATISTIKEN|EXPLORATIVE DATENANALYSE. Dieser Befehl öffnet das vorn dargestellte Dialogfeld aus Abbildung 9.4. Um das folgende Beispiel nachzuvollziehen, verwenden Sie die Datendatei survey_sample.sav, die Sie unter den von SPSS mitgelieferten Beispieldateien finden.

2. **Variable auswählen.** Wählen Sie in diesem Dialogfeld die Variable(n) aus, für die Sie die Kennzahlen berechnen möchten, und verschieben Sie sie mit der Pfeil-Schaltfläche in das Feld ABHÄNGIGE VARIABLEN. So ist in Abbildung 9.4 angegeben, dass Kennzahlen für die Variable tvhours (täglicher TV-Konsum in Stunden) berechnet werden sollen.

3. **Kennzahlen anfordern.** Im nächsten Schritt legen Sie fest, welche Kennzahlen die explorative Datenanalyse berechnen soll. Wählen Sie hierzu in der Gruppe ANZEIGE die Option STATISTIKEN und klicken Sie anschließend auf die Schaltfläche STATISTIKEN. Damit öffnen Sie das Dialogfeld aus Abbildung 9.7. Kreuzen Sie hier die Option DESKRIPTIVE STATISTIK an. Damit wird eine ganze Reihe von Kennzahlen berechnet, darunter auch die Schiefe und die Kurtosis für die Steilheit der Wölbung.

4. **Berechnung starten.** Wenn Sie die Kennzahlen ausgewählt haben, schließen Sie das Dialogfeld mit der Schaltfläche WEITER und das Hauptdialogfeld mit der Schaltfläche OK. Daraufhin berechnet SPSS die angeforderten Kennzahlen. Als Ergebnis werden zwei Tabellen in die Ausgabedatei geschrieben. Die zentrale Ergebnistabelle für dieses Beispiel ist in Abbildung 9.8 wiedergegeben.

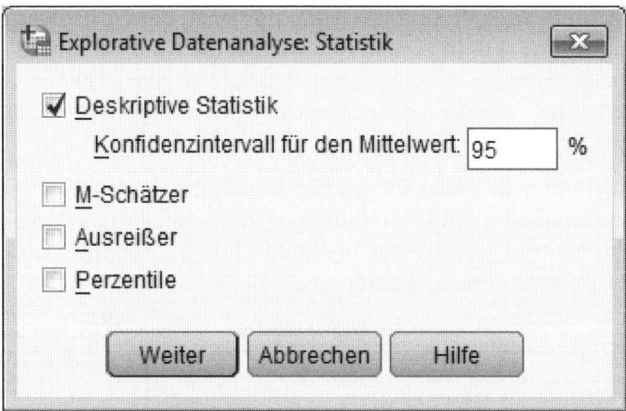

Abbildung 9.7: Dialogfeld zum Auswählen der zu berechnenden Kennzahlen

Kennzahlen interpretieren

Neben einigen weiteren Kennzahlen weist die Ergebnistabelle in Abbildung 9.8 in den beiden untersten Zeilen die _Schiefe_ und die _Kurtosis_ als Kennzahlen für die Form der Werteverteilung aus:

✔ **Schiefe.** Bei der Schiefe ist zunächst relevant, ob der Wert positiv, negativ oder genau null ist. Bei einem Wert von null wäre die Verteilung vollkommen symmetrisch zum Mittelwert der Variablen. Ein positiver Wert bedeutet, dass die Verteilung »auf der rechten Seite« bei den hohen Werten stärker streut als auf der linken Seite, wodurch die Verteilung rechts einen längeren Schwanz hat als links. Bei einem negativen Wert der Schiefe ist es genau umgekehrt. In diesem Beispiel wird die Schiefe mit 2,572 ausgewiesen. Dies entspricht dem optischen Eindruck aus Abbildung 9.2, dass die Verteilung rechts lang und flach ausläuft, während sie links sehr schnell endet und schon nahe unterhalb des Mittelwertes praktisch abgeschnitten ist.

 Der Wert der Schiefe bezieht sich zunächst nur auf die Stichprobendaten aus der Datendatei. Wenn Sie sich nun fragen, ob Sie aus dieser Beobachtung schließen können, dass die Variable auch in der Grundgesamtheit entsprechend schief ist, sollten Sie als zusätzliche Kennzahl den _Standardfehler der Schiefe_ betrachten, der ebenfalls in Abbildung 9.8 mit ausgewiesen wird. Als Faustregel gilt: Wenn der absolute Wert der Schiefe (bei einer negativen Schiefe also ohne Vorzeichen) mehr als doppelt so groß ist wie der Standardfehler, können Sie davon ausgehen, dass die Variable auch in der Grundgesamtheit schief und nicht symmetrisch ist. In diesem Beispiel beträgt der Standardfehler der Schiefe 0,051, so dass die Schiefe mit 2,572 ungefähr fünfzigmal so groß ist wie ihr Standardfehler.

✔ **Kurtosis.** Die Kurtosis misst die Steilheit der Wölbung einer Werteverteilung, und zwar im Vergleich zur Normalverteilung. Auch hier ist zunächst das Vorzeichen der Kurtosis entscheidend: Ein positiver Wert zeigt an, dass die Werteverteilung steiler ist als die der Normalverteilung, bei einem negativen Wert ist die Verteilung entsprechend flacher.

Wenn die betrachtete Variable in ihrer Wölbung genau der Normalverteilung entspricht, hat die Kurtosis den Wert 0. In diesem Beispiel hat die Kurtosis mit 12,336 einen positiven Wert und zeigt damit an, dass die Verteilung der Variablen tvhours steiler verläuft als eine Normalverteilung, was genau dem Eindruck aus der grafischen Darstellung in Abbildung 9.2 entspricht.

Auch für die Kurtosis wird zusätzlich der Standardfehler ausgewiesen, der hier mit 0,101 deutlich kleiner ist als der Kurtosis-Wert 12,336, weshalb man davon ausgehen kann, dass die Variable tvhours nicht nur in der Stichprobe, sondern auch in der Grundgesamtheit steiler ist als die Normalverteilung.

Deskriptive Statistik

			Statistik	Standardfehler
Wie viele Stunden Fernsehen pro Tag	Mittelwert		2,86	,046
	95% Konfidenzintervall des Mittelwerts	Untergrenze	2,77	
		Obergrenze	2,95	
	5% getrimmtes Mittel		2,64	
	Median		2,00	
	Varianz		5,049	
	Standardabweichung		2,247	
	Minimum		0	
	Maximum		21	
	Spannweite		21	
	Interquartilbereich		3	
	Schiefe		2,572	,051
	Kurtosis		12,336	,101

Abbildung 9.8: Schiefe, Kurtosis und weitere Kennzahlen für die Variable tvhours

Kategoriale Daten auswerten

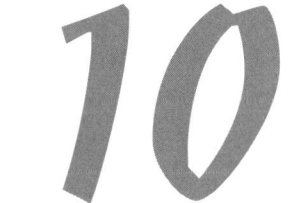

In diesem Kapitel

▷ Häufigkeitstabellen für kategoriale Variablen

▷ Balkendiagramme als grafische Form der Häufigkeitstabelle

▷ Kreisdiagramme für besondere kategoriale Variablen

▷ Pareto-Diagramme für Kategorien mit einer inhaltlichen Ordnung

*W*enn Sie sich ein erstes Bild von dem Inhalt einer kategorialen Variablen verschaffen möchten, die nur eine überschaubare Anzahl unterschiedlicher Werte enthält, besteht der einfachste Weg darin, einfach mal auszuzählen, mit welcher Häufigkeit die unterschiedlichen Werte in der Variablen vorkommen. Haben Sie beispielsweise eine Personenbefragung durchgeführt und in einer Variablen das Geschlecht der Befragten notiert, werden Sie in einem ersten Schritt wissen wollen, wie viele Männer und Frauen denn nun in der Stichprobe enthalten sind. Genau so einen Überblick liefert eine *Häufigkeitstabelle*, die nichts anderes macht, als alle Kategorien (alle unterschiedlichen Werte) einer Variablen aufzuführen und jeweils anzugeben, mit welcher Häufigkeit diese in der Variablen enthalten sind. Um das Ganze noch anschaulicher zu machen, lassen sich die Häufigkeiten der einzelnen Kategorien auch in grafischer Form darstellen – typischerweise in einem *Balkendiagramm* oder, insbesondere wenn in erster Linie die Anteile und weniger die absoluten Häufigkeiten der einzelnen Kategorien von Interesse sind, in einem *Kreisdiagramm*. Wenn die Kategorien der Variablen eine bestimmte Reihenfolge haben und sich beispielsweise von `gut` nach `schlecht` oder von `viel` bis `wenig` ordnen lassen, wird häufig auch ein Balkendiagramm erstellt, das zusätzlich eine Linie der kumulierten Häufigkeiten wiedergibt; ein solches Diagramm wird dann als *Pareto-Diagramm* bezeichnet.

Alle Beispiele in diesem Kapitel verwenden die Datendatei `survey_sample.sav`. Diese Datei ist neben vielen anderen Beispieldaten im Lieferumfang von SPSS enthalten und wurde bei der Installation von SPSS mit auf die Festplatte kopiert. Sie sollten diese Datei in dem Programmverzeichnis von SPSS und dort in dem Unterverzeichnis `Samples` oder `Samples/German` finden. Um die folgenden Beispiele nachzuarbeiten, öffnen Sie die Datei einfach wie üblich mit dem Befehl DATEI|ÖFFNEN|DATEN. Die Datei enthält einen Auszug aus den Ergebnissen einer in den USA durchgeführten Bevölkerungsbefragung.

Tabelle einer Häufigkeitsverteilung

Im Rahmen der Bevölkerungsbefragung in den USA, deren Ergebnisse zum Teil in der Datei `survey_sample.sav` enthalten sind, wurden die Befragten auch zu ihren privaten Fahrzeugen befragt. Dabei war unter anderem bei jenen Befragten, die mehr als ein Auto im Haushalt besaßen, der Hersteller des Zweitwagens von Interesse. Als mögliche Antworten waren die

Alternativen Amerikanisch, Japanisch, Koreanisch, Deutsch, Schwedisch und Anderer vorgesehen. Die von den Befragten tatsächlich gewählten Antworten sind in der Variablen car2 festgehalten. Wenn man nun beginnt, eine solche kategoriale Variable mit einer überschaubaren Anzahl alternativer Antwortkategorien auszuwerten, wird man sich im ersten Schritt in aller Regel dafür interessieren, mit welcher Häufigkeit die einzelnen Antworten gewählt wurden (beziehungsweise allgemeiner formuliert, mit welcher Häufigkeit die verschiedenen Kategorien beziehungsweise Werte – es müssen ja nicht immer Antworten aus einer Befragung sein – in der Variablen vorkommen).

Häufigkeitstabelle erstellen

Die Antwort auf die Frage, wie häufig die verschiedenen Kategorien in einer Variablen vorkommen, liefert eine Häufigkeitstabelle, die Sie mit SPSS und ein wenig Übung in ungefähr 17 Sekunden erstellen können:

1. **Befehl aufrufen.** Wählen Sie in der Datendatei, für die Sie die Häufigkeitstabelle erstellen möchten, den Menübefehl ANALYSIEREN|DESKRIPTIVE STATISTIKEN|HÄUFIGKEITEN. Dieser Befehl öffnet das Dialogfeld aus Abbildung 10.1.

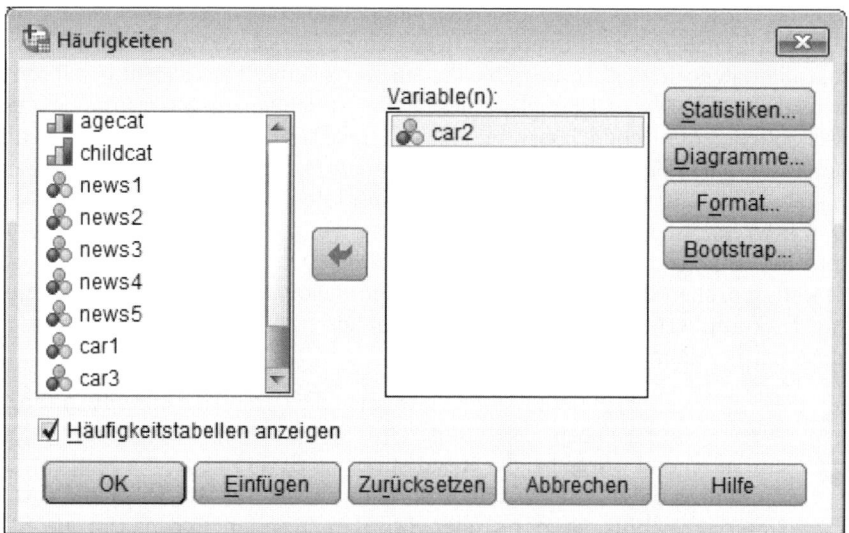

Abbildung 10.1: Dialogfeld zum Erstellen einer Häufigkeitstabelle

2. **Variable(n) auswählen.** In diesem Dialogfeld werden in der linken Variablenliste sämtliche Variablen der aktuellen Datendatei aufgeführt. Wählen Sie hier die Variable(n) aus, für die Sie eine Häufigkeitstabelle erstellen möchten, und verschieben Sie sie mit der Pfeil-Schaltfläche in das rechte Feld VARIABLE(N). In Abbildung 10.1 ist auf diese Weise die Variable car2 ausgewählt.

3. **Häufigkeitstabelle anfordern.** Stellen Sie sicher, dass die Option HÄUFIGKEITSTABELLEN ANZEIGEN angekreuzt ist, und klicken Sie anschließend auf die Schaltfläche OK. Daraufhin er-

stellt SPSS die gewünschte Tabelle. Die auf diese Weise erstellte Häufigkeitstabelle für die Variable `car2` ist in Abbildung 10.2 wiedergegeben.

Häufigkeitstabelle lesen

Die Häufigkeitstabelle in Abbildung 10.2 führt alle Antwortkategorien der Variablen `car2` auf und gibt jeweils die absoluten und relativen Häufigkeiten an, mit denen diese in der Variablen vorkommen. So ist in der ersten Spalte mit der Überschrift `Häufigkeit` abzulesen, dass 967 der befragten Personen einen Zweitwagen von einem amerikanischen Hersteller fahren. 556 Personen fahren einen Zweitwagen aus Japan, 234 einen aus Korea, 256 ein deutsches Auto, 126 ein Auto aus Schweden und 154 ein Auto aus einem anderen, hier nicht näher bezeichneten Land. Insgesamt liegen damit für 2.266 Personen Aussagen über den Hersteller ihres aktuellen Zweitwagens vor. In 566 Fällen liegen fehlende Werte vor, die darauf zurückzuführen sind, dass diese 566 Befragten keinen Zweitwagen besaßen, weshalb die Frage nach dessen Herkunft nicht sinnvoll gestellt werden konnte Die gesamte Datenbasis mit allen gültigen und fehlenden Werten umfasst damit 2.832 Fälle.

Hersteller der zweiten Autos

		Häufigkeit	Prozent	Gültige Prozente	Kumulierte Prozente
Gültig	Amerikanisch	967	34,1	42,7	42,7
	Japanisch	556	19,6	24,5	67,2
	Koreanisch	234	8,3	10,3	77,5
	Deutsch	256	9,0	11,3	88,8
	Schwedisch	126	4,4	5,6	94,4
	Anderer	127	4,5	5,6	100,0
	Gesamt	2266	80,0	100,0	
Fehlend	Keiner	566	20,0		
Gesamt		2832	100,0		

Abbildung 10.2: Häufigkeitstabelle für die Variable `car2`

In den beiden Spalten `Prozent` und `Gültige Prozente` werden relative Häufigkeiten ausgewiesen. Der Unterschied zwischen den beiden Angaben besteht darin, dass sich die Spalte `Prozent` auf alle 2.832 Fälle aus der Datendatei bezieht, während die Spalte `Gültige Prozente` nur die 2.266 Fälle mit gültigen (nicht fehlenden) Werten betrachtet. So gaben von den 2.832 Befragten 34,1 % an, einen Zweitwagen eines amerikanischen Herstellers zu besitzen. Von den 2.266 Personen, die überhaupt einen Zweitwagen haben, ist dies ein Anteil von 42,7 %.

Die Spalte `Kumulierte Prozente` gibt für jede Antwortkategorie an, welcher Anteil der Antworten auf diese oder eine der vorhergehenden Kategorien entfällt. So besagt der Wert von 77,5 % in der dritten Zeile, dass 77,5 % aller Befragten, für die eine gültige Antwort vorliegt, entweder ein amerikanisches, ein japanisches oder ein koreanisches Auto als Zweitwagen besitzen.

Die von SPSS erstellten Tabellen sind zunächst häufig etwas unglücklich formatiert. Beispielsweise sind oft einzelne Spalten zu schmal, weshalb Texte über zwei oder mehr Zeilen umbrochen werden. Die Tabellen sind damit wenig präsentabel. Alle Formatierungen einer Tabelle können Sie jedoch selbst beliebig verändern und beispielsweise Spaltenbreiten, Farben und Schriften nach Ihren Wünschen anpassen. Das Vorgehen hierzu ist im fünften Teil dieses Buches beschrieben.

Balkendiagramm: Die grafische Form der Häufigkeitstabelle

Eine Häufigkeitstabelle beschreibt ausführlich und präzise die Werteverteilung einer kategorialen Variablen. Einen wesentlich anschaulicheren und plastischeren Eindruck der Werteverteilung vermittelt allerdings eine Grafik. Das klassische Pendant zur Häufigkeitstabelle ist ein Balkendiagramm, in dem für jede Antwortkategorie (für jeden unterschiedlichen Wert einer Variablen) ein Balken dargestellt wird, dessen Höhe die Häufigkeit des jeweiligen Wertes widerspiegelt.

Balkendiagramm erstellen

Um ein Balkendiagramm zu erstellen, gehen Sie folgendermaßen vor:

Neben dem im Folgenden beschriebenen Weg können Balkendiagramme auch mit dem Menübefehl DIAGRAMME|VERALTETE DIALOGFELDER|BALKEN [sic!] erstellt werden. Bei diesem Befehl sind die weiteren Schritte zum Ausfüllen der Dialogfelder etwas kompliziert, dafür bietet er jedoch auch wesentlich differenziertere Gestaltungsmöglichkeiten. Der Umgang mit den Befehlen aus dem DIAGRAMME-Menü wird in Teil IV dieses Buches näher beschrieben.

1. **Befehl aufrufen.** Wählen Sie in der Datendatei, für die Sie das Balkendiagramm erstellen möchten, den Menübefehl ANALYSIEREN|DESKRIPTIVE STATISTIKEN|HÄUFIGKEITEN. Dieser Befehl öffnet das weiter vorn in diesem Kapitel in Abbildung 10.1 wiedergegebene Dialogfeld. Um das folgende Beispiel nachzuvollziehen, verwenden Sie die Datendatei survey_sample.sav, die Sie unter den von SPSS mit installierten Beispieldateien finden.

2. **Variable(n) auswählen.** Wählen Sie in diesem Dialogfeld die Variable(n) aus, für die Sie ein Balkendiagramm erstellen möchten, und verschieben Sie sie mit der Pfeil-Schaltfläche in das Feld VARIABLE(N). In Abbildung 10.1 ist auf diese Weise die Variable car2 ausgewählt.

3. **Balkendiagramm anfordern.** Klicken Sie anschließend auf die Schaltfläche DIAGRAMME, die das Dialogfeld aus Abbildung 10.3 öffnet. Wählen Sie hier die Option BALKENDIAGRAMME und geben Sie in der Gruppe DIAGRAMMWERTE an, ob das Balkendiagramm absolute Häufigkeiten oder Prozentwerte (also relative Häufigkeiten) darstellen soll. Die Wahl zwischen diesen beiden Optionen hat natürlich keinen Einfluss auf die Höhe der Balken in dem Diagramm, sondern nur auf die Beschriftung der Achse, an der entweder absolute Werte oder Prozentwerte abgetragen werden.

Um statt des Balkendiagramms ein Kreisdiagramm zu erstellen, wählen Sie einfach die Option KREISDIAGRAMME.

Abbildung 10.3: Dialogfeld zum Anfordern eines Diagramms zu einer Häufigkeitstabelle

4. **Diagramm erstellen.** Wenn Sie den Diagrammtyp ausgewählt und die Diagrammwerte festgelegt haben, schließen Sie das Dialogfeld mit der Schaltfläche WEITER und anschließend das Hauptdialogfeld mit der Schaltfläche OK. Daraufhin erstellt SPSS das angeforderte Diagramm und fügt es in die Ausgabedatei ein. Das Ergebnis für dieses Beispiel ist in Abbildung 10.4 wiedergegeben.

Balkendiagramm interpretieren

Das Balkendiagramm in Abbildung 10.4 zeigt die Häufigkeitsverteilung der Variablen car2. Für jede Antwortkategorie (für jeden unterschiedlichen Wert dieser Variablen) ist ein Balken dargestellt. Die Höhe des Balkens zeigt die Häufigkeit an, mit der die jeweilige Antwort gewählt wurde (also die Häufigkeit, mit der der jeweilige Wert in der Variablen vorkommt). Hier ist die Werteverteilung aus der Häufigkeitstabelle aus Abbildung 10.2 wiederzuerkennen. So fahren von den Befragten knapp 1.000 Personen einen Zweitwagen von einem amerikanischen Hersteller, bei gut 500 Personen wurde der Zweitwagen von einem japanischen Hersteller gebaut und bei etwas mehr als 100 Befragen kommt der Zweitwagen aus Schweden. Die Balken vermitteln einen sehr viel anschaulicheren Eindruck der Werteverteilung und zeigen zum Beispiel auf einen Blick die große Zahl der amerikanischen Autos unter den Zweitwagen. Dafür ist die Aussage der Grafik weniger präzise, denn die genaue Häufigkeit der einzelnen Kategorien lässt sich hier nur sehr schwer beziehungsweise gar nicht ablesen. Um dieses Defizit zu beheben, können Sie im nächsten Schritt zusätzlich die genauen Häufigkeitswerte zu den einzelnen Balken in die Grafik einfügen.

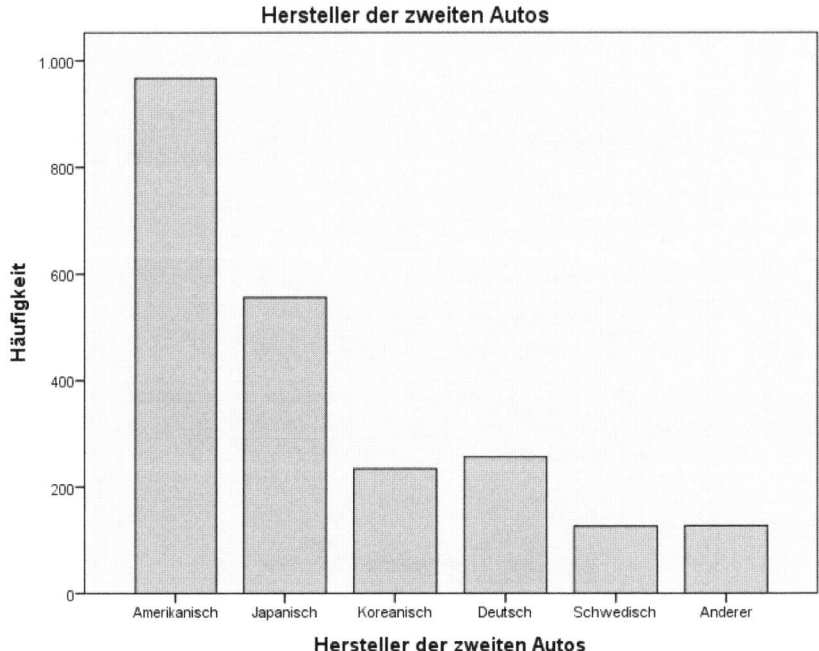

Abbildung 10.4: Balkendiagramm für die Häufigkeitsverteilung der Variablen car2

Genaue Wertangaben in das Balkendiagramm einfügen

Das größte Manko des Balkendiagramms aus Abbildung 10.4 ist die Tatsache, dass die genauen Häufigkeiten der einzelnen Kategorien nicht aus der Grafik hervorgehen. Um diese Angaben nachträglich in das Diagramm einzufügen, gehen Sie folgendermaßen vor:

1. **Diagramm zum Bearbeiten öffnen.** Markieren Sie das Diagramm in der Ausgabedatei, zum Beispiel indem Sie einmal mit der Maus auf die Diagrammfläche klicken. Wählen Sie anschließend den Menübefehl BEARBEITEN|INHALT BEARBEITEN|IN SEPARATEM FENSTER. Alternativ zum Menübefehl können Sie auch mit der Maus auf das Diagramm doppelklicken. Beide Wege öffnen das Diagramm in einem eigenen Fenster, dem so genannten *Diagramm-Editor* (siehe Abbildung 10.5).

2. **Beschriftung der Balken einfügen.** Wählen Sie im Diagramm-Editor den Menübefehl ELE-MENTE|DATENBESCHRIFTUNGEN EINBLENDEN. Daraufhin werden in die Balken kleine Textfelder eingefügt, die für jeden Balken die Häufigkeit angeben, die durch die Höhe des Balkens dargestellt wird.

3. **Schriftgröße anpassen.** Die Schrift in den neu eingefügten Feldern ist per Voreinstellung häufig sehr klein, kann aber auf einfache Weise geändert werden. Wählen Sie hierzu in der Drop-down-Liste SCHRIFTGRÖSSE (in Abbildung 10.5 eingekreist) einfach eine andere Schriftgröße aus. Dabei müssen die neu eingefügten Textfelder markiert sein. Unmittelbar nach dem Einfügen der Textfelder ist dies der Fall, was Sie daran erkennen, dass die Felder

durch eine kräftige Linie umrandet sind (siehe Abbildung 10.5). Sollten die Felder bei Ihnen nicht markiert sein, können Sie sie durch einfaches Anklicken mit der Maus markieren.

4. **Diagramm-Editor wieder schließen.** Wenn das Diagramm das gewünschte neue Aussehen hat, können Sie den Diagramm-Editor wieder schließen, wahlweise indem Sie auf das Kreuz in der rechten, oberen Ecke des Fensters klicken oder den Menübefehl DATEI|-SCHLIESSEN wählen. Anschließend wird in der Ausgabedatei das veränderte Diagramm angezeigt.

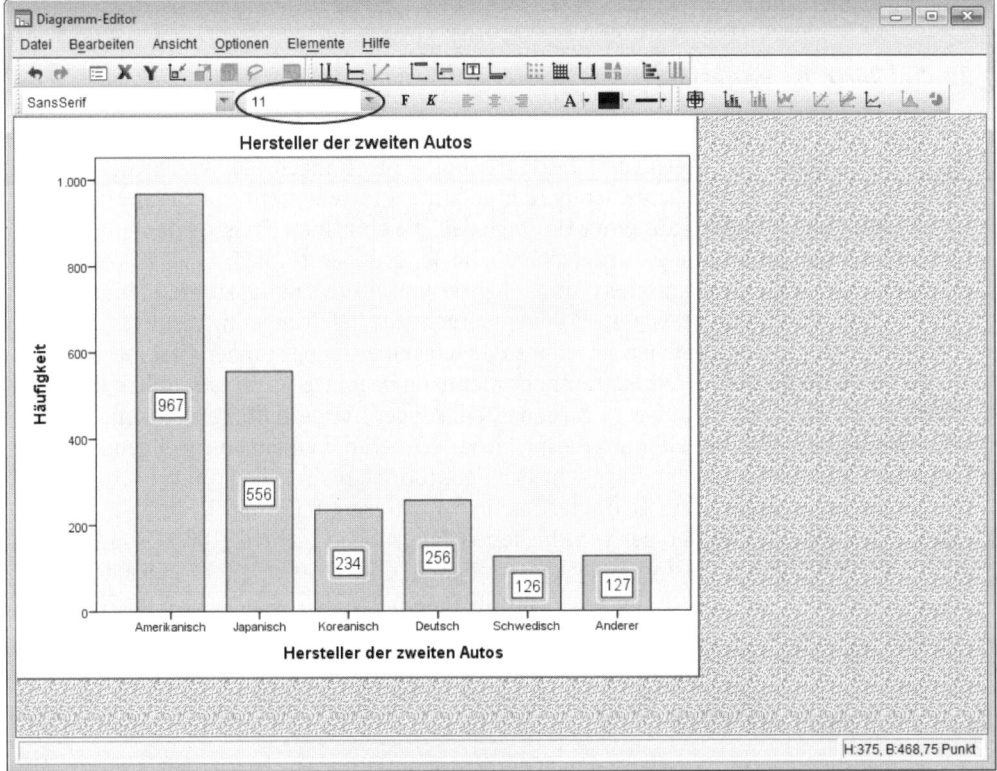

Abbildung 10.5: Balkendiagramm zur Bearbeitung im Diagramm-Editor geöffnet

Neben dem Einfügen von Balkenbeschriftungen können Sie noch zahlreiche weitere Anpassungen an dem Diagramm vornehmen und beispielsweise die Farben, Beschriftungen und Texte beliebig ändern. Auch die neu eingefügten Balkenbeschriftungen können weiter formatiert und anders angeordnet werden. Diese Möglichkeiten zur Bearbeitung von Diagrammen im Diagramm-Editor werden ausführlicher in Teil IV dieses Buches beschrieben.

Kreisdiagramm: Wenn alles zusammen 100 % ist

Eine Alternative zu einem Balkendiagramm ist häufig ein Kreisdiagramm, oft auch als *Torten-diagramm* bezeichnet. Kreisdiagramme sind bei Statistikern und noch mehr bei Nicht-Statistikern außerordentlich beliebt – zum einen sicherlich, weil sie sehr intuitiv und leicht verständlich sind, zum anderen möglicherweise auch, weil sie als Tortendiagramm so einen süßen und assoziativ aufgeladenen Namen haben, den sich jeder sehr einfach und gerne merkt. Gerade wegen dieser hohen Beliebtheit werden Tortendiagramme etwas inflationär eingesetzt und kommen häufig auch in Fällen zur Anwendung, in denen sie gar nicht besonders gut geeignet sind.

Zu viel Torte ist ungesund

Die besondere Eigenart von Kreisdiagrammen besteht darin, dass sie durch die Darstellungsform suggerieren, sie würden die Verteilung eines Ganzen auf verschiedene Teilmengen darstellen. Der gesamte Kreis (die gesamte »Torte«) stellt die Gesamtheit wie zum Beispiel alle Befragten aus einer Umfrage dar. Die einzelnen Kreissegmente (also die »Tortenstücke«) repräsentieren unterschiedliche Teilgruppen (in dem Beispiel von oben etwa Personen mit amerikanischen Autos, Fahrer von Autos aus Japan etc.). Die Größe eines Tortenstücks zeigt an, wie groß die entsprechende Teilgruppe im Vergleich zu den übrigen Teilgruppen ist, welchen Anteil also die einzelne Gruppe an der Gesamtheit hat. Aus diesem Grund ist ein Kreisdiagramm immer dann geeignet, wenn tatsächlich die Verteilung einer Gesamtheit auf verschiedene Teilgruppen dargestellt werden soll, sofern jedes Element der Gesamtheit (zum Beispiel jeder Teilnehmer einer Umfrage) genau einer Teilgruppe zugeordnet ist. Ist dies nicht der Fall, führt ein Kreisdiagramm leicht in die Irre. Kann beispielsweise ein Befragter auch in mehreren Teilgruppen enthalten sein, würden sich die Häufigkeiten der verschiedenen Teilgruppen nicht zu 100 %, sondern zu mehr als 100 % addieren. Ist es umgekehrt möglich, dass ein Befragter keiner der Teilgruppen angehört, repräsentiert die gesamte Torte weniger als 100 %, so dass auch in diesem Fall das Bild der Torte als Abbildung der Gesamtheit irreführend wäre.

Kreisdiagramm erstellen

Die Vorgehensweise zum Erstellen eines Kreisdiagramms ist oben bereits beschrieben. Verwenden Sie hierzu einfach den Befehl ANALYSIEREN|DESKRIPTIVE STATISTIKEN|HÄUFIGKEITEN und wählen Sie in dem Dialogfeld der Schaltfläche DIAGRAMME die Option KREISDIAGRAMME; siehe ausführlicher weiter vorn in diesem Kapitel die Vorgehensweise zum Erstellen eines Balkendiagramms, die nahezu identisch ist. Wenn Sie auf diese Weise ein Kreisdiagramm für die Variable `car2` aus der Datendatei `survey_sample.sav` erstellen, erhalten Sie als Ergebnis die Grafik aus Abbildung 10.6.

Das Kreisdiagramm zeigt anschaulich und plakativ die relative Häufigkeit der einzelnen Kategorien, hier der Herkunft der Zweitwagen von den Befragten aus der zugrunde liegenden Bevölkerungsumfrage. Beachten Sie, dass auch Befragte, die gar keinen Zweitwagen fahren, in diesem Kreisdiagramm berücksichtigt sind; sie finden sich in der Kategorie `Fehlend` wieder. Das Kreisdiagramm bezieht sich damit nicht nur auf die 2.266 Befragten mit Zweitwagen (be-

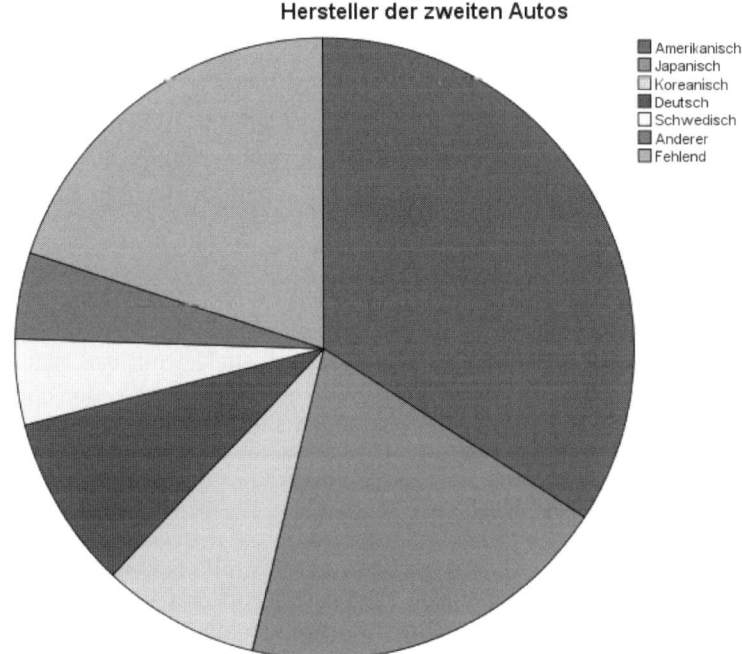

Hersteller der zweiten Autos

Amerikanisch
Japanisch
Koreanisch
Deutsch
Schwedisch
Anderer
Fehlend

Abbildung 10.6: Kreisdiagramm mit der Häufigkeitsverteilung der Variablen car2

ziehungsweise mit gültiger Antwort zu der Frage nach dem Zweitwagen), sondern auf die Gesamtheit aller 2.832 Befragten.

Kreisdiagramm anpassen

Das Kreisdiagramm in Abbildung 10.6 sieht so, wie es von SPSS erstellt wurde, noch ein wenig nackt aus. Insbesondere fehlen konkrete Wertangaben über die absoluten oder relativen Häufigkeiten, die die einzelnen Tortenstücke repräsentieren. So erkennt man zwar, dass die Fahrer von amerikanischen Zweitwagen circa ein Drittel und die japanischen Zweitautos etwas weniger als ein Viertel der Gesamtheit aller Fälle ausmachen, wenn man diese Anteile aber genauer kennen möchte, ist man mit dem Diagramm ein wenig verloren. Diese und weitere Informationen lassen sich aber im Diagramm-Editor nachträglich einfügen. Folgende Veränderungen werden in den nächsten Schritten an dem Diagramm vorgenommen:

✔ Die einzelnen Tortenstücke werden mit den genauen Anteilswerten, die sie durch ihre Größe darstellen, beschriftet.

✔ Die Beschriftungen werden von ihrer Anordnung und Schriftgröße her optimiert.

✔ Die Kategorie Fehlend wird ausgeblendet, damit sich das Kreisdiagramm anschließend nicht mehr auf die Gesamtheit aller Befragten bezieht, sondern nur noch auf die Gesamtheit jener Befragten, die überhaupt einen Zweitwagen fahren.

✔ Das Tortenstück für die Kategorie Deutsch wird hervorgehoben.

Um diese Änderungen vorzunehmen, öffnen Sie zunächst das Kreisdiagramm im Diagramm-Editor. Am einfachsten doppelklicken Sie hierzu in der Ausgabedatei auf eine beliebige Stelle des Diagramms. Das Diagramm wird daraufhin in einem eigenen Fenster, dem Diagramm-Editor, geöffnet und kann dort bearbeitet werden. Wenn die Bearbeitung abgeschlossen ist, können Sie den Diagramm-Editor einfach wieder schließen. Die Änderungen bleiben dabei erhalten und das Diagramm wird anschließend in der veränderten Form in die Ausgabedatei übernommen.

Tortenstücke beschriften

Um an die einzelnen Tortenstücke die Häufigkeit, die durch die Größe des Stückes dargestellt wird, explizit dranzuschreiben, wählen Sie im Diagramm-Editor den Menübefehl ELEMENTE|DATENBESCHRIFTUNGEN EINBLENDEN. Daraufhin werden kleine Textfelder mit den Häufigkeitswerten in die Segmente eingefügt (siehe Abbildung 10.7). Wenn Sie mit der Position oder der Schriftgröße dieser Beschriftung noch nicht einverstanden sind, können Sie beides im nächsten Schritt noch verändern.

Beschriftung der Tortenstücke formatieren

Um die Beschriftungen zu formatieren, müssen zunächst alle betreffenden Textfelder markiert sein. Unmittelbar nach dem Einfügen der Textfelder ist dies automatisch der Fall. Dies erkennen Sie daran, dass jedes einzelne Textfeld wie in Abbildung 10.7 durch eine zusätzliche fette Linie umrandet ist. Sollte dies nicht der Fall sein, markieren Sie die Textfelder, indem Sie ein beliebiges Feld einmal mit der Maus anklicken.

 Wenn nur ein einzelnes Textfeld markiert ist und alle übrigen Textfelder nicht markiert sind, können Sie die übrigen Textfelder nur über einen Umweg markieren. Zunächst müssen Sie die Markierung des einzelnen Textfeldes aufheben, zum Beispiel indem Sie mit der Maus auf ein beliebiges Tortenstück des Diagramms klicken. Erst danach können Sie alle Textfelder gleichzeitig markieren, indem Sie ein einzelnes Textfeld einmal mit der Maus anklicken.

Wenn die Reihe der Textfelder markiert ist, gehen Sie folgendermaßen vor, um die Textfelder zu formatieren:

 ✔ **Eigenschaften-Dialogfeld einblenden.** Wählen Sie den Menübefehl BEARBEITEN| EIGENSCHAFTEN. Dieser Befehl öffnet das in Abbildung 10.7 zu sehende EIGENSCHAFTEN-Dialogfeld, sofern es nicht ohnehin bereits geöffnet war. Schlagen Sie in diesem Dialogfeld das Register DATENWERTELABELS auf.

✔ **Beschriftungsposition festlegen.** Wenn die Segmentbeschriftungen nicht über, sondern außerhalb des Kreises neben den Segmenten angeordnet werden sollen, wählen Sie in der Gruppe BESCHRIFTUNGSPOSITION die untere Option BENUTZERDEFINIERT und das entsprechende Piktogramm, das die Beschriftung neben den Segmenten zeigt.

✔ **Änderungen zuweisen.** Wenn Sie die gewünschten Änderungen vorgenommen haben, klicken Sie auf die Schaltfläche ZUWEISEN, um sie auf das Diagramm anzuwenden. Das Ergebnis für dieses Beispiel ist in Abbildung 10.7 wiedergegeben.

✔ **Schriftgröße anpassen.** Möchten Sie zusätzlich die Schriftgröße für die Segmentbeschriftungen anpassen, können Sie hierzu die Drop-down-Liste SCHRIFTGRÖSSE aus der Symbolleiste des Diagramm-Editors verwenden (siehe auch die Darstellung in Abbildung 10.5 weiter vorn in diesem Kapitel). Die Textfelder der Beschriftungen müssen weiterhin markiert sein und dann wählen Sie die gewünschte Schriftgröße aus.

 In den Registern FÜLLUNG UND RAHMEN, TEXT-LAYOUT und TEXTSTIL können Sie die Schrift, den Hintergrund und die Rahmen der Beschriftungen formatieren. Die Vorgehensweise für derartige Formatierungen ist im Einzelnen in Teil IV dieses Buches beschrieben.

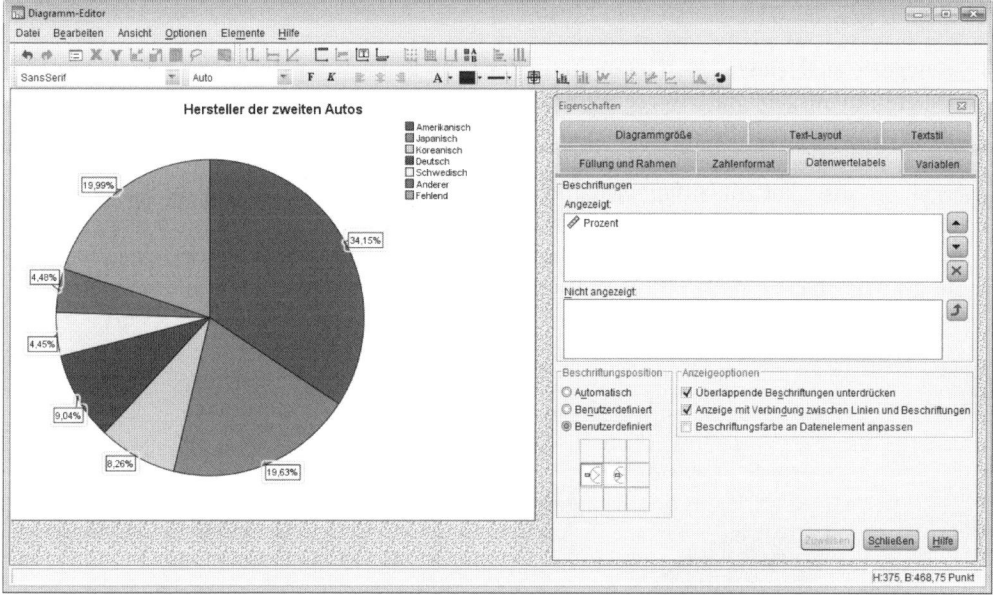

Abbildung 10.7: Kreisdiagramm im Diagramm-Editor mit eingefügten und formatierten Beschriftungen der Tortenstücke

Ein Tortenstück wegnehmen – ohne dass es einer merkt

Das Kreisdiagramm zeigt per Voreinstellung für jede Wertekategorie ein Kreissegment an, unter anderem auch ein mit `Fehlend` beschriftetes für jene Befragten, die keinen Zweitwagen fahren. Dies ist zunächst auch vollkommen korrekt und zwingend erforderlich, denn nur so ist sichergestellt, dass sich das Kreisdiagramm insgesamt auf alle Fälle aus der Datendatei (hier auf alle Personen aus der Befragung) bezieht und die Basis des Diagramms damit 100 % ist. Je nach Fragestellung kann es aber auch sinnvoll sein, einzelne Segmente wie zum Beispiel das für Personen ohne Zweitwagen auszublenden. Dabei muss man sich nur bewusst sein, dass damit zugleich die Aussage des Diagramms verändert wird. So gibt derzeit zum Beispiel das große Segment den Anteil der bekannten Personen mit amerikanischem Zweitwagen an allen befragten Personen wieder. Wird das Segment der Personen ohne Zweitwagen ausgeblendet, beschreibt das Segment den Anteil der Fahrer amerikanischer Zweitwagen unter allen Zweitwagenbesitzern. Auch dies ist eine sinnvolle Aussage – aber eben eine andere als zuvor.

Um ein einzelnes Tortenstück auszublenden, gehen Sie folgendermaßen vor:

1. **Kreis markieren.** Markieren Sie das Kreisdiagramm, indem Sie mit der Maus einmal auf eine beliebige Stelle der Torte klicken. Wenn die Torte markiert ist, wird sie durch eine zusätzliche fette Linie umrandet.

2. **Eigenschaften-Dialogfeld einblenden.** Das Eigenschaften-Dialogfeld muss eingeblendet sein. Wenn das Dialogfeld nicht zu sehen ist, wählen Sie den Befehl Bearbeiten|Eigenschaften. Schlagen Sie in diesem Dialogfeld das Register Kategorien auf.

3. **Kategorie ausblenden.** Markieren Sie in der Liste Reihenfolge die Kategorie, die aus dem Diagramm ausgeblendet werden soll. In diesem Beispiel ist dies die Kategorie Fehlend. Klicken Sie anschließend auf die Schaltfläche mit dem roten Kreuz. Daraufhin wird die markierte Kategorie aus der Liste entfernt und in der Liste Ausgeschlossen aufgeführt. Klicken Sie anschließend auf die Schaltfläche Zuweisen, um die Änderung auf das Diagramm anzuwenden. Das Ergebnis für dieses Beispiel ist in Abbildung 10.8 wiedergegeben. Beachten Sie, dass sich hierbei auch die ausgewiesenen Prozentwerte der einzelnen Segmente geändert haben, da die Basis kleiner geworden ist und nicht mehr alle Befragten umfasst, sondern nur noch jene Personen, die einen Zweitwagen besitzen.

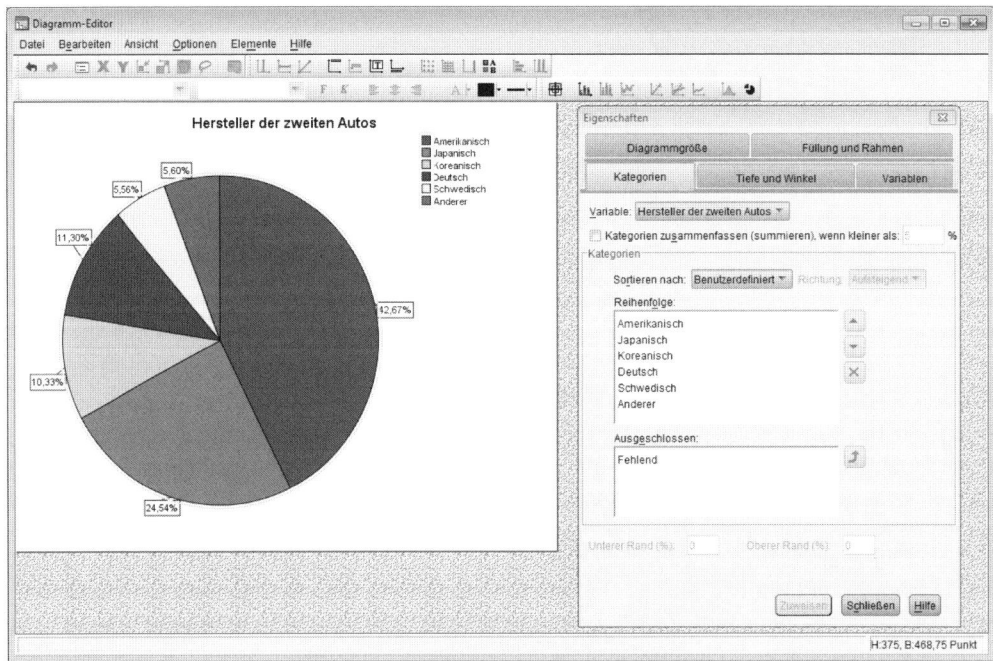

Abbildung 10.8: Kreisdiagramm im Diagramm-Editor mit einer ausgeblendeten Kategorie

Ein Tortenstück hervorheben

Wenn einzelne Segmente aus dem Kreisdiagramm eine besondere Rolle spielen oder von besonderem Interesse sind, können Sie diese anschaulich hervorheben, indem Sie sie etwas aus dem Kreis herauslösen. Verfahren Sie hierzu wie folgt:

1. **Segment markieren.** Markieren Sie das Segment, das Sie hervorheben möchten. Hierzu muss zunächst der gesamte Kreis markiert werden, zum Beispiel indem Sie mit der Maus auf eine beliebige Stelle der Torte klicken. Wenn der Kreis markiert ist, wird er wie in Abbildung 10.8 durch eine zusätzliche fette Linie umrandet. Nun können Sie das einzelne Segment markieren, indem Sie es einmal mit der Maus anklicken. Daraufhin wird nur noch dieses Segment durch eine fette Linie umrandet; damit ist das Segment markiert.

2. **Segmente aus dem Kreis herauslösen.** Wenn das Segment markiert ist, wählen Sie den Befehl ELEMENTE|KREISSEGMENT AUSRÜCKEN oder klicken Sie auf die entsprechende Schaltfläche. Daraufhin wird das Segment aus dem Kreis herausgezogen (siehe Abbildung 10.9).

Leider nimmt SPSS beim Ausrücken einzelner Segmente zugleich eine übermäßige Verkleinerung des gesamten Kreises vor. Wenn Sie die Segmentbeschriftungen nicht außerhalb, sondern wieder innerhalb der Segmente anordnen, wird der Kreis von SPSS wieder etwas vergrößert. Dieser »Trick« wurde auch in Abbildung 10.9 ausgenutzt.

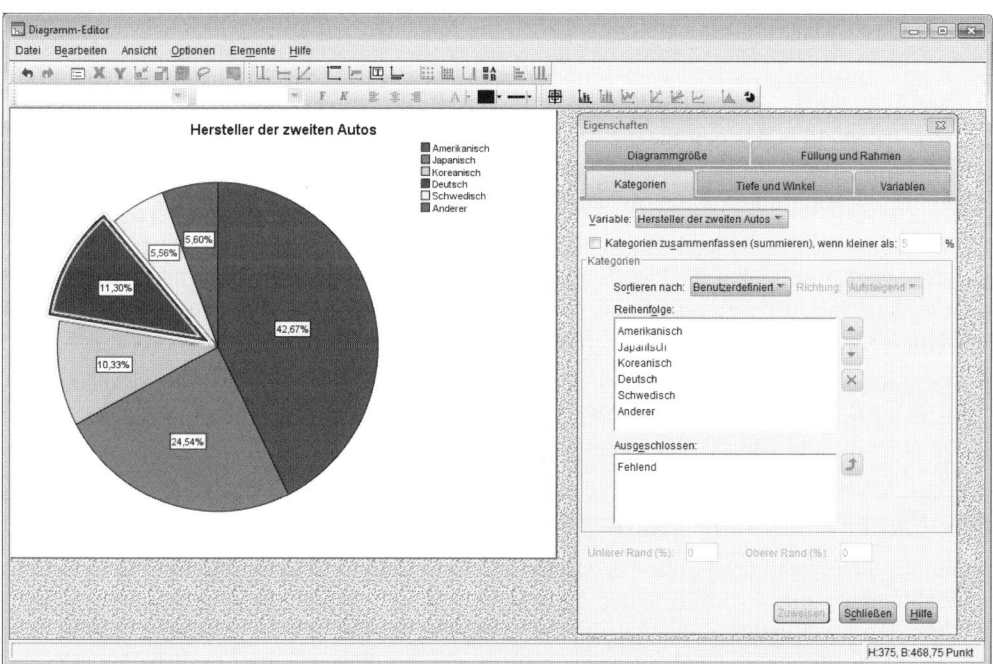

Abbildung 10.9: Kreisdiagramm mit einem hervorgehobenen Segment

Pareto-Diagramm mit kumulierten Häufigkeiten

Eine besondere Form des Balkendiagramms ist das Pareto-Diagramm, in dem neben den Balken mit den Häufigkeiten der einzelnen Kategorien auch noch eine Linie mit den kumulierten Häufigkeiten aller Kategorien angezeigt wird. Ein solches Pareto-Diagramm ist generell für solche kategorialen Variablen geeignet, in denen die verschiedenen Kategorien eine bestimmte Ordnung oder logische Reihenfolge haben. Dies wäre beispielsweise der Fall, wenn die Kategorien die Bedeutung sehr schlecht, schlecht, mittel, gut und sehr gut haben oder sich in gleicher Logik von wenig bis viel oder von stimme gar nicht zu bis stimme voll und ganz zu ordnen lassen.

Ein Pareto-Diagramm erstellen

Die Datendatei survey_sample.sav mit den Ergebnissen einer Bevölkerungsbefragung aus den USA enthält unter anderem eine Variable polviews, in der für jeden Befragten seine politische Selbsteinstufung auf einer Skala von Extrem liberal bis Extrem konservativ festgehalten ist. Für diese Variable wird im folgenden Beispiel ein Pareto-Diagramm erstellt. Um das Beispiel selbst am PC nachzuvollziehen, öffnen Sie die Datei survey_sample.sav. Sie finden diese Datei in dem Programmverzeichnis von SPSS und dort in dem Unterverzeichnis Samples oder Samples\German.

Um ein Pareto-Diagramm zu erstellen, gehen Sie folgendermaßen vor:

1. **Befehl aufrufen.** Wählen Sie in der Datendatei, für die das Diagramm erstellt werden soll, den Menübefehl ANALYSIEREN|QUALITÄTSKONTROLLE|PARETO-DIAGRAMME. In dem damit geöffneten Dialogfeld bestätigen Sie die beiden voreingestellten Optionen EINFACH und HÄUFIGKEITEN ODER SUMMEN FÜR KATEGORIEN EINER VARIABLEN, indem Sie auf die Schaltfläche DEFINIEREN klicken. Daraufhin erhalten Sie das Dialogfeld aus Abbildung 10.10.

2. **Variable auswählen.** Fügen Sie in diesem Dialogfeld die Variable, für die das Diagramm erstellt werden soll, über die Pfeil-Schaltfläche in das Feld Kategorienachse ein. Bei allen übrigen Optionen werden die Voreinstellungen beibehalten; siehe Abbildung 10.10, in dem für dieses Beispiel die Variable polviews ausgewählt ist.

3. **Diagramm erstellen.** Wenn Sie die Variable ausgewählt haben, klicken Sie auf die Schaltfläche OK. Daraufhin wird das Diagramm von SPSS erstellt. Das Ergebnis für dieses Beispiel ist in Abbildung 10.11 wiedergegeben.

Das Pareto-Diagramm interpretieren

Abbildung 10.11 zeigt das Pareto-Diagramm für die Variable polviews (politische Selbsteinschätzung der Befragten). Für jede mögliche Antwortkategorie enthält das Diagramm einen Balken. So ist am ersten Balken abzulesen, dass 986 der befragten Personen sich selbst als gemäßigt einstufen, 432 Personen bezeichnen sich als etwas konservativ etc. Mit der zweiten Größenachse lassen sich neben den absoluten Werten auch die prozentualen Anteile einfach erkennen. Die 986 gemäßigten Personen machen zum Beispiel etwa 35 % an der Gesamtheit der Befragten aus.

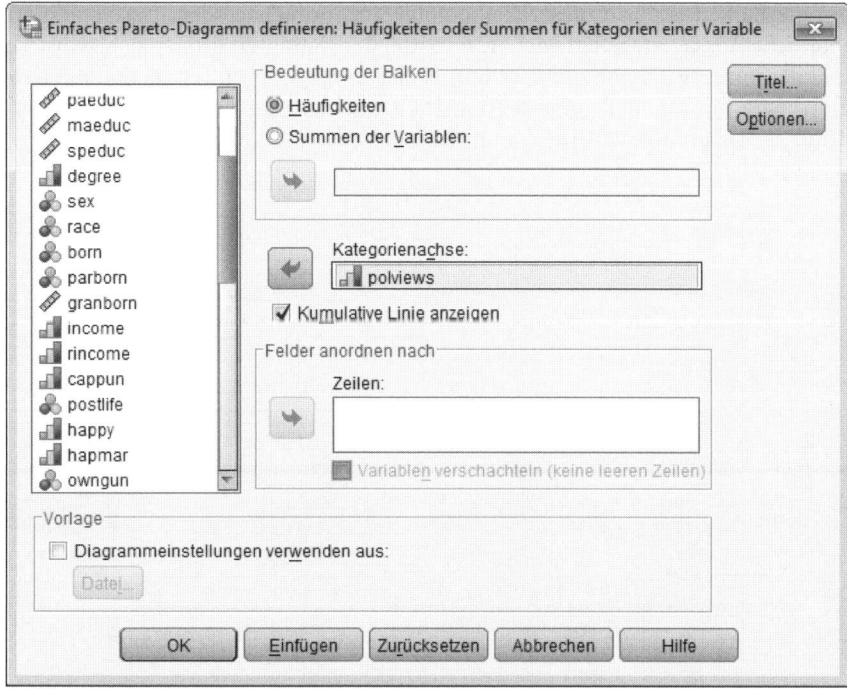

Abbildung 10.10: Dialogfeld zum Erstellen eines Pareto-Diagramms

Die Linie, die über den Balken verläuft, zeigt die kumulierten Häufigkeiten über alle Antwortkategorien an. An dieser Linie ist beispielsweise über dem dritten Balken abzulesen, dass insgesamt ca. 1.800 Personen in eine der ersten drei Kategorien fallen und sich mithin selbst als gemäßigt, etwas konservativ oder konservativ eingestuft haben. Dies sind ca. 70 % aller Befragten.

Das Diagramm hat allerdings in dieser Form, in der es von SPSS erstellt wurde, eine erhebliche Schwäche: Die einzelnen Kategorien und damit die Balken in dem Diagramm sind in absteigender Reihenfolge nach ihren Häufigkeiten sortiert. Dies kann für bestimmte Fragestellungen zweckmäßig sein, für eine sinnvolle Interpretation der kumulierten Häufigkeiten ist es jedoch in aller Regel hilfreicher, wenn die Kategorien nach ihrer inhaltlichen Bedeutung angeordnet werden. So haben die Kategorien auch in diesem Beispiel eine klare inhaltliche Reihenfolge, die bei Extrem konservativ beginnt und bei Extrem liberal endet (oder umgekehrt):

```
Extrem konservativ
Konservativ
Etwas konservativ
Gemäßigt
Etwas liberal
Liberal
Extrem liberal
```

Nur wenn die Balken auch in dieser Reihenfolge angeordnet werden, lassen sich auf einen Blick inhaltliche Aussagen treffen wie: »Ein Drittel der Befragten ordnet sich selbst einer Kategorie auf der konservativen Seite zu.« Damit dies möglich wird, lassen sich die Kategorien im Pareto-Diagramm manuell umsortieren. Dies geschieht im nächsten Schritt durch eine Bearbeitung des Diagramms im Diagramm-Editor.

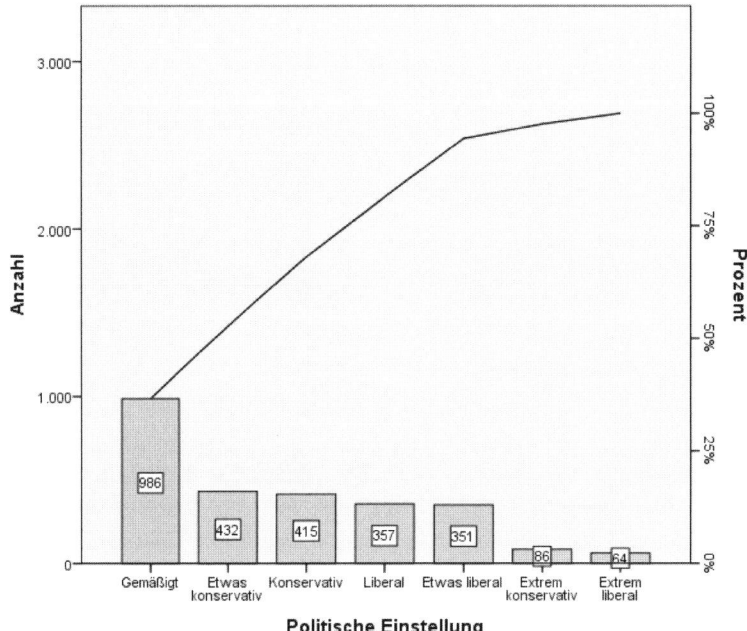

Abbildung 10.11: Pareto-Diagramm für die Variable polviews *(politische Selbsteinschätzung)*

Pareto-Diagramm richtig sortieren

Um die Kategorien in dem Pareto-Diagramm neu anzuordnen, gehen Sie folgendermaßen vor:

1. **Diagramm zum Bearbeiten öffnen.** Öffnen Sie das Diagramm im Diagramm-Editor, zum Beispiel indem Sie mit der Maus auf eine beliebige Stelle des Diagramms doppelklicken. Alternativ können Sie das Diagramm auch durch einfaches Anklicken markieren und anschließend den Menübefehl BEARBEITEN|INHALT BEARBEITEN|IN SEPARATEM FENSTER wählen. Beide Wege öffnen das Diagramm in einem eigenen Fenster, dem Diagramm-Editor (siehe Abbildung 10.12).

2. **Balkenreihe markieren.** Klicken Sie im Diagramm-Editor einmal auf einen der Balken des Diagramms. Damit markieren Sie die gesamte Balkenreihe; dies wird durch eine zusätzliche fette Linie als Umrandung der Balken angezeigt.

3. **Eigenschaften-Dialogfeld aufrufen.** Wählen Sie anschließend den Menübefehl BEARBEITEN|EIGENSCHAFTEN. Dieser Befehl öffnet das EIGENSCHAFTEN-Dialogfeld, wenn es nicht ohnehin bereits geöffnet ist. Schlagen Sie in diesem Dialogfeld, wie in Abbildung 10.12 zu sehen, das Register KATEGORIEN auf.

4. **Reihenfolge der Kategorien ändern.** In dem Feld REIHENFOLGE werden sämtliche Kategorien der Variablen aufgeführt, die in dem Diagramm jeweils durch einen eigenen Balken dargestellt werden. Um die Reihenfolge dieser Kategorien zu ändern, wählen Sie zunächst in der Drop-down-Liste SORTIEREN NACH den Eintrag BENUTZERDEFINIERT.

Um nun eine Kategorie in der Liste nach oben und damit in dem Pareto-Diagramm nach vorne zu schieben, markieren Sie die Kategorie und klicken anschließend neben der Liste auf die Schaltfläche mit dem nach oben weisenden Pfeil. Durch wiederholtes Klicken auf diese Schaltfläche verschieben Sie die Kategorie jeweils um eine Position nach oben. Verwenden Sie entsprechend die Schaltfläche mit dem nach unten weisenden Pfeil, um eine Kategorie um eine Position nach unten zu verschieben. Auf diese Weise können Sie die Reihenfolge herstellen, die in Abbildung 10.12 zu sehen ist und die Kategorien von `extrem liberal` bis `extrem konservativ` ordnet.

5. **Neue Reihenfolge anwenden.** Wenn Sie die Kategorien in der gewünschten Weise geordnet haben, klicken Sie auf die Schaltfläche ZUWEISEN. Daraufhin werden die Balken in dem Pareto-Diagramm neu angeordnet und die Linie der kumulierten Häufigkeiten automatisch angepasst. Abbildung 10.12 zeigt das Ergebnis für dieses Beispiel. Wenn Sie anschließend keine weiteren Veränderungen an dem Diagramm vornehmen möchten, können Sie den Diagramm-Editor einfach schließen, zum Beispiel mit dem Befehl DATEI|SCHLIESSEN. Das Diagramm wird anschließend in der neuen Form wieder in der Ausgabedatei angezeigt.

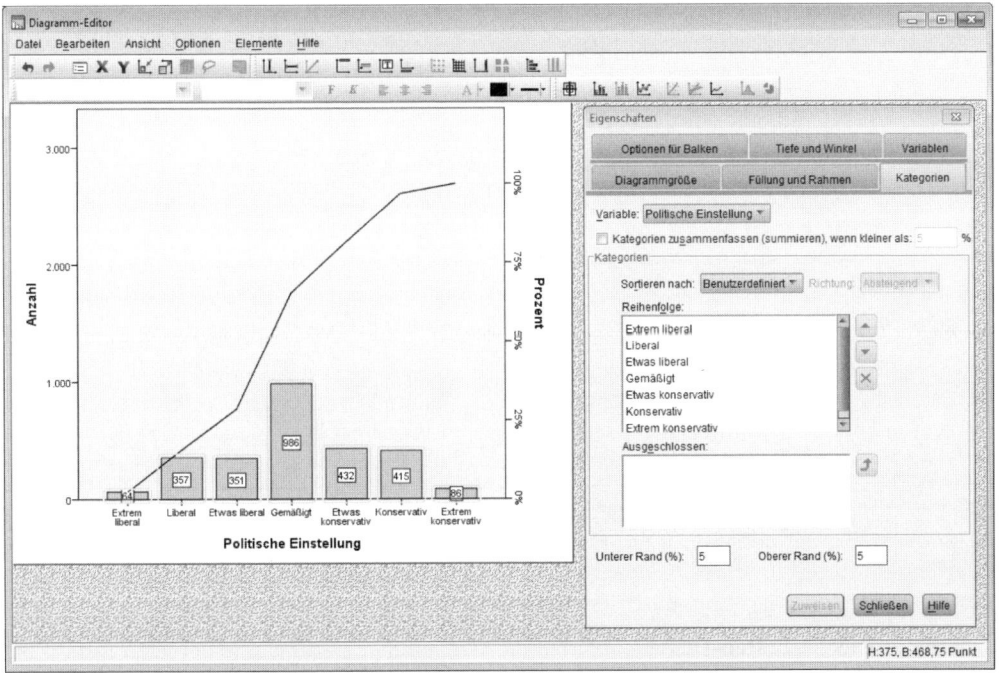

Abbildung 10.12: Pareto-Diagramm im Diagramm-Editor mit neu sortierter Kategorienreihenfolge

Zusammenhang zwischen kategorialen Variablen testen

11

In diesem Kapitel

▶ Eine Kreuztabelle für zwei kategoriale Variablen erstellen

▶ Inhalte einer Kreuztabelle selbst bestimmen

▶ Beobachtete und erwartete Häufigkeiten

▶ Ein Chi-Quadrat-Test für Rückschlüsse auf die Grundgesamtheit

▶ Kreuztabelle mit Chi-Quadrat-Test für drei Variablen

*W*elche statistischen Werkzeuge man für eine Analyse sinnvollerweise benutzt, hängt zum einen von der Fragestellung und zum anderen von den zugrunde liegenden Daten ab. Viele der wirklich anspruchsvollen und hoch entwickelten Verfahren erfordern Daten, die Intervallskalenniveau besitzen, bei denen sich also die Abstände zwischen den verschiedenen Werten genau messen lassen wie beispielsweise beim Alter oder beim Einkommen. Im praktischen Leben verfügt man jedoch häufig nur über kategoriale Daten, die die Welt in Gruppen unterteilen wie:

✔ klein – mittel – groß

✔ männlich – weiblich

✔ jung – mittelalt – alt

✔ sehr gut – gut – befriedigend – ausreichend – mangelhaft – ungenügend

✔ ich stimme voll zu – ich stimme eher zu – ich stimme eher nicht zu – ich stimme gar nicht zu

Für derartige Variablen stehen nicht so wahnsinnig viele statistische Verfahren zur Verfügung, aber glücklicherweise eines, mit dem sich bereits ein großer Teil der Fragestellungen, die sich für kategoriale Variablen typischerweise ergeben, beantworten lässt. Dies sind Kreuztabellen in Verbindung mit einem Chi-Quadrat-Test, die dazu dienen, mögliche Zusammenhänge zwischen kategorialen Variablen aufzuspüren. Kreuztabellen stellen zunächst einfach dar, mit welcher Häufigkeit die unterschiedlichen Wertekombinationen von zwei oder mehr kategorialen Variablen in den vorliegenden Daten auftreten, und vermitteln so einen ersten Eindruck davon, ob möglicherweise ein Zusammenhang zwischen den Ausprägungen der verschiedenen Variablen besteht. Wenn Sie einen solchen Zusammenhang vorfinden und im nächsten Schritt wissen möchten, ob der Zusammenhang nur in der vorhandenen Stichprobe oder auch in der Grundgesamtheit besteht, führen Sie einen Chi-Quadrat-Test durch, der genau diese Frage beantwortet und darüber hinaus sogar sagen kann, mit welcher Wahrscheinlichkeit ein solcher Zusammenhang in der Grundgesamtheit vorliegt.

Alle Beispiele in diesem Kapitel verwenden die Datendatei `survey_sample.sav`. Diese Datei ist neben vielen anderen Beispieldaten im Lieferumfang von SPSS enthalten und wurde bei der Installation von SPSS mit auf die Festplatte kopiert. Sie sollten diese Datei in dem Programmverzeichnis von SPSS und dort in dem Unterverzeichnis `Samples` oder `Samples\German` finden. Um die folgenden Beispiele nachzuarbeiten, öffnen Sie die Datei einfach wie üblich mit dem Befehl Datei|Öffnen|Daten. Die Datei enthält einen Auszug aus den Ergebnissen einer in den USA durchgeführten Bevölkerungsbefragung.

Gott segne den Erfinder der Kreuztabelle

Wenn Sie eine kategoriale Variable vorliegen haben und sich dafür interessieren, wie häufig die verschiedenen Kategorien in dieser Variablen vorkommen, werden Sie vermutlich als Erstes – zumindest wenn Sie das vorhergehende Kapitel gelesen haben – eine Häufigkeitstabelle für diese Variable erstellen. So können Sie mit allen kategorialen Variablen aus Ihrer Datendatei verfahren und erhalten damit einen ersten Überblick über die inhaltliche Struktur der Daten. Wenn Sie beispielsweise Ergebnisse einer Personenbefragung vorliegen haben, bei der die Befragten nach Geschlecht, Schulbildung und ihrer allgemeinen Zufriedenheit mit dem Leben gefragt wurden, können Sie mit einfachen Häufigkeitstabellen ermitteln, wie viele Männer und Frauen befragt wurden, wie die Bildungsstruktur der Befragten aussieht und wie viele zufriedene und unzufriedene Menschen unter den Befragten waren. Diese einfachen Informationen können bereits erste Fragen über die Daten beantworten, führen aber meistens unmittelbar zu noch mehr neuen Fragen.

Wenn man weiß, wie die Bildungsstruktur der Befragten aussieht und wie zufrieden sie mit ihrem Leben sind, drängt sich unmittelbar die Frage auf, ob es möglicherweise einen Zusammenhang zwischen der Bildung einer Person und dem Ausmaß ihrer allgemeinen Zufriedenheit mit dem Leben gibt. Um diese Frage zu beantworten, genügt es nicht mehr, die Häufigkeitsverteilungen der einzelnen Variablen nebeneinander zu betrachten, sondern man muss die *gemeinsame Häufigkeitsverteilung beider Variablen* analysieren. Hierzu kann man zum Beispiel die Häufigkeitsverteilung einer Variablen getrennt für jede Kategorie der anderen Variablen darstellen. So lässt sich der Zusammenhang zwischen Bildung und Zufriedenheit untersuchen, indem man die Aussagen der Befragten über ihre allgemeinen Zufriedenheit einmal für die Personen mit niedrigem und einmal für Personen mit hohem Bildungsniveau betrachtet. Wenn man anschließend die Antwortstruktur dieser beiden Personengruppen nebeneinanderlegt und vergleicht, bekommt man schnell einen ersten Eindruck davon, ob sich Personen mit unterschiedlichem Bildungshintergrund auch in ihrer allgemeinen Zufriedenheit unterscheiden. Genau dies ermöglicht eine Kreuztabelle.

Eine einfache Kreuztabelle erstellen

Die mit dem Programmpaket von SPSS ausgelieferte Beispieldatei `survey_sample.sav` enthält unter anderem Angaben zu Geschlecht, Schulbildung und allgemeiner Zufriedenheit der Befragten. Die Variable `degree` (höchster Schulabschluss) unterscheidet insgesamt fünf Kategorien von `Niedriger als High`

School bis Universitätsabschluss. In der Variablen happy ist festgehalten, ob eine Person Sehr zufrieden, Ziemlich zufrieden oder Nicht sehr zufrieden mit ihrem Leben ist. Anhand dieser beiden Variablen kann nun mit einer Kreuztabelle untersucht werden, ob ein Zusammenhang zwischen dem Schulabschluss einer Person und ihrer allgemeinen Zufriedenheit besteht.

Um eine einfache Kreuztabelle für zwei kategoriale Variablen wie in diesem Beispiel degree und happy zu erstellen, gehen Sie folgendermaßen vor:

1. **Befehl aufrufen.** Wählen Sie in der Datendatei, für die Sie die Kreuztabelle erstellen möchten, den Menübefehl ANALYSIEREN|DESKRIPTIVE STATISTIKEN|KREUZTABELLEN. Dieser Befehl öffnet das Dialogfeld aus Abbildung 11.1.

Abbildung 11.1: Dialogfeld zum Erstellen einer Kreuztabelle

2. **Variablen auswählen.** In diesem Dialogfeld werden in der linken Variablenliste sämtliche Variablen der aktuellen Datendatei aufgeführt. Verschieben Sie mit der Pfeil-Schaltfläche aus dieser Liste die Variablen, deren Kategorien in der Tabelle in verschiedenen Zeilen untereinander aufgeführt werden sollen, in das Feld ZEILEN, und die Variablen, deren Kategorien in Spalten nebeneinander dargestellt werden sollen, in das Feld SPALTEN. Auf diese Weise wird in dem Dialogfeld aus Abbildung 11.1 eine Kreuztabelle für die Variablen happy und degree angefordert.

3. **Tabelle anfordern.** Wenn Sie die Variablen ausgewählt haben, klicken Sie auf die Schaltfläche OK, um die Tabelle zu erstellen. Die Kreuztabelle für die Variablen happy und degree ist in Abbildung 11.2 wiedergegeben. Neben dieser Tabelle erstellt SPSS noch eine zweite Tabelle, die lediglich eine Übersicht über die Anzahl der verarbeiteten Fälle aus der Datendatei enthält.

Kreuztabelle interpretieren

Die Kreuztabelle in Abbildung 11.2 gibt die gemeinsame Verteilung der beiden Variablen happy (allgemeine Zufriedenheit mit dem Leben) und degree (höchster Schulabschluss) wieder. Sie zeigt damit, mit welcher Häufigkeit die verschiedenen Kombinationen der einzelnen Kategorien aus den beiden Variablen auftreten. So ist zum Beispiel abzulesen, dass 132 der befragten Personen einen Abschluss Niedriger als High School haben und gleichzeitig Sehr zufrieden mit ihrem Leben sind. 197 Personen ohne Abschluss an der High School sind ziemlich zufrieden und 97 nicht sehr zufrieden. Unter den Personen mit High-School-Abschluss sind 420 sehr zufrieden, 889 ziemlich zufrieden etc.

Die letzte Spalte sowie die unterste Zeile geben die Gesamtverteilung der einzelnen Variablen wieder. In der letzten Spalte Gesamt ist damit die Häufigkeitsverteilung der Variablen happy abzulesen: Von allen befragten Personen (für die gültige Antworten vorliegen) sind 888 sehr zufrieden, 1.570 ziemlich zufrieden und 339 nicht sehr zufrieden. Betrachtet man die Variable degree alleine, zeigt sich, dass 426 der Befragten einen Abschluss unterhalb der High School haben, 1.488 Befragte haben einen High-School-Abschluss etc. Das Feld in der rechten unteren Ecke gibt die Gesamtzahl der in der Tabelle berücksichtigten Personen wieder. Die Zahl ist mit 2.797 etwas geringer als die Anzahl der Fälle in der Datendatei. Dies liegt daran, dass in einigen Fällen entweder in der Variablen happy oder in der Variablen degree ein fehlender Wert vorliegt. Diese Fälle konnten in der Kreuztabelle natürlich nicht mit berücksichtigt werden.

Allgemeine Zufriedenheit * Höchster Abschluss Kreuztabelle

Anzahl

				Höchster Abschluss			
		Niedriger als High School	High School	Junior College	Bachelor	Universitäts-abschluss	Gesamt
Allgemeine Zufriedenheit	Sehr zufrieden	132	420	79	163	94	888
	Ziemlich zufrieden	197	889	113	273	98	1570
	Nicht sehr zufrieden	97	179	13	39	11	339
Gesamt		426	1488	205	475	203	2797

Abbildung 11.2: Kreuztabelle für die Variablen happy *und* degree *(Schulabschluss)*

Sie können die Inhalte einer Kreuztabelle natürlich auch in einem Diagramm darstellen. Hierzu eignet sich ein gruppiertes oder ein gestapeltes Balkendiagramm. Ein gruppiertes Balkendiagramm können Sie direkt beim Erstellen der Kreuztabelle über die Option Gruppierte Balkendiagramme anzeigen in dem Dialogfeld aus Abbildung 11.1 anfordern. Noch mehr Gestaltungsmöglichkeiten für das Diagramm bietet der Befehl Diagramme|Veraltete Dialogfelder|Balken, mit dem Sie auch ein gestapeltes Balkendiagramm erstellen können. Die Vorgehensweise zum Erstellen solcher Diagramme wird in Teil IV dieses Buches erläutert.

Spaltenprozente und erwartete Häufigkeiten ergänzen

Die vordergründige Bedeutung der einzelnen Werte aus der Kreuztabelle in Abbildung 11.2 ist sehr einfach zu verstehen, aber was haben sie für eine Aussagekraft? Was besagt es, dass 132 Personen ohne und 420 Personen mit High-School-Abschluss sehr zufrieden sind? Um hieraus Erkenntnisse über einen möglichen Zusammenhang zwischen den Variablen zu gewinnen, muss man die Zahlen in Relation zu dem gesamten Anteil der Personen mit den unterschiedlichen Schulabschlüssen setzen. Die 132 sehr zufriedenen Personen ohne Abschluss an der High School machen an allen Personen ohne Abschluss einen Anteil von 132/ 426 = 31,0 % aus. Unter den Personen mit High-School-Abschluss haben die 420 sehr zufriedenen dagegen einen Anteil von 420 / 1.488 = 28,2 %. Diese Gegenüberstellung ist schon etwas aussagekräftiger, denn sie zeigt unmittelbar, dass der Anteil der sehr zufriedenen unter den Personen mit High-School-Abschluss offenbar etwas geringer ist als unter den Personen ohne Abschluss.

Inhalte der Kreuztabelle festlegen

Auf die Idee, dass solche prozentualen Angaben in einer Kreuztabelle sehr hilfreich sind, ist SPSS natürlich auch schon gekommen. Sie können diese Prozentwerte daher von SPSS automatisch mit berechnen und ausweisen lassen. Gehen Sie hierzu folgendermaßen vor:

1. **Kreuztabelle anfordern.** Rufen Sie zunächst wie weiter vorn beschrieben über den Befehl ANALYSIEREN|DESKRIPTIVE STATISTIKEN|KREUZTABELLEN das Dialogfeld aus Abbildung 11.1 auf und geben Sie dort die Variablen für die Kreuztabelle an.

2. **Inhalte der Kreuztabelle festlegen.** Klicken Sie anschließend in dem Dialogfeld auf die Schaltfläche ZELLEN. Damit öffnen Sie das Dialogfeld aus Abbildung 11.3. In diesem Dialogfeld wählen Sie aus, welche Inhalte in der Kreuztabelle ausgewiesen werden sollen. Bisher wurden nur die beobachteten Häufigkeiten wiedergegeben. Fordern Sie nun zusätzlich die ERWARTETEN HÄUFIGKEITEN und die SPALTENWEISEN PROZENTWERTE an.

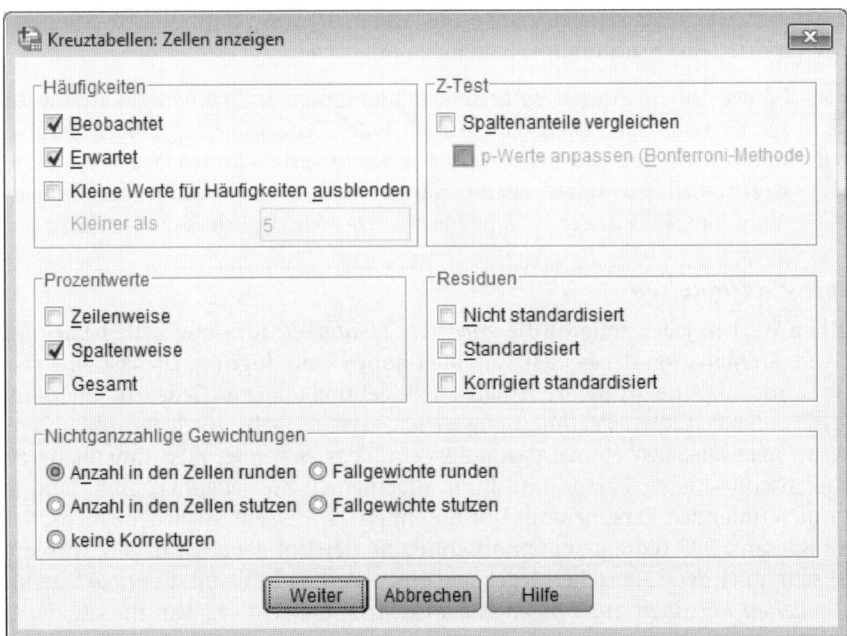

Abbildung 11.3: Dialogfeld ZELLEN zum Anfordern zusätzlicher Inhalte für die Kreuztabelle

3. **Kreuztabelle erstellen.** Wenn Sie die Angaben vorgenommen haben, schließen Sie das Dialogfeld mit WEITER und das Hauptdialogfeld mit OK. Daraufhin wird eine neue Kreuztabelle erstellt. Das Ergebnis für dieses Beispiel ist in Abbildung 11.4 wiedergegeben.

Beobachtete Häufigkeiten und Spaltenprozente

Die neue Kreuztabelle in Abbildung 11.4 weist nun für jede Merkmalskombination der Variablen happy und degree drei Werte aus. Der oberste Wert ist jeweils der, der schon aus der einfachen Kreuztabelle aus Abbildung 11.2 bekannt ist. Er gibt einfach an, mit welcher Häufigkeit die jeweilige Wertekombination in der Datendatei vorkommt. Daran ist beispielsweise wieder abzulesen, dass 132 Personen ohne Abschluss an der High School sehr zufrieden mit ihrem Leben sind.

Der dritte Wert gibt den oben noch mit der Hand berechneten prozentualen Anteil der jeweiligen Zelle an der gesamten Spalte wieder. Inhaltlich bedeutet dies beispielsweise für die linke obere Zelle, dass die 132 sehr zufriedenen Personen ohne High-School-Abschluss an allen 426 Befragten ohne Abschluss einen Anteil von 31,0 % ausmachen. Unter den Personen mit Abschluss an der High School haben die sehr zufriedenen dagegen einen Anteil von 28,2 %, und den Befragten, die das Junior College erfolgreich abgeschlossen haben, 38,5 %, unter denen mit Bachelor 34,3 % und unter den Universitätsabsolventen sogar 46,3 %. Das Muster in diesen Zahlen ist damit nicht ganz eindeutig, es sieht aber in der Tendenz sehr stark so aus, als seien Personen mit höherem Bildungsabschluss sehr viel häufiger sehr zufrieden als Personen mit niedrigerem Abschluss. Dabei scheinen sich insbesondere drei Gruppen herauszubilden: Personen mit High-School- oder niedrigerem Abschluss sind mit ca. 30 % am seltensten sehr zufrieden, unter den Personen mit Junior College oder Bachelor bezeichnen sich immerhin schon ca. 35 % als sehr zufrieden und unter den Universitätsabsolventen sogar mit 46 % noch einmal zehn Prozentpunkte mehr.

 So wie hier die Anteile einer Zelle an der gesamten Spalte betrachtet werden, lassen sich natürlich ebenso die Anteile einer Zelle an der jeweiligen Zeile interpretieren. Auch solche zeilenweisen Prozentwerte können Sie von SPSS in der Kreuztabelle ausweisen lassen. Wählen Sie hierzu einfach in dem Dialogfeld aus Abbildung 11.3 in der Gruppe PROZENTWERTE die Option ZEILENWEISE.

Erwartete Häufigkeiten

Der mittlere Wert in jeder Zelle ist die *erwartete Häufigkeit* für diese Zelle beziehungsweise für die Wertekombination der beiden Variablen happy und degree. Dies ist eine rein hypothetische Größe, die eine Art Referenzmaßstab bildet und folgende Bedeutung hat: Insgesamt haben 31,7 % der befragten Personen angegeben, dass sie sehr zufrieden mit ihrem Leben seien. Wenn man zunächst einmal davon ausgeht, dass es keinen Zusammenhang zwischen dem Schulabschluss einer Person und ihrer allgemeinen Zufriedenheit gibt, dann müssten sich also auch unter den Personen mit Uni-Abschluss 31,7 % sehr zufriedene Menschen befinden. Da insgesamt 203 Befragte einen Abschluss an der Uni gemacht haben, würden 31,7 % davon 64 sehr zufriedene Menschen ergeben. Dieser Wert 64 ist damit die *erwartete Anzahl an sehr zufriedenen Personen mit Universitätsabschluss*, die sich ergeben müsste, wenn überhaupt kein Zusammenhang zwischen dem Schulabschluss einer Person und ihrer allgemeinen Zufriedenheit mit dem Leben bestünde.

Allgemeine Zufriedenheit * Höchster Abschluss Kreuztabelle

			Höchster Abschluss					
			Niedriger als High School	High School	Junior College	Bachelor	Universitäts-abschluss	Gesamt
Allgemeine Zufriedenheit	Sehr zufrieden	Anzahl	132	420	79	163	94	888
		Erwartete Anzahl	135,2	472,4	65,1	150,8	64,4	888,0
		% innerhalb von Höchster Abschluss	31,0%	28,2%	38,5%	34,3%	46,3%	31,7%
	Ziemlich zufrieden	Anzahl	197	889	113	273	98	1570
		Erwartete Anzahl	239,1	835,2	115,1	266,6	113,9	1570,0
		% innerhalb von Höchster Abschluss	46,2%	59,7%	55,1%	57,5%	48,3%	56,1%
	Nicht sehr zufrieden	Anzahl	97	179	13	39	11	339
		Erwartete Anzahl	51,6	180,3	24,8	57,6	24,6	339,0
		% innerhalb von Höchster Abschluss	22,8%	12,0%	6,3%	8,2%	5,4%	12,1%
Gesamt		Anzahl	426	1488	205	475	203	2797
		Erwartete Anzahl	426,0	1488,0	205,0	475,0	203,0	2797,0
		% innerhalb von Höchster Abschluss	100,0%	100,0%	100,0%	100,0%	100,0%	100,0%

Abbildung 11.4: Kreuztabelle mit beobachteten und erwarteten Häufigkeiten sowie Spaltenprozenten

Durch einen Vergleich der erwarteten mit den tatsächlich beobachteten Häufigkeiten lässt sich daher ebenso wie mit den Spaltenprozenten ein Eindruck davon gewinnen, ob möglicherweise ein Zusammenhang zwischen den Variablen vorliegt. So ist auf einen Blick zu erkennen, dass sich unter den Personen mit High-School- oder niedrigerem Abschluss weniger sehr zufriedene und mehr nicht sehr zufriedene Personen als erwartet befinden. Unter den Personen mit Junior College, Bachelor oder Universitätsabschluss verhält es sich dagegen genau umgekehrt.

Zusammenhänge testen mit einem Chi-Quadrat-Test

Die in der Kreuztabelle beobachteten Zusammenhänge zwischen den Variablen happy und degree gelten zunächst nur für die befragten Personen aus der Datendatei und nicht für die gesamte Bevölkerung der USA. Inwieweit es nun möglich ist, aus dieser Beobachtung Rückschlüsse auf die Gesamtheit der Bevölkerung zu ziehen, lässt sich mit einem statistischen Signifikanztest, dem *Chi-Quadrat-Test*, ermitteln.

Chi-Quadrat-Test anfordern

Einen Chi-Quadrat-Test können Sie bei SPSS gemeinsam mit der Kreuztabelle anfordern:

1. **Kreuztabelle erstellen.** Wählen Sie den Befehl ANALYSIEREN|DESKRIPTIVE STATISTIKEN|KREUZTABELLEN und nehmen Sie in dem damit geöffneten Dialogfeld (siehe Abbildung 11.1) wie weiter vorn beschrieben alle Angaben zum Erstellen der Kreuztabelle vor. Es genügt dazu, wenn Sie die beiden Variablen angeben, für die eine Kreuztabelle erstellt werden soll. Optional können Sie mit der Schaltfläche ZELLEN weitere Inhalte für die Kreuztabelle auswählen.

2. **Chi-Quadrat-Test anfordern.** Um zusätzlich einen Chi-Quadrat-Test anzufordern, klicken Sie in dem Dialogfeld aus Abbildung 11.1 auf die Schaltfläche STATISTIKEN. Damit öffnen Sie

das Dialogfeld aus Abbildung 11.5. Kreuzen Sie hier die Option CHI-QUADRAT an. Danach können Sie das Dialogfeld mit der Schaltfläche WEITER wieder schließen. Bestätigen Sie anschließend das Hauptdialogfeld mit der Schaltfläche OK, um die Kreuztabelle mit einem Chi-Quadrat-Test zu erstellen.

Abbildung 11.5: Dialogfeld zum Anfordern von Statistiken wie einen Chi-Quadrat-Test für Kreuztabellen

Chi-Quadrat-Test auswerten

Das Ergebnis des Chi-Quadrat-Tests wird von SPSS in einer separaten Tabelle ausgegeben. Die Ergebnistabelle für das Beispiel mit den Variablen happy und degree ist in Abbildung 11.6 wiedergegeben. Was zunächst auffällt, ist, dass SPSS mehr gemacht hat, als es eigentlich tun sollte: Gefordert war ein Chi-Quadrat-Test, geliefert wurden drei Tests, neben dem *Chi-Quadrat-Test* ein *Likelihood-Quotient* und ein hier als *Zusammenhang linear-mit-linear* bezeichneter Test. Da wir die beiden letzten nicht haben wollten, können wir sie auch einfach ignorieren. Sie testen mehr oder weniger die gleiche Fragestellung wie der Chi-Quadrat-Test und sind dazu je nach formalen Merkmalen der Daten mehr oder weniger gut geeignet.

Die Ergebnisse des Chi-Quadrat-Tests werden in der ersten Zeile der Tabelle ausgewiesen. Entscheidend ist hier vor allem der Wert in der letzten Spalte: Mit dem Chi-Quadrat-Test wird immer die Hypothese untersucht, es bestehe kein Zusammenhang zwischen den beiden betrachteten Variablen. In diesem Beispiel lautet die untersuchte Hypothese also: »Es besteht kein Zusammenhang zwischen der Schulbildung einer Person und ihrer allgemeinen Zufriedenheit.« Der als Asymptotische Signifikanz bezeichnete Wert in der letzten Spalte der Tabelle zeigt nun an, mit welcher Wahrscheinlichkeit die untersuchte Hypothese tatsächlich zutrifft. Diese Wahrscheinlichkeit ist mit 0,000 beziehungsweise 0,0 % äußerst gering. Wenn

Chi-Quadrat-Tests

	Wert	df	Asymptotische Signifikanz (2-seitig)
Chi-Quadrat nach Pearson	95,741[a]	8	,000
Likelihood-Quotient	90,256	8	,000
Zusammenhang linear-mit-linear	47,319	1	,000
Anzahl der gültigen Fälle	2797		

a. 0 Zellen (0,0%) haben eine erwartete Häufigkeit kleiner 5. Die minimale erwartete Häufigkeit ist 24,60.

Abbildung 11.6: Ergebnis eines Chi-Quadrat-Tests für die Variablen happy *und* degree

Sie die Hypothese, es bestehe kein Zusammenhang zwischen den Variablen happy und degree als falsch zurückweisen, begehen Sie also mit einer Wahrscheinlichkeit von 0,0 % einen Irrtum. Umgekehrt bedeutet dies: Man kann wohl davon ausgehen, dass bei Personen mit unterschiedlich hohem Schulabschluss auch deren allgemeine Zufriedenheit mit dem Leben unterschiedlich stark ausgeprägt ist.

Wie kann SPSS das wissen?

SPSS liegen Daten über 2.797 Personen mit Angaben zu deren Schulabschluss und ihrer allgemeinen Zufriedenheit mit dem Leben vor. Nun behauptet das Ergebnis des Chi-Quadrat-Tests, von diesen 2.797 Personen Rückschlüsse auf die gesamte Bevölkerung der USA ziehen zu können, und gibt auch noch an, mit welcher Wahrscheinlichkeit dieser Rückschluss richtig oder falsch ist. Auch wenn dies auf den ersten Blick etwas sehr undurchsichtig erscheinen mag, ist es doch keine Hexerei, sondern lediglich Mathematik (wobei man sich manchmal fragen kann, wo da der Unterschied sein soll). Die Logik des Chi-Quadrat-Tests (und letztlich auch jedes anderen Signifikanztests, der Rückschlüsse von einer Stichprobe auf die Grundgesamtheit zieht) ist dabei die folgende: Mal angenommen, in der Grundgesamtheit (hier der gesamten Bevölkerung der USA) bestehe tatsächlich kein Zusammenhang zwischen dem Schulabschluss und der allgemeinen Zufriedenheit einer Person. Dann kann es in einer kleinen Stichprobe von ca. 2.800 Personen natürlich dennoch sein, dass dort ein Zusammenhang zu bestehen scheint, zum Beispiel weil rein zufällig besonders viele Personen mit hohem Schulabschluss und gleichzeitiger sehr hoher allgemeiner Zufriedenheit ausgewählt wurden. Dies kann ohne Weiteres passieren, wobei kleinere Abweichungen zwischen der Stichprobe und der Grundgesamtheit sogar nahezu immer auftreten, größere Abweichungen dagegen eher unwahrscheinlich sind. Der Trick der Mathematik besteht nun darin, genau diese Wahrscheinlichkeit, mit der eine bestimmte Abweichung zwischen der Grundgesamtheit und der Stichprobe auftritt, zu ermitteln. Der Chi-Quadrat-Test rechnet also aus, mit welcher Wahrscheinlichkeit der in der Stichprobe beobachtete Zusammenhang zwischen dem Schulabschluss und der allgemeinen Zufriedenheit auch dann auftreten kann, wenn in der Grundgesamtheit tatsächlich gar kein Zusammenhang zwischen beiden Variablen besteht. Genau diese Wahrscheinlichkeit ist das Ergebnis des Chi-Quadrat-Tests und wird als Signifikanzwert ausgewiesen.

 Beachten Sie, dass es sich bei dem Wert von 0,000 um einen gerundeten Wert handelt, der nicht exakt null, sondern tatsächlich größer als null ist. In diesem Beispiel beträgt der Wert bei genauerer Angabe 0,000000000000003 %. Diesen exakten Wert können Sie ermitteln, indem Sie zunächst die Ergebnistabelle durch Doppelklicken zur Bearbeitung öffnen und anschließend das einzelne Tabellenfeld mit dem Signifikanzwert markieren. Wenn Sie dann den Befehl FORMAT|ZELLENEIGENSCHAFTEN aufrufen, können Sie dem Feld in dem damit geöffneten Dialogfeld einen anderen FORMATWERT mit einer höheren Anzahl an Dezimalstellen zuweisen. Dies wird im Einzelnen in Teil IV dieses Buches beschrieben.

Wann der Chi-Quadrat-Test besonders gut funktioniert

Damit der Chi-Quadrat-Test zuverlässige Ergebnisse liefert, müssen die Daten bestimmte Voraussetzungen erfüllen:

✔ **Zufallsstichprobe.** Damit Sie aus den vorliegenden Daten Rückschlüsse auf eine größere Grundgesamtheit ziehen können, müssen die Daten eine Zufallsstichprobe der Grundgesamtheit darstellen. Dies ist keine Besonderheit des Chi-Quadrat-Tests, sondern gilt praktisch immer für vergleichbare statistische Tests.

✔ **Größe der Kreuztabelle.** Die Kreuztabelle, für die der Chi-Quadrat-Test durchgeführt wird, sollte nach Möglichkeit mindestens sechs Felder umfassen. Wenn Sie also zwei Variablen betrachten, die jeweils nur zwei unterschiedliche Kategorien aufweisen (wodurch sich eine 2×2-Kreuztabelle mit nur vier Feldern ergibt), ist der Chi-Quadrat-Test etwas unzuverlässiger, insbesondere wenn gleichzeitig die Anzahl der Fälle sehr gering ist.

✔ **Erwartete Häufigkeit größer als 5.** Wenn die erwartete Häufigkeit in einzelnen Feldern der Kreuztabelle sehr gering ist, nimmt die Zuverlässigkeit des Chi-Quadrat-Tests ebenfalls ab. Als Faustregel gilt, dass die erwartete Häufigkeit in jedem Feld mindestens 5 betragen sollte, wobei gilt: je größer desto besser. Aus diesem Grund weist SPSS auch mit jedem Chi-Quadrat-Test die Anzahl der Felder mit einer erwarteten Häufigkeit unter 5 explizit aus (siehe Abbildung 11.6).

Wenn diese Voraussetzungen nicht erfüllt sind – insbesondere wenn sie so gerade eben nicht erfüllt sind –, müssen Sie nicht vollständig auf den Chi-Quadrat-Test verzichten, sondern dessen Ergebnisse vor allem etwas vorsichtiger interpretieren. Besonders wichtig werden die Voraussetzungen, wenn auch die Testergebnisse selbst unsicher erscheinen und die vom Chi-Quadrat-Test berechnete Signifikanz so gerade eben noch akzeptabel erscheint, um eine getestete Hypothese zu widerlegen. Wenn in einem solchen Fall die Voraussetzungen des Chi-Quadrat-Tests nicht voll erfüllt waren, sollte man sich mit seinen Schlussfolgerungen nicht zu weit aus dem Fenster lehnen.

Auch das ist möglich: Drei und mehr Variablen kreuztabellieren

Eine Kreuztabelle kann allein aufgrund ihrer Struktur natürlich immer nur zwei Variablen gemeinsam darstellen. Das könnte man zumindest denken – stimmt aber nicht. Es ist ohne Weiteres möglich, ein dritte und grundsätzlich auch noch mehr Variablen in die Tabelle einzubeziehen.

Eine Kreuztabelle mit drei Variablen anfordern

Für das bisherige Beispiel mit der Schulbildung und der allgemeinen Zufriedenheit der Amerikaner kann durch Berücksichtigung einer dritten Variablen zusätzlich untersucht werden, ob der beobachtete Zusammenhang zwischen Bildung und Zufriedenheit möglicherweise auch von dem Geschlecht der Personen abhängt, bei Männern und Frauen also unterschiedlich stark ausgeprägt ist. Hierzu wird die Variable sex (Geschlecht) als so genannte *Kontrollvariable* mit in die Analyse einbezogen:

1. **Kreuztabelle beschreiben.** Wählen Sie den Befehl ANALYSIEREN|DESKRIPTIVE STATISTIKEN|KREUZTABELLEN und geben Sie in dem damit geöffneten Dialogfeld die Variablen für die Kreuztabelle an. Um eine Kreuztabelle für die Zufriedenheit und den Schulabschluss einer Person mit dem Geschlecht als Kontrollvariable zu erstellen, geben Sie die Variable happy in dem Feld ZEILEN, die Variable degree in dem Feld SPALTEN und die Variable sex in dem Feld SCHICHT an.

2. **Inhalte und Tests anfordern.** Legen Sie in dem Dialogfeld der Schaltfläche ZELLEN fest, welche Werte in der Kreuztabelle ausgewiesen werden sollen. Für das folgende Beispiel werden beobachtete und erwartete Häufigkeiten sowie spaltenweise Prozentwerte ausgewählt. Wenn Sie auch einen Chi-Quadrat-Test durchführen möchten, kreuzen Sie zusätzlich in dem Dialogfeld der Schaltfläche STATISTIKEN die Option CHI-QUADRAT an.

3. **Tabellen erstellen.** Wenn Sie alle Angaben vorgenommen haben, bestätigen Sie das Hauptdialogfeld mit der Schaltfläche OK. SPSS schreibt die Ergebnisse daraufhin in die Ausgabedatei. Die Kreuztabelle für dieses Beispiel ist in Abbildung 11.7 wiedergegeben, die Tabelle mit dem Chi-Quadrat-Test in Abbildung 11.8.

Die Kreuztabelle für den Drei-Variablen-Fall auswerten

Die Kreuztabelle in Abbildung 11.7 zeigt sehr schnell, wie SPSS mit der Anforderung, eine Tabelle für drei Variablen zu erstellen, umgegangen ist: Letztlich ist das Ergebnis nichts anderes als zwei getrennte Kreuztabellen, einmal für die Männer und einmal für die Frauen aus der zugrunde liegenden Datendatei. Jede dieser beiden Teiltabellen lässt sich genauso lesen wie eine einfache Kreuztabelle. So besagt zum Beispiel die erste Zelle der Tabelle, dass die betrachtete Stichprobe insgesamt 53 Männer enthält, die keinen Abschluss an der High School haben und gleichzeitig sehr zufrieden mit ihrem Leben sind. Dies sind 28,8 % von allen 184 Männern ohne High-School-Abschluss. Unter allen befragten Männern beträgt der Anteil der sehr zufriedenen Personen hingegen 30,5 %. Würde dieser Anteil auch für die Männer ohne High-School-Abschluss gelten, hätten in der Stichprobe rechnerisch 56,0 sehr zufriedene

Männer ohne Abschluss an der High School enthalten sein müssen; dieser Wert wird als erwartete Anzahl in der ersten Zelle der Tabelle ausgewiesen.

Allgemeine Zufriedenheit * Höchster Abschluss * Geschlecht Kreuztabelle

Geschlecht				Höchster Abschluss					
				Niedriger als High School	High School	Junior College	Bachelor	Universitäts-abschluss	Gesamt
Männlich	Allgemeine Zufriedenheit	Sehr zufrieden	Anzahl	53	171	31	79	36	370
			Erwartete Anzahl	56,0	191,5	25,9	71,3	25,3	370,0
			% innerhalb von Höchster Abschluss	28,8%	27,2%	36,5%	33,8%	43,4%	30,5%
		Ziemlich zufrieden	Anzahl	94	385	51	140	42	712
			Erwartete Anzahl	107,8	368,6	49,8	137,1	48,6	712,0
			% innerhalb von Höchster Abschluss	51,1%	61,2%	60,0%	59,8%	50,6%	58,6%
		Nicht sehr zufrieden	Anzahl	37	73	3	15	5	133
			Erwartete Anzahl	20,1	68,9	9,3	25,6	9,1	133,0
			% innerhalb von Höchster Abschluss	20,1%	11,6%	3,5%	6,4%	6,0%	10,9%
	Gesamt		Anzahl	184	629	85	234	83	1215
			Erwartete Anzahl	184,0	629,0	85,0	234,0	83,0	1215,0
			% innerhalb von Höchster Abschluss	100,0%	100,0%	100,0%	100,0%	100,0%	100,0%
Weiblich	Allgemeine Zufriedenheit	Sehr zufrieden	Anzahl	79	249	48	84	58	518
			Erwartete Anzahl	79,2	281,3	39,3	78,9	39,3	518,0
			% innerhalb von Höchster Abschluss	32,6%	29,0%	40,0%	34,9%	48,3%	32,7%
		Ziemlich zufrieden	Anzahl	103	504	62	133	56	858
			Erwartete Anzahl	131,2	465,9	65,1	130,7	65,1	858,0
			% innerhalb von Höchster Abschluss	42,6%	58,7%	51,7%	55,2%	46,7%	54,2%
		Nicht sehr zufrieden	Anzahl	60	106	10	24	6	206
			Erwartete Anzahl	31,5	111,9	15,6	31,4	15,6	206,0
			% innerhalb von Höchster Abschluss	24,8%	12,3%	8,3%	10,0%	5,0%	13,0%
	Gesamt		Anzahl	242	859	120	241	120	1582
			Erwartete Anzahl	242,0	859,0	120,0	241,0	120,0	1582,0
			% innerhalb von Höchster Abschluss	100,0%	100,0%	100,0%	100,0%	100,0%	100,0%
Gesamt	Allgemeine Zufriedenheit	Sehr zufrieden	Anzahl	132	420	79	163	94	888
			Erwartete Anzahl	135,2	472,4	65,1	150,8	64,4	888,0
			% innerhalb von Höchster Abschluss	31,0%	28,2%	38,5%	34,3%	46,3%	31,7%
		Ziemlich zufrieden	Anzahl	197	889	113	273	98	1570
			Erwartete Anzahl	239,1	835,2	115,1	266,6	113,9	1570,0
			% innerhalb von Höchster Abschluss	46,2%	59,7%	55,1%	57,5%	48,3%	56,1%
		Nicht sehr zufrieden	Anzahl	97	179	13	39	11	339
			Erwartete Anzahl	51,6	180,3	24,8	57,6	24,6	339,0
			% innerhalb von Höchster Abschluss	22,8%	12,0%	6,3%	8,2%	5,4%	12,1%
	Gesamt		Anzahl	426	1488	205	475	203	2797
			Erwartete Anzahl	426,0	1488,0	205,0	475,0	203,0	2797,0
			% innerhalb von Höchster Abschluss	100,0%	100,0%	100,0%	100,0%	100,0%	100,0%

Abbildung 11.7: Kreuztabelle für die Variablen happy *und* degree *mit der Kontrollvariablen* Geschlecht

Auf die gleiche Weise lassen sich alle übrigen Felder für die Teiltabelle der Männer und analog für die Teiltabelle der Frauen interpretieren. Die getrennte Darstellung von Männern und Frauen ermöglicht es nun aber auch, Unterschiede oder Gemeinsamkeiten zwischen diesen beiden Gruppen aufzuspüren. So ist in der letzten Spalte der Tabelle zunächst abzulesen, dass die Frauen insgesamt sowohl häufiger sehr zufrieden als auch häufiger nicht sehr zufrieden sind. Frauen haben sich also häufiger für eine der beiden klaren Positionen sehr zufrieden beziehungsweise nicht sehr zufrieden entschieden, während die Männer häufiger ziemlich zufrieden gewählt haben und damit weder außerordentlich glücklich noch besonders unglücklich waren.

Keinen qualitativen Unterschied zwischen Männern und Frauen gibt es dagegen bei dem Zusammenhang zwischen dem Schulabschluss und der allgemeinen Zufriedenheit. In beiden Gruppen haben Personen mit höherem Schulabschluss häufiger angegeben, sehr zufrieden zu sein. Ob dieser Zusammenhang auch in beiden Personengruppen gleich stark ausgeprägt ist und jeweils darauf schließen lässt, dass der Zusammenhang auch in der Grundgesamtheit besteht, wurde mit dem Chi-Quadrat-Test untersucht.

Der Chi-Quadrat-Test für den Drei-Variablen-Fall

Die Tabelle mit dem Ergebnis des Chi-Quadrat-Tests ist in Abbildung 11.8 wiedergegeben. Auch dieser Test wurde einfach zweimal durchgeführt – einmal für die Männer und einmal für die Frauen – sowie ein drittes Mal für die Gesamtheit aller Befragten mit den bereits von vorne bekannten Ergebnissen. Sowohl für die Männer als auch für die Frauen hat die untersuchte Hypothese, in der Grundgesamtheit (der Gesamtbevölkerung der USA) bestehe kein Zusammenhang zwischen der Schulbildung und der allgemeinen Zufriedenheit einer Person, eine sehr geringe Signifikanz von weniger als 0,0 %. Diese Hypothese kann also sowohl für die Männer als auch für die Frauen als falsch angesehen werden. Geht man für die Männer oder für die Frauen davon aus, dass auch in der Grundgesamtheit ein Zusammenhang zwischen der Schulbildung und der allgemeinen Zufriedenheit besteht, begeht man nur mit einer Wahrscheinlichkeit von 0,000 beziehungsweise 0,0 % einen Irrtum.

Chi-Quadrat-Tests

Geschlecht		Wert	df	Asymptotische Signifikanz (2-seitig)
Männlich	Chi-Quadrat nach Pearson	37,135[b]	8	,000
	Likelihood-Quotient	36,566	8	,000
	Zusammenhang linear-mit-linear	20,523	1	,000
	Anzahl der gültigen Fälle	1215		
Weiblich	Chi-Quadrat nach Pearson	61,272[c]	8	,000
	Likelihood-Quotient	57,453	8	,000
	Zusammenhang linear-mit-linear	26,881	1	,000
	Anzahl der gültigen Fälle	1582		
Gesamt	Chi-Quadrat nach Pearson	95,741[a]	8	,000
	Likelihood-Quotient	90,256	8	,000
	Zusammenhang linear-mit-linear	47,319	1	,000
	Anzahl der gültigen Fälle	2797		

a. 0 Zellen (0,0%) haben eine erwartete Häufigkeit kleiner 5. Die minimale erwartete Häufigkeit ist 24,60.

b. 0 Zellen (0,0%) haben eine erwartete Häufigkeit kleiner 5. Die minimale erwartete Häufigkeit ist 9,09.

c. 0 Zellen (0,0%) haben eine erwartete Häufigkeit kleiner 5. Die minimale erwartete Häufigkeit ist 15,63.

Abbildung 11.8: Chi-Quadrat-Test für die Variablen happy *und* degree *–
getrennt für Männer und Frauen*

T-Tests zur Analyse von Mittelwerten

In diesem Kapitel

▶ Mittelwerte einer Variablen für unterschiedliche Fallgruppen berechnen

▶ T-Test bei einer Stichprobe: Wo liegt der Mittelwert einer Variablen in der Grundgesamtheit?

▶ T-Test bei unabhängigen Stichproben: Hat eine Variable in zwei verschiedenen Fallgruppen den gleichen Mittelwert?

▶ T-Test bei verbundenen Stichproben: Haben zwei Variablen in der Grundgesamtheit den gleichen Mittelwert?

E in Großteil der Fragen in der statistischen Datenanalyse dreht sich darum, aus den in einer Stichprobe beobachteten und berechneten Kennzahlen Rückschlüsse auf die der Stichprobe zugrunde liegende Grundgesamtheit zu ziehen. Wenn Sie beispielsweise einen Supermarkt betreiben und zur Optimierung Ihres Sortiments eine zufällige Auswahl Ihrer Kunden danach fragen, wie viel diese monatlich für Hundefutter ausgeben, sind Sie eigentlich gar nicht an dem Kaufverhalten der im Einzelnen befragten Kunden interessiert, sondern an dem durchschnittlichen Kaufverhalten aller Ihrer Kunden. Nun können Sie aber nicht einfach davon ausgehen, dass sich die Gesamtheit aller Kunden genau so verhält wie die wenigen Befragten, denn Sie können ja zufällig besonders viele Hundebesitzer oder eben gerade Hundeallergiker erwischt haben. Sie brauchen also ein statistisches Verfahren, um aus den in der Stichprobe beobachteten Werten mit bestimmten Wahrscheinlichkeiten Rückschlüsse auf die Grundgesamtheit ziehen zu können. Wenn Sie an derartigen Rückschlüssen über die Durchschnittswerte von Variablen interessiert sind, ist der T-Test das Verfahren der Wahl. Dabei lassen sich vor allem drei Arten von Fragestellungen untersuchen:

✔ **Wo liegt der Mittelwert einer Variablen in der Grundgesamtheit?** Aus den Beobachtungen einer Stichprobe können Sie errechnen, in welchem Wertebereich der Mittelwert einer Variablen mit einer bestimmten Wahrscheinlichkeit in der Grundgesamtheit liegt. Wenn beispielsweise die von Ihnen befragten Kunden im Durchschnitt 50 Euro im Monat für Hundefutter ausgeben, können Sie mit einem *T-Test bei einer Stichprobe* herausbekommen, dass die durchschnittlichen Hundefutterausgaben von allen Ihren Kunden mit einer Wahrscheinlichkeit von 95 % zwischen 45 Euro und 55 Euro liegen.

✔ **Hat eine Variable in zwei verschiedenen Fallgruppen den gleichen Mittelwert?** Möglicherweise stellen Sie bei Ihrer Kundenbefragung fest, dass die befragten Frauen 53 Euro und die befragten Männer nur 47 Euro monatlich für Hundefutter ausgeben. Mit einem *T-Test bei unabhängigen Stichproben* können Sie überprüfen, ob eine derart unterschiedliche Ausgabefreudigkeit wohl auch in der Gesamtheit Ihrer Kunden anzutreffen ist – und welches Ausmaß der Unterschied dort hat.

✔ **Haben zwei Variablen in der Grundgesamtheit den gleichen Mittelwert?** Wenn Sie Ihre Kunden nicht nur nach den Hundefutter-, sondern auch nach den Katzenfutterausgaben gefragt haben, werden Sie möglicherweise feststellen, dass sich die befragten Kunden das Katzenfutter noch mehr Geld kosten lassen als das Hundefutter. Ob ein solcher Unterschied auch für die Gesamtheit Ihrer Kunden gilt und in welchem Ausmaß die Katzenfutterausgaben die für Hundefutter übersteigen, können Sie dann mit einem *T-Test bei verbundenen Stichproben* untersuchen.

 Alle Beispiele in diesem Kapitel verwenden die Datendatei `survey_sample.sav`. Diese Datei ist neben vielen anderen Beispieldaten im Lieferumfang von SPSS enthalten und wurde bei der Installation von SPSS mit auf die Festplatte kopiert. Sie sollten diese Datei in dem Programmverzeichnis von SPSS und dort in dem Unterverzeichnis `Samples` oder `Samples\German` finden. Um die folgenden Beispiele nachzuarbeiten, öffnen Sie die Datei einfach wie üblich mit dem Befehl Datei|Öffnen|Daten. Die Datei enthält einen Auszug aus den Ergebnissen einer in den USA durchgeführten Bevölkerungsbefragung.

Mittelwerte für die Stichprobe berechnen

Im Rahmen der Befragung in den USA, deren Daten in der Datei `survey_sample.sav` enthalten sind, wurden die Befragten unter anderem gebeten, ihren täglichen Fernsehkonsum in Stunden anzugeben. Die Antworten auf diese Frage sind in der Variablen `tvhours` festgehalten. Wenn man nun beginnt, eine solche Variable auszuwerten, drängt sich zunächst und weitgehend unabhängig davon, welche weitergehenden Fragestellungen man untersuchen möchte, unmittelbar eine Frage auf: Wie lange sitzen die Befragten im Durchschnitt pro Tag vor dem Fernseher? Diese Frage lässt sich einfach beantworten, indem man den Mittelwert der Variablen `tvhours` berechnet. Dies ist bei SPSS zum Beispiel mit dem Befehl Analysieren| Deskriptive Statistiken|Deskriptive Statistik möglich; siehe hierzu ausführlich Kapitel 8. Wenn Sie nun darüber hinaus auch noch wissen möchten, ob verschiedene Teilgruppen aus der Datendatei (hier also verschiedene Personengruppen) einen unterschiedlich hohen durchschnittlichen Fernsehkonsum aufweisen, können Sie dies ebenfalls sehr einfach mit SPSS ermitteln. Auf Basis der Datei `survey_sample.sav` lässt sich so zum Beispiel feststellen, ob verheiratete und unverheiratete Personen unterschiedlich viel Fernsehen schauen.

Vergleich des Mittelwerts einer Variablen in unterschiedlichen Fallgruppen

Um den Mittelwert einer Variablen für verschiedene Fallgruppen aus der Datendatei getrennt zu ermitteln, gehen Sie folgendermaßen vor:

1. **Befehl aufrufen.** Wählen Sie in der Datendatei, für die Sie die Mittelwerte berechnen möchten, den Menübefehl Analysieren|Mittelwerte vergleichen|Mittelwerte. Dieser Befehl öffnet das Dialogfeld aus Abbildung 12.1.

Abbildung 12.1: Dialogfeld des Befehls ANALYSIEREN\MITTELWERTE VERGLEICHEN\MITTELWERTE

2. **Variablen auswählen.** Fügen Sie die Variable, für die Sie die Mittelwerte berechnen möchten, mit der Pfeil-Schaltfläche in das Feld ABHÄNGIGE VARIABLEN ein. Verschieben Sie außerdem die Variable, die die unterschiedlichen Fallgruppen in der Datendatei definiert, mit der Pfeil-Schaltfläche in das Feld UNABHÄNGIGE VARIABLEN. Auf diese Weise ist in Abbildung 12.1 festgelegt, dass der Mittelwert der Variablen tvhours berechnet werden soll, und zwar jeweils getrennt für die verschiedenen Fallgruppen, die durch die unterschiedlichen Werte der Variablen marital (Familienstand) definiert werden.

3. **Berechnung starten.** Wenn Sie diese Angaben vorgenommen haben, klicken Sie auf die Schaltfläche OK. Daraufhin berechnet SPSS die Mittelwerte und schreibt die Ergebnisse in eine Ausgabedatei. Der Output von SPSS besteht aus zwei Tabellen. Eine Tabelle enthält lediglich eine Fallstatistik, aus der hervorgeht, wie viele Fälle aus der Datendatei für die Berechnung der Mittelwerte genutzt wurden und ob gegebenenfalls einzelne Fälle aufgrund von fehlenden Werten unberücksichtigt bleiben mussten. Die zweite Tabelle enthält die eigentlichen Ergebnisse mit den berechneten Mittelwerten. Abbildung 12.2 zeigt diese Tabelle für das Beispiel mit dem Fernsehkonsum von Personen mit unterschiedlichem Familienstand.

Ergebnistabelle der Mittelwerte

Die Variable marital hat fünf unterschiedliche Ausprägungen und kennt den Status verheiratet (was genau genommen bedeutet »verheiratet und zusammenlebend«) sowie vier Varianten von nicht verheiratet zusammenlebenden Personen, nämlich verwitweten, geschiedenen, getrennt lebenden und noch nie verheiratet gewesenen Personen. Da diese Variable in dem Dialogfeld aus Abbildung 12.1 als unabhängige Variable angegeben wurde, hat SPSS die Datendatei »gedanklich« in fünf Fallgruppen unterteilt – je eine Gruppe für jede der fünf unterschiedlichen Ausprägungen des Familienstands. Für jede dieser beiden Fallgruppen wurde der Mittelwert der Variablen `tvhours` berechnet. Das Ergebnis ist in Abbildung 12.2 zu sehen. Neben dem Mittelwert gibt die Tabelle auch die Anzahl der Fälle in den fünf Fallgruppen und die Standardabweichung der Variablen `tvhours` wieder.

Bericht

Wie viele Stunden Fernsehen pro Tag

Familienstand	Mittelwert	N	Standardabweichung
Verheiratet	2,65	1121	2,054
Verwitwet	3,60	229	2,557
Geschieden	2,85	372	2,230
Getrennt	3,42	69	2,804
Nie verheiratet	2,90	546	2,346
Insgesamt	2,86	2337	2,247

Abbildung 12.2: Durchschnittlicher täglicher TV-Konsum in Stunden von verheirateten und unverheirateten Personen

Die verheirateten Personen aus der Befragung verbringen offenbar weniger Zeit vor dem Fernseher als alle vier Gruppen unverheirateter Personen. Während die Verheirateten nur ungefähr 2,65 Stunden am Tag fernsehen, sitzen die unverheirateten je nach genauer Lebenssituation zwischen 2,85 und 3,60 Stunden und damit täglich bis zu einer ganzen Stunde länger vor dem Fernseher. (Wenn Sie sich übrigens über die insgesamt niedrigen Werte des durchschnittlichen Fernsehkonsums wundern, bedenken Sie, dass die Befragung bereits im Jahr 1993, also vor fast 20 Jahren, durchgeführt wurde.) Diese Ergebnisse beziehen sich auf insgesamt 2.337 Personen, von denen 1.121 verheiratet sind. Alle 2.337 Personen zusammen verbringen im Durchschnitt 2,86 Stunden vor dem Fernseher. Dieser Wert ist in der untersten Zeile der Tabelle angegeben.

Es stellt sich nun die Frage, inwieweit das beobachtete Fernsehverhalten nur für die 2.337 Personen aus der Stichprobe gilt oder auch auf die Grundgesamtheit – hier die Bevölkerung der USA im Jahr 1993 – übertragen werden kann. Dabei scheinen vor allem zwei Fragen interessant:

1. Was lässt sich über die durchschnittliche Fernsehdauer der Gesamtbevölkerung sagen? Diese Frage lässt sich mit einem *T-Test bei einer Stichprobe* beantworten; siehe hierzu den nächsten Abschnitt.

2. Besteht auch in der Gesamtbevölkerung ein Unterschied im Fernsehverhalten zwischen verheirateten und unverheirateten Personen? Diese Frage lässt sich mit einem *T-Test bei unabhängigen Stichproben* beantworten; siehe hierzu den übernächsten Abschnitt.

Der T-Test verrät den Mittelwert der Grundgesamtheit

Mit einem einfachen T-Test können Sie auf Basis der Ergebnisse einer Stichprobe Rückschlüsse auf den Mittelwert einer Variablen in der Grundgesamtheit ziehen. Hat eine Variable beispielsweise in der Stichprobe den Mittelwert von 2,9, können Sie mit einem einfachen T-Test überprüfen, ob Sie zum Beispiel mit einer Wahrscheinlichkeit von 95 % davon ausgehen können, dass diese Variable auch in der Grundgesamtheit einen Mittelwert von mindestens 2,75 (beziehungsweise einen beliebigen anderen Wert) hat.

T-Test bei einer Stichprobe durchführen

Um mit einem einfachen T-Test (hier für die Variable tvhours) den Mittelwert einer Variablen in der Grundgesamtheit einzuschätzen, gehen Sie folgendermaßen vor:

1. **Befehl aufrufen.** Wählen Sie den Menübefehl Analysieren|Mittelwerte vergleichen|T-Test bei einer Stichprobe. Dieser Befehl öffnet das Dialogfeld aus Abbildung 12.3.

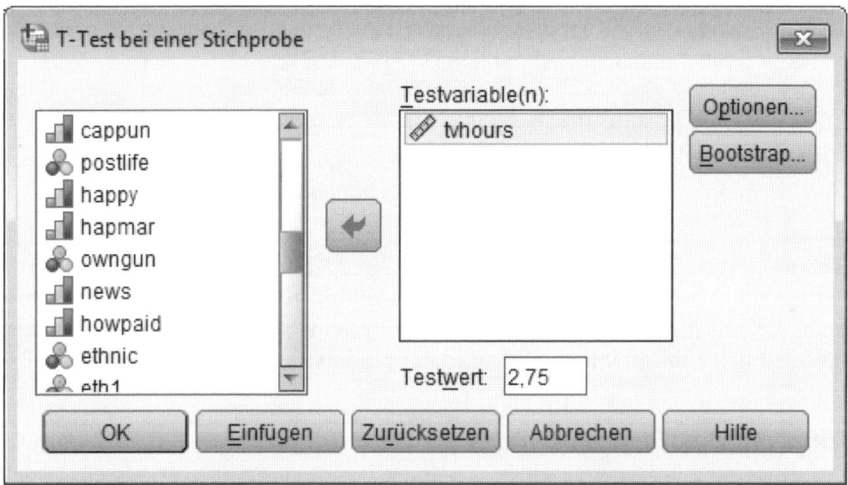

Abbildung 12.3: Dialogfeld zum Durchführen eines T-Tests bei einer Stichprobe

2. **Variable auswählen.** Wählen Sie in der linken Variablenliste die Variable aus, für die der T-Test durchgeführt werden soll, und verschieben Sie sie mit der Pfeil-Schaltfläche in das Feld Testvariable(n).

3. **Testwert angeben.** Schreiben Sie in das Feld Testwert den Wert, gegen den Sie den Mittelwert der ausgewählten Variablen testen möchten. In Abbildung 12.3 ist der Testwert 2,75 angegeben. Die Testvariable tvhours hat in der Stichprobe den Mittelwert 2,9. Mit dem Testwert von 2,75 wird daher untersucht, ob aus dem in der Stichprobe beobachteten Mittelwert von 2,9 geschlossen werden kann, dass der Mittelwert in der Grundgesamtheit mindestens 2,75 beträgt.

4. **Irrtumswahrscheinlichkeit für das Konfidenzintervall angeben.** Bei der Durchführung des Tests berechnet SPSS automatisch auch das Konfidenzintervall für den Mittelwert (also den Wertebereich, in dem der Mittelwert in der Grundgesamtheit mit einer bestimmten Wahrscheinlichkeit liegt). Für dieses Konfidenzintervall können Sie die Wahrscheinlichkeit vorgeben, für die der Wertebereich berechnet werden soll. Klicken Sie hierzu auf die Schaltfläche OPTIONEN, die das Dialogfeld aus Abbildung 12.4 öffnet. Geben Sie dort in das Feld PROZENTSATZ KONFIDENZINTERVALL die gewünschte Wahrscheinlichkeit (im Beispiel 97,5) ein und schließen Sie das Dialogfeld wieder mit der Schaltfläche WEITER.

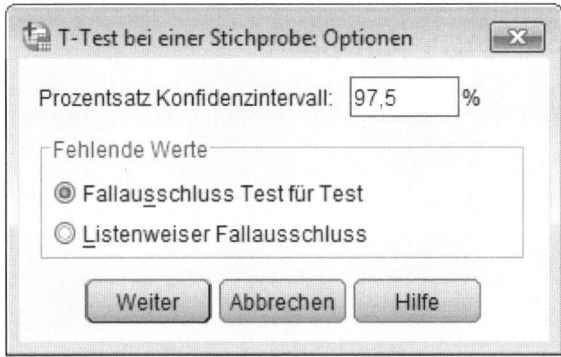

Abbildung 12.4: Dialogfeld OPTIONEN zur Festlegung der Wahrscheinlichkeit für das Konfidenzintervall des Mittelwertes

5. **Berechnung starten.** Wenn Sie alle Angaben vorgenommen haben, schließen Sie das Hauptdialogfeld mit der Schaltfläche OK. Daraufhin führt SPSS den T-Test durch und schreibt das Ergebnis in die Ausgabedatei. Das Ergebnis umfasst zwei Tabellen, die für dieses Beispiel beide in Abbildung 12.5 wiedergegeben sind.

Interpretation der Testergebnisse

Die obere Tabelle aus Abbildung 12.5 fasst lediglich noch einmal die Beobachtungen aus der Stichprobe zusammen. So ist dort unter anderem abzulesen, dass die Variable `tvhours` in 2.337 Fällen einen gültigen Wert aufweist. Der Mittelwert dieser Variablen in der Stichprobe und damit der durchschnittliche Fernsehkonsum der Befragten beträgt 2,86.

Mittlere Differenz und Signifikanz

Die eigentlichen Testergebnisse werden in der zweiten Tabelle aufgeführt. Dort ist zunächst in der Spalte `Mittlere Differenz` zu lesen, dass der beobachtete Mittelwert der Variablen `tvhours` um 0,108 größer ist als der Testwert. Das zentrale Testergebnis steht daneben in der Spalte `Sig. (2-seitig)`. Der dort ausgewiesene Wert von 0,020 ist die Irrtumswahrscheinlichkeit für die Hypothese, die Variable `tvhours` habe in der Grundgesamtheit einen Mittelwert über 2,75. Wenn Sie also davon ausgehen, dass die Menschen in den USA (im Jahr der Befragung) im Durchschnitt mindestens 2,75 Stunden am Tag vor dem Fernseher sitzen, liegen Sie nur mit einer Wahrscheinlichkeit von 0,02 beziehungsweise 2 % falsch.

Wenn Sie einen Testwert verwenden, der größer ist als der beobachtete Mittelwert in der zugrunde liegenden Stichprobe (so dass die in der Tabelle ausgewiesene mittlere Differenz negativ ist), ändert sich auch die Richtung der Testaussage. Sie würden dann also nicht testen, ob der Mittelwert in der Grundgesamtheit über dem Testwert liegt, sondern ob er kleiner ist als der Testwert.

Statistik bei einer Stichprobe

	N	Mittelwert	Standardabweichung	Standardfehler des Mittelwertes
Wie viele Stunden Fernsehen pro Tag	2337	2,86	2,247	,046

Test bei einer Sichprobe

	Testwert = 2.75					
				Mittlere Differenz	97,5% Konfidenzintervall der Differenz	
	T	df	Sig. (2-seitig)		Untere	Obere
Wie viele Stunden Fernsehen pro Tag	2,331	2336	,020	,108	,00	,21

Abbildung 12.5: Ergebnis des T-Tests bei einer Stichprobe für die Variable tvhours *mit dem Testwert 2,75*

Konfidenzintervall des Mittelwerts

Neben dem Signifikanzwert liefert SPSS mit dem Testergebnis auch eine Aussage darüber, in welchem Bereich der Mittelwert in der Grundgesamtheit wahrscheinlich liegt. Dieser Wertebereich ergibt sich etwas indirekt aus dem 97,5%-Konfidenzintervall der Differenz. Der hier angegebene untere und obere Wert besagt, dass der Mittelwert der Variablen tvhours in der Grundgesamtheit mit einer Wahrscheinlichkeit von 97,5 % zwischen 0,00 und 0,21 größer ist als der Testwert. Dies klingt zunächst etwas kompliziert, lässt sich aber ganz einfach auflösen: Der Testwert ist 2,75. Der Mittelwert in der Grundgesamtheit ist nun wahrscheinlich 0,00 bis 0,21 größer als der Testwert, das heißt, er liegt wahrscheinlich in dem Bereich zwischen 2,75 und 2,96. Mit einer Wahrscheinlichkeit von 97,5 % verbringen die Menschen in den USA damit im Durchschnitt zwischen 2,75 und 2,96 Stunden pro Tag vor dem Fernseher.

Dass SPSS diesen Wertebereich gerade für die Wahrscheinlichkeit von 97,5 % ermittelt hat, wurde in den Dialogfeldern beim Anfordern des Befehls vorgegeben, siehe Abbildung 12.4. Sie können dort auch eine beliebige andere Wahrscheinlichkeit vorgeben, um so beispielsweise das 99 %- oder das 95 %-Konfidenzintervall zu berechnen.

Mittelwerte zweier Fallgruppen vergleichen

Wenn Sie festgestellt haben, dass eine Variable in zwei verschiedenen Fallgruppen aus der Datendatei wie beispielsweise zwei Personengruppen einen unterschiedlich hohen Mittelwert aufweist, und nun testen möchten, ob Sie davon ausgehen können, dass der Mittelwert auch in der Grundgesamtheit in den beiden Gruppen unterschiedlich ist, verwenden Sie hierzu einen *T-Test bei unabhängigen Stichproben*.

T-Test bei unabhängigen Stichproben durchführen

Das folgende Beispiel basiert auf der Datendatei `survey_sample.sav`, die Sie unter den von SPSS mit installierten Beispieldateien finden. Die Datei enthält Ergebnisse einer in den USA durchgeführten Befragung. Aus dieser Datei werden die Variablen `tvhours` (täglicher Fernsehkonsum in Stunden) und `marital` (Familienstand) verwendet, um zu untersuchen, ob verheiratete und nicht verheiratete Personen unterschiedlich viel Zeit vor dem Fernseher verbringen.

Um mit einem T-Test den Mittelwert einer Variablen in zwei verschiedenen Fallgruppen zu vergleichen, gehen Sie folgendermaßen vor:

1. **Befehl aufrufen.** Wählen Sie den Menübefehl ANALYSIEREN|MITTELWERTE VERGLEICHEN|T-TEST BEI UNABHÄNGIGEN STICHPROBEN. Der Befehl öffnet das Dialogfeld aus Abbildung 12.6.

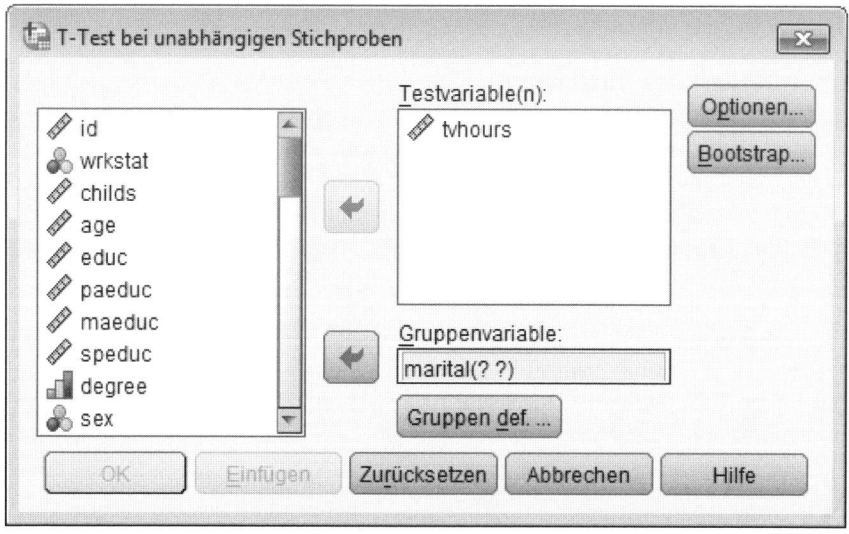

Abbildung 12.6: Dialogfeld zum Durchführen eines T-Tests bei unabhängigen Stichproben

2. **Testvariable angeben.** Wählen Sie in der linken Variablenliste die Variable aus, deren Mittelwerte Sie für zwei unterschiedliche Fallgruppen berechnen und miteinander vergleichen möchten, und verschieben Sie diese Variable in das Feld TESTVARIABLE(N).

3. **Fallgruppen definieren.** Wählen Sie anschließend in der linken Variablenliste die Variable aus, deren Werte die beiden miteinander zu vergleichenden Fallgruppen definieren, und fügen Sie diese in das Feld GRUPPENVARIABLE ein. Klicken Sie anschließend auf die Schaltfläche GRUPPEN DEF., die das Dialogfeld aus Abbildung 12.7 öffnet. In diesem Dialogfeld geben Sie an, durch welche Werte in der Gruppenvariablen die beiden Fallgruppen gekennzeichnet sind. Hierzu gibt es zwei Möglichkeiten:

- **ANGEGEBENE WERTE VERWENDEN.** Sind die beiden Fallgruppen eindeutig durch zwei unterschiedliche Werte in der Gruppenvariablen kodiert, wählen Sie die Option ANGEGEBENE WERTE VERWENDEN und tragen Sie die entsprechenden Werte in die beiden Eingabefelder ein. Würden Sie zum Beispiel Männer und Frauen miteinander vergleichen wollen, die in einer Variablen sex durch die beiden Werte 1 und 2 kodiert sind, würden Sie diese beiden Werte in die beiden Gruppenfelder eintragen.

- **TRENNWERT.** Alternativ können Sie einen TRENNWERT angeben, um die Datendatei in zwei Fallgruppen zu unterteilen. Alle Fälle, die in der Gruppenvariablen einen gültigen Wert aufweisen, der kleiner ist als der Trennwert, bilden die erste Fallgruppe, alle Fälle mit einem gültigen Wert größer oder gleich dem Trennwert die zweite Gruppe. Dies ist der sinnvolle Weg für die Variable marital, in der mit dem Wert 1 verheiratete Personen und mit den Werten 2 bis 5 verschiedene Formen nicht verheirateter Lebenssituationen (geschieden, verwitwet, getrennt lebend und nie verheiratet gewesen) gekennzeichnet sind. Daher wird hier der Trennwert 2 verwendet, um im Folgenden verheiratete und nicht verheiratete Personen miteinander zu vergleichen.

Wenn Sie alle Angaben vorgenommen haben, schließen Sie das Dialogfeld mit der Schaltfläche WEITER.

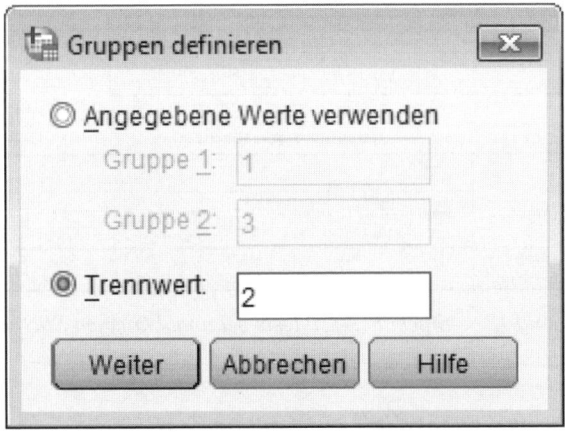

Abbildung 12.7: Dialogfeld zum Definieren der beiden Fallgruppen für den T-Test bei unabhängigen Stichproben

4. **Irrtumswahrscheinlichkeit für das Konfidenzintervall angeben.** Bei der Durchführung des Tests berechnet SPSS automatisch auch das Konfidenzintervall für den Mittelwertunterschied zwischen den beiden Fallgruppen. Hierzu können Sie die Wahrscheinlichkeit

vorgeben, für die das Konfidenzintervall berechnet werden soll. Klicken Sie dazu auf die Schaltfläche OPTIONEN, die das weiter vorn in diesem Kapitel dargestellte Dialogfeld aus Abbildung 12.4 öffnet. Geben Sie dort in das Feld KONFIDENZINTERVALL die gewünschte Wahrscheinlichkeit als Prozentwert ein und schließen Sie das Dialogfeld wieder mit der Schaltfläche WEITER. Für dieses Beispiel wird die Voreinstellung beibehalten und damit ein 95 %-Konfidenzintervall angefordert.

5. **Berechnung starten.** Wenn Sie alle Angaben vorgenommen haben, schließen Sie das Hauptdialogfeld mit der Schaltfläche OK. Daraufhin führt SPSS den T-Test durch und schreibt das Ergebnis in die Ausgabedatei. Das Ergebnis umfasst zwei Tabellen, die für dieses Beispiel in Abbildung 12.8 wiedergegeben sind.

Interpretation der Testergebnisse

Die obere Tabelle in Abbildung 12.8 gibt noch einmal die beobachteten Werte für die beiden Fallgruppen wieder. Miteinander verglichen werden die Gruppe der unverheirateten (mit einem Wert >=2 in der Variablen für den Familienstand) und die Gruppe der verheirateten Personen (Kodierung 1 und damit <2 in der Variablen für den Familienstand). Die erste umfasst in der Stichprobe 1.216 Personen (mit gültigen Werten in den beiden Variablen `marital` und `tvhours`), die im Durchschnitt 3,05 Stunden am Tag vor dem Fernseher verbringen. Die Gruppe der verheirateten Befragten ist dagegen 1.121 Personen groß, die im Mittel 2,65 Stunden am Tag fernsehen. Ob aus diesem Unterschied geschlossen werden kann, dass verheiratete und unverheiratete Personen auch in der Grundgesamtheit ein unterschiedliches Fernsehverhalten aufweisen, wurde mit dem T-Test untersucht, dessen Ergebnisse in der zweiten Tabelle abgelesen werden können.

Gruppenstatistiken

	Familienstand	N	Mittelwert	Standardabweichung	Standardfehler des Mittelwertes
Wie viele Stunden Fernsehen pro Tag	>= 2	1216	3,05	2,396	,069
	< 2	1121	2,65	2,054	,061

Test bei unabhängigen Stichproben

		Levene-Test der Varianzgleichheit		T-Test für die Mittelwertgleichheit					95% Konfidenzintervall der Differenz	
		F	Signifikanz	T	df	Sig. (2-seitig)	Mittlere Differenz	Standardfehler der Differenz	Untere	Obere
Wie viele Stunden Fernsehen pro Tag	Varianzen sind gleich	13,363	,000	4,314	2335	,000	,400	,093	,218	,582
	Varianzen sind nicht gleich			4,341	2322,969	,000	,400	,092	,219	,580

Abbildung 12.8: Ergebnis des T-Tests bei unabhängigen Stichproben

Zwei Testvarianten und zusätzlich ein Levene-Test

Mit der zweiten Tabelle hat SPSS wesentlich mehr Testergebnisse geliefert, als eigentlich angefordert waren. So enthält die Tabelle nicht ein, sondern zwei Ergebnisse eines T-Tests, die in den beiden Zeilen der Tabelle untereinander aufgeführt werden. Zusätzlich hat SPSS einen weiteren Test durchgeführt, den so genannten *Levene-Test*, der untersucht, ob die Varianz der Testvariablen (hier `tvhours`) in den beiden Fallgruppen gleich groß ist. Dies hat folgenden Hintergrund: Es gibt zwei Varianten des T-Tests bei unabhängigen Stichproben. Eine liefert korrekte Ergebnisse, wenn die Varianz der Testvariablen in den beiden Fallgruppen gleich groß ist, die andere Variante ist dagegen richtig, wenn die Varianz der Testvariablen in den beiden Fallgruppen unterschiedlich ist. Der Levene-Test untersucht nun, *ob* die Varianz der Testvariablen in beiden Fallgruppen gleich ist.

Das Ergebnis des Levene-Tests ist in der Spalte `Signifikanz` unter der Überschrift `Levene-Test der Varianzgleichheit` ausgewiesen. Der Signifikanzwert von 0,000 besagt, dass die Varianz der Variablen `tvhours` nur mit einer Wahrscheinlichkeit von 0,0 % in den beiden betrachteten Fallgruppen identisch ist. Man kann also getrost davon ausgehen, dass dies nicht der Fall ist, und zur Untersuchung der eigentlich interessierenden Fragestellung die in der unteren Zeile der Tabelle (`Varianzen sind nicht gleich`) ausgewiesenen Ergebnisse des T-Tests heranziehen.

Mittlere Differenz und Signifikanz

In der vorliegenden Stichprobe schauen die Personen der zweiten Fallgruppe (die verheirateten Personen) im Durchschnitt 0,400 Stunden weniger Fernsehen als die nicht verheirateten Personen, die die erste Vergleichsgruppe bilden. Dieser beobachtete Unterschied wird in den Testergebnissen in der Spalte `Mittlere Differenz` ausgewiesen. Daneben in der Spalte `Sig. (2-seitig)` steht die Antwort auf die Frage, ob aus dieser Beobachtung geschlossen werden kann, dass verheiratete und unverheiratete Personen auch in der Grundgesamtheit unterschiedlich viel fernsehen. Der ausgewiesene Signifikanzwert von 0,000 besagt, dass dies mit einer Irrtumswahrscheinlichkeit von 0,0 % der Fall ist. Formal korrekt formuliert lautet das Testergebnis damit: »Wenn Sie die Hypothese, verheiratete und unverheiratete Personen würden in der Grundgesamtheit im Durchschnitt gleich viel Zeit vor dem Fernseher verbringen, als falsch zurückweisen, begehen Sie mit einer Wahrscheinlichkeit von 0,0 % einen Irrtum.« Im Klartext heißt das: Die Daten in der Stichprobe lassen auch für die Grundgesamtheit die Schlussfolgerung zu, dass verheiratete Menschen weniger fernsehen als unverheiratete Menschen.

 Der Wert 0,000 ist natürlich ein gerundeter Wert, der in Wirklichkeit nicht exakt null, sondern größer als null ist. Tatsächlich beträgt der Wert in diesem Beispiel 0,0002 beziehungsweise 0,002 %. Diesen exakten Wert können Sie ermitteln, indem Sie zunächst die Ergebnistabelle und anschließend das einzelne Tabellenfeld mit dem Ergebniswert jeweils durch Doppelklicken zur Bearbeitung öffnen. Dies wird im Einzelnen in Teil V dieses Buches beschrieben.

Konfidenzintervall der Mittelwertdifferenz

Der Signifikanzwert lässt zunächst nur den Schluss zu, dass das Fernsehverhalten von verheirateten und unverheirateten Menschen unterschiedlich ist. Daraus lässt sich jedoch noch nicht ablesen, in welchem Ausmaß sich die beiden Gruppen voneinander unterscheiden. Insbesondere wäre es falsch, einfach davon auszugehen, der in der Stichprobe beobachtete Unterschied von 0,4 (Stunden, die ein Unverheirateter mehr fernsieht als ein Verheirateter) würde so auch in der Grundgesamtheit gelten. Aber auch auf die Frage nach dem Ausmaß des Unterschieds gibt SPSS eine Antwort. Sie findet sich unter der Überschrift `95%-Konfidenz intervall der Differenz` in der unteren Tabelle aus Abbildung 12.8. Die dort angegebenen unteren und oberen Werte besagen, dass in der Grundgesamtheit mit einer Wahrscheinlichkeit von 95 % die unverheirateten Menschen je Tag zwischen 0,219 und 0,580 Stunden mehr Zeit vor dem Fernseher verbringen.

 Sie können diesen Wertebereich auch für eine andere Wahrscheinlichkeit als 95 % berechnen lassen. Den gewünschten Wahrscheinlichkeitswert können Sie beim Anfordern der Testergebnisse in dem Dialogfeld der Schaltfläche OPTIONEN vorgeben, siehe Abbildung 12.4. Auf diese Weise können Sie zum Beispiel auch die Mittelwertdifferenz berechnen lassen, die in der Grundgesamtheit mit einer Wahrscheinlichkeit von 90 % oder 99 % zutrifft.

Mittelwerte zweier Variablen vergleichen

Wenn Sie die Mittelwerte zweier Variablen miteinander vergleichen und testen möchten, ob Sie davon ausgehen können, dass die Variablen in der Grundgesamtheit einen unterschiedlichen Mittelwert aufweisen, verwenden Sie einen *T-Test bei verbundenen Stichproben* (in älteren Programmversionen von SPSS als *T-Test bei gepaarten Stichproben* bezeichnet).

T-Test bei verbundenen Stichproben durchführen

 Das folgende Beispiel basiert auf der Datendatei `survey_sample.sav`, die Sie unter den von SPSS mit installierten Beispieldateien finden. Die Datei enthält Ergebnisse einer in den USA durchgeführten Befragung. Im Rahmen dieser Erhebung haben die Befragten unter anderem angegeben, bis zu welchem Schuljahr ihre Mutter und ihr Vater die Schule absolviert haben. Diese Angaben finden Sie in den Variablen `maeduc` (Schuljahre der Mutter) und `paeduc` (Schuljahre des Vaters). Im Folgenden soll mit dem T-Test für verbundene Stichproben untersucht werden, ob sich ein Unterschied zwischen den durchschnittlichen Schuljahren der Mütter und Väter nachweisen lässt.

Um einen *T-Test bei verbundenen Stichproben* durchzuführen, gehen Sie folgendermaßen vor:

1. **Befehl aufrufen.** Wählen Sie den Menübefehl ANALYSIEREN|MITTELWERTE VERGLEICHEN|T-TEST BEI VERBUNDENEN STICHPROBEN. Dieser Befehl öffnet das Dialogfeld aus Abbildung 12.9.

2. **Variablen auswählen.** Wählen Sie die beiden Variablen aus, die Sie miteinander vergleichen möchten. Verschieben Sie hierzu die beiden Variablen (hier `paeduc` und `maeduc`) nacheinander aus der linken Variablenliste in das Feld GEPAARTE VARIABLEN, so dass sie dort wie in Abbildung 12.9 in einer Zeile nebeneinander erscheinen. Hierzu können Sie die einzelnen Variablen wie üblich entweder in der linken Variablenliste markieren und anschließend durch Klick auf die Pfeil-Schaltfläche verschieben oder Sie ziehen die Variable mit der Maus in das gewünschte Feld.

3. **Irrtumswahrscheinlichkeit für das Konfidenzintervall angeben.** Bei der Durchführung des Tests berechnet SPSS automatisch auch das Konfidenzintervall für den Mittelwertunterschied zwischen den beiden Fallgruppen. Dazu können Sie die Wahrscheinlichkeit vor-

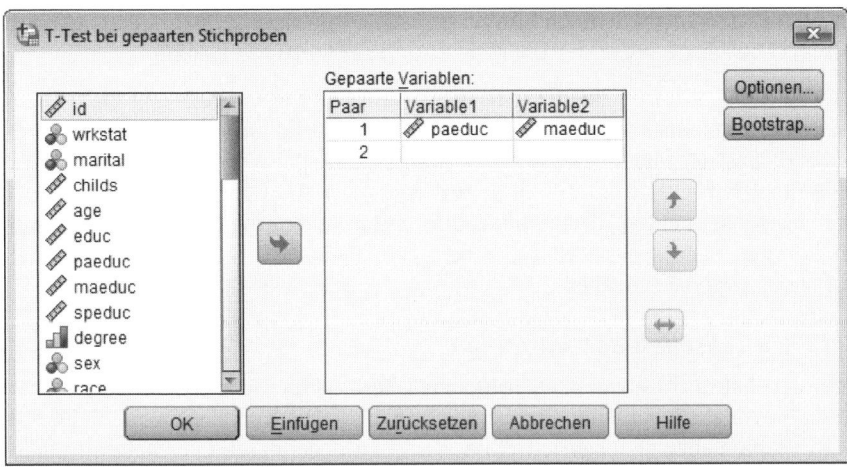

Abbildung 12.9: Dialogfeld zum Durchführen eines T-Tests bei verbundenen Stichproben

geben, für die das Konfidenzintervall berechnet werden soll. Klicken Sie hierzu auf die Schaltfläche OPTIONEN, die ein einfaches Dialogfeld öffnet. Geben Sie dort in das Feld KONFI-DENZINTERVALL die gewünschte Wahrscheinlichkeit als Prozentwert ein und schließen Sie das Dialogfeld wieder mit der Schaltfläche WEITER. Für dieses Beispiel wird die Voreinstellung beibehalten und damit ein 95 %-Konfidenzintervall angefordert.

4. **Berechnung starten.** Wenn Sie alle Angaben vorgenommen haben, schließen Sie das Hauptdialogfeld mit der Schaltfläche OK. Daraufhin führt SPSS den T-Test durch und schreibt das Ergebnis in die Ausgabedatei. Das Ergebnis umfasst drei Tabellen, die für dieses Beispiel in Abbildung 12.10 wiedergegeben sind.

Interpretation der Testergebnisse

In den von SPSS erstellten Ergebnistabellen finden Sie nicht nur den angeforderten T-Test, sondern auch verschiedene Kennzahlen für die einzelnen Variablen, die mit dem T-Test verglichen wurden, sowie Aussagen zur Korrelation zwischen diesen Variablen. Diese zusätzlichen Daten, die SPSS ungefragt einfach so mitgeliefert hat, helfen dabei, den T-Test inhaltlich zu interpretieren.

Kennzahlen der einzelnen Variablen

Die oberste Tabelle in Abbildung 12.10 gibt zunächst einige zentrale Kennzahlen für die beiden miteinander verglichenen Variablen paeduc und maeduc wieder. Dort ist abzulesen, dass die Väter der Befragten im Durchschnitt 11,44 Jahre zur Schule gegangen sind, während die Mütter die Schule im Mittel 11,54 Jahre besucht haben. Beide Werte liegen damit recht nahe beieinander, es scheint also keine gravierenden Unterschiede in der Schulbildung zwischen den Vätern und den Müttern zu geben, wobei die Väter offenbar eine leicht niedrigere Schulbildung vorzuweisen haben und im Durchschnitt 0,1 Jahre weniger in der Schule verbracht haben. Diese beobachtete Differenz zwischen den Mittelwerten der beiden Variablen wird in der untersten Ergebnistabelle noch einmal explizit ausgewiesen; Sie finden den Wert dort in der Spalte `Mittelwert` unter der Überschrift `Gepaarte Differenzen`.

In der Spalte `N` der obersten Tabelle wird die Anzahl der Fälle angegeben, die bei der Mittelwertanalyse berücksichtigt wurden. Mit 1.907 ist diese Zahl deutlich kleiner als die Anzahl der Fälle in der Datendatei (diese beträgt 2.832, was in den Ergebnistabellen nicht mit angegeben wird). Die nicht berücksichtigten Fälle wurden aus der Analyse ausgeschlossen, weil sie in mindestens einer der beiden Variablen `maeduc` und `paeduc` einen fehlenden Wert aufweisen. Offenbar konnten oder wollten viele der befragten Personen die Schulbildung ihrer Eltern nicht auf das Jahr genau angeben.

Korrelationen zwischen den Variablen

Unaufgefordert hat SPSS vor dem eigentlichen T-Test noch eine weitere Kennzahl berechnet, nämlich die Korrelation zwischen den beiden Variablen. Die Korrelation ist ein Maß dafür, ob sich zwei Variablen eher gleichgerichtet oder eher entgegengesetzt verhalten. In diesem Beispiel misst die Korrelation also, ob bei Personen, deren Väter eine hohe Schulbildung haben, typischerweise auch die Mutter einen hohen Schulabschluss hat (in diesem Fall wären die beiden Variablen positiv korreliert) oder ob es sich gerade umgekehrt verhält, dass sich Väter mit hoher (niedriger) Schulbildung mit Müttern mit geringer (hoher) Bildung zusammentun (dann läge eine negative Korrelation der Variablen vor).

Stärke und Richtung der Korrelation werden in einer einzigen Zahl gemessen, dem _Korrelationskoeffizienten_, der so berechnet wird, dass er stets im Bereich zwischen -1 und +1 liegt. Negative Werte zeigen eine negative Korrelation an, bei positiven Werten verhalten sich die Variablen gleichgerichtet. Je näher der Korrelationswert an -1 beziehungsweise +1 liegt, desto stärker ist der Zusammenhang zwischen den Variablen, bei einem Wert von 0 besteht dagegen gar keine Korrelation.

Für die Variablen `paeduc` und `maeduc` wird in der mittleren Tabelle in Abbildung 12.10 mit 0,651 eine deutliche positive Korrelation ausgewiesen. Das heißt also, Personen mit gebildeten Vätern haben tendenziell auch gebildete Mütter. Dabei hat SPSS auch geprüft, ob man davon ausgehen kann, dass ein solcher Zusammenhang auch in der Grundgesamtheit vorliegt. Das Ergebnis wird als `Signifikanz` ausgewiesen und ist mit 0,000 eindeutig. Der Wert besagt, dass man mit der Annahme, in der Grundgesamtheit bestehe eine positive Korrelation zwischen den Variablen `paeduc` und `maeduc`, nur mit einer Wahrscheinlichkeit von 0,0 % falsch liegt.

Mittelwertdifferenz und Signifikanz

Das eigentliche Ergebnis des T-Tests wird in der untersten Tabelle in Abbildung 12.10 wiedergegeben. In der ersten Spalte `Mittelwert` ist noch einmal der beobachtete Unterschied zwischen den Mittelwerten der Variablen `paeduc` und `maeduc` angegeben. Er beträgt -0,100, der Mittelwert der ersten Variablen `paeduc` (die in den Ergebnistabellen an erster Stelle genannt wird) ist also um 0,100 kleiner als der Mittelwert von `maeduc`. Der T-Test hat nun die Frage untersucht, ob aus den vorliegenden Daten geschlossen werden kann, dass die Mittelwerte der beiden Variablen auch in der Grundgesamtheit voneinander abweichen. Wenn dies der Fall ist, bedeutet dies, dass nicht nur unter den zufällig befragten Personen, sondern auch in der Gesamtbevölkerung Mütter etwas länger zur Schule gegangen sind als Väter.

Statistik bei gepaarten Stichproben

		Mittelwert	N	Standard-abweichung	Standardfehler des Mittelwertes
Paaren 1	Höchstes abgeschlossenes Schuljahr des Vaters	11,44	1907	4,158	,095
	Höchstes abgeschlossenes Schuljahr der Mutter	11,54	1907	3,439	,079

Korrelationen bei gepaarten Stichproben

		N	Korrelation	Signifikanz
Paaren 1	Höchstes abgeschlossenes Schuljahr des Vaters & Höchstes abgeschlossenes Schuljahr der Mutter	1907	,651	,000

Test bei gepaarten Stichproben

		Gepaarte Differenzen							
					95% Konfidenzintervall der Differenz				
		Mittelwert	Standard-abweichung	Standardfehler des Mittelwertes	Untere	Obere	T	df	Sig. (2-seitig)
Paaren 1	Höchstes abgeschlossenes Schuljahr des Vaters - Höchstes abgeschlossenes Schuljahr der Mutter	-,100	3,242	,074	-,245	,046	-1,342	1906	,180

Abbildung 12.10: Ergebnisse des T-Tests bei verbundenen Stichproben

Formal korrekt lautet die durch den T-Test untersuchte Hypothese: »Die Mittelwerte der Variablen paeduc und maeduc sind in der Grundgesamtheit identisch.« Das Ergebnis des Tests wird als Signifikanzwert in der Spalte Sig. (2-seitig) ausgewiesen. Die Signifikanz der getesteten Hypothese ist mit 0,180 allerdings nicht sehr gering. Dies bedeutet, dass man die Hypothese, beide Mittelwerte seien in der Grundgesamtheit identisch, nicht ohne Weiteres als falsch zurückweisen kann. Wenn man dies tut und damit umgekehrt davon ausgeht, dass sich Mütter und Väter in ihren durchschnittlich absolvierten Schuljahren auch in der Grundgesamtheit unterscheiden, begeht man mit einer Wahrscheinlichkeit von 18,0 % einen Irrtum.

Konfidenzintervall der Mittelwertdifferenz

Der recht hohe Signifikanzwert lässt offenbar nicht den Schluss zu, dass sich Väter und Mütter in der Grundgesamtheit bezüglich ihrer Schulbildung voneinander unterscheiden. Umgekehrt ist damit jedoch auch nicht belegt, dass ein solcher Unterschied in der Grundgesamtheit nicht vorliegt. Wir können lediglich sagen, dass sich ein Unterschied auf Basis der vorliegenden Stichprobe nicht nachweisen lässt. Um nun doch noch eine etwas präzisere Aussage über die Mittelwertdifferenz zwischen den beiden Variablen paeduc und maeduc zu treffen, lässt sich untersuchen, welche Größenordnung eine mögliche Mittelwertdifferenz in der Grundgesamtheit wohl haben könnte.

Um das Ausmaß einer möglichen Mittelwertdifferenz in der Grundgesamtheit einschätzen zu können, hat SPSS den Wertebereich berechnet, in dem sich die Mittelwertdifferenz mit einer gewissen Wahrscheinlichkeit (und zwar in diesem Beispiel mit einer Wahrscheinlichkeit von 95 %) bewegt. Dieser Wertebereich wird unter der Überschrift 95%-Konfidenzintervall der Differenz ausgewiesen und erstreckt sich von -0,245 bis +0,046. Dies bedeutet, dass der Mittelwert der Variablen paeduc in der Grundgesamtheit mit einer Wahrscheinlichkeit von 95 % in einer Größenordnung von -0,245 Jahre bis +0,046 Jahre von dem Mittelwert der Variablen maeduc abweicht. Mit hoher Wahrscheinlichkeit liegt die durchschnittliche Schulbildung von Müttern und Vätern offenbar sehr nahe beieinander, wobei es eine gewisse Wahrscheinlichkeit dafür gibt, dass Väter etwas weniger Schuljahre vorzuweisen haben als Mütter – allerdings kann auch der umgekehrte Fall auf Basis der vorliegenden Daten nicht ausgeschlossen werden.

Wenn Sie die Mittelwertdifferenz berechnen möchten, die mit einer noch größeren oder einer geringeren Wahrscheinlichkeit zutrifft, können Sie dies beim Durchführen des T-Tests in dem Dialogfeld der Schaltfläche OPTIONEN vorgeben.

Varianzanalyse zum Vergleich von Gruppenmittelwerten

13

In diesem Kapitel

▷ Wie hoch ist der Mittelwert einer Variablen in verschiedenen Fallgruppen?

▷ Haben die Gruppen in der Grundgesamtheit einen gleich hohen Mittelwert?

▷ Welche Gruppen unterscheiden sich voneinander?

▷ Wie groß sind die Unterschiede zwischen den Gruppen in der Grundgesamtheit?

*E*ine so genannte Varianzanalyse ermöglicht es unter anderem, mehrere Fallgruppen aus der Datendatei miteinander zu vergleichen und zu untersuchen, ob sich diese Fallgruppen in den Durchschnittswerten einzelner Variablen signifikant voneinander unterscheiden. Haben Sie beispielsweise eine Personendatei mit Verhaltensdaten wie Angaben zur täglich für Schlafen, Arbeit, Körperpflege, Lesen und Fernsehen aufgebrachten Zeit sowie Angaben zur Schulbildung der Personen, können Sie mit der Varianzanalyse überprüfen, ob Personen mit unterschiedlicher Bildung auch signifikant unterschiedliche Verhaltensweisen in ihrem typischen Tagesablauf aufweisen und entsprechend unterschiedliche Schwerpunkte bei der Verteilung der 24 Stunden eines Tages auf die verschiedenen Tätigkeiten setzen. Wenn Sie dabei feststellen, dass die verschiedenen Personengruppen mit unterschiedlicher Schulbildung tatsächlich nicht alle den gleichen typischen Tagesablauf haben, können Sie im nächsten Schritt untersuchen, welche der Gruppen denn signifikante Unterschiede aufweisen und zwischen welchen Gruppen möglicherweise keine Unterschiede zu erkennen sind. Zudem können Sie für jene Gruppen, die sich signifikant voneinander unterscheiden, errechnen lassen, wie groß der durchschnittliche Unterschied in der Grundgesamtheit wohl sein mag.

Wenn Sie sich bereits mit dem T-Test auskennen, werden Sie feststellen, dass die Varianzanalyse und der *T-Test bei unabhängigen Stichproben* eigentlich die gleiche Fragestellung untersuchen. Der wesentliche Unterschied besteht darin, dass Sie mit dem T-Test immer nur zwei Fallgruppen miteinander vergleichen können, die Varianzanalyse ermöglicht dagegen den Vergleich mehrerer Fallgruppen.

Durchführen einer einfachen Varianzanalyse

Das folgende Beispiel basiert auf der Datendatei `survey_sample.sav`. Diese Datei ist neben vielen anderen Beispieldaten im Lieferumfang von SPSS enthalten und wurde bei der Installation von SPSS mit auf die Festplatte kopiert. Sie sollten diese Datei in dem Programmverzeichnis von SPSS und dort in dem Unterverzeichnis `Samples` oder `Samples\German` finden. Um das folgende Beispiel nachzuarbeiten, öffnen Sie die Datei einfach wie üblich mit dem Befehl DATEI| ÖFFNEN|DATEN. Die Datei enthält einen Auszug aus den Ergebnissen einer in den USA durchgeführten Bevölkerungsbefragung.

Die Datei `survey_sample.sav` enthält für jeden Befragten in der Variablen `degree` Angaben zu dem höchsten erreichten Schulabschluss. Diese Variable unterscheidet zwischen insgesamt fünf Kategorien, die sich von `Niedriger als High School` bis zu `Universitätsabschluss` erstrecken. Zusätzlich ist für jeden Befragten in der Variablen `tvhours` angegeben, wie viele Stunden er pro Tag im Durchschnitt Fernsehen schaut. Mit einer Varianzanalyse kann nun sehr einfach untersucht werden, ob der durchschnittliche Fernsehkonsum bei den fünf Personengruppen mit unterschiedlicher Schulbildung gleich groß ist oder ob sich Unterschiede in der täglichen Fernsehdauer erkennen lassen.

Um die Mittelwerte einer Variablen in verschiedenen Fallgruppen anhand einer einfachen Varianzanalyse miteinander zu vergleichen, gehen Sie folgendermaßen vor:

1. **Befehl aufrufen.** Wählen Sie den Menübefehl ANALYSIEREN|MITTELWERTE VERGLEICHEN|EINFAKTORIELLE ANOVA _(ANOVA steht hier für Analysis of Variance)._ Dieser Befehl öffnet das Dialogfeld aus Abbildung 13.1.

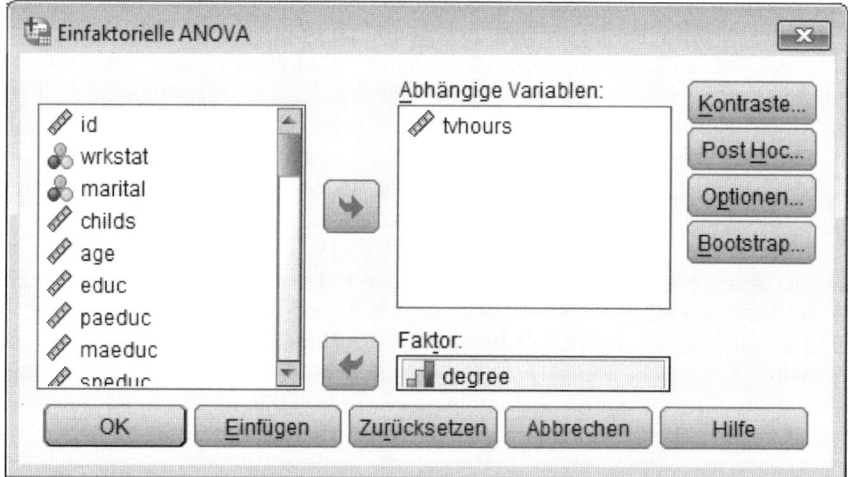

Abbildung 13.1: Dialogfeld des Befehls ANALYSIEREN|MITTELWERTE VERGLEICHEN|EINFAKTORIELLE ANOVA

2. **Welche Variable soll untersucht werden?** Wählen Sie in der linken Variablenliste zunächst die Variable aus, deren Mittelwerte untersucht werden sollen, und verschieben Sie diese Variable in das Feld ABHÄNGIGE VARIABLEN.

3. **Welche Variable definiert die Fallgruppen?** Fügen Sie anschließend die Variable, deren Werte die verschiedenen miteinander zu vergleichenden Fallgruppen definieren, in das Feld FAKTOR ein. Alle unterschiedlichen Werte dieser Variablen definieren jeweils eine eigene Fallgruppe in der Datendatei; enthält die Faktorvariable wie in diesem Beispiel fünf unterschiedliche Werte, werden durch die Varianzanalyse somit fünf Fallgruppen miteinander verglichen. So ist in Abbildung 13.1 festgelegt, dass die Mittelwerte der Variablen `tvhours` für die fünf Personengruppen mit unterschiedlicher Schulbildung (gekennzeichnet durch unterschiedliche Werte in der Variablen `degree`) berechnet und verglichen werden sollen.

4. **Optionen: Statistiken und Diagramm.** In dem Dialogfeld der Schaltfläche OPTIONEN können Sie zusätzlich zur eigentlichen Varianzanalyse ergänzenden Output anfordern (siehe Abbildung 13.2). Für dieses Beispiel werden DESKRIPTIVE STATISTIKEN und ein DIAGRAMM DER MITTELWERTE ausgewählt, die dazu dienen, die beobachteten Mittelwerte der abhängigen Variablen in den verschiedenen Fallgruppen der Stichprobe zu beschreiben.

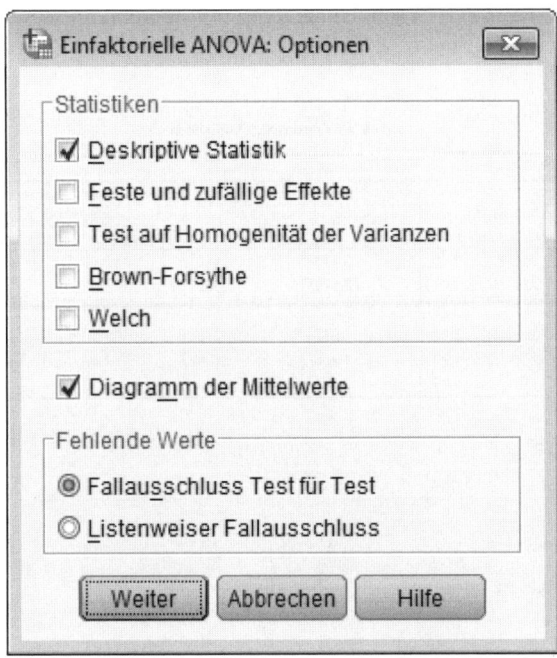

Abbildung 13.2: Dialogfeld OPTIONEN für zusätzlichen Output zur Varianzanalyse

5. **Berechnung starten.** Wenn Sie alle Angaben vorgenommen und das Dialogfeld OPTIONEN wieder geschlossen haben, klicken Sie in dem Hauptdialogfeld auf die Schaltfläche OK. Daraufhin führt SPSS die Varianzanalyse durch und schreibt die Ergebnisse in die Ausgabedatei. Der Umfang des Outputs hängt von den Optionen ab, die Sie in den verschiedenen Dialogfeldern gewählt haben. Abbildung 13.3 und Abbildung 13.4 zeigen die Ergebnisse, die mit den hier verwendeten Einstellungen erzeugt wurden. Das zentrale Ergebnis befindet sich dabei in der Tabelle mit der Überschrift EINFAKTORIELLE ANOVA in Abbildung 13.4, in der die eigentliche Varianzanalyse dokumentiert ist.

Deskriptive Maßzahlen zum Vergleich der Gruppen

Abbildung 13.3 zeigt den ergänzenden Output der Varianzanalyse, der in dem Dialogfeld OPTIONEN aus Abbildung 13.2 angefordert wurde. In diesem Output sind verschiedene Kennzahlen für die Variable tvhours getrennt für die fünf unterschiedlichen Personengruppen aus der Datendatei zusammengestellt.

Anzahl der Fälle

In der ersten Spalte N ist abzulesen, dass die Stichprobe insgesamt 354 Personen ohne High-School-Abschluss enthält, ebenso 1.236 Personen mit Abschluss an der High School, 173 Personen, die das Junior College erfolgreich abgeschlossen haben, und so weiter. Insgesamt wurden in der aktuellen Analyse 2.328 Personen berücksichtigt. Da die gesamte Datendatei 2.832 Fälle enthält (dies geht aus den Ergebnistabellen nicht hervor), müssen die 504 hier nicht berücksichtigten Fälle aufgrund von fehlenden Werten in der Variablen tvhours oder degree ausgeschlossen worden sein.

ONEWAY deskriptive Statistiken

Wie viele Stunden Fernsehen pro Tag

	N	Mittelwert	Standard abweichung	Standardfehler	95%-Konfidenzintervall für den Mittelwert		Minimum	Maximum
					Untergrenze	Obergrenze		
Niedriger als High School	354	3,85	2,816	,150	3,56	4,15	0	20
High School	1236	3,01	2,180	,062	2,89	3,13	0	21
Junior College	173	2,29	1,566	,119	2,06	2,53	0	8
Bachelor	389	2,17	1,943	,098	1,98	2,37	0	20
Universitätsabschluss	176	1,78	1,406	,106	1,57	1,99	0	10
Gesamt	2328	2,85	2,244	,047	2,76	2,95	0	21

Mittelwert-Diagramme

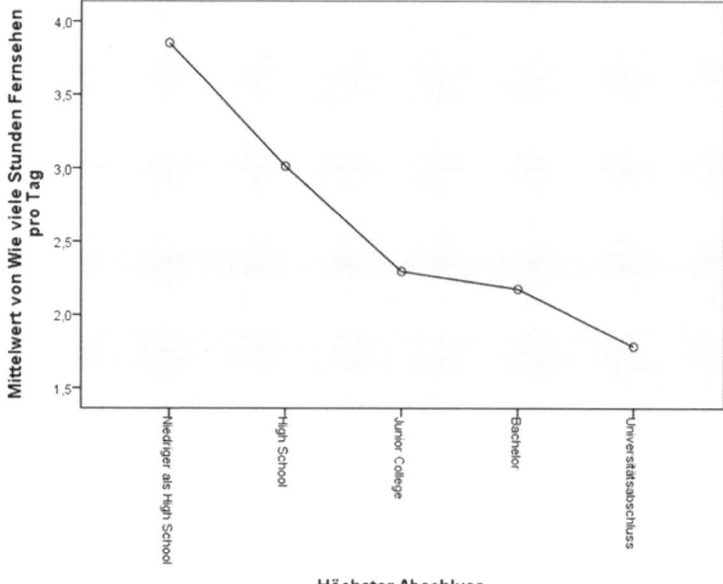

Abbildung 13.3: Ergänzender Output der einfaktoriellen Varianzanalyse

Durchschnittlicher TV-Konsum der verschiedenen Personengruppen

In der Spalte MITTELWERT wird der Durchschnittswert des täglichen TV-Konsums für die fünf Personengruppen und die gesamte Stichprobe wiedergegeben. Alle 2.328 Personen aus der Stichprobe schauen im Durchschnitt 2,85 Stunden pro Tag Fernsehen. Betrachtet man dagegen nur die Gruppe der Personen ohne High-School-Abschluss, beträgt die durchschnittliche Fernsehnutzungsdauer 3,85 Stunden pro Tag und liegt damit eine volle Stunde über dem Durchschnitt. Die Befragten mit Universitätsabschluss verbringen dagegen nur 1,78 Stunden am Tag vor dem Fernseher und liegen damit etwas mehr als eine Stunde unter dem Durchschnitt sämtlicher Befragter. Ein Blick auf die anderen Gruppen zeigt, dass der TV-Konsum mit zunehmender Schulbildung über alle Gruppen hinweg stetig abzunehmen scheint.

Diese Unterschiede in den Mittelwerten werden auch noch einmal in dem Diagramm aus Abbildung 13.3 deutlich, das nichts anderes macht, als den Mittelwert der täglichen TV-Nutzung für die fünf Fallgruppen getrennt darzustellen. Diese Werte gelten jedoch zunächst nur für die Stichprobe und können nicht ohne Weiteres auf die Grundgesamtheit, hier die Bevölkerung der USA, übertragen werden. Inwieweit die beobachteten Unterschiede im täglichen TV-Konsum Rückschlüsse auf die Grundgesamtheit zulassen, geht erst weiter unten aus den Ergebnissen der Varianzanalyse hervor.

Konfidenzintervall der Mittelwerte

Einen ersten Hinweis auf die durchschnittliche tägliche Fernsehdauer der fünf Personengruppen in der Grundgesamtheit geben die Konfidenzintervalle für den Mittelwert, die Sie ebenfalls in der Tabelle aus Abbildung 13.3 ablesen können. Ein 95 %-Konfidenzintervall für den Mittelwert ist der Wertebereich, in dem der Mittelwert in der Grundgesamtheit mit einer Wahrscheinlichkeit von 95 % liegt. So lässt sich aus den vorliegenden Stichprobendaten schließen, dass die durchschnittliche TV-Nutzung aller Personen ohne High-School-Abschluss in der Grundgesamtheit mit einer Wahrscheinlichkeit von 95 % in dem Bereich zwischen 3,56 und 4,15 Stunden liegt. Der entsprechende Durchschnittswert für Personen mit Uni-Abschluss liegt dagegen mit einer Wahrscheinlichkeit von 95 % im Bereich zwischen 2,76 und 2,95. Da sich diese beiden Konfidenzbereiche nicht überschneiden, deuten sie bereits darauf hin, dass die fünf Personengruppen mit hoher Wahrscheinlichkeit auch in der Grundgesamtheit kein einheitliches TV-Nutzungsverhalten aufweisen.

Minimum und Maximum

Wenig aufschlussreich für die Bewertung der Unterschiede zwischen den Personengruppen sind im vorliegenden Beispiel die ausgewiesenen Minima und Maxima. Dies sind jeweils die niedrigsten und die höchsten Werte der Variablen tvhours, die in der jeweiligen Fallgruppe beobachtet wurden. In der gesamten Stichprobe sowie auch in jeder einzelnen Personengruppe ist der niedrigste beobachtete Wert 0, es gibt also in jeder Gruppe mindestens einen Befragten, der gar kein Fernsehen schaut. Fast ebenso einheitlich sieht es bei den Maxima aus: In fast jeder Personengruppe gibt es mindestens eine Person, die es auf immerhin 20 oder 21 Stunden Fernsehen am Tag bringt. Die einzige Ausnahme bilden hier die Gruppe der Junior-College-Absolventen und die Gruppe der Uni-Absolventen, die ein Maximum von acht beziehungsweise zehn Stunden aufweisen; diese Werte sollten allerdings nicht überinterpretiert werden, sondern sind sehr wahrscheinlich ein Zufallsergebnis, das der relativ geringen Fallzahl von nur 173 beziehungsweise 176 Befragten geschuldet ist.

Sind die Gruppenunterschiede signifikant?

Die Frage dieser Überschrift wird durch die Varianzanalyse beantwortet. Die Varianzanalyse hat konkret die folgende Hypothese überprüft: »Alle fünf Personengruppen mit unterschiedlichem Schulabschluss schauen in der Grundgesamtheit im Durchschnitt gleich viel Fernsehen.« Das Ergebnis der Überprüfung wird von SPSS in einer einzigen unscheinbaren Zahl berichtet, die in der Tabelle aus Abbildung 13.4 in der Spalte `Signifikanz` ausgewiesen wird. Der dort angegebene Wert ist lapidar gesagt die Wahrscheinlichkeit dafür, dass die überprüfte Hypothese richtig ist. In diesem Beispiel beträgt die Wahrscheinlichkeit damit 0,000 beziehungsweise 0,0 %. Man kann also davon ausgehen, dass die überprüfte Hypothese nicht richtig ist, die fünf Personengruppen also auch in der Grundgesamtheit nicht alle den gleichen durchschnittlichen TV-Konsum aufweisen. Formal korrekt formuliert lautet das Ergebnis der Varianzanalyse damit: »Wenn man die überprüfte Hypothese, der zufolge alle fünf Personengruppen in der Grundgesamtheit im Durchschnitt gleich viel Zeit vor dem Fernseher verbringen, als falsch ablehnt, begeht man mit einer Wahrscheinlichkeit von 0,0 % einen Fehler.«

 Der Wert 0,000 ist ein gerundeter Wert. Der exakte Wert ist nicht gleich null, in diesem Fall ist er allerdings nahezu null, denn nach dem Komma folgen 19 Nullen, bevor der erste Wert über null kommt. Sie können den exakten Wert ermitteln, indem Sie zunächst die Ergebnistabelle und anschließend das einzelne Tabellenfeld mit dem Signifikanzwert jeweils durch Doppelklicken zur Bearbeitung öffnen oder dem Feld mit dem Ergebniswert ein anderes Zahlenformat mit mehr Dezimalstellen zuweisen. Dies wird im Einzelnen in Teil V dieses Buches beschrieben.

Einfaktorielle ANOVA

Wie viele Stunden Fernsehen pro Tag

	Quadratsumme	df	Mittel der Quadrate	F	Signifikanz
Zwischen den Gruppen	819,290	4	204,823	43,655	,000
Innerhalb der Gruppen	10899,053	2323	4,692		
Gesamt	11718,344	2327			

Abbildung 13.4: Zentrales Ergebnis der einfaktoriellen Varianzanalyse

Wichtig ist, das Ergebnis der Varianzanalyse inhaltlich sauber zu interpretieren. Untersucht wurde die Hypothese, *alle* Gruppenmittelwerte der Variablen `tvhours` seien in der Grundgesamtheit identisch. Diese Hypothese ist offenbar falsch. Die korrekte Schlussfolgerung ist, dass nicht alle fünf Personengruppen in der Grundgesamtheit einen gleich hohen durchschnittlichen Fernsehkonsum aufweisen. Falsch wäre es dagegen, aus dem Ergebnis der Varianzanalyse zu schließen, dass sich alle fünf Gruppenmittelwerte in der Grundgesamtheit voneinander unterscheiden. Diese Schlussfolgerung wäre zu weitreichend, denn es kann durchaus sein, dass einige der fünf Gruppenmittelwerte in der Grundgesamtheit identisch sind und nur einer oder zwei von ihnen abweichen. Nähere Aussagen über die (Un-)Gleichheit der einzelnen Gruppenmittelwerte lassen sich mit so genannten *Post-Hoc-Mehrfachvergleichen* treffen, die Sie bei SPSS gemeinsam mit einer Varianzanalyse anfordern können; siehe hierzu den folgenden Abschnitt.

Welche Gruppen unterscheiden sich?

Um herauszufinden, zwischen welchen Fallgruppen die Mittelwerte so signifikant verschieden sind, dass man auch für die Grundgesamtheit von unterschiedlichen Mittelwerten ausgehen kann, fordern Sie beim Durchführen der Varianzanalyse zusätzlich einen Mehrfachvergleichstest an.

Mehrfachvergleiche anfordern

1. **Varianzanalyse durchführen.** Wählen Sie den Menübefehl ANALYSIEREN|MITTELWERTE VERGLEICHEN|EINFAKTORIELLE ANOVA und nehmen Sie in dem damit geöffneten Dialogfeld wie im ersten Abschnitt dieses Kapitels beschrieben alle Einstellungen für die gewünschte Varianzanalyse vor.

2. **Mehrfachvergleichstest anfordern.** Um einen Mehrfachvergleichstest anzufordern, klicken Sie in dem Hauptdialogfeld auf die Schaltfläche POST HOC, die das Dialogfeld aus Abbildung 13.5 öffnet. Kreuzen Sie hier die Option TAMHANE-T2 an und schließen Sie das Dialogfeld wieder mit der Schaltfläche WEITER. Danach können Sie auch das Hauptdialogfeld mit der Schaltfläche OK schließen, um die Varianzanalyse zu starten.

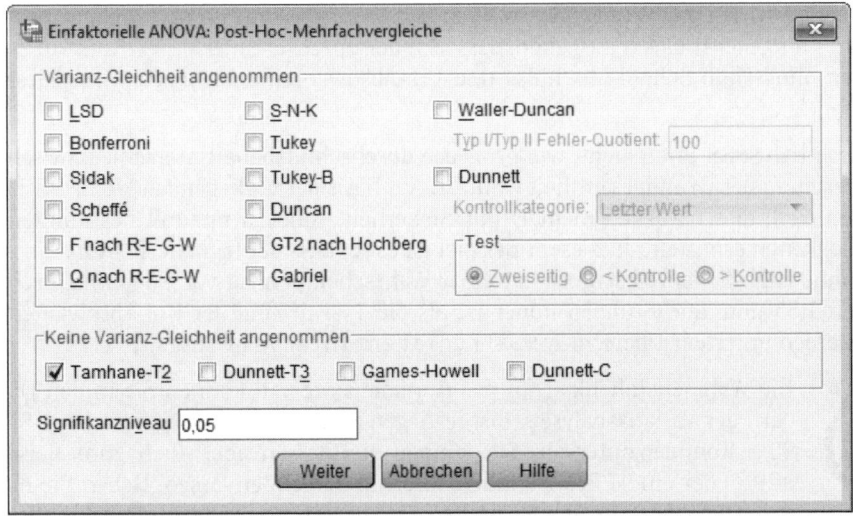

Abbildung 13.5: Dialogfeld zum Anfordern von Mehrfachvergleichstests

Mehrfachvergleiche interpretieren

Für die angeforderten Mehrfachvergleiche schreibt SPSS eine zusätzliche Tabelle in die Ausgabedatei. Für dieses Beispiel mit der abhängigen Variablen tvhours (tägliche TV-Nutzung in Stunden) und der Gruppenvariablen degree (höchster erreichter Schulabschluss) ist diese Tabelle in Abbildung 13.6 wiedergegeben. In der Tabelle werden alle Fallgruppen aus der Datendatei jeweils paarweise miteinander verglichen, wobei durch die Art des Tabellenaufbaus jedes Paar sogar zweimal aufgeführt wird. So wird in der ersten Tabellenzeile die Gruppe der Personen ohne High-School-Abschluss mit den High-School-Absolventen verglichen, in der zweiten Zeile die Personen ohne High-School-Abschluss mit den Absolventen eines Junior Colleges und so weiter. Der Vergleich der Personen mit und ohne High-School-Abschluss wiederholt sich dann in Zeile fünf, nur mit umgekehrten Vorzeichen, weil die Betrachtungsperspektive wechselt.

Zwei Gruppen im Vergleich

Für den Vergleich der Personen ohne High-School-Abschluss mit den Uni-Absolventen (in Zeile 4 beziehungsweise noch einmal in Zeile 17 der Tabelle) ist in der Tabelle Folgendes abzulesen: In der Stichprobe ist der durchschnittliche TV-Konsum der Personen ohne Abschluss im Durchschnitt um 2,069 höher als der TV-Konsum von Personen mit Uni-Abschluss (Spalte Mittlere Differenz). Auf Basis dieses beobachteten Mittelwertunterschieds hat SPSS getestet, ob man davon ausgehen kann, dass ein solcher Unterschied auch in der Grundgesamtheit vorliegt. Das Ergebnis dieses Tests ist in der Spalte Signifikanz ausgewiesen. Der Ergebniswert von 0,000 besagt, dass die Wahrscheinlichkeit dafür, dass Personen ohne High-School-Abschluss und Personen mit Uni-Abschluss in der Grundgesamtheit im Durchschnitt gleich viel Zeit für ihren täglichen Fernsehkonsum aufwenden, 0,0 % beträgt. Daher kann man die Hypothese, die Mittelwerte seien in der Grundgesamtheit identisch, zurückweisen und damit umgekehrt davon ausgehen, dass sich der durchschnittliche TV-Konsum zwischen Personen ohne High-School-Abschluss und Uni-Absolventen auch in der Grundgesamtheit unterscheidet.

Zusätzlich hat SPSS untersucht, wie groß der durchschnittliche Unterschied zwischen den Mittelwerten in der Grundgesamtheit wohl ist. Auf Basis der vorliegenden kleinen Stichprobe lässt sich auch dies natürlich niemals mit Sicherheit, sondern nur mit bestimmten Wahrscheinlichkeiten ermitteln. In diesem Beispiel ist es so, dass der tägliche TV-Konsum der Personen ohne High-School-Abschluss mit einer Wahrscheinlichkeit von 95 % im Durchschnitt zwischen 1,55 und 2,58 Stunden höher ist als die TV-Nutzung der Uni-Absolventen. Diese Werte werden unter der Überschrift 95%-Konfidenzintervall ausgewiesen.

 Die Wahrscheinlichkeit für das Konfidenzintervall können Sie in den Dialogfeldern der Varianzanalyse selbst festlegen. Per Voreinstellung berechnet SPSS das 95%-Konfidenzintervall, Sie können stattdessen aber auch zum Beispiel ein 99%- oder ein 97,5%-Konfidenzintervall berechnen lassen. Geben Sie hierzu in dem Dialogfeld aus Abbildung 13.5 die gewünschte Irrtumswahrscheinlichkeit in das Feld SIGNIFIKANZNIVEAU ein. Um beispielsweise ein 99%-Konfidenzintervall zu berechnen, schreiben Sie hier den Wert 0,01 rein.

Mehrfachvergleiche

Abhängige Variable: Wie viele Stunden Fernsehen pro Tag

Tamhane

(I) Höchster Abschluss	(J) Höchster Abschluss	Mittlere Differenz (I-J)	Standardfehler	Signifikanz	95%-Konfidenzintervall	
					Untergrenze	Obergrenze
Niedriger als High School	High School	,841*	,162	,000	,39	1,30
	Junior College	1,558*	,191	,000	1,02	2,10
	Bachelor	1,678*	,179	,000	1,17	2,18
	Universitätsabschluss	2,069*	,183	,000	1,55	2,58
High School	Niedriger als High School	-,841*	,162	,000	-1,30	-,39
	Junior College	,717*	,134	,000	,34	1,10
	Bachelor	,037*	,116	,000	,51	1,16
	Universitätsabschluss	1,228*	,123	,000	,88	1,57
Junior College	Niedriger als High School	-1,558*	,191	,000	-2,10	-1,02
	High School	-,717*	,134	,000	-1,10	-,34
	Bachelor	,120	,155	,997	-,32	,56
	Universitätsabschluss	,511*	,159	,015	,06	,96
Bachelor	Niedriger als High School	-1,678*	,179	,000	-2,18	-1,17
	High School	-,837*	,116	,000	-1,16	-,51
	Junior College	-,120	,155	,997	-,56	,32
	Universitätsabschluss	,391	,145	,069	-,02	,80
Universitätsabschluss	Niedriger als High School	-2,069*	,183	,000	-2,58	-1,55
	High School	-1,228*	,123	,000	-1,57	-,88
	Junior College	-,511*	,159	,015	-,96	-,06
	Bachelor	-,391	,145	,069	-,80	,02

*. Die Differenz der Mittelwerte ist auf dem Niveau 0.05 signifikant.

Abbildung 13.6: Mehrfachvergleichstests für alle Fallgruppen-Paare

Vergleich der weiteren Gruppen

Vollkommen analog zu dem Vergleich zwischen den Gruppen Niedriger als High School und Universitätsabschluss in der vierten Tabellenzeile lassen sich auch die übrigen Gruppenvergleiche interpretieren. So ergibt sich für den Vergleich zwischen den Gruppen Universitätsabschluss und Bachelor, dass die Uni-Absolventen in der vorliegenden Stichprobe im Durchschnitt einen um 0,391 Stunden geringeren TV-Konsum aufweisen. Dieser Unterschied ist allerdings bestenfalls so gerade eben signifikant. Geht man davon aus, dass die beiden Gruppen auch in der Grundgesamtheit einen unterschiedlich intensiven TV-Konsum haben, begeht man mit einer Wahrscheinlichkeit von 6,9 % einen Irrtum. Das 95 %-Konfidenzintervall erstreckt sich von -0,8 bis +0,02 Stunden. Auf Basis der Stichprobenbeobachtungen lässt sich daher nur bedingt darauf schließen, dass der durchschnittliche TV-Konsum eines Uni-Absolventen geringer ist als der Fernsehkonsum von Personen mit Bachelor-Abschluss, denn im Rahmen der 95 %-Wahrscheinlichkeit ist es auch möglich, dass es sich gerade umgekehrt verhält und Personen mit Uni-Abschluss geringfügig (um bis zu 0,02 Stunden) mehr fernsehen als Personen mit Bachelor.

Auf diese Weise lassen sich nun alle Fallgruppen paarweise miteinander vergleichen, wobei jede Fallgruppe zweimal aufgeführt wird. So beschreibt die fünfte Tabellenzeile die gleichen Fallgruppen wie die erste Zeile, nur dass die Betrachtungsweise und damit auch alle Vorzeichen umgekehrt sind. In der ersten Zeile steht, dass Personen ohne High School-Abschluss

0,841 Stunden länger vor dem Fernseher sitzen als Personen mit High School-Abschluss; in Zeile 5 der Tabelle steht umgekehrt, dass High School-Absolventen 0,841 Stunden weniger fernsehen als Personen ohne Abschluss. Dies ist inhaltlich natürlich die gleiche Aussage.

Der paarweise Vergleich sämtlicher Fallgruppen zeigt für das vorliegende Beispiel, dass nur zwischen Personen mit Bachelor und solchen, die das Junior College besucht haben, eindeutig kein Unterschied im TV-Verhalten beobachtet werden konnte. Zwischen allen anderen Fallgruppen scheinen mehr oder weniger starke Unterschiede zu bestehen, wobei der Unterschied zwischen Personen mit Bachelor und solchen mit Uni-Abschluss nur bedingt signifikant ist.

Korrelationen zwischen Variablen untersuchen

14

In diesem Kapitel

▷ Zusammenhang zwischen zwei Variablen in einem Streudiagramm darstellen

▷ Korrelationskoeffizienten für intervallskalierte und ordinale Variablen berechnen

▷ Korrelationskoeffizienten interpretieren

▷ Signifikanztest für Korrelationskoeffizienten

*E*ine der häufigsten Fragen, die einen zu den Instrumenten der Statistik greifen lassen, ist die, ob zwischen zwei Variablen irgendein Zusammenhang besteht. Die Welt ist voll von solchen Fragen und der Bedarf an Antworten groß: Gibt es einen Zusammenhang zwischen den Marketingausgaben eines Unternehmens und seinen Absätzen? Verdienen große Menschen mehr Geld als kleine Menschen? Beeinflusst das Wetter die Aktienkurse? Hängt der Aktienkurs von H&M von der Körbchengröße des Models auf den Werbeplakaten ab? (Diese Frage wurde tatsächlich schon untersucht und das Ergebnis war, dass ein solcher Zusammenhang tatsächlich besteht.) Werden an Orten, an denen viele Störche leben, auch mehr Kinder geboren? (Dies würde die Klapperstorch-Theorie stützen. Auch diese Frage wurde schon untersucht, und zwar mit positivem Ergebnis. Ein schönes Beispiel dafür, dass man Korrelation und Kausalität nicht verwechseln sollte, denn eine Erklärung für diesen zunächst etwas überraschenden Zusammenhang könnte sein, dass die Menschen in ländlichen Gebieten mehr Kinder bekommen als in der Stadt – und auf dem Land eben auch mehr Störche leben als in Städten. Damit besteht eine Korrelation zwischen dem (Klapper-)Storchaufkommen und dem Kinderaufkommen, ohne dass ein direkter kausaler Zusammenhang zwischen den Störchen und den Kindern bestehen muss.)

Möchte man diese und andere Fragen nach einem möglichen Zusammenhang für zwei intervallskalierte Variablen (wie Einkommen oder Alter) untersuchen, kann man dazu einen *Korrelationskoeffizienten* berechnen. Hierzu kommen grundsätzlich verschiedene Berechnungsmethoden in Betracht, mit Abstand am häufigsten wird jedoch der *Korrelationskoeffizient nach Pearson* verwendet. Dies ist geradezu ein Klassiker unter den statistischen Kennzahlen.

Was dagegen vielen auch erfahrenen Anwendern häufig nicht bewusst ist, ist die Tatsache, dass man auch für ordinalskalierte Variablen (wie Einkommens*klassen* oder Alters*gruppen*) Korrelationskoeffizienten berechnen kann. Hierzu ist zwar der Korrelationskoeffizient nach Pearson nicht mehr geeignet, es gibt jedoch Alternativen wie zum Beispiel den Wert *Kendalls Tau-b*, der das Gleiche wie der Pearson-Korrelationskoeffizient für ordinale Variablen leistet.

Bevor man jedoch mit der Berechnung von Korrelationskoeffizienten beginnt, ist es häufig sehr hilfreich, zunächst die gemeinsame Verteilung der beiden interessierenden Variablen in einem *Streudiagramm* darzustellen. Ein solches Streudiagramm vermittelt einen anschaulichen Eindruck davon, ob ein Zusammenhang zwischen den Variablen besteht und welche Form dieser Zusammenhang gegebenenfalls hat.

Ein Blick sagt mehr als ...: Streudiagramme visualisieren den Zusammenhang

 Das folgende Beispiel basiert auf der Datendatei World95.sav. Diese Datei ist im Lieferumfang von SPSS enthalten und wurde bei der Installation von SPSS mit auf die Festplatte kopiert. Sie sollten diese Datei im Programmverzeichnis von SPSS und dort im Unterverzeichnis Samples oder Samples\German finden. Allerdings gibt es leider einige Programmversionen von SPSS, bei denen diese Datei nicht mit zur Verfügung gestellt wird; in diesem Fall können Sie die Datei im Internet von der Website der Appalachian State University unter der Adresse http:// www.appstate.edu/~ehrhardtgc/3115/World95.sav herunterladen. Um die folgenden Beispiele nachzuarbeiten, öffnen Sie die Datei wie üblich mit dem Befehl DATEI|ÖFFNEN|DATEN. Die Datei enthält für insgesamt 109 Länder dieser Erde zahlreiche Kennzahlen zur wirtschaftlichen und sozialen Lage des Landes.

Ein einfaches Streudiagramm erstellen

In der Datei World95.sav liegen für jedes Land unter anderem Informationen über den Alphabetisierungsgrad (Anteil der erwachsenen Personen, die lesen können) und die Kindersterblichkeitsrate (Kindersterblichkeit im ersten Lebensjahr, hier als Promillewert, also je 1.000 lebend geborenen Kindern) vor. Es liegt nun nahe, zu vermuten, dass die beiden Größen negativ miteinander korreliert sind, Länder mit hohem Alphabetisierungsgrad also tendenziell eine geringere Kindersterblichkeit aufweisen als Länder mit hoher Analphabetenquote. Ob ein solcher Zusammenhang tatsächlich besteht und welche Form und welches Ausmaß er gegebenenfalls hat, lässt sich zunächst mit einem Streudiagramm anschaulich darstellen. Ein solches Streudiagramm erstellen Sie mit SPSS in wenigen Sekunden:

1. **Befehl aufrufen.** Wählen Sie den Menübefehl DIAGRAMME|VERALTETE DIALOGFELDER|STREU-/PUNKT-DIAGRAMM. In dem damit geöffneten Dialogfeld bestätigen Sie die vorausgewählte Option EINFACHES STREUDIAGRAMM, indem Sie auf die Schaltfläche DEFINIEREN klicken. Daraufhin erhalten Sie das Dialogfeld aus Abbildung 14.1.

2. **Variablen auswählen.** Verschieben Sie die beiden Variablen, deren gemeinsame Verteilung in dem Streudiagramm dargestellt werden soll, aus der linken Variablenliste in die beiden Felder Y-ACHSE und X-ACHSE. In diesem Beispiel sind dies die Variablen literacy (Alphabetisierungsrate) und babymort (Rate der Kindersterblichkeit). Die Variable, die Sie für die Y-Achse auswählen, wird in dem Diagramm auf der Ordinate (der senkrechten Achse) und die Variable für die X-Achse auf der Abszisse (der waagerechten Achse) gemessen.

3. **Diagramm erstellen.** Wenn Sie die beiden Variablen ausgewählt haben, klicken Sie auf die Schaltfläche OK, um das Diagramm zu erstellen. SPSS fügt daraufhin das Streudiagramm in die Ausgabedatei ein. Das Ergebnis für dieses Beispiel ist in Abbildung 14.2 wiedergegeben.

 Beim Erstellen eines Streudiagramms gibt es noch weitere, hier nicht genutzte Gestaltungsmöglichkeiten. Außerdem können Sie bei SPSS neben dem hier verwendeten einfachen Streudiagramm auch komplexere Streudiagramme erstellen, in denen sich mehr als nur zwei Variablen darstellen lassen. Die Vorgehensweise hierzu ist in Kapitel 19 beschrieben.

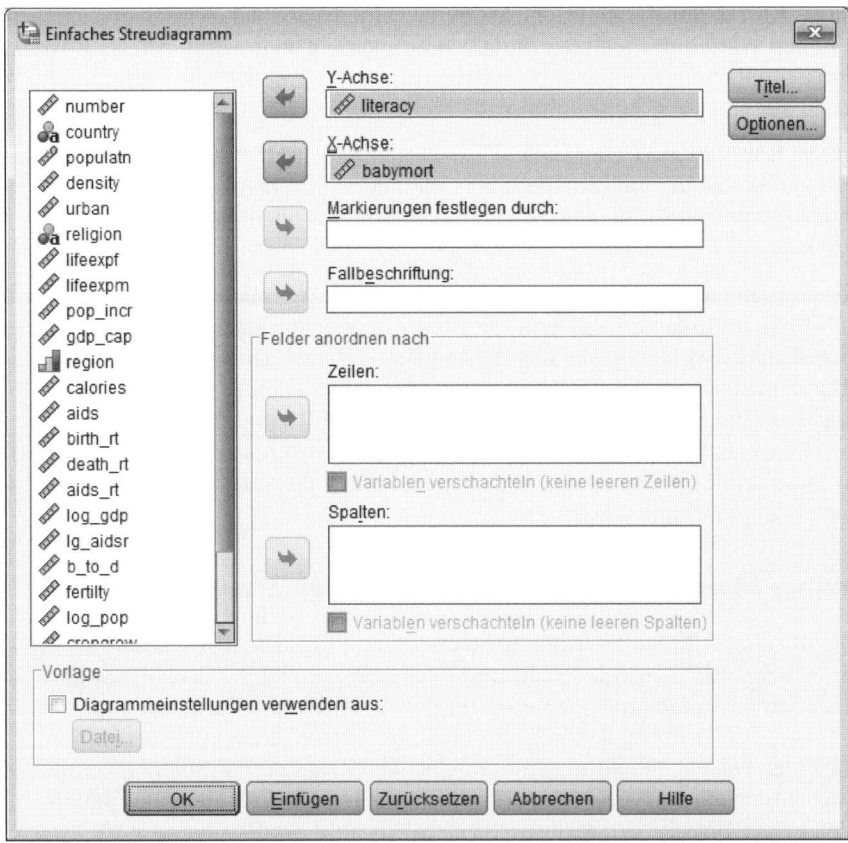

Abbildung 14.1: Dialogfeld zum Erstellen eines einfachen Streudiagramms

Das Streudiagramm interpretieren

Das Streudiagramm in Abbildung 14.2 zeigt *die gemeinsame Verteilung* der Variablen `literacy` und `babymort`. Jeder Kreis in dem Diagramm steht für eine Beobachtung (einen Fall aus der Datendatei) und damit in diesem Beispiel für ein Land. Die Position des Kreises kennzeichnet die Werte der beiden dargestellten Variablen in diesem Fall. So beschreibt der am weitesten rechts liegende Kreis in Abbildung 14.2 ein Land, in dem die Rate der Kindersterblichkeit etwa 170 je tausend lebend geborenen Kindern beträgt und der Anteil der Bevölkerung, die lesen kann, nur bei etwa 30 % liegt. Es handelt sich bei diesem Land übrigens um Afghanistan, was aus der Grafik in Abbildung 14.2 allerdings nicht hervorgeht, sondern nur in der Datendatei abgelesen werden kann.

Alle Punkte in Abbildung 14.2 zusammen zeigen ein auffälliges Muster: Sie liegen mehr oder weniger alle in einem von links oben nach rechts unten verlaufenden Streifen. Dies bedeutet, dass die beiden Variablen `literacy` und `babymort` offensichtlich miteinander korreliert sind. Bei einer solchen Korrelation zwischen zwei Variablen unterscheidet man vor allem zwei Fälle:

✔ **Positive Korrelation.** Treten hohe Werte der einen Variablen typischerweise gemeinsam mit hohen Werten der anderen Variablen auf, spricht man von positiver Korrelation. In einem Streudiagramm kommt dies darin zum Ausdruck, dass die einzelnen Punkte tendenziell auf einer von links unten nach rechts oben verlaufenden Geraden liegen.

✔ **Negative Korrelation.** Treten hohe Werte der einen Variablen tendenziell gemeinsam mit niedrigen Werten der anderen Variablen auf, liegt eine negative Korrelation vor. In einem Streudiagramm zeigen die Punkte dann ein von links oben nach rechts unten verlaufendes Muster.

Die beiden Variablen aus Abbildung 14.2 sind damit offensichtlich negativ korreliert. Dies ist inhaltlich auch das Ergebnis, das man erwarten würde: Die Kindersterblichkeit ist in solchen Ländern besonders hoch, in denen die Alphabetisierungsrate der Bevölkerung besonders niedrig ist. Hat man eine solche Korrelation beobachtet, interessiert man sich neben der Richtung der Korrelation (positiv oder negativ) im nächsten Schritt zumeist für deren Stärke (gibt es nur eine leichte, eine starke oder sogar eine perfekte Korrelation). Um diese zu ermitteln, wird ein so genannter Korrelationskoeffizient berechnet; die Vorgehensweise bei SPSS hierzu ist im folgenden Abschnitt beschrieben.

Unbedingt beachten: Korrelation ist nicht gleich Kausalität

Bei einem solchen Ergebnis ist eines besonders wichtig: Die Korrelation beschreibt zunächst ausschließlich eine Beobachtung, in diesem Beispiel die Beobachtung, dass hohe Werte der einen Variablen gemeinsam mit negativen Werten der anderen Variablen auftreten. Diese Beobachtung lässt jedoch keinen direkten Schluss auf irgendeine Kausalität zu. Weder lässt sich die Richtung eines möglichen Wirkungszusammenhangs ablesen – es lässt sich also allein aufgrund der Beobachtung nicht sagen, ob die hohe Kindersterblichkeit Folge oder Ursache der geringen Alphabetisierung der Bevölkerung ist – noch kann man eindeutig sagen, ob überhaupt ein direkter Wirkungszusammenhang zwischen den beiden Variablen besteht. Denkbar ist ebenso, dass beide Variablen von einer dritten, hier gar nicht beobachteten Größe abhängen, und zwar in diesem Fall in umgekehrter Richtung. So könnte es in diesem Beispiel zumindest theoretisch sein, dass sowohl die Kindersterblichkeit als auch die Alphabetisierung direkt durch die wirtschaftliche Entwicklung eines Landes beeinflusst wird, so dass Länder mit hohem Pro-Kopf-Einkommen einen hohen Alphabetisierungsgrad und eine geringe Kindersterblichkeit aufweisen und daher eine negative Korrelation zwischen den beiden Variablen beobachtet wird, ohne dass sich diese direkt gegenseitig beeinflussen.

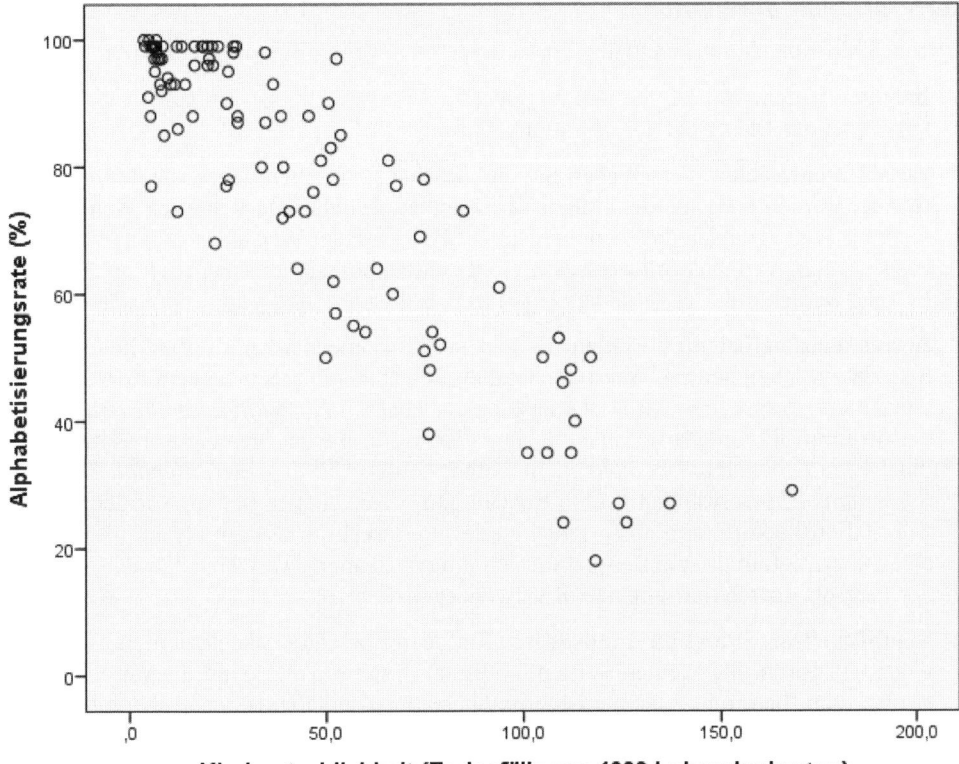

Abbildung 14.2: Streudiagramm für die Variablen `literacy` *und* `babymort`

Harte Fakten: Korrelationen berechnen und interpretieren

Grundlage für das folgende Beispiel ist wieder die Datendatei `world95.sav`, die Sie unter den Beispieldateien von SPSS finden oder alternativ von der Website der Appalachian State University unter `http://www.appstate.edu/ ~ehrhardtgc/3115/World95.sav` herunterladen können. Diese Datei enthält verschiedene ökonomische und soziale Kennzahlen für insgesamt 109 Länder dieser Erde. Dort finden Sie unter anderem die Variablen `literacy` (Alphabetisierungsrate der Bevölkerung) und `babymort` (Rate der Kindersterblichkeit), deren gemeinsame Verteilung in dem Streudiagramm aus Abbildung 14.2 dargestellt ist, sowie die Variable `gdp_cap`, die das Bruttosozialprodukt pro Einwohner angibt. Für diese drei Variablen werden im Folgenden Korrelationskoeffizienten berechnet.

Korrelationen berechnen

Um mit SPSS Korrelationskoeffizienten zu berechnen, gehen Sie folgendermaßen vor:

1. **Befehl aufrufen.** Wählen Sie den Menübefehl ANALYSIEREN|KORRELATION|BIVARIAT. Dieser Befehl öffnet das Dialogfeld aus Abbildung 14.3.

2. **Variablen auswählen.** Verschieben Sie die Variablen, zwischen denen die Korrelation berechnet werden soll, aus der linken Variablenliste in das Feld VARIABLEN. Wenn Sie hier mehr als zwei Variablen angeben, berechnet SPSS für jedes Variablenpaar, das sich aus den ausgewählten Variablen bilden lässt, jeweils einen Korrelationskoeffizienten. Für dieses Beispiel werden die drei Variablen `literacy`, `babymort` und `gdp_cap` ausgewählt.

3. **Korrelationskoeffizienten wählen.** Es gibt verschiedene Berechnungsmethoden für den Korrelationskoeffizienten. Wenn ohne nähere Angaben einfach von »dem Korrelationskoeffizienten« gesprochen wird, ist meistens der _Pearson-Korrelationskoeffizient_ gemeint, der für intervallskalierte Variablen geeignet ist. Wenn Sie dagegen die Korrelation für ordinalskalierte Variablen berechnen möchten, sollten Sie den Wert _Kendall-Tau-b_ oder _Spearmans Rho_ verwenden, wobei Kendall-Tau-b vom Ansatz her stärker dem Pearson-Korrelationskoeffizienten entspricht und dessen Berechnungsmethode auf ordinale Variablen überträgt. In diesem Beispiel werden intervallskalierte Variablen betrachtet, weshalb der Pearson-Korrelationskoeffizient verwendet wird.

4. **Signifikanztest.** SPSS führt automatisch für jeden Korrelationskoeffizienten einen Signifikanztest durch. Sie können wählen, ob dieser Test ZWEISEITIG (sind die Variablen in der Grundgesamtheit in irgendeiner Richtung korreliert?) oder EINSEITIG durchgeführt werden soll. (Sind die Variablen in der Grundgesamtheit positiv/negativ korreliert? Dabei wird jeweils die Richtung der Korrelation getestet, die in der Stichprobe beobachtet wurde.) In diesem Beispiel wird ein zweiseitiger Test angefordert.

5. **Berechnung starten.** Wenn Sie alle Angaben vorgenommen haben, starten Sie die Berechnung mit der Schaltfläche OK. Daraufhin erstellt SPSS eine Tabelle mit den Korrelationskoeffizienten und einigen weiteren Angaben. Das Ergebnis für dieses Beispiel ist in Abbildung 14.4 wiedergegeben.

Korrelationen auswerten

Für jedes Variablenpaar, das sich aus den drei Variablen `literacy`, `babymort` und `gdp_cap` bilden lässt, wurde ein Korrelationskoeffizient berechnet. Die Tabelle in Abbildung 14.4 gibt die berechneten Korrelationskoeffizienten wieder.

Aufbau der Ergebnistabelle

Die Tabelle ist so aufgebaut, dass die Ergebnisse für jedes Variablenpaar sogar zweimal aufgeführt werden, es genügt daher, entweder die rechte obere oder die linke untere Hälfte der Tabelle zu betrachten. Auch die Angaben in der Hauptdiagonalen von links oben nach rechts unten sind wenig aussagekräftig, denn sie beschreiben formal die Korrelation einer Variablen mit sich selbst.

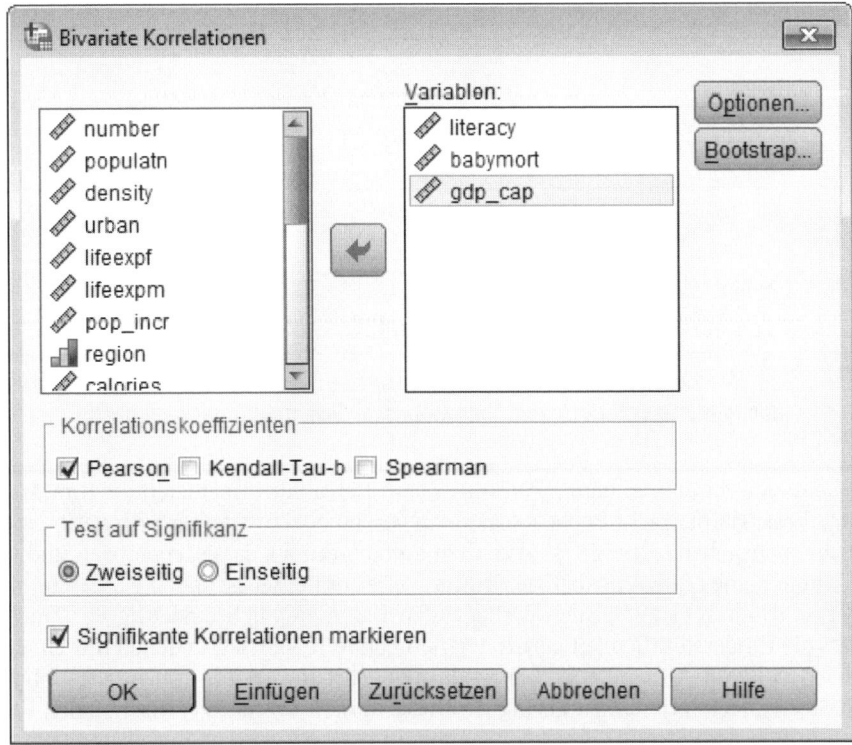

Abbildung 14.3: Dialogfeld zur Berechnung von Korrelationskoeffizienten

Für jedes Variablenpaar werden drei Werte ausgewiesen: An oberster Stelle steht der Korrelationskoeffizient als das eigentliche Ergebnis, das zu berechnen SPSS aufgefordert wurde. Zusätzlich teilt SPSS noch zwei weitere Werte mit, zum einen die Signifikanz des Korrelationskoeffizienten, die Aufschluss darüber gibt, ob eine in den vorliegenden Daten beobachtete Korrelation auch in der Grundgesamtheit besteht, und zum Zweiten die Anzahl der Fälle, die für die Berechnung des Korrelationskoeffizienten verwendet wurden. Die unterschiedlichen Fallzahlen für die verschiedenen Variablenpaare resultieren daher, dass einzelne Variablen in einigen Fällen fehlende Werte aufweisen, wodurch nicht immer alle Fälle aus der Datendatei tatsächlich genutzt werden können.

Der Korrelationskoeffizient

Der Korrelationskoeffizient für die Variablen literacy (Alphabetisierungsrate der Bevölkerung) und babymort (Rate der Kindersterblichkeit), deren gemeinsame Verteilung bereits oben in Abbildung 14.2 als Streudiagramm dargestellt wurde, ist in dem zweiten Feld der ersten Zeile (sowie auch in dem ersten Feld der zweiten Zeile) wiedergegeben. Der Korrelationskoeffizient beträgt -0,900. Das negative Vorzeichen besagt, dass zwischen den Variablen eine negative Korrelation besteht, hohe Werte der einen Variablen also gleichzeitig mit niedrigen Werten der anderen Variablen auftreten. Dieser Zusammenhang wurde auch in dem Streudiagramm aus Abbildung 14.2 sehr deutlich.

Korrelationen

		Alphabetisierungsrate (%)	Kindersterblichkeit (Todesfälle pro 1000 Lebendgeburten)	Bruttoinlandsprodukt / Kopf
Alphabetisierungsrate (%)	Korrelation nach Pearson	1	-,900**	,552**
	Signifikanz (2-seitig)		,000	,000
	N	107	107	107
Kindersterblichkeit (Todesfälle pro 1000 Lebendgeburten)	Korrelation nach Pearson	-,900**	1	-,640**
	Signifikanz (2-seitig)	,000		,000
	N	107	109	109
Bruttoinlandsprodukt / Kopf	Korrelation nach Pearson	,552**	-,640**	1
	Signifikanz (2-seitig)	,000	,000	
	N	107	109	109

**. Die Korrelation ist auf dem Niveau von 0,01 (2-seitig) signifikant.

Abbildung 14.4: Tabelle mit Korrelationskoeffizienten für drei Variablen

Die Stärke dieses Zusammenhangs kommt in dem Betrag des Koeffizienten zum Ausdruck. Mit 0,9 ist dieser Betrag recht hoch, so dass man von einer sehr starken Korrelation zwischen den Variablen ausgehen kann. Es ist also nicht einfach nur so, dass »tendenziell und mit vielen Ausnahmen eine hohe Alphabetisierungsrate eher mit einer geringen Kindersterblichkeit einhergeht«, sondern es gilt in den vorliegenden Daten ziemlich eindeutig der Zusammenhang, dass die Kindersterblichkeit genau in jenen Ländern hoch ist, in denen nur ein geringer Anteil der Bevölkerung lesen kann, während umgekehrt in Ländern mit hoher Alphabetisierungsrate die Kindersterblichkeit gering ist. Diese starke Korrelation zwischen den Variablen ist auch schon in dem Streudiagramm aus Abbildung 14.2 zu erkennen gewesen: Es gibt dort kein einziges Land, das eine hohe Alphabetisierungsrate und gleichzeitig eine sehr hohe Kindersterblichkeit aufweist. Ebenso gibt es kein Land mit niedriger Alphabetisierungsrate und geringer Kindersterblichkeit. Der Zusammenhang zwischen den Variablen literacy und babymort ist also klar ausgeprägt, auch wenn er alles andere als perfekt ist, denn dann müsste man aus dem Wert der einen Variablen eindeutig den Wert der anderen Variablen berechnen können und die Punkte in dem Streudiagramm würden exakt auf einer Geraden liegen.

 Wie bei der Interpretation eines Streudiagramms ist auch bei der Auswertung von Korrelationskoeffizienten stets zu beachten, dass selbst eine starke Korrelation nicht mit einem kausalen Zusammenhang zwischen den Variablen gleichgesetzt werden darf.

Signifikanz: Besteht die Korrelation auch in der Grundgesamtheit?

Unter dem Korrelationskoeffizienten wird jeweils die Signifikanz des Koeffizienten ausgewiesen. Dies ist etwas vereinfacht gesagt die Wahrscheinlichkeit dafür, dass die beiden Variablen in der Grundgesamtheit nicht miteinander korreliert sind. Die genaue Bedeutung des Signifikanzwerts hängt davon ab, ob Sie beim Anfordern der Korrelationskoeffizienten in dem Dialogfeld aus Abbildung 14.3 einen zwei- oder einen einseitigen Signifikanztest gewählt haben:

✔ **Zweiseitiger Signifikanztest.** Hiermit wird die Hypothese getestet, die beiden Variablen seien in der Grundgesamtheit nicht miteinander korreliert beziehungsweise hätten einen Korrelationskoeffizienten von 0.

Stärke der Korrelation bewerten

Der Korrelationskoeffizient nimmt stets Werte zwischen -1 und +1 an. Das Vorzeichen des Koeffizienten beschreibt die Richtung des Zusammenhangs zwischen den Variablen, der Betrag die Stärke der Korrelation. Hat der Korrelationskoeffizient einen Wert von -1, besteht eine *perfekte negative Korrelation*. Erstellt man für zwei Variablen mit perfekter negativer Korrelation ein Streudiagramm, liegen die Punkte in der Grafik alle exakt auf einer Geraden, die von links oben nach rechts unten verläuft. Ein Korrelationskoeffizient von +1 zeigt eine perfekte positive Korrelation an; in einem Streudiagramm liegen die Punkte in diesem Fall auf einer von links unten nach rechts oben verlaufenden Geraden. Besteht zwischen zwei Variablen eine perfekte Korrelation, genügt es, den Wert einer der beiden Variablen zu kennen, um daraus eindeutig den Wert der anderen Variablen berechnen zu können. Je näher der Wert des Korrelationskoeffizienten an dem Wert 0 liegt, desto schwächer ist die Korrelation zwischen den Variablen. Bei einem Wert von 0 sind die Variablen überhaupt nicht miteinander korreliert. Hierbei sollten Sie allerdings beachten, dass durch Korrelationskoeffizienten generell nur ein linearer Zusammenhang zwischen den Variablen gemessen wird. Auch bei einem Korrelationswert von 0 ist es also möglich, dass sich die Variablen doch gegenseitig beeinflussen, aber in einer Weise, die sich nicht in einem linearen Zusammenhang zwischen den Variablenwerten niederschlägt.

✔ **Einseitiger Signifikanztest.** Hiermit testen Sie die Hypothese, die beiden Variablen würden in der Grundgesamtheit keine Korrelation mit der unter den vorliegenden Daten beobachteten Richtung aufweisen. Wenn zwei Variablen in der vorliegenden Datendatei positiv miteinander korreliert sind, lautet die getestete Hypothese damit, die Variablen seien in der Grundgesamtheit gar nicht oder negativ miteinander korreliert.

In diesem Beispiel wurde ein zweiseitiger Signifikanztest durchgeführt. Daher besagt der Signifikanzwert von 0,000, der für das Variablenpaar literacy und babymort sowie auch für die beiden anderen Variablenpaare berechnet wurde, dass die Variablen nur mit einer Wahrscheinlichkeit von 0,0 % in der Grundgesamtheit vollkommen unkorreliert sind. Umgekehrt kann man also davon ausgehen, dass auch in der Grundgesamtheit eine Korrelation zwischen den Variablen besteht.

Regressionsanalyse – die Königsdisziplin der Statistik

15

In diesem Kapitel

▶ Das Modell für eine Regressionsanalyse

▶ Eine Regressionsanalyse mit SPSS durchführen

▶ Die Güte des Regressionsmodells bewerten

▶ Die geschätzte Regressionsgleichung analysieren

▶ Nicht allen Ergebnissen glauben

▶ Signifikanz der Ergebnisse

▶ Geschätzte und tatsächliche Werte in einer Grafik vergleichen

D ie Regressionsanalyse ist mit Sicherheit eines der am häufigsten verwendeten und vor allem eines der am häufigsten zitierten statistischen Analyseverfahren. Dabei ist die Regressionsanalyse schon ein etwas komplexeres Verfahren, denn sie wertet nicht nur einzelne Variablen aus oder untersucht den einfachen Zusammenhang zwischen zwei Variablen, sondern betrachtet mehrere Variablen gleichzeitig. Ziel der Regressionsanalyse ist es, die Zusammenhänge zwischen einer (abhängigen) Variablen auf der einen Seite und mehreren (erklärenden) Variablen auf der anderen Seite aufzuzeigen. Die Fragestellung lautet dabei: Inwieweit kann man anhand der Werte aus den erklärenden Variablen auf den Wert der abhängigen Variablen schließen? Das Ergebnis der Regressionsanalyse ist eine Gleichung, mit der man aus den Werten der erklärenden Variablen einen (den bestmöglichen) Schätzwert für die abhängige Variable berechnen kann.

Am Anfang steht immer das Modell

Mit der Regressionsanalyse untersuchen Sie ein Modell, in dem eine *abhängige Variable* durch eine oder mehrere andere Variablen *erklärt* wird. Beispielsweise könnte ein solches Modell annehmen, dass sich für Personen einer bestimmten Berufsgruppe aus wenigen Angaben über das Alter, die Anzahl der Berufsjahre, die Zahl der Mitarbeiter und die Größe des Unternehmens mehr oder weniger präzise auf das Einkommen der Person schließen lässt. Unbekannt ist dabei jedoch zumeist, wie die einzelnen Angaben zu Alter, Berufsjahren und so weiter miteinander verknüpft werden müssen, um einen vernünftigen Schätzwert für das Einkommen zu erhalten. Genau diese Frage soll dann mit einer Regressionsanalyse beantwortet werden.

Die Regressionsgleichung

Der unterstellte Zusammenhang zwischen Alter, Berufsjahren und so weiter auf der einen Seite und dem Einkommen auf der anderen Seite lässt sich auch als mathematische Formel in einer so genannten *Regressionsgleichung* darstellen:

```
a + b1 · Alter + b2 · Berufsjahre + b3 · Mitarbeiter
  + b4 · Unternehmensgröße = Einkommen
```

Das Einkommen ergäbe sich danach aus einem konstanten Sockelbetrag (der hier einfach mit a bezeichnet wurde), der sich je nach Alter, Berufsjahren, Mitarbeiterzahl und Unternehmensgröße um einen bestimmten Betrag erhöht oder verringert. Wie stark dabei genau der Einfluss der einzelnen erklärenden Variablen Alter, Berufsjahre und so weiter ist, hängt in dieser Formel von den zunächst noch unbekannten Koeffizienten b1 bis b4 ab. Die Aufgabe der Regressionsanalyse besteht nun darin, genau diese Koeffizienten b1 bis b4 und auch den konstanten Sockelbetrag a zu schätzen.

Modellbeschreibung in SPSS

Um eine solche Regressionsanalyse mit SPSS durchzuführen, müssen Sie lediglich angeben, welche Variable Sie in Ihrem Modell als abhängige Variable ansehen (hier also die Variable Einkommen) und welche Variablen Sie als erklärende Variablen betrachten (hier also Alter, Berufsjahre, Mitarbeiter und Unternehmensgröße). Allein aus diesen Angaben berechnet SPSS dann die Koeffizienten für die Regressionsgleichung.

Ergebnis der Regressionsanalyse

Natürlich wird der in dem Modell unterstellte Zusammenhang in Wirklichkeit niemals genau so zutreffen, wie er in der Regressionsgleichung formuliert ist. Selbst wenn ein sehr enger Zusammenhang zwischen Alter, Berufsjahren, Mitarbeiterzahl und Unternehmensgröße auf der einen und dem Einkommen auf der anderen Seite besteht, wird es selbstverständlich niemals möglich sein, aus den vier erklärenden Variablen exakt das Einkommen einer Person aus der betrachteten Berufsgruppe zu berechnen. Vielmehr kann man im besten Fall eine Schätzung erhalten, die hoffentlich einigermaßen zuverlässig ist und das tatsächliche Einkommen möglichst gut trifft. Genau darin besteht auch die zentrale Aufgabe der Regressionsanalyse, nämlich die Parameter a und b1 bis b4 gerade so zu berechnen, dass die mit der resultierenden Regressionsgleichung geschätzten Einkommenswerte möglichst nahe an den tatsächlichen Einkommenswerten liegen. Daher gibt SPSS gemeinsam mit den berechneten Parametern automatisch noch weitere Kennzahlen aus, die anzeigen, wie gut oder schlecht die Regressionsgleichung funktioniert (wie nahe also die mit der Regressionsgleichung geschätzten Einkommenswerte an den tatsächlichen Einkommenswerten liegen) und wie relevant dabei die einzelnen erklärenden Variablen für das Ergebnis sind.

Eine Regressionsanalyse mit SPSS durchführen

Das folgende Beispiel basiert auf der Datendatei `World95.sav`, die bei der Installation von SPSS als Beispieldatei mit auf die Festplatte kopiert wurde. Sie sollten diese Datei in dem Programmverzeichnis von SPSS und dort in dem Unterverzeichnis `Samples` oder `Samples\German` finden. Allerdings gibt es leider einige Programmversionen von SPSS, bei denen diese Datei nicht mit zur Verfügung gestellt wird; in diesem Fall können Sie die Datei im Internet von der Website der Appalachian State University unter der Adresse `http://www.appstate.edu/ ~ehrhardtgc/3115/World95.sav` herunterladen. Die Datei enthält für insgesamt 109 Länder dieser Erde verschiedene Kennzahlen zur wirtschaftlichen und sozialen Lage.

Ein Beispiel zur Erklärung der Welt

Die Datei `world95.sav` enthält unter anderem folgende Variablen:

✔ `lifeexpm`: Lebenserwartung eines Mannes in dem Land

✔ `urban`: Anteil der Bevölkerung, die in Städten lebt

✔ `literacy`: Anteil der Bevölkerung, die lesen kann

✔ `gdp_cap`: Bruttosozialprodukt je Einwohner (in US-Dollar)

✔ `calories`: durchschnittliche Kalorienaufnahme je Person und Tag

Man kann nun vermuten, dass die Lebenserwartung in einem Land wesentlich durch die übrigen Merkmale wie Urbanität, Alphabetisierungsgrad und so weiter erklärt wird. In welchem Maße dies tatsächlich der Fall ist, lässt sich anhand der vorliegenden Daten mit einer Regressionsanalyse untersuchen, in der die Variable `liefeexpm` die abhängige und die übrigen vier Variablen die erklärenden Variablen bilden.

In wenigen Schritten zur Regressionsanalyse

Um die Regressionsanalyse durchzuführen, gehen Sie folgendermaßen vor:

✔ **Befehl aufrufen.** Wählen Sie den Menübefehl ANALYSIEREN|REGRESSION|LINEAR. Dieser Befehl öffnet das Dialogfeld aus Abbildung 15.1.

✔ **Variablen angeben.** Wählen Sie in der linken Variablenliste die abhängige Variable Ihres Regressionsmodells aus (hier `lifeexpm`) und verschieben Sie sie in das Feld ABHÄNGIGE VARIABLE. Fügen Sie auf die gleiche Weise die unabhängigen Variablen (hier `urban`, `literacy`, `gdp_cap` und `calories`) in das Feld UNABHÄNGIGE ein.

✔ **Soll das Modell eine Konstante enthalten?** Wenn Ihr Regressionsmodell eine Konstante (das ist der Koeffizient a in der Regressionsgleichung weiter vorn) enthalten soll, brauchen Sie nichts weiter zu tun, denn dies ist ohnehin die Voreinstellung. Möchten Sie diese Einstellung jedoch ändern, klicken Sie auf die Schaltfläche OPTIONEN, mit der Sie das Dialogfeld aus Abbildung 15.2 öffnen. Wählen Sie die Option KONSTANTE IN GLEICHUNG EIN-

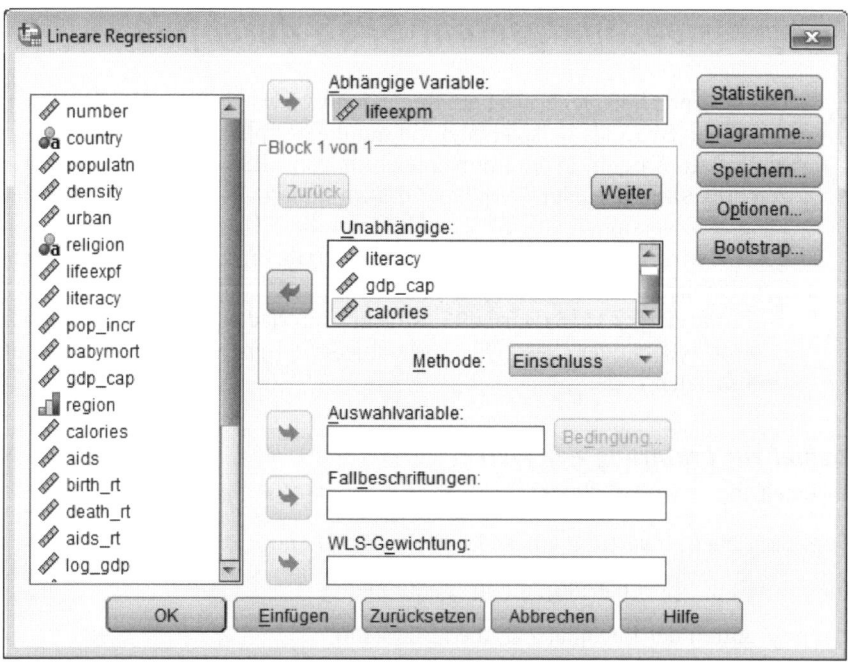

Abbildung 15.1: Dialogfeld zum Durchführen einer Regressionsanalyse

SCHLIESSEN ab, wenn keine Konstante verwendet werden soll. In diesem Beispiel soll die Konstante jedoch enthalten bleiben.

 Wenn Sie nicht genau wissen, ob Sie eine Konstante in Ihr Modell aufnehmen sollen, sollten Sie die Konstante zulassen. Nur wenn Sie gute Gründe dafür haben, dass das Modell keine Konstante enthält (dies bedeutet dann automatisch, dass die abhängige Variable genau dann den Wert 0 hat, wenn auch die erklärenden Variablen alle den Wert 0 haben), sollten Sie die Konstante ausschließen.

✔ **Berechnung starten.** Wenn Sie die Variablen ausgewählt und das Dialogfeld OPTIONEN mit der Schaltfläche WEITER geschlossen haben, können Sie die Durchführung der Regressionsanalyse mit der Schaltfläche OK starten. SPSS schreibt die Ergebnisse wie immer in eine Ausgabedatei. Die Ergebnisse der Regressionsanalyse umfassen stets mehrere Tabellen. Eine erste Tabelle führt noch einmal die für die Analyse verwendeten Variablen auf, die weiteren Tabellen enthalten die eigentlichen Ergebnisse der Analyse. Diese weiteren Tabellen sind für dieses Beispiel in Abbildung 15.3 wiedergegeben.

Ergebnisse der Regressionsanalyse interpretieren

Das Ergebnis der Regressionsanalyse umfasst mehrere Tabellen, deren Anzahl und Umfang von den genauen Einstellungen abhängt, die Sie beim Anfordern der Regressionsanalyse vorgenommen haben. Für eine einfache Regressionsanalyse wie in diesem Beispiel gibt SPSS vier Tabellen aus, von denen die drei zentralen Ergebnistabellen in Abbildung 15.3 wiedergegeben sind.

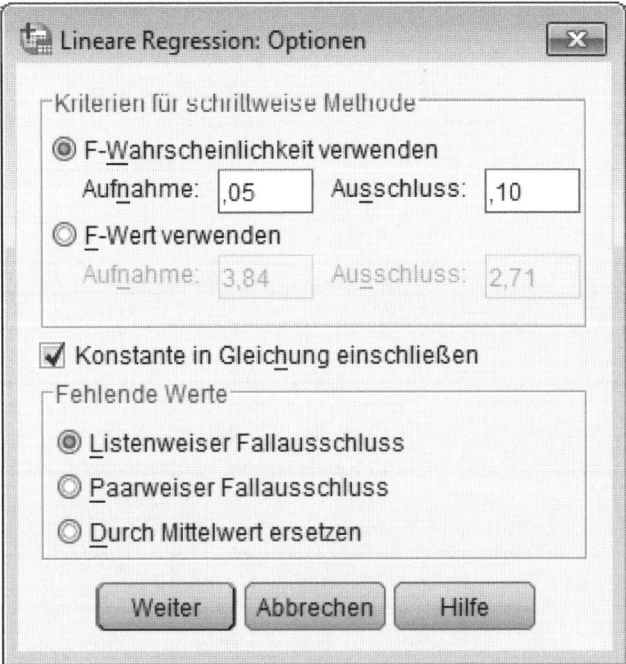

Abbildung 15.2: Optionen für die Regressionsanalyse; hier können Sie die Konstante aus dem Modell ausschließen

Die wichtigsten Ergebnistabellen

Die oberste Tabelle mit der Überschrift Modellzusammenfassung liefert einige Kennzahlen über den Gesamterfolg der Analyse und die Güte der geschätzten Regressionsgleichung. Die zweite Tabelle ANOVA sagt etwas darüber aus, inwieweit die vorliegenden Daten darauf schließen lassen, dass in der Grundgesamtheit tatsächlich ein Zusammenhang zwischen den erklärenden und der abhängigen Variablen vorliegt. Die dritte Tabelle Koeffizienten beschreibt schließlich im Detail die geschätzte Regressionsgleichung und den Einfluss sowie die Signifikanz der einzelnen erklärenden Variablen.

Wie fit ist das Modell?

Die zentrale Kennzahl zur Bewertung der Güte des Regressionsmodells ist der Wert R^2 (sprich R-Quadrat), der auch als *Bestimmtheitsmaß* bezeichnet wird. Dieser Wert misst auf einer Skala von 0 bis 1, wie gut sich die Werte der abhängigen Variablen tatsächlich anhand der Werte aus den erklärenden Variablen herleiten lassen. (Dies wird auch anglizistisch als *Fit des Modells* bezeichnet.) Hat R^2 den Wert 1, bedeutet dies, dass sich die Werte der abhängigen Variablen eindeutig, zu 100 % aus den Werten der erklärenden Variablen berechnen lassen. Ein R^2 von 0 zeigt dagegen an, dass überhaupt kein (linearer) Zusammenhang zwischen den erklärenden und der abhängigen Variablen gefunden werden konnte. Die Werte der erklärenden Variablen lassen in so einem Fall keinerlei Rückschluss auf den Wert der abhängigen Variab-

Modellzusammenfassung

Modell	R	R-Quadrat	Korrigiertes R-Quadrat	Standardfehler des Schätzers
1	,893[a]	,798	,786	4,695

a. Einflußvariablen : (Konstante), Tägliche Kalorienaufnahme, Alphabetisierungsrate (%), Stadtbevölkerung (%), Bruttoinlandsprodukt / Kopf

ANOVA[a]

Modell		Quadratsumme	df	Mittel der Quadrate	F	Sig.
1	Regression	6016,202	4	1504,051	68,224	,000[b]
	Nicht standardisierte Residuen	1521,149	69	22,046		
	Gesamt	7537,351	73			

a. Abhängige Variable: Durchschnittliche Lebenserwartung für Männer

b. Einflußvariablen : (Konstante), Tägliche Kalorienaufnahme, Alphabetisierungsrate (%), Stadtbevölkerung (%), Bruttoinlandsprodukt / Kopf

Koeffizienten[a]

Modell		Nicht standardisierte Koeffizienten		Standardisierte Koeffizienten	T	Sig.
		Regressions koeffizientB	Standardfehler	Beta		
1	(Konstante)	28,828	3,773		7,641	,000
	Stadtbevölkerung (%)	,097	,033	,240	2,943	,004
	Alphabetisierungsrate (%)	,217	,036	,494	6,090	,000
	Bruttoinlandsprodukt / Kopf	-6,516E-006	,000	-,005	-,054	,957
	Tägliche Kalorienaufnahme	,005	,002	,269	2,808	,006

a. Abhängige Variable: Durchschnittliche Lebenserwartung für Männer

Abbildung 15.3: Ergebnis der Regressionsanalyse

len zu. Im echten Leben wird man natürlich sehr selten auf perfekte Regressionsmodelle (mit einem R^2 von 1) und hoffentlich auch selten auf absolut unbrauchbare Modelle (mit einem R^2 von 0) treffen, weshalb in den meisten Fällen das R^2 irgendwo zwischen 0 und 1 liegen wird – hoffentlich näher an 1, denn je größer R^2, desto besser ist das geschätzte Regressionsmodell geeignet, die abhängige Variable zu erklären.

An dieser Stelle würde ich Ihnen gerne eine Faustregel nennen, ab welchem R^2 eine Regressionsgleichung als gut zu bewerten ist. Alles, was ich Ihnen aber sagen kann, ist, dass es eine solche Faustregel nicht gibt! Welche Anforderung man an das Bestimmtheitsmaß für eine gute Regressionsgleichung stellen sollte, hängt wesentlich von der untersuchten Fragestellung ab. Befindet man sich auf einem Feld, in dem nur sehr schwer überhaupt Zusammenhänge aufzuspüren sind, kann ein R^2 von 0,4 bereits ein großer Erfolg sein, auf anderen Gebieten mit naturgemäß starken Korrelationen zwischen den einzelnen Variablen mag dagegen auch ein R^2 von 0,6 noch enttäuschen. Allerdings (und jetzt gibt es doch so etwas wie eine sehr grobe Regel) wird man ein R^2 über 0,8 nur selten als Fehlschlag ansehen und einen Wert unter 0,3 ebenso selten als Erfolg feiern können.

In diesem Beispiel hat das Bestimmtheitsmaß R^2 den Wert 0,798 und ist damit recht hoch. Die erklärenden Variablen Urbanität, Alphabetisierungsgrad, Pro-Kopf-Sozialprodukt und Kalorienaufnahme sind also in der Lage, die Lebenserwartung der Männer in einem Land zu einem großen Teil zu erklären. Hierbei sollten Sie aber nie vergessen, dass auch ein noch so hohes R^2 nicht auf einen kausalen Zusammenhang zwischen den erklärenden und der abhängigen Variablen schließen lässt. Ein hohes Bestimmtheitsmaß besagt lediglich, dass die erklärenden und die abhängige Variable derart stark miteinander korreliert sind, dass die Werte der erklärenden Variablen (zumindest in den zugrunde liegenden Daten) recht zuverlässige Rückschlüsse auf die Werte der abhängigen Variablen ermöglichen. Warum dies so ist, lässt sich rein aus der Statistik nicht ablesen.

Die weiteren Kennzahlen der Modellzusammenfassung

Der Wert R^2 ist die mit Abstand am häufigsten betrachtete Kennzahl zur Bewertung der Modellgüte, daneben weist SPSS in der Tabelle MODELLZUSAMMENFASSUNG aber auch noch die folgenden hilfreichen Kennzahlen aus:

✔ **R.** Der Wert R ist nichts anderes als die Quadratwurzel des Wertes R^2.

✔ **Das korrigierte R^2** berücksichtigt die Tatsache, dass mit zunehmender Anzahl an erklärenden Variablen das Gesamtmodell unsicherer wird, und verringert den Wert R^2 daher umso stärker, je mehr erklärende Variablen in dem Modell enthalten sind. Diesen Wert sollten Sie betrachten, wenn Sie die Qualität mehrerer Regressionsmodelle mit unterschiedlicher Anzahl an erklärenden Variablen miteinander vergleichen möchten.

✔ **Standardfehler des Schätzers.** Dieser Wert drückt aus, wie stark die durch die Regressionsgleichung geschätzten Werte der abhängigen Variablen von deren tatsächlichen Werten abweichen. Je kleiner der Standardfehler ist, desto näher liegen die geschätzten Werte an den tatsächlichen.

Die geschätzte Regressionsgleichung

Die zentrale Aufgabe der Regressionsanalyse bestand darin, für die Gleichung

```
a + b1 · urban + b2 · literacy
  + b3 · gdp_cap + b4 · calories = lifeexpm
```

die Parameter a und b1 bis b4 zu schätzen. Diese Aufgabe hat SPSS auch brav erledigt und das Ergebnis in die Tabelle Koeffizienten geschrieben.

Die Gesamtgleichung heißt ...

Die geschätzten Parameter werden in der Spalte Regressionskoeffizient B unter der Überschrift Nicht standardisierte Koeffizienten ausgewiesen. So hat SPSS für die Konstante a den Wert 28,828 geschätzt, für den Parameter b1 den Wert 0,097 und so weiter.

Insgesamt lautet die geschätzte Regressionsgleichung damit:

```
28,828 + 0,097 · urban + 0,217 · literacy
- 0,000006516 · gdp_cap + 0,005 · calories = lifeexpm
```

Diese Gleichung ist quasi die Anweisung, wie man aus den Werten der erklärenden Variablen den bestmöglichen Schätzwert für die abhängige Variable `lifeexpm` berechnet.

Bewertung der einzelnen Parameter

Anhand der Parameter lassen sich auch die Zusammenhänge zwischen den erklärenden und der abhängigen Variablen ablesen: So ist in Ländern mit hoher Urbanität auch die Lebenserwartung höher, ebenso in Ländern mit hoher Alphabetisierungsrate und so weiter. Auch die Stärke dieser Zusammenhänge geht aus der Gleichung hervor: So ist eine um einen Prozentpunkt höhere Alphabetisierungsrate (also beispielsweise 69 % statt 68 % Bevölkerungsanteil, der lesen kann) mit einer um 0,217 Jahren höheren Lebenserwartung verbunden.

Beachten Sie aber auch hier: Korrelation ist nicht automatisch gleich Kausalität. So wäre es natürlich viel zu einfach, aus der Regressionsgleichung zu schließen, dass jede zusätzliche Kalorie pro Tag die Lebenserwartung um 0,005 Jahre erhöht. Insbesondere individuell gilt dies nicht und ist keine Ausrede für die nächste Tafel Schokolade. Allerdings ist es offenbar so, dass in Ländern mit höherer Kalorienaufnahme auch die Lebenserwartung höher ist – und zwar in der Tendenz um 0,005 Jahre je Kalorie beziehungsweise ein halbes Jahr je 100 Kalorien.

Ein merkwürdiger Wert für »gdp_cap«

Als geschätzten Regressionsparameter für die Variable `gdp_cap` gibt SPSS den Wert -6,516E-6 an. Dieser Wert ist in zweifacher Hinsicht merkwürdig:

1. Der Wert sieht zunächst einmal komisch aus, weil er in Exponentialschreibweise angegeben ist. Die Ergänzung E-6 hinter dem Wert -6,516 besagt, dass bei dem Wert -6,516 das Komma noch um 6 Positionen nach links verschoben werden muss, um den korrekten Wert zu erhalten. Aus -6,516 ergibt sich so -0,000006516.

2. Auch nach Dechiffrierung der Exponentialschreibweise bleibt der Parameter merkwürdig, und zwar aus inhaltlichen Gründen. Der Parameter -0,000006516 besagt, dass die Lebenserwartung in Ländern mit höherem Pro-Kopf-Sozialprodukt niedriger (!) sei als in Ländern mit geringem Pro-Kopf-Einkommen. Wenn dieser Wert so richtig wäre, würde dies vereinfacht bedeuten, dass jeder zusätzliche Dollar an Pro-Kopf-Einkommen die Lebenserwartung um 0,000006516 Jahre (das sind dreieinhalb Minuten) verkürzt. Bevor Sie sich jetzt aber bei Ihrer nächsten Gehaltsverhandlung zurückhalten, sollten Sie besser diesen Parameter infrage stellen, denn er ist nach allgemeiner Lebenserfahrung unplausibel.

Es spricht alles dafür, dass die Lebenserwartung in reichen Ländern höher ist als in armen Ländern. Wie kann es also sein, dass die Regressionsanalyse einen derart unsinnigen Wert als Ergebnis liefert? Die Erklärung ist ganz einfach. Sowohl die Variable `calories` als auch die Variable `gdp_cap` sind positiv mit der Lebenserwartung korreliert. Gleichzeitig sind aber auch die Variablen `calories` und `gdp_cap` positiv miteinander korreliert, Länder mit hohem Pro-Kopf-Einkommen weisen also eine hohe Kalorienaufnahme und eben auch eine hohe Lebenserwartung auf. Wenn jetzt die Parameter für die Regressionsanalyse geschätzt werden, ist für SPSS nicht zu erkennen, ob die hohe Lebenserwartung in den Ländern mit hohem Pro-Kopf-Einkommen und hoher Kalorienaufnahme auf das Einkommen oder das Essen zurückzuführen ist. Vermutlich teilt sich der Effekt irgendwie auf die beiden Variablen auf, es gibt jedoch kein mathematisches Kriterium, um diese Aufteilung zu erkennen. Im Ergebnis hat SPSS den gesamten Effekt den Kalorien zugeschrieben und das Pro-Kopf-Einkommen bleibt in der Regressionsgleichung weitgehend ohne Einfluss beziehungsweise hat hier sogar einen leichten negativen Einfluss. Wenn Sie dagegen die gleiche Regressionsanalyse noch einmal wiederholen, aber ohne die Variable `calories` als erklärende Variable, wird SPSS einen positiven Einfluss des Pro-Kopf-Einkommens auf die Lebenserwartung feststellen und zwar mit dem Parameter 0,00023 (das entspricht zwei Stunden je Dollar beziehungsweise einem Vierteljahr für 1.000 Dollar).

 Dieses Beispiel zeigt, wie wichtig eine inhaltliche Plausibilitätsprüfung der Ergebnisse einer Regressionsanalyse wie auch aller anderen statistischen Verfahren ist. Die verbreitete Methode, einfach mal alle denkbaren Zusammenhänge zwischen verfügbaren Variablen statistisch zu testen und die Ergebnisse dann für bare Münze zu nehmen, führt leicht zu unsinnigen Ergebnissen, die zumindest dann auffallen sollten, wenn sie schlicht dem gesunden Menschenverstand widersprechen.

Signifikanz von Modell und Parametern

Eine Frage, die sich bei den Ergebnissen statistischer Analysen immer stellt, ist die nach der Signifikanz, also die Frage, ob sich die gefundenen Zusammenhänge verallgemeinern lassen oder nur für die zufällig gerade vorliegenden Daten gelten. SPSS liefert mit den Ergebnissen einer Regressionsanalyse zwei Signifikanzaussagen mit:

✔ **Signifikanz des Modells.** In der Tabelle `ANOVA` wird die Signifikanz des Gesamtmodells untersucht. Der Signifikanzwert in dieser Tabelle bezieht sich auf die Frage, ob insgesamt ein Zusammenhang zwischen den erklärenden Variablen auf der einen und der abhängigen Variablen auf der anderen Seite besteht. Mit einem Signifikanzwert von 0,000 kann man in diesem Beispiel davon ausgehen, dass dies so ist, denn bei dieser Annahme begeht man nur mit einer Wahrscheinlichkeit von 0,0 % einen Irrtum.

✔ **Signifikanz der einzelnen erklärenden Variablen.** Wenn das Gesamtmodell signifikant ist, bedeutet dies noch lange nicht, dass auch jede einzelne erklärende Variable tatsächlich einen Einfluss auf die abhängige Variable hat. Ob dies der Fall ist, können Sie in der Tabelle `Koeffizienten` ablesen. Hier wird für jede einzelne Variable ein Signifikanzwert angegeben. Beispielsweise beträgt der Signifikanzwert für die Variable `urban` (Stadtbevölkerung) 0,004. Mit hoher Wahrscheinlichkeit ist also die Urbanität tatsächlich mit der Lebenserwartung korreliert.

Für das Pro-Kopf-Einkommen wird ein derart hoher Signifikanzwert ausgewiesen, dass man hier keinen Einfluss auf die Lebenserwartung unterstellen kann. Das ist insofern beruhigend, als der ausgewiesene negative Parameter ohnehin unplausibel erschien. Hier zeigt sich aber noch einmal, dass die den einzelnen Variablen zugeschriebene Wirkung auch ganz wesentlich davon abhängt, welche weiteren erklärenden Variablen in das Modell aufgenommen wurden. Wenn Sie die Regressionsanalyse ohne die Variable `calories` wiederholen, wird für das Pro-Kopf-Einkommen ein positiver Parameter ermittelt, der dann auch mit einem Signifikanzwert von 0,014 sehr viel gesicherter ist.

Auf einen Blick: Schätzung vs. echtes Leben

Was wäre, wenn ... man den Schätzwerten, die die Regressionsgleichung für die Lebenserwartung der Männer in einem Land liefert, tatsächlich vertraut? Wie gut oder schlecht würde man damit die tatsächlichen Lebenserwartungswerte in den verschiedenen Ländern treffen? Dies ist eine zentrale Frage für die Bewertung der Qualität einer Regressionsgleichung. Eine erste Antwort auf diese Frage haben oben bereits die verschiedenen Kennzahlen wie insbesondere das Bestimmtheitsmaß R^2 geliefert. Ergänzend zu den Kennzahlen kann man die Qualität der Regressionsgleichung aber auch visualisieren, indem man die Schätzwerte, die die Gleichung liefert, den tatsächlichen Werten in einer Grafik gegenüberstellt. Hierzu kann man SPSS gleich beim Erstellen der Regressionsanalyse anweisen, die Werte, die durch die Regressionsgleichung geschätzt werden, als neue Variable in die Datendatei zu schreiben. Anschließend kann man diese neue Variable in einem Streudiagramm gegen die abhängige Variable der Regressionsanalyse (in diesem Beispiel die Variable `lifeexpm`) abtragen und so auf einen Blick sehen, wie gut die Werte der beiden Variablen übereinstimmen.

Vorhergesagte Werte der Regressionsgleichung speichern

Um zunächst bei der Regressionsanalyse das Speichern der geschätzten Werte für die abhängige Variable anzufordern, gehen Sie folgendermaßen vor:

1. **Standardeinstellungen der Regressionsanalyse.** Wählen Sie den Befehl ANALYSIEREN| REGRESSION|LINEAR und geben Sie in dem damit geöffneten Dialogfeld die abhängige und die erklärenden Variablen an, in diesem Beispiel `lifeexpm` als abhängige und `urban`, `literacy`, `gdp_cap` und `calories` als erklärende Variablen. Sollten Sie in Ihr Regressionsmodell keine Konstante aufnehmen wollen, wählen Sie diese in dem Dialogfeld der Schaltfläche OPTIONEN ab.

2. **Vorhergesagte Werte speichern.** Um das Speichern der vorhergesagten Werte anzufordern, klicken Sie auf die Schaltfläche SPEICHERN, die das Dialogfeld aus Abbildung 15.4 öffnet. Kreuzen Sie hier in der Gruppe VORHERGESAGTE WERTE die Option NICHT STANDARDISIERT an und schließen Sie das Dialogfeld wieder mit der Schaltfläche WEITER.

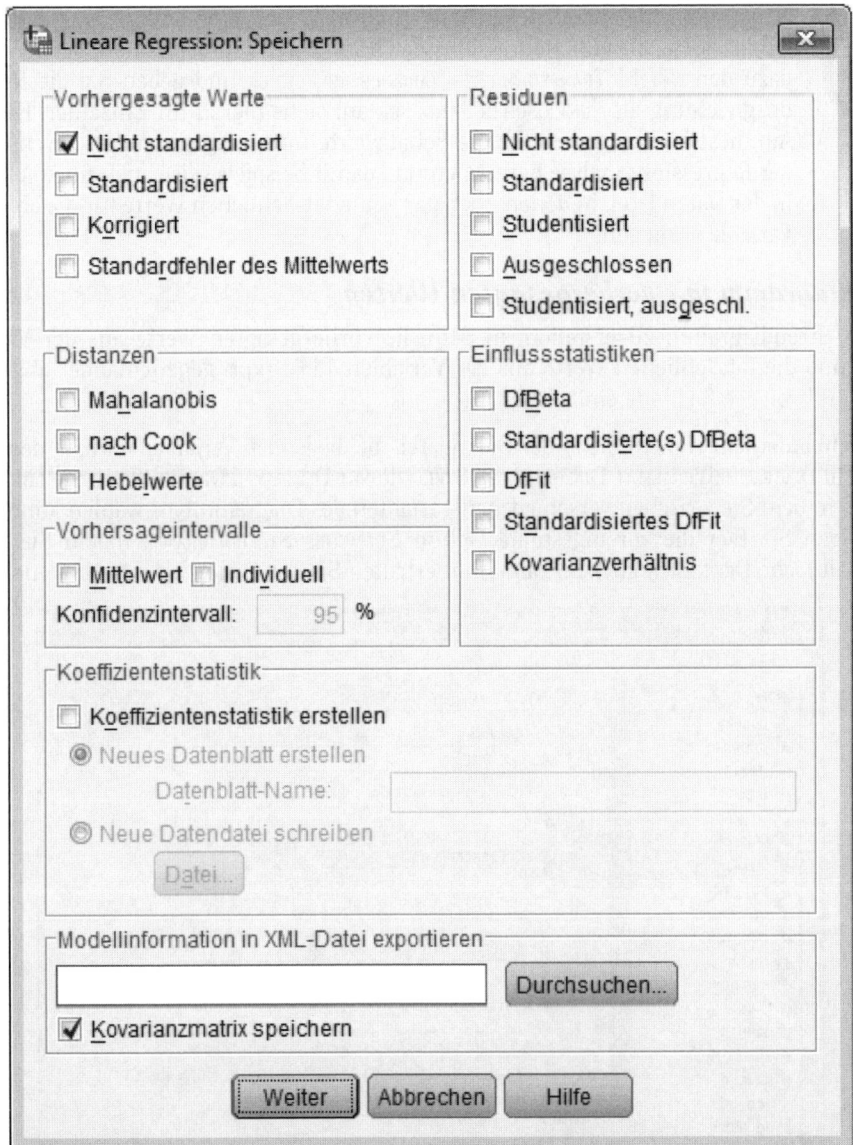

Abbildung 15.4: Dialogfeld zum Erstellen von Variablen mit Ergebniswerten

3. **Regressionsanalyse starten.** Wenn Sie alle Angaben vorgenommen haben, schließen Sie das Hauptdialogfeld mit der Schaltfläche OK. SPSS schreibt daraufhin die bekannten Ergebnisse in die *Ausgabedatei* und fügt zusätzlich eine neue Variable in die *Datendatei* ein. Diese Variable hat den Namen PRE_1 (beziehungsweise in manchen Fällen mit einer anderen Endziffer) und enthält die Werte, die die Regressionsgleichung für die Lebenserwartung berechnet.

Neben dem hier beschriebenen Weg gibt es noch eine andere Möglichkeit, die Schätzwerte, die eine Regressionsgleichung liefert, zu berechnen. Verwenden Sie dazu den Befehl Transformieren|Variable berechnen und geben Sie die Regressionsgleichung als numerischen Ausdruck an; siehe hierzu im Einzelnen Kapitel 4. Auf diese Weise können Sie die Schätzwerte unabhängig von der Durchführung der Regressionsanalyse berechnen und damit beispielsweise auch für solche Fälle in der Datendatei, in denen noch gar keine tatsächlichen Werte für die abhängige Variable vorliegen.

Streudiagramm mit vorhergesagten Werten

Um das Streudiagramm zu erstellen, in dem die vorhergesagten Werte aus der Variablen PRE_1 und die tatsächlichen Werte aus der Variablen lifeexpm gegeneinander abgetragen werden, führen Sie folgende einfache Schritte aus:

1. **Befehl aufrufen.** Wählen Sie in der Datendatei, die die beiden Variablen enthält, den Menübefehl Diagramme|Veraltete Dialogfelder|Streu-/Punkt-Diagramm. Damit öffnen Sie ein Dialogfeld, in dem Sie zwischen verschiedenen Varianten des Diagrammtyps wählen können. Bestätigen Sie hier die voreingestellte Option Einfaches Streudiagramm, indem Sie auf die Schaltfläche Definieren klicken. Daraufhin erhalten Sie das Dialogfeld aus Abbildung 15.5.

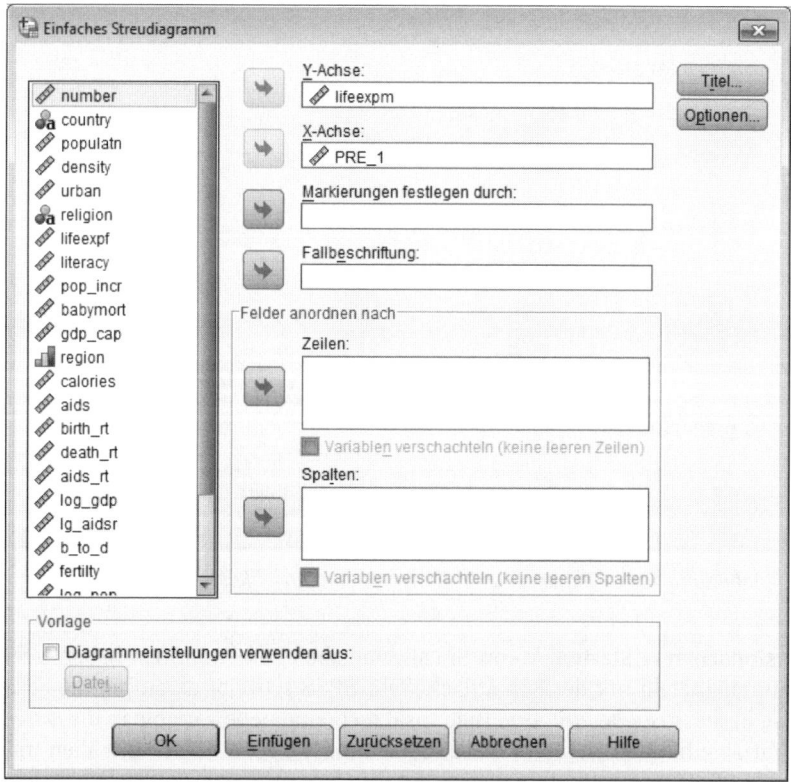

Abbildung 15.5: Dialogfeld zum Erstellen des Streudiagramms

2. Variablen auswählen. Verschieben Sie die erste Variable für das Streudiagramm (hier lifeexpm) in das Feld Y-Achse und die zweite Variable (hier PRE_1) in das Feld X-Achse. Damit sind bereits alle Einstellungen vorgenommen und Sie können das Streudiagramm mit der Schaltfläche OK erstellen. Das Ergebnis für dieses Beispiel ist in Abbildung 15.6 wiedergegeben.

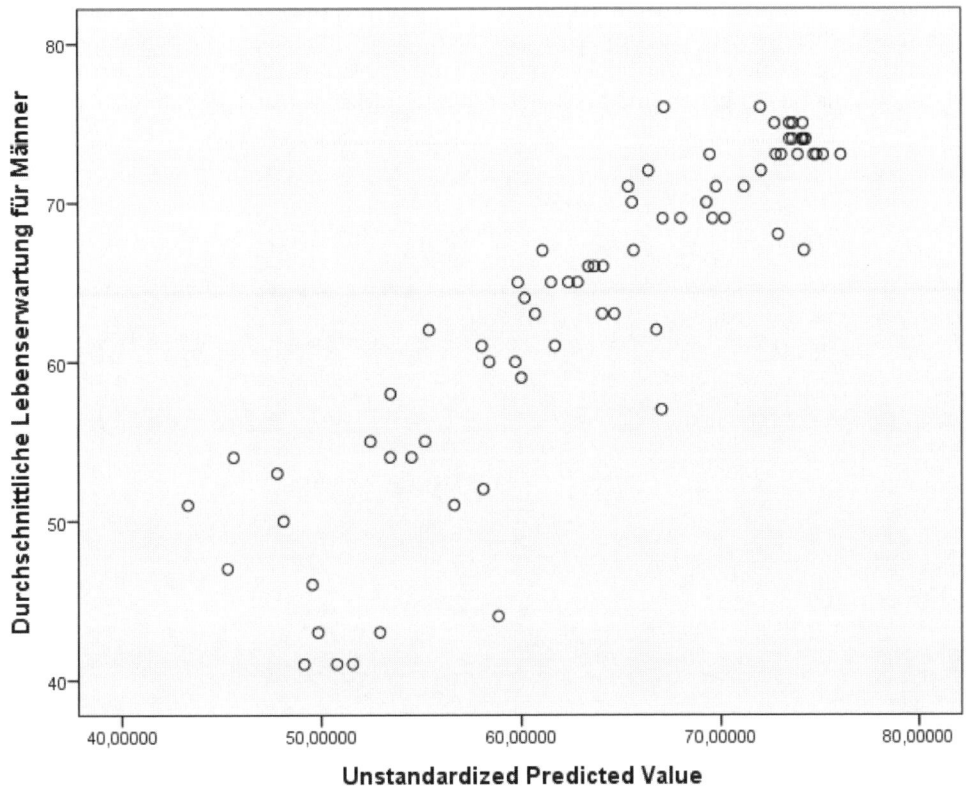

Abbildung 15.6: Streudiagramm mit den vorhergesagten und den tatsächlichen Werten der Lebenserwartung

Das Streudiagramm in Abbildung 15.6 trägt die tatsächlichen Werte der Variablen lifeexpm auf der Ordinate (der senkrechten Achse) und die durch die Regressionsgleichung geschätzten Werte auf der Abszisse (der waagerechten Achse) ab. Würde die Regressionsgleichung in jedem einzelnen Fall exakt die tatsächlichen Werte für die Lebenserwartung berechnen, müssten die einzelnen Punkte in dem Streudiagramm alle genau auf einer Geraden liegen. Jede Abweichung eines Punktes von dieser gedachten Geraden, auf der die tatsächlichen und geschätzten Werte identisch sind, zeigt einen Vorhersagefehler der Regressionsgleichung an. Offensichtlich produziert die Regressionsgleichung in diesem Beispiel ziemlich viele Vorhersagefehler, denn die Punkte in dem Streudiagramm liegen eindeutig nicht auf einer Geraden. So gilt zum Beispiel für den äußersten linken Punkt in dem Diagramm, dass die Regressionsgleichung eine Lebenserwartung von ca. 43 geschätzt hat, die tatsächliche Lebenserwartung aber ungefähr 50 beträgt. (Dieser Punkt repräsentiert übrigens das Land Äthiopien, was aus der Grafik nicht zu erkennen ist.)

Insgesamt zeigt der Verlauf der Punktwolke jedoch, dass die Ergebnisse der Regressionsgleichung die tatsächlichen Unterschiede in der Lebenserwartung zwischen den betrachteten Ländern nachbilden. Für Länder, in denen die Lebenserwartung hoch ist, liefert auch die Regressionsgleichung hohe Schätzwerte und in Ländern mit niedriger Lebenserwartung sind auch die geschätzten Werte gering. Dabei ist auch zu erkennen, dass die Schätzung der Lebenserwartung im Bereich der hohen Werte offenbar zuverlässiger ist als bei den niedrigen Werten, wo die tatsächlichen und geschätzten Werte stärker voneinander abweichen.

Clusteranalyse: Ähnliche Objekte in Gruppen zusammenfassen

16

In diesem Kapitel

▶ Die Zielsetzung einer Clusteranalyse

▶ Eine Clusteranalyse mit SPSS durchführen

▶ Alternative Verfahren der Clusteranalyse in SPSS

▶ Ergebnisse einer Clusteranalyse bewerten

▶ Einfluss von nichtstandardisierten Variablen auf das Ergebnis

Der Anspruch: Ordnung in die Welt bringen

Ordnung ist das halbe Leben. Wenn Sie diesen Satz unterschreiben und sich eher zu den Ordnungsfanatikern als zu den Chaostheoretikern zählen, werden Sie die Clusteranalyse lieben. Denn die klare Aufgabe der Clusteranalyse ist es, Ordnung in die (Daten-)Welt zu bringen. Die Clusteranalyse tut dies, indem sie einen ungeordneten Haufen zunächst einmal schön sorgfältig in kleine Grüppchen unterteilt. Wenn Sie beispielsweise einen ungeordneten Haufen an Kunden haben (zum Beispiel eine ungeordnete Kundenliste, in der zwar einige Eigenschaften der Kunden erfasst sind, die Top-Kunden aber gleichwertig neben den Mahnungsempfängern stehen oder die Kunden, die regelmäßig Kinderprodukte kaufen, nicht zu unterscheiden sind von jenen, die sich nur für technische Geräte interessieren), dann können Sie eine Clusteranalyse verwenden, um homogene Kundengruppen zu bilden. Je nach den Kriterien, die Sie zur Gruppenbildung heranziehen, können Sie die Kunden so nach ihrem Wert (Umsatzverhalten, Zahlungsverhalten, Reklamationsverhalten und so weiter) oder nach inhaltlichen Interessen (also nach den Produkten oder Produktgruppen, die ein Kunde regelmäßig kauft) unterteilen.

Etwas allgemeiner und abstrakter formuliert dient die Clusteranalyse also dazu, eine Menge von Objekten anhand ausgewählter Eigenschaften so in Gruppen *(Cluster)* zu unterteilen, dass ähnliche Objekte in einer Gruppe zusammengefasst werden und umgekehrt die Objekte aus unterschiedlichen Gruppen sich möglichst deutlich voneinander unterscheiden.

Das Beispiel: Die Welt ordnen

In dem folgenden Beispiel wird die Clusteranalyse verwendet, um die Länder dieser Erde anhand verschiedener Kennzahlen zur wirtschaftlichen Lage und ihrem Entwicklungsstand in Gruppen zu unterteilen. Die dazu verwendeten Daten finden Sie in der Datei world95.sav, die bei der Installation von SPSS als Beispieldatei mit auf die Festplatte kopiert wurde, und zwar in das Verzeichnis Samples oder Samples\German. Leider gibt es einige Programmversionen von SPSS, bei denen diese Datei nicht mit zur Verfügung gestellt wird; in diesem Fall können Sie die Datei im Internet von der Website der Appalachian State University unter der Adresse `http://www.appstate.edu/~ehrhardtgc/3115/World95.sav` herunterladen.

Die Datei `world95.sav` enthält unter anderem folgende Kennzahlen über die einzelnen Länder dieser Erde:

✔ `urban`: Anteil der Bevölkerung, die in Städten lebt

✔ `lifeexpf`: Lebenserwartung einer Frau in dem Land

✔ `lifeexpm`: Lebenserwartung eines Mannes in dem Land

✔ `literacy`: Anteil der Bevölkerung, die lesen kann

✔ `pop_incr`: jährliches Bevölkerungswachstum (in Prozent)

✔ `babymort`: Rate der Kindersterblichkeit (je 1.000 lebend Geborenen)

✔ `gdp_cap`: Bruttosozialprodukt je Einwohner (in US-Dollar)

✔ `aids_rt`: Anzahl von AIDS-Fällen je 100.000 Einwohnern

Anhand dieser Merkmale sollen die Länder nun in fünf Gruppen unterteilt werden, so dass Länder mit ähnlichen Strukturmerkmalen in einer Gruppe zusammengefasst werden. Um dazu die Clusteranalyse durchzuführen, gehen Sie folgendermaßen vor:

1. **Befehl aufrufen.** Wählen Sie den Menübefehl ANALYSIEREN|KLASSIFIZIEREN|CLUSTERZENTRENANA-LYSE. Dieser Befehl öffnet das Dialogfeld aus Abbildung 16.1.

2. **Variablen auswählen.** Wählen Sie die Variablen, an denen sich die Clusteranalyse bei der Unterteilung der Fälle in Gruppen orientieren soll, in der linken Variablenliste aus, und verschieben Sie sie in das Feld VARIABLEN. In diesem Beispiel sind dies die acht oben aufgeführten Variablen `urban` bis `aids_rt`.

3. **Fallbeschriftung.** Es ist zwar nicht notwendig, aber häufig sehr hilfreich, eine Variable zur Fallbeschriftung anzugeben. SPSS verwendet die Werte dieser Variablen, um in den Ergebnistabellen der Clusteranalyse die einzelnen Fälle zu benennen. Wenn Sie keine Variable zur Fallbeschriftung angeben, verwendet SPSS stattdessen die Fallnummer aus der Datendatei. In diesem Beispiel bietet sich die Variable `country`, die den Namen des jeweiligen Landes enthält, zur Fallbeschriftung an.

4. **Anzahl der Cluster festlegen.** Schreiben Sie die Anzahl der Gruppen, die SPSS aus den Fällen der Datendatei bilden soll, in das Feld ANZAHL DER CLUSTER. In diesem Beispiel sollen die Länder der Erde in fünf Gruppen (Cluster) unterteilt werden.

5. **Zusätzliche Optionen.** Mit der Schaltfläche OPTIONEN öffnen Sie das Dialogfeld aus Abbildung 16.2, in dem Sie den Umfang der Ergebnistabellen, die SPSS für die Clusteranalyse erstellt, steuern können. Per Voreinstellung angekreuzt ist die Option ANFÄNGLICHE CLUSTERZENTREN, die eher technische Informationen enthält und für dieses Beispiel abgewählt werden kann. Sehr hilfreich ist dagegen die Option CLUSTER-INFORMATIONEN FÜR JEDEN FALL, mit der Sie eine Tabelle anfordern, die für jeden einzelnen Fall der Datendatei angibt,

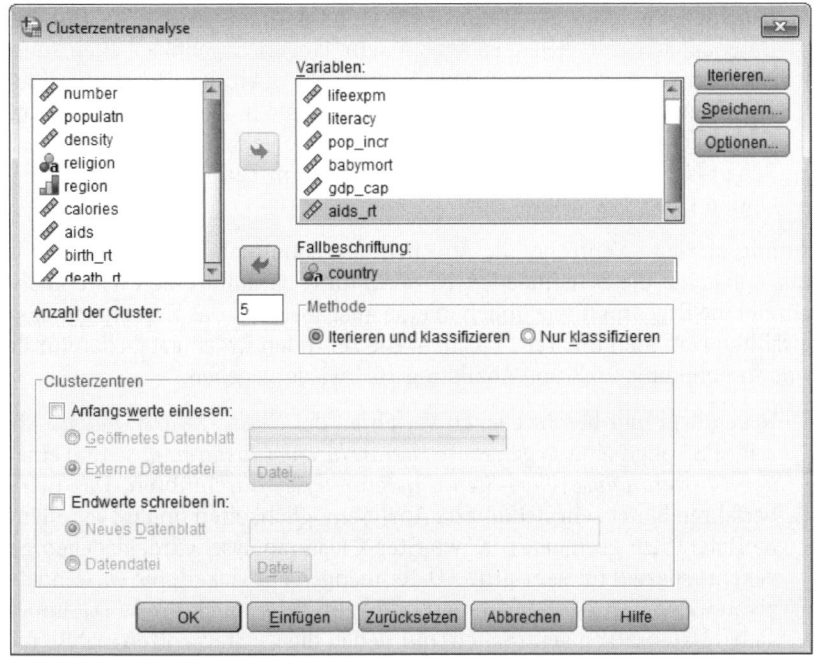

Abbildung 16.1: Dialogfeld zum Durchführen einer Clusteranalyse

welchem Cluster dieser Fall zugeordnet ist. Sie schließen das Dialogfeld wieder mit der Schaltfläche WEITER.

Abbildung 16.2: Zusätzliche Optionen für die Clusteranalyse

Beachten Sie, dass die Option CLUSTER-INFORMATIONEN FÜR JEDEN FALL bei großen Datendateien mit vielen Fällen zu sehr langen Ergebnistabellen führen kann. Als Alternative zu dieser Tabelle können Sie auch die Clusterzuordnungen der einzelnen Fälle von SPSS in eine neue Variable in der Datendatei schreiben lassen. Klicken Sie hierzu in dem Hauptdialogfeld aus Abbildung 16.1 auf die Schaltfläche SPEICHERN und wählen Sie in dem damit geöffneten Dialogfeld die Option CLUSTER-ZUGEHÖRIGKEIT.

6. **Berechnung starten.** Wenn Sie alle Angaben vorgenommen haben, klicken Sie in dem Hauptdialogfeld auf die Schaltfläche OK. SPSS führt daraufhin die Clusteranalyse durch und schreibt die Ergebnisse wie üblich in eine Ausgabedatei. Das Ergebnis umfasst je nach den gewählten Optionen mehrere Tabellen. Die zentralen Ergebnistabellen für dieses Beispiel sind in Abbildung 16.3 und Abbildung 16.4 wiedergegeben.

Neben dem hier beschriebenen Verfahren der *Clusterzentrenanalyse* können Sie mit SPSS auch eine so genannte *Hierarchische Clusteranalyse* und eine *Zweistufige Clusteranalyse* (*Two-Step-Clusteranalyse*) durchführen. Das hierarchische Verfahren bietet sehr detaillierte Analysemöglichkeiten und ist vor allem für kleine Datensätze geeignet. Die Two-Step-Clusteranalyse wurde dagegen genau umgekehrt speziell für sehr große Datenmengen entwickelt. Sie verwendet sehr effiziente Gruppierungsalgorithmen und kann daher auch große Datenmengen mit vielen Datensätzen verarbeiten, mit denen die Clusterzentrenanalyse nicht mehr zurechtkommt.

Das Ergebnis: Die Welt ist nicht besser – aber geordnet

Abbildung 16.3 zeigt die Ergebnistabellen, in denen das zentrale Ergebnis der Clusteranalyse zusammengefasst wird. In Abbildung 16.4 sehen Sie einen Auszug aus der Zuordnungtabelle, die für jeden einzelnen Fall aus der Datendatei angibt, welchem Cluster dieser Fall (hier das entsprechende Land) zugeordnet wurde.

Anzahl der Fälle in jedem Cluster

Die unterste Tabelle in Abbildung 16.3 gibt zunächst einen Überblick über die Größe der einzelnen Cluster. SPSS hat wie gefordert fünf Cluster gebildet. Der größte Cluster (Cluster Nr. 1) umfasst 43 Länder, dem kleinsten Cluster (Nr. 5) hat SPSS dagegen nur fünf Länder zugeordnet. Diese fünf Länder müssen sich anhand der betrachteten Eigenschaften wie Urbanität, Lebenserwartung und so weiter deutlich von den übrigen Ländern unterscheiden und gleichzeitig einander recht ähnlich sein. Andernfalls hätte SPSS nicht genau diese fünf Länder zu einem Cluster zusammengefasst. Dies gilt analog natürlich ebenso für die übrigen vier Cluster.

Insgesamt hat SPSS 104 der 109 in der Datendatei enthaltenen Fälle (Länder) auf die fünf Cluster verteilt. Fünf Länder (in der Zeile Fehlend angegeben) wurden dagegen keinem Cluster zugeordnet. Dies liegt daran, dass diese fünf Länder in mindestens einer der Variablen, die für die Clusterbildung verwendet wurden, einen fehlenden Wert aufweisen und daher nicht mit ausgewertet werden konnten.

Das Werteniveau der Variablen bestimmt das Ergebnis

Das Ergebnis der Clusteranalyse wird natürlich ganz wesentlich von den Variablen geprägt, die zur Bildung der Cluster herangezogen werden. Dabei erhalten nicht alle Variablen den gleichen Einfluss auf das Ergebnis, sondern Variablen mit großen absoluten Werten haben einen stärkeren Einfluss als Variablen mit betragsmäßig kleinen Werten. In diesem Beispiel hat daher das Bevölkerungswachstum den schwächsten Einfluss auf das Ergebnis, da die Werte dieser Variablen typischerweise zwischen null und fünf liegen und die übrigen Variablen alle höhere Werte enthalten. Wenn Sie einen solchen ungleichen Einfluss der Variablen auf das Ergebnis vermeiden möchten, können Sie die Variablen für die Clusterbildung zuvor standardisieren.

Beim Standardisieren werden die Werte einer Variablen auf einem bestimmten Niveau normiert. Hierzu können Sie den Befehl Analysieren|Deskriptive Statistiken|Deskriptive Statistik verwenden. Wählen Sie in dem damit geöffneten Dialogfeld die zu standardisierenden Variablen aus und kreuzen Sie die Option Standardisierte Werte als Variable speichern an. Wenn Sie die Prozedur anschließend mit OK starten, erstellt SPSS für jede in dem Dialogfeld ausgewählte Variable eine neue Variable in der Datendatei. Die Namen der neu erstellten Variablen beginnen alle mit dem Buchstaben z. Diese neuen, standardisierten Variablen können Sie anschließend in der Clusteranalyse statt der Ursprungsvariablen verwenden. Da alle standardisierten Variablen ein einheitliches Werteniveau aufweisen, ist so sichergestellt, dass sie alle einen gleich starken Einfluss auf das Ergebnis der Clusterbildung haben.

Inhaltliche Bewertung der einzelnen Cluster

Die spannendste Frage bei der Auswertung einer Clusteranalyse ist natürlich: Welche Cluster hat die Analyse inhaltlich hervorgebracht – und wie sind die einzelnen Fälle (Länder) auf die Cluster verteilt? Die erste Antwort auf diese Frage gibt die oberste Tabelle aus Abbildung 16.3. Hier sind für jeden der fünf Cluster die Zentren (die Mittelwerte) aller Variablen, die zur Clusterbildung verwendet wurden, aufgeführt. Diese Werte ermöglichen eine inhaltliche Interpretation der Cluster. So können Sie beispielsweise ablesen, dass in Cluster Nr. 1 nur 38 % der Bevölkerung in Städten leben, in Cluster Nr. 2 dagegen 61 %, in Cluster Nr. 3 82 % und so weiter. Cluster Nr. 3 hat dabei nicht nur den höchsten Anteil an städtischer Bevölkerung, sondern auch die höchste durchschnittliche Lebenserwartung, einen sehr hohen Alphabetisierungsgrad, geringes Bevölkerungswachstum, geringe Kindersterblichkeit, hohes Pro-Kopf-Einkommen und eine mittlere Anzahl an AIDS-Fällen.

Damit enthält der Cluster Nr. 3 offenbar solche Länder, die allgemein als moderne Industriestaaten bezeichnet werden, und man würde hier Länder wie Deutschland, Österreich, die USA, Japan, Norwegen oder Australien erwarten. Ein Blick in die Zuordnungstabelle aus Abbildung 16.4 zeigt, dass dies auch mehr oder weniger richtig ist. Deutschland, Österreich, Australien und Norwegen (in Abbildung 16.4 nicht mehr dargestellt) sind tatsächlich dem Cluster Nr. 3 zugeordnet, ebenso wie beispielsweise Belgien, Dänemark oder Finnland. Die USA und Japan (beide in Abbildung 16.4 nicht mit dargestellt) wurden dagegen nicht diesem, sondern

Clusterzentren der endgültigen Lösung

	Cluster				
	1	2	3	4	5
Stadtbevölkerung (%)	38	61	82	68	73
Durchschnittliche Lebenserwartung für Frauen	61	72	80	75	81
Durchschnittliche Lebenserwartung für Männer	58	66	74	68	74
Alphabetisierungsrate (%)	62	82	95	90	98
Bevölkerungswachstum (% pro Jahr)	2,4	1,7	,8	1,2	,6
Kindersterblichkeit (Todesfälle pro 1000 Lebendgeburten)	74,0	37,8	7,5	22,7	6,4
Bruttoinlandsprodukt / Kopf	742	3022	15997	6682	20913
Anzahl der Aids-Fälle / 100000 Einwohner	35,18	14,36	15,76	10,82	59,05

Distanz zwischen Clusterzentren der endgültigen Lösung

Cluster	1	2	3	4	5
1		2280,954	15255,795	5940,796	20171,453
2	2280,954		12975,252	3660,077	17891,013
3	15255,795	12975,252		9315,189	4915,926
4	5940,796	3660,077	9315,189		14230,984
5	20171,453	17891,013	4915,926	14230,984	

Anzahl der Fälle in jedem Cluster

Cluster	1	43,000
	2	21,000
	3	19,000
	4	16,000
	5	5,000
Gültig		104,000
Fehlend		5,000

Abbildung 16.3: Ergebnisse der Clusteranalyse für 109 Länder dieser Erde

dem Cluster Nr. 5 zugeordnet. Dies ist der kleinste Cluster, der insgesamt nur fünf Länder enthält, neben den USA und Japan sind dies noch Kanada, Frankreich und die Schweiz. Dies ist also auch eine Gruppe von Ländern, die als hoch entwickelte Industriestaaten bezeichnet werden, die sich jedoch (Stand 1995) noch einmal (gemessen an den betrachteten Kriterien) von den übrigen Industriestaaten unterscheiden. Im Durchschnitt weisen diese fünf Länder zum Beispiel ein noch höheres Pro-Kopf-Einkommen, aber auch deutlich mehr AIDS-Fälle auf als die übrigen Industriestaaten.

Auf die gleiche Weise lassen sich alle weiteren Cluster interpretieren. So ist in der Tabelle der Clusterzentren schnell zu erkennen, dass Cluster Nr. 1 wenig entwickelte Länder enthält, Cluster Nr. 2 so genannte Schwellenländer und Cluster Nr. 4 Industrieländer, die in ihrer wirtschaftlichen Entwicklung noch nicht ganz so weit fortgeschritten sind. Diese Interpretation deckt sich auch mit den Ergebnissen aus der Zuordnungstabelle, in der Länder wie Afghanistan, Bangladesch und Bolivien dem Cluster Nr. 1, Länder wie Argentinien, Brasilien und Bulgarien Cluster Nr. 2 und Kroatien, Estland und Ungarn Cluster Nr. 4 zugeordnet sind.

Cluster-Zugehörigkeit

Fallnummer	Land	Cluster	Distanz
1	Afghanistan	1	548,033
2	Argentinien	2	386,980
3	Armenien	4	1682,372
4	Australien	3	850,616
5	Österreich	3	2398,647
6	Aserbaidschan	.	.
7	Bahrain	4	1192,891
8	Bangladesch	1	543,248
9	Barbados	4	298,019
10	Weißrussland	4	182,935
11	Belgien	3	1914,584
12	Bolivien	1	41,696
13	Bosnien	.	.
14	Botswana	2	358,044
15	Brasilien	2	669,331
16	Bulgarien	2	809,370
17	Burkina Faso	1	390,986
18	Burundi	1	543,004
19	Kambodscha	1	486,332
20	Kamerun	1	251,495
21	Kanada	5	1009,554
22	Zent.afrik. Rep.	1	305,088
23	Chile	2	432,883
24	China	1	368,082
25	Kolumbien	1	798,909
26	Costa Rica	2	991,886
27	Kroatien	4	1195,578
28	Kuba	1	646,276
29	Tschech. Rep.	.	.
30	Dänemark	3	2279,561
31	Dom. Rep.	1	294,766
32	Ecuador	1	348,056
33	Ägypten	1	38,664
34	El Salvador	1	339,009
35	Estland	4	682,481
36	Äthiopien	1	622,891
37	Finnland	3	123,194
38	Frankreich	5	1969,214
39	Gabun	2	1262,572
40	Gambia	1	396,316
41	Georgien	2	1477,973
42	Deutschland	3	1541,537
43	Griechenland	4	1377,802
44	Guatemala	1	601,133
45	Haiti	1	363,260
46	Honduras	1	291,240
47	Hong Kong	3	1356,724
48	Ungarn	4	1433,416
49	Island	3	1243,591
50	Indien	1	468,570

Abbildung 16.4: Auszug aus der Fallzuordnungstabelle mit den Cluster-Zuordnungen der einzelnen Länder

Unterschiede zwischen den Clustern messen

Die inhaltliche Interpretation hat schon gezeigt, dass sich einige der durch die Analyse gebildeten Cluster ähnlicher sind als andere Cluster. Zum Beispiel enthalten Cluster Nr. 3 und Nr. 5 beide hoch entwickelte Industriestaaten, die sich lediglich in einigen der betrachteten Kriterien auf differenziertem Niveau unterscheiden. Cluster Nr. 1 enthält dagegen überwiegend die ärmsten Länder dieser Erde und unterscheidet sich damit deutlich stärker von den Clustern 3 und 5. Das Ausmaß dieser Unähnlichkeit zwischen den Clustern ist in der Tabelle Distanz zwischen Clusterzentren der endgültigen Lösung aus Abbildung 16.3 beschrieben. Die hier ausgewiesenen Distanzwerte fassen die Unterschiede zwischen den Clusterzentren der verschiedenen Cluster in einer Kennzahl zusammen. Hier ist zu erkennen, dass der größte Unterschied zwischen den Clustern Nr. 1 und Nr. 5 besteht; die Distanz zwischen diesen Clustern wird mit 20.171 angegeben. Die Distanz zwischen den Clustern 3 und 5 beträgt dagegen nur 4.916.

Teil IV

Malen nach Zahlen

The 5th Wave

By Rich Tennant

»Ich habe aus unseren Daten ein Tortendiagramm erstellt.
Anscheinend ist dabei eine Blaubeertorte herausgekommen.«

In diesem Teil ...

In diesem Teil wird's endlich bunt, denn es geht um Bilder, Grafiken und Diagramme. SPSS ist bekannt dafür, dass es sehr umfangreiche Möglichkeiten zum Erstellen von Diagrammen bietet, und die sollten Sie nutzen, wenn Sie interessante Ergebnisse gefunden haben und diese nun anschaulich und leicht verständlich präsentieren möchten. Wie das genau geht, ist in den folgenden Kapiteln beschrieben. Sie finden dort Anleitungen zum Erstellen von Balken-, Linien-, Flächen- und Kreisdiagrammen, von Boxplots und Bevölkerungspyramiden sowie Verteilungs- und Streudiagrammen. Außerdem erfahren Sie, wie Sie ein bereits erstelltes Diagramm nachträglich bearbeiten und so Ihre Lieblingsfarben, Hintergrundmuster, zusätzliche Erklärungen und vieles mehr einfügen können.

Diagramme erstellen und bearbeiten

In diesem Kapitel

▷ So geht's: Vorgehensweise zum Erstellen eines Diagramms

▷ Beispiel: Wir basteln uns ein Balkendiagramm

▷ Diagramme bearbeiten

▷ Das Aussehen eines Diagramms gestalten

▷ Zusätzliche Elemente in ein Diagramm einfügen

SPSS bietet sehr umfangreiche Grafikmöglichkeiten und hält viele verschiedene Diagrammtypen bereit. Jedes mit SPSS erstellte Diagramm kann nachträglich auch noch in umfangreicher Weise so bearbeitet und formatiert werden, dass sich sehr einfach präsentable Grafiken erstellen und die statistischen Zusammenhänge anschaulich visualisieren lassen.

Nicht ganz trivial: Diagramme erstellen mit SPSS

Die vielfältigen Varianten an Grafiken und die umfangreichen Gestaltungsmöglichkeiten sind eine echte Stärke von SPSS. Das Programm bietet nicht nur eine ganze Reihe unterschiedlicher Diagrammtypen von einfachen Balken- und Kreisdiagrammen über Streudiagramme und Boxplots bis hin zu sehr spezialisierten Diagrammtypen wie so genannten P-P-Verteilungsdiagrammen, sondern zusätzlich für jeden Diagrammtyp zahlreiche spezifische Gestaltungsoptionen. Diese Variantenvielfalt hat jedoch auch eine Kehrseite: Beim Erstellen eines Diagramms kann es leicht mal unübersichtlich werden. Das hat SPSS inzwischen auch selbst gemerkt und versucht deshalb seit einigen Programmversionen, das Erstellen von Diagrammen mit einem Assistenten zu vereinfachen. Tatsächlich scheint dieser Assistent aber noch in der Ausbildung zu sein und ist daher nur bedingt hilfreich. Das sieht wohl auch SPSS so und ermöglicht deshalb nach wie vor den »traditionellen« Weg zum Erstellen von Diagrammen mit einer einfachen Folge von Dialogfeldern. Die Befehle zum Erstellen von Diagrammen auf dem traditionellen Weg sind bei SPSS unter dem Menü mit dem charmanten Namen DIAGRAMME|VERALTETE DIALOGFELDER zusammengefasst. Wenn Sie also traditionsbewusst sind, die »veralteten Dialogfelder« verwenden und sich dabei stets an dem im Folgenden beschriebenen Raster orientieren, sollten Sie auch im Grafik-Dschungel von SPSS sehr einfach den Überblick behalten.

Die generelle Vorgehensweise zum Erstellen von Diagrammen

Die generelle Vorgehensweise zum Erstellen von Diagrammen ist bei SPSS stets die gleiche:

1. **Menübefehl wählen.** Die Befehle zum Erstellen von Diagrammen sind in dem Menü DIAGRAMME|VERALTETE DIALOGFELDER zusammengefasst. Hier wählen Sie den Menübefehl für den

gewünschten Diagrammtyp. Um beispielsweise ein Balkendiagramm zu erstellen, wählen Sie den Befehl Diagramme|Veraltete Dialogfelder|Balken.

2. **Struktur der Daten beschreiben.** Bei den meisten Diagrammtypen werden Sie im nächsten Schritt aufgefordert, die Struktur der darzustellenden Daten zu beschreiben. Hierbei geben Sie an, ob eine oder mehrere Datenreihen dargestellt werden sollen und in welcher Weise die Daten in der Datendatei vorliegen. Dies ist ein ganz zentraler Schritt, der im folgenden Abschnitt näher erläutert wird.

3. **Variablen auswählen.** Nachdem Sie den Diagrammtyp, die Anzahl der Datenreihen und die Struktur der darzustellenden Daten festgelegt haben, erhalten Sie ein Dialogfeld, das speziell auf diese Kombination aus Diagrammtyp und Datenstruktur ausgerichtet ist. In diesem Dialogfeld wählen Sie die Variablen und je nach Diagrammtyp gegebenenfalls weitere Optionen für die Grafik aus. Mit diesen Angaben ist die Grafik dann vollständig beschrieben und SPSS kann das Diagramm erstellen.

Struktur der Daten beschreiben

Nachdem Sie über einen Menübefehl den Diagrammtyp ausgewählt haben, werden Sie bei zahlreichen Diagrammtypen im nächsten Schritt aufgefordert, die Art des Diagramms näher zu spezifizieren. Möchten Sie beispielsweise ein Balkendiagramm erstellen und wählen dazu den Menübefehl Diagramme|Veraltete Dialogfelder|Balken, öffnet sich das Dialogfeld aus Abbildung 17.1, bei den meisten anderen Diagrammtypen erhalten Sie ein ähnliches Dialogfeld. Dieses Dialogfeld dient dazu, das Diagramm in zweierlei Hinsicht näher zu beschreiben:

✔ **Anzahl der Datenreihen.** Zunächst ist relevant, ob das Diagramm nur eine einzelne oder mehrere Datenreihen darstellen soll. Wenn Sie beispielsweise eine Variable `Familien-stand` haben und darstellen möchten, mit welcher Häufigkeit die unterschiedlichen Kategorien (`ledig`, `verheiratet`, `geschieden` und so weiter) in der Variablen vorkommen, handelt es sich dabei um eine einzelne Datenreihe. Wenn Sie dieselbe Information jedoch getrennt für Männer und Frauen darstellen, sind dies zwei Datenreihen: Eine Datenreihe stellt die Häufigkeiten der Familienstände für die Männer dar, die zweite Datenreihe die Häufigkeiten der Familienstände für die Frauen. Speziell bei einem Balkendiagramm können Sie dann auch noch wählen, ob die zwei oder mehr Datenreihen Gruppiert (als Balken nebeneinander) oder Gestapelt (für jeden Familienstand wird nur ein Balken erzeugt, der jedoch für Männer und Frauen unterteilt wird) dargestellt werden soll.

✔ **Struktur der Daten im Diagramm.** Als zweites entscheidendes Merkmal beschreiben Sie die Struktur der in der Grafik darzustellenden Daten:

 • **Auswertung über Kategorien einer Variablen.** Mit dieser Option werden die unterschiedlichen Werte (Kategorien) einer Variablen ausgewertet. Wenn Sie beispielsweise für die Variable `Familienstand` darstellen möchten, mit welcher Häufigkeit die unterschiedlichen Werte (Kategorien) wie `ledig`, `verheiratet`, `geschieden` darin vorkommen, wählen Sie diese Option. Für jede Kategorie dieser Variablen wird damit ein Balken in dem Diagramm dargestellt.

 • **Auswertungen über verschiedene Variablen.** Sollen sich die verschiedenen Balken in dem Diagramm auf unterschiedliche Variablen beziehen, verwenden Sie die Option Aus-

WERTUNG ÜBER VERSCHIEDENE VARIABLEN. Liegen Ihnen zum Beispiel aus einer Umfrage fünf Variablen vor, in denen die Bewertung der Befragten zu fünf verschiedenen Produkten festgehalten ist, können Sie mit dieser Option ein Balkendiagramm erzeugen, das für jede der Variablen einen Balken enthält, dessen Höhe beispielsweise den Mittelwert der jeweiligen Variablen anzeigt.

- **Werte einzelner Fälle.** Wählen Sie diese Option, wenn Sie die einzelnen Werte einer Variablen jeweils als eigenen Balken (beziehungsweise allgemein als eigenen Datenpunkt) darstellen möchten. Enthält die Datendatei beispielsweise zehn Fälle, werden damit auch zehn Balken in dem Diagramm erzeugt, von denen jeder genau einen Wert aus der dargestellten Variablen repräsentiert.

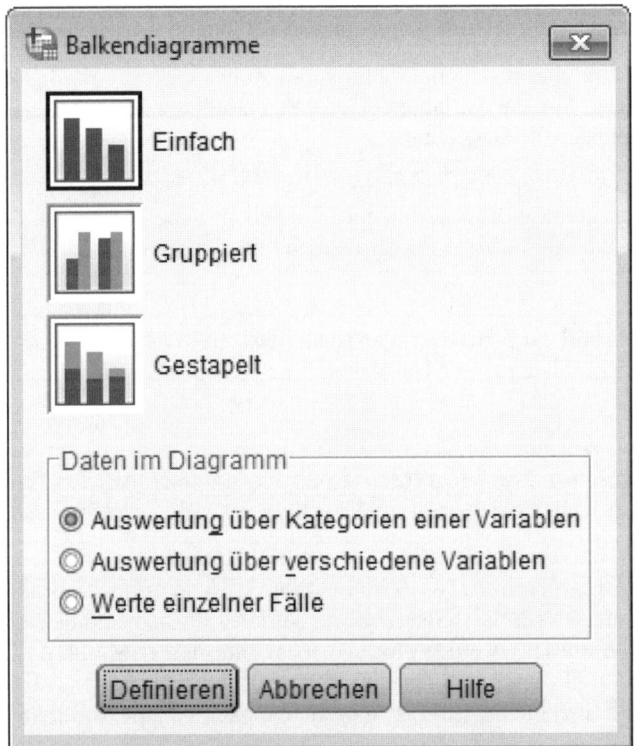

Abbildung 17.1: Dialogfeld zur Beschreibung der Struktur der in einem Balkendiagramm darzustellenden Daten

Ein gruppiertes Balkendiagramm erstellen

Das folgende Beispiel basiert auf der Datendatei `survey_sample.sav`. Diese Datei wurde bei der Installation von SPSS mit auf die Festplatte kopiert. Sie sollten diese Datei in dem Programmverzeichnis von SPSS und dort in dem Unterverzeichnis `Samples` oder `Samples\German` finden. Die Datei enthält einen Auszug aus den Ergebnissen einer in den USA durchgeführten Bevölkerungsbefragung.

In der Datei `survey_sample.sav` finden Sie unter anderem die beiden Variablen `marital` (Familienstand des Befragten) und `sex` (Geschlecht). Im Folgenden soll ein Balkendiagramm erstellt werden, das die Verteilung der Variablen `marital` (also die Häufigkeiten der verschiedenen Kategorien dieser Variablen) anzeigt, und zwar getrennt für Männer und Frauen. Um ein solches Diagramm zu erstellen, gehen Sie folgendermaßen vor:

1. **Befehl aufrufen.** Wählen Sie den Menübefehl DIAGRAMME|VERALTETE DIALOGFELDER|BALKEN. Dieser Befehl öffnet das Dialogfeld aus Abbildung 17.1.

2. **Art des Balkendiagramms festlegen.** Das Balkendiagramm soll zwei Datenreihen darstellen (eine für Männer und eine für Frauen), es kommt also nur ein gruppiertes (hier werden die Datenreihen in separaten Balken nebeneinander dargestellt) oder ein gestapeltes Diagramm (hier werden die Datenreihen in einer Balkenfolge übereinander dargestellt) infrage. Für dieses Beispiel soll ein gruppiertes Balkendiagramm erstellt werden.

3. **Struktur der Daten beschreiben.** Das Balkendiagramm soll die Häufigkeiten der verschiedenen Kategorien aus der Variablen `marital` darstellen. Es findet also eine AUSWERTUNG ÜBER KATEGORIEN EINER VARIABLEN statt.

Wenn Sie die Darstellungsart GRUPPIERT und die AUSWERTUNG ÜBER KATEGORIEN EINER VARIABLEN gewählt haben, bestätigen Sie die Auswahl mit der Schaltfläche DEFINIEREN. Daraufhin erhalten Sie das Dialogfeld aus Abbildung 17.2, in dem Sie das Balkendiagramm inhaltlich beschreiben.

4. **Welche Variable soll dargestellt werden?** Jeder Balken in dem Diagramm soll sich auf eine Kategorie der Variablen `marital` beziehen. Ziehen Sie daher diese Variable in das Feld KATEGORIENACHSE.

5. **Welche Variable definiert die Datenreihen?** Die verschiedenen Datenreihen (hier eine für Männer und eine für Frauen) werden durch die unterschiedlichen Werte der Variablen `sex` definiert. Fügen Sie daher diese Variable in das Feld GRUPPEN DEFINIEREN DURCH ein.

6. **Bedeutung der Balken festlegen.** Es ist bereits festgelegt, dass sich jeder Balken auf eine Kategorie der Variablen `marital` bezieht. Offen ist jedoch noch, welche Information die Höhe des Balkens jeweils darstellen soll. Per Voreinstellung zeigt die Höhe des Balkens die ANZAHL DER FÄLLE aus der jeweiligen Kategorie an. Stattdessen könnten Sie jedoch auch den prozentualen Anteil dieser Kategorie an der gesamten Variablen (% DER FÄLLE) oder eine andere Statistik anzeigen lassen. In diesem Beispiel soll die Voreinstellung beibehalten werden.

7. **Diagramm erstellen.** Wenn Sie alle Angaben vorgenommen haben, klicken Sie auf die Schaltfläche OK, um das Diagramm zu erstellen. SPSS fügt das Diagramm daraufhin wie üblich in eine Ausgabedatei ein. Das Ergebnis für dieses Beispiel ist in Abbildung 17.3 wiedergegeben.

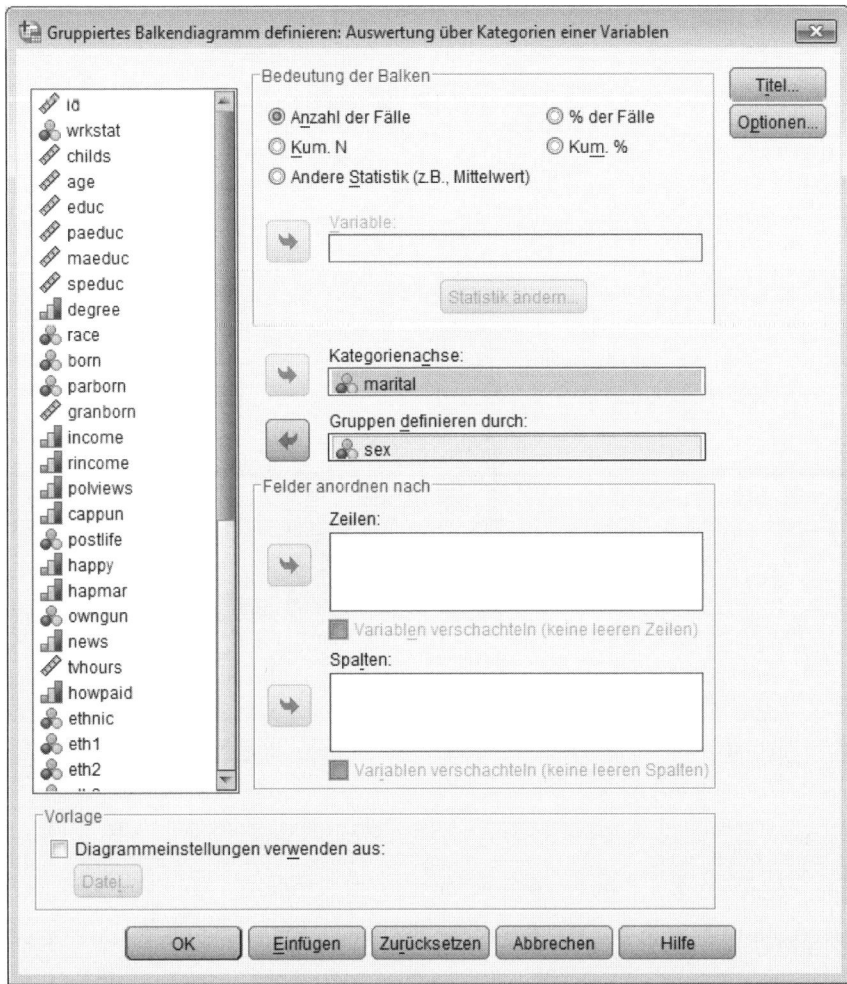

Abbildung 17.2: Dialogfeld zum Erstellen eines gruppierten Balkendiagramms für die Auswertung von Kategorien einer Variablen

Auch das Äußere zählt: Diagramme formatieren

Nachdem ein Diagramm erstellt ist, können Sie daran noch zahlreiche Veränderungen vornehmen, unter anderem:

✔ einzelne Elemente wie eine Legende oder Textfelder im Diagramm verschieben

✔ einzelne Elemente wie eine Legende oder Beschriftungen entfernen

✔ die Schriften in Größe, Schriftart, Textausrichtung und Farbe anpassen

✔ die Achsenbeschriftungen und andere Texte verändern

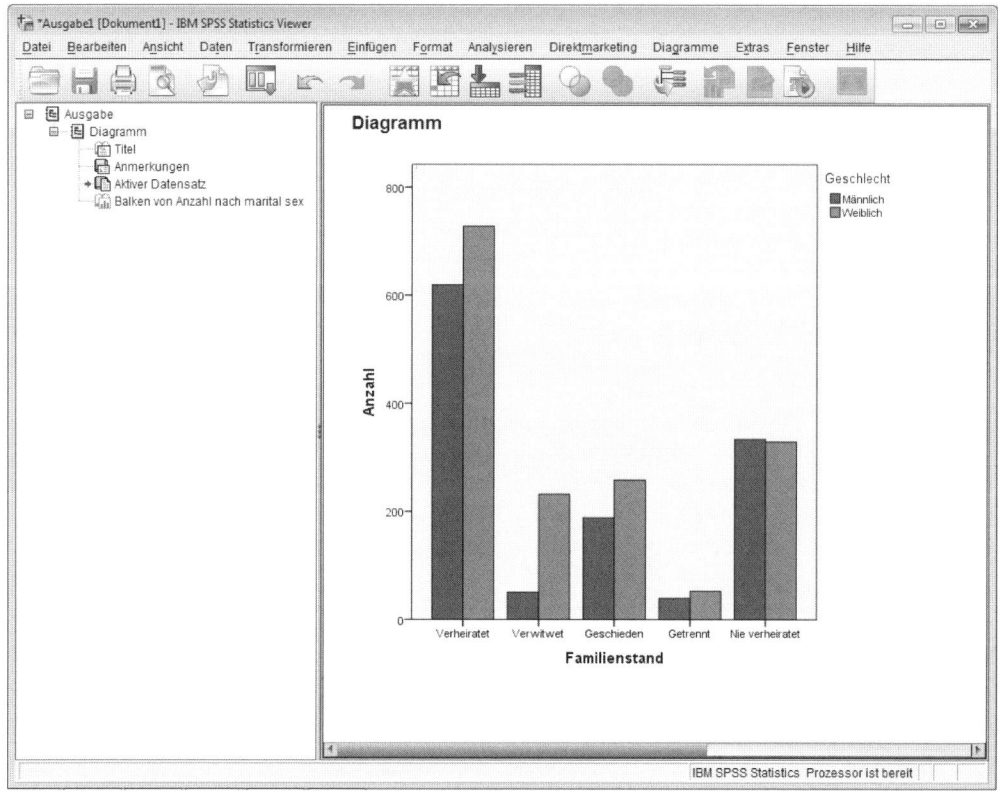

Abbildung 17.3: Gruppiertes Balkendiagramm in der Ausgabedatei

✔ von nahezu jedem Element von den Achsen bis zu den Balken die Farbe verändern

✔ die Achsen formatieren und beispielsweise die Skalierung anpassen

✔ weitere Elemente wie eine zweite Größenachse, zusätzliche Textfelder für Erläuterungen oder Gitterlinien in das Diagramm einfügen

Diagramm zum Bearbeiten öffnen

Diagramme können nicht direkt in der Ausgabedatei bearbeitet werden. Damit Sie Änderungen an einem Diagramm vornehmen können, müssen Sie es zunächst zum Bearbeiten öffnen. Dies können Sie je nach Vorliebe auf eine der drei folgenden Arten tun:

✔ Doppelklicken Sie auf das Diagramm in der Ausgabedatei.

✔ Klicken Sie mit der rechten Maustaste auf das Diagramm und wählen Sie aus dem damit geöffneten Kontextmenü den Befehl INHALT BEARBEITEN|IN SEPARATEM FENSTER.

✔ Markieren Sie das Diagramm durch einfaches Anklicken und wählen Sie anschließend den Menübefehl BEARBEITEN|INHALT BEARBEITEN|IN SEPARATEM FENSTER.

SPSS öffnet daraufhin ein neues Fenster, den so genannten *Diagramm-Editor*, in dem nun das Diagramm angezeigt wird; in der Ausgabedatei wird das Diagramm nur noch abgeblendet dargestellt. In dem Editor können Sie das Diagramm bearbeiten. Wenn Sie alle gewünschten Änderungen vorgenommen haben, schließen Sie den Diagramm-Editor wieder, indem Sie auf das Kreuz zum Schließen in der rechten oberen Ecke des Fensters klicken oder den Menübefehl DATEI|SCHLIESSEN wählen. Danach wird das Diagramm mit den durchgeführten Veränderungen wieder in normaler Ansicht in der Ausgabedatei angezeigt.

Abbildung 17.4 zeigt das Balkendiagramm aus Abbildung 17.3, nachdem es zur Bearbeitung geöffnet wurde und damit im Diagramm-Editor dargestellt wird. Der Diagramm-Editor ist ein eigenes Fenster, dessen Größe Sie in der üblichen Weise verändern können. Das in Abbildung 17.4 zu sehende Dialogfeld EIGENSCHAFTEN ist für die Bearbeitung des Diagramms von zentraler Bedeutung, denn hier nehmen Sie einen Großteil aller möglichen Formatierungen vor. Wenn dieses Dialogfeld nicht angezeigt wird, können Sie es mit dem Befehl BEARBEITEN|EIGENSCHAFTEN einblenden.

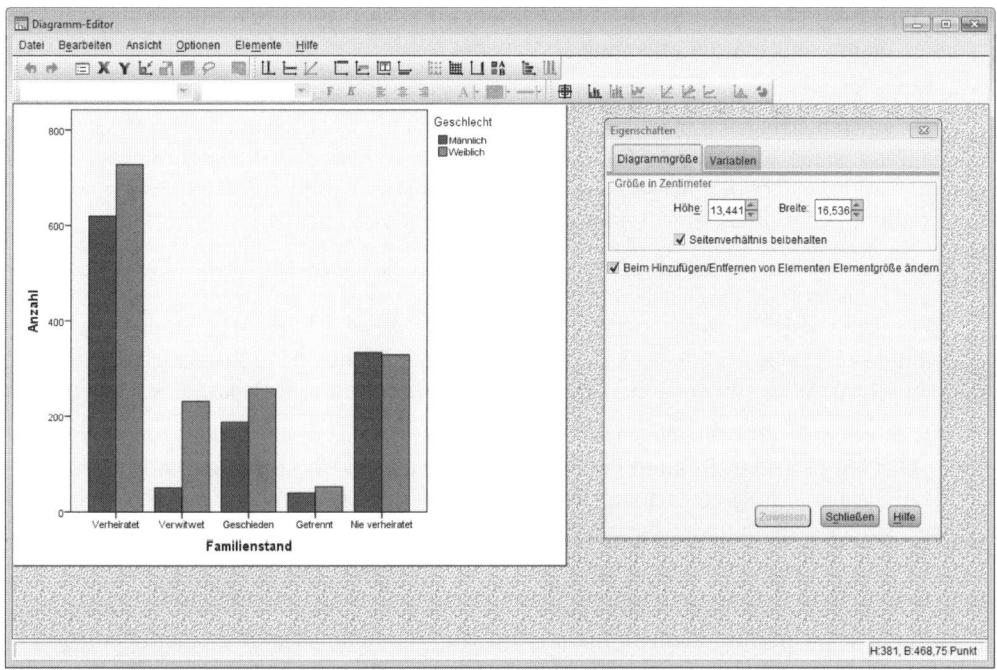

Abbildung 17.4: Balkendiagramm zur Bearbeitung im Diagramm-Editor geöffnet

Elemente markieren und Eigenschaften bearbeiten

Jedes Diagramm besteht bei SPSS aus zahlreichen einzelnen Elementen, die sich auch getrennt formatieren lassen. So bildet beispielsweise jede Achse des Diagramms, die Hintergrundfläche, jeder einzelne Balken, jeder Text für eine Beschriftung und so weiter jeweils ein eigenes Element, dessen Formate wie Farbe und Größe Sie einzeln festlegen können. Welche Formatierungen sich an einem Element ändern lassen, hängt dabei von der Art des Elements ab. So können Sie für Linien wie eine Diagrammachse die Farbe, Stärke und den Linienstil festlegen, bei flächigen Elementen wie der Hintergrundfläche des Diagramms oder der Fläche eines Balkens aus einem Balkendiagramm können Sie zusätzlich Schraffuren einfügen und Fläche und Rahmen unterschiedlich formatieren.

Markieren von Elementen und Elementgruppen

Um ein einzelnes Element aus dem Diagramm zu formatieren, müssen Sie es zunächst markieren. Grundsätzlich markieren Sie ein Element durch einfaches Anklicken mit der Maus; ein markiertes Element wird durch eine zusätzliche Umrahmung hervorgehoben. Dabei sind jedoch einige Besonderheiten zu beachten, siehe auch Abbildung 17.5:

✔ Es gibt Elemente, die sowohl einzeln als auch gemeinsam mit anderen, gleichartigen Elementen als Elementgruppe markiert werden können. Je nachdem, auf welcher Ebene Sie die Markierung vornehmen (einzelnes Element oder Elementgruppe), lassen sich unterschiedliche Formateinstellungen verändern.

✔ In Abbildung 17.5 sehen Sie die verschiedenen Ebenen, auf denen Sie die Datenreihen eines Diagramms markieren können:

- Wenn Sie einmal mit der Maus auf eine beliebige Stelle einer Datenreihe klicken (hier auf einen beliebigen Balken), markieren Sie damit automatisch alle Datenreihen des Diagramms. Sie können dann Formatierungen vornehmen, die alle Datenreihen gleichermaßen betreffen, beispielsweise können Sie den Darstellungsstil (flach oder in 3D-Darstellung) oder die Rahmenlinien sämtlicher Balken verändern.

- Sind bereits alle Datenreihen markiert und Sie klicken eine der Datenreihen erneut mit der Maus an (hier also wieder einen beliebigen Balken einer der Datenreihen), markieren Sie damit diese einzelne Datenreihe. So ist in der mittleren Darstellung aus Abbildung 17.5 die Datenreihe Weiblich markiert. Sie können dann Formatierungen dieser einzelnen Datenreihe verändern, beispielsweise die Farbe für die Balken dieser Datenreihe.

- Wenn bereits eine einzelne Datenreihe markiert ist und Sie klicken erneut mit der Maus auf einen bestimmten Datenpunkt (hier auf einen bestimmten Balken), markieren Sie damit diesen einzelnen Datenpunkt. In dem rechten Fenster aus Abbildung 17.5 ist so der Datenpunkt Geschieden aus der Datenreihe Weiblich markiert. Damit können Sie dann Änderungen an diesem Datenpunkt vornehmen, beispielsweise eine andere Farbe der Rahmenlinie nur für diesen einzelnen Balken festlegen.

✔ Wenn Sie ein einzelnes Element markiert haben, das auch Bestandteil einer übergeordneten Gruppe ist, und Sie möchten nun die gesamte Gruppe statt des einzelnen Elements markieren, gehen Sie folgendermaßen vor:

- Heben Sie zunächst die Markierung des einzelnen Elements auf, indem Sie ein vollkommen anderes Element des Diagramms markieren. Haben Sie beispielsweise wie in dem linken Fenster aus Abbildung 17.5 einen einzelnen Balken markiert, heben Sie dessen Markierung auf, indem Sie etwa auf eine beliebige Stelle der grauen Hintergrundfläche des Diagramms klicken.

- Anschließend können Sie wieder wie oben beschrieben die gesamte Elementgruppe markieren, indem Sie ein beliebiges Element dieser Gruppe anklicken.

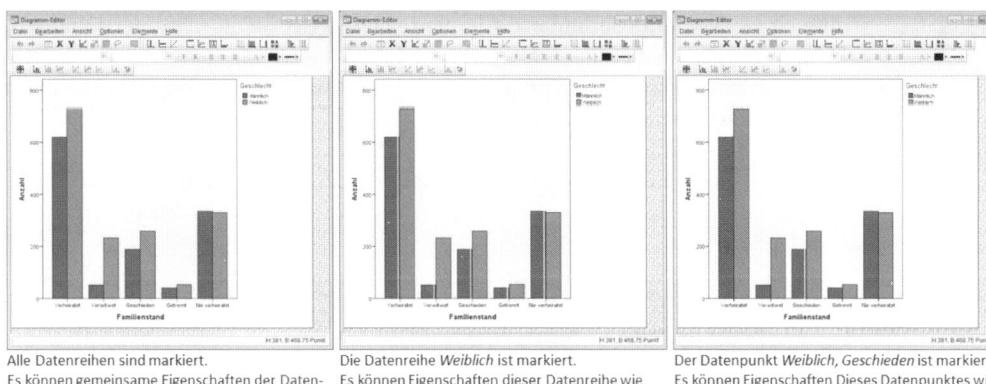

Alle Datenreihen sind markiert.	Die Datenreihe *Weiblich* ist markiert.	Der Datenpunkt *Weiblich, Geschieden* ist markiert.
Es können gemeinsame Eigenschaften der Daten-reihen wie die Farbe von Rahmenlinien oder der Abstand zwischen den Balken geändert werden.	Es können Eigenschaften dieser Datenreihe wie die Farbe der Balken oder der Rahmenlinie für speziell diese Datenreihe geändert werden.	Es können Eigenschaften Dieses Datenpunktes wie die Farbe der Rahmenlinie dieses speziellen Balkens geändert werden.

Abbildung 17.5: Die Elemente eines Diagramms können auf verschiedenen Ebenen markiert werden.

Eigenschaften anzeigen und bearbeiten

Nachdem Sie ein Element markiert haben, können Sie dessen Formatierungen und andere Eigenschaften bearbeiten. Welche Eigenschaften Sie im Einzelnen verändern können, hängt dabei wesentlich von der Art des markierten Elements oder der Elementgruppe ab. Die generelle Vorgehensweise hierzu ist jedoch stets die gleiche:

✔ **Eigenschaftenfenster anzeigen.** Alle aktuellen Eigenschaften wie insbesondere die Formatierungen des markierten Elements werden in dem EIGENSCHAFTEN-Dialogfeld aufgeführt (siehe auch Abbildung 17.4). Wird dieses Dialogfeld nicht angezeigt, können Sie es mit dem Befehl BEARBEITEN|EIGENSCHAFTEN einblenden. Die Inhalte dieses Dialogfelds passen sich immer automatisch dem aktuell markierten Diagrammelement an.

✔ **Eigenschaften ändern.** In dem EIGENSCHAFTEN-Dialogfeld können Sie die Einstellungen und damit die Eigenschaften des markierten Elements verändern. Die Änderungen werden erst dann wirksam, wenn Sie sie mit der Schaltfläche ZUWEISEN auf das Diagramm anwenden.

Die genaue Vorgehensweise zum Ändern der unterschiedlichen Eigenschaften wird in den folgenden Abschnitten detaillierter beschrieben.

Elemente verschieben oder Größe ändern

Einige Elemente in einem Diagramm können frei verschoben oder in der Größe verändert werden (siehe Abbildung 17.6):

✔ **Elemente verschieben.** Elemente, die frei verschoben werden können, erkennen Sie daran, dass der Mauszeiger das Aussehen eines Vierfach-Pfeils annimmt, sobald Sie ihn über die Rahmenlinie des markierten Elements bewegen. Um das Element zu verschieben, bewegen Sie den Mauszeiger so über die Rahmenlinie, dass er dieses Aussehen annimmt, und ziehen Sie anschließend das Element mit gedrückter Maustaste an die gewünschte neue Position.

✔ **Größe eines Elements verändern.** Elemente, deren Größe Sie verändern können, erkennen Sie daran, dass nach Markierung des Elements die Rahmenlinie zusätzlich so genannte *Ziehpunkte* an den Ecken und in der Mitte der Rahmenlinien aufweist (siehe Abbildung 17.6). Um die Größe zu verändern, bewegen Sie den Mauszeiger über einen dieser Ziehpunkte, wodurch der Zeiger das Aussehen eines Doppelpfeils annimmt. Ziehen Sie anschließend den Punkt bei gedrückter Maustaste nach innen oder außen, um das Element entsprechend zu verkleinern oder zu vergrößern.

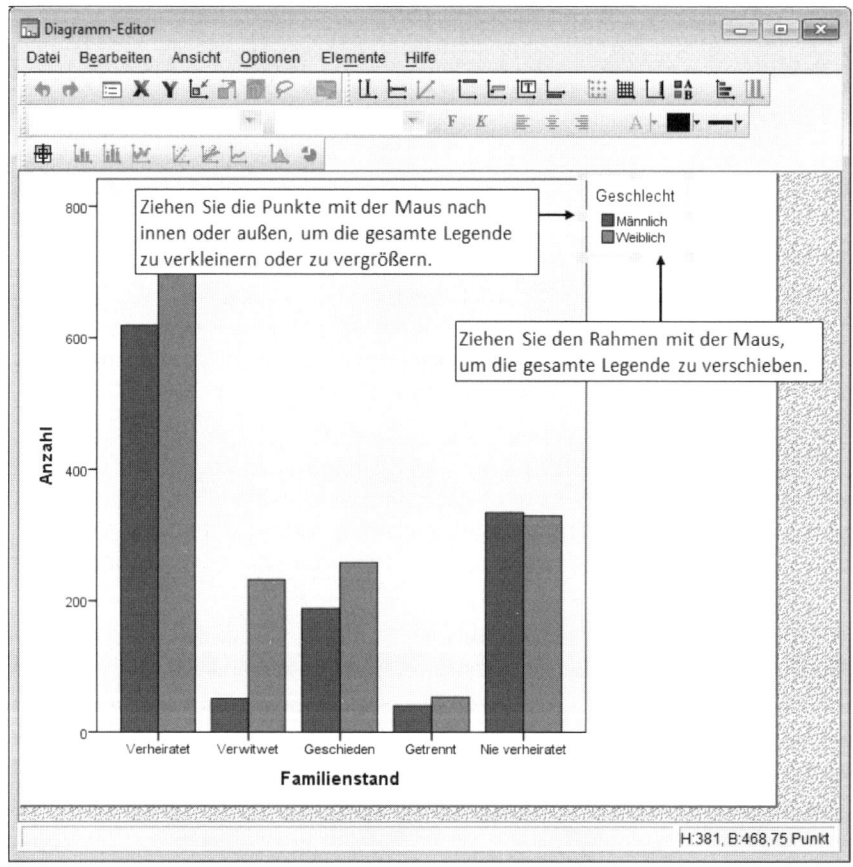

Abbildung 17.6: Einige Elemente können verschoben und vergrößert oder verkleinert werden.

Schriften anpassen: Größe, Schriftart, Farbe und Stil

Für Diagrammelemente, die Texte enthalten, können Sie Schriftart, -größe, -farbe und -stil frei wählen. Gehen Sie hierzu folgendermaßen vor:

1. **Elemente markieren.** Markieren Sie das Element oder die Elementgruppe, deren Texte Sie formatieren möchten.

2. **Register** TEXTSTIL **im Dialogfeld** EIGENSCHAFTEN**.** Lassen Sie sich das Dialogfeld EIGENSCHAFTEN anzeigen (Befehl BEARBEITEN|EIGENSCHAFTEN) und schlagen Sie darin das Register TEXTSTIL auf (siehe auch Abbildung 17.7).

3. **Formatierungen festlegen.** Nehmen Sie in dem Dialogfeld die gewünschten Formateinstellungen vor:

- **Schriftart.** Wählen Sie in der Drop-down-Liste FAMILIE die Schriftart wie beispielsweise Arial oder Times New Roman.

- **Stil.** In der Drop-down-Liste STIL können Sie eine **fette** und/oder *kursive* Schrift anfordern.

- **Größe.** In der Drop-down-Liste GRÖSSE legen Sie die Schriftgröße fest. Voreingestellt ist die Option AUTOMATISCH, mit der die Schriftgröße automatisch an den verfügbaren Platz angepasst wird. Wenn Sie diese Option beibehalten, können Sie eine BEVORZUGTE GRÖSSE und eine MINDESTGRÖSSE festlegen.

- **Farbe.** Um die Schriftfarbe festzulegen, klicken Sie die gewünschte Farbe in der Farbpalette an.

4. **Änderungen zuweisen.** Wenn Sie die gewünschten Formateinstellungen vorgenommen haben, klicken Sie auf die Schaltfläche ZUWEISEN, um die Formatierungen auf die markierten Elemente anzuwenden.

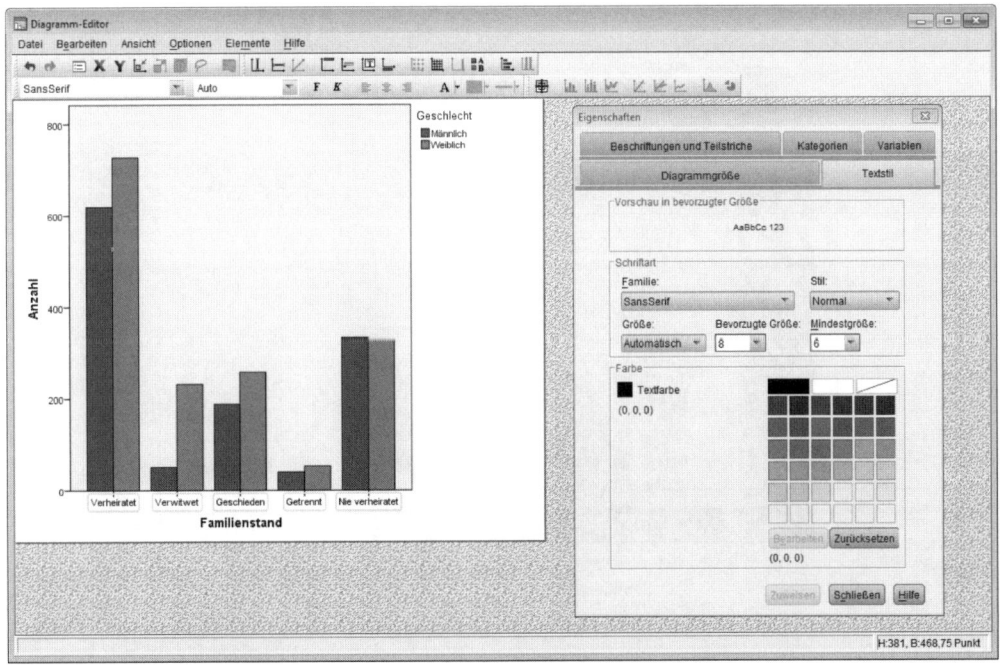

Abbildung 17.7: Ändern von Schriftarten, -größen und -farben

Inhaltlich werden: Texte ändern

Bei nahezu allen Diagrammelementen, die Text enthalten, können Sie auch den Text selbst verändern. Gehen Sie hierzu folgendermaßen vor:

1. **Element markieren.** Markieren Sie das Element oder die Elementgruppe mit dem zu ändernden Text.

2. **Bearbeitungsmodus für das Textfeld aktivieren.** Klicken Sie anschließend erneut auf das Feld, das den zu ändernden Text enthält. Daraufhin wird für dieses Feld der Bearbeitungsmodus aktiviert und der Text in dem Feld lässt sich bearbeiten. So ist in Abbildung 17.8 der Bearbeitungsmodus für das Feld mit der Kategorienbeschriftung des vierten Balkenpaares aktiviert.

3. **Änderungen vornehmen und Bearbeitung abschließen.** Nehmen Sie die gewünschten Textänderungen vor und schließen Sie die Bearbeitung ab, indem Sie mit der Maus auf eine beliebige Stelle außerhalb des bearbeiteten Textfelds klicken.

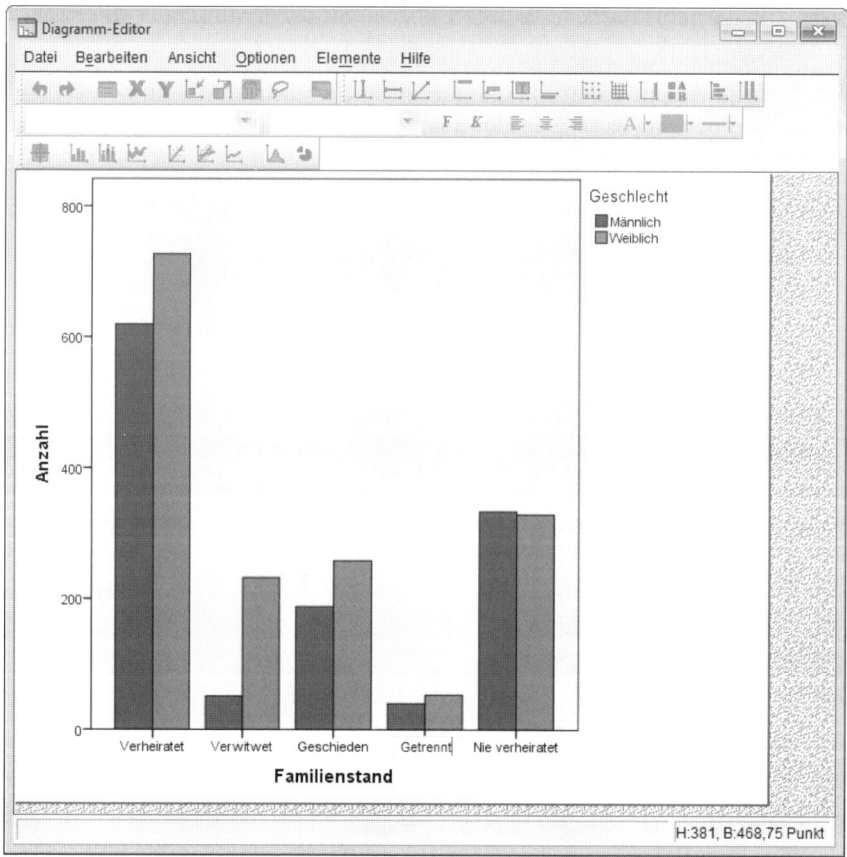

Abbildung 17.8: Ändern von Texten in einem Diagramm

Jetzt wird's bunt: Farben, Schraffuren und Linienarten verändern

Für nahezu jedes Element können Sie die Farbe frei wählen. Bei flächigen Elementen wie dem Balken eines Balkendiagramms oder der Hintergrundfläche einer Grafik können Sie dabei die Farbe für Fläche und Rahmenlinie getrennt festlegen. Einer Fläche können Sie neben der Farbe auch ein Schraffurmuster zuweisen, für Linien wie eine Diagrammachse oder die Rahmenlinie eines Balkens können Sie die Linienstärke und den Linienstil (gestrichelt, gepunktet, durchgezogen und so weiter) bestimmen:

1. **Element markieren.** Markieren Sie das Element oder die Elementgruppe, deren Farben und Linien Sie verändern möchten.

2. **Register FÜLLUNG UND RAHMEN im Dialogfeld EIGENSCHAFTEN.** Stellen Sie sicher, dass das Dialogfeld EIGENSCHAFTEN angezeigt wird (Befehl BEARBEITEN|EIGENSCHAFTEN), und schlagen Sie darin das Register FÜLLUNG UND RAHMEN auf (siehe auch Abbildung 17.9, in dem eine Datenreihe markiert ist und das Register FÜLLUNG UND RAHMEN angezeigt wird).

Wenn Sie ein Diagrammelement bearbeiten, das ausschließlich aus einer Linie besteht und keine Fläche besitzt wie beispielsweise eine Diagrammachse oder die Linie in einem Liniendiagramm, schlagen Sie statt des Registers FÜLLUNG UND RAHMEN das Register LINIEN auf.

3. **Flächen formatieren.** Um die Farbe oder Schraffur der Fläche des markierten Elements zu verändern, klicken Sie zunächst in dem Dialogfeld im Bereich FARBE auf die Schaltfläche FÜLLEN. Anschließend können Sie durch Anklicken einer Farbe in der Farbpalette die gewünschte Farbe festlegen. Wenn Sie die Fläche auch schraffieren möchten, wählen Sie die gewünschte Schraffur in der Drop-down-Liste MUSTER. Wenn Sie die Änderungen vorgenommen haben, klicken Sie auf die Schaltfläche ZUWEISEN, um die neuen Formatierungen auf die markierten Elemente anzuwenden.

4. **(Rahmen-)Linie formatieren.** Um die Linie des markierten Elements zu bearbeiten, klicken Sie in dem Dialogfeld im Bereich FARBE auf die Schaltfläche RAHMEN (diese heißt in manchen Fällen auch LINIE). Anschließend können Sie auf der Farbpalette die gewünschte Linienfarbe durch einfaches Anklicken auswählen. Zusätzlich können Sie in den entsprechenden Drop-down-Listen die STÄRKE und den STIL (gestrichelt, gepunktet, durchgezogen und so weiter) festlegen. Wenn Sie die gewünschten Änderungen vorgenommen haben, klicken Sie auf die Schaltfläche ZUWEISEN, um die neuen Formatierungen auf die markierten Elemente anzuwenden.

Achsenbeschriftungen ein- und ausblenden

Die Achsen eines Diagramms sind per Voreinstellung mit einem Titel und einer Wertebeschriftung versehen. Beides können Sie ändern und in der Darstellung anpassen:

1. **Achse markieren.** Markieren Sie durch einfaches Anklicken die Achse, deren Beschriftungen Sie formatieren möchten.

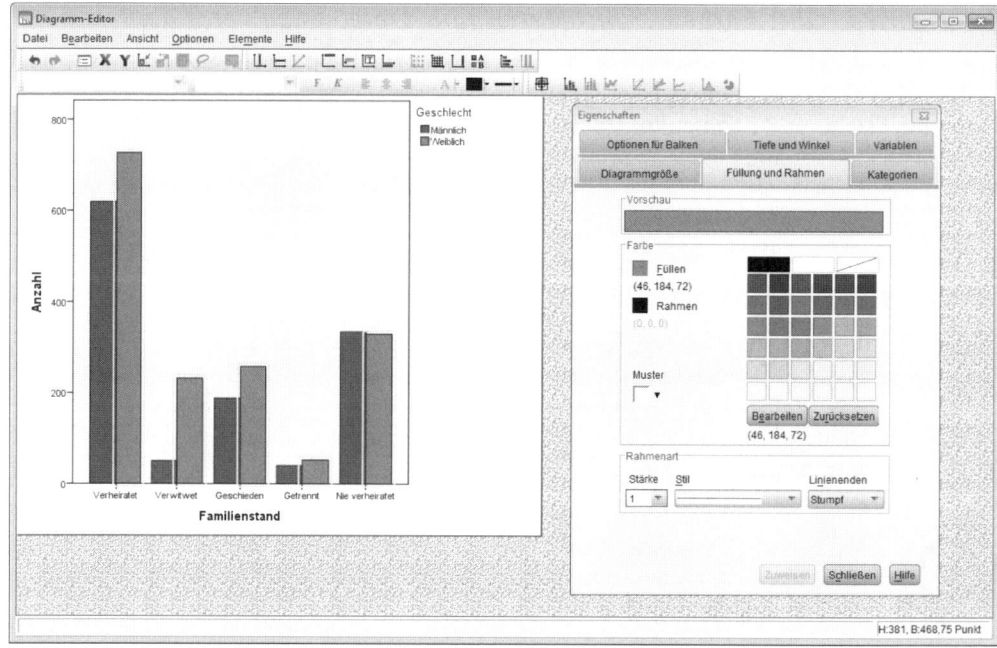

Abbildung 17.9: Farben, Schraffuren und Linienarten eines Diagrammelements ändern

2. **Register BESCHRIFTUNGEN UND TEILSTRICHE im Dialogfeld EIGENSCHAFTEN.** Das Dialogfeld EIGENSCHAFTEN muss angezeigt sein (Befehl BEARBEITEN|EIGENSCHAFTEN). Schlagen Sie darin das Register BESCHRIFTUNGEN UND TEILSTRICHE auf (siehe auch Abbildung 17.10).

3. **Achsentitel.** Legen Sie über die Option ACHSENTITEL ANZEIGEN fest, ob Sie den Achsentitel (in Abbildung 17.10 die Beschriftung `Familienstand`) anzeigen möchten.

4. **Beschriftungen.** In der Gruppe BESCHRIFTUNG DER ERSTEN UNTERTEILUNG legen Sie fest, ob die an der Achse abgetragenen Werte oder Kategorien angezeigt werden sollen. Bei einer Kategorienachse sind dies die Kategorienbezeichnungen (siehe Abbildung 17.10), bei einer Größenachse die Zahlenwerte. Zusätzlich können Sie für diese Beschriftungen die Ausrichtung festlegen.

5. **Hauptteilstriche.** Über die Option TEILSTRICHE ANZEIGEN steuern Sie, ob die Striche zur Unterteilung der Achse angezeigt werden sollen. Wenn Sie die Striche anzeigen, können Sie zusätzlich festlegen, ob Sie die Striche innerhalb oder außerhalb der Diagrammfläche darstellen möchten.

6. **Änderungen zuweisen.** Wenn Sie die gewünschten Einstellungen vorgenommen haben, klicken Sie auf die Schaltfläche ZUWEISEN, um die Formatierungen auf die markierte Achse anzuwenden.

Möchten Sie den Text der Achsenbeschriftungen ändern, können Sie ihn wie jeden anderen Text in einem Diagramm frei bearbeiten. Die Vorgehensweise hierzu ist im Abschnitt *Inhaltlich werden: Texte ändern* weiter vorn in diesem Kapitel beschrieben.

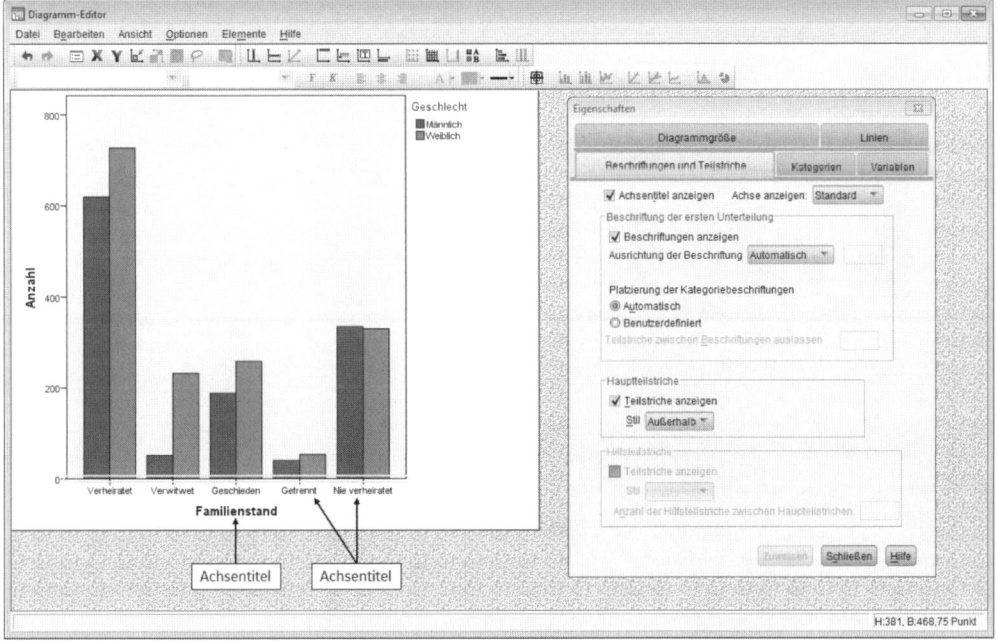

Abbildung 17.10: Beschriftung einer Diagrammachse steuern

Für eine Größenachse, auf der die durch die Balken dargestellten Werte abgetragen werden wie die Ordinate (die senkrechte Achse) in Abbildung 17.10, können Sie auch die Skalierung einstellen. Öffnen Sie hierzu in dem Dialogfeld EIGEN-SCHAFTEN das Register SKALA (siehe Abbildung 17.11). Dort können Sie in der Gruppe BEREICH den kleinsten (MINIMUM) und den größten (MAXIMUM) auf der Achse dargestellten Wert festlegen. In dem Feld ERSTE UNTERTEILUNG legen Sie fest, in welchen Abständen die Wertebeschriftungen an der Achse angezeigt werden sollen. In dem Feld URSPRUNG können Sie die Lage der Größenachse nach oben oder unten verschieben.

Wichtige Details ergänzen: Beschriftungen, Legenden und Linien einfügen

Sie können in ein Diagramm zahlreiche weitere Elemente einfügen, um beispielsweise Erläuterungen vorzunehmen, bestimmte Stellen in dem Diagramm hervorzuheben oder die Datenpunkte zu beschriften (siehe auch Abbildung 17.12):

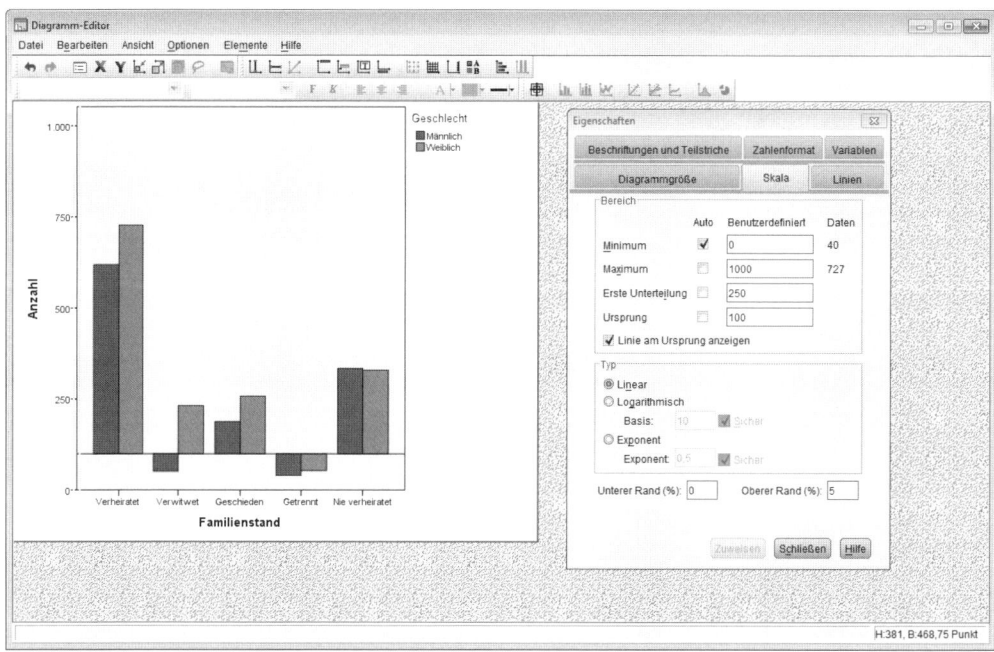

Abbildung 17.11: Skalierung einer Größenachse ändern

✔ **Legende.** Eine Legende erläutert die Bedeutung der verschiedenen Datenreihen; siehe hierzu den folgenden Abschnitt.

✔ **Datenbeschriftungen.** Datenbeschriftungen geben für jeden einzelnen Datenpunkt, der beispielsweise durch einen Balken in dem Diagramm dargestellt wird, den exakten Wert an; siehe den übernächsten Abschnitt.

✔ **Zweite Größenachse.** Eine zweite Größenachse kann die Lesbarkeit der Grafik erleichtern und auch dazu verwendet werden, eine zweite Skalierung der Werte (beispielsweise in anderen Einheiten) vorzunehmen; siehe den Abschnitt *Eine zweite Größenachse einfügen*.

✔ **Gitterlinien.** Gitterlinien können das Ablesen der in dem Diagramm dargestellten Werte erleichtern; siehe den Abschnitt *Für ein klares Raster: Gitterlinien einfügen*.

✔ **Bezugslinien.** Eine Bezugslinie markiert eine bestimmte Stelle in dem Diagramm; siehe den Abschnitt *Bestimmte Stellen markieren: Bezugslinien ergänzen*.

✔ **Textfelder.** Es gibt verschiedene Arten von Textfeldern wie Titelfelder, Fußnotenfelder oder frei verschiebbare Textfelder, mit denen Sie Erläuterungen in die Grafik einfügen können; siehe den letzten Abschnitt in diesem Kapitel.

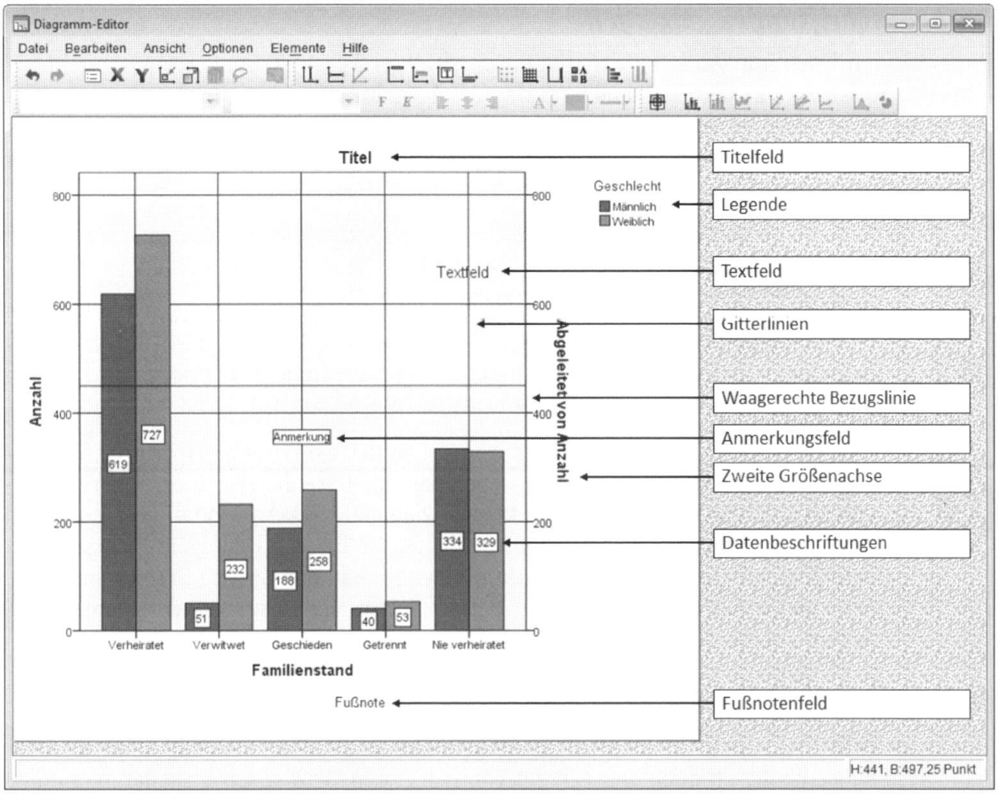

Abbildung 17.12: Diagrammelemente, die zusätzlich in eine Grafik eingefügt werden können

Legende ein- und ausblenden

Die meisten Diagramme bei SPSS enthalten bereits per Voreinstellung eine Legende. Sie können eine vorhandene Legende ausblenden und eine nicht angezeigte Legende jederzeit einblenden:

 ✔ **Legenden einblenden.** Enthält das Diagramm noch keine Legende, können Sie diese mit dem Befehl OPTIONEN|LEGENDE EINBLENDEN anzeigen lassen.

 ✔ **Legende ausblenden.** Um eine vorhandene Legende auszublenden, wählen Sie den Menübefehl OPTIONEN|LEGENDE AUSBLENDEN.

 Sie können die Legende auch verschieben, so dass sie an einer anderen Position in dem Diagramm angezeigt wird; siehe hierzu den Abschnitt *Elemente verschieben oder Größe ändern* weiter vorn in diesem Kapitel. Ebenso können Sie die Texte der Legende verändern; siehe den Abschnitt *Inhaltlich werden: Texte ändern*.

Datenbeschriftungen anzeigen

Die einzelnen Datenpunkte in einem Diagramm sind per Voreinstellung zumeist nicht beschriftet. So ist etwa in dem Balkendiagramm aus Abbildung 17.11 nicht abzulesen, welche Werte die einzelnen Balken exakt darstellen, dies ergibt sich nur ungefähr aus der Höhe der Balken. Um für jeden einzelnen Datenpunkt auch den exakten Wert anzuzeigen, können Sie *Datenbeschriftungen* einblenden, die sich auch jederzeit wieder ausblenden lassen:

 ✔ **Datenbeschriftungen einblenden.** Um Datenbeschriftungen einzublenden, markieren Sie die betreffende Datenreihe in dem Diagramm und wählen Sie den Menübefehl ELEMENTE|DATENBESCHRIFTUNGEN EINBLENDEN.

 ✔ **Datenbeschriftungen ausblenden.** Um vorhandene Datenbeschriftungen auszublenden, markieren Sie die betreffende Datenreihe in dem Diagramm und wählen Sie den Befehl ELEMENTE|DATENBESCHRIFTUNGEN AUSBLENDEN.

 Sie können auch die Position bestimmen, an der die Datenbeschriftungen dargestellt werden. Stellen Sie hierzu sicher, dass die Datenbeschriftungen bereits eingeblendet und markiert sind und das Dialogfeld EIGENSCHAFTEN angezeigt wird (Befehl BEARBEITEN|EIGENSCHAFTEN). Schlagen Sie in dem Dialogfeld EIGENSCHAFTEN das Register DATENWERTELABELS auf und legen Sie in der Gruppe BESCHRIFTUNGSPOSITION die gewünschte Position fest. Mit der Schaltfläche ZUWEISEN wird die neue Position auf das Diagramm angewandt.

Eine zweite Größenachse einfügen

In einigen Fällen kann es hilfreich sein, eine zweite Größenachse in das Diagramm einzufügen. Diese Achse lässt sich auch abweichend von der ersten Größenachse skalieren, so dass Sie auf den beiden Größenachsen unterschiedliche Einheiten abbilden können, beispielsweise Euro und Dollar.

 ✔ **Zweite Größenachse einblenden.** Um eine zweite Größenachse anzuzeigen, wählen Sie den Menübefehl OPTIONEN|ABGELEITETE ACHSE ANZEIGEN.

 ✔ **Zweite Größenachse ausblenden.** Um eine vorhandene zweite Größenachse wieder auszublenden, wählen Sie den Befehl OPTIONEN|ABGELEITETE ACHSE AUSBLENDEN.

Um die Skalierung der zweiten Größenachse festzulegen, markieren Sie diese Achse, blenden Sie das EIGENSCHAFTEN-Dialogfeld ein (Befehl BEARBEITEN|EIGENSCHAFTEN) und schlagen Sie darin das Register ABGELEITETE ACHSE auf (siehe Abbildung 17.13).

✔ **Skalenverhältnis festlegen.** In den beiden Feldern der Zeile VERHÄLTNIS stellen Sie das Verhältnis der abgeleiteten zur ersten Größenachse ein. In Abbildung 17.13 ist ein Verhältnis von 100:1 angegeben, womit jeder Einheit der abgeleiteten Achse 100 Einheiten der Hauptachse entsprechen.

✔ **Punkt der Übereinstimmung festlegen.** In den beiden Feldern der Zeile ÜBEREINSTIMMUNG geben Sie die Werte der beiden Achsen an, die sich entsprechen. In Abbildung 17.13 entspricht der Wert 0 auf der ersten Größenachse auch dem Wert 0 auf der abgeleiteten Achse. Ebenso hätten hier auch die beiden Werte 100 und 1 angegeben werden können, denn auch diese beiden Werte entsprechen sich.

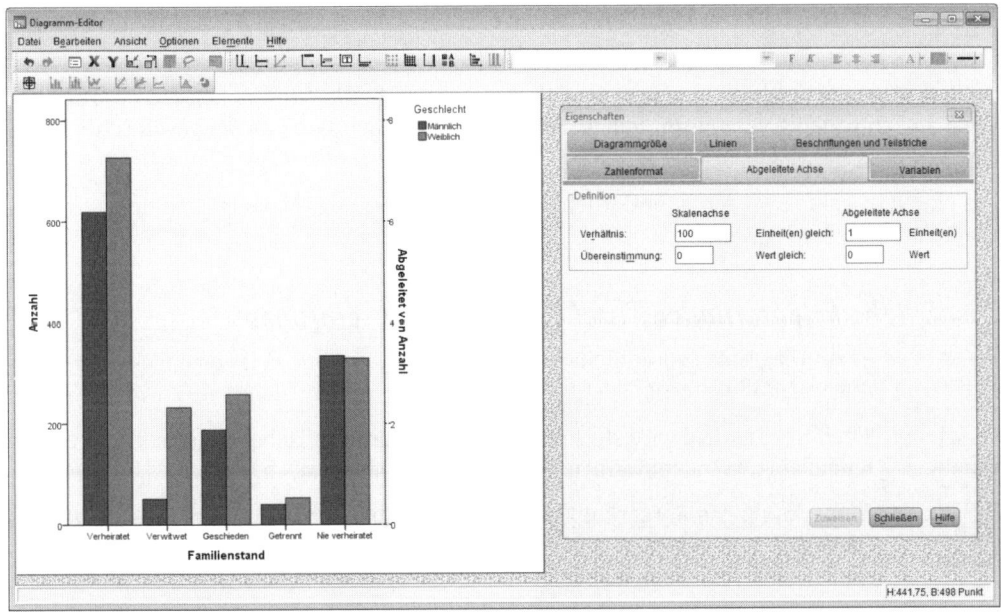

Abbildung 17.13: Balkendiagramm mit abgeleiteter Größenachse

Für ein klares Raster: Gitterlinien einfügen

Sie können bei vielen Diagrammtypen Gitternetzlinien in die Grafik einfügen, um die Orientierung und das Ablesen der durch die Balken oder Linien in dem Diagramm dargestellten Werte zu erleichtern:

 ✔ **Gitterlinien einblenden.** Wählen Sie hierzu den Befehl OPTIONEN|GITTERLINIEN EINBLENDEN.

 ✔ **Gitterlinien ausblenden.** Um vorhandene Gitterlinien wieder auszublenden, wählen Sie den Befehl OPTIONEN|GITTERLINIEN AUSBLENDEN.

 Wenn Sie Gitterlinien anzeigen lassen und diese markiert sind, können Sie in dem EIGENSCHAFTEN-Dialogfeld in dem Register GITTERLINIEN angeben, wie fein das durch die Linien dargestellte Raster sein soll.

Bestimmte Stellen markieren: Bezugslinien ergänzen

Um eine bestimmte Stelle in dem Diagramm zu kennzeichnen, können Sie senkrechte oder waagerechte Linien in das Diagramm einfügen.

 ✔ **Senkrechte Bezugslinie einfügen.** Wählen Sie hierzu den Befehl OPTIONEN|BEZUGSLINIE FÜR X-ACHSE.

✔ **Waagerechte Bezugslinie einfügen.** Wählen Sie den Befehl OPTIONEN|BEZUGSLINIE FÜR Y-ACHSE.

SPSS fügt die Bezugslinie an einer von SPSS gewählten Stelle ein, Sie können die Lage der Linie jedoch beliebig verändern, indem Sie die Linie mit der Maus an die gewünschte Stelle ziehen.

Um eine Bezugslinie wieder zu entfernen, klicken Sie sie mit der Maus an und tippen Sie anschließend die Taste `Entf`.

Zusätzliche Erläuterungen: Titel und Textfelder einfügen

Sie können in ein Diagramm zusätzliche Textfelder für ergänzende Erläuterungen oder Überschriften einfügen. SPSS unterscheidet hier zwischen vier verschiedenen Arten von Feldern:

 ✔ **Titel.** Ein Titelfeld wird stets oberhalb der Diagrammfläche dargestellt. Um ein Titelfeld einzublenden, wählen Sie den Befehl OPTIONEN|TITEL.

 ✔ **Anmerkung.** Ein Anmerkungsfeld wird innerhalb der Diagrammfläche dargestellt und ist stets einer bestimmten Kategorie der Kategorienachse zugeordnet. Das Anmerkungsfeld kann daher grundsätzlich frei innerhalb der Diagrammfläche verschoben werden, wird von SPSS jedoch immer so platziert, dass eine klare Zuordnung zu einer Kategorie möglich ist. Um ein Anmerkungsfeld einzublenden, wählen Sie den Befehl OPTIONEN|ANMERKUNG.

 ✔ **Textfeld.** Ein Textfeld hat keine bestimmte Position, sondern kann frei innerhalb des gesamten Diagramms verschoben werden. Um ein Textfeld einzufügen, wählen Sie den Befehl OPTIONEN|TEXTFELD.

 ✔ **Fußnote.** Ein Fußnotenfeld wird immer unterhalb der Diagrammfläche dargestellt. Um ein Fußnotenfeld einzufügen, wählen Sie den Befehl OPTIONEN|FUSSNOTE.

Wenn Sie eines dieser Felder neu eingefügt haben, müssen Sie es in aller Regel noch bearbeiten, indem Sie den gewünschten Text einfügen und gegebenenfalls das Feld an die richtige Position schieben:

✔ **Text bearbeiten.** Sie bearbeiten den Text wie bei allen übrigen Textfeldern eines Diagramms; siehe hierzu den Abschnitt *Inhaltlich werden: Texte ändern* weiter vorn in diesem Kapitel.

✔ **Feld verschieben.** Möchten Sie die Lage des Feldes verändern, können Sie es einfach mit der Maus an die gewünschte Position ziehen; siehe hierzu im Detail den Abschnitt *Elemente verschieben oder Größe ändern* weiter vorn in diesem Kapitel.

✔ **Feld löschen.** Um ein Feld wieder aus dem Diagramm zu entfernen, klicken Sie es mit der Maus an und tippen Sie anschließend die Taste `Entf`.

Die Klassiker: Balken, Linien, Flächen und Kreise

18

In diesem Kapitel

▷ Ein Liniendiagramm für die Häufigkeiten verschiedener politischer Einstellungen

▷ Ein Flächendiagramm für den durchschnittlichen Fernsehkonsum unterschiedlicher Bildungsschichten

▷ Ein gestapeltes Flächendiagramm für den durchschnittlichen Fernsehkonsum unterschiedlicher Bildungsschichten – getrennt für Männer und Frauen

▷ Ein Balkendiagramm für die Anzahl der Schuljahre verschiedener Familienmitglieder

▷ Ein Liniendiagramm für die Lebenserwartung in verschiedenen Ländern der Erde

▷ Ein Liniendiagramm für die Lebenserwartung in aufsteigender Reihenfolge

Unter den Diagrammen zur Darstellung statistischer Ergebnisse gibt es vier große Klassiker: Balkendiagramme, Liniendiagramme, Flächendiagramme und Kreisdiagramme. Alle vier Diagrammtypen sind grundsätzlich gegeneinander austauschbar, denn sie sind alle für die Darstellung der gleichen Art von Information geeignet. Dies bedeutet nicht, dass es in einer konkreten Situation egal ist, welchen der Diagrammtypen Sie verwenden, denn natürlich hat jeder Diagrammtyp seine Stärken und Schwächen. So eignen sich Kreisdiagramme ganz besonders, wenn die Verteilung eines Ganzen (100 %) auf verschiedene Teile dargestellt werden soll, wie beispielsweise für ein Wahlergebnis die Verteilung sämtlicher Stimmen auf die verschiedenen Parteien. Dagegen ist ein Liniendiagramm besonders anschaulich, wenn die dargestellten Werte eine bestimmte, natürliche Reihenfolge wie zum Beispiel eine zeitliche Abfolge beschreiben. Daneben ist es jedoch auch immer in einem gewissen Maße eine Frage des persönlichen Geschmacks, welchen der vier Diagrammtypen man für die Darstellung eines bestimmten Sachverhaltes wählt.

Da alle vier Diagrammtypen die gleiche Art von Information darstellen, ist auch die Vorgehensweise zum Erstellen der Diagramme bei SPSS für diese vier Diagrammtypen nahezu identisch. Egal, ob Sie ein Balken-, Linien-, Flächen- oder Kreisdiagramm erstellen, Sie werden von SPSS in den zugehörigen Dialogfeldern stets nach den gleichen Angaben gefragt. Wenn Sie wissen, wie Sie ein einfaches Balkendiagramm erstellen, wissen Sie daher automatisch auch, wie Sie ein einfaches Liniendiagramm erzeugen – Sie müssen lediglich mit dem entsprechenden anderen Befehl aus dem Menü DIAGRAMME starten.

Wesentlich größer sind dagegen die Unterschiede beim Erstellen der Grafik in Abhängigkeit davon, ob Sie die verschiedenen Kategorien einer Variablen auswerten, aggregierte Werte verschiedener Variablen darstellen oder einzelne Werte aus der Datendatei abbilden möchten.

Dabei gibt es die folgenden typischen Anwendungsfälle, die in diesem Kapitel einzeln beschrieben werden:

✔ **Fall 1: Häufigkeiten einer kategorialen Variablen darstellen.** Sie haben eine kategoriale Variable und möchten in dem Diagramm darstellen, mit welcher Häufigkeit die unterschiedlichen Werte in dieser Variablen vorkommen; siehe hierzu den folgenden Abschnitt.

✔ **Fall 2: Mittelwert einer Variablen in verschiedenen Fallgruppen darstellen.** Sie haben eine kategoriale Variable, durch deren Werte die Fälle der Datendatei in Fallgruppen unterteilt werden. In dem Diagramm sollen diese Fallgruppen ausgewertet werden, so dass sich beispielsweise jeder Balken in einem Balkendiagramm auf eine der Fallgruppen bezieht und dessen Höhe den Mittelwert einer zweiten Variablen für diese Fallgruppe anzeigt; siehe hierzu den entsprechenden Abschnitt weiter hinten in diesem Kapitel.

✔ **Fall 3: Mittelwerte unterschiedlicher Variablen darstellen.** Sie möchten die Mittelwerte (oder andere aggregierte Werte) verschiedener Variablen grafisch darstellen, so dass sich beispielsweise jeder Balken eines Balkendiagramms auf eine Variable bezieht und die Höhe des Balkens den Mittelwert (beziehungsweise den anderen aggregierten Wert) für diese Variable anzeigt; siehe hierzu den entsprechenden Abschnitt weiter hinten in diesem Kapitel.

✔ **Fall 4: Einzelne Werte einer Variablen darstellen.** Sie möchten die einzelnen Werte einer Variablen in der Grafik darstellen, so dass beispielsweise jeder Balken eines Balkendiagramms einen einzelnen Wert aus der Variablen beschreibt; siehe hierzu den letzten Abschnitt in diesem Kapitel.

✔ **Fall 5: Mehrere Datenreihen.** Für jeden der vier aufgeführten Fälle können Sie zusätzlich die Datendatei anhand einer kategorialen Variablen in unterschiedliche Fallgruppen unterteilen und für jede dieser Fallgruppen eine eigene Datenreihe (beispielsweise eine eigene Folge von Balken in einem Balkendiagramm oder eine eigene Linie in einem Liniendiagramm) anzeigen lassen. Diese zusätzliche Unterteilungsmöglichkeit gestaltet sich für alle Diagrammtypen gleich, für ein Beispiel siehe den Abschnitt *Diagramm mit mehreren Datenreihen* weiter hinten in diesem Kapitel.

Die meisten Beispiele in diesem Kapitel basieren auf der Datendatei `survey_sample.sav`. Diese Datei wurde bei der Installation von SPSS mit auf die Festplatte kopiert. Sie sollten diese Datei in dem Programmverzeichnis von SPSS und dort in dem Unterverzeichnis `Samples` oder `Samples\German` finden. Die Datei enthält einen Auszug aus den Ergebnissen einer in den USA durchgeführten Bevölkerungsbefragung.

Häufigkeiten einer kategorialen Variablen darstellen

Die Datei `survey_sample.sav` enthält unter anderem die Variable `polviews`, die die politische Selbsteinordnung der befragten Personen auf einer Sieben-Punkte-Skala von `Extrem liberal` bis `Extrem konservativ` angibt. Im Folgenden soll ein Liniendiagramm erstellt werden, das die Häufigkeiten der von den Befragten gewählten Kategorien darstellt.

Gehen Sie hierzu folgendermaßen vor:

 Als Alternative zu dem Liniendiagramm können Sie ebenso ein Balken-, ein Flächen- oder ein Kreisdiagramm erstellen. Die Vorgehensweise hierzu ist vollkommen analog zu den folgenden Schritten.

1. **Befehl aufrufen.** Wählen Sie den Menübefehl DIAGRAMME|VERALTETE DIALOGFELDER|LINIE. Dieser Befehl öffnet das Dialogfeld aus Abbildung 18.1.

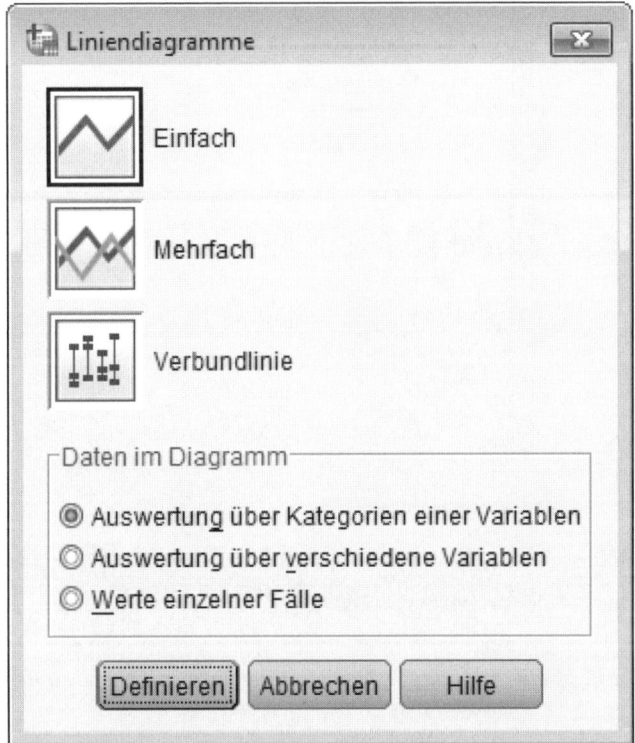

Abbildung 18.1: Dialogfeld zur Auswahl der Variante des Liniendiagramms

2. **Art des Liniendiagramms beschreiben.** Wählen Sie in dem Dialogfeld aus Abbildung 18.1 die Optionen EINFACH (da in dem Diagramm nur eine Datenreihe dargestellt werden soll) und AUSWERTUNGEN ÜBER KATEGORIEN EINER VARIABLEN. Klicken Sie anschließend auf die Schaltfläche DEFINIEREN. Daraufhin erhalten Sie das Dialogfeld aus Abbildung 18.2.

3. **Variable angeben.** Wählen Sie in der linken Variablenliste die Variable aus, deren Kategorien ausgewertet werden sollen, und fügen Sie diese Variable in das Feld KATEGORIENACHSE ein. In diesem Beispiel soll ein Diagramm für die Variable `polviews` (politische Einstellung der Befragten gemäß ihrer Selbsteinschätzung) erstellt werden.

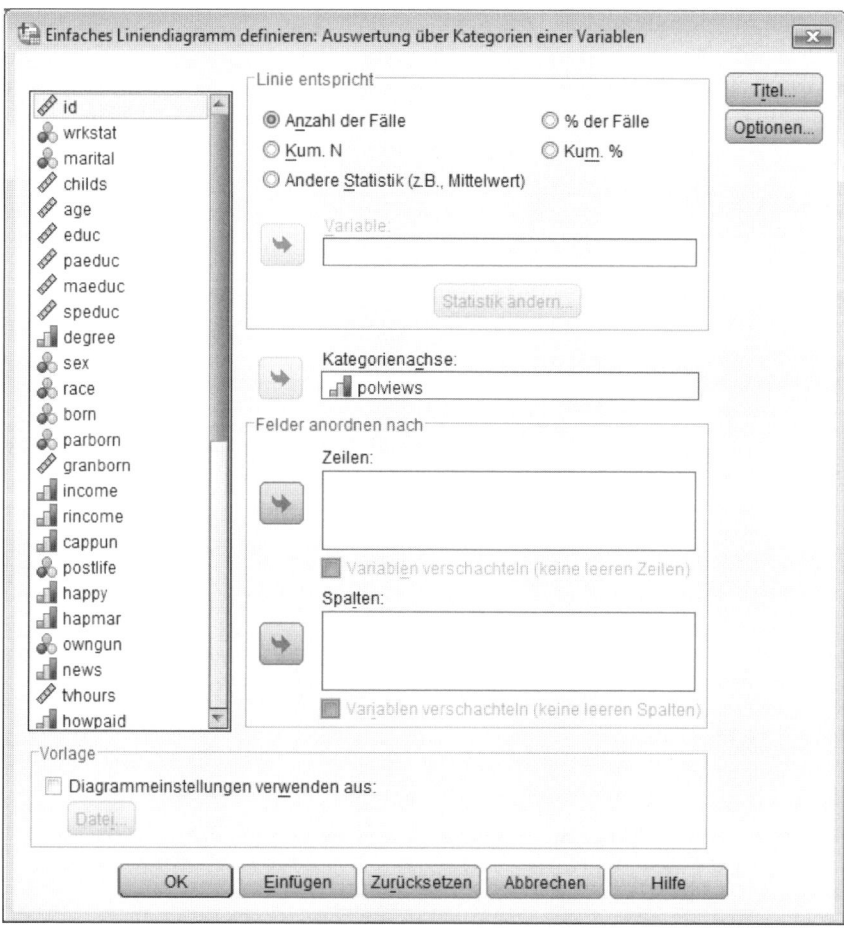

Abbildung 18.2: Dialogfeld zum Erstellen eines einfachen Liniendiagramms für die Auswertung der Kategorien einer Variablen

4. **Absolute oder relative Häufigkeiten?** Das Diagramm soll die Häufigkeiten der unterschiedlichen politischen Einstellungen darstellen. Dabei können Sie vorgeben, ob die absoluten Häufigkeiten (ANZAHL DER FÄLLE) oder die relativen Häufigkeiten (% DER FÄLLE) dargestellt werden sollen. Wählen Sie die entsprechende Option in der Gruppe LINIE ENTSPRICHT.

5. **Diagramm erstellen.** Wenn Sie alle Angaben vorgenommen haben, klicken Sie auf die Schaltfläche OK. Daraufhin wird das Diagramm von SPSS erstellt und wie üblich in die Ausgabedatei geschrieben. Abbildung 18.3 gibt das Liniendiagramm für dieses Beispiel wieder. Die Grafik zeigt schön anschaulich, dass sich ein großer Teil der Befragten mit der Kategorie Gemäßigt für die »neutrale Mitte« der gesamten Skala entschieden hat und sich die übrigen Antworten mehr oder weniger symmetrisch zu beiden Seiten dieser neutralen Mittel verteilen.

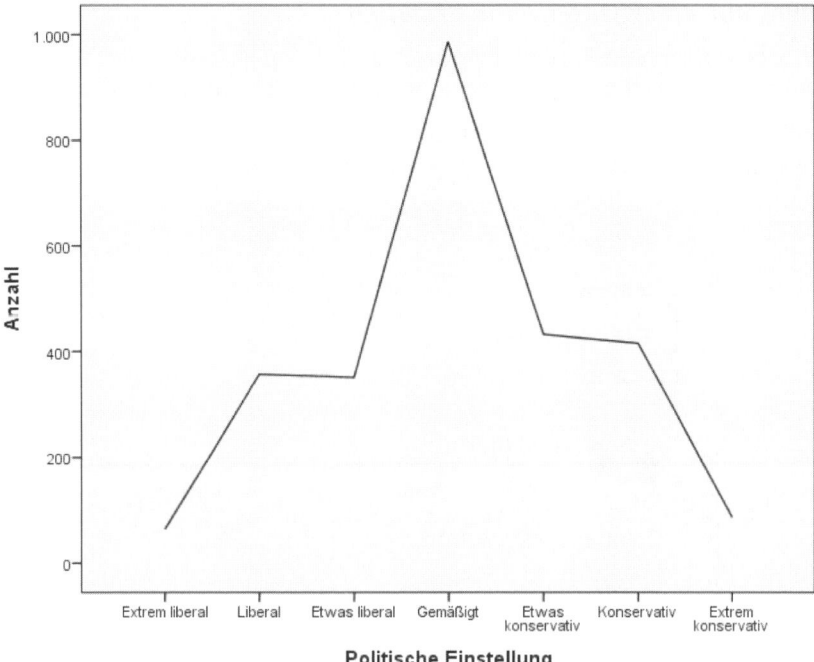

Abbildung 18.3: *Einfaches Liniendiagramm für die Häufigkeiten der unterschiedlichen politischen Einstellungen gemäß der Selbsteinschätzung von Befragten*

Mittelwert einer Variablen in verschiedenen Fallgruppen darstellen

In der Datei `survey_sample.sav` ist unter anderem für jeden Befragten festgehalten, welchen Schulabschluss er gemacht hat (Variable `degree`) und wie viel Zeit er pro Tag vor dem Fernseher verbringt (Variable `tvhours`). Im Folgenden soll ein Diagramm erstellt werden, das für die Befragten mit unterschiedlichem Schulabschluss jeweils den durchschnittlichen täglichen Fernsehkonsum anzeigt. Von der formalen Struktur her handelt es sich damit um ein Diagramm mit folgenden Merkmalen:

✔ **Einfaches Diagramm.** Das Diagramm stellt nur eine Datenreihe dar, nämlich die Folge des durchschnittlichen Fernsehkonsums für unterschiedliche Personengruppen.

✔ **Auswertung über die Kategorien einer Variablen.** Es erfolgt eine Auswertung über die Kategorien einer Variablen, denn jeder Datenpunkt in dem Diagramm bezieht sich auf eine Kategorie der Variablen `degree` (Schulabschluss).

✔ **Auswertungsstatistik.** Für jede in dem Diagramm dargestellte Kategorie der Variablen `degree` wird nicht einfach die Häufigkeit wiedergegeben, mit der diese Kategorie auftritt, sondern eine andere Statistik, in diesem Fall der Mittelwert einer zweiten Variablen `tvhours`.

Diagramm mit einer Datenreihe erstellen

Das beschriebene Diagramm wird im Folgenden als Flächendiagramm erstellt, auf die gleiche Weise könnten Sie jedoch auch ein Balken-, ein Linien- oder ein Kreisdiagramm erzeugen:

1. **Befehl aufrufen.** Wählen Sie den Menübefehl DIAGRAMME|VERALTETE DIALOGFELDER|FLÄCHE. Dieser Befehl öffnet das Dialogfeld aus Abbildung 18.4.

Abbildung 18.4: Dialogfeld zur Auswahl der Variante des Flächendiagramms

2. **Art des Flächendiagramms beschreiben.** Wählen Sie in dem Dialogfeld aus Abbildung 18.4 die Optionen EINFACH und AUSWERTUNG ÜBER KATEGORIEN EINER VARIABLEN. Klicken Sie anschließend auf die Schaltfläche DEFINIEREN. Daraufhin erhalten Sie das Dialogfeld aus Abbildung 18.5.

3. **Kategorienvariable angeben.** Wählen Sie in der linken Variablenliste die Variable aus, deren Kategorien ausgewertet werden sollen, und fügen Sie diese Variable in das Feld KA-TEGORIENACHSE ein. In diesem Beispiel sollen die Kategorien der Variablen degree ausgewertet werden.

4. **Auswertungsfunktion festlegen.** Im nächsten Schritt ist festzulegen, welcher Wert für die einzelnen Kategorien der Variablen degree in der Grafik dargestellt werden soll. Per Voreinstellung geht SPSS davon aus, es solle die absolute Häufigkeit dieser Kategorie wiedergegeben werden. In diesem Beispiel soll jedoch der Mittelwert der Variablen tvhours innerhalb der einzelnen Kategorien (also innerhalb der entsprechenden Fallgruppen in der Datendatei) dargestellt werden. Um dies anzugeben, wählen Sie in der Gruppe FLÄCHE ENT-SPRICHT die Option ANDERE STATISTIK und verschieben Sie die Variable tvhours in das zugehörige Feld VARIABLE.

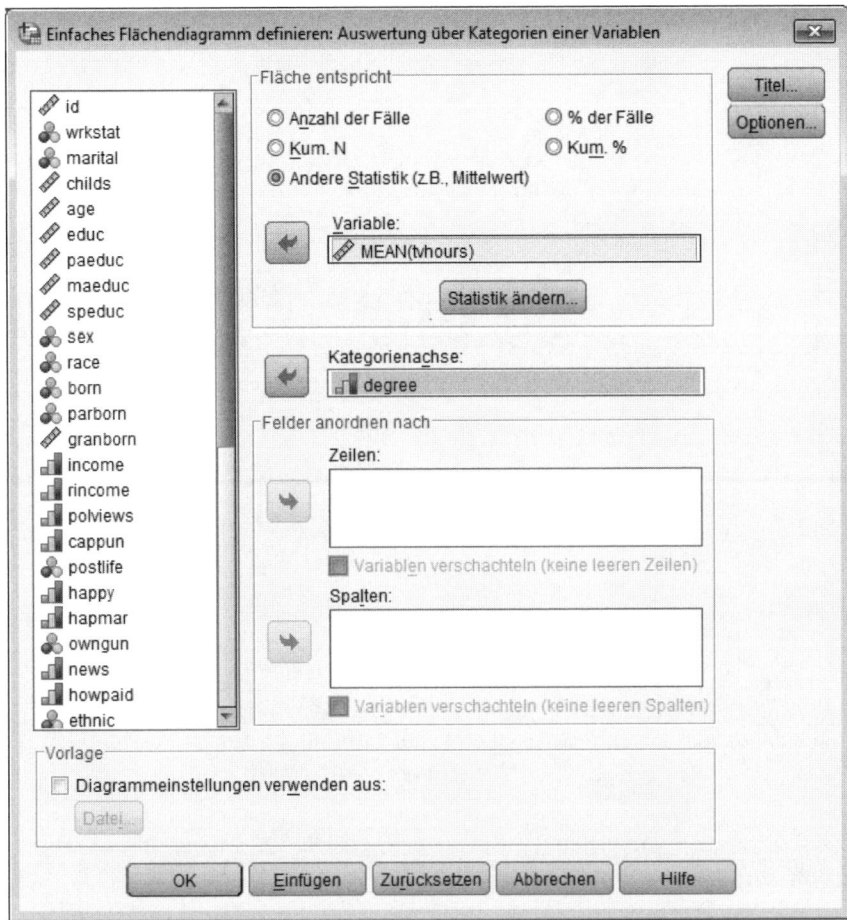

Abbildung 18.5: Dialogfeld zum Erstellen eines einfachen Flächendiagramms für die Auswertung der Kategorien einer Variablen

Nachdem Sie die Variable tvhours ausgewählt haben, wird diese in dem Feld in der Form MEAN(tvhours) angezeigt. Dies gibt an, dass SPSS nun davon ausgeht, es solle der Mittelwert der Variablen tvhours dargestellt werden. Für dieses Beispiel ist das auch korrekt, Sie könnten jedoch auch andere aggregierte Werte der Variablen tvhours in der Grafik darstellen. Hierzu würden Sie auf die Schaltfläche STATISTIK ÄNDERN klicken, mit der Sie ein weiteres Dialogfeld öffnen, in dem Sie zwischen verschiedenen Statistiken wie dem Mittelwert, dem Median oder der Summe aller Werte wählen können.

5. **Diagramm erstellen.** Wenn Sie alle Angaben vorgenommen haben, klicken Sie auf die Schaltfläche OK. Daraufhin wird das Diagramm von SPSS erstellt und in die Ausgabedatei geschrieben. Abbildung 18.6 gibt das in diesem Beispiel erstellte Flächendiagramm wieder.

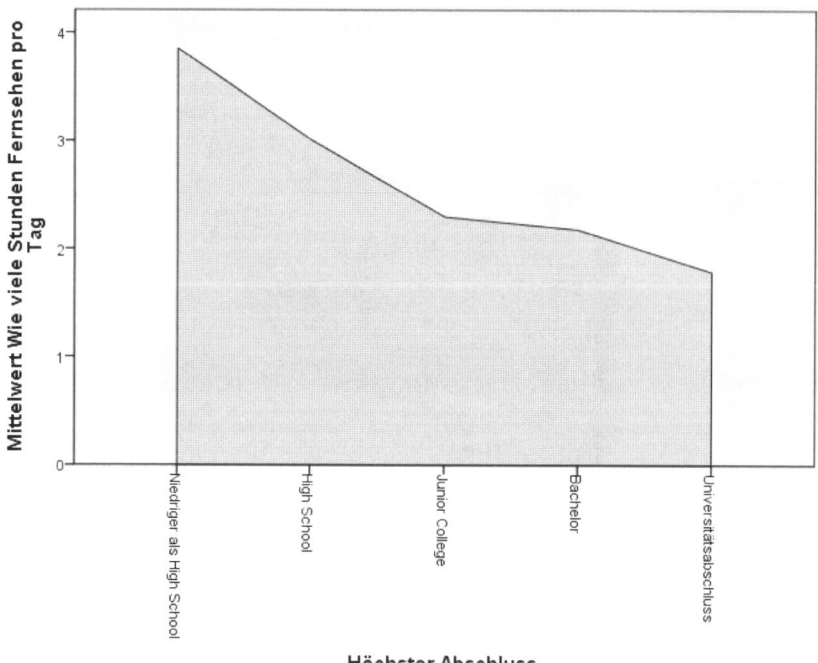

Abbildung 18.6: Flächendiagramm für den durchschnittlichen Fernsehkonsum (Mittelwert der Variablen tvhours*) unterschiedlicher Personengruppen (Kategorien der Variablen* degree*)*

Diagramm mit mehreren Datenreihen

Das Diagramm aus Abbildung 18.6 kann noch weiter unterteilt werden, zum Beispiel indem eine Unterscheidung zwischen Männern und Frauen vorgenommen wird. Bisher wertet das Diagramm fünf verschiedene Fallgruppen aus der Datendatei (definiert durch die verschiedenen Kategorien der Variablen degree) aus und zeigt für jede dieser Fallgruppen den Mittelwert der Variablen tvhours an. Um in diesem Diagramm nun noch zwischen Männern und Frauen zu unterscheiden, muss beim Erstellen des Diagramms festgelegt werden, dass jede der fünf Fallgruppen noch einmal in die Gruppe der Männer und die Gruppe der Frauen unterteilt wird. Gehen Sie hierzu folgendermaßen vor:

1. **Befehl aufrufen.** Wählen Sie den Menübefehl DIAGRAMME|VERALTETE DIALOGFELDER|FLÄCHE. Dieser Befehl öffnet das oben dargestellte Dialogfeld aus Abbildung 18.4. Wählen Sie in diesem Dialogfeld die Optionen GESTAPELT (denn es sollen nun zwei Datenreihen übereinander dargestellt werden) und weiterhin die Option AUSWERTUNG ÜBER KATEGORIEN EINER VARIABLEN. Klicken Sie anschließend auf die Schaltfläche DEFINIEREN, mit der Sie das Dialogfeld aus Abbildung 18.7 öffnen.

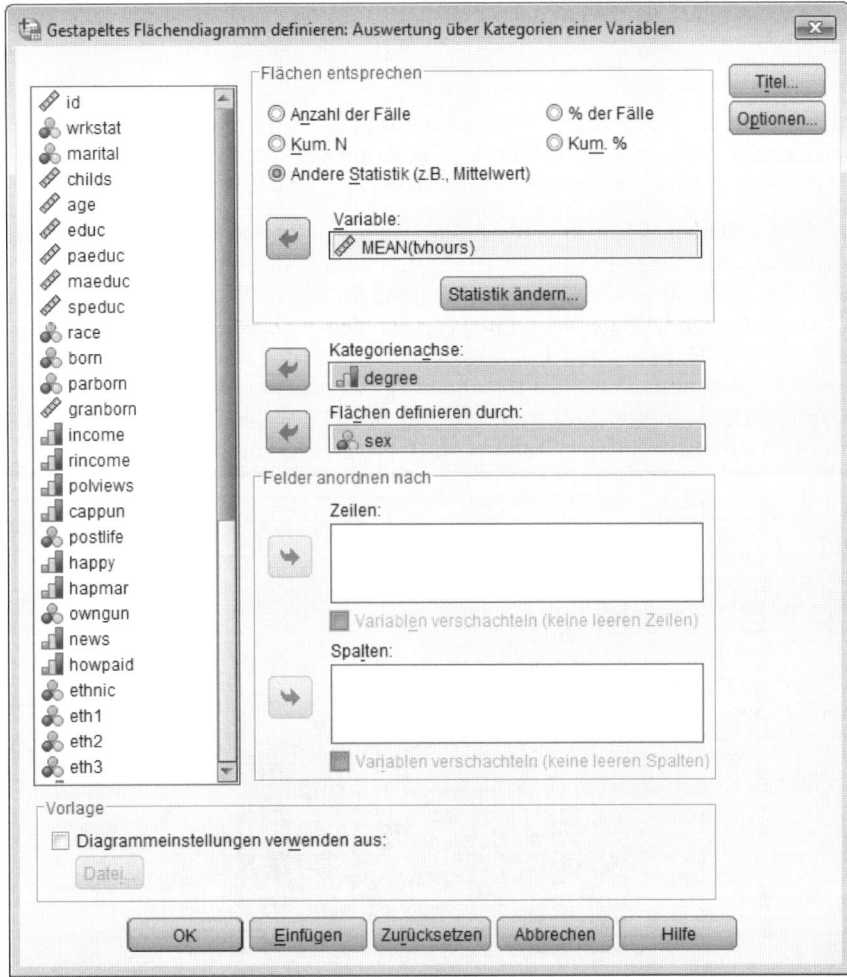

Abbildung 18.7: Dialogfeld zum Erstellen eines gestapelten Flächendiagramms zur Auswertung der Kategorien einer Variablen

2. **Kategorienvariable angeben.** Wählen Sie die Variable aus, deren Kategorien ausgewertet werden sollen, und fügen Sie diese Variable in das Feld KATEGORIENACHSE ein. Hier ist dies die Variable degree (Schulabschluss).

3. **Variable zur Bildung der Datenreihen festlegen.** Geben Sie zusätzlich die Variable, durch deren Werte die unterschiedlichen Datenreihen definiert werden sollen, in dem Feld FLÄCHEN DEFINIEREN DURCH an. In diesem Beispiel ist dies die Variable sex (Geschlecht), da eine Datenreihe für Männer und eine für Frauen erstellt werden soll.

4. **Auswertungsfunktion festlegen.** In dem Diagramm soll der Mittelwert der Variablen tvhours für die einzelnen Fallgruppen (Männer und Frauen mit unterschiedlichem Schulabschluss) dargestellt werden. Um dies anzugeben, wählen Sie in der Gruppe

Flächen entsprechen die Option Andere Statistik und verschieben die Variable tvhours in das zugehörige Feld Variable, so dass diese dort in der Form MEAN(tvhours) angezeigt wird.

Wird bei Ihnen eine andere Auswertungsfunktion als MEAN angezeigt, klicken Sie auf die Schaltfläche Statistik ändern, wählen in dem damit geöffneten Dialogfeld die Option Mittelwert und schließen das Dialogfeld wieder mit der Schaltfläche Weiter.

5. **Diagramm erstellen.** Wenn Sie alle Angaben vorgenommen haben, klicken Sie auf die Schaltfläche OK. Daraufhin wird das Diagramm von SPSS erstellt und in die Ausgabedatei geschrieben. Abbildung 18.8 zeigt das Ergebnis für dieses Beispiel. Das Diagramm stellt nun zwei übereinanderliegende Flächen dar, von denen sich die untere auf die Frauen und die obere auf die Männer aus der Befragung bezieht. In diesem Diagramm können Sie beispielsweise ablesen, dass es ein Paar ohne Highschool-Abschluss gemeinsam auf durchschnittlich acht Stunden TV-Konsum pro Tag bringt, während ein Paar mit Universitätsabschluss zusammen nur vier Stunden am Tag (also zwei pro Person) fernsieht.

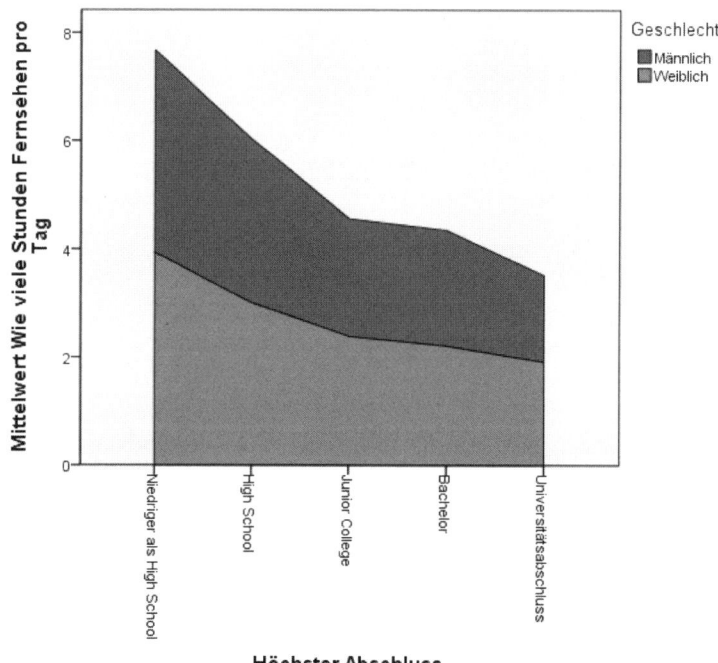

Abbildung 18.8: Gestapeltes Flächendiagramm für den durchschnittlichen Fernsehkonsum (Mittelwert der Variablen tvhours) unterschiedlicher Personengruppen (Kategorien der Variablen degree), getrennt für Männer und Frauen

Mittelwerte unterschiedlicher Variablen darstellen

Die Datei `survey_sample.sav` enthält unter anderem für jeden Befragten Angaben darüber, wie viele Jahre er beziehungsweise sie selbst, der Ehepartner, der Vater und die Mutter zur Schule gegangen sind. Diese Angaben sind in den vier Variablen `educ` (Anzahl der Schuljahre des Befragten), `speduc` (Schuljahre des Ehepartners), `paeduc` (für die Väter) und `maeduc` (für die Mütter) gespeichert. Im Folgenden soll ein Balkendiagramm erstellt werden, das die durchschnittliche Anzahl der Schuljahre für diese vier Personengruppen darstellt. Die verschiedenen Balken in dem Diagramm beziehen sich also auf unterschiedliche Variablen und geben jeweils deren Mittelwerte wieder. Um ein solches Diagramm zu erstellen, gehen Sie folgendermaßen vor:

1. **Befehl aufrufen.** Wählen Sie den Menübefehl DIAGRAMME|VERALTETE DIALOGFELDER|BALKEN. Dieser Befehl öffnet das Dialogfeld aus Abbildung 18.9.

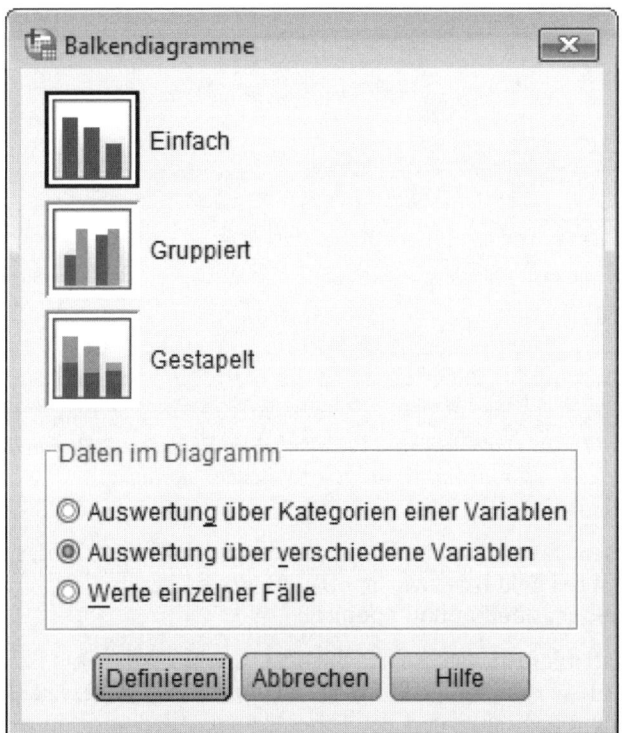

Abbildung 18.9: Dialogfeld zur Auswahl der Variante des Balkendiagramms

2. **Art des Balkendiagramms beschreiben.** Wählen Sie in dem Dialogfeld aus Abbildung 18.9 die Option EINFACH, denn es wird nur eine Datenreihe mit der durchschnittlichen Bewertung der verschiedenen Schulabschlüsse dargestellt. Bei den DATEN IM DIAGRAMM handelt es sich um eine AUSWERTUNG ÜBER VERSCHIEDENE VARIABLEN. Wenn Sie diese Optionen gewählt haben, klicken Sie auf die Schaltfläche DEFINIEREN, mit der Sie das Dialogfeld aus Abbildung 18.10 öffnen.

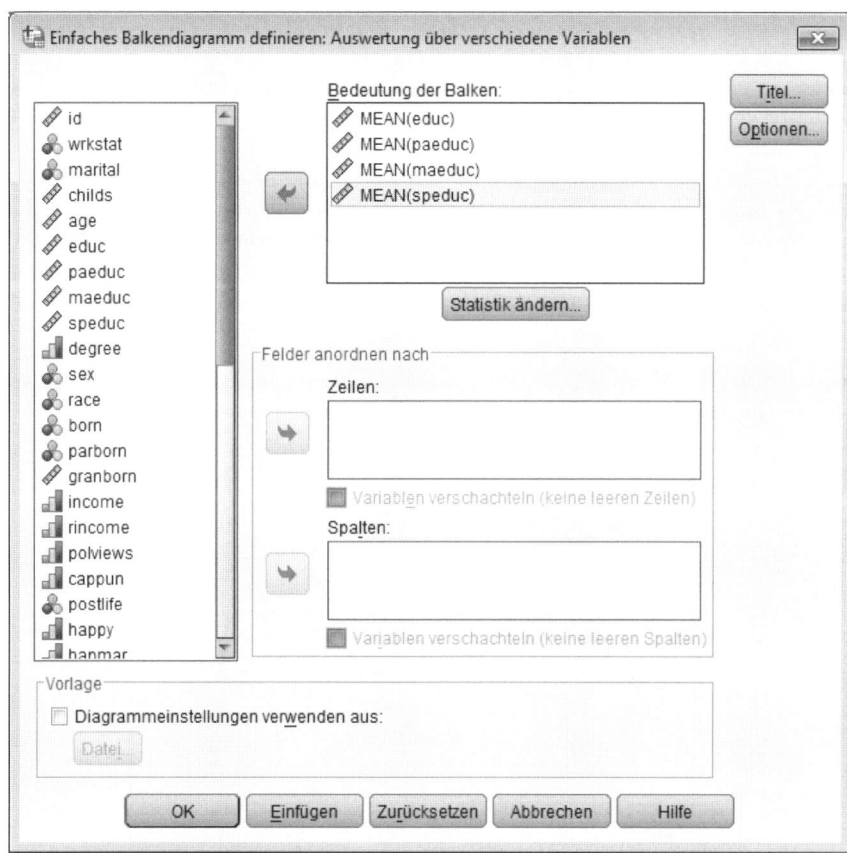

Abbildung 18.10: Dialogfeld zum Erstellen eines einfachen Balkendiagramms für die Auswertung verschiedener Variablen

3. **Variablen angeben.** Fügen Sie alle Variablen, deren Mittelwerte in der Grafik dargestellt werden sollen, in das Feld BEDEUTUNG DER BALKEN ein. In diesem Beispiel sind dies die Variablen educ, paeduc, maeduc und speduc.

4. **Auswertungsstatistik festlegen.** Sobald Sie eine Variable in das Feld BEDEUTUNG DER BALKEN hinzufügen, wird sie dort in der Form MEAN(variable) angezeigt. Dies gibt an, dass SPSS in der Grafik den Mittelwert der Variablen darstellen wird. In diesem Beispiel soll das auch so sein, Sie könnten jedoch auch andere aggregierte Werte einer Variablen darstellen. Um dies zu erreichen, markieren Sie die betreffende Variable in der Liste BEDEU-TUNG DER BALKEN und klicken anschließend auf die Schaltfläche STATISTIK ÄNDERN. Daraufhin erhalten Sie ein weiteres Dialogfeld, in dem Sie zwischen verschiedenen Statistiken wie dem Mittelwert, dem Median oder der Summe aller Werte wählen können. Wenn Sie hier eine neue Statistik auswählen und das Dialogfeld anschließend mit WEITER schließen, wird für die entsprechende Variable in der Liste BEDEUTUNG DER BALKEN die neue Auswertungs-funktion angezeigt.

5. **Diagramm erstellen.** Wenn Sie alle Angaben vorgenommen haben, klicken Sie auf die Schaltfläche OK. Daraufhin wird das Diagramm von SPSS erstellt und in die Ausgabedatei geschrieben. Abbildung 18.11 gibt das in diesem Beispiel erstellte Balkendiagramm wieder. Es ist unmittelbar zu erkennen, dass die Generation der hier befragten Personen im Durchschnitt ungefähr zwei Jahre länger zur Schule gegangen ist als die Generation ihrer Eltern, wobei es aber keinen Unterschied zwischen den Vätern und den Müttern der Befragten zu geben scheint.

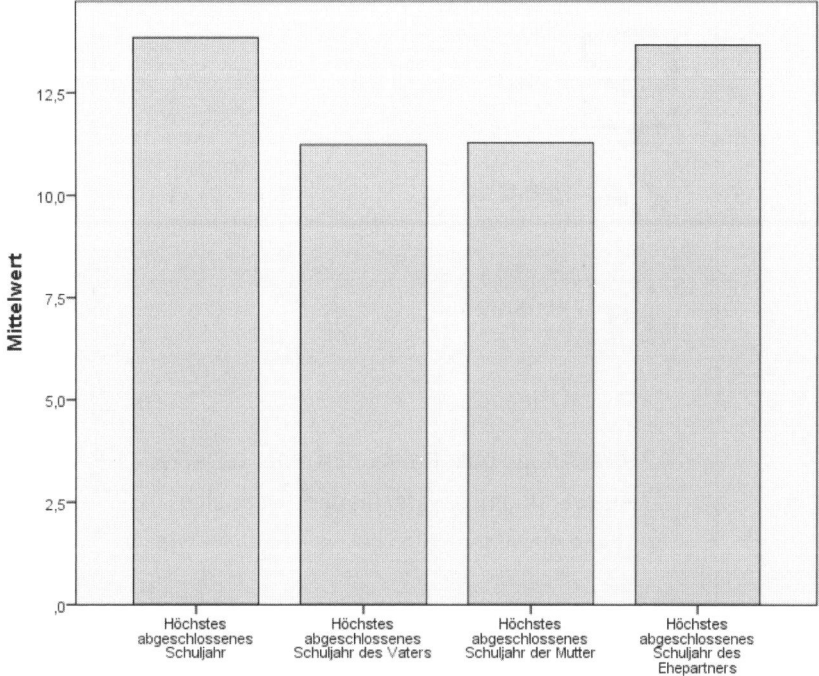

Abbildung 18.11: Balkendiagramm für die durchschnittliche Schulzeit von befragten Personen und ausgewählten Angehörigen

Einzelne Werte einer Variablen darstellen

Grundlage für das folgende Beispiel ist die Datendatei `world95.sav`, die Sie unter den Beispieldateien von SPSS finden oder alternativ von der Website der Appalachian State University unter `http://www.appstate.edu/~ehr hardtgc/3115/World95.sav` herunterladen können. Diese Datei enthält verschiedene ökonomische und soziale Kennzahlen für insgesamt 109 Länder dieser Erde.

In der Datei `World95.sav` ist unter anderem für jedes Land die Lebenserwartung der Frauen (`lifeexpf`) angegeben. Im Folgenden soll ein Liniendiagramm erstellt werden, das alle

Werte dieser Variablen geordnet von der niedrigsten bis zur höchsten Lebenserwartung aufführt. Es soll also jeder einzelne Wert der Variablen `lifeexpf` in dem Diagramm wiedergegeben werden. Um dieses Diagramm zu erstellen, gehen Sie folgendermaßen vor:

1. **Befehl aufrufen.** Wählen Sie den Menübefehl Diagramme|Veraltete Dialogfelder|Linie. Die-
   ser Befehl öffnet das Dialogfeld aus Abbildung 18.12.

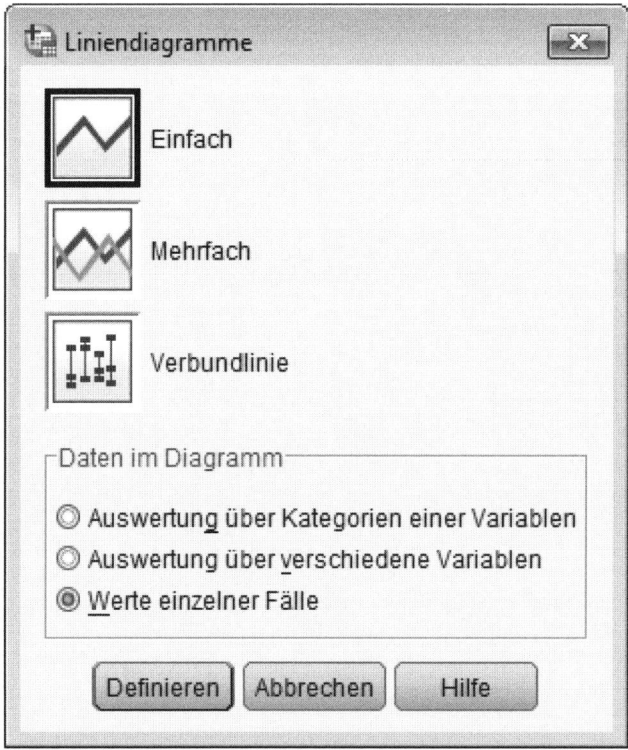

Abbildung 18.12: Dialogfeld zur Auswahl der Variante des Liniendiagramms

2. **Art des Liniendiagramms festlegen.** Wählen Sie in dem Dialogfeld aus Abbildung 18.12
   die Optionen Einfach und Werte einzelner Fälle. Klicken Sie anschließend auf die Schaltfläche Definieren. Daraufhin erhalten Sie das Dialogfeld aus Abbildung 18.13.

3. **Variable angeben.** Wählen Sie in der linken Variablenliste die Variable aus, deren einzelne
   Werte in dem Diagramm dargestellt werden sollen, und fügen Sie diese Variable in das
   Feld Linie entspricht ein. In diesem Beispiel soll das Diagramm für die Variable `lifeexpf`
   erstellt werden.

4. **Beschriftung der Kategorien.** Für die Beschriftung der Kategorienachse können Sie wählen, ob dort zur Bezeichnung der einzelnen Werte die Fallnummern aus der Datendatei
   oder die Werte einer bestimmten Variablen verwendet werden sollen. In diesem Beispiel
   bietet sich zur Beschriftung die Variable `country` an, die für jeden Fall der Datendatei angibt, auf welches Land er sich bezieht. Um eine Variable für die Beschriftung zu verwen-

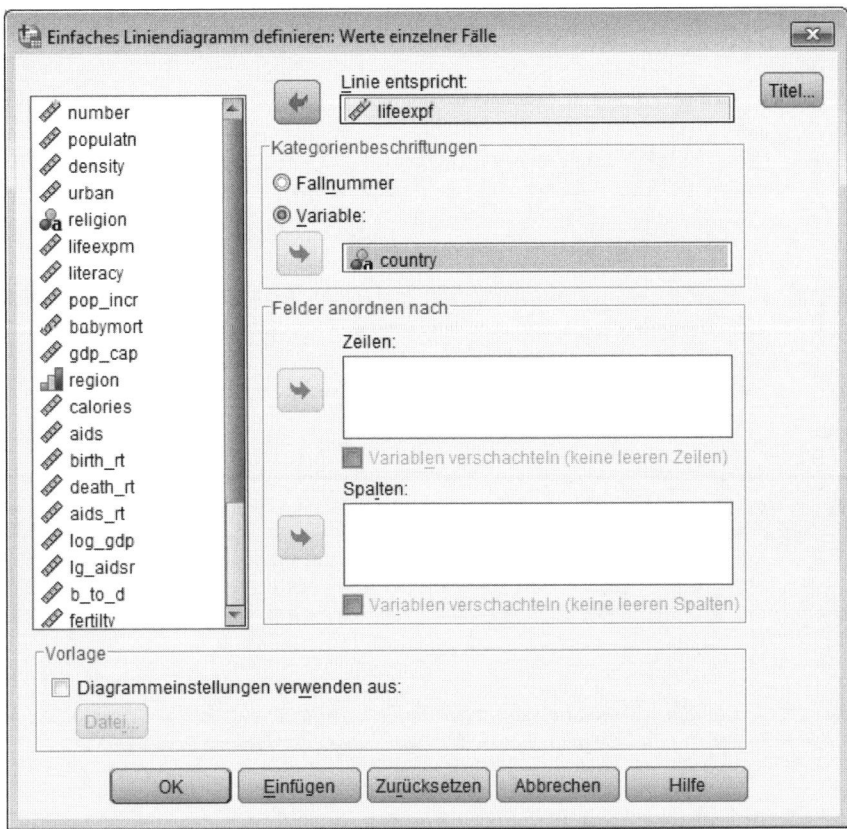

Abbildung 18.13: Dialogfeld zum Erstellen eines einfachen Liniendiagramms für die Darstellung der Werte einzelner Fälle

den, markieren Sie in der Gruppe KATEGORIENBESCHRIFTUNGEN die Option VARIABLE und verschieben die entsprechende Variable in das zugehörige Eingabefeld.

5. **Diagramm erstellen.** Wenn Sie alle Angaben vorgenommen haben, klicken Sie auf die Schaltfläche OK. Daraufhin wird das Diagramm von SPSS erstellt und in die Ausgabedatei geschrieben. Abbildung 18.14 gibt das so erstellte Liniendiagramm für dieses Beispiel wieder. Es ist offensichtlich, dass dieses Diagramm noch nicht das gewünschte Ergebnis zeigt, denn die durch die Linie dargestellten Werte sind nicht nach ihrer Größe geordnet. Diese Ordnung lässt sich nun aber im Diagramm-Editor nachträglich herstellen.

SPSS hat die Werte in dem Diagramm gemäß der Reihenfolge der Länder (allgemein der Fälle) in der Datendatei angeordnet. In diesem Beispiel ist jedoch eine Ordnung nach der Größe der dargestellten Werte wesentlich aussagekräftiger.

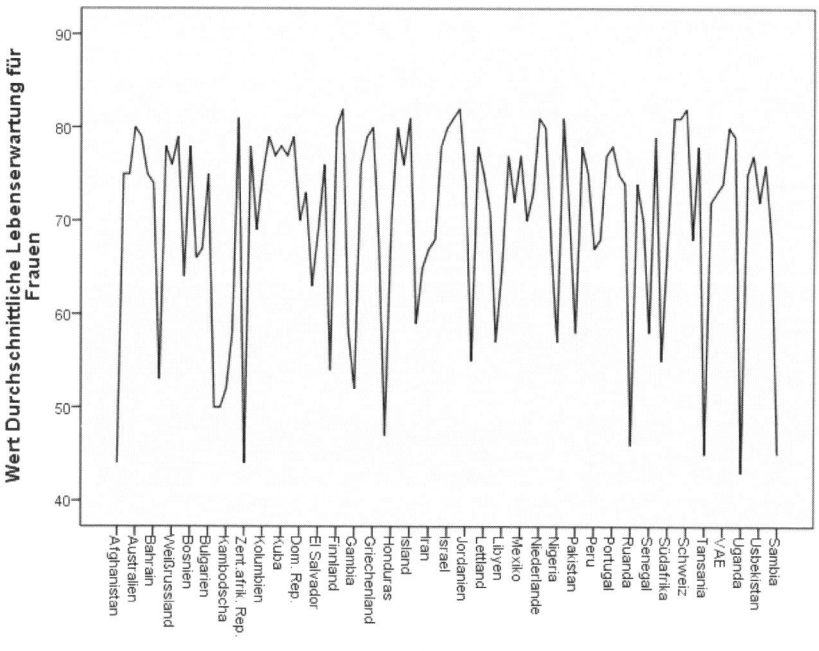

Abbildung 18.14: Einfaches Liniendiagramm für die Lebenserwartung der Frauen in verschiedenen Ländern der Erde – hier geordnet in der Reihenfolge der Länder in der Datendatei

Eine solche Anordnung kann nachträglich im Diagramm-Editor herbeigeführt werden:

1. **Diagramm zur Bearbeitung öffnen.** Öffnen Sie das Diagramm im Diagramm-Editor, beispielsweise indem Sie in der Ausgabedatei mit der Maus auf das Diagramm doppelklicken.

2. **Datenreihe markieren.** Markieren Sie die Datenreihe (die Linie), indem Sie diese einmal mit der Maus anklicken.

3. **Eigenschaften-Dialogfeld anzeigen.** Stellen Sie sicher, dass das Dialogfeld EIGENSCHAFTEN angezeigt wird (Befehl BEARBEITEN|EIGENSCHAFTEN), und schlagen Sie darin das Register KATEGORIEN auf.

4. **Sortierreihenfolge festlegen.** Wählen Sie in der Drop-down-Liste SORTIEREN NACH den Eintrag STATISTIK. In der Liste RICHTUNG können Sie zusätzlich die Sortierreihenfolge festlegen; die aufsteigende Sortierung ist bereits voreingestellt.

5. **Änderungen zuweisen.** Wenn Sie die Angaben vorgenommen haben, klicken Sie auf die Schaltfläche ZUWEISEN, um die Änderungen auf die Grafik anzuwenden. Daraufhin stellt die Linie in dem Diagramm die Lebenserwartungen der Frauen in den verschiedenen Ländern der Erde geordnet in aufsteigender Reihenfolge dar (siehe Abbildung 18.15).

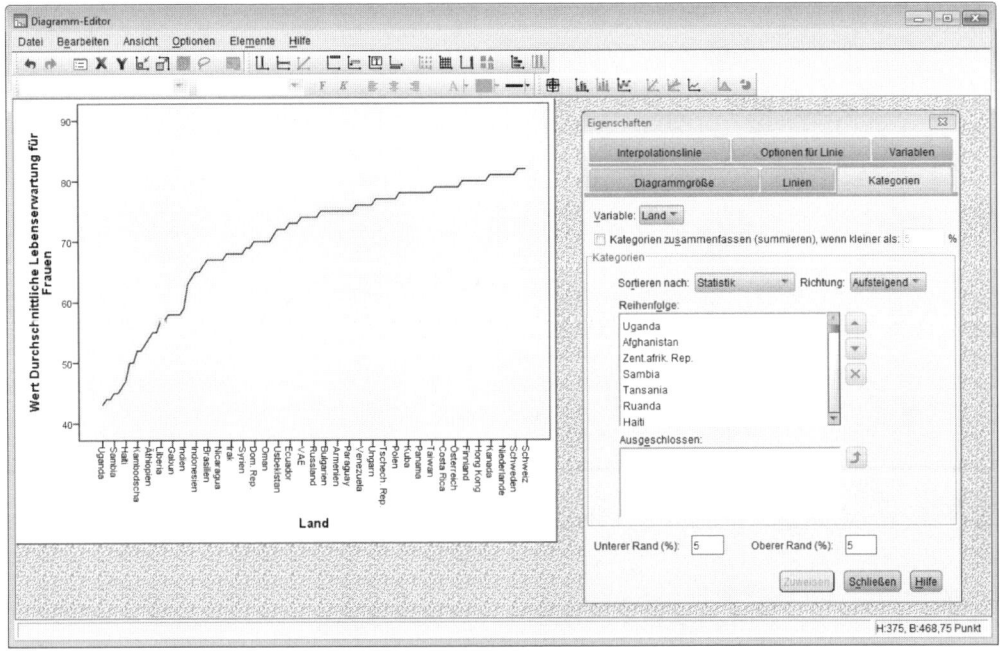

Abbildung 18.15: Liniendiagramm im Diagramm-Editor mit Darstellung der Werte in aufsteigender Reihenfolge

Für Spezialisten: Verteilungen grafisch darstellen

19

In diesem Kapitel

▷ Boxplot-Diagramme

▷ Bevölkerungspyramiden

▷ Streudiagramme in vielen Varianten

▷ Streudiagramme im Diagramm-Editor bearbeiten

_I_n der Statistik wurden viele Diagrammtypen entwickelt, die dazu dienen, die Werteverteilung einer Variablen oder auch die gemeinsame Verteilung mehrerer Variablen darzustellen. Die wichtigsten davon sind:

✔ **Histogramme.** Ein Histogramm stellt die Werteverteilung einer stetigen Variablen grafisch dar. Häufig wird in ein Histogramm zusätzlich eine Normalverteilungskurve eingefügt, um eine tatsächlich beobachtete Verteilung mit dem »Ideal« der Normalverteilung zu vergleichen. Dies ist auch bei SPSS möglich. Die Vorgehensweise zum Erstellen eines solchen Histogramms wurde bereits in Kapitel 9 ausführlich beschrieben.

✔ **Boxplots.** Ein Boxplot-Diagramm stellt sowohl die Lage als auch die Streuung der Werte einer Variablen in kompakter Form dar. Boxplots werden häufig verwendet, um Lage und Streuung einer Variablen in verschiedenen Fallgruppen oder auch mehrere Variablen miteinander zu vergleichen. Die Vorgehensweise zum Erstellen von Boxplots mit SPSS wird im folgenden Abschnitt beschrieben.

✔ **Bevölkerungspyramiden.** Eine Bevölkerungspyramide gibt ähnlich wie ein Histogramm die Werteverteilung einer Variablen wieder, stellt dabei jedoch stets zwei Fallgruppen vergleichend gegenüber; siehe hierzu den entsprechenden Abschnitt weiter hinten in diesem Kapitel.

✔ **Streudiagramme.** Ein einfaches Streudiagramm stellt die gemeinsame Verteilung zweier Variablen dar. Mit SPSS können Sie darüber hinaus verschiedene Varianten von Streudiagrammen erstellen. Damit lassen sich die gemeinsamen Verteilungen mehrerer Variablenpaare in einer Grafik gemeinsam wiedergeben. Außerdem können Sie in einer dreidimensionalen Grafik die gemeinsame Verteilung von drei Variablen beschreiben. Details hierzu finden Sie im Abschnitt _Streudiagramme: Gemeinsame Verteilung zweier Variablen_ weiter hinten in diesem Kapitel.

Boxplot: Lage und Verteilung einer Variablen

Ein Boxplot-Diagramm dient dazu, die Lage und Verteilung der Werte einer Variablen zu beschreiben. Dabei gibt das Boxplot nicht die gesamte Verteilung im Detail wieder, sondern kennzeichnet lediglich die Lage ausgewählter Kenngrößen wie den Median, das 25%- und das 75%-Perzentil sowie einzelne Ausreißer. Boxplot-Diagramme sind vor allem hilfreich, um Verteilungen miteinander zu vergleichen:

✔ **Verteilungen einer Variablen in verschiedenen Fallgruppen.** Häufig will man wissen, ob die Werte einer Variablen in verschiedenen Fallgruppen (zum Beispiel für verschiedene Personengruppen) in etwa gleich groß sind und gleich stark streuen. Hierzu erstellen Sie mit SPSS ein Boxplot-Diagramm zur AUSWERTUNG ÜBER KATEGORIEN EINER VARIABLEN.

✔ **Verteilung verschiedener Variablen.** Um die Lage und Verteilung der Werte verschiedener Variablen miteinander zu vergleichen, erstellen Sie ein Boxplot-Diagramm zur AUSWERTUNG ÜBER VERSCHIEDENE VARIABLEN.

Die folgenden Beispiele verwenden die Datendatei `survey_sample.sav`. Diese Datei wurde bei der Installation von SPSS mit auf die Festplatte kopiert. Sie sollten diese Datei in dem Programmverzeichnis von SPSS und dort in dem Unterverzeichnis `Samples` oder `Samples\German` finden. Die Datei enthält einen Auszug aus den Ergebnissen einer in den USA durchgeführten Bevölkerungsbefragung.

Boxplots für verschiedene Fallgruppen

In der Datei `survey_sample.sav` ist unter anderem für jeden Befragten angegeben, wie viele Jahre er zur Schule gegangen ist (Variable `educ`) und welche politische Grundhaltung er nach seiner eigenen Einschätzung vertritt (Variable `polviews`). Mit einem Boxplot-Diagramm soll nun verglichen werden, ob es zwischen Personen mit unterschiedlicher politischer Einstellung auch Unterschiede in dem Bildungsniveau, gemessen in Schuljahren, gibt. Um ein solches Boxplot zu erstellen, gehen Sie folgendermaßen vor:

1. **Befehl aufrufen.** Wählen Sie den Menübefehl DIAGRAMME|VERALTETE DIALOGFELDER|BOXPLOT. Dieser Befehl öffnet das Dialogfeld aus Abbildung 19.1.

2. **Art des Boxplot-Diagramms festlegen.** Wählen Sie in dem Dialogfeld aus Abbildung 19.1 die Optionen EINFACH und AUSWERTUNG ÜBER KATEGORIEN EINER VARIABLEN und bestätigen Sie die Angaben mit der Schaltfläche DEFINIEREN. Daraufhin erhalten Sie das Dialogfeld aus Abbildung 19.2.

3. **Von welcher Variablen soll die Verteilung dargestellt werden?** Fügen Sie die Variable, deren Werteverteilung durch das Boxplot-Diagramm beschrieben werden soll, in das Feld VARIABLE ein. In diesem Beispiel soll die Verteilung der Variablen `educ` (Anzahl der Jahre, die ein Befragter zur Schule gegangen ist) dargestellt werden.

4. **Welche Variable definiert die Fallgruppen?** Die Verteilung der Variablen `educ` soll für Personen mit unterschiedlichen politischen Grundeinstellungen getrennt dargestellt werden. Die politische Grundhaltung ist in der Variablen `polviews` festgehalten; geben Sie diese Variable daher in dem Feld KATEGORIENACHSE an.

Abbildung 19.1: Dialogfeld zur Auswahl der Variante des Boxplot-Diagramms

Abbildung 19.2: Dialogfeld zum Erstellen eines einfachen Boxplot-Diagramms für die Auswertung der Kategorien einer Variablen

5. **Diagramm erstellen.** Wenn Sie alle Angaben vorgenommen haben, klicken Sie auf die Schaltfläche OK. Daraufhin wird das Diagramm von SPSS erstellt und in die Ausgabedatei geschrieben. Abbildung 19.3 zeigt das Ergebnis für dieses Beispiel. Neben vielen Details ist anhand dieser Boxplots auf einen Blick zu erkennen, dass sowohl Personen, die eine extreme politische Position beziehen, als auch solche Personen, die sich mit der Antwort Gemäßigt zur »neutralen Mitte gerettet« und damit in gewisser Weise nicht festgelegt haben, eine etwas geringere Schulbildung aufweisen als solche Personen, die eine klare Position im nicht extremen liberalen oder konservativen Flügel beziehen, wobei die Liberalen offenbar noch ein wenig »intellektueller« sind als die Konservativen.

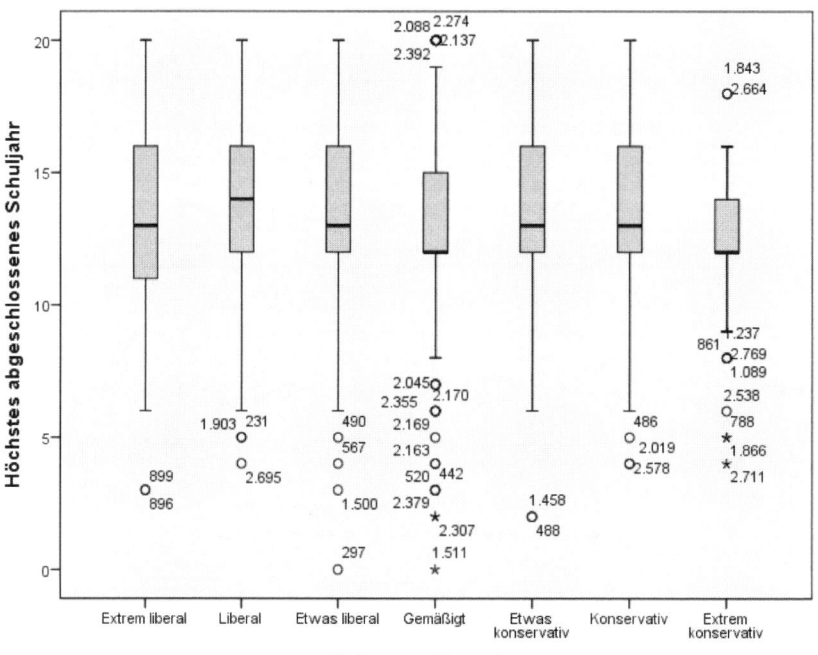

Abbildung 19.3: Boxplot-Diagramm mit der Verteilung der Variablen educ _(höchstes abgeschlossenes Schuljahr) für unterschiedliche Kategorien der Variablen_ polviews _(politische Grundhaltung)_

Eine Erläuterung der einzelnen Zeichen und Symbole in einem Boxplot-Diagramm finden Sie gemeinsam mit einer Anleitung zur Interpretation der Grafik in Kapitel 8 dieses Buches.

Eine zusätzliche Unterscheidung vornehmen

Bei SPSS ist es auch möglich, in dem Boxplot-Diagramm aus Abbildung 19.3 noch eine zusätzliche Differenzierung vorzunehmen und beispielsweise die jetzt abgebildeten Werteverteilungen getrennt für Männer und Frauen darzustellen. Fordern Sie hierzu in dem Dialogfeld aus Abbildung 19.1 ein GRUPPIERTES Diagramm an. Sie erhalten dann ein Dialogfeld, das weitgehend dem aus Abbildung 19.2 entspricht, zusätzlich aber das Feld GRUPPEN DEFINIEREN DURCH aufweist. Geben Sie hier die Variable an, durch deren Werte die zusätzliche Gruppenbildung definiert wird. Wenn Sie hier für dieses Beispiel die Variable sex (Geschlecht) angeben, erhalten Sie das Diagramm aus Abbildung 19.4, in dem auf einen Blick zu erkennen ist, dass sich die befragten Männer und Frauen bezüglich des Zusammenhangs zwischen politischer Grundhaltung und Bildung sehr ähnlich verhalten.

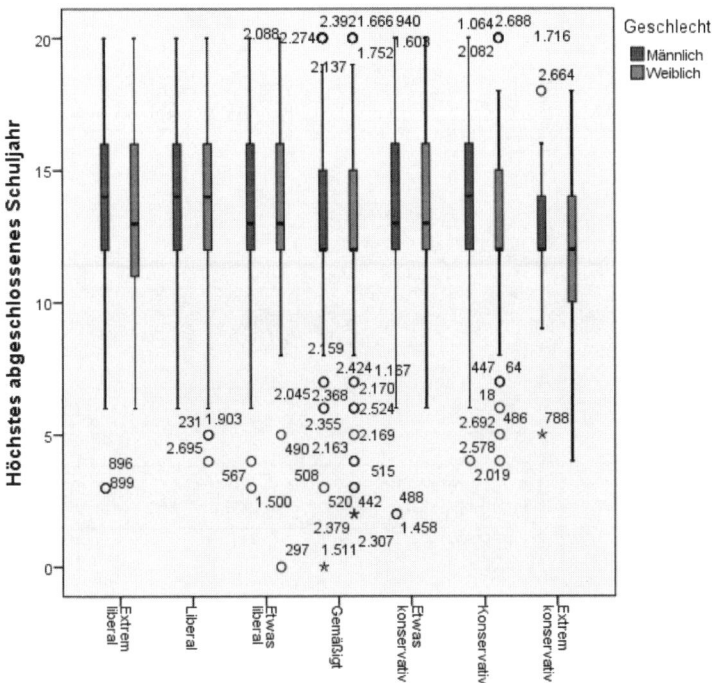

Abbildung 19.4: Boxplot-Diagramm mit der Verteilung der Variablen educ für unterschiedliche Kategorien der Variablen degree, getrennt für Männer und Frauen

Boxplots für verschiedene Variablen

Die Datei survey_sample.sav führt für jeden Befragten dessen persönliches Einkommen (Variable rincome) und dessen Familieneinkommen (income) jeweils unterteilt in Einkommensklassen auf. Die Verteilung dieser beiden Variablen soll in einem Boxplot-Diagramm dargestellt werden, und zwar getrennt für Personengruppen mit unterschiedlichem Schul- beziehungsweise Universitätsabschluss (degree):

1. **Befehl aufrufen und Diagrammtyp beschreiben.** Wählen Sie den Menübefehl DIAGRAMME|-VERALTETE DIALOGFELDER|BOXPLOT. Dieser Befehl öffnet das weiter vorn in diesem Kapitel in Abbildung 19.1 wiedergegebene Dialogfeld. Wählen Sie in diesem Dialogfeld die Optionen GRUPPIERT und AUSWERTUNG ÜBER VERSCHIEDENE VARIABLEN. Klicken Sie anschließend auf die Schaltfläche DEFINIEREN, mit der Sie das Dialogfeld aus Abbildung 19.5 öffnen.

 Wenn Sie anders als in diesem Beispiel ausschließlich die Verteilung verschiedener Variablen ohne zusätzliche Differenzierung zwischen unterschiedlichen Fallgruppen wie hier zwischen Männern und Frauen darstellen möchten, wählen Sie in dem Dialogfeld aus Abbildung 19.1 statt der Option GRUPPIERT die Option EINFACH.

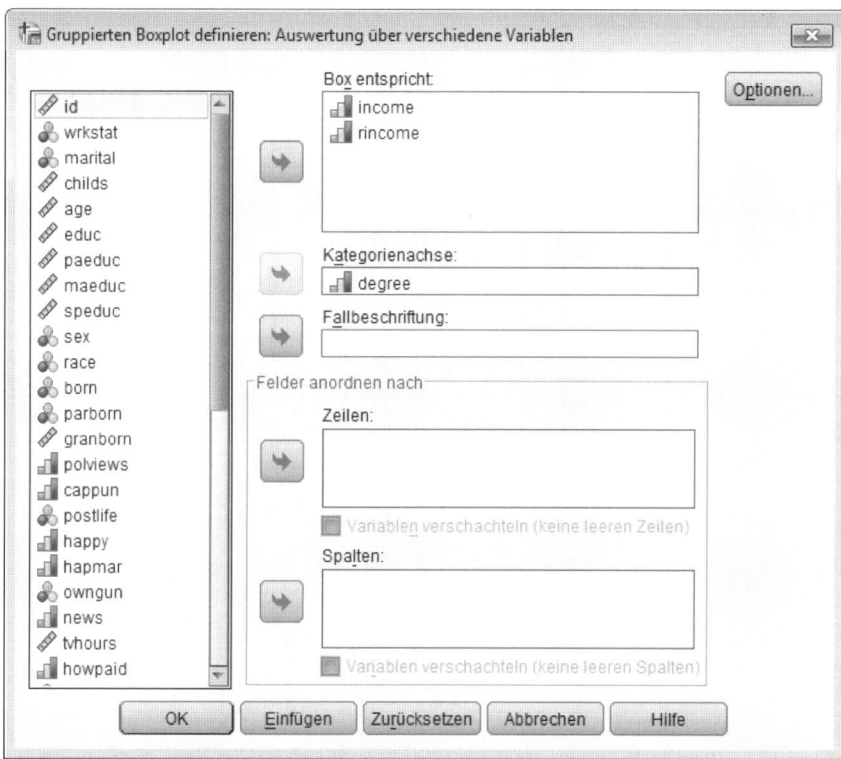

Abbildung 19.5: Dialogfeld zum Erstellen eines gruppierten Boxplot-Diagramms für die Auswertung verschiedener Variablen

2. **Welche Variablen sollen ausgewertet werden?** Geben Sie die Variablen, deren Werteverteilung in dem Diagramm dargestellt werden soll, in dem Feld BOX ENTSPRICHT an. In diesem Beispiel sind dies die Variablen income und rincome.

3. **Welche Variable definiert die Fallgruppen?** Die Werteverteilung der ausgewählten Variablen soll getrennt für Personen mit unterschiedlichem Schulabschluss dargestellt werden. Der höchste erreichte Schulabschluss der Befragten ist in der Variablen degree angegeben. Wählen Sie daher diese Variable für das Feld KATEGORIENACHSE aus.

Wenn Sie nicht wie hier ein gruppiertes, sondern ein einfaches Boxplot-Diagramm erstellen, entfällt dieser Schritt; in dem entsprechenden Dialogfeld ist das Feld KATEGORIENACHSE gar nicht enthalten.

4. **Diagramm erstellen.** Wenn Sie alle Angaben vorgenommen haben, klicken Sie auf die Schaltfläche OK. Daraufhin wird das Boxplot-Diagramm von SPSS erstellt und in die Ausgabedatei geschrieben. Abbildung 19.6 zeigt das Diagramm für dieses Beispiel. Hier ist klar zu erkennen, dass das Familieneinkommen erwartungsgemäß über dem persönlichen Einkommen liegt und sowohl das Familien- als auch das persönliche Einkommen mit höherem Schulabschluss zunimmt. In der Personengruppe mit den höchsten Schulabschlüssen fällt sogar ein so großer Teil aller Befragten in die höchste Einkommensklasse, dass sich die Boxplots auf einen einzelnen Querbalken reduzieren, da sowohl das 25 %- als auch das 50 %- und das 75 %-Quantil in diese höchste Einkommensklassen fallen.

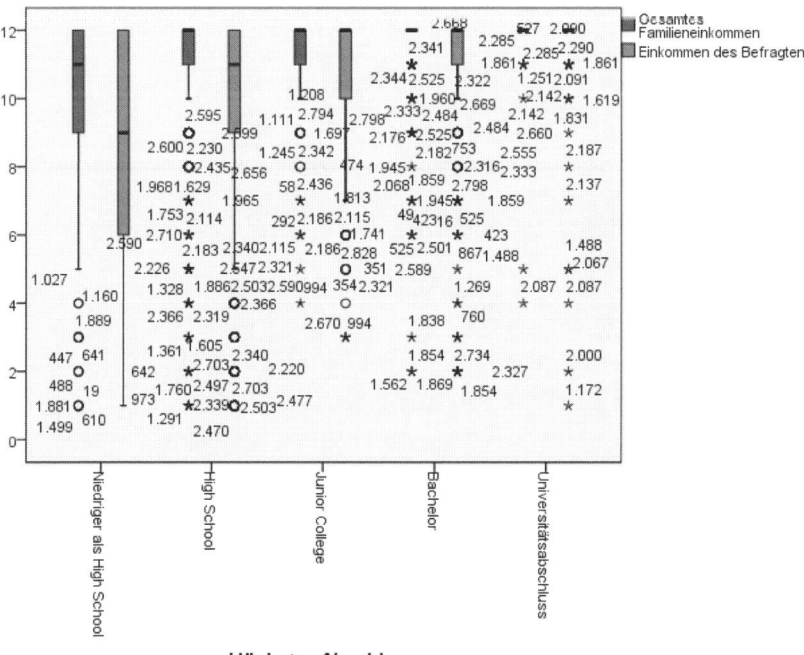

Abbildung 19.6: Boxplot-Diagramm mit der Verteilung des persönlichen Einkommens und des Familieneinkommens (nach Einkommensklassen) getrennt für verschiedene Bildungsschichten

Schön anzuschauen: Eine Bevölkerungspyramide erstellen

Eine Bevölkerungspyramide (Populationspyramide) zeigt die Werteverteilung einer Variablen ähnlich wie ein Histogramm, stellt dabei allerdings stets zwei Fallgruppen vergleichend gegenüber. Klassisch ist die Darstellung der Altersverteilung einer Bevölkerung getrennt für Männer und Frauen. Dieser Klassiker lässt sich auch für die Datei `survey_sample.sav` erstellen. Das Alter der Befragten ist in der Variablen `age` angegeben, das Geschlecht in der Variablen `sex`.

Um damit eine Bevölkerungspyramide zu erstellen, gehen Sie folgendermaßen vor:

1. **Befehl aufrufen.** Wählen Sie den Menübefehl DIAGRAMME|VERALTETE DIALOGFELDER|BEVÖLKE-
   RUNGSPYRAMIDE. Dieser Befehl öffnet das Dialogfeld aus Abbildung 19.7.

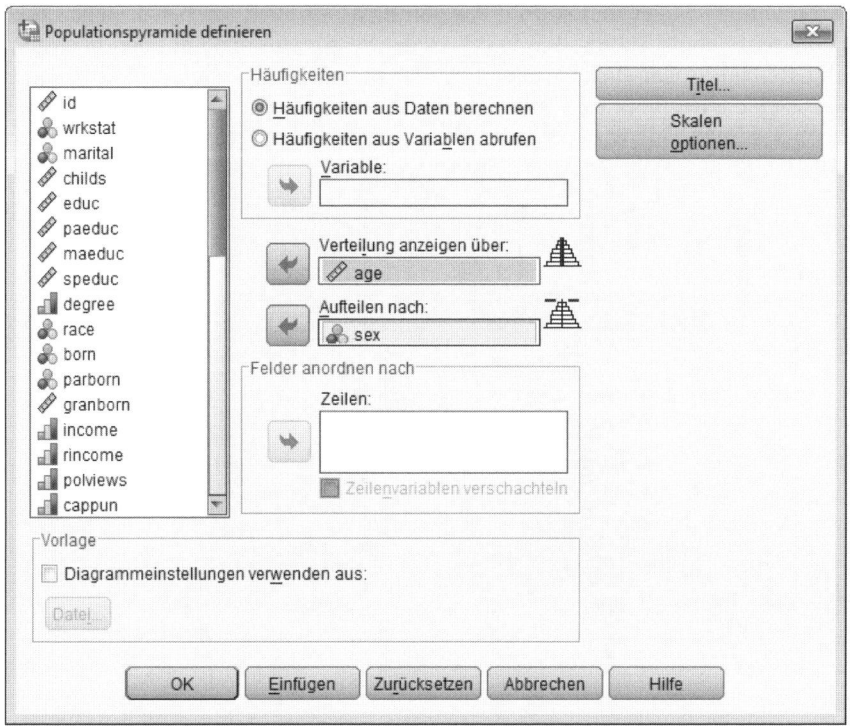

Abbildung 19.7: Dialogfeld zum Erstellen einer Bevölkerungspyramide

2. **Von welcher Variablen soll die Verteilung dargestellt werden?** Geben Sie die Variable,
   deren Werteverteilung dargestellt werden soll, in dem Feld VERTEILUNG ANZEIGEN ÜBER an. In
   diesem Beispiel ist dies die Variable age.

3. **Welche Variable definiert die beiden Fallgruppen?** Geben Sie in dem Feld AUFTEILEN NACH
   die Variable an, deren Werte die beiden miteinander zu vergleichenden Fallgruppen definieren. Hier ist dies die Variable sex (Geschlecht), da die Verteilung getrennt für Männer
   und Frauen dargestellt werden soll.

4. **Diagramm erstellen.** Wenn Sie beide Variablen angegeben haben, klicken Sie auf die
   Schaltfläche OK. Daraufhin wird das Diagramm von SPSS erstellt und in die Ausgabedatei
   geschrieben.

Abbildung 19.8 zeigt das Ergebnis für dieses Beispiel. Auf der linken Seite des Diagramms
wird die Altersverteilung der Männer dargestellt, auf der rechten Seite die der Frauen. Die
Länge der Balken zeigt die absolute Häufigkeit der unterschiedlichen Altersgruppen an. So ist
an dem längsten Balken auf der rechten Seite beispielsweise abzulesen, dass sich unter den
befragten Personen etwas mehr als 80 Frauen im Alter von 34 bis 35 Jahren befinden. Der

genau gegenüberliegende Balken auf der linken Seite zeigt die Anzahl der befragten Männer im Alter von 34 bis 35 Jahren an; dies sind ungefähr 70.

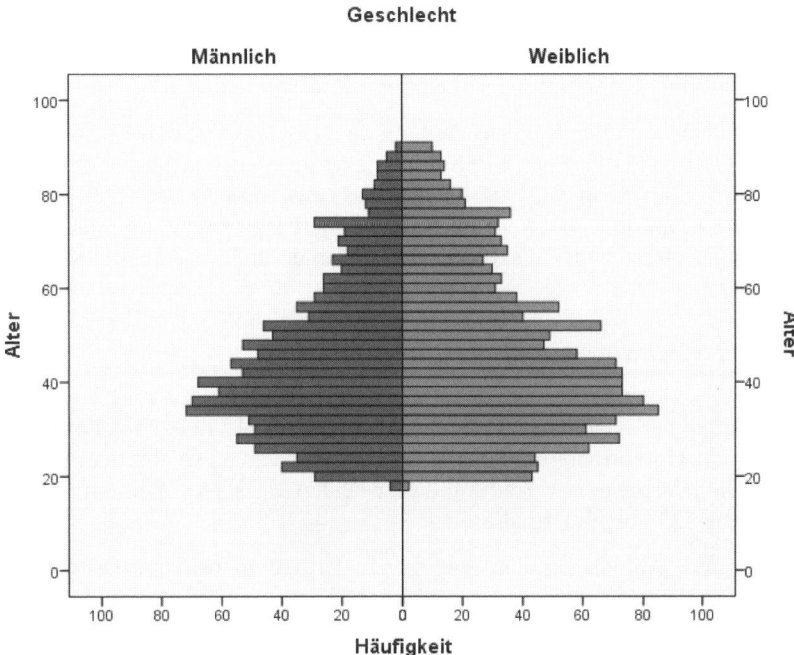

Abbildung 19.8: Bevölkerungspyramide mit der Altersverteilung getrennt für Männer und Frauen

Streudiagramme: Gemeinsame Verteilung zweier Variablen

Ein einfaches Streudiagramm stellt die gemeinsame Werteverteilung von zwei oder mehr Variablen dar. Darüber hinaus können Sie mit SPSS aber noch mehrere Varianten eines Streudiagramms erstellen, mit denen Sie die gemeinsame Werteverteilung mehrerer Variablenpaare in einer Grafik oder auch die gemeinsame Verteilung von drei Variablen in einem dreidimensionalen Raum darstellen können. Insgesamt stehen bei SPSS vier Varianten eines Streudiagramms zur Verfügung:

✔ **Einfaches Streudiagramm.** Ein einfaches Streudiagramm stellt die gemeinsame Verteilung zweier Variablen dar. Mit einer Kontrollvariablen können Sie dabei verschiedene Fallgruppen aus der Datendatei unterscheiden und durch unterschiedliche Symbole in dem Streudiagramm darstellen lassen.

✔ **Überlagertes Streudiagramm.** In einem überlagerten Streudiagramm kann für mehrere Variablenpaare die gemeinsame Verteilung dargestellt werden. Das resultierende Diagramm entspricht mehreren einfachen Streudiagrammen, die »übereinandergelegt« wurden.

✔ **Matrix-Streudiagramm.** Ein Matrix-Streudiagramm besteht aus mehreren einfachen Streudiagrammen, die in kompakter und übersichtlicher Form nebeneinander dargestellt werden. Es vermittelt einen schnellen Überblick über die gemeinsame Verteilung aller berücksichtigten Variablenpaare.

✔ **3D-Streudiagramm.** Mit einem 3D-Streudiagramm wird die gemeinsame Verteilung von drei Variablen in einem dreidimensionalen Raum dargestellt.

 Alle folgenden Beispiele basieren auf der Datendatei `World95.sav`, die Sie unter den Beispieldateien von SPSS finden oder alternativ von der Website der Appalachian State University unter `http://www.appstate.edu/~ehrhardtgc/` `3115/World95.sav` herunterladen können. Die Datei enthält für insgesamt 109 Länder dieser Erde verschiedene Kennzahlen zur wirtschaftlichen und sozialen Lage.

Ein einfaches Streudiagramm erstellen

Die Datei `World95.sav` gibt für jedes der 109 erfassten Länder unter anderem den Alphabetisierungsgrad (Anteil der Bevölkerung, die lesen kann, Variable `literacy`) und die Rate der Kindersterblichkeit (Tote im ersten Lebensjahr pro 1.000 lebend Geborenen, Variable `babymort`) an. Um die gemeinsame Verteilung dieser beiden Variablen in einem Streudiagramm darzustellen, gehen Sie folgendermaßen vor:

1. **Befehl aufrufen.** Wählen Sie den Menübefehl DIAGRAMME|VERALTETE DIALOGFELDER|STREU-/ PUNKT-DIAGRAMM. Dieser Befehl öffnet das Dialogfeld aus Abbildung 19.9.

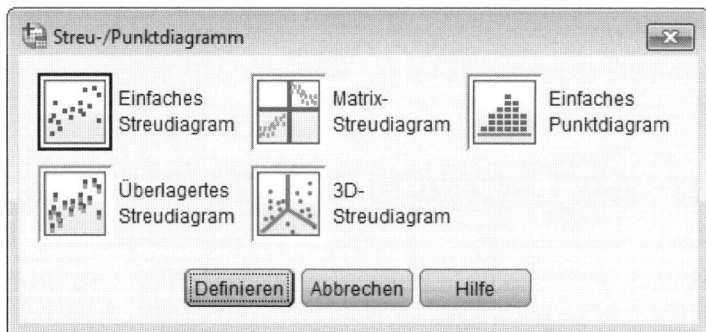

Abbildung 19.9: Dialogfeld zum Auswählen der Variante des Streudiagramms

2. **Art des Streudiagramms festlegen.** Wählen Sie in dem Dialogfeld aus Abbildung 19.9 die Option EINFACHES STREUDIAGRAMM und klicken Sie anschließend auf die Schaltfläche DEFINIEREN. Daraufhin wird das Dialogfeld aus Abbildung 19.10 geöffnet.

3. **Variablen der gemeinsamen Verteilung angeben.** Wählen Sie die beiden Variablen aus, deren gemeinsame Verteilung in dem Diagramm dargestellt werden soll, und fügen Sie diese in die Felder Y-ACHSE und X-ACHSE ein. Die Variable, die Sie in dem Feld Y-ACHSE angeben (hier `babymort`), wird auf der Ordinate (der senkrechten Achse) abgetragen, die Variable im Feld X-ACHSE (hier `literacy`) entsprechend auf der Abszisse (der waagerechten Achse).

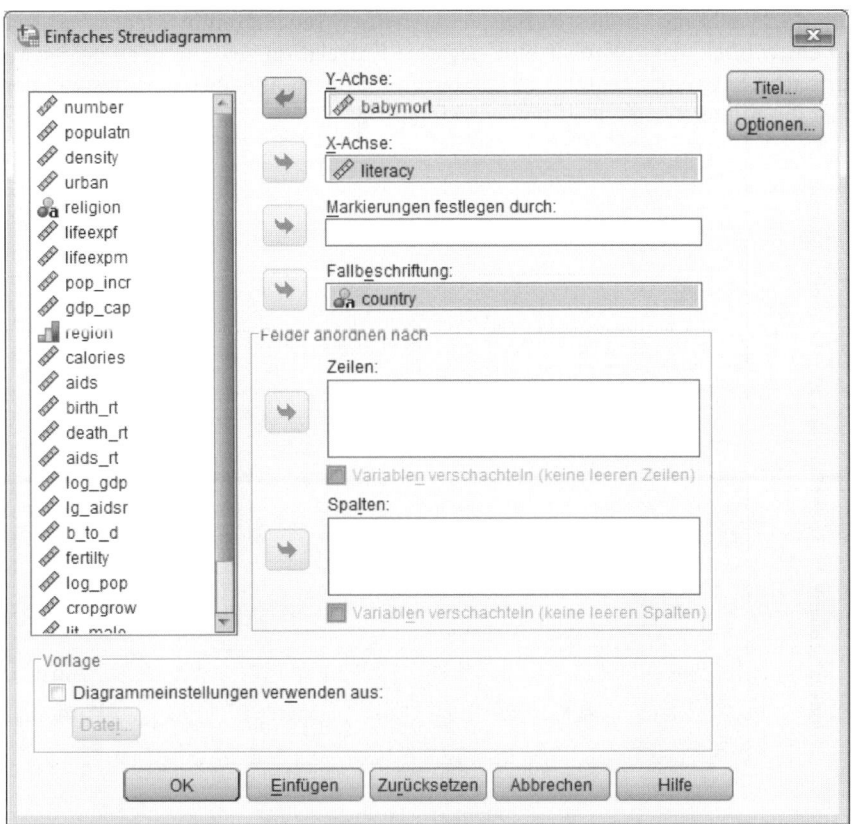

Abbildung 19.10: Dialogfeld zum Erstellen eines einfachen Streudiagramms

4. **Fallbeschriftungen.** Um die einzelnen Punkte im Streudiagramm besser den zugehörigen Fällen aus der Datendatei zuordnen zu können, können Sie in dem Feld FALLBESCHRIFTUNG eine Variable angeben, deren Werte zur Beschriftung der Punkte verwendet werden. In diesem Beispiel bietet sich die Variable country an, die für jeden Fall der Datendatei angibt, auf welches Land er sich bezieht. Die Angabe einer Variablen für die Fallbeschriftung ist aber rein optional.

5. **Variable zur Unterscheidung von Fallgruppen.** Ebenfalls optional können Sie in dem Feld MARKIERUNGEN FESTLEGEN DURCH eine kategoriale Variable angeben, um anhand der Werte dieser Variablen die Fälle der Datendatei in Gruppen zu unterteilen. In dem Streudiagramm werden die unterschiedlichen Fallgruppen dann durch verschieden farbige Markierungen dargestellt, damit Sie jeden einzelnen Punkt in dem Diagramm auf einen Blick der jeweiligen Fallgruppe zuordnen können. In diesem Beispiel soll eine solche Markierung nicht verwendet werden.

6. **Diagramm erstellen.** Wenn Sie alle Variablen angegeben haben, klicken Sie auf die Schaltfläche OK. Daraufhin wird das Diagramm von SPSS erstellt und in die Ausgabedatei geschrieben.

Abbildung 19.11 gibt das in diesem Beispiel erstellte Streudiagramm wieder. Das Diagramm zeigt auf einen Blick, dass offenbar eine negative Korrelation zwischen den beiden Variablen babymort und literacy besteht: In Ländern mit hohem Alphabetisierungsgrad der Bevölkerung ist die Kindersterblichkeit tendenziell gering.

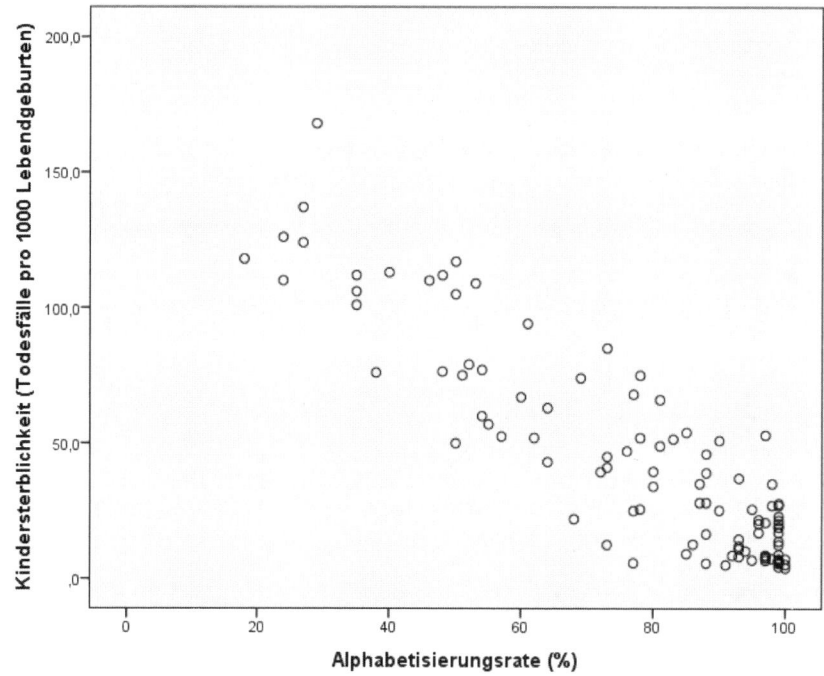

Abbildung 19.11: Einfaches Streudiagramm mit der gemeinsamen Verteilung der Variablen babymort *(Rate der Kindersterblichkeit) und* literacy *(Alphabetisierungsgrad)*

Beschriftungen für einzelne Punkte einblenden

Was nicht aus dem Diagramm hervorgeht, ist die Zuordnung der einzelnen Punkte zu den zugehörigen Ländern, obwohl beim Erstellen des Diagramms extra die Variable country für die Fallbeschriftung ausgewählt wurde. Eine solche Beschriftung kann jedoch für ausgewählte Punkte nachträglich im Diagramm-Editor vorgenommen werden. Gehen Sie hierzu folgendermaßen vor:

1. **Diagramm zur Bearbeitung öffnen.** Öffnen Sie das Diagramm im Diagramm-Editor, beispielsweise indem Sie in der Ausgabedatei mit der Maus auf das Diagramm doppelklicken.

 2. **Datenbeschriftungsmodus aktivieren.** Aktivieren Sie den so genannten *Datenbeschriftungsmodus*. Wählen Sie hierzu den Menübefehl ELEMENTE|DATENBESCHRIFTUNGSMODUS. Daraufhin nimmt der Mauszeiger das Aussehen eines Fadenkreuzes an.

3. **Beschriftungen für einzelne Punkte anzeigen.** Klicken Sie mit dem Fadenkreuz auf den Punkt im Streudiagramm, für den Sie eine Beschriftung mit dem Namen des zugehörigen Landes anzeigen möchten. Daraufhin wird der Name des Landes neben dem Punkt angezeigt. Wiederholen Sie dies für jeden weiteren Punkt, der in dieser Form beschriftet werden soll. Wenn Sie erneut auf einen Punkt klicken, der bereits beschriftet ist, blenden Sie die vorhandene Beschriftung damit wieder aus.

4. **Datenbeschriftungsmodus deaktivieren.** Wenn Sie alle Beschriftungen vorgenommen haben, schalten Sie den Datenbeschriftungsmodus mit dem Menübefehl ELEMENTE|DATEN-BESCHRIFTUNGSMODUS wieder aus oder schließen Sie direkt den Diagramm-Editor, um die gesamte Bearbeitung des Diagramms zu beenden. Abbildung 19.12 zeigt das Streudiagramm aus Abbildung 19.11 mit einigen Beschriftungen für ausgewählte Punkte.

 Werden bei Ihnen nicht die Namen der Länder, sondern andere Werte als Beschriftung angezeigt, können Sie dies wie folgt ändern: Markieren Sie die Beschriftungen, indem Sie ein beliebiges Beschriftungsfeld einmal mit der Maus anklicken. Das EIGENSCHAFTEN-Dialogfeld muss angezeigt werden (Befehl BEARBEITEN| EIGENSCHAFTEN). Schlagen Sie darin das Register DATENWERTELABELS auf; siehe auch Abbildung 19.12. Dort werden in den beiden Feldern ANGEZEIGT und NICHT ANGE-ZEIGT alle Informationen aufgeführt, die Sie zur Beschriftung der einzelnen Datenpunkte anzeigen lassen können. Die einzelnen Einträge können Sie zwischen den beiden Feldern verschieben, indem Sie sie einfach mit der Maus von einem Feld in das andere ziehen. Sorgen Sie auf diese Weise dafür, dass in dem Feld AN-GEZEIGT genau die Informationen ausgewählt sind, die Sie zur Beschriftung der Datenpunkte verwenden möchten. Klicken Sie anschließend auf die Schaltfläche ZUWEISEN, um die Änderungen auf das Diagramm anzuwenden.

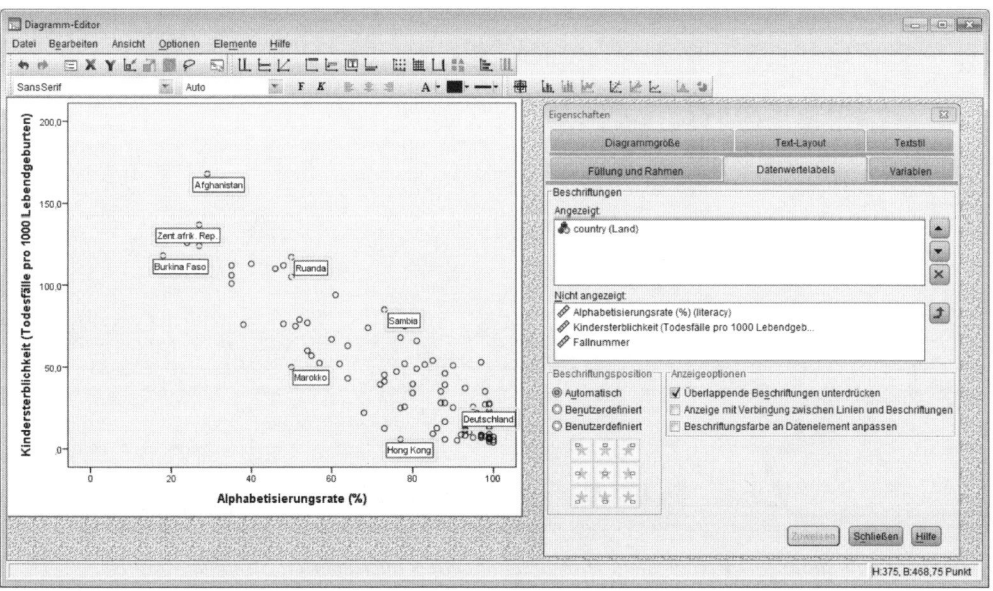

Abbildung 19.12: Streudiagramm im Diagramm-Editor mit einzelnen eingeblendeten Beschriftungen

Überlagertes Streudiagramm: Mehrere Streudiagramme in einem

Die Datei World95.sav enthält zwei Variablen, die die Lebenserwartung in den 109 betrachteten Ländern aufführt: Die Variable lifeexpf gibt die Lebenserwartung der Frauen an, die Variable lifeexpm die der Männer. Es soll nun die gemeinsame Verteilung der Variablen lifeexpf mit der Variablen literacy (Alphabetisierungsgrad der Bevölkerung) und die gemeinsame Verteilung der Variablen lifeexpm mit literacy dargestellt werden. Hierzu könnte man zwei einfache Streudiagramme erstellen, eines für lifeexpf – literacy und eines für lifeexpm – literacy. Stattdessen lassen sich die beiden gemeinsamen Verteilungen aber auch zusammen in einem überlagerten Streudiagramm wiedergeben:

1. **Befehl aufrufen und Variante des Streudiagramms angeben.** Wählen Sie den Menübefehl DIAGRAMME|VERALTETE DIALOGFELDER|STREU-/PUNKT-DIAGRAMM. Dieser Befehl öffnet das weiter vorn in Abbildung 19.9 dargestellte Dialogfeld. Wählen Sie hier die Option ÜBERLAGERTES STREUDIAGRAMM und klicken Sie anschließend auf die Schaltfläche DEFINIEREN. Daraufhin wird das Dialogfeld aus Abbildung 19.13 geöffnet.

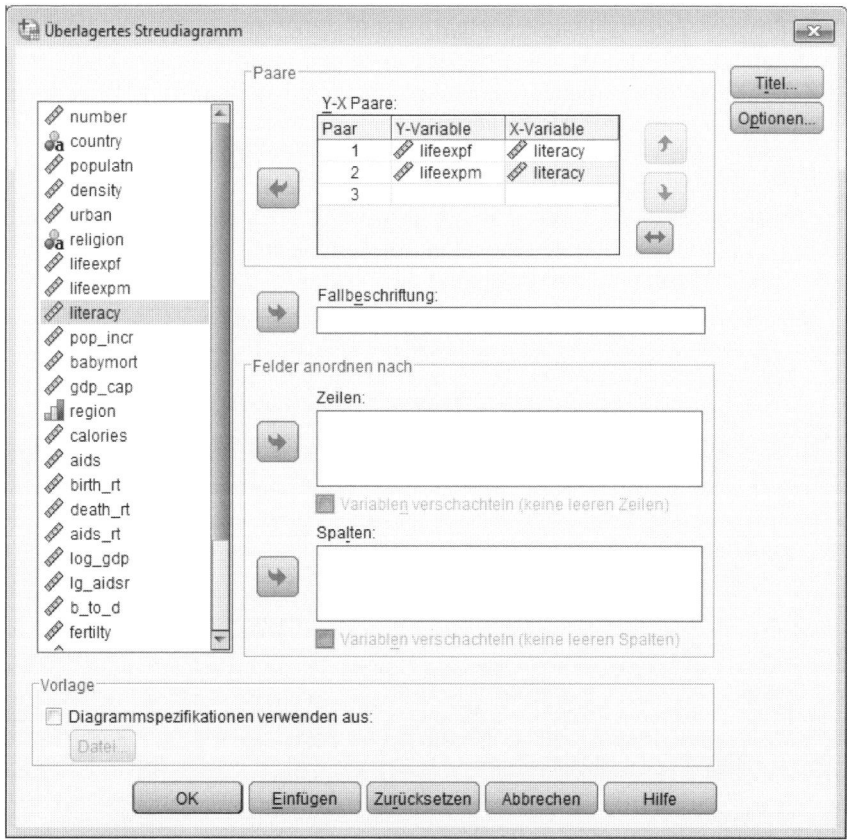

Abbildung 19.13: Dialogfeld zum Erstellen eines überlagerten Streudiagramms

2. **Variablenpaare festlegen.** Geben Sie in der Gruppe Y-X Paare die Variablenpaare an, deren gemeinsame Verteilung in dem Diagramm dargestellt werden soll. Um ein Variablenpaar festzulegen, ziehen Sie die beiden Variablen nacheinander aus der linken Variablenliste in die beiden Felder der Spalten Y-Variable und X-Variable. Für dieses Beispiel werden so die beiden Variablenpaare `lifeexpf - literacy` und `lifeexpm - literacy` definiert.

3. **Fallbeschriftungen.** Optional können Sie eine Variable zur Beschriftung der einzelnen Punkte in dem Diagramm angeben. Fügen Sie diese Variable in das Feld Fallbeschriftung ein. In diesem Beispiel wird keine Variable zur Fallbeschriftung verwendet.

4. **Diagramm erstellen.** Wenn Sie alle Variablen angegeben haben, klicken Sie auf die Schaltfläche OK, um das Diagramm zu erstellen. Das Diagramm wird wie üblich in die Ausgabedatei eingefügt.

Abbildung 19.14 zeigt das mit diesem Beispiel erstellte Streudiagramm. Darin werden die beiden angeforderten gemeinsamen Verteilungen dargestellt. Es ist zu erkennen, dass die Lebenserwartung der Frauen und die der Männer in etwa gleichermaßen mit dem Alphabetisierungsgrad der Bevölkerung korreliert sind und die Lebenserwartung der Frauen generell höher ist als die der Männer.

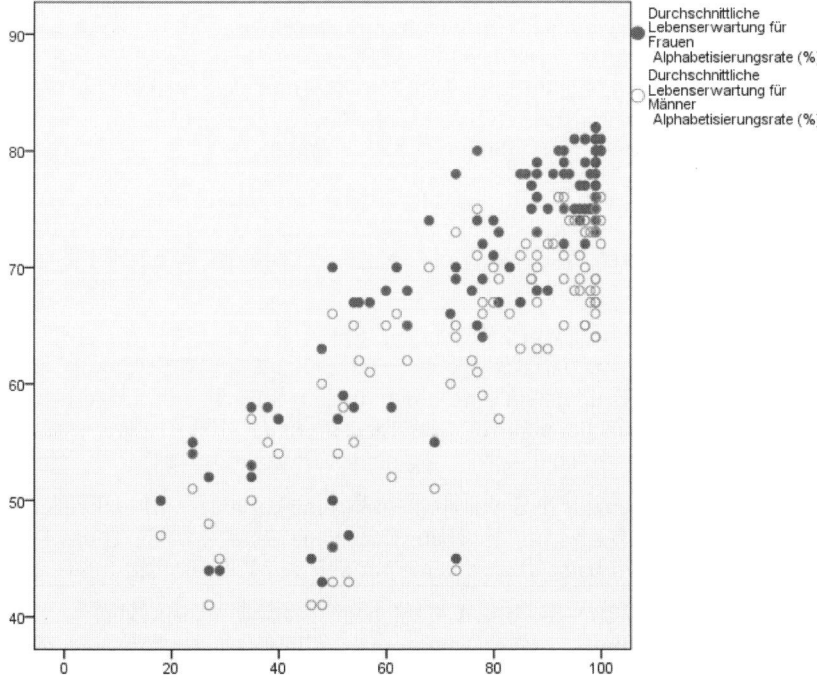

Abbildung 19.14: Überlagertes Streudiagramm mit den beiden gemeinsamen Werteverteilungen von `lifeexpf - literacy` *und* `lifeexpm - literacy`

Willkommen in der Matrix: Viele Streudiagramme in einer Grafik darstellen

Die Datei World95.sav enthält zahlreiche Variablen, für die zu vermuten ist, dass sie alle paarweise miteinander korreliert sind. Dies sind unter anderem die folgenden Variablen:

✔ lifeexpf: Lebenserwartung einer Frau in dem Land

✔ lifeexpm: Lebenserwartung eines Mannes in dem Land

✔ literacy: Anteil der Bevölkerung, die lesen kann

✔ babymort: Rate der Kindersterblichkeit (je 1.000 lebend Geborenen)

✔ gdp_cap: Bruttosozialprodukt je Einwohner (in US-Dollar)

✔ aids_rt: Anzahl von AIDS-Fällen je 100.000 Einwohnern

Für einen ersten, schnellen Eindruck der paarweisen Korrelationen zwischen diesen Variablen kann ein Matrix-Streudiagramm erstellt werden, das in kompakter Form für alle Variablenpaare, die sich aus den sechs Variablen bilden lassen, die gemeinsame Werteverteilung darstellt. Um ein solches Matrix-Streudiagramm zu erstellen, gehen Sie folgendermaßen vor:

1. **Befehl aufrufen und Variante des Streudiagramms angeben.** Wählen Sie den Menübefehl DIAGRAMME|VERALTETE DIALOGFELDER|STREU-/PUNKT-DIAGRAMM. Dieser Befehl öffnet das weiter vorn in diesem Kapitel in Abbildung 19.9 dargestellte Dialogfeld. Wählen Sie hier die Option MATRIX-STREUDIAGRAMM und klicken Sie anschließend auf die Schaltfläche DEFINIEREN. Daraufhin wird das Dialogfeld aus Abbildung 19.15 geöffnet.

2. **Variablen auswählen.** Geben Sie alle Variablen, die in dem Matrix-Streudiagramm berücksichtigt werden sollen, in dem Feld MATRIXVARIABLEN an. In diesem Beispiel sind dies die sechs oben aufgeführten Variablen lifeexpf, lifeexpm, literacy, babymort, gdp_cap und aids_rt.

3. **Variable zur Unterscheidung von Fallgruppen.** Optional können Sie in dem Feld MARKIERUNGEN FESTLEGEN DURCH eine Variable angeben, um anhand der Werte dieser Variablen die Fälle der Datendatei in Gruppen zu unterteilen. In dem Streudiagramm werden die unterschiedlichen Fallgruppen dann durch verschiedenfarbige Markierungen dargestellt. In diesem Beispiel soll eine solche Markierung nicht verwendet werden.

4. **Fallbeschriftungen.** Ebenfalls optional können Sie eine Variable zur Beschriftung der einzelnen Punkte in dem Diagramm angeben. Fügen Sie diese Variable in das Feld FALLBESCHRIFTUNG ein. In diesem Beispiel wird keine Variable zur Fallbeschriftung verwendet.

5. **Diagramm erstellen.** Wenn Sie alle Variablen ausgewählt haben, klicken Sie auf die Schaltfläche OK. Daraufhin wird das Diagramm erstellt und in die Ausgabedatei geschrieben. Abbildung 19.16 gibt das Matrix-Streudiagramm aus diesem Beispiel wieder.

Das Diagramm stellt für jedes der insgesamt 15 Variablenpaare, die sich aus den sechs ausgewählten Variablen bilden lassen, ein kleines, fast schon Piktogramm-artiges einfaches Streudiagramm mit der gemeinsamen Verteilung der beiden Variablen dar. Dabei wird jedes Variablenpaar sogar zweimal aufgeführt, einmal oberhalb und einmal unterhalb der Hauptdia-

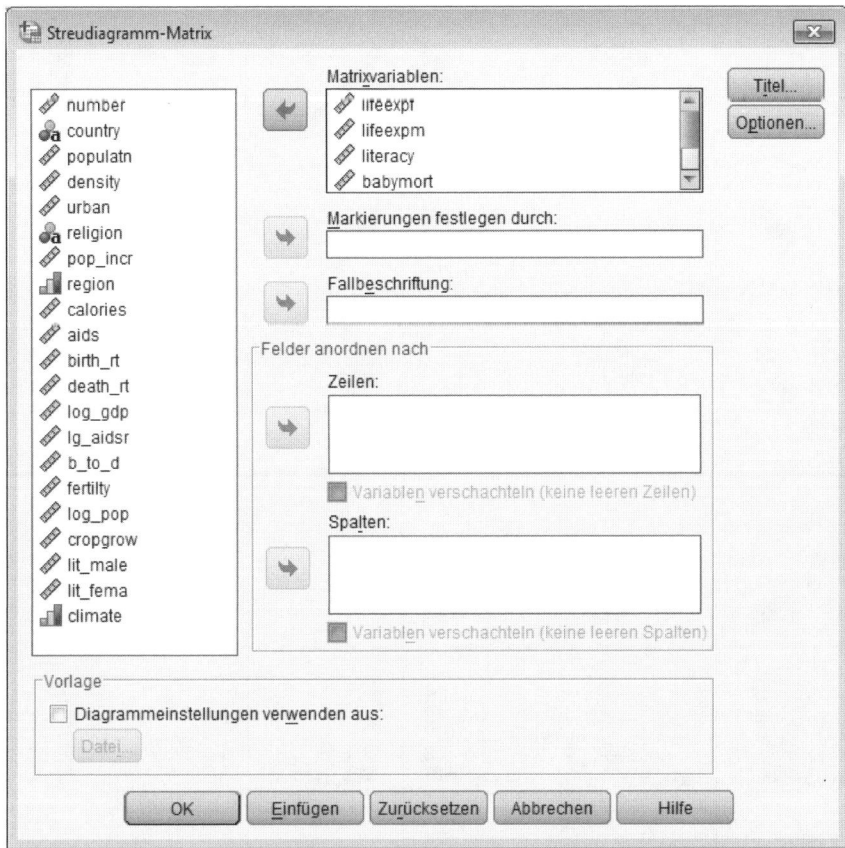

Abbildung 19.15: Dialogfeld zum Erstellen eines Matrix-Streudiagramms

gonalen. So zeigt das zweite Kästchen in der ersten Zeile beispielsweise die gemeinsame Verteilung der Variablen lifeexpf (Lebenserwartung der Frauen) und lifeexpm (Lebenserwartung der Männer), die natürlich in hohem Maße positiv miteinander korreliert sind. Der gleiche Zusammenhang wird (allerdings mit vertauschten Achsen) auch in dem ersten Kästchen der zweiten Zeile dargestellt. Auf diese Weise gibt die Matrix einen schnellen, groben Überblick über die Zusammenhänge zwischen den Variablen.

Die dritte Dimension: Gemeinsame Verteilung von drei Variablen

Ein 3D-Streudiagramm stellt die gemeinsame Verteilung von drei Variablen räumlich dar. Anhand der Datei World95.sav lässt sich so zum Beispiel die gemeinsame Verteilung der Variablen lifeexpm (Lebenserwartung der Männer), literacy (Alphabetisierungsgrad der Bevölkerung) und babymort (Rate der Kindersterblichkeit) darstellen. Um ein solches 3D-Streudiagramm zu erzeugen, gehen Sie folgendermaßen vor:

1. **Befehl aufrufen und Variante des Streudiagramms festlegen.** Wählen Sie den Menübefehl DIAGRAMME|VERALTETE DIALOGFELDER|STREU-/PUNKT-DIAGRAMM. Dieser Befehl öffnet das weiter

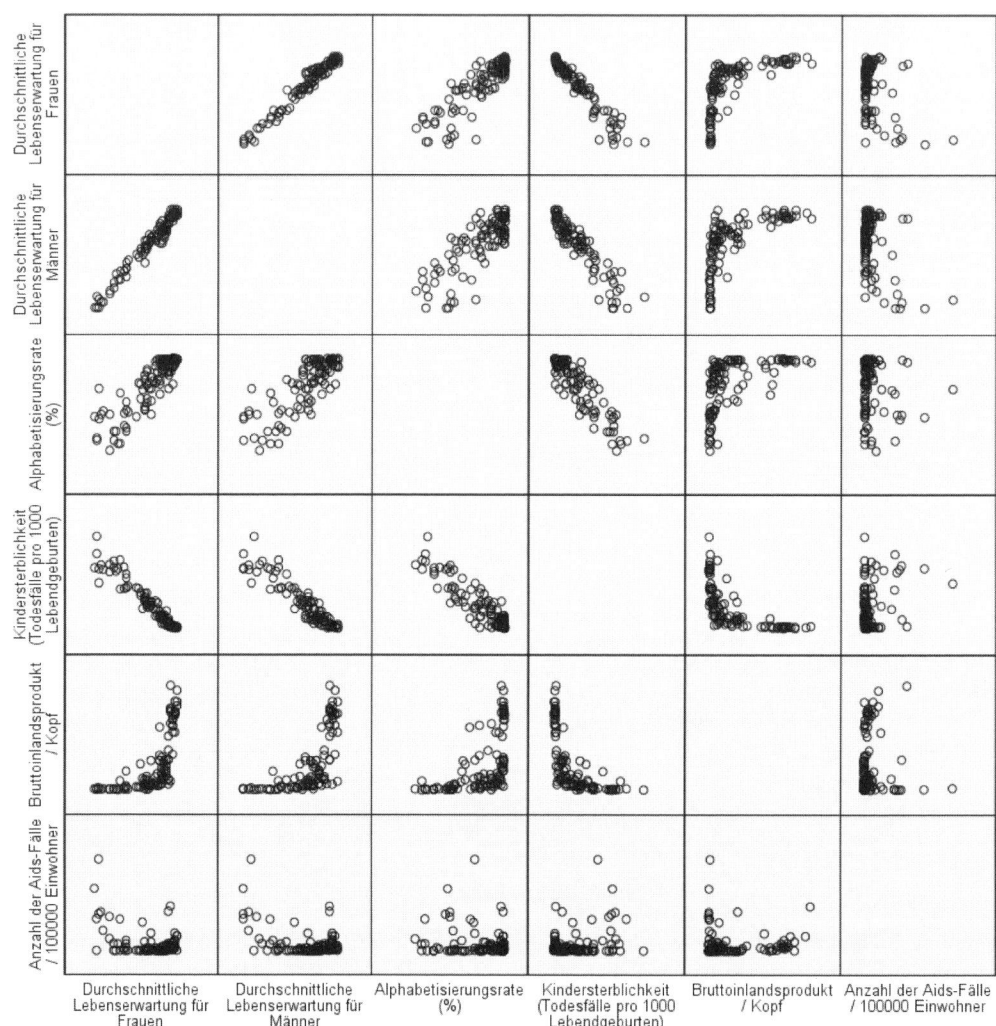

Abbildung 19.16: Matrix-Streudiagramm mit der gemeinsamen Verteilung von insgesamt 15 Variablenpaaren aus sechs unterschiedlichen Variablen

vorn in diesem Kapitel in Abbildung 19.9 dargestellte Dialogfeld. Wählen Sie hier die Option 3D-STREUDIAGRAMM und klicken Sie anschließend auf die Schaltfläche DEFINIEREN. Daraufhin wird das Dialogfeld aus Abbildung 19.17 geöffnet.

2. **Variablen angeben.** Geben Sie die drei Variablen, deren gemeinsame Verteilung dargestellt werden soll, in den Feldern Y-ACHSE (senkrechte Achse), X-ACHSE (waagerechte Achse) und Z-ACHSE (räumliche Achse) an. In diesem Beispiel sind dies die Variablen lifeexpm, literacy und babymort.

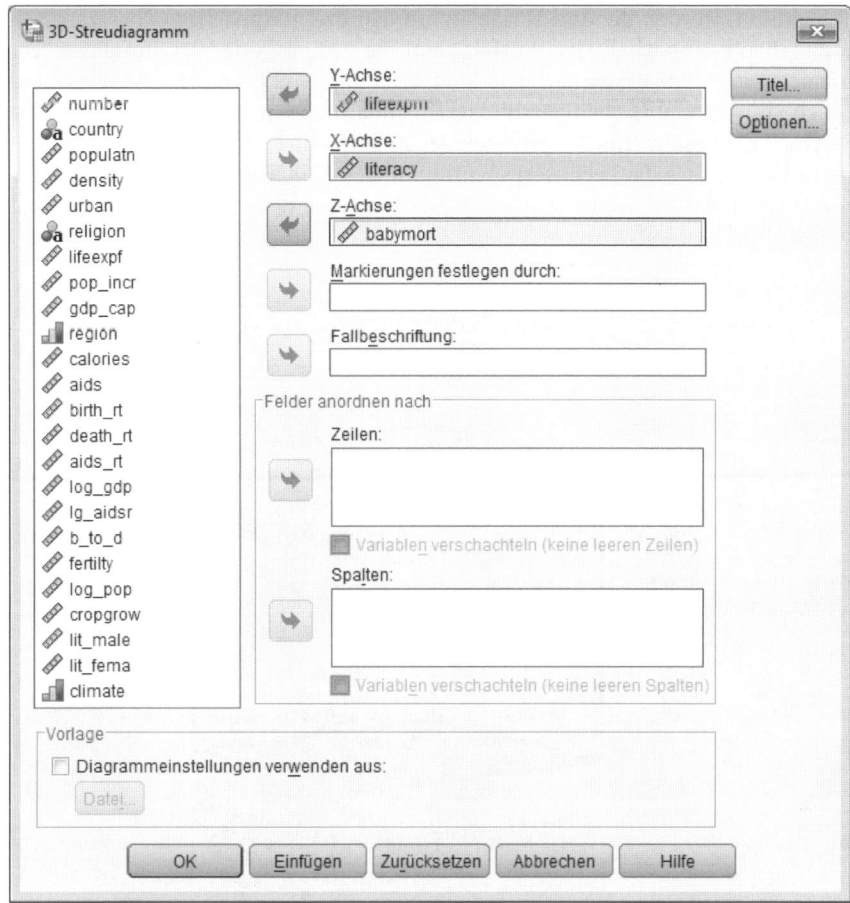

Abbildung 19.17: Dialogfeld zum Erstellen eines 3D-Streudiagramms

3. **Variable zur Unterscheidung von Fallgruppen.** Optional können Sie in dem Feld MARKIE-
   RUNGEN FESTLEGEN DURCH eine Variable angeben, um anhand der Werte dieser Variablen die
   Fälle der Datendatei in Gruppen zu unterteilen. In dem Streudiagramm werden die unterschiedlichen Fallgruppen dann durch verschiedenfarbige Markierungen dargestellt. In
   diesem Beispiel wird eine solche Markierung nicht verwendet.

4. **Fallbeschriftungen.** Ebenfalls optional können Sie in dem Feld FALLBESCHRIFTUNG eine Variable zur Beschriftung der einzelnen Punkte in dem Diagramm angeben. In diesem Beispiel wird auf die Verwendung einer solchen Variablen verzichtet.

5. **Diagramm erstellen.** Wenn Sie alle Variablen ausgewählt haben, klicken Sie auf die
   Schaltfläche OK. Daraufhin wird das Diagramm erstellt und in die Ausgabedatei geschrieben. Abbildung 19.18 gibt das 3D-Streudiagramm für dieses Beispiel wieder.

In dem Diagramm werden die drei Variablen auf den drei Raumachsen abgetragen. Der Verlauf der Punktwolke innerhalb des Würfels zeigt die gemeinsame Verteilung der Werte aller drei Variablen. So ist zu erkennen, dass sich die Punktwolke tendenziell von »vorne links unten« nach »hinten rechts oben« erstreckt. Die inhaltliche Bedeutung davon erschließt sich erst, wenn man die Beschriftung der Achsen genau betrachtet. In diesem Fall zeigt der Verlauf der Punktwolke an, dass die Lebenserwartung und der Alphabetisierungsgrad positiv miteinander korreliert sind und gleichzeitig beide Variablen eine negative Korrelation mit der Rate der Kindersterblichkeit aufweisen.

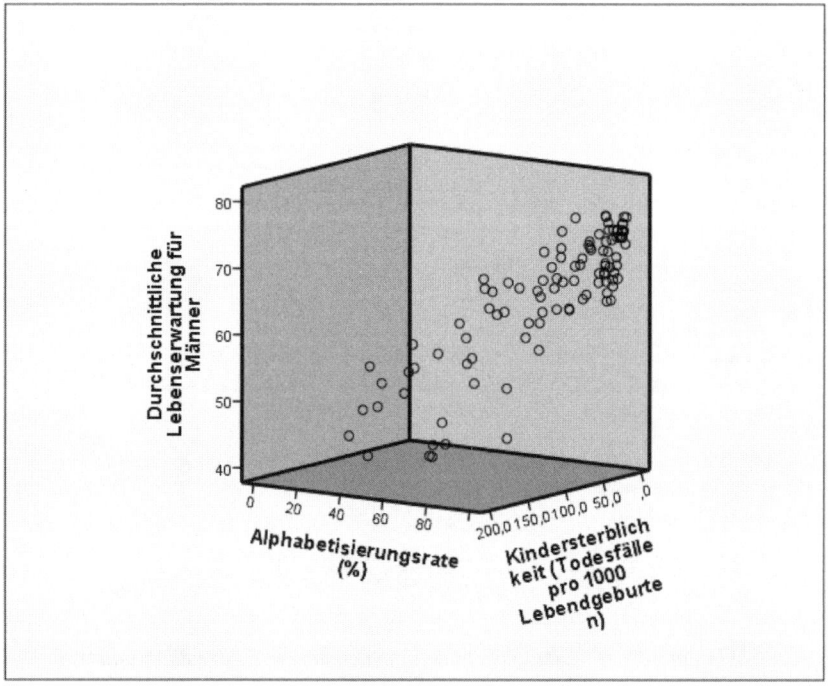

Abbildung 19.18: 3D-Streudiagramm mit der gemeinsamen Verteilung dreier Variablen

Diagramm im Raum drehen

Je nach Lage der Punktwolke in dem Würfel kann die Lesbarkeit und Interpretation der Grafik manchmal schwierig sein. Häufig lässt sich die Grafik dann einfacher lesen, wenn der Würfel gedreht wird und möglicherweise zusätzlich Projektionslinien von den einzelnen Punkten im Raum auf die Grundfläche eingefügt werden. Beides können Sie im Diagramm-Editor vornehmen:

1. **Diagramm zur Bearbeitung öffnen.** Öffnen Sie das Diagramm im Diagramm-Editor, beispielsweise indem Sie in der Ausgabedatei mit der Maus auf das Diagramm doppelklicken.

2. **Datenreihe markieren.** Markieren Sie die Punktwolke des Diagramms, indem Sie einen beliebigen Punkt einmal mit der Maus anklicken.

3. **Eigenschaften-Dialogfeld anzeigen.** Zeigen Sie das Dialogfeld EIGENSCHAFTEN an (Befehl BEARBEITEN|EIGENSCHAFTEN).

4. **Projektionslinien einblenden.** Um Projektionslinien einzublenden, schlagen Sie in dem EIGENSCHAFTEN-Dialogfeld das Register PROJEKTIONSLINIEN auf. Darin können Sie zwischen verschiedenen Arten von Projektionslinien wählen; zur Verbesserung der Lesbarkeit sind meistens Projektionslinien auf die GRUNDFLÄCHE am hilfreichsten. In Abbildung 19.19 sind diese Projektionslinien bereits eingefügt.

5. **Diagramm im Raum drehen.** Um das Diagramm im Raum zu drehen, wählen Sie den Menübefehl BEARBEITEN|3D-ROTATION. Dieser Befehl öffnet ein kleines Dialogfeld (siehe auch Abbildung 19.19), in dem Sie die vertikale und die horizontale Drehung des Diagramms steuern können. Wenn Sie die Werte in den beiden Eingabefeldern ändern, wird die Darstellung der Grafik simultan angepasst. Es empfiehlt sich, mit den verschiedenen Perspektiven für das Diagramm ein wenig zu spielen, um die beste Darstellung zu finden. Wenn Sie sich dabei verspielt haben, können Sie mit der Schaltfläche ZURÜCKSETZEN jederzeit den Ursprungszustand der Grafik wiederherstellen.

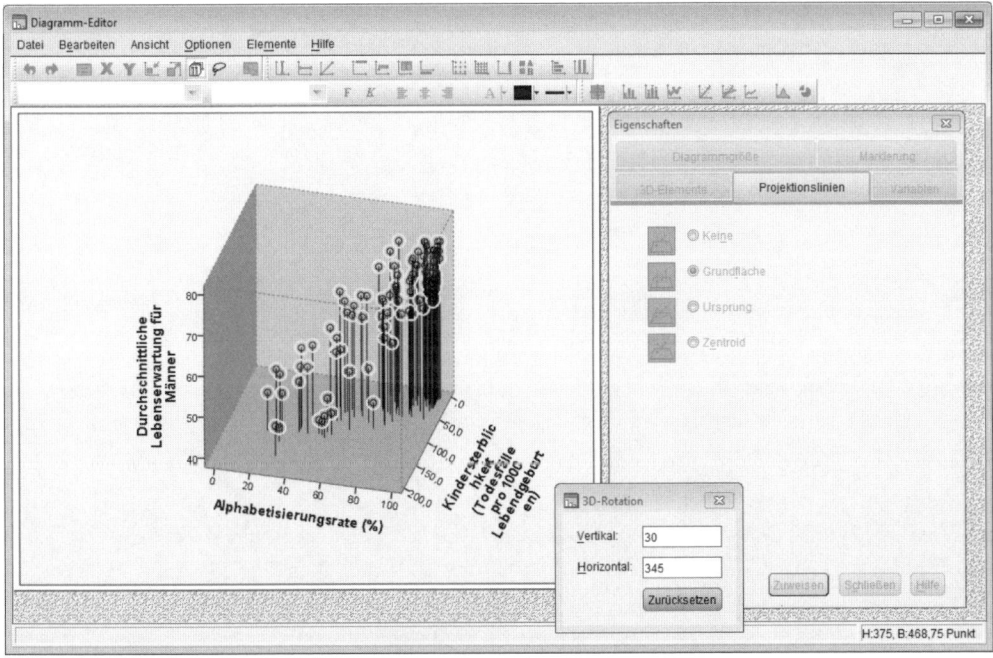

Abbildung 19.19: 3D-Streudiagramm im Diagramm-Editor mit der Möglichkeit zur Rotation im Raum

6. **Bearbeitung beenden.** Wenn Sie die optimale Darstellung gefunden haben, können Sie den Diagramm-Editor wieder schließen (Befehl DATEI|SCHLIESSEN). Danach wird die Grafik in der veränderten Form in der Ausgabedatei angezeigt.

Teil V

Ergebnisse professionell gestalten und nutzen

The 5th Wave · By Rich Tennant

»Die obere Linie zeigt unseren Gewinn,
die mittlere unseren Wareneinsatz und die untere
meinen Haarausfall im entsprechenden Zeitraum.«

In diesem Teil ...

Die besten Ergebnisse und spannendsten Erkenntnisse nützen oft wenig, wenn man sie nicht auch anderen Leuten zeigen und vermitteln kann. Wenn diese anderen Leute dann nicht gerade Statistiker, Mathematiker oder andere »Number Cruncher« sind, werden sie vermutlich nicht nur auf den Inhalt, sondern auch auf das äußere Erscheinungsbild der Ergebnisse schauen, insbesondere wenn es sich um Vorstände, Geschäftsführer oder andere Personen mit kindlichem Gemüt handelt. Daher sollten Sie darauf achten, dass Ihre Ergebnisse auch unabhängig vom Inhalt schön anzuschauen sind. Hierzu können Sie die Ergebnistabellen, die SPSS produziert, nachträglich in vielfacher Hinsicht bearbeiten und umgestalten. So können Sie Farben einfügen, die Schriftarten verändern, die Darstellung von Zahlen beeinflussen, Titel, Fußnoten und Hinweise ergänzen und vieles mehr. Wie dies alles geht, erfahren Sie in diesem Teil des Buches. Außerdem können Sie in den folgenden Kapiteln auch nachlesen, wie Sie die Ergebnistabellen und Grafiken aus SPSS herausbekommen und in eine Word- oder PowerPoint-Datei einfügen, um sie dort in Ihre Berichte und Präsentationen zu integrieren.

Umbauanleitung für Ergebnis-tabellen

20

In diesem Kapitel

▷ Der Gliederungsbaum in der Ausgabedatei

▷ Tabellen und Diagramme verschieben, löschen, aus- und einblenden

▷ Tabellen in der Ausgabedatei bearbeiten

▷ Zeilen und Spalten in einer Tabelle neu anordnen

▷ Zeilen und Spalten in einer Tabelle ausblenden und löschen

*W*enn Sie eine statistische Analyse mit SPSS durchführen, werden die Ergebnisse in Form von Tabellen und Diagrammen in eine Ausgabedatei geschrieben. Dort können die Ergebnisse dann betrachtet und gespeichert werden, zusätzlich besteht aber auch die Möglichkeit, die Ergebnisse nachträglich zu bearbeiten, neu anzuordnen und einzelne Tabellen oder Grafiken wieder aus der Ausgabedatei zu löschen.

In den folgenden Abschnitten dieses Kapitels lesen Sie, wie Sie die Ergebnisse in einer Ausgabedatei neu anordnen und organisieren können, einzelne Ergebnisse löschen oder vorübergehend ausblenden. Ferner erfahren Sie auf den folgenden Seiten, wie Sie die Ergebnistabellen von SPSS umstrukturieren können, indem Sie beispielsweise Zeilen und Spalten vertauschen oder überflüssige Angaben vorübergehend ausblenden oder vollständig löschen.

Neben diesen Änderungen an der Struktur der Ergebnistabellen können Sie auch die Formatierungen anpassen und beispielsweise Hintergrundfarben verwenden, andere Schriftarten wählen oder zusätzliche Tabellentitel einfügen. Die Vorgehensweise hierzu wird in Kapitel 21 beschrieben.

Beispieltabellen zum Spielen

Alle Möglichkeiten zum Umbau von Ergebnistabellen werden im Folgenden anhand einer Beispieltabelle mit statistischen Kennzahlen über das Fernsehverhalten verschiedener Personengruppen beschrieben. Wenn Sie die Beispiele nacharbeiten oder einfach ein wenig mit den Beispieltabellen »spielen« und herumprobieren möchten, können Sie diese ganz einfach in wenigen Schritten erstellen:

1. **Datendatei öffnen.** Öffnen Sie die Datendatei `survey_sample.sav`. Diese Datei wurde bei der Installation von SPSS mit auf die Festplatte kopiert. Sie sollten die Datei in dem Programmverzeichnis von SPSS und dort in dem Unterverzeichnis `Samples` oder `Samples\German` finden. Die Datei enthält einen Auszug aus den Ergebnissen einer in den USA durchgeführten Befragung.

2. **Explorative Datenanalyse starten.** Wählen Sie den Menübefehl ANALYSIEREN|DESKRIPTIVE STA-
   TISTIKEN|EXPLORATIVE DATENANALYSE. Dieser Befehl öffnet das Dialogfeld aus Abbildung 20.1.

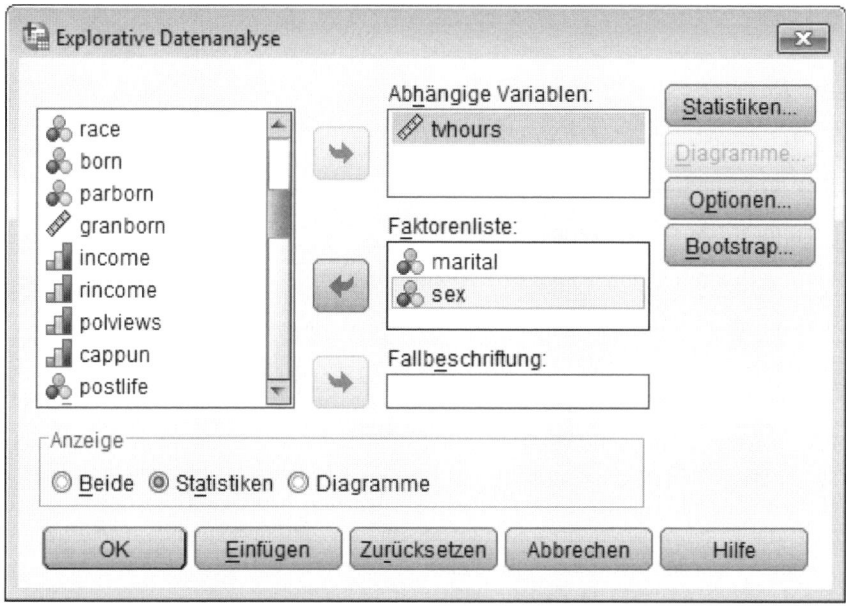

Abbildung 20.1: Dialogfeld der explorativen Datenanalyse mit den Angaben für die Beispieltabellen

3. **Variablen auswählen.** Geben Sie wie in Abbildung 20.1 die Variable `tvhours` (täglicher
   TV-Konsum in Stunden) als abhängige Variable an und verschieben Sie die beiden Variablen `marital` (Familienstand) und `sex` (Geschlecht) in das Feld FAKTORENLISTE. Auf diese
   Weise werden statistische Kennzahlen für den täglichen Fernsehkonsum angefordert, und
   zwar einmal getrennt für Männer und Frauen und einmal getrennt für Personen in unterschiedlichem Familienstand.

4. **Ausgabe festlegen.** Wählen Sie in der Gruppe ANZEIGE die Option STATISTIKEN, da für die folgenden Beispiele keine Diagramme benötigt werden.

5. **Ausführung starten.** Wenn Sie alle Angaben wie in Abbildung 20.1 vorgenommen haben,
   klicken Sie auf die Schaltfläche OK. Daraufhin erstellt SPSS insgesamt vier Tabellen, die
   gemeinsam als Ergebnis in die Ausgabedatei geschrieben werden (siehe Abbildung 20.2).

Tabellen im Viewer organisieren

Die Lebenserfahrung lehrt: Man sollte sich niemals angewöhnen, vorgegebene Strukturen
einfach zu akzeptieren, wenn sie einem widersinnig oder unzweckmäßig erscheinen. Dies gilt
auch für die Ausgabedateien von SPSS. Zum Glück ist dies auch nicht erforderlich, denn Sie
können alle in einer Ausgabedatei enthaltenen Elemente wie Tabellen, Grafiken und Überschriften beliebig neu anordnen oder auch einzelne Elemente vorübergehend ausblenden
oder dauerhaft löschen. Wie Sie dies tun, wird in den folgenden Punkten beschrieben. Damit

Sie dabei auch tatsächlich die gewünschten Ergebnisse erreichen, sollten Sie sich aber vorher drei Minuten Zeit nehmen, um auf der folgenden Seite mit der Ordnungsphilosophie von SPSS vertraut zu werden.

Chaos und Ordnung in der Ausgabedatei

SPSS ist ein kleiner Chaot – aber ein gut strukturierter. Solange Sie SPSS nicht ausdrücklich davon abhalten, schreibt das Programm sämtliche Ergebnisse, die Sie mit statistischen Prozeduren erstellen, ebenso wie alle Diagramme und auch Fehlermeldungen und Protokollnotizen in ein und dieselbe Ausgabedatei. Dadurch kann ihr Inhalt schnell unübersichtlich werden und Anschauungsmaterial für die Chaosforschung liefern. Allerdings gibt SPSS sich durchaus Mühe, das Chaos zu strukturieren, und listet sämtliche Inhalte einer Ausgabedatei schön geordnet in einem Gliederungsbaum auf. Abbildung 20.2 zeigt eine solche Ausgabedatei, die mehrere Ergebnistabellen, Überschriften und Anmerkungen enthält. Sämtliche Elemente dieser Datei werden in dem Gliederungsbaum auf der linken Seite aufgelistet.

Mit dem Gliederungsbaum navigieren

Wenn Sie einen Eintrag in dem Gliederungsbaum anklicken, wird automatisch das zugehörige Element wie beispielsweise die entsprechende Ergebnistabelle in der Ausgabedatei angezeigt. Damit gibt der Gliederungsbaum nicht nur eine Übersicht über all das, was in der Ausgabedatei enthalten ist, sondern Sie können ihn auch verwenden, um in der Ausgabedatei zu blättern oder gezielt zu bestimmten Tabellen und anderen Ergebnissen zu springen.

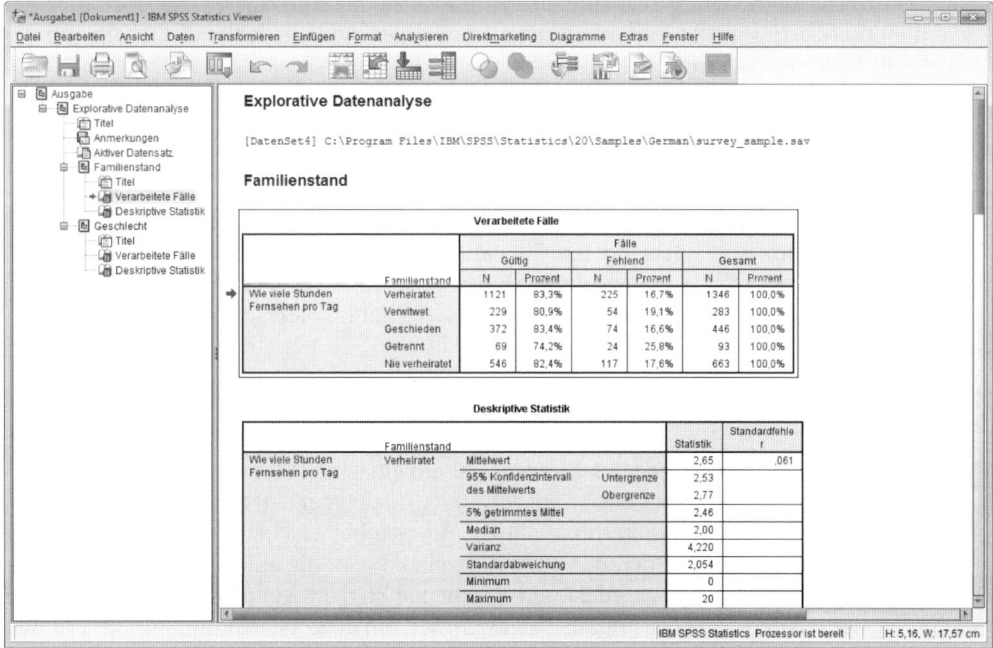

Abbildung 20.2: Ausgabedatei mit mehreren Ergebnistabellen

Hierarchische Organisationsstruktur

SPSS ist ein Anhänger hierarchischer Organisationsstrukturen – dies gilt zumindest für den Gliederungsbaum in der Ausgabedatei. Alle dort aufgeführten Elemente sind in einer klar hierarchischen Struktur angeordnet. An der Spitze dieser Organisation steht als oberster Eintrag des Gliederungsbaums stets der Gliederungspunkt Ausgabe. Alle Ergebnisse in der Ausgabedatei sind diesem Gliederungspunkt untergeordnet. In Abbildung 20.2 befindet sich unmittelbar darunter – auf der zweiten Ebene – nur ein einziger Eintrag mit der Bezeichnung Explorative Datenanalyse, dem jedoch wieder zahlreiche weitere Gliederungspunkte untergeordnet sind. Diese hierarchische Struktur ist deshalb von Bedeutung, weil sich einige Änderungen, die Sie an einem bestimmten Eintrag im Gliederungsbaum vornehmen, unmittelbar auf alle untergeordneten Elemente auswirken. Wenn Sie beispielsweise einen bestimmten Eintrag aus dem Gliederungsbaum entfernen, löschen Sie damit zugleich alle diesem Eintrag untergeordneten Elemente.

Wichtig ist im Gliederungsbaum der Unterschied zwischen zwei Arten von Einträgen:

✔ **Überschriften.** Überschriften sind solche Einträge, denen andere Elemente untergeordnet sind. In Abbildung 20.2 sind dies die Einträge Ausgabe, Explorative Datenanalyse, Familienstand und Geschlecht. Diese Einträge haben ausschließlich eine Gliederungsfunktion und repräsentieren keine inhaltlichen Ergebnisse aus der Ausgabedatei. Im Gliederungsbaum werden Überschriften mit einem gelben Symbol dargestellt.

✔ **Ergebniselemente.** Ergebniselemente sind Einträge, die ein inhaltliches Ergebnis aus der Ausgabedatei wie beispielsweise eine Ergebnistabelle, einen Titel oder ein Diagramm repräsentieren. In Abbildung 20.2 sind dies zum Beispiel die Einträge Titel oder auch der aktuell markierte Eintrag Verarbeitete Fälle, der die entsprechende Tabelle auf der rechten Seite repräsentiert.

Ergebnisse ein- und ausblenden

Alle Ergebniselemente, die in einer Ausgabedatei enthalten sind, können vorübergehend ausgeblendet und jederzeit wieder eingeblendet werden. Einige Ergebnisse werden von SPSS auch von vornherein in ausgeblendetem Zustand in die Ausgabedatei eingefügt. In Abbildung 20.2 ist in der Gliederungsansicht zum Beispiel das Element Anmerkungen aufgeführt, das jedoch nicht auf der rechten Seite als Ergebnis erscheint. Dieses Element ist ausgeblendet.

Ob ein Element aktuell sichtbar oder ausgeblendet ist, erkennen Sie an dem Symbol im Gliederungsbaum:

✔ **Einzelnes ausgeblendetes Element.** Ist ein einzelnes Element wie eine Ergebnistabelle oder ein Diagramm ausgeblendet, bleibt der entsprechende Eintrag im Gliederungsbaum weiterhin sichtbar. Als Symbol erscheint neben dem Eintrag ein geschlossenes Buch mit grauem Deckel. Wenn Sie auf dieses Symbol mit der Maus doppelklicken, wird das entsprechende Element eingeblendet und damit auf der rechten Seite der Ausgabedatei sichtbar. Auf diese Weise könnten Sie zum Beispiel das Element Anmerkung in Abbildung 20.2 einblenden.

✔ **Einzelnes eingeblendetes Element.** Alle eingeblendeten Ergebniselemente werden in dem Gliederungsbaum mit einem aufgeschlagenen Buch als Symbol dargestellt. Um ein solches Element auszublenden, doppelklicken Sie mit der Maus auf das Buchsymbol.

✔ **Eingeblendete Überschrift.** Neben einer Überschrift erscheint im Gliederungsbaum stets ein kleines Kästchen, in dem ein Plus- oder ein Minuszeichen dargestellt wird. Im Fall einer eingeblendeten Überschrift erscheint in diesem Kästchen ein Minuszeichen. Wenn Sie mit der Maus auf dieses Minuszeichen klicken, wird die Überschrift ausgeblendet. Dies bewirkt, dass sowohl alle der Überschrift untergeordneten Elemente im Gliederungsbaum als auch die zugehörigen Ergebnisse in der Ausgabedatei ausgeblendet werden. Der Eintrag für die Überschrift selbst bleibt im Gliederungsbaum weiterhin sichtbar. So können Sie beispielsweise in Abbildung 20.2 auf das Minuszeichen neben dem Eintrag Familienstand klicken, um alle drei dieser Überschrift untergeordneten Elemente auszublenden.

✔ **Ausgeblendete Überschrift.** Neben einer ausgeblendeten Überschrift wird ein kleines Kästchen mit einem Pluszeichen dargestellt. Klicken Sie mit der Maus auf dieses Pluszeichen, um die Elemente, die der betreffenden Überschrift untergeordnet sind, wieder einzublenden.

Ergebnisse löschen

Alle in einer Ausgabedatei aufgeführten Ergebnisse können gelöscht und damit dauerhaft aus der Ausgabedatei entfernt werden. Gehen Sie hierzu folgendermaßen vor:

1. **Element markieren.** Markieren Sie das Element (zum Beispiel den Titel, die Tabelle oder das Diagramm), das Sie löschen möchten. Hierzu können Sie wahlweise den entsprechenden Eintrag im Gliederungsbaum oder das Element selbst auf der rechten Seite der Ausgabedatei anklicken. Markierte Elemente werden im Gliederungsbaum farbig unterlegt hervorgehoben und auf der rechten Seite der Ausgabedatei umrandet dargestellt. In Abbildung 20.2 ist die Tabelle Verarbeitete Fälle markiert.

2. **Element löschen.** Tippen Sie die Taste `Entf`, um das markierte Element dauerhaft zu löschen.

Beachten Sie hierbei unbedingt Folgendes: Ist im Gliederungsbaum eine Überschrift markiert, sind damit zugleich sämtliche der Überschrift untergeordneten Elemente markiert. Wenn Sie dann die Taste `Entf` tippen, werden daher sowohl die Überschrift als auch die untergeordneten Elemente entfernt.

Ergebnisse verschieben

Sie können die Anordnung der Ergebnisse in der Ausgabedatei nahezu beliebig verändern. Jedes einzelne im Gliederungsbaum aufgeführte Element lässt sich dort an eine neue Position verschieben; damit ändern Sie zugleich die Anordnung der Ergebnisse auf der rechten Inhaltsseite der Ausgabedatei:

1. Klicken Sie im Gliederungsbaum mit der Maus auf das Element, das Sie verschieben möchten, und halten Sie die Maustaste gedrückt.

2. Ziehen Sie das Element bei gedrückter Maustaste an die gewünschte neue Position. Bewegen Sie den Mauszeiger dazu im Gliederungsbaum auf den Eintrag, hinter den das markierte Element verschoben werden soll.

3. Wenn Sie den Mauszeiger nun loslassen, wird das betreffende Element im Gliederungsbaum verschoben. Damit werden zugleich die Ergebnisse auf der rechten Seite der Ausgabedatei entsprechend neu angeordnet.

 Wenn Sie im Gliederungsbaum eine Überschrift verschieben, werden damit zugleich sämtliche dieser Überschrift untergeordneten Elemente mit verschoben.

Tabellen zur Bearbeitung öffnen

Über Geschmack lässt sich bekanntlich streiten, aber Sie werden vermutlich nicht viele Streitpartner finden, die in den von SPSS erstellten Ergebnistabellen bereits in der »Rohfassung«, in der sie von SPSS in die Ausgabedatei geschrieben werden, ein ästhetisches Meisterwerk erkennen. Glücklicherweise können Sie die Tabellen aber umfassend formatieren und nicht nur mit Farben, anderen Schriften und Rahmenlinien versehen, sondern auch neu strukturieren und einzelne Inhalte ausblenden. Ganz gleich, welche Veränderungen Sie an einer Tabelle vornehmen möchten, besteht der erste Schritt immer darin, die Tabelle in den so genannten _Bearbeitungsmodus_ zu bringen:

1. **Bearbeitungsmodus aktivieren.** Um eine Tabelle im Bearbeitungsmodus zu öffnen, doppelklicken Sie mit der Maus auf eine beliebige Stelle der Tabelle. Alternativ können Sie auch die Tabelle durch einfaches Anklicken markieren und anschließend den Menübefehl BEARBEITEN|INHALTE BEARBEITEN|IM VIEWER wählen.

2. **Tabelle im Bearbeitungsmodus.** Wenn eine Tabelle zur Bearbeitung geöffnet ist, wird sie in der Ausgabedatei mit einem zusätzlichen, gestrichelten Rahmen dargestellt (siehe Abbildung 20.3). Außerdem wird eine neue Symbolleiste angezeigt, die spezielle Symbole zur Bearbeitung der Tabelle enthält. In diesem Modus können Sie die gewünschten Änderungen an der Tabelle vornehmen. Welche Möglichkeiten Ihnen dabei zur Verfügung stehen, wird in den weiteren Abschnitten dieses Kapitels sowie in den beiden folgenden Kapiteln beschrieben.

3. **Bearbeitungsmodus beenden.** Wenn Sie die gewünschten Änderungen an der Tabelle vorgenommen haben, können Sie den Bearbeitungsmodus für die Tabelle wieder beenden. Klicken Sie hierzu mit der Maus auf eine beliebige Stelle außerhalb des schraffierten Rahmens.

 Wenn Sie sehr große Tabellen bearbeiten möchten, öffnet SPSS bei der Aktivierung des Bearbeitungsmodus automatisch ein neues Fenster, in dem die Tabelle dargestellt wird und bearbeitet werden kann. In diesem Fenster können Sie alle Änderungen auf die gleiche Weise wie bei einer direkten Bearbeitung in der Aus-

gabedatei vornehmen. Um den Bearbeitungsmodus wieder zu beenden, schließen Sie in diesem Fall einfach das Fenster, das für den Bearbeitungsmodus geöffnet wurde.

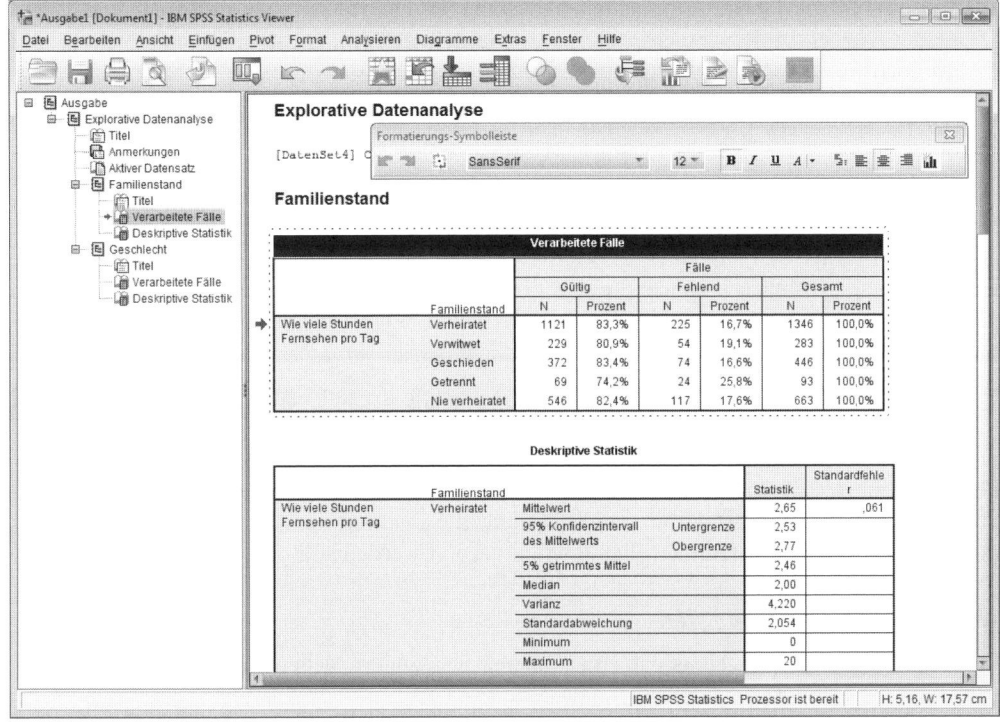

Abbildung 20.3: Ausgabedatei mit einer zur Bearbeitung geöffneten Tabelle

Alles kann vertauscht werden – Tabellen pivotieren

Die Struktur einer Tabelle, also die Anordnung der darin enthaltenen Daten nach Zeilen und Spalten, ist nicht fest, sondern lässt sich nahezu beliebig verändern. So können Sie frei bestimmen, welche Informationen in Zeilen und welche in Spalten dargestellt werden sollen. Zusätzlich können Sie eine dritte Ebene *Schichten* nutzen, um einzelne Daten aus der Tabelle vorübergehend auszublenden.

Die drei Dimensionen: Zeilen, Spalten und Schichten

In Abbildung 20.3 weist die obere Tabelle Verarbeitete Fälle derzeit folgende Struktur auf.

✔ **Merkmal 1:** Es werden Kennzahlen für die Variable tvhours (täglicher TV-Konsum in Stunden) wiedergegeben. Würde die Tabelle auch noch Kennzahlen für andere Variablen enthalten, würden diese in weiteren *Zeilen* darunter präsentiert werden.

✔ **Merkmal 2:** Es werden verschiedene Personengruppen (Verheiratete, Verwitwete, Geschiedene und so weiter) unterschieden, die jeweils in unterschiedlichen *Zeilen* dargestellt werden.

✔ **Merkmal 3:** Die Tabelle unterscheidet zwischen Fällen mit gültigen und solchen mit fehlenden Werten in der ausgewerteten Variablen (`tvhours`). Diese unterschiedlichen Fallgruppen werden in verschiedenen *Spalten* dargestellt.

✔ **Merkmal 4:** Für jede Fallgruppe werden zwei Kennzahlen ausgewiesen, die absoluten und die relativen Häufigkeiten. Auch die verschiedenen Kennzahlen werden in *Spalten* nebeneinander dargestellt.

Diese vier inhaltlichen Dimensionen lassen sich nun auch beliebig anders anordnen. Statt die beiden Kennzahlen je Fallgruppe in zwei Spalten nebeneinander zu schreiben, könnten sie auch in zwei Zeilen untereinander stehen. Ebenso könnten die verschiedenen Personengruppen statt untereinander in verschiedenen Zeilen auch nebeneinander in verschiedenen Spalten beschrieben werden.

Neben den *Zeilen* und *Spalten* steht Ihnen zudem eine dritte Ebene zur Verfügung, die bei SPSS als *Schicht* bezeichnet wird und genutzt werden kann, um einzelne Inhalte vorübergehend auszublenden. Möchten Sie beispielsweise in der Tabelle aus Abbildung 20.3 ausschließlich die Kennzahlen für die verheirateten Personen darstellen, können Sie das Unterscheidungsmerkmal `Familienstand` statt in Zeilen in Schichten darstellen und festlegen, dass nur die Schicht der verheirateten Personen angezeigt werden soll.

Neue Strukturen schaffen

Um die Anordnung der Ergebnisse in einer Tabelle zu verändern, gehen Sie folgendermaßen vor:

1. **Tabelle zur Bearbeitung öffnen.** Stellen Sie zunächst sicher, dass die Tabelle im Bearbeitungsmodus geöffnet ist. Wenn dies nicht ohnehin der Fall ist, doppelklicken Sie mit der Maus auf eine beliebige Stelle der Tabelle.

 2. **Pivot-Leisten anzeigen.** Das Fenster Pivot-Leisten muss angezeigt sein (siehe Abbildung 20.4). Wenn dieses Fenster nicht zu sehen ist, wählen Sie den Menübefehl Pivot|Pivot-Leisten oder klicken Sie auf das Symbol Pivot-Steuerelemente.

3. **Nachbildung der Tabelle in den Pivot-Leisten.** Das Fenster Pivot-Leisten gibt die Tabellenstruktur in stilisierter Form wieder. Die drei farbigen Flächen Schicht, Zeile und Spalte repräsentieren die drei möglichen Dimensionen einer Tabelle. Die darauf abgelegten Symbole stehen jeweils für ein inhaltliches Merkmal der Tabelle:

   • **Spalte.** Der obere Eintrag auf der Fläche Spalte steht für das Merkmal der Fälle (Gültig, Fehlend, Gesamt), der untere Eintrag auf dieser Fläche für das Merkmal der Statistiken. Diese Anordnung entspricht dem Aufbau der Tabelle, denn diese weist zunächst für die verschiedenen Fallgruppen getrennte Spalten auf, die danach noch einmal für die verschiedenen Kennzahlen in weitere Spalten unterteilt sind.

   • **Zeile.** Der linke Eintrag auf der Fläche Zeile repräsentiert das Merkmal der abhängigen Variablen (dies ist hier nur die Variable `tvhours`), der Eintrag rechts daneben das Merkmal `Familienstand`. Auch dies entspricht dem aktuellen Tabellenaufbau, denn die Tabelle ist zunächst nach den Auswertungsvariablen (hier nur eine) und für jede Auswertungsvariable noch einmal nach dem Merkmal des Familienstands in Zeilen unterteilt.

- **Schicht.** Auf der Fläche SCHICHT ist kein Eintrag enthalten, denn die Tabelle ist derzeit nicht in verschiedene Schichten untergliedert.

4. **Tabellenstruktur verändern.** Sie können nun die Tabellenstruktur verändern, indem Sie die Einträge in dem Fenster PIVOT-LEISTEN auf den Ablageflächen verschieben. Wenn Sie beispielsweise den Eintrag für die `Statistiken` wie in Abbildung 20.4 skizziert mit der Maus von der Fläche SPALTE auf die Fläche ZEILE ziehen, wird automatisch die Tabellenstruktur angepasst, so dass die verschiedenen Kennzahlen anschließend nicht mehr in Spalten nebeneinander, sondern in Zeilen untereinander dargestellt werden.

 Beachten Sie hierbei, dass auch die Reihenfolge der Einträge innerhalb einer Ablagefläche von Bedeutung ist, denn auch diese Anordnung wirkt sich unmittelbar auf die Struktur der Tabelle aus und bestimmt, in welcher Reihenfolge die Tabelle nach den verschiedenen Merkmalen in Zeilen beziehungsweise Spalten unterteilt wird.

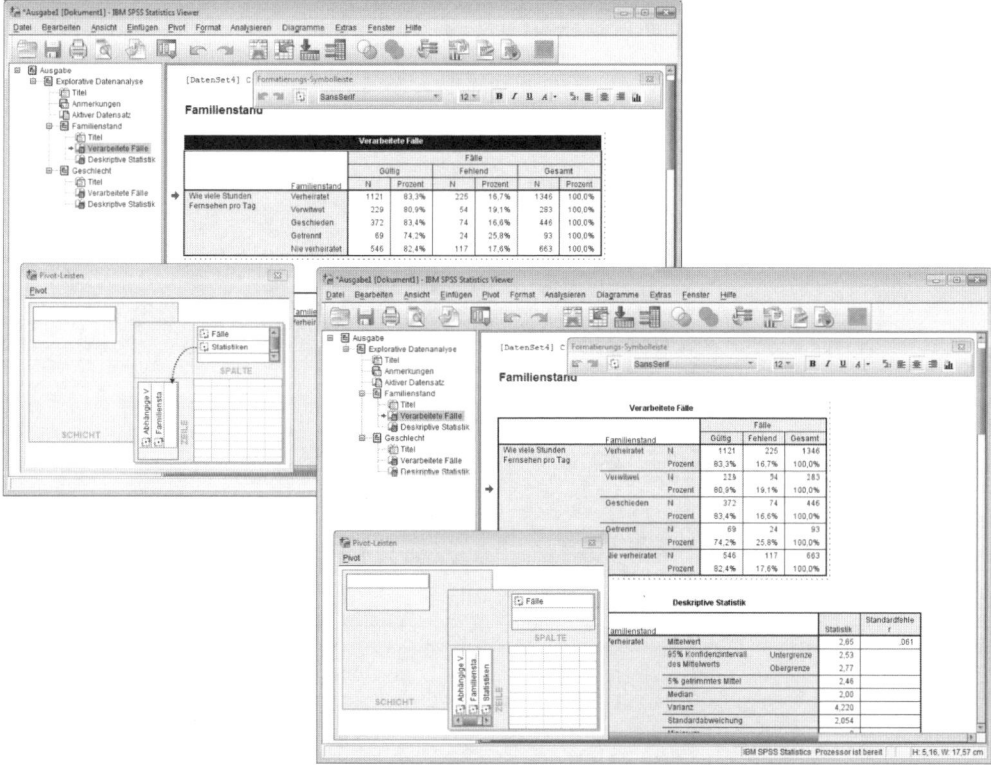

Abbildung 20.4: Tabelle im Bearbeitungsmodus mit eingeblendeten Pivot-Leisten vor und nach der Verschiebung des Merkmals `Statistiken`

5. **Eine Schicht definieren.** In Abbildung 20.5 ist der Effekt dargestellt, den Sie erzielen, wenn Sie ein Merkmal (hier `Familienstand`) auf die Fläche Sᴄʜɪᴄʜᴛ verschieben. Von dem in Schichten dargestellten Merkmal wird immer nur eine Ausprägung in der Tabelle angezeigt. So ist in Abbildung 20.5 in der vorderen Tabelle von dem Merkmal `Familienstand` nur die Ausprägung `Verheiratet` zu sehen. Alle Kennzahlen für die übrigen Personengruppen sind dagegen nicht mehr sichtbar.

Die Tabelle selbst weist nun über der eigentlichen Tabelle eine zusätzliche Drop-down-Liste auf, in der Sie auswählen können, welche Ausprägung des Merkmals `Familienstand` angezeigt werden soll. Diese Drop-down-Liste steht nur im Bearbeitungsmodus der Tabelle zur Verfügung.

6. **Bearbeitung abschließen.** Durch weiteres Verschieben der Symbole lässt sich die Tabelle nahezu uneingeschränkt neu strukturieren. Wenn Sie die gewünschte Struktur herbeigeführt haben, können Sie den Bearbeitungsmodus für die Tabelle wieder beenden. Klicken Sie hierzu mit der Maus auf eine beliebige Stelle der Ausgabedatei außerhalb der gerade bearbeiteten Tabelle.

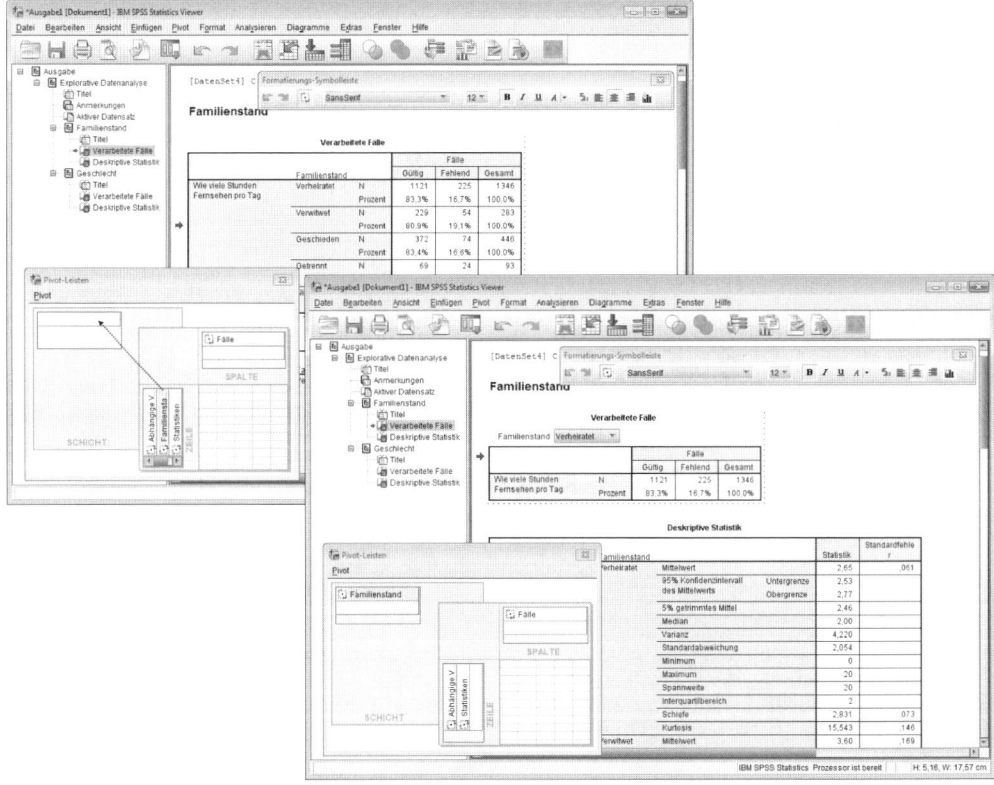

Abbildung 20.5: Tabelle vor und nach der Verschiebung des Merkmals `Familienstand` *auf die Fläche Sᴄʜɪᴄʜᴛ*

Nichts ist fest – Zeilen und Spalten verschieben

Auch die Reihenfolge der einzelnen Zeilen und Spalten innerhalb einer Tabelle ist nicht fest vorgegeben, sondern lässt sich nahezu beliebig ändern. Wenn Sie beispielsweise der Meinung sind, dass in der Tabelle aus Abbildung 20.4 die verschiedenen Familienstände in ihrer »natürlichen« Reihenfolge `Nie verheiratet`, `Verheiratet`, `Getrennt`, `Geschieden`, `Verwitwet` angeordnet sein sollten, können Sie diese Reihenfolge ohne Weiteres herstellen. Um die Zeilen oder Spalten in einer Tabelle zu verschieben, gehen Sie folgendermaßen vor:

1. **Tabelle zur Bearbeitung öffnen.** Die Tabelle muss im Bearbeitungsmodus geöffnet sein. Wenn dies nicht ohnehin schon der Fall ist, doppelklicken Sie mit der Maus auf eine beliebige Stelle der Tabelle.

2. **Zeile/Spalte markieren.** Markieren Sie den Kopf der Zeile beziehungsweise Spalte, die Sie verschieben möchten, indem Sie ihn einmal mit der Maus anklicken. Der Zeilen- beziehungsweise Spaltenkopf ist jeweils das Feld mit der Zeilen-/Spaltenüberschrift.

3. **Zeile/Spalte an neue Position ziehen.** Verschieben Sie die Zeile/Spalte, indem Sie den Zeilen- oder Spaltenkopf mit der Maus an die gewünschte neue Position ziehen. Während Sie die Zeile/Spalte ziehen, wird durch eine rote Markierung angezeigt, an welcher Stelle die Zeile/Spalte eingefügt wird, wenn Sie die Maustaste loslassen. Wenn Sie die gewünschte Position erreicht haben, lassen Sie die Maustaste los, und die Zeile/Spalte wird an die neue Position verschoben.

   Beispiel. Um in Abbildung 20.3 die Zeile `Geschieden` nach oben zwischen die Zeilen `Verheiratet` und `Verwitwet` zu verschieben, klicken Sie zunächst mit der Maus auf den Zeilenkopf `Geschieden`, so dass dieser markiert wird. Klicken Sie anschließend erneut mit der Maus auf den Zeilenkopf `Geschieden` und halten Sie die Maustaste gedrückt, während Sie den Mauszeiger nach oben in die Richtung des Zeilenkopfes `Verheiratet` ziehen. Lassen Sie den Mauszeiger los, wenn sich die Einfügemarkierung zwischen den Zeilen `Verheiratet` und `Verwitwet` befindet (siehe Abbildung 20.6).

Nachbarn unter einem Dach – Zeilen und Spalten gruppieren

Die Tabelle in Abbildung 20.6 enthält mehrere Spalten, die gruppiert und unter einer gemeinsamen Überschrift zusammengefasst sind. So sind die beiden ersten Spalten `N` und `Prozent` unter der Überschrift `Gültig` zusammengefasst, die beiden mittleren Spalten unter der Überschrift `Fehlend` und die beiden letzten Spalten unter der Überschrift `Gesamt`. Diese Gruppierungen wurden beim Erstellen der Tabelle von SPSS vorgenommen, Sie können solche Gruppierungen aber auch selbst in einer bereits bestehenden Tabelle herbeiführen, ebenso wie Sie bereits bestehende Gruppierungen jederzeit wieder auflösen können.

Verarbeitete Fälle

		Fälle					
		Gültig		Fehlend		Gesamt	
Familienstand		N	Prozent	N	Prozent	N	Prozent
Wie viele Stunden Fernsehen pro Tag	Verheiratet	1121	83,3%	225	16,7%	1346	100,0%
	Verwitwet	229	80,9%	54	19,1%	283	100,0%
	Geschieden	372	83,4%	74	16,6%	446	100,0%
	Getrennt	69	74,2%	24	25,8%	93	100,0%

Verarbeitete Fälle

		Fälle					
		Gültig		Fehlend		Gesamt	
Familienstand		N	Prozent	N	Prozent	N	Prozent
Wie viele Stunden Fernsehen pro Tag	Verheiratet	1121	83,3%	225	16,7%	1346	100,0%
	Verwitwet	229	80,9%	54	19,1%	283	100,0%
	Geschieden	372	83,4%	74	16,6%	446	100,0%
	Getrennt	69	74,2%	24	25,8%	93	100,0%

Verarbeitete Fälle

		Fälle					
		Gültig		Fehlend		Gesamt	
Familienstand		N	Prozent	N	Prozent	N	Prozent
Wie viele Stunden Fernsehen pro Tag	Verheiratet	1121	83,3%	225	16,7%	1346	100,0%
	Geschieden	372	83,4%	74	16,6%	446	100,0%
	Verwitwet	229	80,9%	54	19,1%	283	100,0%
	Getrennt	69	74,2%	24	25,8%	93	100,0%
	Nie verheiratet	546	82,4%	117	17,6%	663	100,0%

Abbildung 20.6: Schrittfolge zum Verschieben der Zeile Geschieden

Gruppierungen herstellen

Um zwei oder mehr nebeneinanderliegende Zeilen oder Spalten zu gruppieren und damit unter einer gemeinsamen Überschrift zusammenzufassen, gehen Sie folgendermaßen vor:

1. **Tabelle zur Bearbeitung öffnen.** Die Tabelle muss im Bearbeitungsmodus geöffnet sein. Wenn dies nicht ohnehin schon der Fall ist, doppelklicken Sie mit der Maus auf eine beliebige Stelle der Tabelle.

2. **Zeilen/Spalten markieren.** Markieren Sie die Köpfe der zu gruppierenden Zeilen beziehungsweise Spalten. Klicken Sie hierzu mit der Maus auf den Kopf der ersten Zeile/Spalte und halten Sie die Maustaste gedrückt, während Sie den Mauszeiger über den Kopf der letzten Zeile/Spalte ziehen. Dadurch werden die Köpfe aller zu gruppierenden Zeilen/Spalten markiert (siehe die erste, hintere Tabelle in Abbildung 20.7).

3. **Gruppierung vornehmen.** Wählen Sie anschließend den Menübefehl BEARBEITEN|GRUPPE. Daraufhin wird ein neues Feld in die Tabelle eingefügt, das eine gemeinsame Überschrift für die neu gruppierten Zeilen/Spalten bildet (siehe die zweite Tabelle in Abbildung 20.7). Dieses Feld enthält per Voreinstellung den Text Gruppenbeschriftung, den Sie beliebig verändern können.

4. **Text für gemeinsame Überschrift festlegen.** Das neu eingefügte Feld befindet sich, unmittelbar nachdem es neu eingefügt wurde, im Bearbeitungsmodus, so dass Sie den Text direkt ändern können. Ist das Überschriftenfeld nicht im Bearbeitungsmodus, dann doppel-

klicken Sie darauf, so dass es zur Bearbeitung geöffnet wird und Sie den gewünschten Text für die gemeinsame Überschrift der gruppierten Zeilen/Spalten eingeben können.

5. **Bearbeitung abschließen.** Wenn Sie den Text für die gemeinsame Überschrift eingegeben haben, tippen Sie die Taste ⏎, um die Bearbeitung des Überschriftenfelds zu beenden. Anschließend wird der neue Text als gemeinsame Überschrift der neu gruppierten Zeilen/ Spalten angezeigt (siehe die dritte, vordere Tabelle in Abbildung 20.7).

Verarbeitete Fälle

Familienstand		Fälle					
		Gültig		Fehlend		Gesamt	
		N	Prozent	N	Prozent	N	Prozent
Wie viele Stunden Fernsehen pro Tag	Verheiratet	1121	83,3%	225	16,7%	1346	100,0%
	Geschieden	372	83,4%	74	16,6%	446	100,0%
	Verwitwet	229	80,9%	54	19,1%	283	100,0%
	Getrennt	69	74,2%	24	25,8%	93	100,0%

Verarbeitete Fälle

Familienstand		Fälle					
		Gültig		Fehlend		Gesamt	
		N	Prozent	N	Prozent	N	Prozent
Wie viele Stunden Fernsehen pro Tag	Verheiratet	1121	83,3%	225	16,7%	1346	100,0%
	Gruppenbeschriftung Geschieden	372	83,4%	74	16,6%	446	100,0%
	Verwitwet	229	80,9%	54	19,1%	283	100,0%
	Getrennt	69	74,2%	24	25,8%	93	100,0%

Verarbeitete Fälle

Familienstand			Fälle					
			Gültig		Fehlend		Gesamt	
			N	Prozent	N	Prozent	N	Prozent
Wie viele Stunden Fernsehen pro Tag	Verheiratet		1121	83,3%	225	16,7%	1346	100,0%
	Ehem. Eheleben	Geschieden	372	83,4%	74	16,6%	446	100,0%
		Verwitwet	229	80,9%	54	19,1%	283	100,0%
		Getrennt	69	74,2%	24	25,8%	93	100,0%
	Nie verheiratet		546	82,4%	117	17,6%	663	100,0%

Abbildung 20.7: Drei Arbeitsschritte zur Gruppierung von Zeilen in einer Tabelle

Gruppierungen auflösen

Möchten Sie eine bestehende Gruppierung wie beispielsweise in Abbildung 20.7 die Zeilengruppe `Ehem. Eheleben` auflösen, gehen Sie folgendermaßen vor:

1. **Tabelle zur Bearbeitung öffnen.** Die Tabelle muss im Bearbeitungsmodus geöffnet sein. Wenn dies noch nicht der Fall ist, doppelklicken Sie mit der Maus auf eine beliebige Stelle der Tabelle.

2. **Gruppenüberschrift markieren.** Markieren Sie das Feld mit der Gruppenüberschrift, indem Sie es einmal mit der Maus anklicken.

3. **Gruppierung auflösen.** Wählen Sie anschließend den Menübefehl BEARBEITEN|GRUPPIERUNG AUFHEBEN. Daraufhin wird die Gruppenüberschrift aus der Tabelle entfernt und die zuvor gruppierten Zeilen/Spalten stehen wieder ungruppiert unter- beziehungsweise nebeneinander.

Einige Gruppierungen, die bereits beim Erstellen von SPSS vorgenommen wurden, können nicht aufgelöst werden, wenn dadurch die Aussage der Tabelle verändert würde oder nicht mehr erkennbar wäre.

Nicht alles zeigen – Zeilen und Spalten ausblenden

Sie können einzelne Zeilen und Spalten oder auch Zeilen- und Spaltengruppen in einer Tabelle ausblenden, so dass diese anschließend nicht mehr sichtbar sind, aber jederzeit wieder eingeblendet werden können.

Ausblenden von Zeilen und Spalten

Um Zeilen oder Spalten in einer Tabelle auszublenden, gehen Sie folgendermaßen vor:

1. **Tabelle zur Bearbeitung öffnen.** Stellen Sie sicher, dass die Tabelle im Bearbeitungsmodus geöffnet ist. Wenn dies noch nicht der Fall ist, doppelklicken Sie mit der Maus auf eine beliebige Stelle der Tabelle.

2. **Zeilen/Spalten markieren.** Markieren Sie die Zeile(n) oder Spalte(n), die Sie ausblenden möchten. Klicken Sie hierzu mit der Maus auf den Zeilen- beziehungsweise Spaltenkopf und halten Sie die Maustaste gedrückt, während Sie den Mauszeiger bis zum Ende der Zeile beziehungsweise Spalte ziehen. Wenn Sie dabei zu Beginn auf die gemeinsame Überschrift gruppierter Zeilen/Spalten klicken, markieren Sie automatisch alle unter dieser Überschrift zusammengefassten Zeilen/Spalten (siehe die hintere Tabelle in Abbildung 20.8).

3. **Zeilen/Spalten ausblenden.** Wählen Sie den Menübefehl ANSICHT|AUSBLENDEN. Daraufhin werden die zuvor markierten Zeilen/Spalten ausgeblendet (siehe die vordere Tabelle in Abbildung 20.8).

Verarbeitete Fälle

		Fälle					
		Gültig		Fehlend		Gesamt	
Familienstand		N	Prozent	N	Prozent	N	Prozent
Wie viele Stunden Fernsehen pro Tag	Verheiratet	1121	83,3%	225	16,7%	1346	100,0%
	Verwitwet	229	80,9%	54	19,1%	283	100,0%
	Geschieden	372	83,4%	74	16,6%	446	100,0%

Verarbeitete Fälle

		Fälle			
		Gültig		Fehlend	
Familienstand		N	Prozent	N	Prozent
Wie viele Stunden Fernsehen pro Tag	Verheiratet	1121	83,3%	225	16,7%
	Verwitwet	229	80,9%	54	19,1%
	Geschieden	372	83,4%	74	16,6%
	Getrennt	69	74,2%	24	25,8%
	Nie verheiratet	546	82,4%	117	17,6%

Abbildung 20.8: Die zwei Schritte zum Ausblenden von Spalten in einer Tabelle

Alle Zeilen und Spalten wieder einblenden

Wenn Sie nichts mehr zu verbergen haben und alle ausgeblendeten Zeilen und Spalten einer Tabelle wieder sichtbar machen möchten, wählen Sie (im Bearbeitungsmodus der Tabelle) den Menübefehl ANSICHT|ALLES EINBLENDEN. Dadurch werden alle ausgeblendeten Elemente der Tabelle wieder angezeigt. Möchten Sie nur ausgeblendete Zeilen und Spalten wieder anzeigen, wählen Sie dazu den Menübefehl ANSICHT|ALLE KATEGORIEN EINBLENDEN.

Ergebnistabellen auf Hochglanz bringen

In diesem Kapitel

▷ Inhalte, Texte und Werte in einer Tabelle verändern

▷ Titel, Fußnoten und Erklärungen in eine Tabelle einfügen

▷ Schnelle Formatierung mit Tabellenvorlagen

▷ Schriften, Farben, Hintergründe und Rahmenlinien formatieren

SPSS liefert als Ergebnis der statistischen Analysen Tabellen ab, die inhaltlich in aller Regel keine Wünsche offen lassen. Für die äußerliche Gestaltung und die Beschriftung der Tabellen lässt sich das allerdings kaum behaupten. Möchten Sie die Ergebnistabellen in Präsentationen oder Berichten weiterverwenden, werden Sie in den meisten Fällen nicht umhinkommen, die Tabellen zuvor manuell zu bearbeiten. So können Sie beispielsweise aussagekräftige Beschriftungen einfügen, die Spaltenbreiten so anpassen, dass keine unzulässigen Silbentrennungen erforderlich sind, und Farben, Schriften oder Rahmenlinien so formatieren, dass die Tabelle bestimmten ästhetischen und formalen Mindestanforderungen gerecht wird.

Beispieltabellen zum Spielen

Alle Möglichkeiten zum Formatieren von Ergebnistabellen werden im Folgenden anhand einer Beispieltabelle erläutert. Wenn Sie die Beispiele nacharbeiten oder mit der Beispieltabelle »spielen« und herumprobieren möchten, können Sie diese ganz einfach in wenigen Schritten erstellen:

1. **Datendatei öffnen.** Öffnen Sie die Datendatei `survey_sample.sav`. Diese Datei wurde bei der Installation von SPSS mit auf die Festplatte kopiert. Sie sollten die Datei in dem Programmverzeichnis von SPSS und dort in dem Unterverzeichnis `Samples` oder `Samples\German` finden. Die Datei enthält einen Auszug aus den Ergebnissen einer in den USA durchgeführten Befragung.

2. **Häufigkeitstabelle erstellen.** Wählen Sie den Menübefehl ANALYSIEREN|DESKRIPTIVE STATISTIKEN| HÄUFIGKEITEN. Damit öffnen Sie das Dialogfeld aus Abbildung 21.1.

3. **Variable auswählen.** Wählen Sie in dem Dialogfeld die Variable `confinan` (Wie viel Vertrauen haben Sie in Banken und Finanzinstitute?) aus und geben Sie diese in dem Feld VARIABLE(N) an.

4. **Ausführung starten.** Klicken Sie auf die Schaltfläche OK. Daraufhin erstellt SPSS eine Häufigkeitstabelle für die Antworten aus der Variablen `confinan`; siehe Abbildung 21.2.

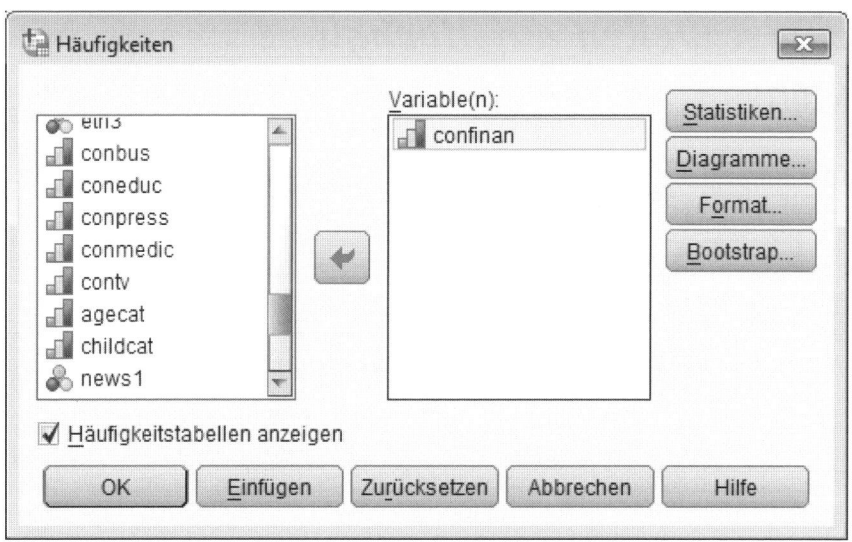

Abbildung 21.1: Dialogfeld zum Erstellen einer Häufigkeitstabelle mit den Angaben für die Beispieltabelle

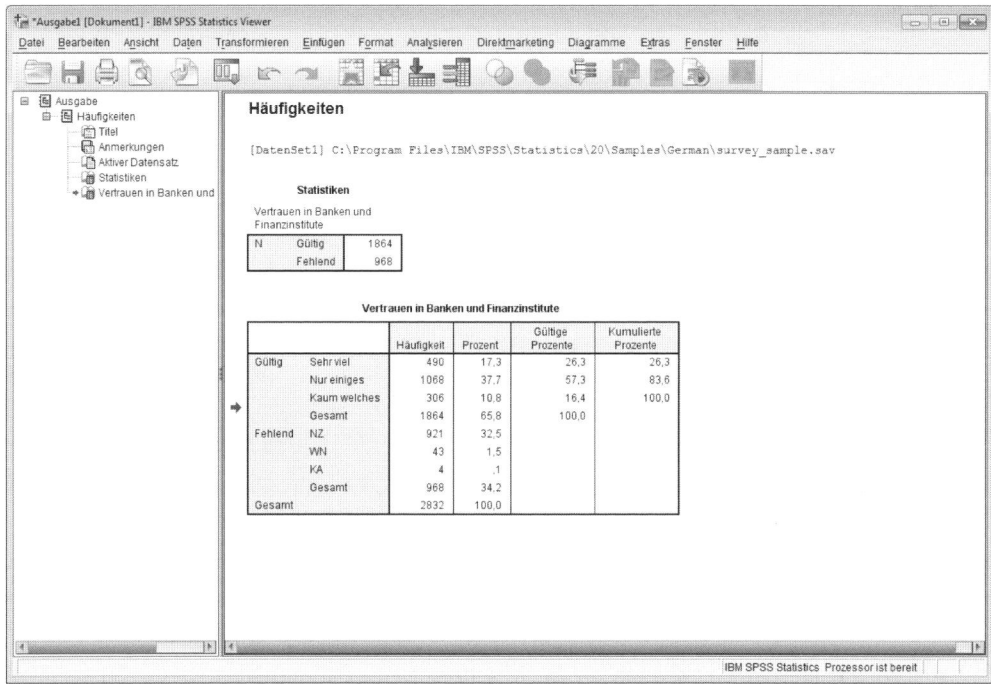

Abbildung 21.2: Häufigkeitstabelle als Grundlage für die Beispiele in diesem Kapitel

Klartext reden: Texte in der Tabelle ändern

Sie können sämtliche Inhalte einer Tabelle beliebig verändern, löschen, überschreiben oder korrigieren. Dies gilt nicht nur für Beschriftungen wie den Titel der Tabelle oder die Zeilen- und Spaltenbeschriftungen, sondern ebenso für die in der Tabelle wiedergegebenen Kennzahlen. Bei den Kennzahlen macht es natürlich häufig gar keinen Sinn, diese nachträglich zu verändern, denn die Kennzahlen werden von SPSS in aller Regel einwandfrei und vollkommen korrekt berechnet – und Sie werden sich ja sicherlich nicht über die Zahlen hermachen, um sie zu »verschönern« oder ein wenig zu schummeln. Die Beschriftungen in einer Tabelle bedürfen dagegen sehr häufig einer Korrektur, insbesondere wenn Sie präsentationsreife Tabellen erstellen möchten und dabei Wert auf möglichst sprechende Bezeichnungen, einheitliche Schreibweisen und korrekte Zeilenwechsel und Silbentrennungen legen.

Um einen Text in einer Tabelle zu ändern, müssen Sie immer das jeweilige Tabellenfeld bearbeiten. Gehen Sie hierzu folgendermaßen vor:

1. **Tabelle zur Bearbeitung öffnen.** Die Tabelle muss im Bearbeitungsmodus geöffnet sein. Wenn dies nicht ohnehin schon der Fall ist, doppelklicken Sie mit der Maus auf eine beliebige Stelle der Tabelle.

2. **Tabellenfeld zur Bearbeitung öffnen.** Öffnen Sie im nächsten Schritt innerhalb der Tabelle das einzelne Tabellenfeld, dessen Inhalt Sie verändern möchten, zur Bearbeitung, indem Sie auf eine beliebige Stelle des betreffenden Feldes doppelklicken. Daraufhin wird dieses Feld hervorgehoben dargestellt und Sie können seinen Inhalt bearbeiten (siehe Abbildung 21.3). Auf diese Weise können Sie auch Texte außerhalb der eigentlichen Tabelle wie Titel oder Fußnotentexte zur Bearbeitung aktivieren.

Vertrauen in Banken und Finanzinstitute		Häufigkeit	Prozent	Gültige Prozente	Kumulierte Prozente
Gültig	Sehr viel	490	17,3	26,3	26,3
	Nur einiges	1068	37,7	57,3	83,6
	Kaum welches	306	10,8	16,4	100,0
	Gesamt	1864	65,8	100,0	
Fehlend	NZ	921	32,5		
	WN	43	1,5		
	KA	4	,1		
	Gesamt	968	34,2		
Gesamt		2832	100,0		

Abbildung 21.3: Tabelle im Bearbeitungsmodus mit einem zur Bearbeitung geöffneten Tabellenfeld

3. **Text bearbeiten.** Nehmen Sie an dem Inhalt des Tabellenfeldes die gewünschten Änderungen vor. Hierzu können Sie die üblichen Techniken zum Löschen, Überschreiben und Einfügen von Text verwenden. Wenn Sie einen Zeilenwechsel einfügen möchten, tippen Sie die Tastenkombination ⇧ + ↵.

4. **Bearbeitung abschließen.** Wenn Sie den Text in der gewünschten Weise geändert haben, beenden Sie die Bearbeitung des Tabellenfeldes, indem Sie einfach die Taste [↵] tippen.

 Möchten Sie die Bearbeitung eines Tabellenfeldes abbrechen und erreichen, dass bereits durchgeführte Änderungen wieder aufgehoben werden, tippen Sie die Taste [ESC].

Nomen est omen: Der Tabelle einen Namen geben – oder nehmen

Jede Tabelle in SPSS kann einen Titel haben. In den meisten Fällen weisen die von SPSS erstellten Tabellen auch schon per Voreinstellung einen Titel auf (in Abbildung 21.3 ist dies die Tabellenüberschrift Vertrauen in Banken und Finanzinstitute), den Sie, wenn er Ihnen nicht passend oder aussagekräftig genug erscheint, wie im vorhergehenden Abschnitt beschrieben verändern können; so könnten Sie in Abbildung 21.3 zum Beispiel das Textfragment in eine Frage der Art Wie viel Vertrauen haben Sie in Banken und Finanzinstitute? ändern. Außerdem können Sie einen vorhandenen Titel vollständig entfernen oder, wenn die Tabelle keinen Titel enthält, einen neuen Titel einfügen.

Einen vorhandenen Titel löschen

1. **Tabelle im Bearbeitungsmodus öffnen.** Stellen Sie sicher, dass die Tabelle im Bearbeitungsmodus geöffnet ist.

2. **Titel markieren.** Klicken Sie den Tabellentitel einmal mit der Maus an. Dadurch wird das Feld, in dem der Titel steht, markiert und erscheint hervorgehoben dargestellt.

3. **Titel löschen.** Tippen Sie die Taste [Entf], um den Titel vollständig zu entfernen.

Einen Tabellentitel neu einfügen

1. **Tabelle im Bearbeitungsmodus öffnen.** Stellen Sie sicher, dass die Tabelle im Bearbeitungsmodus geöffnet ist.

2. **Titel einfügen.** Wählen Sie den Menübefehl EINFÜGEN|TITEL. Daraufhin wird über der Tabelle ein Titelfeld eingefügt, das zunächst den Text Tabellentitel enthält. Beachten Sie dabei, dass der Befehl EINFÜGEN|TITEL nur dann zur Verfügung steht, wenn die Tabelle bisher noch keinen Titel enthält.

3. **Tabellentitel bearbeiten.** Da Sie der Tabelle vermutlich nicht die Überschrift Tabellentitel geben möchten, hat SPSS glücklicherweise die Möglichkeit vorgesehen, diesen voreingestellten Text zu verändern. Doppelklicken Sie hierzu auf den zu verändernden Text, wodurch das Feld, in dem der Tabellentitel steht, zur Bearbeitung geöffnet wird. Geben Sie anschließend den gewünschten Titeltext ein und tippen Sie zum Abschluss die Taste [↵], um die Bearbeitung des Titelfeldes zu beenden.

Für das Kleingedruckte: Fußnoten einfügen

Es soll ja manchmal vorkommen, dass die Ergebnisse statistischer Analysen nicht vollständig für sich selbst sprechen, sondern hier und da noch ein wenig erklärungsbedürftig sind. Für diesen Fall bietet SPSS die Möglichkeit, Fußnoten in die Tabelle einzufügen. Eine Fußnote wird dabei immer einem bestimmten Tabellenfeld zugeordnet. In dem Tabellenfeld wird das Fußnotenzeichen angezeigt, das unterhalb der Tabelle wieder aufgenommen wird und dort mit einem Fußnotentext versehen werden kann.

Eine Fußnote einfügen

1. **Tabelle im Bearbeitungsmodus öffnen.** Die Tabelle muss im Bearbeitungsmodus geöffnet sein.

2. **Tabellenfeld markieren.** Klicken Sie das Tabellenfeld an, dem Sie die Fußnote hinzufügen möchten (siehe die erste, hintere Tabelle in Abbildung 21.4).

3. **Fußnote einfügen.** Wählen Sie den Menübefehl EINFÜGEN|FUSSNOTE. Daraufhin wird in das Tabellenfeld ein Fußnotenzeichen eingefügt und unter der Tabelle ein neues Feld mit dem Fußnotenzeichen und dem vorläufigen Text Fußnote erzeugt (siehe die zweite Tabelle in Abbildung 21.4).

4. **Fußnotentext ändern.** Wenn Sie nicht den Fußnotentext Fußnote beibehalten möchten, können Sie ihn auch verändern. Doppelklicken Sie hierzu auf den Text Fußnote. Daraufhin wird das für den Fußnotentext vorgesehene Feld zur Bearbeitung geöffnet. Geben Sie anschließend den gewünschten Fußnotentext ein und tippen Sie zum Abschluss die Taste ⏎, um die Bearbeitung des Fußnotenfelds zu beenden. Daraufhin wird der neue Fußnotentext unter der Tabelle angezeigt (siehe die dritte, vordere Tabelle in Abbildung 21.4).

Eine Fußnote löschen

Um eine in der Tabelle vorhandene Fußnote wieder zu entfernen, markieren Sie das entsprechende Feld mit dem Fußnotentext unterhalb der Tabelle und tippen Sie die Taste Entf .

Fußnotenzeichen neu nummerieren

Wenn Sie einer Tabelle mehrere Fußnoten hinzufügen, werden diese in der Reihenfolge nummeriert, in der sie in die Tabelle eingefügt werden. Kommen neue Fußnoten hinzu oder werden einzelne Fußnoten gelöscht, passt SPSS die Bezeichnungen der übrigen Fußnoten nicht automatisch an. Dies kann im Ergebnis natürlich leicht ein wenig kurios wirken, wenn es eine Fußnote a und eine Fußnote c, aber keine Fußnote b gibt, weil diese zwischenzeitlich entfernt wurde. Um derartige Merkwürdigkeiten zu korrigieren, können Sie veranlassen, dass alle Fußnoten einer Tabelle neu nummeriert werden:

1. **Tabelle im Bearbeitungsmodus öffnen.** Die Tabelle muss im Bearbeitungsmodus geöffnet sein.

2. **Fußnoten neu nummerieren.** Wählen Sie den Menübefehl FORMAT|FUSSNOTEN NEU NUMMERIEREN.

Vertrauen in Banken und Finanzinstitute

		Häufigkeit	Prozent	Gültige Prozente	Kumulierte Prozente
Gültig	Sehr viel	490	17,3	26,3	26,3
	Nur einiges	1068	37,7	57,3	83,6
	Kaum welches	306	10,8	16,4	100,0
	Gesamt				
Fehlend	NZ				
	WN				
	KA				
	Gesamt				
Gesamt					

Vertrauen in Banken und Finanzinstitute

		Häufigkeit	Prozent	Gültige Prozente	Kumulierte Prozente
Gültig	Sehr viel	490	17,3	26,3	26,3
	Nur einiges	1068	37,7	57,3	83,6
	Kaum welches	306	10,8	16,4	100,0
	Ges.				
Fehlend	NZ[a]				
	WN				
	KA				
	Ges.				
	Gesamt				
Fußnote					

Vertrauen in Banken und Finanzinstitute

		Häufigkeit	Prozent	Gültige Prozente	Kumulierte Prozente
Gültig	Sehr viel	490	17,3	26,3	26,3
	Nur einiges	1068	37,7	57,3	83,6
	Kaum welches	306	10,8	16,4	100,0
	Gesamt	1864	65,8	100,0	
Fehlend	NZ[a]	921	32,5		
	WN	43	1,5		
	KA	4	,1		
	Gesamt	968	34,2		
Gesamt		2832	100,0		

a. Nicht zutreffend

Abbildung 21.4: Die Schritte zum Einfügen einer Fußnote in ein Tabellenfeld

Als Fußnotenzeichen stehen bei SPSS sowohl Buchstaben (a, b, c ...) als auch Zahlen (1, 2, 3 ...) zur Verfügung. Außerdem können Sie wählen, ob die Fußnotenzeichen hochgestellt oder tiefgestellt angezeigt werden sollen. Wählen Sie hierzu (während die Tabelle im Bearbeitungsmodus geöffnet ist) den Menübefehl FORMAT|TABELLENEIGENSCHAFTEN. Schlagen Sie in dem damit geöffneten Dialogfeld das Register FUSSNOTEN auf und legen Sie darin das Zahlenformat und die Anzeigeposition für die Fußnoten fest. Danach können Sie das Dialogfeld mit der Schaltfläche OK wieder schließen und wie oben beschrieben eine neue Nummerierung der Fußnoten veranlassen.

Alles klar? Erklärungen einfügen

Manchmal ist es hilfreich, wenn man einer Tabelle zusätzliche Erläuterungen zur näheren Erklärung des Tabelleninhalts hinzufügt. Dies ist bei SPSS möglich, indem unter die Tabelle ein Erklärungsfeld eingefügt wird:

1. **Tabelle im Bearbeitungsmodus öffnen.** Die Tabelle muss im Bearbeitungsmodus geöffnet sein.

2. **Erklärung einfügen.** Wählen Sie den Menübefehl EINFÜGEN|ERKLÄRUNG. Dieser Befehl steht nur zur Verfügung, wenn die Tabelle nicht ohnehin schon ein Erklärungsfeld aufweist.

3. **Erklärungstext bearbeiten.** SPSS fügt das Feld für den Erklärungstext direkt unter die Tabelle ein. Das Feld enthält per Voreinstellung den Text `Erklärung`, den Sie natürlich, wie im Abschnitt *Klartext reden: Texte in der Tabelle ändern* weiter vorn in diesem Kapitel beschrieben, beliebig abändern können – und in aller Regel auch sollten.

Möchten Sie eine vorhandene Erklärung wieder vollständig entfernen, markieren Sie das Feld, indem Sie den Erklärungstext einfach mit der Maus anklicken, und tippen Sie anschließend die Taste ⌐Entf¬.

Tabellenvorlagen: Mit einem Klick wird alles schön

Das Aussehen ist nur ein flüchtiger Schein – das Einzige, worauf es wirklich ankommt, sind die inneren Werte. Wenn Sie das wirklich glauben, können Sie jetzt aufhören zu lesen, denn im Folgenden geht es nicht mehr um inhaltliche Fragen, sondern nur noch um die Gestaltung des äußeren Erscheinungsbilds von Tabellen. Wenn Sie allerdings doch nicht nur auf die Inhalte Wert legen, sondern auch gewisse ästhetische Ansprüche an Ihre Ergebnistabellen stellen, sollten die folgenden Erklärungen für Sie hochinteressant sein, denn hier erfahren Sie, wie Sie sehr einfach aus den etwas nüchtern gehaltenen Standardtabellen von SPSS präsentationsreife Ergebnisse zaubern.

Der einfachste Weg, eine Tabelle vollständig neu zu formatieren, besteht darin, auf die Tabelle eine vorgefertigte Musterformatierung anzuwenden. SPSS stellt zahlreiche solcher Musterformate als so genannte *Tabellenvorlagen* zur Verfügung. Sie können diese Tabellenvorlagen einfach »durchblättern«, um zu sehen, ob eine der Vorlagen Ihren Vorstellungen entspricht. Wenn eine Vorlage Ihren Vorstellungen zwar schon ziemlich nahekommt, aber noch nicht zu 100 % perfekt ist, können Sie sie dennoch auf die zu formatierende Tabelle anwenden und anschließend gezielt die Formatierungen, die Ihnen noch nicht zusagen, manuell verändern.

Um die vorhandenen Tabellenvorlagen durchzusehen und eine davon auf eine Tabelle anzuwenden, gehen Sie folgendermaßen vor:

1. **Tabelle im Bearbeitungsmodus öffnen.** Die Tabelle muss im Bearbeitungsmodus geöffnet sein.

2. **Liste der Tabellenvorlagen öffnen.** Wählen Sie den Menübefehl FORMAT|TABELLENVORLAGEN. Dieser Befehl öffnet das Dialogfeld, das in Abbildung 21.5 zu sehen ist.

3. **Tabellenvorlage auswählen.** In der Liste DATEIEN FÜR TABELLENVORLAGEN werden sämtliche zur Verfügung stehenden Tabellenvorlagen aufgeführt. Wenn Sie hier eine Tabellenvorlage auswählen, wird auf der rechten Seite des Dialogfelds eine Vorschau davon angezeigt. Auf diese Weise können Sie sämtliche Tabellenvorlagen durchblättern und prüfen, ob eine Ihren Vorstellungen entspricht.

4. **Tabellenvorlage anwenden.** Wenn Sie eine Tabellenvorlage gefunden haben, die Sie auf die aktuelle Tabelle anwenden möchten, markieren Sie den entsprechenden Eintrag in der Liste und klicken Sie anschließend auf die Schaltfläche OK. Daraufhin wird die aktuelle Tabelle in der Ausgabedatei im Stil der ausgewählten Tabellenvorlage formatiert (siehe Abbildung 21.5).

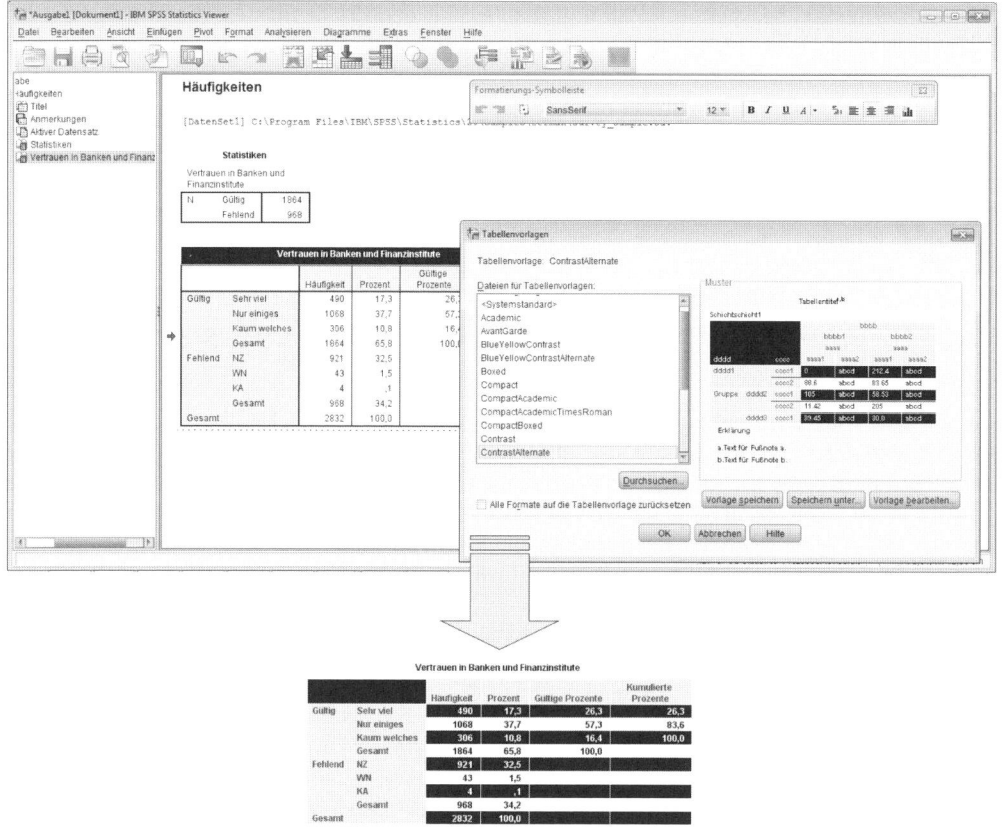

Abbildung 21.5: Anwendung einer Tabellenvorlage auf eine Tabelle in der Ausgabedatei

Mehr Schein als Sein: Tabellenfelder formatieren

Wenn Sie unter den Tabellenvorlagen noch nicht die Formatierungen finden, die Sie für Ihre Tabelle suchen, können Sie die Tabelle auch manuell formatieren und individuell Schriftarten, Hintergrundfarben und Rahmengestaltung für die Tabelle bestimmen. Diese Formatierungen können Sie auf zwei Ebenen festlegen:

✔ **Formate für verschiedene Tabellenbereiche.** Sie können für die einzelnen Tabellenbereiche wie den Datenbereich, in dem die Kennzahlen wiedergegeben werden, den Bereich der Überschriften oder den Bereich der Fußnoten Formatierungen vorgeben, die dann für die jeweiligen Tabellenbereiche in der gesamten Tabelle gelten. Auf diese Weise können Sie zum Beispiel bestimmen, dass alle Felder mit Zeilen- und Spaltenbeschriftungen grau hinterlegt werden und in allen Datenfeldern Fettschrift verwendet wird.

✔ **Einzelne Tabellenfelder formatieren.** Außerdem können Sie jedes einzelne Feld einer Tabelle individuell formatieren und damit von den Formaten, die auf Ebene der Tabellenbereiche festgelegt wurden, abweichen.

Formate für die verschiedenen Tabellenbereiche festlegen

Um die Formatierungen für die verschiedenen Bereiche einer Tabelle festzulegen, gehen Sie folgendermaßen vor:

1. **Tabelle im Bearbeitungsmodus öffnen.** Die Tabelle muss im Bearbeitungsmodus geöffnet sein.

2. **Dialogfeld für die Tabelleneigenschaften aufrufen.** Wählen Sie den Menübefehl FORMAT| TABELLENEIGENSCHAFTEN und schlagen Sie in dem damit geöffneten Dialogfeld das Register ZELLENFORMATE auf (siehe Abbildung 21.6).

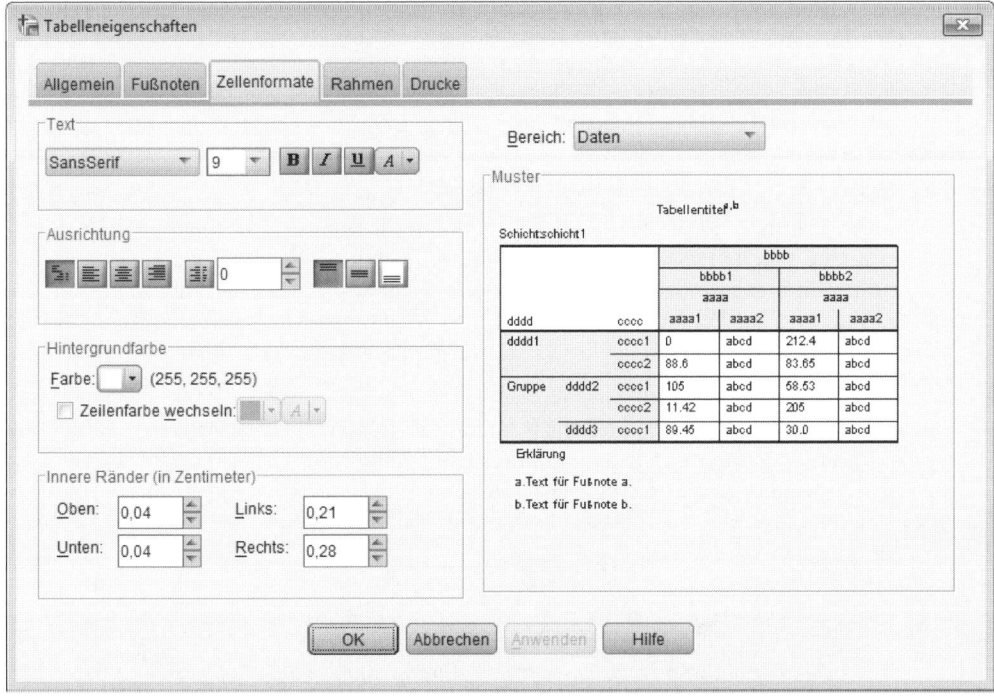

Abbildung 21.6: Dialogfeld TABELLENEIGENSCHAFTEN mit dem Register zum Festlegen der ZELLENFORMATE

3. **Tabellenbereich auswählen.** In der Drop-down-Liste BEREICH werden alle Tabellenbereiche aufgeführt, für die spezifische Formatierungen festgelegt werden können. Wählen Sie in dieser Liste den Bereich aus, dessen Formatierungen Sie ändern möchten. So ist in Abbildung 21.6 der Bereich Daten ausgewählt, der den Tabellenbereich bezeichnet, in dem die statistischen Kennzahlen ausgewiesen werden.

4. **Formateigenschaften des ausgewählten Tabellenbereichs festlegen.** Auf der linken Seite des Dialogfelds können Sie nun die Formatierungen für den ausgewählten Tabellenbereich verändern. Alle Formatierungen werden automatisch in der Beispieltabelle auf der rechten Seite des Dialogfelds angezeigt, so dass Sie dort prüfen können, ob Sie mit Ihren Formateinstellungen den gewünschten Effekt erzielen.

5. **Weitere Tabellenbereiche formatieren.** Wenn Sie für einen Tabellenbereich alle gewünschten Formatierungen festgelegt haben, wiederholen Sie die beiden vorhergehenden Schritte für die weiteren zu formatierenden Tabellenbereiche.

6. **Formatierung abschließen.** Haben Sie alle Formatierungen für die verschiedenen Tabellenbereiche festgelegt, können Sie das Dialogfeld mit der Schaltfläche OK wieder schließen. Daraufhin werden die neuen Formatierungen auf die aktuelle Tabelle angewendet.

Einzelne Tabellenfelder formatieren

Auch jedes einzelne Feld einer Tabelle kann separat formatiert und so besonders hervorgehoben werden. Außerdem bietet das Formatieren einzelner Tabellenfelder die Möglichkeit, besonderen Merkmalen eines Feldes wie beispielsweise einem Wert mit besonders vielen Dezimalstellen gerecht zu werden:

1. **Tabelle im Bearbeitungsmodus öffnen.** Die Tabelle muss im Bearbeitungsmodus geöffnet sein.

2. **Tabellenfeld(er) markieren.** Markieren Sie das Tabellenfeld, das Sie formatieren möchten, indem Sie es einmal mit der Maus anklicken. Wenn Sie mehrere Tabellenfelder gleichzeitig und auf die gleiche Weise formatieren möchten, können Sie diese auch alle gemeinsam markieren. Um mehrere nebeneinanderliegende Tabellenfelder zu markieren, klicken Sie mit der Maus auf das Feld in der rechten oberen Ecke des zu markierenden Bereichs und halten die Maustaste gedrückt, während Sie den Mauszeiger über das linke untere Feld des Bereichs ziehen.

3. **Schriftformate festlegen.** Um die Schrift in den Tabellenfeldern zu verändern, wählen Sie die gewünschten Formate in der Symbolleiste aus Abbildung 21.7 aus. Wenn diese Symbolleiste bei Ihnen nicht angezeigt wird, blenden Sie sie mit dem Befehl ANSICHT|SYMBOLLEISTE ein.

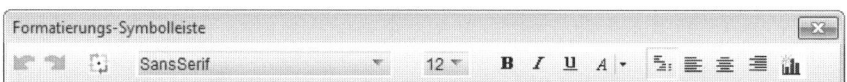

Abbildung 21.7: Symbolleiste für die Schriftformate von Tabellenfeldern

4. **Dialogfeld für die Zellenformate aufrufen.** Um weitere Zellenformate zu verändern, wählen Sie den Menübefehl FORMAT|ZELLENEIGENSCHAFTEN. Dieser Befehl öffnet das Dialogfeld aus Abbildung 21.8.

5. **Formatierungen festlegen.** Nehmen Sie in dem Dialogfeld aus Abbildung 21.8 in den verschiedenen Registern die gewünschten Formatierungen für die markierten Tabellenfelder vor:

   • **Register SCHRIFTART UND HINTERGRUND.** In diesem Register legen Sie Schriftart und -größe sowie die Farben für den Text und den Hintergrund des Tabellenfeldes fest. Wählen Sie dazu in der Gruppe SCHRIFTART die gewünschte Schrift, die Größe und das Muster (den Schnitt) aus. In der Gruppe FARBE legen Sie zunächst auf der linken Seite fest, ob Sie die TEXTFARBE oder den HINTERGRUND verändern möchten, und wählen Sie anschließend auf der Farbpalette die gewünschte neue Farbe aus.

- **Register FORMATWERT.** Dieses Register ist vor allem für solche Tabellenfelder relevant, in denen Zahlenwerte wiedergegeben werden. Hier wählen Sie in der Liste FORMAT das Darstellungsformat für Zahlenwerte aus; für einige Zahlenwerte können Sie zusätzlich in dem Feld DEZIMALSTELLEN die Anzahl der anzuzeigenden Dezimalstellen festlegen.

- **Register AUSRICHTUNG UND RÄNDER.** In der Gruppe HORIZONTALE AUSRICHTUNG bestimmen Sie, ob die Werte in den Tabellenfeldern linksbündig, rechtsbündig oder zentriert dargestellt werden sollen. Mit der Option GEMISCHT werden Zahlen rechtsbündig und Text linksbündig ausgerichtet. Die Option DEZIMAL richtet Zahlenwerte so aus, dass die Dezimalstellen aller Werte einheitlich untereinander stehen.

In der Gruppe VERTIKALE AUSRICHTUNG können Sie festlegen, ob die Werte in hohen Tabellenfeldern oben, vertikal zentriert oder unten innerhalb des Feldes wiedergegeben werden.

Mit den Einstellungen in der Gruppe RÄNDER legen Sie die Abstände zwischen den in einem Tabellenfeld dargestellten Werten und den Rändern des Tabellenfeldes fest. Der Abstand kann für jeden der vier Ränder oben, unten, links und rechts getrennt eingestellt werden.

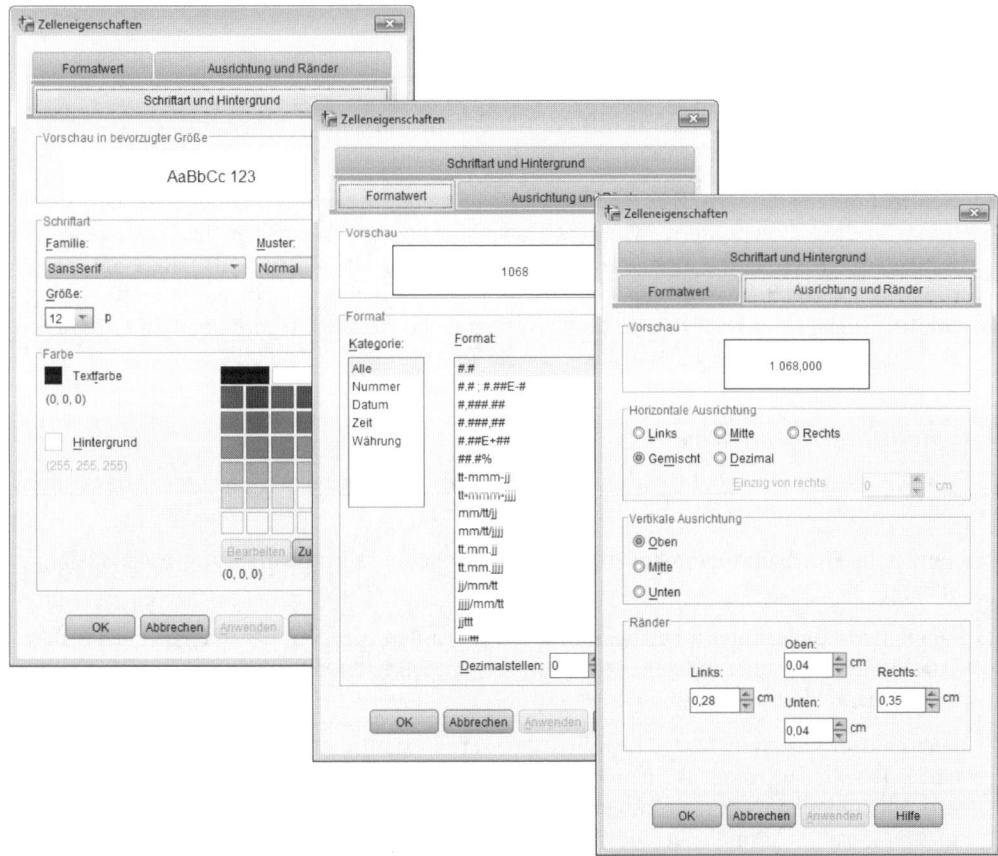

Abbildung 21.8: Die drei Register des Dialogfelds zur Formatierung von Tabellenfeldern

6. **Formatierung abschließen.** Wenn Sie alle gewünschten Formatierungen vorgenommen haben, schließen Sie das Dialogfeld mit der Schaltfläche OK. Daraufhin werden die neuen Formatierungen auf die markierten Tabellenfelder angewandt.

Klare Grenzen ziehen: Rahmenlinien und Spaltenbreiten

Jede von SPSS erstellte Tabelle weist per Voreinstellung einige Rahmenlinien auf, allerdings werden nicht alle denkbaren Rahmenlinien zwischen sämtlichen Tabellenfeldern angezeigt. Sie können fehlende Rahmenlinien ergänzen und auch vorhandene Rahmenlinien entfernen. Ferner können Sie Farbe und Stärke der Rahmenlinien verändern. Ebenfalls sehr wichtig in der praktischen Arbeit ist die Möglichkeit, die Breite der einzelnen Spalten in der Tabelle zu verändern, damit die in der Spalte enthaltenen Werte und Überschriften optimal dargestellt werden.

Spaltenbreiten verändern

Auf folgende sehr einfache Weise können Sie die Breite einer Spalte in der Tabelle verändern:

1. **Tabelle im Bearbeitungsmodus öffnen.** Die Tabelle muss im Bearbeitungsmodus geöffnet sein.

2. **Spaltenbreite verändern.** Bewegen Sie den Mauszeiger über den rechten Rand der Spalte, deren Breite Sie verändern möchten. Dabei nimmt der Mauszeiger das Aussehen eines waagerechten Doppelpfeils an. Drücken Sie nun die Maustaste und halten Sie sie gedrückt, während Sie den Spaltenrand nach links oder rechts verschieben, um die Spaltenbreite zu verkleinern oder zu vergrößern. Wenn Sie die gewünschte Spaltenbreite hergestellt haben, lassen Sie die Maustaste wieder los.

Rahmenlinien gestalten

Sie können die in einer Tabelle vorhandenen Rahmenlinien entfernen oder in der Darstellung verändern und auch neue Rahmenlinien hinzufügen:

1. **Tabelle im Bearbeitungsmodus öffnen.** Die Tabelle muss im Bearbeitungsmodus geöffnet sein.

2. **Dialogfeld zur Rahmenformatierung öffnen.** Wählen Sie den Menübefehl FORMAT|TABELLENEIGENSCHAFTEN und schlagen Sie in dem damit geöffneten Dialogfeld das Register RAHMEN auf (siehe Abbildung 21.9).

3. **Rahmen formatieren.** In der Liste RAHMEN werden sämtliche Rahmenlinien, die in einer SPSS-Tabelle dargestellt werden können, aufgeführt. Um eine dieser Linien zu formatieren, einzublenden oder auszublenden, markieren Sie den betreffenden Eintrag in der Liste. Alternativ können Sie auch in der Beispieltabelle auf der rechten Seite des Dialogfelds die zu bearbeitende Rahmenlinie mit der Maus anklicken. Legen Sie anschließend in den beiden Feldern unter der Liste RAHMEN die Stärke und Farbe für die Rahmenlinie fest.

Soll eine Rahmenlinie gar nicht angezeigt werden, wählen Sie in der Drop-down-Liste MUSTER den Eintrag (KEIN) oder (NONE). Wiederholen Sie diese Schritte für alle Rahmenlinien, deren Formateinstellungen Sie verändern möchten.

4. **Bearbeitung abschließen.** Wenn Sie alle Rahmenformate festgelegt haben, schließen Sie das Dialogfeld mit der Schaltfläche OK. Daraufhin werden die neuen Rahmenformatierungen in der Tabelle angezeigt.

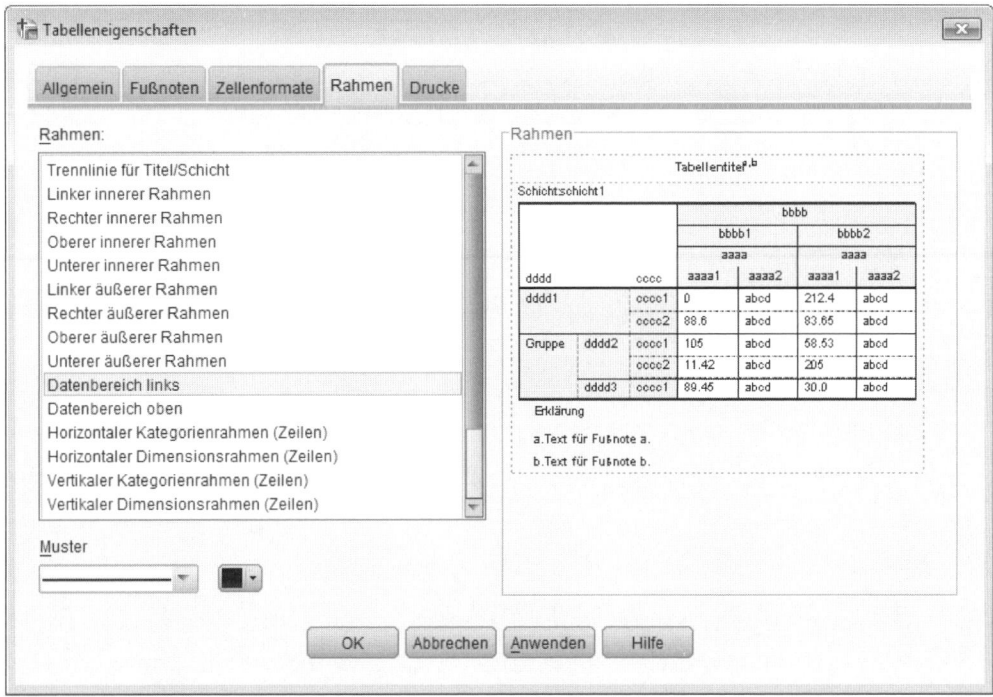

Abbildung 21.9: Dialogfeld zur Formatierung der Rahmenlinien einer Tabelle

Ergebnisse ausdrucken und exportieren

22

In diesem Kapitel

▷ Tabellen und Grafiken ausdrucken

▷ Druckvorschau einer Ausgabedatei

▷ Seiten einer Ausgabedatei für den Ausdruck einrichten

▷ Tabellen und Grafiken in Word- und PowerPoint-Dokumente kopieren

▷ Werte aus einer Tabelle in Excel-Dateien kopieren

Möchten Sie Ihre Kollegen beeindrucken? Dann kaufen Sie sich doch einen Porsche. Oder zeigen Sie ihnen, welche Zusammenhänge Sie mit der statistischen Datenanalyse in SPSS herausgefunden haben. Wie Sie dies tun sollen? Ganz einfach: Drucken Sie die Ergebnistabellen und Grafiken aus der Ausgabedatei aus und zeigen Sie sie herum, oder – auf dem professionellen Weg – kopieren Sie die Tabellen und Grafiken in Ihre Berichte und Präsentationen. Alles das ist möglich – wie, erfahren Sie in diesem Kapitel.

Ergebnisse ausdrucken

Es ist schön, wenn man mit SPSS tolle Ergebnisse erzielt und spannende Zusammenhänge entdeckt, aber noch schöner ist es in aller Regel, wenn man diese Ergebnisse auch anderen zeigen kann. Hierzu ist es oftmals hilfreich, die Ergebnisse auszudrucken. Das hat sich auch SPSS gedacht und genau diese Möglichkeit vorgesehen. Dabei können Sie wählen, ob die gesamte Ausgabedatei und damit alle derzeit darin enthaltenen Tabellen und Grafiken ausgedruckt werden sollen oder ob Sie nur einzelne, ausgewählte Tabellen oder Grafiken drucken möchten.

Wenn das Ergebnis eines Ausdrucks zwar inhaltlich das zeigt, was es zeigen soll, gestalterisch aber noch nicht so ganz »rund« ist, weil beispielsweise die Seitenwechsel an einer unglücklichen Stelle vorgenommen werden, Sie gerne noch zusätzlich Titel- oder Fußzeilen auf jeder Seite mit aufnehmen möchten oder die Seitenränder zu schmal oder zu breit erscheinen, können Sie dies alles korrigieren und nach Ihren Wünschen einstellen. Damit Sie nicht nach jeder Änderung an den Einstellungen einen Ausdruck machen müssen, um zu sehen, ob das Ergebnis nun das gewünschte Aussehen hat, können Sie vor dem Ausdruck das zu erwartende Druckergebnis in einer Vorschau, der so genannten *Seitenansicht*, prüfen.

Ergebnisse ausdrucken

Um sämtliche Inhalte oder auch nur ausgewählte Tabellen oder Grafiken aus der Ausgabedatei zu drucken, gehen Sie folgendermaßen vor:

1. **Gewünschte Ergebnisse markieren.** Wenn Sie nur eine ausgewählte Tabelle oder Grafik ausdrucken möchten, müssen Sie diese zunächst markieren. Hierzu können Sie den entsprechenden Eintrag im Gliederungsbaum der Ausgabedatei anklicken. Möchten Sie mehrere ausgewählte Tabellen und/oder Grafiken drucken, können Sie diese gemeinsam markieren, indem Sie die entsprechenden Einträge im Gliederungsbaum bei gedrückter `Strg`-Taste nacheinander anklicken. Möchten Sie den gesamten Inhalt der Ausgabedatei drucken, ist es unerheblich, welche Tabellen oder Grafiken vor dem Drucken markiert sind.

2. **Befehl aufrufen.** Wählen Sie den Menübefehl DATEI|DRUCKEN. Dieser Befehl öffnet das Dialogfeld aus Abbildung 22.1.

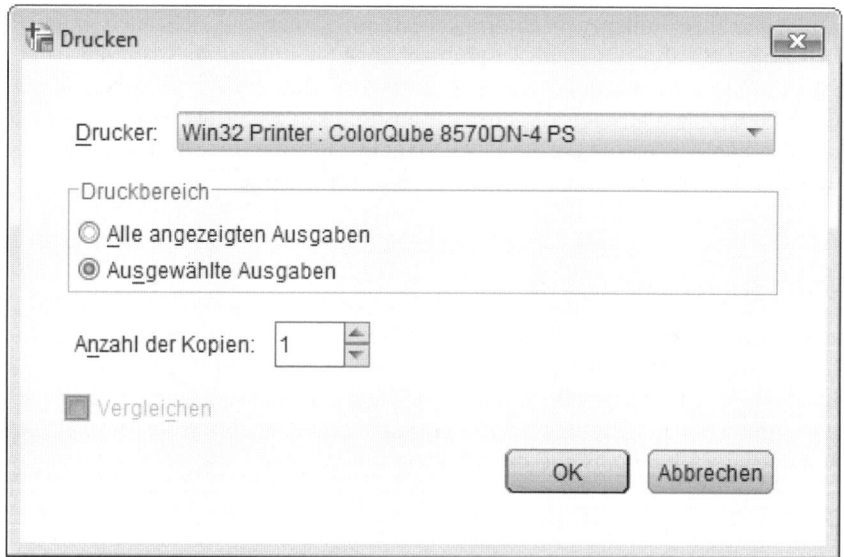

Abbildung 22.1: Dialogfeld des Befehls DATEI|DRUCKEN für eine Ausgabedatei

3. **Drucker auswählen.** Wenn Sie mehrere Drucker installiert haben, wählen Sie in der Dropdown-Liste DRUCKER den Drucker aus, auf dem die Ergebnisse gedruckt werden sollen.

4. **Druckbereich festlegen.** Geben Sie in der Gruppe DRUCKBEREICH an, ob der gesamte (nicht ausgeblendete) Inhalt der Ausgabedatei gedruckt werden soll (Option ALLE ANGEZEIGTEN AUSGABEN) oder ob Sie nur die zuvor in der Ausgabedatei markierten Tabellen und/oder Grafiken drucken möchten (Option AUSGEWÄHLTE AUSGABEN).

5. **Anzahl der Kopien.** Möchten Sie die Ergebnisse mehrfach ausdrucken, geben Sie die gewünschte Anzahl der Exemplare in dem entsprechenden Eingabefeld an.

6. **Ausdruck starten.** Wenn Sie alle Angaben vorgenommen haben, wählen Sie die Schaltfläche OK, um den Ausdruck zu starten.

Seitenansicht – Druckergebnis vorher prüfen

Falls Sie Ihre Ergebnisse nicht blind auf den Drucker jagen möchten, können Sie vorab prüfen, wie das Resultat wohl aussehen wird. Hierzu lassen Sie sich das Druckergebnis in einer Vorschau anzeigen:

1. **Gewünschte Ergebnisse markieren.** Sollen im Ausdruck beziehungsweise in der Vorschau nur ausgewählte Tabellen und/oder Grafiken berücksichtigt werden, müssen diese in der Ausgabedatei markiert sein. Um mehrere Tabellen und Grafiken gleichzeitig zu markieren, klicken Sie die entsprechenden Einträge im Gliederungsbaum der Ausgabedatei nacheinander an, während Sie gleichzeitig die Taste Strg gedrückt halten.

2. **Seitenansicht aufrufen.** Wählen Sie den Menübefehl DATEI|SEITENANSICHT. Daraufhin wird der Inhalt der Ausgabedatei in veränderter Darstellung angezeigt. Die neue Darstellung gibt die Ergebnisse so wieder, wie sie bei einem Ausdruck auch auf dem Papier erscheinen werden (siehe Abbildung 22.2).

In der Seitenansicht werden nur die Elemente aus der Ausgabedatei dargestellt, die vor dem Aktivieren der Seitenansicht markiert waren. Möchten Sie den gesamten Inhalt der Ausgabedatei in der Seitenansicht wiedergeben, müssen entweder gar keine oder sämtliche Elemente in der Ausgabedatei markiert sein.

3. **Seitenansicht prüfen.** In der Seitenansicht können Sie hin- und herblättern oder bestimmte Ausschnitte vergrößern, um das Druckergebnis im Detail zu prüfen:

   - **Eine oder zwei Seiten anzeigen.** Wenn in der Seitenansicht nur eine Seite angezeigt wird, enthält die Symbolleiste eine Schaltfläche ZWEI SEITEN, mit der Sie zwei Seiten nebeneinander darstellen lassen können. Werden bereits zwei Seiten angezeigt, können Sie mit der Schaltfläche EINE SEITE zur Ein-Seiten-Ansicht wechseln.

   - **Vor- und Zurückblättern.** Mit den Schaltflächen NÄCHSTE SEITE und VORHERIGE SEITE können Sie in der Seitenansicht blättern.

   - **Zoomen.** Mit den Schaltflächen VERGRÖSSERN und VERKLEINERN können Sie einzelne Ausschnitte vergrößert darstellen oder umgekehrt die Darstellung verkleinern, damit ein größerer Ausschnitt auf dem Bildschirm dargestellt wird.

4. **Drucken oder Seitenansicht beenden.** Sie können direkt aus der Seitenansicht heraus das Ausdrucken der Ergebnisse veranlassen. Klicken Sie hierzu auf die Schaltfläche DRUCKEN, die das weiter vorn beschriebene Dialogfeld aus Abbildung 22.1 aufruft. Möchten Sie die Seitenansicht beenden, ohne die Ergebnisse zu drucken, klicken Sie einfach auf die Schaltfläche SCHLIESSEN.

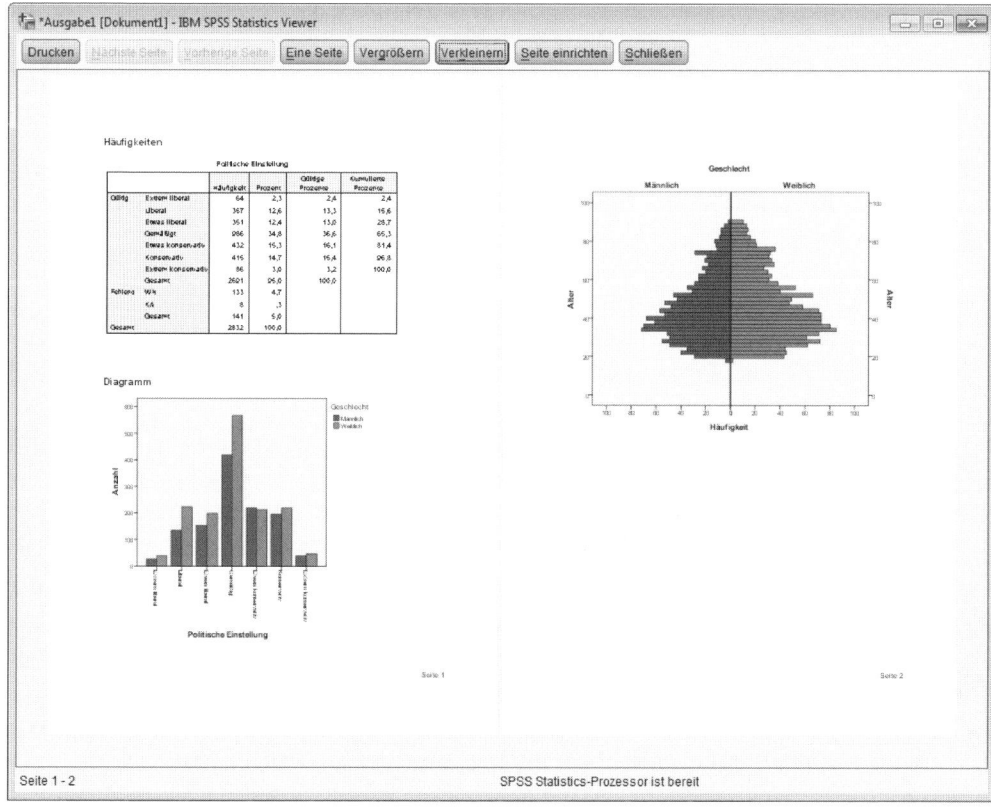

Abbildung 22.2: Seitenansicht einer Ausgabedatei mit einer Vorschau auf das Druckergebnis

Seite einrichten – Einstellungen für den Ausdruck vornehmen

Die Ausdrucke, die Sie bei SPSS aus einer Ausgabedatei heraus vornehmen, haben den Charme einer technischen Dokumentation. Dies lässt sich auch kaum vermeiden, insbesondere wird es Ihnen nicht gelingen, direkt aus der Ausgabedatei heraus fertige, gestaltete und präsentable Berichte zu drucken. Hierzu ist SPSS schlicht nicht geeignet. Allerdings können Sie die »technischen Reports«, die sich aus der Ausgabedatei heraus drucken lassen, zumindest in geringem Umfang gestalten, indem Sie an geeigneter Stelle Seitenwechsel einfügen, einheitliche Kopf- und Fußzeilen mit Quellen- oder Datumsangaben ergänzen und die Seitenränder anpassen.

Seitenwechsel einfügen

Die von SPSS automatisch durchgeführten Seitenwechsel erfolgen nicht immer dort, wo man sie sich wünschen würde. Insbesondere wenn Tabellen- oder Diagrammüberschriften auf der einen und die Tabellen oder Grafiken selbst erst auf der Folgeseite stehen, scheint es noch Verbesserungspotenzial zu geben.

Um dieses zu heben, können Sie in der Ausgabedatei manuell festlegen, wo ein Seitenwechsel erfolgen soll. Gehen Sie hierzu folgendermaßen vor:

1. **Die richtige Stelle markieren.** Markieren Sie in der Ausgabedatei (nicht in der Seitenansicht) das Element, vor dem der Seitenwechsel erfolgen soll. Möchten Sie beispielsweise erreichen, dass unmittelbar vor einer Überschrift ein Seitenwechsel stattfindet, markieren Sie genau diese Überschrift. Hierzu können Sie zum Beispiel den entsprechenden Eintrag im Gliederungsbaum anklicken (siehe Abbildung 22.3).

2. **Seitenwechsel einfügen.** Wählen Sie den Menübefehl EINFÜGEN|SEITENUMBRUCH. Daraufhin wird über dem markierten Element ein Doppelpfeil angezeigt, der symbolisieren soll, dass an dieser Stelle ein Seitenwechsel erfolgt (siehe Abbildung 22.3). Wenn Sie die Datei nun ausdrucken oder in der Seitenansicht betrachten, werden Sie feststellen, dass auch genau dies geschieht.

 Haben Sie einen Seitenwechsel eingefügt und möchten diesen wieder entfernen, markieren Sie ebenfalls das Element, vor dem sich der Seitenwechsel befindet, und wählen Sie den Menübefehl EINFÜGEN|SEITENUMBRUCH LÖSCHEN.

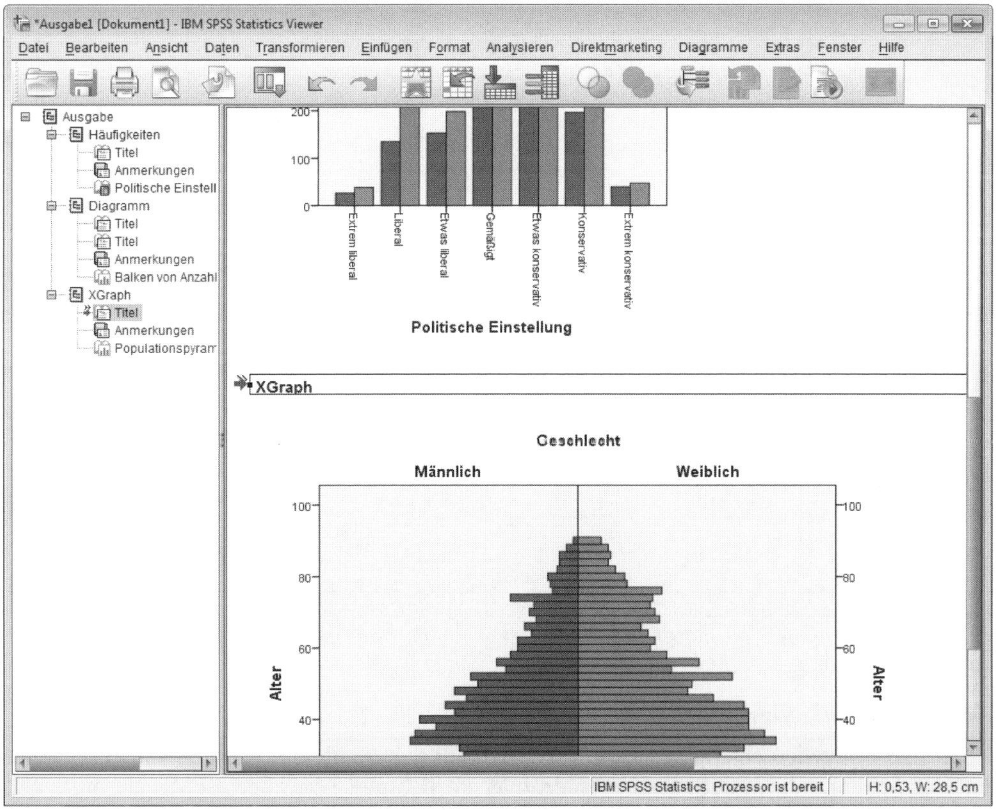

Abbildung 22.3: Einfügen eines Seitenwechsels vor der Überschrift XGraph

Seitenränder und Format für den Ausdruck festlegen

Das Papierformat, die Ausrichtung und den Abstand des bedruckbaren Bereichs zum Papierrand können Sie ganz nach Ihren Wünschen festlegen. Gehen Sie hierzu folgendermaßen vor:

1. **Dialogfeld SEITE EINRICHTEN.** Wählen Sie in der Ausgabedatei den Menübefehl DATEI|SEITE EINRICHTEN. Dieser Befehl öffnet das Dialogfeld aus Abbildung 22.4.

2. **Einstellungen vornehmen.** Nehmen Sie in dem Dialogfeld die gewünschten Einstellungen vor. Die Abstände zwischen Papierrand und bedruckbarem Bereich können Sie für jeden der vier Ränder getrennt festlegen. Die Abstände werden in den entsprechenden Eingabefeldern in Millimetern angegeben. Um beispielsweise zum oberen Papierrand einen Abstand von 1,5 Zentimeter festzulegen, geben Sie also in das Feld OBEN den Wert 15 ein. Wenn Sie alle Einstellungen vorgenommen haben, schließen Sie das Dialogfeld mit der Schaltfläche OK.

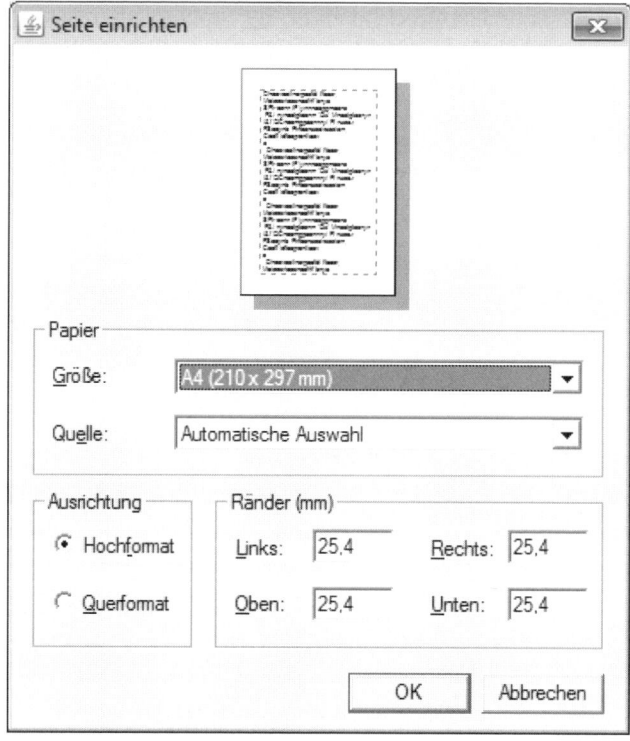

Abbildung 22.4: Dialogfeld zum Festlegen von Papierformat und Seitenrändern

Kopf- und Fußzeilen einfügen

Kopf- und Fußzeilen erscheinen beim Ausdruck auf jeder Seite am oberen beziehungsweise unteren Seitenrand. Wenn Sie keine Änderungen vornehmen, verwendet SPSS per Voreinstellung eine Fußzeile, in der am rechten Rand die jeweilige Seitenzahl angegeben wird. Die Kopfzeile bleibt per Voreinstellung leer. Diese Voreinstellungen können Sie jedoch ändern und Kopf- und Fußzeilen mit beliebigem Text oder auch weiteren automatisierten Informationen wie dem aktuellen Datum, der Uhrzeit des Ausdrucks oder dem Dateinamen erstellen. Um die Kopf- und/oder Fußzeile zu ändern, gehen Sie folgendermaßen vor:

1. **Dialogfeld öffnen.** Wählen Sie in der Ausgabedatei den Befehl Datei|Seitenattribute und schlagen Sie in dem damit geöffneten Dialogfeld das Register Kopf-/Fusszeile auf (siehe Abbildung 22.5).

2. **Kopf- und Fußzeile festlegen.** Geben Sie in das Feld Kopfzeile den Text ein, der auf jeder Seite des Ausdrucks als Kopfzeile erscheinen soll, und entsprechend in das Feld Fusszeile den Text für die Fußzeile. Neben reinem Text können Sie auch spezielle Ausdrücke in die Kopf- oder Fußzeile einfügen, um so bestimmte automatisierte Informationen aufzunehmen:

   - **Datum.** Schreiben Sie den Ausdruck &[Datum], um an der betreffenden Stelle jeweils das aktuelle Datum in der Form 22.06.12 in die Kopf- oder Fußzeile aufzunehmen.

   - **Uhrzeit.** Mit dem Ausdruck &[Uhrzeit] wird die Uhrzeit des Ausdrucks in der Form 17:23:25 in die Kopf- oder Fußzeile geschrieben.

   - **Seitenzahl.** Der Ausdruck &[Seite] fügt die jeweilige Seitenzahl in die Kopf- oder Fußzeile ein.

   - **Dateiname.** Mit dem Ausdruck &[Dateiname] fügen Sie den Namen der Ausgabedatei mit vollständigen Pfadangaben in der Form C:\Analysen\Bericht.spv in die Kopf- oder Fußzeile ein.

   Beispiel. Die Angaben in Abbildung 22.5 bewirken, dass in der Kopfzeile das aktuelle Datum angegeben wird und die Fußzeile den Dateinamen und die Seitenzahl in folgender Form wiedergibt.

   Quelle: C:\Analysen\Bericht.spv, Seite 7

  Sie können zusätzlich für die Kopf- und Fußzeile festlegen, ob der Text dort linksbündig, zentriert oder rechtsbündig abgedruckt werden soll. Klicken Sie hierzu mit der Maus auf das Feld für die Kopf- beziehungsweise Fußzeile und wählen Sie anschließend über die drei Schaltflächen die gewünschte Textausrichtung.

 Auch die Schriftart für die Kopf- und Fußzeile können Sie selbst bestimmen. Markieren Sie hierzu in dem jeweiligen Eingabefeld den Text, dessen Schriftart Sie verändern möchten, und klicken Sie anschließend auf die Schaltfläche, auf dem ein »A« dargestellt ist. Legen Sie in dem damit geöffneten Dialogfeld die gewünschte Schriftart für den markierten Text fest und schließen Sie das Dialogfeld mit OK.

3. **Bearbeitung abschließen.** Wenn Sie die Kopf- und Fußzeile wie gewünscht definiert haben, schließen Sie das Dialogfeld aus Abbildung 22.5 mit der Schaltfläche OK.

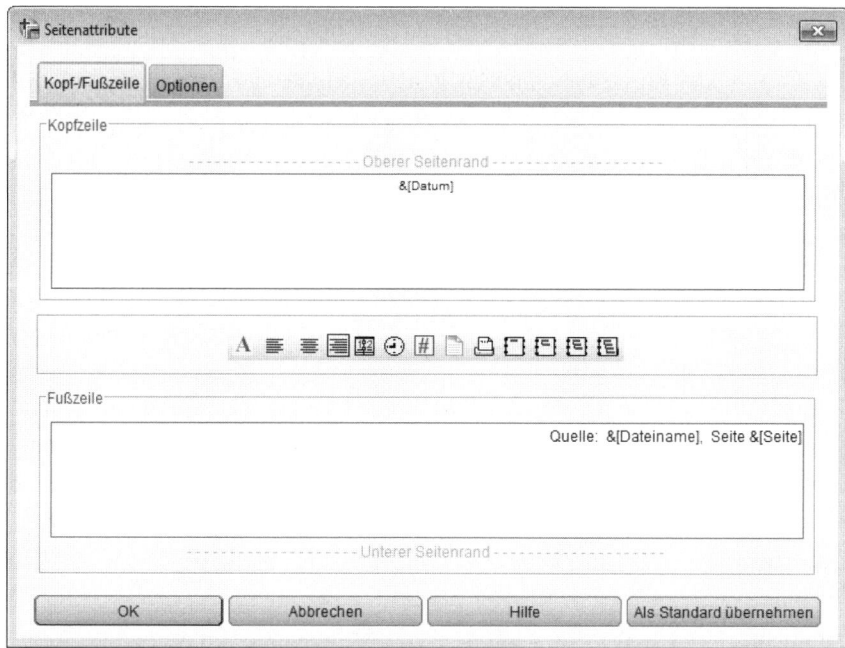

Abbildung 22.5: Dialogfeld zum Festlegen von Kopf- und Fußzeile für den Ausdruck einer Ausgabedatei

Ergebnisse in eine Word- oder PowerPoint-Datei kopieren

Mit der statistischen Datenanalyse in SPSS können Sie genau zwei Arten von Ergebnissen erzielen: solche, die Sie lieber für sich behalten und heimlich, still und leise in der Versenkung verschwinden lassen, und solche, die Sie freudig herumzeigen und präsentieren möchten. Sollten Sie das Glück haben, auf die zweite Art von Ergebnissen gestoßen zu sein, stellt sich meistens die Aufgabe, die Ergebnistabellen und Grafiken in Präsentationen oder Berichte zu übernehmen, die typischerweise nicht mit SPSS, sondern mit einer anderen Anwendung wie Microsoft Word oder PowerPoint erstellt werden. Glücklicherweise ist es ohne Probleme möglich, Tabellen und Grafiken aus einer Ausgabedatei von SPSS zu kopieren und in Word- oder PowerPoint-Dokumente einzufügen. Gehen Sie hierzu folgendermaßen vor:

1. **Tabelle oder Diagramm markieren.** Markieren Sie in der Ausgabedatei die Tabelle oder Grafik, die Sie kopieren möchten, beispielsweise indem Sie den entsprechenden Eintrag im Gliederungsbaum anklicken.

2. **Befehl zum Kopieren.** Wählen Sie den Menübefehl BEARBEITEN|KOPIEREN. Alternativ können Sie auch den Menübefehl BEARBEITEN|KOPIEREN SPEZIAL verwenden; damit öffnen Sie ein kleines Dialogfeld, in dem Sie festlegen können, in welchem Format die Tabelle oder das Diagramm kopiert werden soll.

3. **Zieldokument aufrufen.** Rufen Sie das Dokument auf, in das die Tabelle oder Grafik eingefügt werden soll. Wählen Sie außerdem in diesem Dokument die Stelle aus, an der Sie die Tabelle oder Grafik einfügen möchten:

- **Word-Dokument.** Soll das Objekt in ein Word-Dokument eingefügt werden, muss sich der Cursor an der Stelle befinden, an der die Tabelle oder Grafik eingefügt werden soll.

- **PowerPoint-Datei.** Um das Objekt in eine PowerPoint-Datei einzufügen, muss in dieser Datei die Seite angezeigt werden, in die Sie die Tabelle oder Grafik einfügen möchten.

4. **Befehl zum Einfügen.** Wählen Sie in der Zielanwendung (Word oder PowerPoint) den Befehl BEARBEITEN|INHALTE EINFÜGEN beziehungsweise in neueren Programmversionen den Befehl START|EINFÜGEN|INHALTE EINFÜGEN. Daraufhin erhalten Sie ein Dialogfeld, in dem Sie zwischen verschiedenen Formaten für das einzufügende Objekt wählen können (siehe Abbildung 22.6). In den meisten Fällen empfiehlt es sich, hier das Format BILD zu verwenden. Bestätigen Sie die Auswahl mit der Schaltfläche OK. Daraufhin wird die Tabelle oder Grafik an der zuvor markierten Stelle in das Dokument eingefügt.

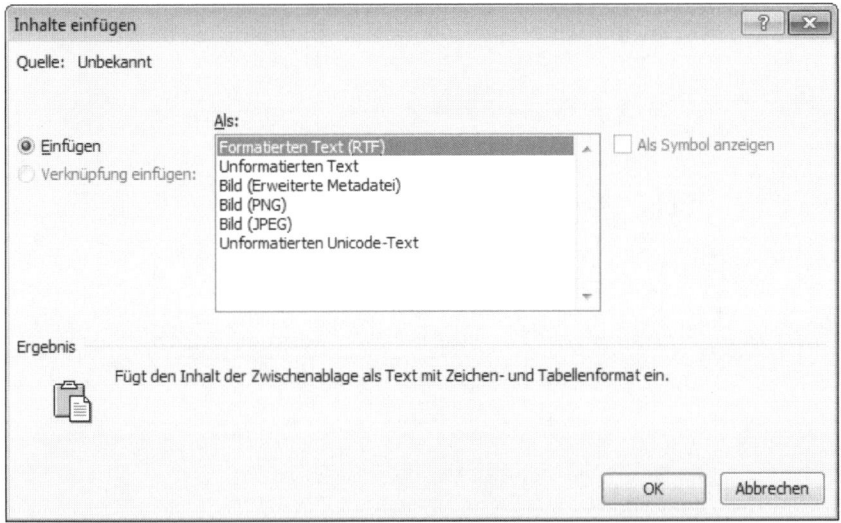

Abbildung 22.6: Dialogfeld zum Einfügen von SPSS-Objekten in eine Word- oder PowerPoint-Datei

Ergebnisse in eine Excel-Tabelle übernehmen

Eine Besonderheit ergibt sich, wenn Sie eine SPSS-Ergebnistabelle in eine Excel-Tabelle übernehmen möchten, denn in diesem Fall möchte man in aller Regel nicht die Tabelle selbst als Bild kopieren, sondern nur die Werte aus der SPSS-Ergebnistabelle in die Excel-Tabelle übertragen, wobei der Tabellenaufbau nach Möglichkeit erhalten bleiben soll. Auch dies ist ohne Weiteres möglich, gehen Sie hierzu folgendermaßen vor (siehe auch die Ablaufskizze in Abbildung 22.7):

1. **Tabelle markieren.** Markieren Sie in der Ausgabedatei die Tabelle, deren Werte Sie in die Excel-Datei kopieren möchten.

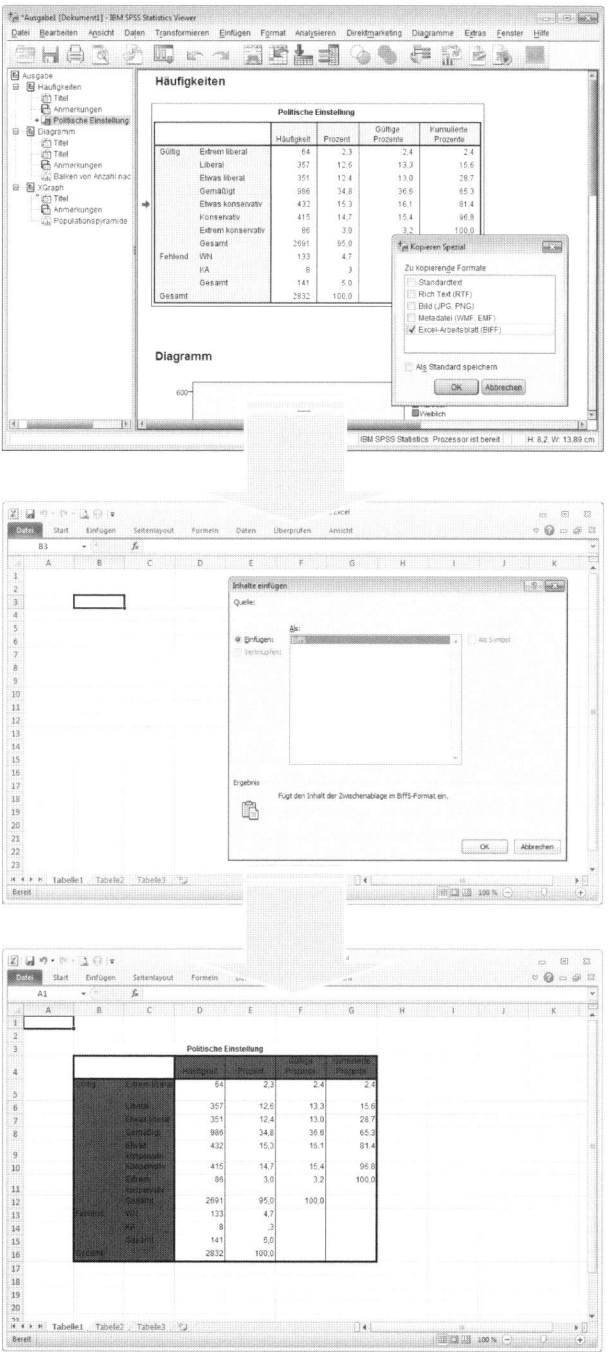

Abbildung 22.7: Vorgang zum Kopieren der Daten aus einer SPSS-Ergebnistabelle in eine Excel-Tabelle

2. **Befehl zum Kopieren.** Wählen Sie den Menübefehl BEARBEITEN|KOPIEREN SPEZIAL. Dieser Befehl öffnet ein kleines Dialogfeld; wählen Sie darin die Option EXCEL-ARBEITSBLATT (BIFF) und schließen Sie das Dialogfeld mit der Schaltfläche OK.

3. **Excel-Datei aufrufen.** Wechseln Sie zu der Excel-Datei, in die Sie die Werte einfügen möchten, und markieren Sie in dieser Datei die linke obere Zelle des Zielbereichs, in den Sie die Werte einfügen möchten (siehe die mittlere Darstellung in Abbildung 22.7).

 In der Excel-Datei muss der Zellbereich, in den die Werte eingefügt werden, leer sein. Andernfalls würden die bisherigen Inhalte der Zellen beim Einfügen der neuen Werte überschrieben werden.

4. **Befehl zum Einfügen.** Wählen Sie in der Excel-Datei den Befehl BEARBEITEN|INHALTE EINFÜGEN beziehungsweise in neueren Programmversionen den Befehl START|EINFÜGEN|INHALTE EINFÜGEN. Daraufhin erhalten Sie ein Dialogfeld, in dem Sie grundsätzlich zwischen verschiedenen Formaten wählen können, möglicherweise aber nur ein einziges Format zur Auswahl angeboten wird. Wählen Sie hier in jedem Fall das Format BIFF oder BIFF5 und bestätigen Sie die Auswahl mit der Schaltfläche OK. Daraufhin werden die Daten aus der kopierten Tabelle in die Excel-Datei eingefügt (siehe die untere Darstellung in Abbildung 22.7).

Teil VI

Der Top-Ten-Teil

The 5th Wave   By Rich Tennant

In diesem Teil ...

Spätestens seit der Entdeckung der Popmusik wissen wir: Mehr als die Top Ten braucht kein Mensch. Und das gilt natürlich ohne Einschränkung genauso für alle anderen Lebensbereiche. Mit den zehn besten Eissorten, den zehn besten Freunden, den zehn Lieblingsrestaurants, den zehn aufregendsten Frauen und Männern und den zehn schönsten Autos kommt man durchs ganze Leben, ohne irgendetwas zu vermissen. Außer vielleicht die zehn häufigsten Fragestellungen in der Statistik, die zehn wichtigsten Grundeinstellungen von SPSS oder zehn Tipps, die das Leben erleichtern. Aber dafür gibt es ja den Top-Ten-Teil in diesem Buch.

Zehn klassische Fragestellungen in der Statistik – und wie man sie beantwortet

23

In diesem Kapitel

▶ Wie häufig kommen die verschiedenen Werte in einer kategorialen Variablen vor?

▶ Wie sieht die Werteverteilung einer stetigen Variablen aus?

▶ Welchen Mittelwert hat eine Variable?

▶ Ist eine Variable normalverteilt?

▶ Gibt es einen statistischen Zusammenhang zwischen zwei kategorialen Variablen?

▶ Gibt es einen statistischen Zusammenhang zwischen zwei intervallskalierten Variablen?

▶ Wie lassen sich anhand der Variablen a, b und c die Werte der Variablen x vorhersagen?

▶ Welchen Mittelwert hat eine Variable in der Grundgesamtheit?

▶ Haben zwei unterschiedliche Fallgruppen in der Grundgesamtheit den gleichen Mittelwert?

▶ Haben zwei Variablen in der Grundgesamtheit den gleichen Mittelwert?

*E*s gibt einige Aufgabenstellungen, denen begegnet man in der statistischen Datenanalyse immer wieder. Dazu gehört nicht nur die Berechnung einfacher Kennzahlen wie eines Mittelwerts oder des Medians, sondern auch typische Aufgaben für die so genannte *schließende Statistik*, zum Beispiel die Frage, ob zwei Variablen in der Grundgesamtheit den gleichen Mittelwert aufweisen. Die häufigsten Fragestellungen dieser Art, mit denen sich viele sehr früh während ihrer ersten Gehversuche in der Welt der statistischen Datenanalyse konfrontiert sehen, sind in diesem Kapitel aufgeführt – und weil dies ja kein Rätselbuch ist, wird auch gleich verraten, wie Sie an die jeweilige Fragestellung mit SPSS herangehen können.

Wie häufig kommen die verschiedenen Werte in einer kategorialen Variablen vor?

Sehr, sehr viele Informationen werden in kategorialen Variablen abgespeichert. So liegen zum Beispiel die Ergebnisse von Befragungen häufig in kategorialer Form vor. Typische kategoriale Variablen sind etwa:

✔ Geschlecht – mit den Kategorien Frau und Mann

✔ Schulabschluss – mit den Kategorien Hauptschule, Realschule, Abitur, Studium

✔ Familienstand – mit den Kategorien ledig, verheiratet, getrennt lebend, geschieden, verwitwet

✔ Persönlicher Geschmack (Wie gefällt Ihnen …?) – mit den Kategorien sehr gut, gut, geht so, weniger gut, überhaupt nicht

✔ Sonntagsfrage – mit den Kategorien CDU/CSU, SPD, Grüne, FDP und so weiter

Wenn Sie Variablen dieser Art vorliegen haben, werden Sie sich vermutlich als Erstes fragen, wie häufig die unterschiedlichen Kategorien in der Variablen vertreten sind. Um diese Frage zu beantworten, erstellt man klassischerweise eine Häufigkeitstabelle. Bei SPSS geschieht dies mit dem Befehl ANALYSIEREN|DESKRIPTIVE STATISTIKEN|HÄUFIGKEITEN. Alle Details hierzu sind in Kapitel 10 beschrieben.

Wie sieht die Werteverteilung einer stetigen Variablen aus?

Eine stetige Variable enthält nicht nur eine begrenzte Anzahl unterschiedlicher Kodierungen wie schlecht, mittel, gut, sondern kann eine Vielzahl von Werten annehmen, im Extremfall sogar jeden reellen Wert innerhalb eines bestimmten Bereichs. Typische stetige Variablen sind zum Beispiel:

✔ Alter (in Jahren oder Monaten, nicht in Alterskategorien)

✔ Einkommen (in Euro, nicht in Einkommensklassen)

✔ Temperatur

✔ Entfernungen, Längen, Größen, Volumina, Gewichte und so weiter

Wenn Sie es mit einer solchen stetigen Variablen zu tun haben und diese zum ersten Mal unter die Lupe nehmen, ist es in aller Regel nicht sinnvoll, eine Häufigkeitstabelle für diese Variable zu erstellen – wie Sie es vielleicht bei einer kategorialen Variablen machen würden. Eine stetige Variable enthält so viele unterschiedliche Werte, von denen jeder einzelne typischerweise nur sehr selten vorkommt, dass eine Häufigkeitstabelle unübersichtlich lang und zugleich wenig aussagekräftig wäre. Stattdessen kann man die Werteverteilung einer stetigen Variablen sehr schön in einem Histogramm darstellen. Das ist eine Grafik, in der die vielen unterschiedlichen Werte der stetigen Variablen automatisch in Klassen zusammengefasst und dann die Häufigkeiten der einzelnen Werteklassen dargestellt werden.

Um ein solches Histogramm mit SPSS zu erstellen, gibt es verschiedene Möglichkeiten. Der einfachste und direkteste Weg ist der Befehl DIAGRAMME|VERALTETE DIALOGFELDER|HISTOGRAMM. Alle Details zu diesem Befehl und zum richtigen Lesen einer solchen Grafik finden Sie in Kapitel 9.

Welchen Mittelwert hat eine Variable?

Einer der absoluten Klassiker in der Statistik ist der Mittelwert. Ein Mittelwert lässt sich – das wissen Sie natürlich – nur für stetige, intervallskalierte Variablen wie Alter, Einkommen, Größe, Umsatz, Absatz und so weiter sinnvoll berechnen.

Wenn Sie eine solche Variable vorliegen haben und deren Mittelwert berechnen möchten, haben Sie bei SPSS verschiedene Möglichkeiten dazu. Sehr einfach und schnell berechnen Sie den Mittelwert und weitere Kennzahlen für stetige Variablen mit dem Befehl ANALYSIEREN|DE-SKRIPTIVE STATISTIKEN|DESKRIPTIVE STATISTIK. Alle Details dazu finden Sie in Kapitel 8.

Ist eine Variable normalverteilt?

Viele höhere statistische Verfahren, die dazu dienen, aus den Daten einer begrenzten Stich-probe Rückschlüsse auf die Grundgesamtheit zu ziehen, setzen voraus, dass die untersuchten Variablen in der Grundgesamtheit normalverteilt sind. Ob dies der Fall ist, können Sie natür-lich gar nicht wissen, denn es sind Ihnen ja gar nicht alle Werte der betrachteten Variablen in der Grundgesamtheit bekannt – sonst würden Sie wohl kaum versuchen, mit statistischen Verfahren einen Rückschluss auf ebendiese Grundgesamtheit zu ziehen. Daher brauchen Sie einen Trick – und den hält die Statistik natürlich auch für Sie bereit. Denn Sie können anhand der Daten aus einer Stichprobe zumindest abschätzen, wie wahrscheinlich es ist, dass eine be-stimmte Variable in der Grundgesamtheit normalverteilt ist. Hierzu gibt es spezielle Testver-fahren, zum Beispiel den *Kolmogorov-Smirnov-Test* und den *Shapiro-Wilk-Test*.

Keine Sorge: Beide Testverfahren klingen exotischer, als sie tatsächlich sind. Und außerdem müssen Sie diese Tests nicht selbst berechnen – denn dafür haben Sie ja SPSS. Führen Sie hier einfach eine explorative Datenanalyse durch (Befehl ANALYSIEREN|DESKRIPTIVE STATISTIKEN|EXPLORATIVE DATENANALYSE). Der Befehl öffnet ein Dialogfeld, in dem Sie mit der Schaltfläche DI-AGRAMME ein weiteres Dialogfeld aufrufen können. Dort fordern Sie mit der Option NORMALVER-TEILUNGSDIAGRAMM MIT TESTS die beiden genannten Testverfahren an. Alle Details hierzu und zur Interpretation der Testergebnisse finden Sie in Kapitel 9.

Gibt es einen statistischen Zusammenhang zwischen zwei kategorialen Variablen?

Wenn Sie zwei kategoriale Variablen wie Geschlecht und Familienstand oder Schulab-schluss und Parteienpräferenz (oder die bei der letzten Bundestagswahl gewählte Par-tei) vorliegen haben und wissen möchten, ob es einen Zusammenhang zwischen den beiden Variablen gibt (also beispielsweise, ob sich Personen mit unterschiedlichem Schulabschluss in ihrem Wahlverhalten unterscheiden), untersuchen Sie dies mit einer Kreuztabelle und einem Chi-Quadrat-Test. Die Kreuztabelle stellt die gemeinsame Verteilung der beiden Variablen für die vorliegenden Daten dar; hieran können Sie ablesen, ob es in der Stichprobe – in diesem Beispiel – unter den befragten Personen Unterschiede im Wahlverhalten in Abhängigkeit vom Schulabschluss gibt. Mit einem Chi-Quadrat-Test untersuchen Sie dagegen, ob die vorliegenden Daten den Schluss zulassen, dass ein solcher Zusammenhang auch in der Grundgesamtheit besteht.

Um mit SPSS eine Kreuztabelle zu erstellen und den Chi-Quadrat-Test durchzuführen, verwenden Sie den Befehl ANALYSIEREN|DESKRIPTIVE STATISTIKEN|KREUZTABELLEN. Zu den Details dieses Verfahrens und zur Interpretation der Ergebnisse siehe Kapitel 11.

Gibt es einen statistischen Zusammenhang zwischen zwei intervallskalierten Variablen?

Um zu untersuchen, ob es einen Zusammenhang zwischen zwei intervallskalierten Variablen wie Alter und Einkommen oder dem täglichen Fernsehkonsum in Stunden und dem Übergewicht in Kilogramm gibt, misst man die Korrelation zwischen den Variablen anhand eines Korrelationskoeffizienten. Wenn Sie dabei für die Ihnen vorliegenden Daten eine Korrelation feststellen, können Sie zusätzlich berechnen, ob Sie aus dieser Beobachtung darauf schließen können, dass auch in der Grundgesamtheit eine solche Korrelation besteht.

Beides erledigt bei SPSS der Befehl ANALYSIEREN|KORRELATION|BIVARIAT. Möchten Sie den Zusammenhang zwischen zwei Variablen dagegen grafisch darstellen, ist dafür ein Streudiagramm das Mittel der Wahl, das Sie bei SPSS mit dem Befehl DIAGRAMME|VERALTETE DIALOGFELDER|STREU-/PUNKT-DIAGRAMM anfordern. Die Details sowohl zur Berechnung der Korrelationskoeffizienten als auch zum Streudiagramm finden Sie in Kapitel 14.

Wie lassen sich anhand der Variablen a, b und c die Werte der Variablen x vorhersagen?

Stellen Sie sich mal vor, Sie hätten nicht zwei, sondern mehrere intervallskalierte Variablen, und Sie glauben, dass sich die Werte einer dieser Variablen mehr oder weniger eindeutig aus den Werten der übrigen Variablen ableiten lassen. So könnte man beispielsweise vermuten, dass sich für Personen einer bestimmten Berufsgruppe aus wenigen Angaben über Alter, Anzahl der Berufsjahre, Zahl der Mitarbeiter des Arbeitgebers sowie die Größe des Unternehmens mehr oder weniger präzise das Einkommen schätzen lässt.

Was machen Sie nun, wenn Sie die Aufgabe bekommen, eine solche Schätzung vorzunehmen?

Ganz einfach, Sie führen eine Regressionsanalyse durch.

Wie das geht?

Bei SPSS mit dem Befehl ANALYSIEREN|REGRESSION|LINEAR.

Und wie genau?

Das steht alles in Kapitel 15.

Welchen Mittelwert hat eine Variable in der Grundgesamtheit?

Wenn Sie für eine Variable den Mittelwert ausgerechnet haben, den diese in den Ihnen vorliegenden Stichprobendaten hat, und Sie nun wissen möchten, was dieser Wert über den Mittelwert derselben Variablen in der Grundgesamtheit verrät, kriegen Sie dies mit einem *T-Test für eine Stichprobe* heraus. Diesen Test führen Sie bei SPSS mit dem Befehl ANALYSIEREN|MITTELWERTE VERGLEICHEN|T-TEST BEI EINER STICHPROBE durch, siehe hierzu im Detail Kapitel 12.

Haben zwei verschiedene Fallgruppen in der Grundgesamtheit den gleichen Mittelwert?

Viele Fragen in der Datenanalyse zielen darauf ab, Unterschiede und Gemeinsamkeiten zwischen verschiedenen (Personen-)Gruppen aufzuspüren. Typische Fragestellungen dieser Art sind:

✔ Haben Personen mit Studium ein höheres Einkommen als Personen ohne Studium?

✔ Sind Frauen glücklicher als Männer?

✔ Kaufen Frauen mehr Schuhe als Männer?

✔ Verursachen Männer mehr Autounfälle als Frauen?

✔ ... auch beim Einparken?

Um Fragen dieser Art zu beantworten, führt man einen *T-Test bei unabhängigen Stichproben* durch, den Sie bei SPSS mit dem Befehl ANALYSIEREN|MITTELWERTE VERGLEICHEN|T-TEST BEI UNABHÄNGIGEN STICHPROBEN anfordern, siehe im Detail Kapitel 12.

Haben zwei Variablen in der Grundgesamtheit den gleichen Mittelwert?

Möchten Sie nicht zwei verschiedene Fallgruppen, sondern zwei Variablen miteinander vergleichen, verwenden Sie dazu einen *T-Test bei verbundenen Stichproben*. Damit lassen sich beispielsweise Fragen der folgenden Art beantworten:

✔ Verdienen die Menschen heute mehr oder weniger als vor fünf Jahren? Die Basis der Analyse sind dann zwei Variablen, eine mit dem heutigen Einkommen von befragten Personen (beziehungsweise auf anderem Wege ermittelten Daten) und eine mit deren Einkommen von vor fünf Jahren.

✔ Geben Frauen heute mehr oder weniger Geld für Schuhe aus als vor fünf Jahren? Die Basis sind hier zwei Variablen, eine mit den Schuhkäufen von heute und eine mit den Schuhkäufen vor fünf Jahren.

✔ Geben Frauen mehr Geld für Schuhe oder für Handtaschen aus? Die Basis sind hier zwei Variablen, eine mit den Ausgaben für Schuhe und eine mit den Ausgaben für Handtaschen.

Um mit SPSS einen solchen Test durchzuführen, verwenden Sie den Befehl ANALYSIEREN|MITTELWERTE VERGLEICHEN|T-TEST BEI VERBUNDENEN STICHPROBEN, siehe zu allen Details Kapitel 12.

Die zehn wichtigsten Grundein-
stellungen von SPSS

In diesem Kapitel

▷ Die Anzeige von Variablen in den Listen der Dialogfelder

▷ Die Beschriftung von Ergebnistabellen

▷ Der Bearbeitungsmodus für Ergebnistabellen

▷ Die optimale Spaltenbreite in Ergebnistabellen

▷ Die voreingestellte Tabellenvorlage für Ergebnistabellen

▷ Die Standardformate für Diagramme

▷ Der voreingestellte Datentyp für numerische Variablen

▷ Anzeige der Ausgabedatei nach dem Erstellen neuer Ergebnisse

Sie können sich Ihre tägliche Arbeit erheblich erleichtern, wenn Sie SPSS Ihre geheimen Wünsche und Bedürfnisse anvertrauen. Verraten Sie ihm, was Sie sich im tiefsten Inneren wünschen – und Sie werden es bekommen – zumindest in einigen Fällen. Denn SPSS bietet die Möglichkeit, über verschiedene allgemeine Grundeinstellungen Einfluss auf das Verhalten des Programms zu nehmen. So können Sie festlegen, in welcher Weise die Variablen in den Variablenlisten von Dialogfeldern angezeigt werden sollen, wie SPSS neue Diagramme per Voreinstellung formatiert und ob Sie neue Ergebnisse immer direkt angezeigt bekommen möchten oder diese zunächst im Hintergrund bleiben sollen, damit Sie ungestört weiterarbeiten können. Die zehn wichtigsten Grundeinstellungen, die Ihr Leben revolutionär verändern werden *räusper*, sind in diesem Kapitel zusammengestellt.

Variablennamen oder Variablenlabels in den Dialogfeldern anzeigen

Bei der Arbeit mit SPSS kommt man laufend mit Dialogfeldern in Berührung, die in einer langen Liste – meistens auf der linken Seite des Dialogfelds – sämtliche Variablen aus der aktuellen Datendatei aufführen. Aus dieser Variablenliste muss man dann zumeist eine oder mehrere Variablen auswählen, um auf diese Weise irgendein angestrebtes Ergebnis wie eine Häufigkeitstabelle, eine Regressionsanalyse oder eine Grafik näher zu beschreiben. In den Variablenlisten der Dialogfelder werden die Variablen mit ihren Namen aufgeführt – so ist zumindest die Voreinstellung, die Sie jedoch ändern können. Statt der Variablennamen lassen sich nämlich auch die Variablenlabels anzeigen. Diese sind häufig sprechender als die Namen, weshalb es oftmals leichter ist, eine bestimmte Variable anhand ihres Labels statt allein auf Basis des Namens auszuwählen.

Um festzulegen, ob in den Dialogfeldern von SPSS die Namen oder die Labels der Variablen angezeigt werden sollen, gehen Sie folgendermaßen vor:

1. **Dialogfeld OPTIONEN öffnen.** Wählen Sie den Menübefehl BEARBEITEN|OPTIONEN. Dieser Befehl öffnet das Dialogfeld OPTIONEN (siehe Abbildung 24.1).

2. **Einstellung vornehmen.** Schlagen Sie in dem Dialogfeld OPTIONEN das Register ALLGEMEIN auf und legen Sie dort in der Gruppe VARIABLENLISTEN fest, ob in den Dialogfeldern die Labels oder die Namen angezeigt werden sollen.

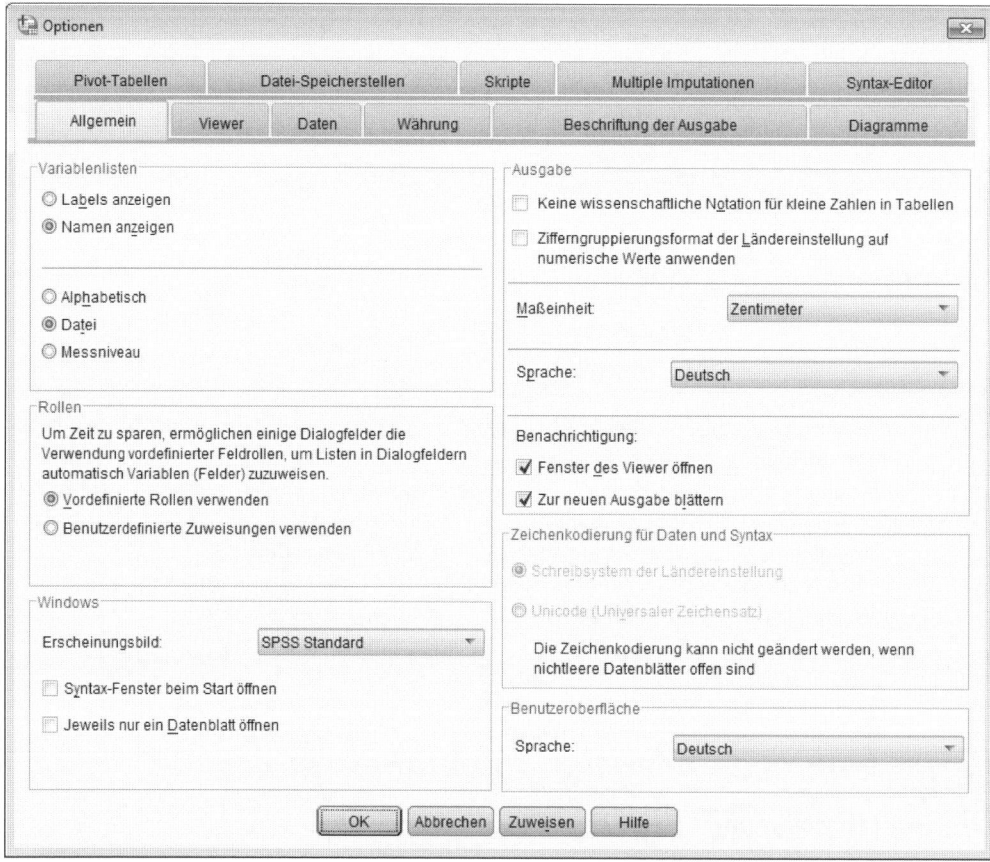

Abbildung 24.1: In dem Dialogfeld OPTIONEN legen Sie in der Gruppe VARIABLENLISTEN fest, ob in Dialogfeldern die Labels oder die Namen von Variablen aufgeführt werden sollen.

Variablen in Dialogfeldern alphabetisch oder gemäß der Datei ordnen

Sie können für die Variablenlisten in den Dialogfeldern von SPSS nicht nur festlegen, ob dort die Namen oder die Labels der Variablen aufgeführt werden sollen (siehe oben), sondern auch, ob die Variablen dort in alphabetischer Reihenfolge aufgelistet werden oder in der Reihenfolge, in der sie in der Datendatei stehen. Auch diese Einstellung nehmen Sie in dem Dialogfeld OPTIONEN vor:

1. **Dialogfeld OPTIONEN öffnen.** Wählen Sie den Menübefehl BEARBEITEN|OPTIONEN, der das Dialogfeld OPTIONEN aus Abbildung 24.1 öffnet.

2. **Einstellung vornehmen.** Schlagen Sie in dem Dialogfeld OPTIONEN das Register ALLGEMEIN auf und legen Sie dort in der Gruppe VARIABLENLISTEN fest, ob die Variablen in den Dialogfeldern ALPHABETISCH, gemäß der DATEI oder geordnet nach ihrem MESSNIVEAU (an erster Stelle alle nominalen, dann alle ordinalen und zum Schluss alle metrischen Variablen) aufgelistet werden sollen.

Variablennamen oder Variablenlabels in Ergebnisüberschriften

Zahlreiche Ergebnistabellen in SPSS geben Informationen über einzelne oder mehrere Variablen aus der Datendatei wieder. Damit diese Tabellen auch inhaltlich interpretierbar sind, gibt SPSS der Tabelle sprechende Namen und beschriftet die Inhalte der Tabelle mit Zeilen- und Spaltenüberschriften. In vielen dieser Beschriftungen verwendet SPSS die Namen oder Labels der zur Erstellung der Tabelle verwendeten Variablen. Dabei können Sie selbst wählen, ob an dieser Stelle die Namen oder die Labels der Variablen aufgeführt werden sollen. Wenn Sie sich für die Anzeige der Variablenlabels entscheiden, für einzelne Variablen aber gar keine Labels definiert sind, greift SPSS für diese Variablen automatisch auf deren Namen zurück.

Um SPSS zu sagen, ob es für die Beschriftung der Ergebnistabellen in der Gliederung die Namen oder Labels verwenden soll, gehen Sie folgendermaßen vor:

1. **Dialogfeld OPTIONEN öffnen.** Wählen Sie den Menübefehl BEARBEITEN|OPTIONEN. Dieser Befehl öffnet das Dialogfeld OPTIONEN (siehe Abbildung 24.2).

2. **Einstellung vornehmen.** Schlagen Sie in dem Dialogfeld OPTIONEN das Register BESCHRIFTUNG DER AUSGABE auf und wählen Sie dort aus der Drop-down-Liste VARIABLEN IN OBJEKTBESCHRIFTUNGEN ANZEIGEN ALS die Option NAMEN oder LABELS.

   Mit der Drop-down-Liste VARIABLEN IN BESCHRIFTUNGEN ANZEIGEN ALS wählen Sie zwischen der Verwendung von Variablennamen oder -labels für die Beschriftung von Zeilen und Spalten innerhalb einer Ergebnistabelle.

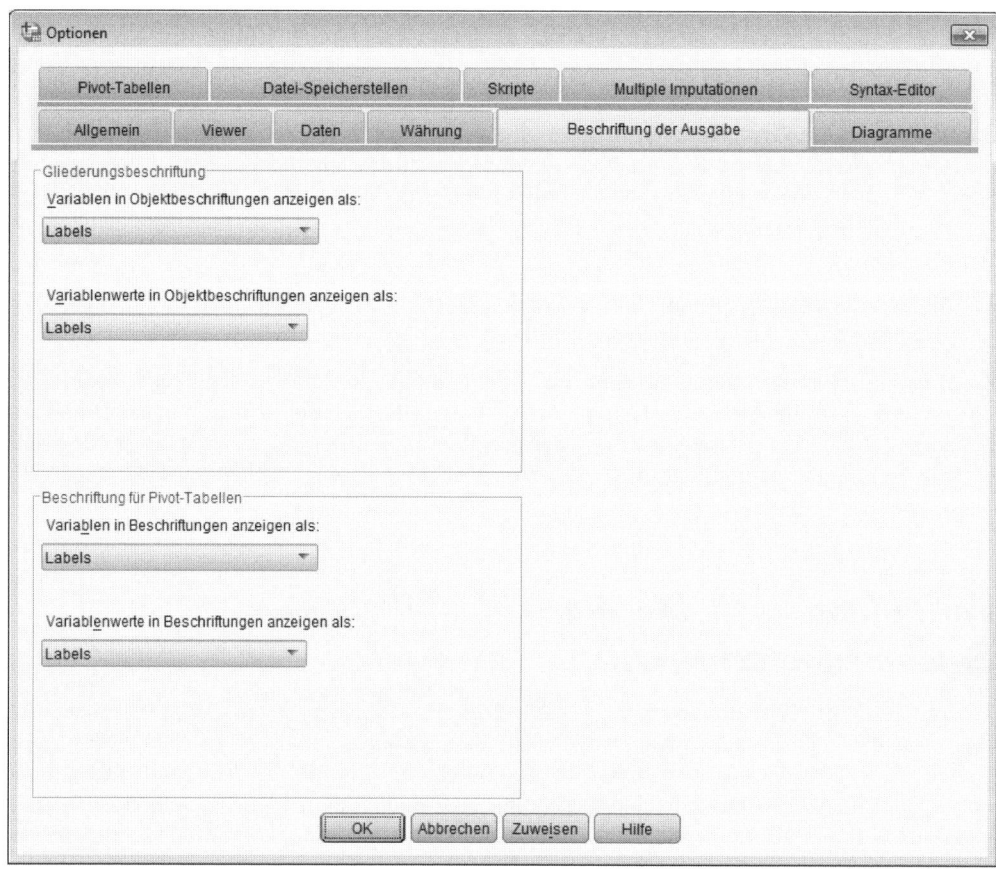

Abbildung 24.2: In dem Dialogfeld OPTIONEN wählen Sie, ob für die Beschriftung von Ergebnistabellen sowie für die Zeilen- und Spaltenüberschriften innerhalb der Tabellen die Namen oder die Labels von Variablen verwendet werden sollen.

Variablenwerte oder Wertelabels in Ergebnistabellen

Für die Beschriftung von Ergebnistabellen verwendet SPSS nicht nur die Namen beziehungsweise Labels der Variablen, sondern auch die Werte oder Wertelabels, die in den Variablen enthalten sind. Auch hierfür können Sie wählen, ob die rohen Werte aus den Variablen oder – soweit vorhanden – die Wertelabels angezeigt werden sollen:

1. **Dialogfeld OPTIONEN öffnen.** Wählen Sie den Menübefehl BEARBEITEN|OPTIONEN, der das Dialogfeld OPTIONEN aus Abbildung 24.2 öffnet.

2. **Einstellung vornehmen.** Schlagen Sie in dem Dialogfeld OPTIONEN das Register BESCHRIFTUNG DER AUSGABE auf und wählen Sie dort aus der Drop-down-Liste VARIABLENWERTE IN BESCHRIFTUNGEN ANZEIGEN ALS die Option WERTE oder LABELS.

Standardbearbeitungsmodus für Ergebnistabellen

Um eine Ergebnistabelle aus der Ausgabedatei bearbeiten zu können, muss sie zunächst in einem speziellen Bearbeitungsmodus geöffnet werden. Dafür stehen sogar zwei unterschiedliche Bearbeitungsmodi zur Verfügung: Sie können die Tabelle direkt in der Ausgabedatei bearbeiten oder speziell zur Bearbeitung in einem eigenen Fenster öffnen und dort die gewünschten Veränderungen vornehmen. Per Voreinstellung öffnet SPSS kleinere Tabellen direkt in der Ausgabedatei zur Bearbeitung, während große Tabellen, die sich nicht mehr vollständig auf dem Bildschirm darstellen lassen, in einem eigenen Fenster geöffnet werden. Diese Voreinstellung können Sie jedoch ändern:

1. **Dialogfeld OPTIONEN öffnen.** Wählen Sie den Menübefehl BEARBEITEN|OPTIONEN und schlagen Sie in dem damit geöffneten Dialogfeld das Register PIVOT-TABELLEN auf (siehe Abbildung 24.3).

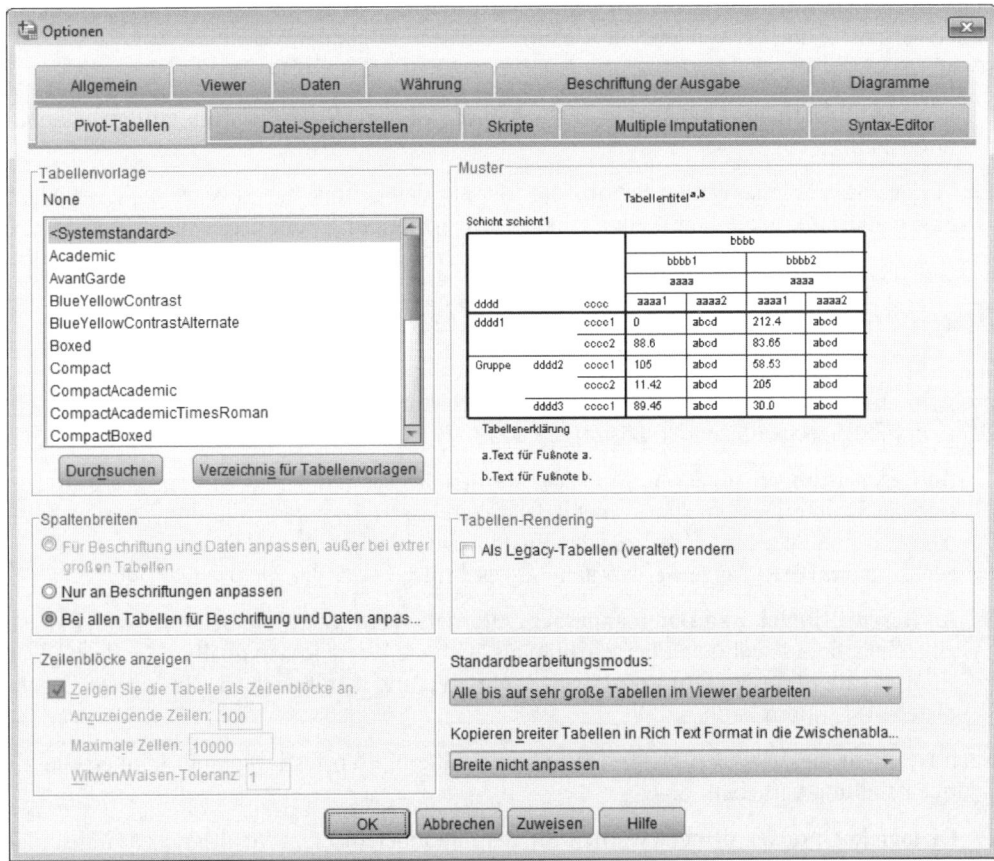

Abbildung 24.3: In der Drop-down-Liste STANDARDBEARBEITUNGSMODUS legen Sie fest, ob Tabellen in der Ausgabedatei oder in einem eigenen Fenster bearbeitet werden.

2. **Datentyp beschreiben.** Geben Sie in der Drop-down-Liste STANDARDBEARBEITUNGSMODUS an, welche Tabellen direkt in der Ausgabedatei und welche in einem eigenen Fenster zur Bearbeitung geöffnet werden sollen. Sie können hier zwischen verschiedenen Optionen wählen und dabei zwischen kleinen und großen Tabellen unterscheiden.

Standardvorlage für Ergebnistabellen

Für die Ergebnistabellen, die SPSS erstellt und in die Ausgabedatei schreibt, stehen zahlreiche unterschiedliche Mustervorlagen mit unterschiedlichen Formatierungen zur Verfügung. Indem Sie einer Tabelle eine bestimmte Mustervorlage zuweisen, legen Sie fest, wie SPSS die Tabelle formatieren soll, und bestimmen so beispielsweise die Hintergrundfarben, Schriftarten, Rahmenlinien und so weiter, siehe hierzu im Detail Kapitel 21. Sie können einer bestehenden Tabelle eine solche Tabellenvorlage jederzeit nachträglich zuweisen, Sie können aber auch als Grundeinstellung festlegen, welche Mustervorlage SPSS für jede neue Ergebnistabelle per Voreinstellung verwenden soll. Gehen Sie hierzu folgendermaßen vor:

1. **Dialogfeld OPTIONEN öffnen.** Wählen Sie den Menübefehl BEARBEITEN|OPTIONEN und schlagen Sie in dem damit geöffneten Dialogfeld das Register PIVOT-TABELLEN auf (siehe Abbildung 24.3).

2. **Vorlage auswählen.** Wählen Sie aus der Liste in der Gruppe TABELLENVORLAGE die Vorlage aus, die künftig für neue Ergebnistabellen zur Anwendung kommen soll.

Spaltenbreite in Ergebnistabellen optimieren

Wenn SPSS neue Ergebnistabellen erzeugt, steht es immer wieder vor einem Optimierungsproblem, und zwar bei der Frage, wie breit die einzelnen Spalten der Tabelle werden sollen. Dabei hat SPSS zwei alternative Lösungsansätze:

1. **An Beschriftungen anpassen.** Entweder werden die Spalten gerade so breit gewählt, dass sich die Spaltenüberschriften sinnvoll darstellen lassen. Dies kann allerdings dazu führen, dass einzelne, sehr lange Werte in den Spalten nicht mehr vollständig wiedergegeben werden können. Diese Werte werden dann abgeschnitten oder gar nicht angezeigt.

2. **An Beschriftungen und Daten anpassen.** Alternativ kann SPSS die Spaltenbreite auch so einstellen, dass sowohl die Überschriften als auch die Werte in den Spalten gut darstellbar sind, was allerdings zu sehr großen Spaltenbreiten und damit auch zu sehr breiten Ergebnistabellen führen kann.

Nach welchem dieser beiden Muster SPSS die Spaltenbreiten festlegen soll, können Sie als Grundeinstellung vorgeben:

1. **Dialogfeld OPTIONEN öffnen.** Wählen Sie den Menübefehl BEARBEITEN|OPTIONEN und schlagen Sie in dem damit geöffneten Dialogfeld das Register PIVOT-TABELLEN auf (siehe Abbildung 24.3).

2. **Anpassung der Spaltenbreiten festlegen.** Geben Sie in der Gruppe SPALTENBREITEN an, nach welchem Schema SPSS die Spaltenbreiten optimieren soll.

Standardformate für Diagramme

Ebenso wie für Ergebnistabellen können Sie auch für Diagramme festlegen, welche Formatierungen für neue Diagramme per Voreinstellung zur Anwendung kommen sollen. So können Sie beispielsweise die Standardschriftart für Diagramme bestimmen, Vorgaben für die Standardfarben machen, bevorzugte Markierungen und Füllmuster vorgeben und so weiter.

1. **Befehl aufrufen.** Wählen Sie den Menübefehl BEARBEITEN|OPTIONEN und schlagen Sie in dem damit geöffneten Dialogfeld das Register DIAGRAMME auf (siehe Abbildung 24.4).

2. **Formate beschreiben.** Geben Sie über die verschiedenen Optionen an, welche Formatierungen für neue Diagramme verwendet werden sollen. Mit den vier Schaltflächen FARBEN, LINIEN, MARKIERUNGEN und FÜLLMUSTER öffnen Sie jeweils ein neues Dialogfeld, in dem Sie die entsprechenden weiteren Formatierungen auswählen können.

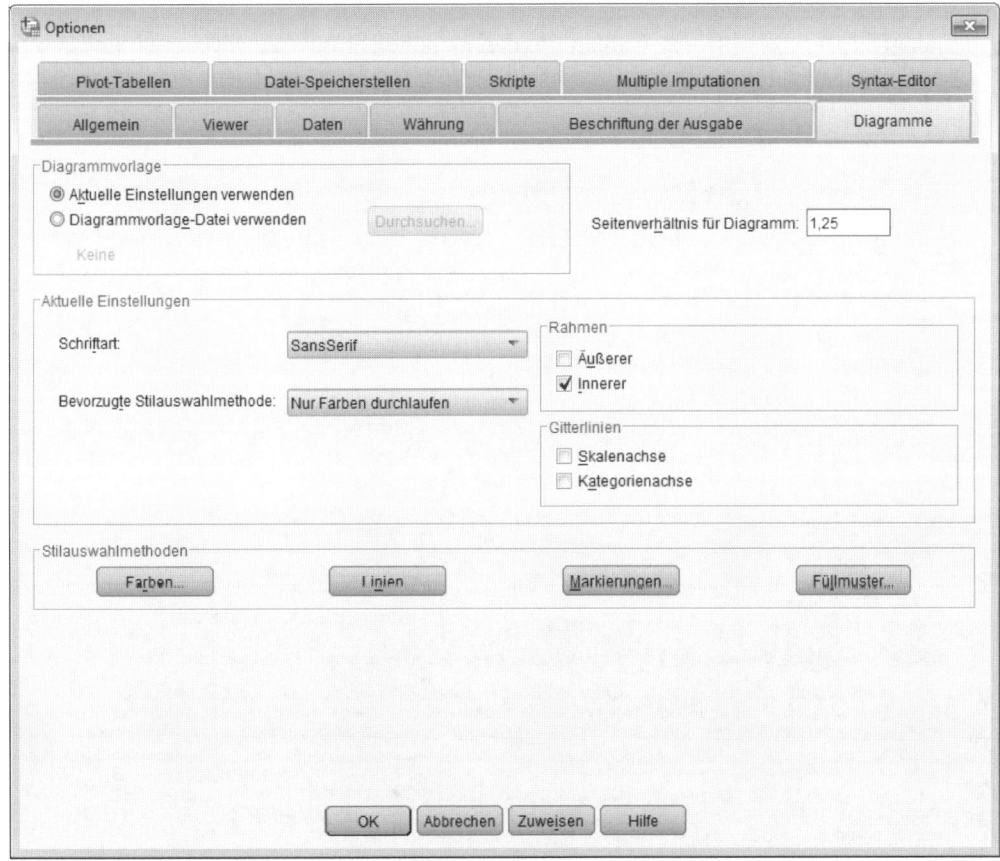

Abbildung 24.4: Legen Sie fest, welche Formatierungen für neue Diagramme zur Anwendung kommen sollen.

Standarddatentyp für numerische Variablen

Wenn Sie eine neue numerische Variable in der Datendatei anlegen, weist SPSS dieser Variablen automatisch einen Datentyp mit bestimmten Eigenschaften (per Voreinstellung den Typ NUMERISCH mit einer Breite von acht Zeichen und zwei Dezimalstellen) zu, den Sie anschließend natürlich noch verändern können. Dabei wäre es ja sehr hilfreich und arbeitssparend, wenn der von SPSS automatisch zugewiesene Datentyp bereits der wäre, den man tatsächlich verwenden möchte, denn dann kann man sich alle weiteren Anpassungen sparen. Da man immer wieder die unterschiedlichsten Datentypen benötigt, kann dies nicht immer gelingen, da SPSS nicht ahnen kann, welchen Datentyp Sie gerade für eine bestimmte neue Variable wünschen. Allerdings können Sie SPSS eine Ahnung davon geben, welchen Datentyp Sie besonders häufig nutzen und daher gerne per Voreinstellung für neue Variablen verwenden würden. Sie können also den genauen Datentyp festlegen, den SPSS allen neuen numerischen Variablen automatisch zuweist:

1. **Dialogfeld OPTIONEN öffnen.** Wählen Sie den Menübefehl BEARBEITEN|OPTIONEN und schlagen Sie in dem damit geöffneten Dialogfeld das Register DATEN auf (siehe Abbildung 24.5).

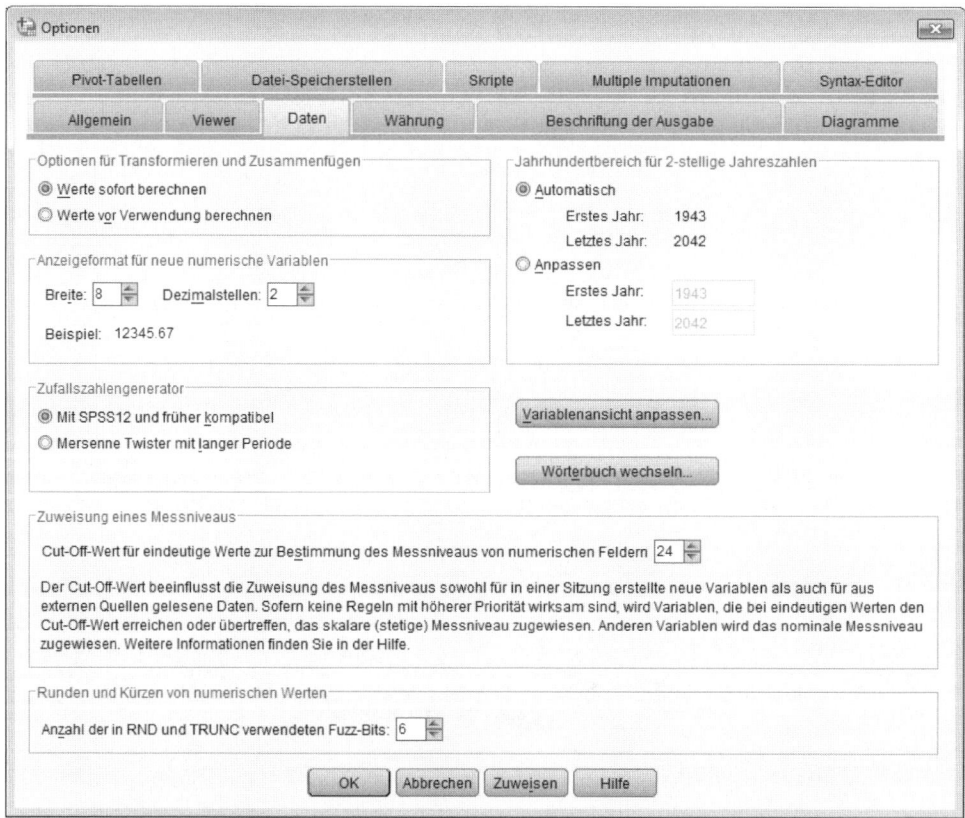

Abbildung 24.5: Das ANZEIGEFORMAT FÜR NEUE NUMERISCHE VARIABLEN bestimmt den voreingestellten Datentyp bei der Erstellung neuer Variablen.

2. **Datentyp beschreiben.** Beschreiben Sie in der Gruppe ANZEIGEFORMAT FÜR NEUE NUMERISCHE VA-
   RIABLEN den Datentyp, der neuen Variablen per Voreinstellung zugewiesen werden soll.
   Legen Sie hierzu die BREITE (die gesamte Anzahl an Zeichen, die in der Datendatei darge-
   stellt werden) und die Anzahl der DEZIMALSTELLEN fest. In Abbildung 24.5 ist eine numerische
   Variable mit einer Gesamtbreite von acht Zeichen und zwei Dezimalstellen beschrieben.

Verhalten bei neuen Ergebnissen

Je nachdem, welche Art von Aufgaben man gerade mit SPSS zu erledigen hat – und natürlich
auch je nach persönlichem Arbeitsstil –, führt man manchmal unmittelbar hintereinander
eine ganze Reihe von Berechnungen und Analysen durch, deren Ergebnisse man sich hinterher en bloc in Ruhe anschauen möchte, während man in anderen Fällen unmittelbar, nachdem SPSS eine Analyse abgeschlossen hat, zu den Ergebnissen springen und diese zunächst
einmal begutachten möchte, bevor man eine weitere Analyse in Angriff nimmt. Im ersten Fall
ist es dabei am bequemsten, wenn die Ergebnisse zunächst alle unbemerkt im Hintergrund in
die Ausgabedatei geschrieben werden, damit man selbst in Ruhe weiter mit dem Dateneditor
arbeiten kann. Möchte man dagegen unmittelbar nach einer Analyse die Ergebnisse in Augen-
schein nehmen, wäre es ja ganz praktisch, wenn SPSS diese Ergebnisse nicht nur in die Ausgabedatei schreiben, sondern ebendiese Ausgabedatei auch unmittelbar als aktives Fenster
aufrufen und zudem direkt zu den neuen Ergebnissen springen würde. Da SPSS aber nicht
wissen kann, wie es sich am besten verhalten soll, können Sie auch dies auf die folgende Weise
über die Grundeinstellung festlegen:

1. **Dialogfeld OPTIONEN öffnen.** Wählen Sie den Menübefehl BEARBEITEN|OPTIONEN und schla-
   gen Sie in dem damit geöffneten Dialogfeld das Register ALLGEMEIN auf (siehe Abbildung 24.6).

2. **Verhalten bei neuen Ergebnissen festlegen.** Legen Sie in der Gruppe BENACHRICHTIGUNG mit
   den beiden angebotenen Optionen zum einen fest, ob Sie nach dem Erstellen neuer Ergebnisse die Ausgabedatei, in die SPSS die Ergebnisse geschrieben hat, zum aktiven Fenster machen und damit im Vordergrund anzeigen lassen möchten, und zum anderen, ob
   SPSS innerhalb dieser Ausgabedatei auch noch direkt zu den neuen Ergebnissen springen
   soll.

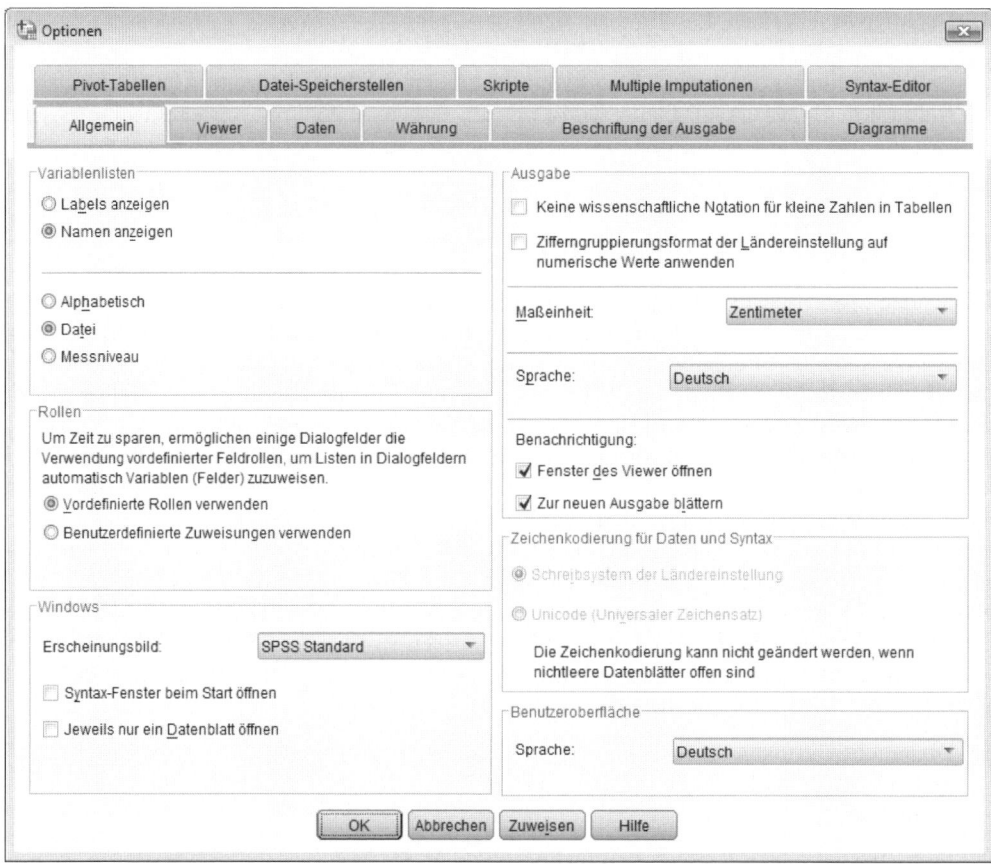

Abbildung 24.6: In der Gruppe BENACHRICHTIGUNG *legen Sie fest, wie sich SPSS nach dem Erstellen neuer Ergebnisse verhalten soll.*

Zehn Tipps, die das Leben erleichtern

In diesem Kapitel

▷ Schnell speichern

▷ Schnell einen Wert finden

▷ Schnell Variablen finden

▷ Schnell die Wertelabels anzeigen

▷ Schnell ein Variablenlabel abfragen

▷ Schnell eine Variablenbeschreibung in einem Dialogfeld anzeigen

▷ Schnell zwischen Fenstern wechseln

▷ Schnell zwischen den Ansichten der Datendatei wechseln

▷ Schnell einen Kommentar in die Datendatei einfügen

▷ Noch schneller einen der letzten Befehle wieder aufrufen

… und wenn nicht gleich das ganze Leben, dann zumindest die Arbeit mit SPSS.

Speichern, speichern, speichern – ganz einfach mit Shift+F12

Tun Sie sich bei der Arbeit mit SPSS bitte einen Gefallen: Wenn Sie eine Datendatei erstellen, indem Sie die Daten manuell eingeben, oder an einer bestehenden Datendatei umfangreiche Änderungen vornehmen, dann speichern Sie diese Änderungen regelmäßig ab – auch schon, bevor Sie mit allen Änderungen fertig sind – zwischendurch – einfach immer mal wieder speichern. Hierzu müssen Sie auch nicht jedes Mal mühsam den Befehl DATEI|SPEICHERN aufrufen, sondern Sie können einfach die Tastenkombination ⇧ + F12 tippen und schon ist die Datei gespeichert. Also, nicht vergessen, bei der Arbeit zwischendurch immer mal wieder ⇧ + F12 .

Wer suchet, der findet – am einfachsten mit Strg+F

Die Suche nach einem bestimmten Wert in der Datendatei kann sich insbesondere bei großen Dateien als mühsam erweisen. Selbst wenn Sie dazu den Befehl BEARBEITEN|SUCHEN verwenden, ist es noch umständlich, die gesamte Datei nach einem Wert abzusuchen, denn Sie können auch mit diesem Befehl immer nur einzelne Variablen und nicht die gesamte Datei auf einmal durchsuchen. Wenn Sie zudem viele Werte nacheinander suchen, müssen Sie sehr häufig den Befehl BEARBEITEN|SUCHEN aufrufen. Ein wenig erleichtert wird dies dadurch, dass Sie den Befehl auch einfach über die Tastenkombination Strg+F starten können. Um eine Variable nach einem bestimmten Wert abzusuchen, klicken Sie daher einfach ein beliebiges Feld dieser Variablen an und tippen anschließend Strg+F, um das Dialogfeld für die Eingabe des zu suchenden Wertes zu öffnen.

Variablen in der Datendatei suchen

Wenn Sie mit sehr umfangreichen Datendateien mit vielen Variablen arbeiten, kann sich nicht nur die Suche nach einzelnen Werten, sondern auch schon die Suche nach einer Variablen schwierig gestalten – insbesondere in der Datenansicht der Datendatei. Hilfreich ist in solchen Fällen der Befehl EXTRAS|VARIABLEN, der das Dialogfeld aus Abbildung 25.1 aufruft. In diesem Dialogfeld werden in der Liste auf der linken Seite sämtliche Variablen der Datendatei aufgeführt. Wenn Sie hier eine Variable markieren, erhalten Sie auf der rechten Seite eine Beschreibung dieser Variablen, unter anderem mit Angabe von Variablenlabel, fehlenden Werten und Wertelabels. Wenn Sie anschließend auf die Schaltfläche GEHE ZU klicken, wird das Dialogfeld geschlossen und automatisch die zuvor markierte Variable in der Datendatei ausgewählt.

Abbildung 25.1: Dialogfeld des Befehls EXTRAS|VARIABLEN

Wertelabels in der Datendatei anzeigen

 Sehr hilfreich bei der Arbeit mit der Datendatei ist auch die Möglichkeit, zwischen der Anzeige der originären Werte und den für diese Werte definierten Wertelabels zu wechseln. Dies tun Sie ganz einfach mit dem Befehl ANSICHT|WERTELABELS beziehungsweise durch einfachen Klick auf die Schaltfläche WERTELABELS.

Variablenlabels in der Datendatei anzeigen

Ebenfalls sehr hilfreich ist es, dass Sie sich auch die Variablenlabels für die einzelnen Variablen der Datendatei anzeigen lassen können – und zwar in der Datenansicht, ohne zur Variablenansicht wechseln zu müssen. Auch dies ist denkbar einfach: Bewegen Sie den Mauszeiger über den Spaltenkopf der Variablen, deren Label Sie interessiert. Daraufhin wird das Variablenlabel als Infotext neben dem Mauszeiger eingeblendet – sofern ein solches definiert ist.

Variablenbeschreibung in einem Dialogfeld abfragen

Wenn Sie gerade dabei sind, in einem Dialogfeld eine statistische Prozedur näher zu beschreiben und die Variablen auszuwählen, die für die Analyse verwendet werden sollen, ist es besonders ärgerlich, wenn Sie sich nicht mehr ganz sicher sind, welche der in der Variablenliste aufgeführten Variablen jetzt noch mal die richtige war. Um dies herauszufinden, müssten Sie erst wieder das Dialogfeld schließen, wobei natürlich alle bisher vorgenommenen Spezifikationen verloren gingen, und die Variablen in der Datendatei näher betrachten und beispielsweise einen Blick auf die Variablenlabels werfen.

Aber: Zum Glück geht es auch einfacher. Sie können sich nämlich auch direkt in einem Dialogfeld zu jeder Variablen eine Kurzbeschreibung anzeigen lassen, aus der unter anderem das Variablenlabel und die Wertelabels hervorgehen. Klicken Sie hierzu einfach mit der rechten Maustaste auf den Namen der Variablen. Daraufhin wird neben der Variablen ein Kontextmenü eingeblendet. Wählen Sie hier den Befehl VARIABLENBESCHREIBUNG. Dieser Befehl öffnet ein weiteres kleines Dialogfeld, in dem die Variableninformationen angezeigt werden (siehe Abbildung 25.2). Sie können nun auch, während dieses Dialogfeld mit der Variablenbeschreibung geöffnet ist, in dem Hauptdialogfeld eine andere Variable aus der Variablenliste anklicken, um so deren Beschreibung in dem Dialogfeld für die Variableninformationen anzeigen zu lassen. Um dieses Dialogfeld wieder zu schließen, klicken Sie auf die Schaltfläche mit dem Kreuz in der rechten oberen Ecke des Dialogfelds.

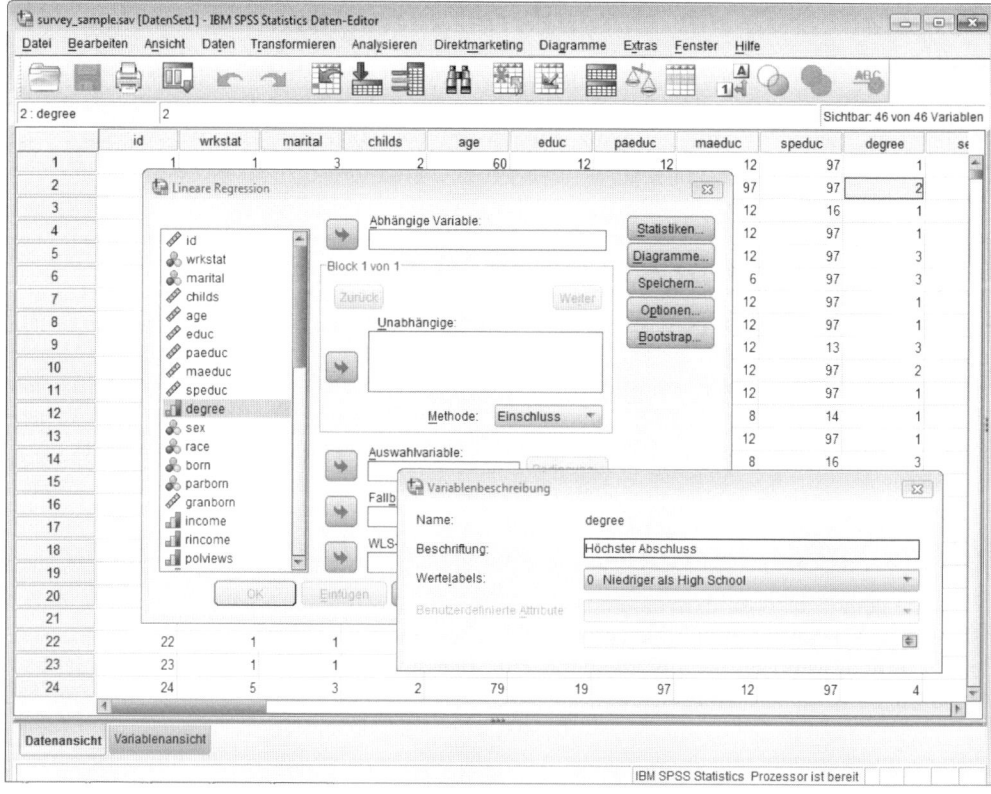

Abbildung 25.2: Aus einem Dialogfeld heraus kann für jede Variable eine Kurz-Info aufgerufen werden.

Fenster wechseln mit Alt+Tab

Bei der Arbeit mit SPSS müssen Sie regelmäßig zwischen verschiedenen Fenstern wechseln – üblicherweise sind mindestens ein Fenster für die Datendatei und ein zweites für die Ausgabedatei geöffnet, wenn Sie mit mehreren Daten- und/oder Ausgabedateien gleichzeitig arbeiten, müssen Sie sogar noch mehr Fenster »handeln«. Wenn Sie für das ständige Wechseln zwischen den Fenstern nicht jedes Mal zur Maus greifen möchten, um das gewünschte Fenster über die Taskleiste von Windows aufzurufen, hilft es, sich die Tastenkombination [Alt]+ [⇆] anzugewöhnen, mit der Sie ebenfalls zwischen den verschiedenen geöffneten Fenstern wechseln können. Tippen Sie hierzu die [Alt]-Taste und halten Sie diese gedrückt, während Sie durch wiederholtes Tippen der Taste [⇆] alle derzeit geöffneten Fenster in einer dadurch automatisch geöffneten Auswahlleiste aufrufen können. Wenn das gewünschte Fenster in der Auswahlleiste angezeigt wird, lassen Sie die [Alt]-Taste wieder los.

Ansicht der Datendatei wechseln mit Strg+T

Nicht nur zwischen den verschiedenen Fenstern von SPSS muss man ständig hin- und herwechseln, sondern auch innerhalb der Datendatei zwischen der Daten- und der Variablenansicht. Üblicherweise tut man dies, indem man mit der Maus am unteren Rand der Datendatei auf eine der beiden Registerkarten DATENANSICHT und VARIABLENANSICHT klickt. Wenn Sie sich diesen Griff zur Maus sparen möchten, können Sie stattdessen auch die Tastenkombination ⌜Strg⌝+⌜T⌝ tippen. Damit wechseln Sie von der Datenansicht zur Variablenansicht und ebenso umgekehrt von der Variablen- zur Datenansicht.

Einen Kommentar in die Datendatei schreiben

Ja, es ist möglich! Nicht mit den ganz alten Programmversionen von SPSS, aber mit den jüngeren geht es endlich. Sie können einen Kommentar in die Datendatei einfügen. Dies ist zum Beispiel sehr hilfreich, um die Quellenangaben für die Daten festzuhalten, den aktuellen Bearbeitungsstand zu notieren oder beliebige andere für die Datei relevante Informationen zu hinterlegen.

Abbildung 25.3: Dialogfeld des Befehls EXTRAS|DATENDATEIKOMMENTARE

Um einen solchen Kommentar einzufügen, wählen Sie den Menübefehl EXTRAS|DATENDATEIKOMMENTARE. Dieser Befehl öffnet das Dialogfeld aus Abbildung 25.3, in dem das große Eingabefeld zunächst leer ist. Hier können Sie nun den gewünschten Kommentar einfügen. Mit der Option KOMMENTARE IN AUSGABE ANZEIGEN können Sie zusätzlich festlegen, dass der Kommentar immer dann, wenn neue Ergebnisse in die Ausgabedatei geschrieben werden, ebenfalls dort angezeigt wird. Wenn Sie das Dialogfeld schließen, ergänzt SPSS den Kommentar automatisch um eine Datumsangabe.

Einen der letzten Befehle erneut aufrufen

Nach einer gewissen Zeit der Zusammenarbeit mit SPSS werden Sie gewiss die Erfahrung gemacht haben, dass man sehr häufig denselben Befehl immer wieder aufruft – sei es, um eine gerade durchgeführte Analyse noch einmal mit leicht abgewandelten Spezifikationen zu wiederholen oder weil der eigene Tätigkeitsbereich nun einmal immer wieder gleichartige Analysen erfordert. Etwas ermüdend ist es dabei, dass SPSS die Befehle zum Starten einer statistischen Prozedur gerne in der dritten Ebene versteckt, so wie etwa bei dem Befehl ANALYSIEREN| DESKRIPTIVE STATISTIKEN|HÄUFIGKEITEN.

Deshalb verrate ich Ihnen jetzt einen Trick, wie Sie das ewige Navigieren durch die Menüstruktur vermeiden können: Verwenden Sie die Schaltfläche ZULETZT VERWENDETE DIALOGFELDER AUFRUFEN, die sowohl in der Datendatei als auch in der Ausgabedatei in der Symbolleiste angezeigt wird. Wenn Sie auf diese Schaltfläche klicken, öffnet sich eine Liste der zuletzt aufgerufenen Befehle (siehe Abbildung 25.4). Klicken Sie einen Eintrag in dieser Liste an, um den entsprechenden Befehl erneut zu starten, ohne ihn aufwändig über die Menüs aufzurufen.

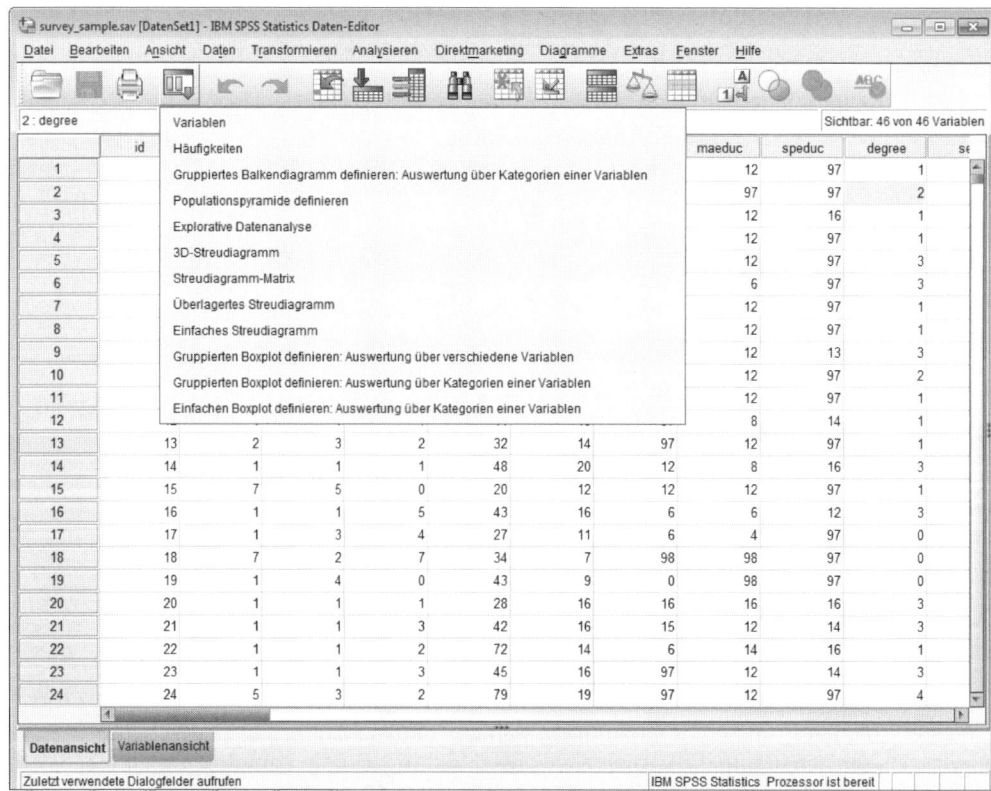

Abbildung 25.4: Die Schaltfläche ZULETZT VERWENDETE DIALOGFELDER AUFRUFEN _öffnet eine Liste der letzten Befehle._

Stichwortverzeichnis

A

Abhängige Variable 255
Achsenbeschriftung 291
Achsentitel 292
Alter
  berechnen 107
Analyse 62
Anmerkung
  im Diagramm 298
ANOVA 235
Ansicht
  wechseln 403
Anzahl
  Cluster 270
  Datenreihen 280
  Fälle 164
ASCII-Datei
  einlesen 139
Ausblenden
  in Ausgabedatei 344
  in Tabellen 354
Ausgabe-Viewer 342
Ausgabedatei 51, 63, 65, 342
  Ansichten 344
  erstellen 66
  öffnen 66
  sortieren 345
  speichern 58
Ausreißer 171
Ausrichtung 84
  Tabellen 365
  Variable 94
Auswertung
  Kategorien einer Variablen
  301, 304
  über Kategorien einer
  Variablen 280
  über verschiedene Variablen
  280, 309
Auswertungsfunktion 304, 307,
  310

B

Balkenbreite 176
  ändern 177
Balkendiagramm 54, 190, 309
  gruppiert 282

Basic

Basic 68
Bearbeiten
  Diagramme 284
Bearbeitungsmodus
  Diagramme 284
  Tabellen 346
Bedingung 111
  formulieren 114
Beenden
  SPSS 60
Befehl
  aufrufen 404
Begrüßungsbildschirm 32
Benachrichtigung 397
Berechnen 105
  Alter 107
  Variablen 48
Beschriftung
  Ausgabe 391
Bestimmtheitsmaß 259
Bevölkerungspyramide 317, 323
Bezugslinie 297
Boxplot-Diagramm 169, 317 f.
  gruppiert 320
Breite 88

C

Chi-Quadrat-Test 211, 217, 385
Cluster
  Anzahl 270
Cluster-Distanzen 276
Cluster-Informationen 270
Cluster-Zuordnung 275
Clusteranalyse 269
  hierarchische 272
  zweistufige 272
Clusterzentren 270
Clusterzentrenanalyse 270

D

3D-Streudiagramm 326, 333
Datei
  Arten 63
  neu 66, 70
  öffnen 66, 69
  schließen 73

speichern 70
  zusammenführen 147
Datei-Indikator 151, 157
Dateityp 63
Daten
  einlesen 135
  exportieren 144
  gewichten 130
  Struktur 33
Datenanalyse
  explorative 165, 180, 385
Datenansicht 35, 83, 95
Datenaufbereitung 62
Datenbank 63
Datenbeschriftung 296
  Diagramm 192
Datenbeschriftungsmodus 328
Datenblatt-Namen 126
Datendatei 63 f., 80, 95
  schließen 73
  sortieren 133
  speichern 46
Datendateikommentar 403
Dateneingabe 43, 95
Datenmanagement 62
Datenreihe
  Anzahl 280
Datensatz 34, 80
  deaktivierter 127
Datenstruktur 35, 80
Datentyp 36, 84, 87
Datum 36, 87, 89
Datumsformat 89
Datumsvariable 39, 89
Datumswert 39
Deaktivierter Datensatz 127
Deskriptive Statistik 162
Dezimalstelle 88
  Variable 84
Diagramm 279
  Anmerkung 298
  bearbeiten 192, 284
  Datenbeschriftung 192
  Datenstruktur 280
  drehen 336
  erstellen 279
  Farbe 291
  formatieren 283

Fußnote 298
 Häufigkeit darstellen 300
 Schriftart 288
 sortieren 313
 Standardformate 395
 Texte bearbeiten 290
 Textfeld 298
 Titel 298
Diagramm-Editor 67, 177, 285
Differenz
 Konfidenzintervall 225, 229, 233
Distanz zwischen Clusterzentren 276
Drehen
 3D-Diagramm 336
Druckbereich 370
Drucken 370
Drucker
 auswählen 370
Druckvorschau 371
Dummy-Variable 40

E

Eigenschaften-Dialogfeld 287
Einblenden
 in Ausgabedatei 344
 in Tabellen 354
Einfaches Streudiagramm 325 f.
Einfaktorielle ANOVA 235
Einseitiger Signifikanztest 253
Ergebnis
 exportieren 376
 in Excel übernehmen 377
Ergebnistabelle 341
 Bearbeitungsmodus 393
 Standardbearbeitungsmodus 393
Erklärende Variable 255
Erklärung
 in Tabellen 360
Ersetzen 103
Erstellen
 Ausgabedatei 66
 Datei 70
Erwartete Häufigkeit 208, 210
Etikett
 Variable 90
Excel-Datei
 einlesen 136
 erstellen 144
Exemplare 370

Explorative Datenanalyse 165, 180, 385
Exportieren
 Daten 144
 Ergebnisse 376
Extremwert 171

F

Fall 34, 80
 auswählen 128
 einfügen 99
 gewichten 130
 hinzufügen 147
 löschen 100
 sortieren 133, 154
Fallbeschriftung 270, 327
Fallzuordnungstabelle 275
Farbe
 Diagramm 291
Fehlender Wert 81, 84, 92, 97
Fenster 63
 wechseln 402
Feste Spaltenbreite 140, 142
Filter 123
 ausschalten 127
Filtern 128
Finden 102, 399
Fit des Modells 259
Fläche
 formatieren 291
Flächen entsprechen 308
Flächendiagramm 304
 gestapelt 306
Formatieren
 Diagramme 283
 Tabellen 362
Formatwert
 Tabellen 365
Fragebogen 80
Fremddatei
 einlesen 135
 erstellen 144
Füllung 291
Fußnote
 Diagramm 298
 neu nummerieren 359
 Tabelle 359
Fußzeile 374

G

Gaußverteilung 180
Geburtsdatum 39
Genauigkeit 88
Gepaarte Stichproben
 T-Test 230
Gestapelt 280
Gestapeltes Flächendiagramm 306
Gewichtung 130
 ausschalten 132
Gewichtungsvariable 132
Gitterlinie 297
Gliederungsansicht 67
Gliederungsbaum 343
Grafik 279
Grafikeditor 67
Größenachse
 zweite 296
Grundeinstellungen 389
Gruppiertes Balkendiagramm 282
Gruppiertes Boxplot-Diagramm 320
Gruppierung 280
 in Tabelle 351
Gültige Prozente 189
Güte
 Regressionsmodell 259

H

Häufigkeit
 erwartete 208, 210
 zählen 119
Häufigkeiten 188
Häufigkeitstabelle 50, 187, 384
Häufigkeitsvariable 132
Hauptfenster 67
Hauptteilstrich 292
Hierarchische Clusteranalyse 272
Hilfe 73
Hintergrundfarbe
 Tabellen 364
Histogramm 173, 317
 Balkenbreite 177

I

IBM Statistics 21
Importieren
 Daten 135
Index
 Hilfe 74

Info
zu Variable 401
Intervallbreite 178
Irrtumswahrscheinlichkeit
für Konfidenzintervall 224,
227, 230

J

Ja/Nein-Variable 40
Joinen
zweier Dateien 147

K

Kategorie
ausblenden 198
hervorheben 199
Kausalität 248
Kendalls Tau-b 245
Kennzahl 161
nach Fallgruppen 165
Klassifizieren 270
Kodierung 80, 115
Kodierungsregel 117
Koeffizient 259
Kolmogorov-Smirnov-Test 182
Komma
Datendatei 97
Komma-getrennte Textdatei 140
Kommentar 403
Konfidenzintervall
der Differenz 225, 229, 233
des Mittelwerts 168, 225
Irrtumswahrscheinlichkeit
224, 227, 230
Konstante 257
Kopfzeile 374
Kopieren
in andere Anwendungen 376
in PowerPoint 376
inWord 376
Korrelation 245, 248, 253, 386
Korrelationskoeffizient 245, 248,
250
Signifikanz 252
Korrigiertes R^2 261
Kreisdiagramm 191, 194
bearbeiten 195
beschriften 196
Kreuztabelle 206, 215, 385
Kumulierte Prozente 189

Kurtosis 184
Standardfehler 186

L

Label
Variable 90
Labelansicht 102
Lage 161
Leerzeichen-getrennte Textdatei
140
Legende 295
Lernprogramm 75
Levene-Test 228
Likelihood-Quotient 212
Lineare Regression 257
Liniendiagramm 300, 311
Löschen
in Ausgabedatei 345

M

Markieren
in Ausgabedatei 345
in Diagramm 286
Matchen
Dateien 147
Matrix-Streudiagramm 326, 332
Maximum 164, 168
berechnen 163
Median 171
Mehrfachvergleichstest 241
Messniveau 94
Variable 84
Minimum 164, 168
berechnen 163
Missing Value 92
Mittelwert 164, 168, 220, 385
berechnen 163
Konfidenzintervall 168, 225
Modellzusammenfassung 259
Mustervorlage 394

N

N 164
Name
Variable 84, 86
Variablen 35
Namenserweiterung
.sav 46
.spo 59
.spv 59

Negative Korrelation 248
Nominal 94
Normalverteilung 385
Normalverteilungsdiagramm 180
Normalverteilungskurve 175,
177
Normalverteilungstest 179
Numerisch 36, 87
Numerischer Ausdruck 107

O

Objektbeschriftung 391
Öffnen
Ausgabedatei 66
Datei 69
Online-Hilfe 73
Optionen 389
Ordinal 94

P

Pareto-Diagramm 187, 200
sortieren 202
PASW 21
Pearsons Korrelationskoeffizient
245
Perzentil 171
Pivot-Leiste 348
Pivot-Tabelle 341
Pivotieren 347
Populationspyramide 323
Positive Korrelation 248
Post-Hoc-Mehrfachvergleich 241
Programm
beenden 60
Programmiersprache 68
Programmsymbol 31
Projektionslinie 337
Prozent
gültig 189
kumuliert 189
Python 68

R

R-Quadrat 259
R^2 259
korrigiertes 261
Rahmen 291
formatieren 366
Rahmenlinie
Tabellen 366

Rand
  Tabellen 365
Regression 386
  lineare 257
Regressionsanalyse 255
Regressionsgleichung 256
Regressionskoeffizient 259
  Signifikanz 263
Regressionskonstante 257
Regressionsmodell 255
  Güte 259
  Signifikanz 263
Rolle 94
  Variable 84

S

SAS-Datei
  einlesen 135
  erstellen 144
Schicht 347 f.
Schiefe 184
  Standardfehler 185
Schließen 73
Schlüsselvariable 154
Schriftart
  Diagramm 288
  Tabellen 364
Schriftformat
  Tabellen 364
Seite
  einrichten 372
Seitenansicht 371
Seitenrand 374
Seitenwechsel 372
Semikolon-getrennte Textdatei
  140
Shapiro-Wilk-Test 182
Signifikanz
  asymptotisch 212
  Korrelationskoeffizient 252
  Regressionskoeffizient 263
  Regressionsmodell 263
Signifikanztest 250, 252
Signifikanzwert 183
Skala
  Messniveau 94
Skalenverhältnis 296
Skript-Datei 68
Skriptsprache 68
Sortieren 133
  Fälle 154
  in Diagramm 313
Sortierreihenfolge 133

Spalte
  aus-/einblenden 354
  Gruppierung 351
Spaltenbreite 44, 394
  feste 140, 142
  verändern 366
Spaltenformat 88
  Variable 84
Spaltenprozent 208
Spannweite 164
  berechnen 163
Speichern 58, 70, 399
  Ausgabedatei 58
  Datendatei 46
Speichern unter 71
Standardabweichung 164
  berechnen 163
Standardbearbeitungsmodus
  Ergebnistabellen 393
Standarddatentyp
  für Variablen 396
Standardfehler
  berechnen 163
  des Schätzers 261
  Kurtosis 186
  Schiefe 185
Standardformat
  Diagramme 395
Standardisieren 273
Standardisierte Werte 273
Starten
  von SPSS 31
Stata-Datei
  einlesen 135
  erstellen 144
Statistik
  deskriptive 162
Statistische Analyse 62
Statistische Kennzahl 161
Steilheit 184
Stichprobe 123
  gepaarte 230
  T-Test 223
  unabhängige 226
Streudiagramm 245 f., 317,
  325
  einfaches 325 f.
  überlagertes 325, 330
Streuung 161
String 36, 87, 90
Suchen 102, 399
Summe
  berechnen 163
survey_sample.sav 101, 161

Syntax-Datei 68
Systemdefinierter fehlender Wert
  97

T

T-Test 219
  bei Stichprobe 223
  für Stichprobe 387
  gepaarte Stichproben 230, 387
  unabhängige Stichproben 226,
  387
  verbundene Stichproben 230,
  387
Tabelle
  ausblenden 354
  bearbeiten 341, 346
  Bearbeitungsmodus 346
  einblenden 354
  Erklärungen 360
  formatieren 362
  Fußnote 359
  Gruppierung 351
  pivotieren 347
  Rahmenlinie 366
  Rand 365
  Schichten 348
  Schriftformat 364
  Spaltenbreite 366
  Text bearbeiten 357
  Textformat 364
  umstrukturieren 351
Tabelle.Variablenbezeichnung 391
Tabelleneigenschaften 363
Tabellenkalkulation 63
Tabellenstruktur 347
  ändern 349
Tabellentitel 358
Tabellenvorlage 361, 394
Tabulator-getrennte Textdatei
  140
Teilstrich 292
Testgruppe
  erstellen 124
Text
  bearbeiten im Diagramm 290
  bearbeiten in Tabellen 357
Textdatei
  einlesen 139
Textdatei-Assistent 140
  erstellen 144
  Trennzeichen 140
Textfarbe
  Tabellen 364

Textfeld
  im Diagramm 298
  markieren 196
Textformat
  Tabellen 364
Textstil 289
Textvariable 37, 90
Themen
  Hilfe 74
Titel
  Diagramm 298
  Tabelle 358
Tortendiagramm 194
Transformieren 105
Trennzeichen 140, 142
Two-Step-Clusteranalyse 272
Typ
  Variable 84, 87

U

Überlagertes Streudiagramm 325, 330
Umkodieren 115
Umkodierungsregel 117
Unabhängige Stichprobe
  T-Test 226

V

Variable 33, 80
  abhängige 255
  berechnen 48, 105
  Beschriftungen 391
  einfügen 98
  erklärende 255

hinzufügen 152
löschen 100
Objektbeschriftung 391
Standarddatentyp 396
Variablenansicht 35, 83
Variablenbeschreibung
  in Dialogfeld 401
Variableneigenschaften 84
Variablenformat 94
Variablenlabel 84, 90
  anzeigen 401
Variablenliste
  in Dialogfeldern 389
  sortieren 389, 391
Variablenname 35, 86
Varianz 164
  berechnen 163
Varianzanalyse 235
Varianzgleichheit
  testen 229
Verbundene Stichproben
  T-Test 230
Verhalten
  bei neuen Ergebnissen 397
Verknüpfungsvariable 154
Verschieben
  in Ausgabedatei 345
  in Diagramm 287
Verschmelzen
  Dateien 147
Verteilung
  analysieren 173
Verteilungsgrafik 317
Viewer 342
Vorhergesagte Werte 264

W

Wert
  einzelner Fälle 281, 311
  fehlender 84, 97
  standardisiert 273
  Tabellen 365
  vorhergesagter 264
  zählen 119
Wertelabel 41, 84, 91
  anzeigen 401
Wertelabelansicht 102
Werteverteilung 384
Wiederholen
  Befehle 404
Windows-Oberfläche 32
Wölbung 184

Z

Zählen 119
Zeile
  aus-/einblenden 354
  Gruppierung 351
Zeilenprozent 210
Zellenformat 363
Zentralwert 171
Zufallsstichprobe 123
Zusammenführen
  Dateien 147
Zusammenhang linear-mit-linear 212
Zweiseitiger Signifikanztest 252
Zweistufige Clusteranalyse 272
Zweite Größenachse 296

Statistik – Kein Buch mit sieben Siegeln!

ISBN 978-3-527-70594-8

Statistik kann auch Spaß machen! Dieses Buch vermittelt das notwendige Handwerkszeug, um einen Blick hinter die Kulissen der so beliebten Manipulation von Zahlenmaterial werfen zu können: von der Stichprobe, Wahrscheinlichkeit und Korrelation bis zu den verschiedenen grafischen Darstellungsmöglichkeiten.

ISBN 978-3-527-70843-7

Statistik ist nicht jedermanns Sache, fortgeschrittene Statistik erst recht nicht, sie gilt als trocken und schwierig. »Statistik II für Dummies« führt Sie so leicht verständlich wie möglich ein in Daten- und Varianzanalyse, den Chi-Quadrat-Test und vieles mehr.

ISBN 978-3-527-70390-6

Übung macht den Meister. Ob bei der Vorbereitung auf eine Prüfung oder einfach aus Spaß an der Freude: Wer Statistik richtig verstehen und anwenden möchte, sollte üben, üben, üben. Dieses Buch bietet Hunderte von Übungen zur Festigung des Lernstoffs, natürlich mit Lösungen und Ansätzen zum Finden des Lösungswegs.

ISBN 978-3-527-70596-2

SPSS ist das Analysetool für statistische Auswertungen. Wer anhand seiner Daten Entscheidungen treffen möchte, tut gut daran, es einzusetzen. Dieses Buch vom SPSS-Profi Felix Brosius bietet eine ideale Einführung in das komplexe Programm.

FÜR DUMMIES®

D(U+M)+(M-I^E)/S = MATHE SCHNELL, LEICHT UND MIT VIEL SPASS GELERNT

Algebra für Dummies
ISBN 978-3-527-70792-8

Analysis für Dummies
ISBN 978-3-527-70646-4

Analysis II für Dummies
ISBN 978-3-527-70509-2

Differentialgleichungen für Dummies
ISBN 978-3-527-70527-6

Geometrie für Dummies
ISBN 978-3-527-70298-5

Grundlagen der Linearen Algebra
für Dummies
ISBN 978-3-527-70620-4

Grundlagen der Mathematik für Dummies
ISBN 978-3-527-70441-5

Mathematik für Naturwissenschaftler
für Dummies
ISBN 978-3-527-70419-4

Statistik für Dummies
ISBN 978-3-527-70594-8

Statistik II für Dummies
ISBN 978-3-527-70843-7

Trigonometrie für Dummies
ISBN 978-3-527-70297-8

Wahrscheinlichkeitsrechnung
für Dummies
ISBN 978-3-527-70797-3

Wirtschaftsmathematik für Dummies
ISBN 978-3-527-70375-3

DAS RÜSTZEUG FÜR DEN PROGRAMMIERER

Android Apps Entwicklung
für Dummies
ISBN 978-3-527-70732-4

C++ für Dummies
ISBN 978-3-527-70834-5

C für Dummies
ISBN 978-3-527-70647-1

iPhone Apps Entwicklung
für Dummies
ISBN 978-3-527-70729-4

Java für Dummies
ISBN 978-3-527-70730-0

PHP für Dummies
ISBN 978-3-527-70564-1

SQL für Dummies
ISBN 978-3-527-70739-3

VBA für Dummies
ISBN 978-3-527-70381-4

WO SIND ALL' DIE VIELEN DATEN HIN?

Access 2007 für Dummies
ISBN 978-3-527-70270-1

Access 2007 Formulare und Berichte
für Dummies
ISBN 978-3-527-70420-0

Access 2010 für Dummies
ISBN 978-3-527-70613-6

Chrystal Reports für Dummies
ISBN 978-3-527-70482-8

SQL für Dummies
ISBN 978-3-527-70739-3

EU und Wirtschaft geht uns alle an!

ISBN 978-3-527-70171-1

Wofür ist die Europäische Union eigentlich
zuständig? Und was tun die da in Brüssel den
ganzen Tag? Was sind die Folgen der EU-Er-
weiterung?
Dieses Buch geht auf alle Fragen rund um die EU
ein: die verschiedenen Institutionen, der Alltag
der Beamten und Politiker in Brüssel und alles
Wissenswerte rund um die neuen Mitglieds-
staaten.

ISBN 978-3-527-70213-8

Angebot und Nachfrage, Rezession und Infla-
tion – was sich hinter diesen Begriffen verbirgt,
was man unter Makroökonomie und Mikroökon-
omie versteht und was die Ökonomen sonst so
beschäftigt, das findet sich – verständlich erklärt – in diesem Buch.

ISBN 978-3-527-70437-8

»BWL für Dummies« ist eine kompetente, präg-
nante und umfassende Einführung in die Betriebswirtschaftslehre. Dabei stellen die Autoren
die wesentlichen Elemente und Grundbegriffe
der Betriebswirtschaftslehre vor und zeigen die
Bezüge zur Unternehmenspraxis auf.

ISBN 978-3-527-70375-3

»Wirtschaftsmathematik für Dummies« vermittelt die Mathematikgrundlagen, die für
Wirtschaftswissenschaftler von Belang sind:
Algebra, Analysis, Lineare Algebra, Wahrscheinlichkeitsrechnung und Finanzmathematik. Mit
vielen Praxisbeispielen.

WERKZEUGE FÜR ZAHLENMENSCHEN

Balanced Scorecard für Dummies
ISBN 978-3-527-70450-7

Bilanzen erstellen und lesen für Dummies
ISBN 978-3-527-70598-6

Buchführung und Bilanzierung
für Dummies
ISBN 978-3-527-70733-1

Controlling für Dummies
ISBN 978-3-527-70648-8

Crystal Reports für Dummies
ISBN 978-3-527-70482-8

IFRS für Dummies
ISBN 978-3-527-70577-1

Kosten- und Leistungsrechnung
für Dummies
ISBN 978-3-527-70538-2

Strategische Planung für Dummies
ISBN 978-3-527-70365-4

Übungsbuch Buchführung für Dummies
ISBN 978-3-527-70552-8

Wirtschaftsmathematik für Dummies
ISBN 978-3-527-70375-3

VERNETZEN SIE SICH: SOZIALE UND BERUFLICHE NETZWERKE

Berufliche Netzwerke knüpfen
für Dummies
ISBN 978-3-527-70748-5

Facebook für Dummies
ISBN 978-3-527-70680-8

Facebook Marketing für Dummies
ISBN 978-3-527-70823-9

Facebook und Twitter für Senioren
für Dummies
ISBN 978-3-527-70836-9

Twitter für Dummies
ISBN 978-3-527-70812-3

Xing für Dummies
ISBN 978-3-527-70767-6